基于Multisim 14的电路仿真与创新

熊伟　侯传教　梁青　孟涛　编著

清华大学出版社
北京

内 容 简 介

NI Multisim 14 软件是美国 NI 公司推出的符合行业标准的 SPICE 仿真和电路设计软件，适用于模拟、数字和电力电子领域的教学和研究。

全书分为 3 篇，共 16 章。上篇为软件基础篇，主要介绍 NI Multisim 14 电路仿真软件的基本知识和常用操作，侧重于软件自身携带的虚拟仪表和电路分析方法的介绍。中篇为课程应用篇，主要介绍 NI Multisim 14 在电类课程中的应用，如电路分析、模拟电子线路、数字电路、高频电子线路、单片机和电力电子等课程。下篇为工程教育创新篇，主要介绍 NI Multisim 14 在其他技术中的开发应用，主要有 NI Multisim 14 与 NI LabVIEW 的联合开发应用、PLD 开发应用、FPGA（Basys 3 实验板）开发应用、工程实验室虚拟仪器套件（NI ELVIS）开发应用、基于 NI Multisim 14 的学生数据采集设备（NI myDAQ）开发应用以及口袋实验仪器（Analog Design 2）开发应用等。

随书赠送有关仿真软件以及书中仿真实例，所有仿真实例皆有可重复性。

本书内容充实，案例丰富，适合作为高等院校电类专业的教材和工程教育创新活动的参考书，也可以作为相关工程技术人员进行电路设计的参考书。

图书在版编目（CIP）数据

基于 Multisim 14 的电路仿真与创新/熊伟等编著．—北京：清华大学出版社，2021.9（2025. 2重印）
ISBN 978-7-302-59132-0

I. ①基…　II. ①熊…　III. ①电子电路－计算机仿真－应用软件　IV. ①TN702

中国版本图书馆 CIP 数据核字（2021）第 182178 号

责任编辑： 邓　艳
封面设计： 刘　超
版式设计： 文森时代
责任校对： 马军令
责任印制： 曹婉颖

出版发行： 清华大学出版社
网　　址：https://www.tup.com.cn，https://www.wqxuetang.com
地　　址：北京清华大学学研大厦 A 座　　邮　　编：100084
社 总 机：010-83470000　　邮　　购：010-62786544
投稿与读者服务：010-62776969，c-service@tup.tsinghua.edu.cn
质量反馈：010-62772015，zhiliang@tup.tsinghua.edu.cn

印 装 者： 三河市铭诚印务有限公司
经　　销： 全国新华书店
开　　本： 185mm×260mm　　**印　　张：** 29.25　　**字　　数：** 727 千字
版　　次： 2021 年 10 月第 1 版　　**印　　次：** 2025 年 2 月第 4 次印刷
定　　价： 88.00 元

产品编号：091122-01

推　荐　序

2020 年是十分不平凡的一年，随着集成电路成为一级学科，自主可控成为大势所趋，人工智能应用方兴未艾，物联网和云计算场景的无处不在，业界对于具有扎实底层电路设计“硬实力”的人才需求则是与日俱增。在工业界，熟练掌握先进的 EDA 工具，高效且可靠地设计、仿真并实现模拟与数字电路成为每一个电子设计工程师的必修课。Multisim 作为最早进入中国市场且被广泛认可的一款 EDA 电路设计仿真软件，长期以来一直是引领电子设计工程师的入门工具。

本书基于当前最新版本的 NI Multisim 14，对其发展历程、主要特点、一系列仿真分析方法、集成的软件虚拟仪表进行了深入的介绍。同时结合电路分析、模拟电子技术、数字电子技术、高频电子线路、单片机 MCU、电力电子等多门基础及专业课程，以实例的方式展示了 Multisim 在课程中的具体应用。在“新工科”交叉创新的背景下，本书的新工科实践篇中更涵盖了 Multisim 与 LabVIEW 以及相关硬件的协同设计与测试功能。其中加入了对 Digilent FPGA（包括 Basys 3、Nexys 4、Arty 等）全可编程平台的支持与介绍，让更多读者能够基于 Multisim 进行快速数字系统设计并直接将设计综合实现及下载到 FPGA 芯片中。

本书的作者熊伟老师在工业界及学术界拥有超过 30 多年的工作和教研经验，也是最早一批在国内使用 Multisim 仿真软件的资深用户，书中的讲解和实例浓缩了熊老师多年来讲授相关课程的教学经验，同时无缝衔接业界先进的 FPGA，即虚拟仪器工程技术，内容循序渐进，环环相扣。

自 2020 年起，Multisim 软件将从 NI 转交至 Digilent（迪芝伦）来进行后续的研发与维护，作为业界领先的全球开源硬件领导者，Digilent 将把更多先进的电路设计、仿真、测试及开源硬件实现带入未来全新的 Multisim 软件当中，相信本书只是一个开始，期待你能和我一样在成为本书读者的同时，跟随作者在动手实践中体会 Multisim 设计仿真及软硬结合创新的快乐。

李甫成
美国 Digilent（迪芝伦）科技有限公司大中华区总经理
教育部高等学校仪器类专业教学指导委员会协作委员
教育部首批全国万名创新创业导师

前　言

NI Multisim 14 仿真软件最早可追溯到 20 世纪 90 年代加拿大 IIT 公司研发的 EWB 4.0 电路仿真软件，EWB 4.0 是以 Windows 为基础的电子电路仿真软件，适合于模拟电路、数字电路。从 EWB 诞生之日起就显示出旺盛的生命力和实用价值，工程师无须深入学习 SPICE 技术，就可以使用该软件交互式搭建电路图、仿真和分析电路性能。随后该软件先后升级到 EWB 5.0、Multisim 2001、Multisim 7 和 Multisim 8 等，特别是 IIT 公司归属到美国 NI 公司后，将虚拟仪器技术（LabVIEW）融入 Multisim 电路仿真软件中，克服了原 Multisim 软件不能采集实际数据的缺陷，给 Multisim 仿真软件注入了新鲜血液，使其特色更加鲜明。学生可以在学习完理论知识后，在课堂上利用 Multisim 软件仿真分析电路的性能，加深对电路原理和特性的理解，最后用仿真结果去指导真实实验，这极大地提高了学生学习的积极性，真正做到变被动接受为主动学习。学生还可以利用 NI 公司的便携式数据采集器（NI myDAQ）、口袋仪器（Analog Design 2）等自带的虚拟仪表，如函数信号发生器、字产生器、示波器、万用表和逻辑分析仪等 10 多个虚拟仪表，用于电类课程教学和学生课外创新实践中，实现在传统课堂外基础理论验证、专业原理仿真和复杂工程项目开发。学生甚至可以利用 LabVIEW 自行设计虚拟仪表，应用于 Multisim 仿真软件中，极大地发挥主观能动性。目前，最新版本是 2019 年 5 月发布的 NI Multisim 14.2.0，支持多个 Digilent FPGA 型号板卡的数字逻辑设计，具有全新的 MPLAB 应用程序，用户可以在 Multisim.com 上免费地进行电路仿真、分析、存储和共享。

本书作者都是长期工作在高等院校电类课程的一线教师，长期在电类课程教学中运用 EWB、Multisim 仿真软件，在传统课堂上仿真分析电路的原理和性能，在实验室内用仿真结果去指导真实实验，在课外作业中让学生仿真分析电路的性能，在工程教育创新活动中利用 Multisim 仿真软件设计电路、分析电路性能，用虚拟仪表（LabVIEW）去测试真实电路，取得了良好的教学成果。

全书分为 3 篇，共 16 章。第 1～4 章为上篇，简要介绍 NI Multisim 14 电路仿真软件的常用操作，侧重于软件自身携带的虚拟仪表和电路分析方法的叙述。通过一个实际案例，体验 NI Multisim 14 选取元件、建立电路、分析电路性能和利用虚拟仪表测试电路的全过程。第 5～10 章为中篇，主要介绍 NI Multisim 14 在电类课程中的应用，如电路分析、模拟电子线路、数字电路、高频电子线路、单片机和电力电子等课程，侧重于相关课程典型电路的仿真分析和相关工程应用案例。第 11～16 章为下篇，主要介绍 NI Multisim 14 在其他技术中的开发应用，主要有 NI Multisim 14 与 NI LabVIEW 的联合开发应用、PLD 开发应用、FPGA（Basys 3 实验板）开发应用、工程实验室虚拟仪器套件（NI ELVIS）开发应用、基于 NI Multisim 14 的学生数据采集设备（NI myDAQ）开发应用以及口袋实验仪器（Analog Design 2）开发应用等。

本书第 12、13、14、15、16 章由熊伟编写，第 3、6、7、10 章由侯传教编写，第 1、

2、5、11 章由梁青编写，第 4、8、9 章由孟涛编写，全书由熊伟统稿。

本书由西安邮电大学阴亚芳、张新，空军工程大学王宽仁、吴晓丽、赵雪岩等老师审阅了部分章节内容，并提出了大量宝贵意见，在此表示衷心感谢。

本书在编写过程中，参考了大量图书和网站，皆已列入书后的参考文献，在此对这些资料的作者表示衷心的感谢。

编写工作得到李甫成先生的大力支持，提供了 NI Multisim 14 仿真软件、NI ELVISNI、myDAQ 和 FPGA（Basys 3 实验板）等硬件平台以及技术上的大力支持，在此表示感谢。同时也感谢美国 Digilent（迪芝伦）科技有限公司赵波先生，提供了口袋实验仪器（Analog Design 2）和 Vivado 设计套件等大量有关软件资料。西安邮电大学徐昕宇、王超等研究生也参与部分内容的编写，同时还得到西安邮电大学、空军工程大学和欧亚学院各级领导和同仁的大力支持和帮助，在此表示感谢。

本书中涉及的元件符号由于软件原因，保留了原有符号，以便于和软件保持一致。

为方便读者学习，本书提供各章的应用案例，可到清华大学出版社网站（http://www.tup.tsinghua.edu.cn/index.html）下载。

由于编者水平有限，本书涉及知识广，而时间有限，因此书中难免存在不妥之处，敬请读者批评指正。

编者

目　录

上篇　NI Multisim 14 软件基础

上篇　NI Multisim 14 软件基础

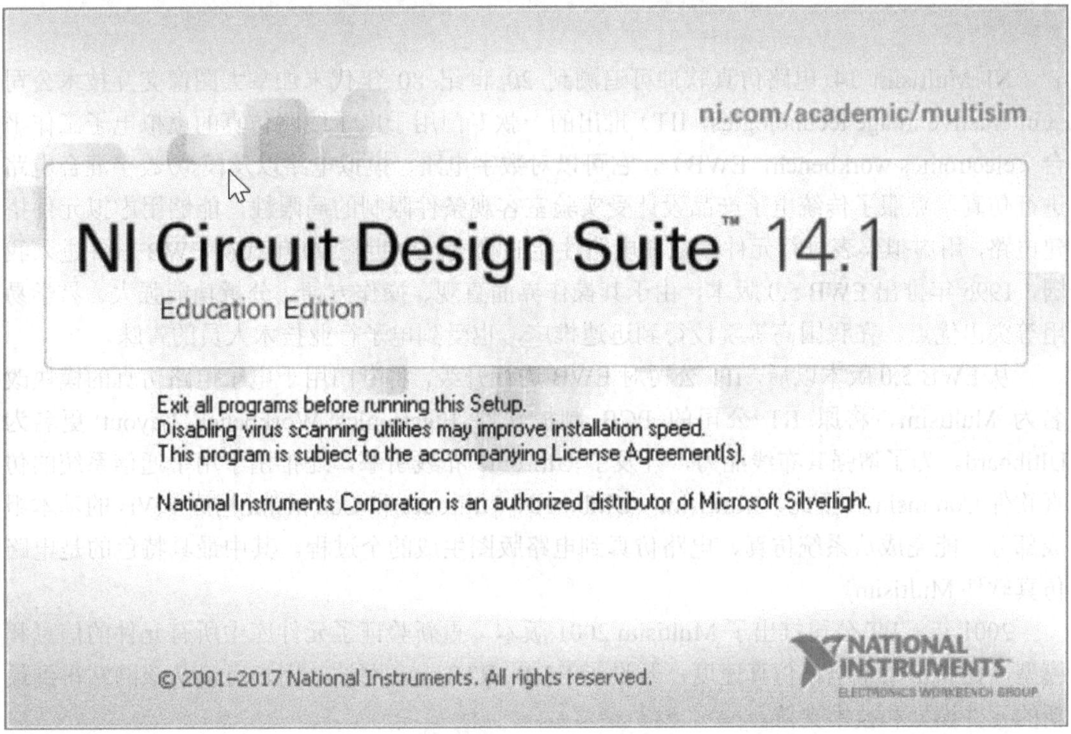
ni.com/academic/multisim
NI Circuit Design Suite™ 14.1
Education Edition
Exit all programs before running this Setup.
Disabling virus scanning utilities may improve installation speed.
This program is subject to the accompanying License Agreement(s).
National Instruments Corporation is an authorized distributor of Microsoft Silverlight.
© 2001–2017 National Instruments. All rights reserved.
NATIONAL INSTRUMENTS
ELECTRONICS WORKBENCH GROUP

第 1 章　NI Multisim 14 概述

NI Multisim 14 是美国国家仪器有限公司（National Instrument，NI）推出的以 Windows 为基础、符合工业标准的、具有 SPICE 最佳仿真环境的电路设计套件。该电路设计套件含有 NI Multisim 14 和 NI Ultiboard 14 两个软件，能够实现电路原理图的图形输入、电路硬件描述语言输入、电子线路和单片机仿真、虚拟仪器测试、多种性能分析、PCB 布局布线和基本机械 CAD 设计等功能。本章主要介绍 NI Multisim 14 电路仿真软件的发展历程、使用环境、安装过程、用户界面和主要特点等内容。

1.1　NI Multisim 14 的发展历程

NI Multisim 14 电路仿真软件可追溯到 20 世纪 80 年代末加拿大图像交互技术公司（interactive image technologies，IIT）推出的一款专门用于电子线路仿真的虚拟电子工作平台（electronics workbench，EWB），它可以对数字电路、模拟电路以及模拟/数字混合电路进行仿真，克服了传统电子产品设计受实验室客观条件限制的局限性，能够用虚拟元件搭建电路，用虚拟仪表进行元件参数和电路性能的测试。20 世纪 90 年代初 EWB 软件进入我国，1996 年推出 EWB 5.0 版本，由于其操作界面直观、操作方便、分析功能强大、易学易用等突出优点，在我国高等院校得到迅速推广，也受到电子行业技术人员的青睐。

从 EWB 5.0 版本以后，IIT 公司对 EWB 进行升级，将专门用于电子电路仿真的模块改名为 Multisim，将原 IIT 公司的 PCB 制板软件 Electronics Workbench Layout 更名为 Ultiboard。为了增强其布线能力，开发了 Ultiroute 布线引擎，还推出了用于通信系统的仿真软件 Commsim。至此，Multisim、Ultiboard、Ultiroute 和 Commsim 构成 EWB 的基本组成部分，能完成从系统仿真、电路仿真到电路版图生成的全过程。其中最具特色的是电路仿真软件 Multisim。

2001 年，IIT 公司推出了 Multisim 2001 版本，重新验证了元件库中所有元件的信息和模型，提高了数字电路仿真速度，开设了 EdaPARTS.com 网站，用户可以从该网站得到最新的元件模型和技术支持。

2003 年，IIT 公司又对 Multisim 2001 进行了较大的改进，升级为 Multisim 7，其核心是基于带 XSPICE 扩展的伯克利 SPICE 的强大的工业标准 SPICE 引擎来加强数字仿真，提供了 19 种虚拟仪器，尤其是增加了 3D 元件以及安捷伦的万用表、示波器、函数信号发生器等仿实物的虚拟仪表，将电路仿真分析增加到 19 种，元件增加到 13 000 个；提供了专门用于射频电路仿真的元件模型库和仪表，以此搭建射频电路并进行实验，提高了射频电路仿真的准确性。此时，电路仿真软件 Multisim 7 已经非常成熟和稳定，是加拿大 IIT 公司在开拓电路仿真领域的一个里程碑。随后又推出 Multisim 8，增加了虚拟 Tektronix 示波器，仿真速度有了进一步提高，而仿真界面、虚拟仪表和分析功能都变化不大。

2005 年以后，加拿大 IIT 公司隶属于美国 NI 公司，并于 2005 年 12 月推出 Multisim 9。其仿真界面、元件调用方式、搭建电路、虚拟仿真、电路分析等方面沿袭了 EWB 的优良特色，但软件的内容和功能有了很大不同，将 NI 公司最具特色的 LabVIEW 仪表融入 Multisim 9，可以将实际 I/O 设备接入 Multisim 9，克服了原 Multisim 软件不能采集实际数据的缺陷。Multisim 9 还可以与 LabVIEW 软件交换数据，调用 LabVIEW 虚拟仪表，增加了 51 系列和 PIC 系列的单片机仿真功能，还增加了交通灯、传送带、显示终端等高级外设元件。

NI 公司于 2007 年 8 月发行 NI 系列电子电路设计套件（NI Circuit Design Suite 10），该套件含有电路仿真软件 NI Multisim 10 和 PCB 板制作软件 NI Ultiboard 10 两个软件。安装 NI Multisim 10 时，会同时安装 NI Ultiboard 10 软件，且两个软件位于同一路径下，给用户使用带来极大方便。NI Multisim 10 的启动画面也在 Multisim 前冠以 NI，还出现了 NI 公司的徽标和 NATIONAL INSTRUMENTS™ 字样。该套件增加了交互部件的鼠标单击控制、虚拟电子实验室虚拟仪表套件（NI ELVIS Ⅱ）、电流探针、单片机的 C 语言编程以及 6 个 NI ELVIS 仪表。

2010 年初，NI 公司正式推出 NI Multisim 11，新增了 Mircochip、Texas Instruments、Linear Technologies 等公司 550 多种元器件，使元件总数达到 17 000 余种，提升了可编程逻辑器件（PLD）原理图设计仿真与硬件实现一体化融合的性能。通过安装 NI ELVISmx 驱动软件 4.2.3 及以上版本，用户可以访问一个新的 NI ELVIS 仪器——波特图分析仪，以帮助学生分析其实际电路。新增 100 多种新型基本元器件，搭接电路后可直接生成 VHDL 代码。为了帮助用户熟悉仿真软件的使用，NI Multisim 11 自身携带了大量的实例，用户可以通过关键词或带有逻辑性的文件夹搜索所有范例，提高了 Multisim 原理图与 Ultiboard 布线之间的设计同步性与完整性。

2012 年 3 月，NI 公司正式推出 NI Multisim 12，添加了新的 SPICE 模型，LabVIEW 和 Multisim 结合得更加紧密，虚拟仪表和实际仪表面板完全相同，能动态交互显示。随后 2013 年 12 月，NI 公司正式推出 NI Multisim 13，2015 年 4 月 NI 公司推出 NI Multisim 14，目前最新版本是 2019 年 5 月发布的 NI Multisim 14.2.0，其主要特点如下。

（1）全新的主动分析模式可快速进行仿真分析。

（2）新建文件增加 5 个不同外设。

（3）支持多个 Digilent FPGA 型号板卡的数字逻辑设计。

（4）全新的 MPLAB 应用程序，实现微控制器的仿真分析。

（5）借助全新的 iPad 版 Multisim，随时随地进行电路仿真。

（6）不断引入先进半导体制造商的元件仿真模型，扩展模拟和混合模式应用。

（7）借助 NXP 和美国国际整流器公司的 MOSFET 和 IGBT，可进行电源电路的仿真分析。

（8）全新的基于网页访问技术的云端 Multisim Live，用户可以在 Multisim.com 上免费地进行电路仿真、分析、存储和共享。

1.2　NI Multisim 14 的安装

使用 NI Multisim 14 软件之前，首先要下载、安装 NI Multisim 14 软件。

1.2.1　NI Multisim 14 软件的下载

进入 NI 网站的程序下载界面（https://www.ni.com/zh-cn/support/downloads/），如图 1-1 所示。

在图 1-1 中的“软件环境”下拉菜单中选择 Multisim，在版本下拉菜单中选择 14.2，单击下载就会进入下载注册界面，如图 1-2 所示。

图 1-1　NI Multisim 14 软件下载界面

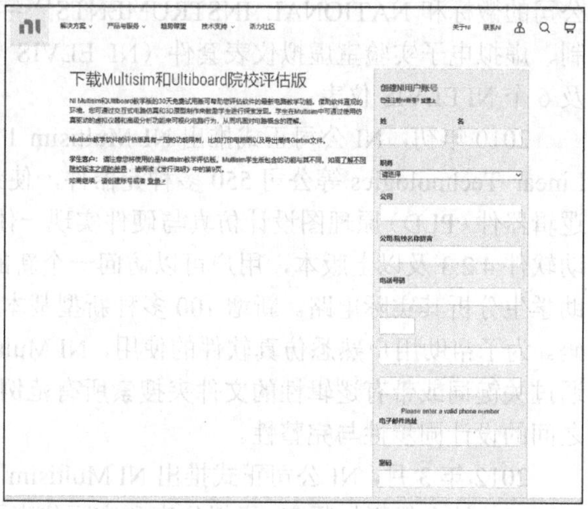

图 1-2　下载注册界面

注册完毕登录后，就弹出 NI Package Manger 下载界面，如图 1-3 所示。

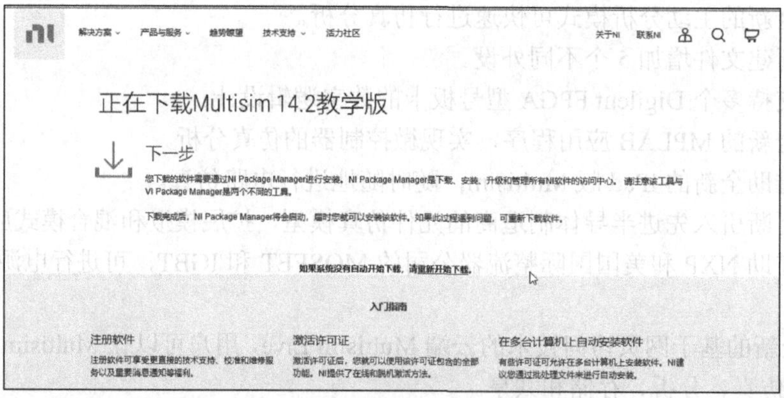

图 1-3　NI Package Manger 下载界面

注意

NI Package Manger 是 IN 软件的下载、安装、升级和管理的访问中心。

下载并安装 NI Package Manger 软件，弹出许可协议界面，如图 1-4 所示。

选择图 1-4 中“我接受上述许可协议”选项，弹出图 1-5 所示检查对话框。

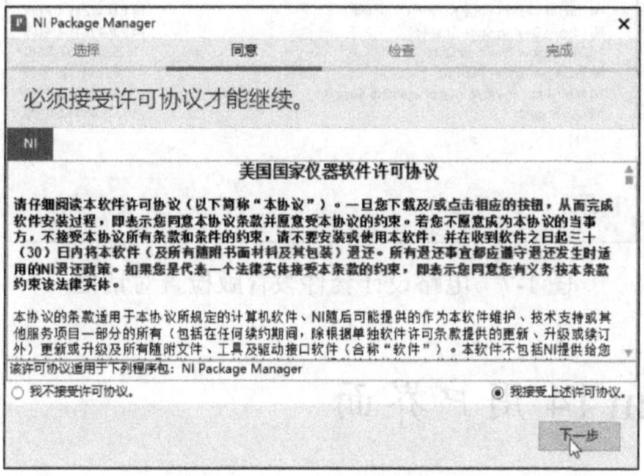

图 1-4　NI Package Manger 许可协议界面

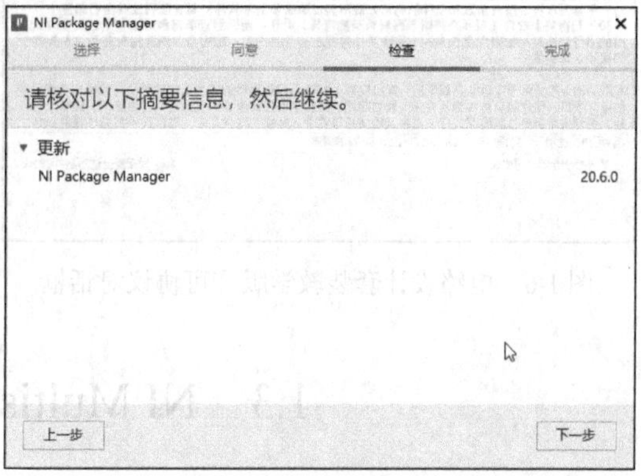

图 1-5　NI Package Manger 检查对话框

选择图 1-5 中“下一步”按钮，就进入 NI Package Manger 安装界面直至安装完毕。

1.2.2　NI Multisim 14.2 安装环境

NI Multisim 14.2 可以在 Windows 10、Windows 7（SP1）32-bit、Windows 7（SP1）64-bit、Windows 8.1、Windows Embedded Standard 7（SP1）、Windows Server 2008 R2（SP1）64-bit、Windows Server 2012 R2 64-bit 中安装，具体硬件环境要求如下。

- 奔腾 4M（或等效）或更新（32 bit）。
- 奔腾 4 G1（或等效）或更新（64bit）。
- 1 GB 内存。
- 2 GB 的可用硬盘空间。
- 1024×768 屏幕分辨率。
- 要开发基于 LabVIEW 的定制仪器，需要用于 Multisim，LabVIEW 2017、2018 或 2019 完整或专业开发系统。

1.2.3　NI Multisim 14.2 软件安装

执行下载的 ni-cds-educational_14.2_online_repack2 文件，就弹出电路设计套装教学版许可协议对话框，如图 1-6 所示。

选择图 1-6 中“我接受上述 2 条许可协议”选项，弹出如图 1-7 所示检查对话框。

选择图 1-7 中“下一步”按钮，就开始电路设计套件教育版（NI Multisim 14.2）的安装，最后重启计算机完成 NI Multisim 14.2 的安装。

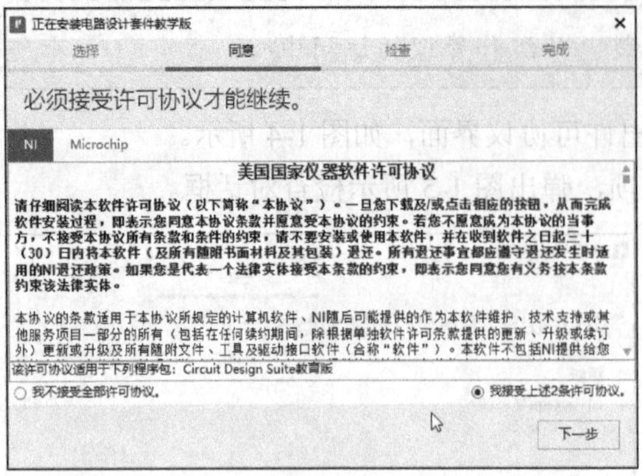

图 1-6　电路设计套装教学版许可协议对话框

图 1-7　电路设计套件教育版检查对话框

1.3　NI Multisim 14 用户界面

安装 NI Multisim 14.2 软件后，用户可以观察到在 Windows 窗口中开始»所有程序»National Instruments 下有 NI Multisim 14.2 和 NI Ultiboard 14.2，单击 NI Multisim 14.2 选项就会启动 NI Multisim 14，其界面如图 1-8 所示。

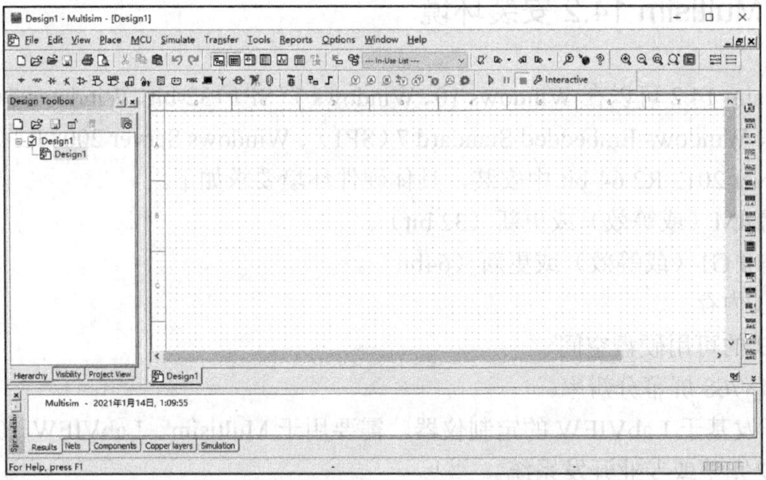

图 1-8　NI Multisim 14 界面

图 1-8 中第 1 行为菜单栏，包含电路仿真的各种命令。第 2、3 行为快捷工具栏，其上显示了电路仿真常用的命令，且都可以在菜单中找到对应的命令，可用菜单 View 下 Toolsbar 选项来显示或隐藏这些快捷工具。快捷工具栏的下方从左到右依次是设计工具箱、电路仿真工作区和仪表栏。设计工具箱用于操作设计项目中各种类型的文件（如原理图文件、PCB 文件、报告清单等），电路仿真工作区是用户搭建电路的区域，仪表栏显示了 NI Multisim 14 能够提供的各种仪表。最下方窗口是电子表格视窗，主要用于快速地显示编辑元件的参数，

如封装、参考值、属性和设计约束条件等。

NI Multisim 14 的菜单栏包括 File、Edit、View、Place、MCU、Simulate、Transfer、Tools、Reports、Options、Window 和 Help 12 个菜单。

（1）File 菜单：主要用于 NI Multisim 14 创建电路文件的管理，其命令与 Windows 中其他应用软件基本相同。NI Multisim 14 增强了 Project 的管理，比如新建一个设计，可以是空白 degign、ELVIS I design、PLD design，还可以是已安装的模板，比如 NI 9683 GPIC、NI myDAQ、myRIO Dual MXP 等。

（2）Edit 菜单：主要对电路窗口中的电路或元件进行删除、复制或选择等操作，如 Undo、Redo、Cut、Copy、Paste、Delete、Find 和 Select All 等命令。这些与其他应用软件基本相同，在此不再赘述。

（3）View 菜单：用于显示或隐藏电路窗口中的某些内容（如工具栏、栅格、纸张边界等）。

（4）Place 菜单：用于在电路窗口中放置元件、节点、总线、文本或图形等。其菜单下主要命令的功能如下。

- Component…：放置元件。
- Probe：放置探针（测量电压、电流或功率）。
- Junction：放置节点。
- Wire：放置导线。
- Bus：放置总线。
- Connectors：给子电路或分层模块内部电路添加所需要的电路连接器。
- New Hierarchical Block…：建立一个新的分层模块（此模块是只含有输入、输出节点的空白电路）。
- Hierarchical Block from File…：调用一个*.mp14 文件，并以分层电路的形式放入当前电路中。
- New Subcircuit…：创建一个新子电路。
- Replace by Subcircuit…：用一个子电路替代所选择的电路。
- New PLD Subcircuit…：创建一个新 PLD 子电路。
- New PLD Hierarchical Block…：创建一个新 PLD 电路。
- Multi-Page…：增加多页电路中的一个电路图。
- Bus Vector Connect…：放置总线矢量连接。
- Comment：放置注释。
- Text：放置文本。
- Graphics：放置直线、折线、长方形、椭圆、圆弧、多变形等图形。
- Title Block…：放置一个标题栏。
- Place Ladder Rungs：放置阶梯格。

（5）MCU 菜单：提供 MCU 调试的各种命令。其菜单下各命令的功能如下。

- No MCU component found：尚未创建 MCU 器件。

- Debug view format：调试格式。
- MCU windows…：显示 MCU 各种信息窗口。
- Line numbers：显示线路数目。
- Pause：暂停。
- Step into：进入。
- Step over：跨过。
- Step out：离开。
- Run to cursor：运行到指针。
- Toggle breakpoint：设置断点。
- Remove all breakpoints：取消所有断点。

（6）Simulate 菜单：主要用于仿真的设置与操作。其菜单下各命令的功能如下。

- Run：启动当前电路的仿真。
- Pause：暂停当前电路的仿真。
- Stop：停止仿真。
- Analyses and simulation：对当前电路进行电路分析选择。
- Instruments：在当前电路窗口中放置仪表。
- Mixed-mode simulation settings：混合模式仿真参数设置。
- Probe settings：探针设置。
- Reverse probe direction：反转探针方向。
- Locate reference probe：定位探针参考点。
- NI ELVIS Ⅱ simulation settings：NI ELVIS Ⅱ仿真参数设置。
- Postprocessor：对电路分析进行后处理。
- Simulation error log/audit trail：仿真错误记录/审计追踪
- Xspice command line interface：显示 Xspice 命令行窗口。
- Load simulation settings：加载仿真设置。
- Save simulation settings：保存仿真设置。
- Auto fault option：设置电路元件发生故障的数目和类型。
- Clear Instrument Data：清除仪表数据。
- Use Tolerances：使用元件容差值。

（7）Transfer 菜单：用于将 NI Multisim 14 的电路文件或仿真结果输出到其他应用软件。其菜单下各命令的功能如下。

- Transfer to Ultiboard：转换到 Ultiboard 14.2 或低版本的 Ultiboard。
- Forward Annotate to Ultiboard：将 NI Mutisim 14 中电路元件注释的变动传送到 NI Ultiboard 14.2 或低版本的 Ultiboard 的电路文件中，使 PCB 板的元件注释也做相应的变化。
- Backannotate from file…：将 NI Ultiboard 14.2 中电路元件注释的变动传送到 NI Mutisim 14.2 的电路文件中，使电路图中元件注释也做相应的变化。

- Transfer to other PCB layout file：转换到其他印刷电路板设计软件文件。
- Export netlist…：输出网表文件。
- Highlight Selection in Ultiboard：对所选择的元件在 Ultiboard 电路中以高亮度显示。

（8）Tools 菜单：用于编辑或管理元件库或元件。其菜单下各命令的功能如下。

- Component Wizard：创建元件向导。
- Database：元件库有关操作。
- Variant manger：变量管理。
- Set active variant：设置有效的变量。
- Circuit wizards：创建电路向导。
- SPICE netlist viewer：对 SPICE 网表视窗中的网表文件进行保存、选择、复制、打印、再次产生等操作。
- Advanced RefDes configuration：优化集成电路和门的个数。
- Replace components：替换元件。
- Update components：更新电路元件。
- Update subsheet symbols：更新子电路的符号。
- Electrical rulers check：电气特性规则检查。
- Clear ERC markers：清除 ERC 标志。
- Toggle NC marker：绑定 NC 标志。
- Symbol Editor：符号编辑器。
- Title Block Editor：标题栏编辑器。
- Description Box Editor：描述框编辑器。
- Capture screen area：捕获屏幕区域。
- View Breadboard：显示虚拟面板。
- Online design resource：在线设计资源。
- Education website：教育网页。

（9）Reports 菜单：产生当前电路的各种报告。

（10）Options 菜单：用于定制电路的界面和某些功能的设置。其菜单下各命令的功能如下。

- Global options：全局参数设置。
- Sheet properties ：电路工作区属性设置。
- Global restrictions…：利用口令，对其他用户设置 NI Multisim 14 某些功能的全局限制。
- Circuit restrictions…：利用口令，对其他用户设置特定电路功能的全局限制。
- Simplified version：简化版本。
- Lock toolbars：锁定工具条。
- Customize interface：对 NI Multisim 14 用户界面进行个性化设计。

（11）Window 菜单：用于控制 NI Mulitisim 11 窗口显示的命令，并列出所有被打开的文件。

（12）Help 菜单：为用户提供在线技术帮助和使用指导。其菜单下各命令的功能如下。

- Multisim help ：NI Multisim 14.2 的帮助文档。
- NI ELVISmx help：NI ELVISmx 的帮助文档。
- Getting Started：快速入门。
- New features and Improvements：新特征和改进之处。
- Pruduct tiers：产品对照表。
- Patents：专利说明。
- Find examples…：查找范例。用户可以使用关键词或按主题快速、方便浏览、定位范例文件。
- About Multisim…：有关 NI Multisim 的说明。

1.4　NI Multisim 14 版本

Multisim 仿真软件自 20 世纪 80 年代产生以来，已经过数个版本的不断升级，每个版本又分为教育版和专业版，专业版又分为基础专业版、完全专业版和增强专业版。NI Multisim 14.2 的各种版本对比见表 1-1。

表 1-1　NI Multisim 14.2 的各种版本对比

项　目	专 业 版			教 育 版	
	Base	Full	Power Pro	Education	Student
原理图建立					
高级元件搜索	√	√	√	√	√
自动保存	√	√	√	√	√
元件放一起自动连线	√	√	√	√	√
元件引脚放置连线上自动连线	√	√	√	√	√
元件清单	√	√	√	√	
面包板	/	/	/	√	√
总线向量连接器	√	√	√	√	
总线	√	√	√	√	√
电路约束	/	/	√	√	√
在原理图上放置注释	√	√	√	√	√
元件详细报告	√	√	√	√	
元件编辑	√	√	√	√	√
元件创建向导	√	√	√	√	√
分层电路连接器	√	√	√	√	√
页连接端口	√	√	√	√	
驱动约束			√	√	

续表

项　　目	专 业 版			教 育 版	
	Base	Full	Power Pro	Education	Student
企业数据库	√	√	√	√	
交叉探针			√	√	√
交叉引用报告	√	√	√	√	
定制的界面	√	√	√	√	√
在主数据库中自定义 RLC 引脚	√	√	√	√	
可定制/高级的元件清单			√	√	
描述框	√	√	√	√	√
编辑符号命令	√	√	√	√	√
电气规则检查	√	√	√	√	
嵌入式表格/问题-创建和编辑			√	√	
入式表格/问题-查看和回答	√	√	√	√	√
ERC 扫描设置	√	√	√	√	
导出到 Mentor PADS 格式	√	√	√	√	
导出到第三方印刷电路板格式	√	√	√	√	
导出/导入数据库元件			√	√	
导出/导入数据库用户字段			√	√	
导出/打印电子表格			√	√	
快速自动连接无源元件	√	√	√	√	√
前向/后向注释	√	√	√	√	√
全局约束条件	/	/	/	√	√
图形注释	√	√	√	√	√
图形标记无连接引脚			√	√	
分层块	√	√	√	√	
增强 ERC-无连接引脚	√	√	√	√	
增强发现功能	√	√	√	√	
增强各种管理/查看			√	√	
前期文件打开	√	√	√	√	√
合并/转换数据库	√	√	√	√	√
多页电路图设计	√	√	√	√	
打开多个设计文件	√	√	√	√	
Multisim 导入	√	√	√	√	√
网表报告	√	√	√	√	
OrCAD 输入	√	√	√	√	
打开 EDA 元件库导入（*.oecl）	√	√	√	√	√

续表

项　目	专 业 版			教 育 版	
	Base	Full	Power Pro	Education	Student
PCB 设置	√	√	√	√	√
引脚/门替换			√	√	
PLD/VHDL 输出	/	/	/	√	√
PLD 分层块	/	/	/	√	
项目管理	√	√	√	√	
项目打包	√	√	√	√	
带网线移动元件	√	√	√	√	√
将工作区元件保存到数据库	√	√	√	√	
原理图统计报告			√	√	
截屏	√	√	√	√	√
简约版本	/	/	/	√	
片段的创建			√	√	√
片段的打开	√	√	√	√	√
电子表格视图			√	√	
电子表格-PCB 相关的字段			√	√	
标准元件搜索	√	√	√	√	√
悬空走线	√	√	√	√	√
子电路	√	√	√	√	√
符号编辑器	√	√	√	√	√
模板的创建			√	√	
模板的打开（*.mst）	√	√	√	√	√
标题栏	√	√	√	√	√
标题栏的编辑	√	√	√	√	√
用户数据库	√	√	√	√	√
用户定义的字段	√	√	√	√	
元件清单中用户定义的字段	√	√	√	√	
变量支持			√	√	
虚拟 ELVIS Ⅰ & Ⅱ原理图	/	/	/	√	√
虚拟 ELVIS Ⅱ工具栏（依赖于 ELVISmx 安装）		√	√	√	√
虚拟 myDAQ 原理图	/	/	/	√	√
虚拟工具栏	√	√	√	√	√
虚拟连线（按节点名）	√	√	√	√	√

续表

项　目	专 业 版			教 育 版	
	Base	Full	Power Pro	Education	Student
仿真					
增强的电感元件	√	√	√	√	
元件烧毁		√	√	√	√
从 DLL 加载代码模型			√	√	
交互仿真中的元件公差		√	√	√	√
辅助收敛	√	√	√	√	√
描述框与仿真同步		√	√	√	√
分析中的表达式		√	√	√	√
记录仪	√	√	√	√	√
记录仪-数字显示		√	√	√	√
生成网表时在元件中插入错误		√	√	√	√
LabVIEW 仪器	√	√	√	√	√
LabVIEW-Multisim 协同仿真		√	√	√	√
LVM 和 TDM 数据文件作为源文件	√	√	√	√	√
LVM 和 TDM 文件导出	√	√	√	√	√
单片机模块		√	√	√	√
MCU 模块-机器代码限制	无	无	无	无	无
模型制造商			√	√	
仪器案例	√	√	√	√	√
记录器中的多重叠轨迹	√	√	√	√	√
后处理器		√	√	√	√
记录仪的精密坐标	√	√	√	√	√
真实的 I/O 器件-麦克风和扬声器		√	√	√	√
射频设计模块	17	76	√	√	√
保存/加载仿真配置文件		√	√	√	
Spice 矩阵导出		√	√	√	
VHDL 仿真	√	√	√	√	√
虚拟的、交互式的、动画的元件	√	√	√	√	√
555 定时器向导			√	√	
CE BJT 放大器向导			√	√	
滤波器向导			√	√	
运算放大器向导			√	√	
XSpice 命令行界面			√	√	

续表

项　目	专业版			教　育　版	
	Base	Full	Power Pro	Education	Student
其他参数					
Multisim API			√	√	
放置元件限制	无	无	无	无	50
打印电路	√	√	√	√	√
打印电路设置-有效页和子页选择	√	√	√	√	√
保存电路	√	√	√	√	√
分析					
AC 分析		√	√	√	√
AC 单频分析		√	√	√	√
批处理分析			√	√	
直流工作点分析		√	√	√	√
直流扫描分析		√	√	√	√
失真度分析		√	√	√	√
傅里叶分析		√	√	√	√
交互分析	√	√	√	√	√
蒙特卡罗分析		√	√	√	√
嵌套扫描分析			√	√	√
噪声分析		√	√	√	
噪声系数分析			√	√	√
参数扫描分析		√	√	√	√
极零点分析		√	√	√	
灵敏度分析		√	√	√	
温度扫描分析		√	√	√	√
线宽分析		√	√	√	
传递函数分析		√	√	√	
瞬态分析		√	√	√	√
用户定义分析			√	√	
最坏情况分析		√	√	√	√
仪器					
2 通道示波器	√	√	√	√	√
4 通道示波器	√	√	√	√	√
Agilent 函数发生器			√	√	√
Agilent 万用表		√	√	√	√
Agilent 示波器			√	√	√

续表

项　目	专　业　版			教　育　版	
	Base	Full	Power Pro	Education	Student
安培表		√	√	√	√
波特图仪	√	√	√	√	√
电流夹具	√	√	√	√	√
失真分析仪		√	√	√	√
频率计数器		√	√	√	√
函数发生器	√	√	√	√	√
IV 分析仪	√	√	√	√	√
逻辑分析仪	√	√	√	√	√
逻辑转换器		√	√	√	√
探针	/	/	/	√	√
测量探针	√		√	√	√
万用表	√	√	√	√	√
网络分析仪			√	√	√
频谱分析仪			√	√	√
Tektroni 示波器			√	√	√
电压表		√	√	√	√
瓦特计	√	√	√	√	√
字信号发生器	√	√	√	√	√

注：√表示有该功能，无表示无此功能，具体数字表示含有该模块的个数。

习　　题

1-1　NI Multisim 14 仿真软件在电路设计中的作用是什么？它有哪些优点？

1-2　安装 NI Multisim 14 过程中，NI ELVISmx 模块的功能是什么？不安装对电路仿真有何影响？

1-3　NI Package Manger 软件的作用是什么？

1-4　NI Multisim 14 仿真软件能提供多少种虚拟仪表？

1-5　什么是子电路？什么是多页电路？它们有什么区别？

1-6　试在 NI Multisim 14 电路仿真工作区中创建如图 P1-1 所示电路，试分析其功能，并进行仿真分析。

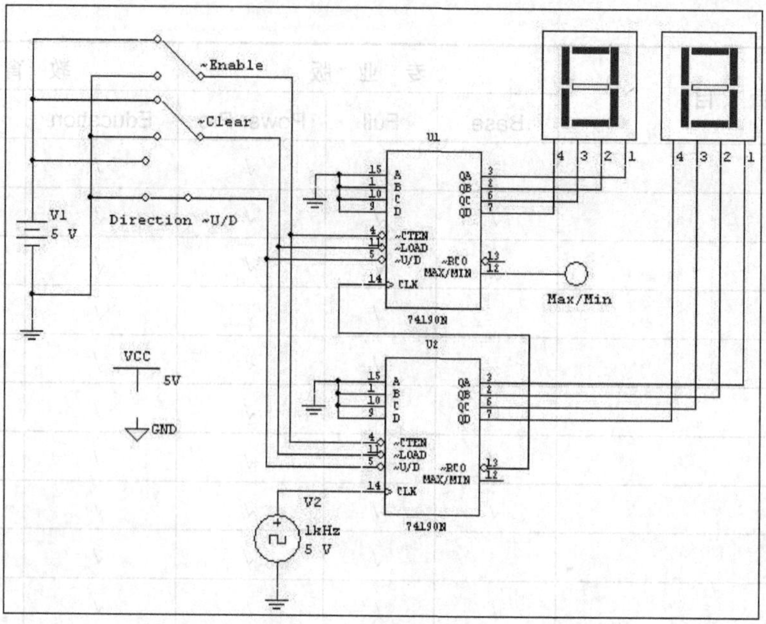

图 P1-1　习题 1-6 电路图

1-7　试在 NI Multisim 14 电路仿真工作区中创建如图 P1-2 所示电路，试用示波器观察输入、输出波形。

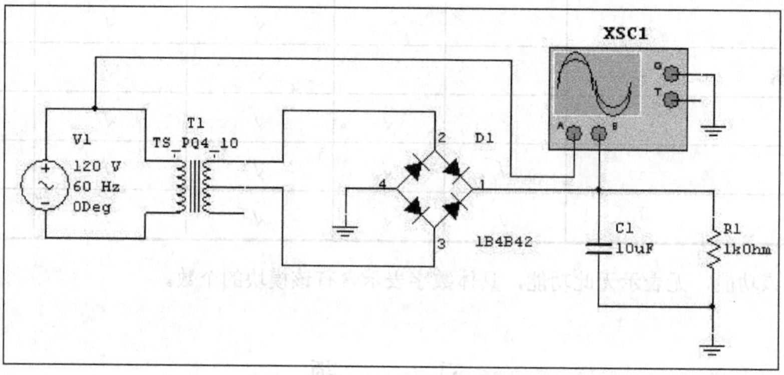

图 P1-2　习题 1-7 电路图

第 2 章　NI Multisim 14 快速入门

为了更好地说明 NI Multisim 14 在电路设计、电路仿真以及实际电路搭建等方面带来的好处，下面以一个实例由浅入深地介绍利用 NI Multisim 14 创建电路、协助电路设计、进行电路仿真、利用虚拟仪表观察电路节点波形、分析电路性能指标、使用教学实验室虚拟仪表套件（NI ELVIS）等内容，为全面掌握 NI Multisim 14 功能打下良好的基础。

2.1　电 路 设 计

设计题目：设计一个音频信号放大器。

性能指标要求：在 3 kHz 处电压增益为|150|±15，输入阻抗大于或等于 1 MΩ，放大器的负载为 8 Ω 扬声器，通过 1200∶8 的匹配变压器接入放大器的输出端，电源电压为+15 V。

设计思想：

（1）由于电压增益较大，故采用多级放大器级联方式（在此取 3 级）；

（2）由于放大的信号为音频信号，故级间耦合电容可取 10 μF，音频旁路电容可取 100 μF；

（3）由于输入阻抗大于或等于 1 MΩ，故第一级放大电路采用场效应管组成的放大电路；

（4）放大器输出通过 1200∶8 匹配变压器接 8 Ω 扬声器，则放大器输出的等效负载为 1200 Ω；

（5）+15 V 直流电压源可由 NI ELVIS 平台的固定电源提供。

由此可得到电路设计框图，如图 2-1 所示。

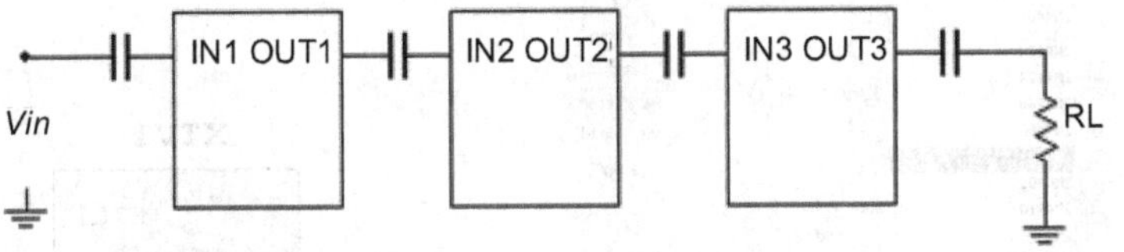

图 2-1　音频放大电路设计框图

每级电压增益依赖于该级的负载电阻，而每级负载电阻又由下一级的电路决定。因此，为了获得每级的负载电阻值（R_L），最好从最后一级向前逐级设计。具体设计步骤如下。

2.1.1　第三级放大电路的设计

第三级放大电路选择共发射极三极管放大电路，其电路形式如图 2-2 所示。

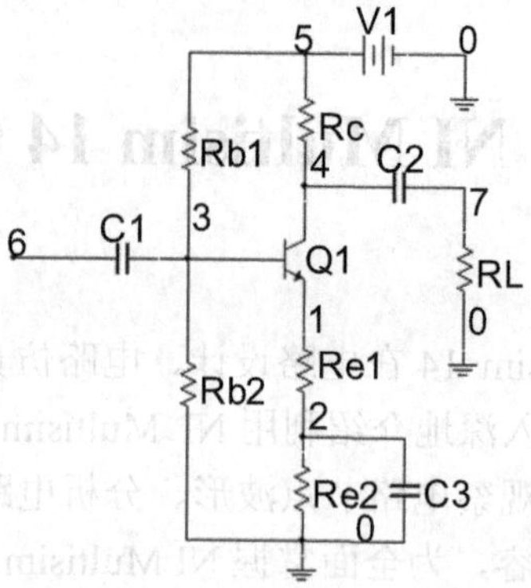

图 2-2　共发射极三极管放大电路

在图 2-2 中，C_1、C_2 为级间耦合电容，C_3 为音频旁路电容。

（1）选择三极管。在此可选择通用型 NPN 晶体管，如 2N4401。

（2）确定静态工作点。选择适当的静态工作点可确保晶体管对信号不失真放大。在此可借助 NI Multisim 14 来选择合适的静态工作点。具体步骤如下。

①启动 NI Multisim 14 仿真软件。

②执行菜单命令 Place»Component，弹出 Select a Component 对话框。在 Group 下拉菜单中选择 Transistors，在 Component 窗口中选择 2N4401，如图 2-3 所示。

单击 OK 按钮，就会在 NI Multisim 14 电路仿真工作区放置一个型号为 2N4401 的三极管。

③在 NI Multisim 14 电路仿真工作区右侧仪表列中，单击鼠标左键选择 IV-analyzer 仪表，移动鼠标将被选择的 IV-analysis 仪表放置在工作区合适的位置；移动鼠标到 2N4401 晶体管的引脚，鼠标就会变成带十字线的黑点，单击鼠标左键就可连线，到目标引脚处又会出现带十字线的黑点，再次单击鼠标左键就会完成一次连线。连接好的电路如图 2-4 所示。

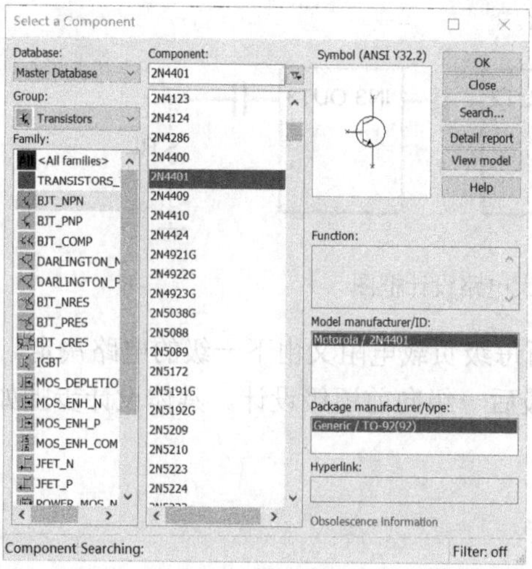

图 2-3　选择 2N4401 晶体管

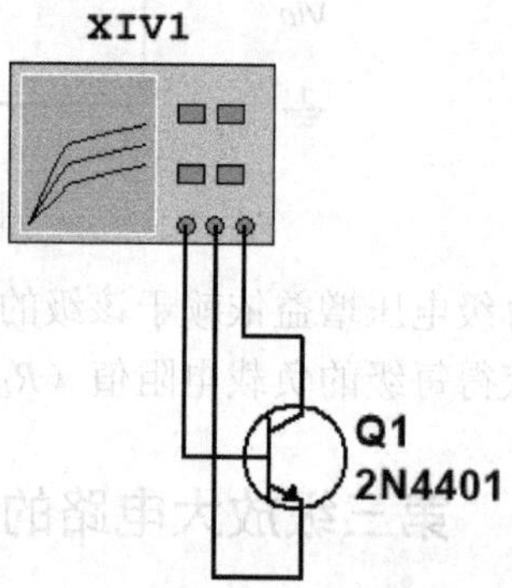

图 2-4　测试晶体管输出特性曲线

④双击 IV-analyzer 仪表，弹出 IV-analyzer 仪表显示面板，选择 Components 下拉菜单中 BJT NPN 选项，仪表显示面板的右下角就会显示三极管的引脚连接方法。单击显示面板中的 Simulate param.按钮，弹出 Simulate Parameters 对话框，设置好的对话框如图 2-5 所示。

⑤设置 Simulate Parameters 对话框后，单击 OK 按钮，返回 IV-analyzer 仪表显示面板。执行菜单命令 Simulate»Run，IV-analysis 仪表显示面板显示被测晶体管的输出特性，如图 2-6 所示。

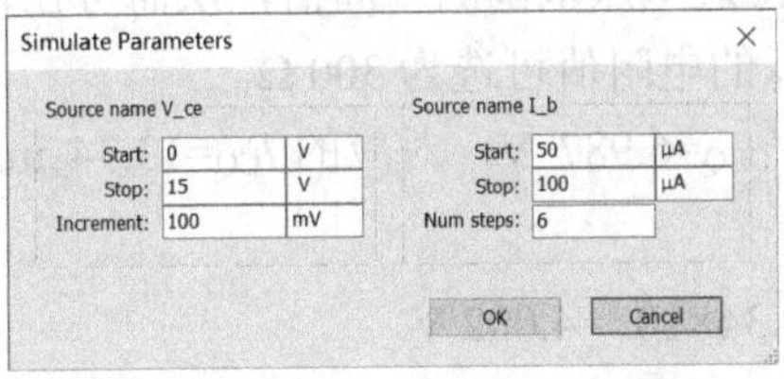

图 2-5　Simulate Parameters 对话框

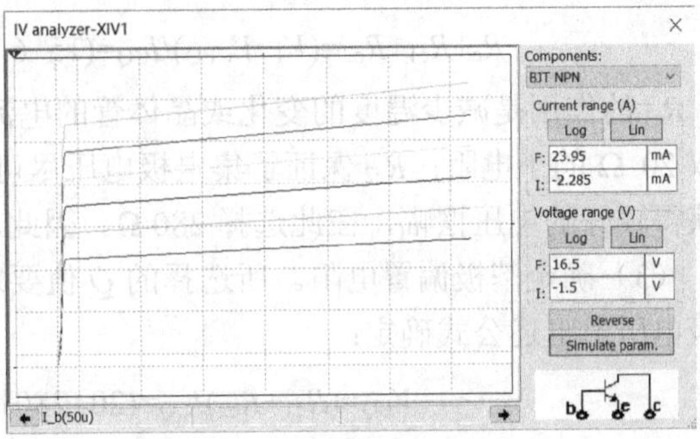

图 2-6　晶体管的输出特性

注意

若显示屏为黑底彩色曲线，单击 IV-analyzer 仪表面板右侧的 Reverse 按钮，则会变成白底彩色曲线。

⑥将鼠标放置在 IV-analyzer 仪表显示屏，单击鼠标右键弹出对应的快捷菜单，执行快捷菜单中 Select a Trace 命令，弹出 Select a Trace 对话框，如图 2-7 所示。

⑦在 Select a Trace 对话框中的 Trace 下拉菜单中选择 I_b（70 u）。选择完毕单击 OK 按钮，拖动 IV-analysis 仪表显示屏左侧的游标，则在显示屏的下方显示 I_b=70 μA 对应的输出特性曲线值。

⑧为了获取合适的静态工作点，本例选择 V_{CEQ}=6.9872 V。将鼠标指向 IV-analyzer 仪表显示屏左侧游标，单击鼠标右键，弹出对应的快捷命令菜单。执行快捷命令 Set X Value，弹出 Set X Value on Crosshair_1 对话框，在其对话框中设置数值 6.9872。设置完毕单击 OK 按钮返回 IV-analyzer 仪表显示屏，如图 2-8 所示。

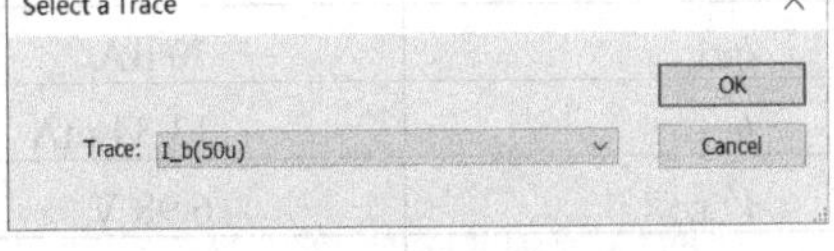

图 2-7　Select a Trace 对话框

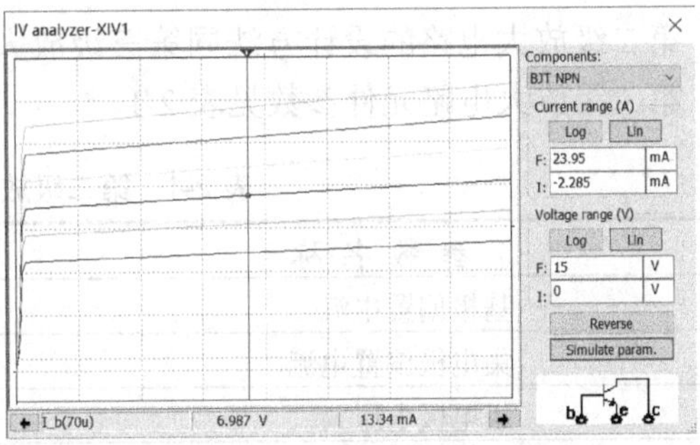

图 2-8　IV-analyzer 仪表显示屏

注意

在 IV-analyzer 仪表显示屏单击右键选择 Show select marks on trace 命令，就会在 I_b=70 μA 曲线上显示小三角标志。

由 IV-analyzer 仪表显示屏可知，当 I_b=70 μA，V_{CEQ}=6.987 V 时，I_{CQ}=13.34 mA。

由图 2-2 所示电路可知：

$$R_c+R_{e1}+R_{e2}=(V_1-V_{CEQ})/I_{CQ}=(15-6.9872)/13.34\times10^{-3}=600.66\ \Omega$$

R_{e1} 的作用是减少温度的变化或晶体管的电流放大倍数的分散性对电路 Q 点的影响，在此取 20 Ω 的小电阻；R_{e2} 保证了集电极电压尽可能接近电压范围的中间值，从而可在输出端获得较好的电压摆幅，在此选择 280 Ω。因此，R_c 的电阻值可选为 300 Ω。

（3）确定基极偏置电阻。所选择的 Q 值要求 V_{CEQ}=6.987 V，对应的 I_{CQ}=13.34 mA。基极电压由下述公式确定：

$$V_{EQ}=(R_{e1}+R_{e2})I_{CQ}=(20+280)\times13.34\times10^{-3}=4.002\ \text{V}$$

由此可推知：

$$V_{BQ}=V_{EQ}+0.7\ \text{V}=4.702\ \text{V}$$

为了正确地偏置晶体管的基极，我们依据分压原理和通用设计准则来选择 R_{b1} 和 R_{b2} 值：

$$V_1/(R_{b1}+R_{b2})=I_{CQ}/10$$

可选择 R_{b1} 值为 6700 Ω，R_{b2} 值为 3300 Ω。

（4）确定输入阻抗。假设 β 值为 150 Ω，在交流状态时，共发射极 BJT 放大器的输入阻抗由下式确定：

$$R_i=R_{b1}//R_{b2}//[r_{be}+(1+\beta)R_{e1}]=1363\ \Omega$$

（5）确定电压增益。在交流状态，发射极电容将会被短路，共发射极晶体管放大器的电压增益由下式确定：

$$A_V=-\beta(R_L//R_C)/[r_{be}+(1+\beta)R_{e1}]=-10.84。$$

2.1.2　第二级放大电路的设计

第二级放大电路的设计方法同第三级放大电路的设计结构也相同，只是元件的取值不同。第二级放大电路元件参数见表 2-1。

表 2-1　第二级放大电路元件参数

参 数 名 称	参 数 符 号	数　值
基极偏置电流	I_{BQ}	70 μA
集电极偏置电流	I_{CQ}	13.34 mA
集电极电压	V_{CEQ}	6.98 V
集电极电阻	R_C	150 Ω

续表

参 数 名 称	参 数 符 号	数　值
发射极电阻 1	R_{e1}	20 Ω
发射极电阻 2	R_{e2}	430 Ω
发射极旁路电容	C_e	100 μF
基极偏置电阻 1	R_{b1}	22 kΩ
基极偏置电阻 2	R_{b2}	22 kΩ
输入输出耦合电容	C_{IN}、C_{OUT}	10 μF
电压增益	A_V	6.1
输入电阻	R_i	2472 Ω
负载电阻	R_L	1039 Ω

2.1.3　第一级放大电路的设计

第一级放大电路选用共源极场效应放大电路，其设计方法参见有关资料，设计好的电路如图 2-9 所示，其参数见表 2-2。

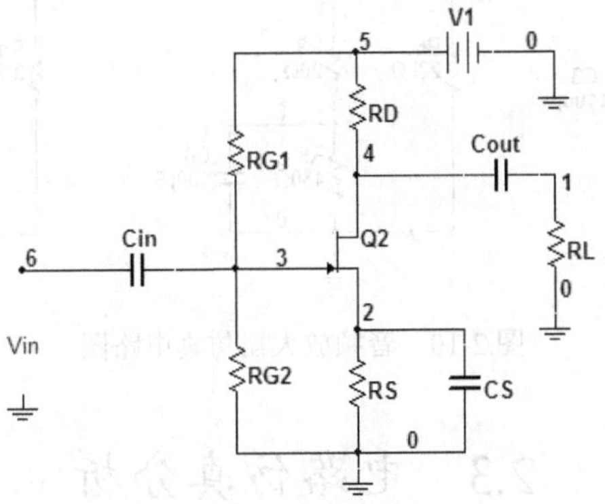

图 2-9　共源极场效应放大电路

表 2-2　第一级放大电路元件参数

参 数 名 称	参 数 符 号	数　值
栅极电阻 1	R_{G1}	2 MΩ
栅极电阻 2	R_{G1}	2 MΩ
输入电阻	R_i	1 MΩ
栅极电压	V_G	7.5 V
漏极电阻	R_D	168 Ω
源极电阻	R_S	1500 Ω
源极电容	C_S	100 μF
输入电容	C_{in}	10 μF
负载电阻	R_L	2594 Ω
电压增益	A_V	2.2

2.2　创建仿真电路

完成音频放大电路的设计后，接下来的任务就是在 NI Multisim 14 电路仿真工作区中创建仿真电路图，放置元件的方法与 2.1 节放置晶体管 2N4401 的方法相同，即执行菜单命令 Place»Component，弹出 Select a Component 对话框，在 Group 下拉菜单中选择元件所在的类，在 Component 窗口中选择具体的型号即可。创建好的音频放大器仿真电路图如图 2-10 所示。

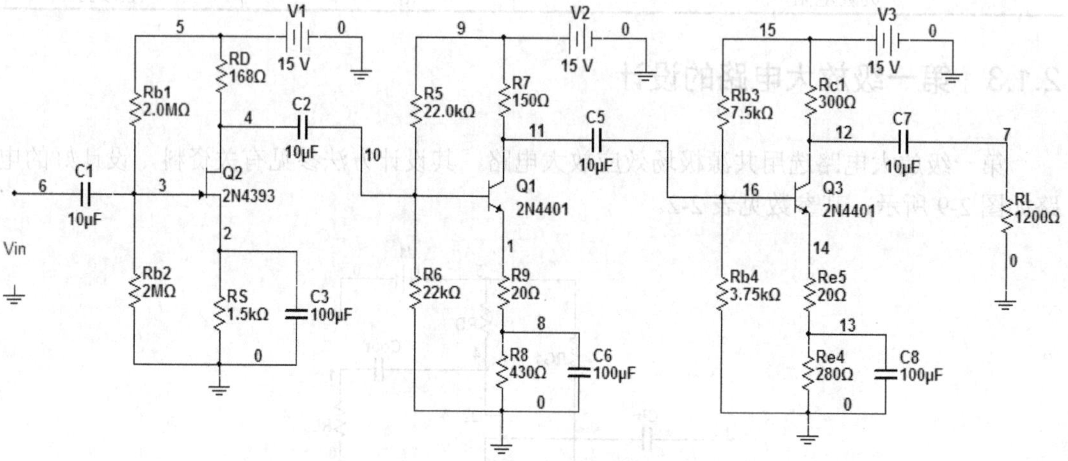

图 2-10　音频放大器仿真电路图

2.3　电路仿真分析

创建音频放大器仿真电路图后，就可利用 NI Multisim 14 提供的各种仿真工具对电路进行仿真分析。

2.3.1　利用虚拟仪表观察波形

在 NI Multisim 14 电路仿真工作区右侧仪表列中选择 Function generator（函数信号发生器），将其作为信号源接入音频放大电路输入端。双击 Function generator 图标，弹出 Function generator 参数设置面板，选择波形为正弦波，频率为 10 kHz，振幅为 200 mVp，设置好的参数如图 2-11 所示。

然后，在仪表列中选择 Oscilloscope（示波器），将通道 A 和通道 B 分别接到音频放大电路的输入、输出端。接好仪表的电路图如图 2-12 所示。

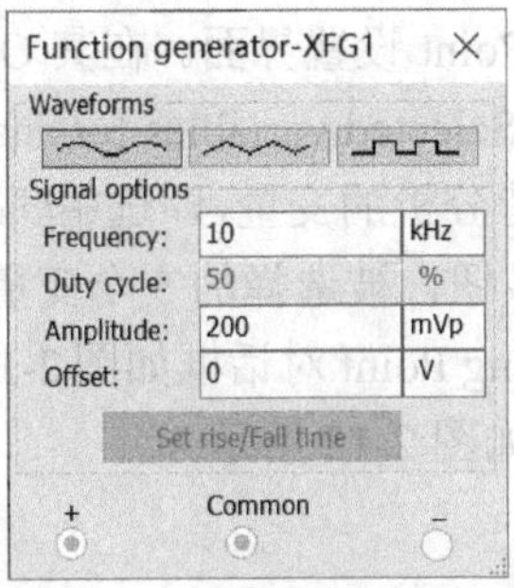

图 2-11　Function generator 参数设置面板

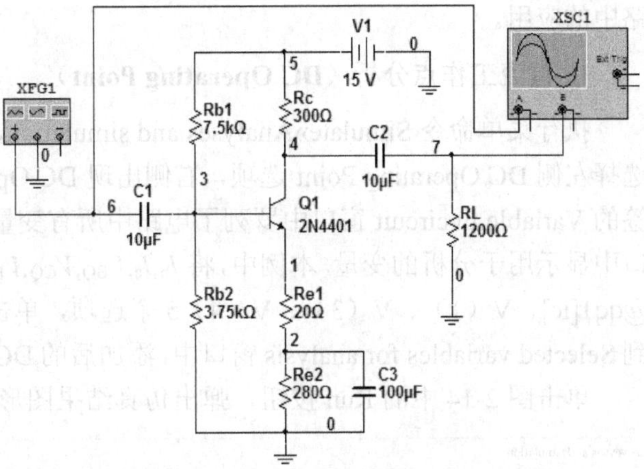

图 2-12　音频放大电路仪表测试

启动仿真按钮或执行菜单命令 Simulate»Run，双击示波器图标，弹出示波器面板，调节时间轴和 Y 轴衰减到合适数值以便清晰显示图像，单击仿真暂停按钮，移动示波器游标到输出波形的波峰和波谷处，示波器的显示结果如图 2-13 所示。

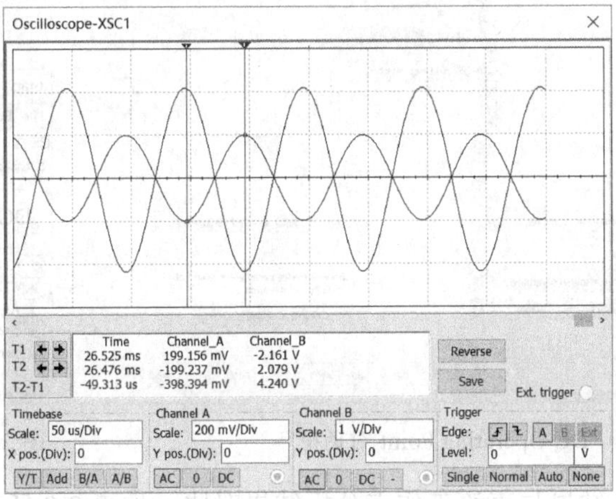

图 2-13　示波器的测试结果

由图 2-13 可见，输出波形的波峰和波谷的时间为 49.313 μs，Channel A 显示输入波形的峰峰值为 398.394 mV，Channel B 显示输出波形的峰峰值为 4.240 V。由测量数值可知：

输出波形的周期=2×49.313×10^{-6}=98.626 μs

电压增益=4.240 V/398.394 mV=10.64

可见，除测量误差和读数误差外，仿真结果与设计指标相符。

2.3.2　利用 NI Multisim 14 自带的仿真分析功能对电路进行指标分析

NI Multisim 14 仿真软件携带了 20 多种分析，可以对电路性能指标进行多方位的分析。下面以直流工作点分析和交流分析为例，说明 NI Multisim 14 仿真分析功能在音频放大电路中的应用。

1. 直流工作点分析（DC Operating Point）

执行菜单命令 Simulate»Analyses and simulation，弹出 Analyses and Simulation 对话框，选择左侧 DC Operating Point 选项，右侧出现 DC Operating Point 设置界面。在其 Output 标签的 Variable in circuit 窗口中罗列了电路中所有变量，右侧 Selected variables for analysis 窗口中显示用于分析的变量。本例中，将 I_b,I_c,V_{BQ},V_{CQ},V_{EQ} 作为待分析的变量，即选中@qq1[ib]、@qq1[ic]、V（1）、V（3）、V（4）5 个选项，单击 Add 按钮，被选择的 5 个变量就添加到 Selected variables for analysis 窗口中，添加后的 DC Operating Point 对话框如图 2-14 所示。

单击图 2-14 中的 Run 按钮，弹出仿真结果图形窗口，如图 2-15 所示。

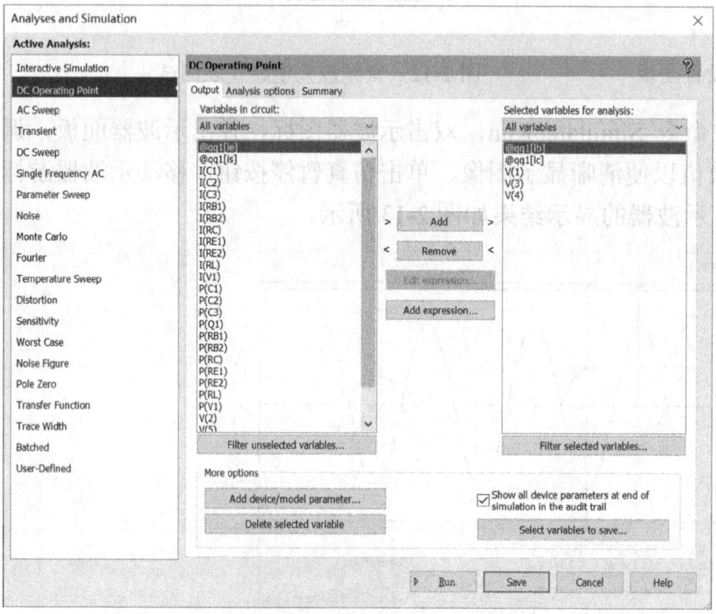

图 2-14　DC Operating Point 对话框

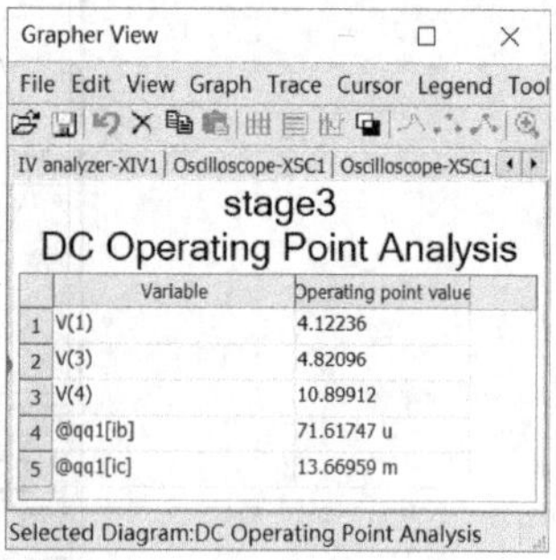

图 2-15　直流工作点分析结果

将 2.1 节理论设计结果与直流工作点分析结果对比，如表 2-3 所示。

表 2-3　理论设计与直流工作点分析结果对比

对 比 参 数	理论设计值	直流工作点分析值
I_b	70 μA	71.617 47 μA
I_c	13.34 mA	13.669 59 mA
V_{BQ}	4.702 V	4.820 96 V
V_{CQ}	4.002 V	4.122 36 V
V_{EQ}	10.989 V	10.899 12 V

由表 2-3 可见，5 个参数的理论设计值与直流工作点分析结果基本相符。

2. 交流分析（AC Analysis）

交流分析用于确定电路的频率响应，其结果是电路的幅频特性和相频特性。在进行交流分析之前，首先要给电路添加一个信号源，在此例放置一个交流信号源，其面板设置如图 2-16 所示。

设置交流信号源面板后，就可进行交流分析，即执行菜单命令 Simulate»Analyses and simulation，弹出 Analyses and Simulation 对话框，左侧选择 AC Sweep 选项，右侧 Frequency parameters 标签的各种参数设置如图 2-17 所示。

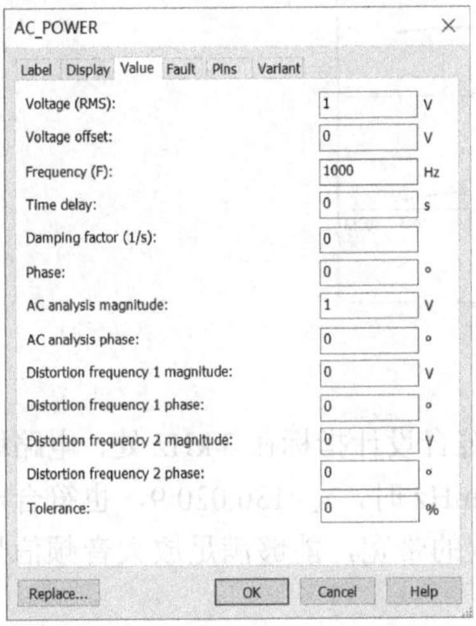

图 2-16　交流信号源面板设置

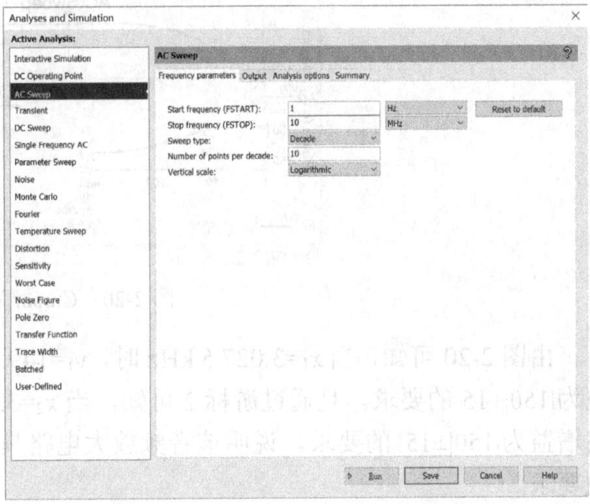

图 2-17　AC Sweep 对话框

单击 AC Sweep 对话框中的 Output 标签，选择电路输出节点为 V(7)。选择好的 Output 标签如图 2-18 所示。

设置完毕 Output 标签后，单击 Run 按钮，弹出 Grapher View 窗口，如图 2-19 所示。

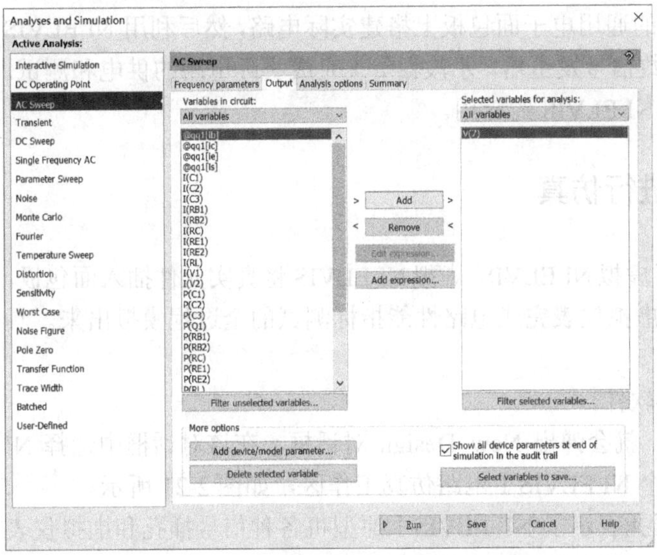

图 2-18　Output 标签

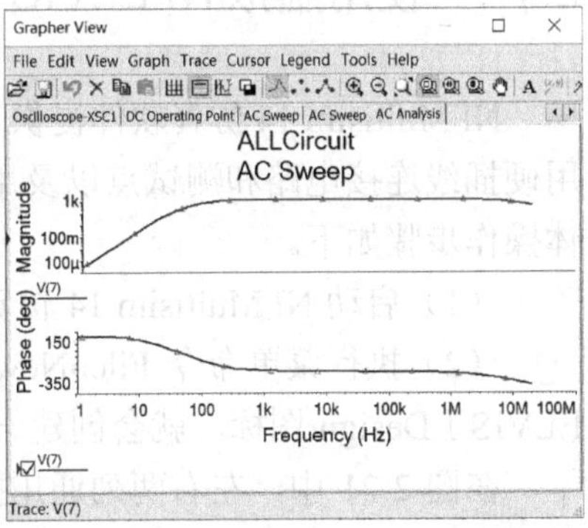

图 2-19　Grapher View 窗口

执行 Grapher View 窗口菜单命令 Cursor»Show Cursor，Grapher View 显示屏就会出现 2

个游标，同时弹出 Cursor 窗口，Cursor 窗口显示游标所处位置的参数。将游标 1 移动到 3 kHz 处，Cursor 窗口显示的参数如图 2-20 所示。

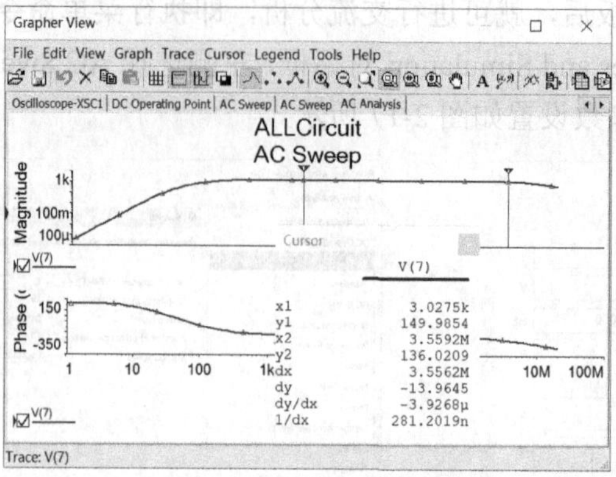

图 2-20　Cursor 窗口

由图 2-20 可知，当 x_1=3.027 5 kHz 时，y_1=149.985，符合设计指标在 3 kHz 处，电路增益为|150|±15 的要求。且通过游标 2 可知，当 x_2=3.559 2 mHz 时，y_2=136.020 9，也符合电路增益为|150|±15 的要求。说明该音频放大电路具有较宽的带宽，能够满足放大音频信号的要求。

2.4 NI ELVIS 的应用

美国 NI 公司将虚拟仪表与通用电子面包板结合起来，研制教学实验室虚拟仪表套件（NI ELVIS）。可以在 NI ELVIS 中的通用电子面包板上搭建实际电路，然后利用 NI ELVIS 自带的电源和数个虚拟仪表（如函数信号发生器、示波器等）完成实际电路的供电和测试。下面以音频放大电路为例具体说明 NI ELVIS 的应用。

2.4.1 使用虚拟 NI ELVIS 进行仿真

NI Multisim 14 仿真软件提供了虚拟 NI ELVIS，虚拟 NI ELVIS 将真实元件插入面包板，用硬插线连接电路和测试点以及用虚拟仪表完成电路性能指标测试的全过程模拟出来。具体操作步骤如下。

（1）启动 NI Multisim 14 仿真软件。

（2）执行菜单命令 File»New，就会弹出 New Design 对话框，在该对话框中选择 NI ELVIS Ⅰ Design 图标，就会创建一个 NI ELVIS Ⅰ 电路仿真工作区，如图 2-21 所示。

在图 2-21 中，左右两列通用插孔表示了 NI ELVIS Ⅰ 原型机各种信号插孔和虚拟仪表的接口。

（3）在 NI ELVIS Ⅰ 电路仿真工作区中创建 2.2 节中第三级放大电路，搭建好的电路如图 2-22 所示。

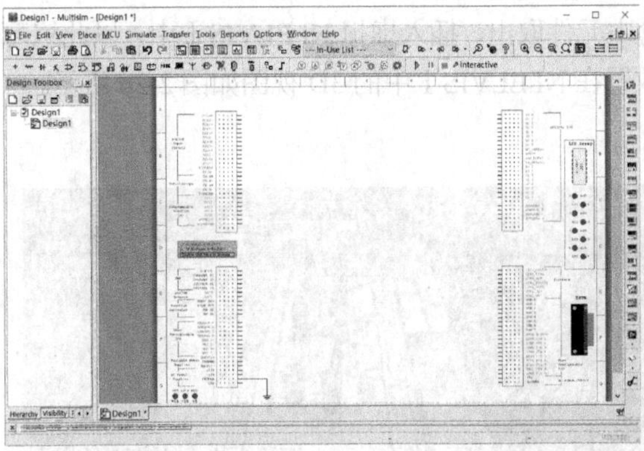

图 2-21　NI ELVIS I 电路仿真窗口

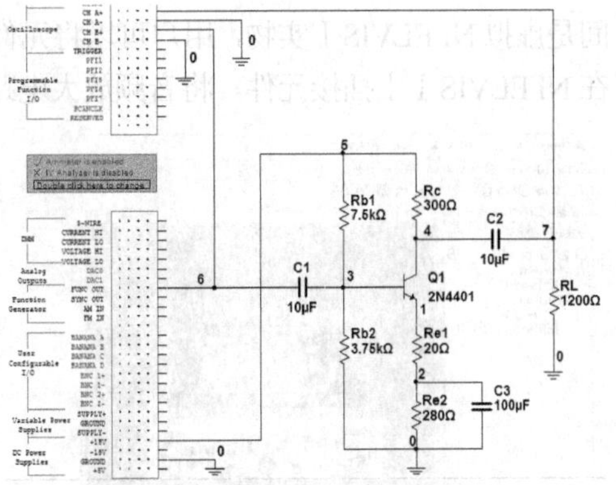

图 2-22　在虚拟 NI ELVIS I 搭建第三级放大电路

在虚拟 NI ELVIS I 搭建第三级放大电路与 2.2 节搭建电路有所不同，要将放大电路的电源接入 DC Power Supplies 线框中的+15V 接线端，将放大电路的输入端接入 Function Generator 线框中的 FUCN OUT 接线端，将放大电路的输入、输出端分别接入 Oscilloscope 的 CH B+和 CH A+中。

（4）将鼠标指向 Function Generator 线框，并双击鼠标，弹出 NI_ELVIS_FUNCTION_GENERATOR 对话框，在此对话框可以设置信号的参数，设置好的对话框如图 2-23 所示。

（5）启动仿真按钮，双击 Oscilloscope 线框，弹出 Oscilloscope 面板，显示的输入、输出波形如图 2-24 所示。

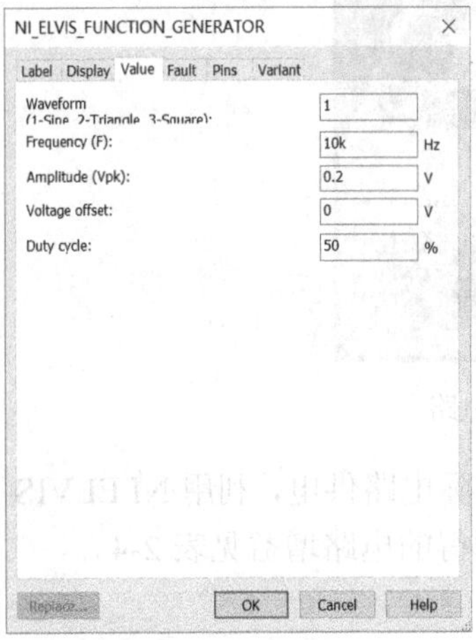

图 2-23　NI_ELVIS_FUNCTION_GENERATOR 对话框

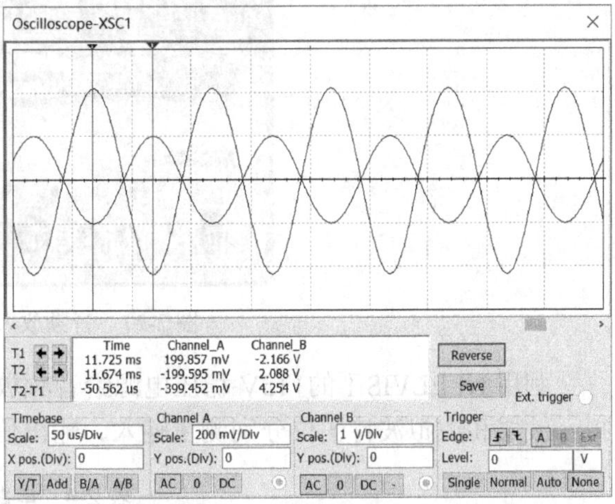

图 2-24　Oscilloscope 显示波形

对比图 2-13 和图 2-24 可知，除测量误差外，在 NI ELVIS 进行的电路仿真与 2.3 节仿真结果基本相同。

（6）在 NI ELVIS I 电路仿真窗口，执行菜单命令 Tools»Breadboard 命令，弹出 NI ELVIS I 3D 视图，如图 2-25 所示。

在图 2-25 所示电路仿真工作区中，最下面是元件盒，存放着第三级放大电路所有元件，中间是虚拟 NI ELVIS Ⅰ实物，用户可以将元件盒中元件取出，插入虚拟 NI ELVIS Ⅰ中，以此练习在 NI ELVIS Ⅰ上插接元件。将音频放大电路放置在 NI ELVIS Ⅰ中的 3D 视图如图 2-26 所示。

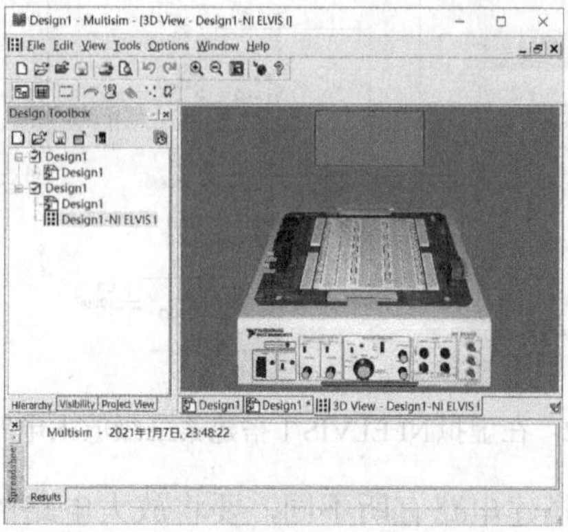

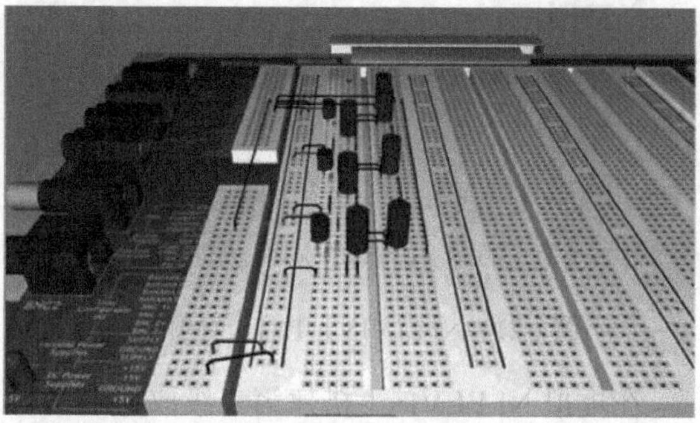

图 2-25　NI ELVIS Ⅰ 3D 视图　　　　图 2-26　音频放大电路 3D 视图

2.4.2　使用 NI ELVIS Ⅰ进行原型设计

可以在 NI ELVIS Ⅰ的通用电子面包板上使用真正的元件来建立完整的电路。搭建好的音频放大器实际电路如图 2-27 所示。

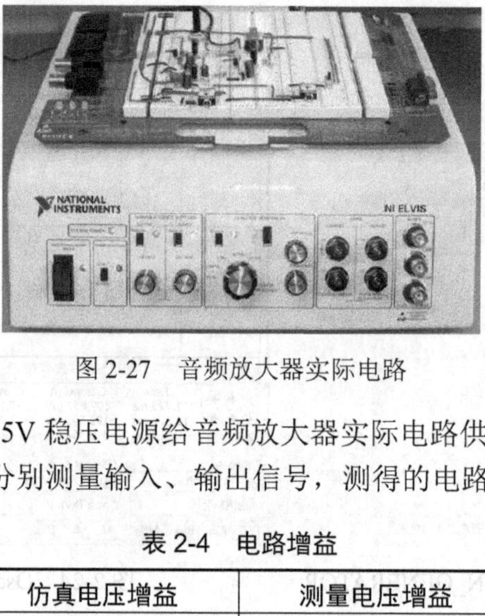

图 2-27　音频放大器实际电路

利用 NI ELVIS Ⅰ的+15V 稳压电源给音频放大器实际电路供电，利用 NI ELVIS Ⅰ的虚拟示波器和虚拟波特图仪分别测量输入、输出信号，测得的电路增益见表 2-4。

表 2-4　电路增益

名　称	仿真电压增益	测量电压增益	测量、仿真误差
第一级放大器	2.18	2.1	3.67%
第二级放大器	5.82	6.05	3.95%
第三级放大器	10.65	11.6	8.9%
系统电压增益	149.98	144.39	3.73%

由表 2-4 可见，系统增益的测量值为 144.39，其大小在设计指标|150|±15 范围内，实际测量值和仿真结果的误差为 3.73%，说明所设计电路的电压增益达到了设计指标的要求，

仿真结果也能真实反映实际值。

2.5　NI Multisim 14 元器件库

电路是由不同的元件组成，要对电路进行仿真，组成电路的每个元件必须有自己的仿真模型，NI Multisim 14 仿真软件把所有仿真模型的元件组合在一起构成元器件库。执行菜单命令 Place»Component，弹出如图 2-28 所示的 Select a Component 对话框。

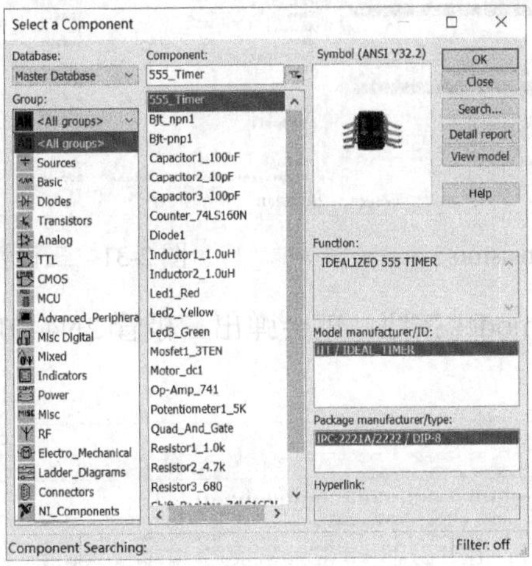

图 2-28　Select a Component 对话框

在图 2-28 所示 Database 下拉菜单中，NI Multisim 14 提供了 3 种元件库，分别是 Master Database（厂商提供的元器件库）、Corporate Database（特定用户向厂商索取的元器件库）和 User Database（用户定义的元件库）。NI Multisim 14 默认元件库为 Master Database 元件库，也是最常用的元件库。在 Group 下拉菜单中，NI Multisim 14 软件提供了电源/信号源库（Sources）、基本元件库（Basic）、二极管库（Diodes）、晶体管库（Transistors）、模拟集成电路库（Analog）、TTL 元件库（TTL）、CMOS 元件库（CMOS）、微控制器库（MCU）、高级外设元器件库（Advanced_Peripherals）、混杂数字器件库（Misc Digital）、数模混合库（Mixed）、指示元件库（Indicators）、电源器件库（Power）、其他元件库（Misc）、射频元件库（RF）、机电类元件库（Electro_Mechanical）、梯形图库（Ladder_Dlagrams）、接插件库（Connectors）和 NI 库（NI-Components）等。

通过 NI Multisim 14 软件界面如图 2-29 所示工具栏，也可以打开 Select a Component 对话框。

图 2-29　元件工具栏图标

每个群（Group）下面又有许多系列（Family），例如晶体管库（Transistors）下面又分成 21 个系列，每个系列下面才是具体型号的元器件，如图 2-30 所示。

例如 2.2 节三极管放大电路中三极管 2N4401，就可在 BJT_NPN 系列中找到，单击图 2-30 中 Detail report 按钮，就会弹出三极管 2N4401 详细报告，如图 2-31 所示。

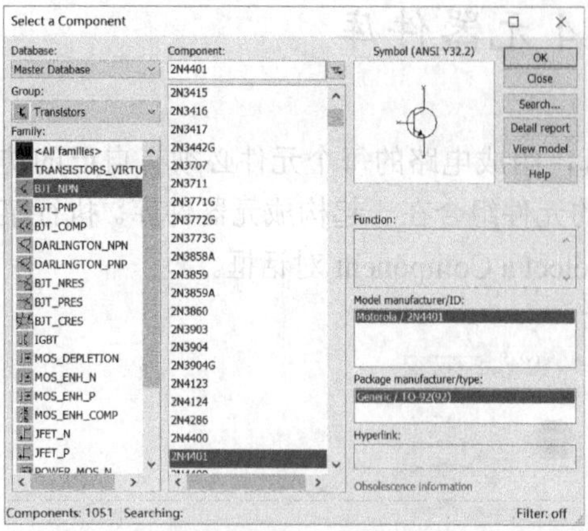

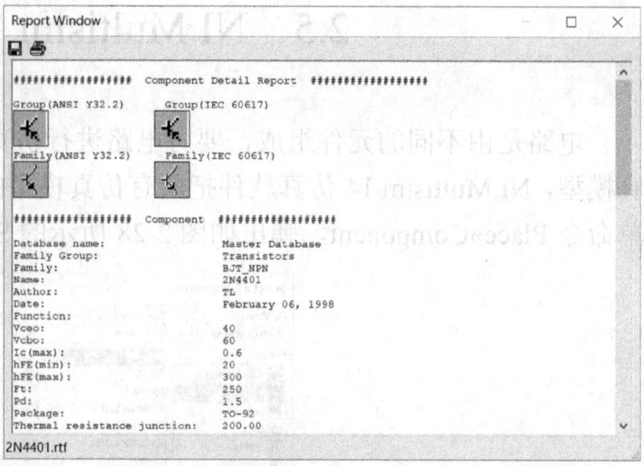

图 2-30　晶体管库（Transistors）　　　图 2-31　三极管 2N4401 详细报告

单击图 2-30 中 View model 按钮，就会弹出三极管 2N4401 模型数据报告，如图 2-32 所示。

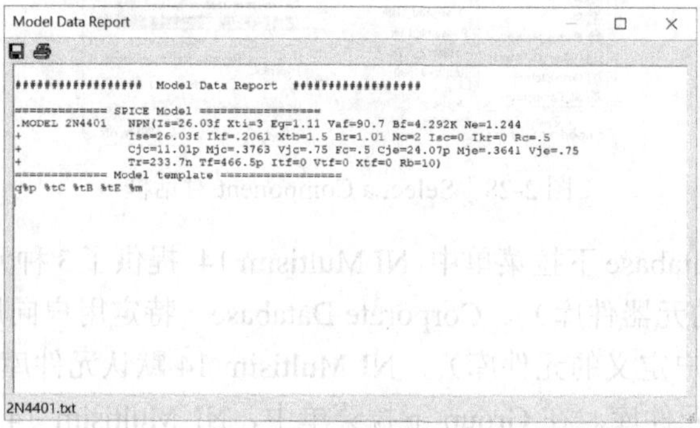

图 2-32　三极管 2N4401 模型数据报告

通过修改元件的模型参数，可以构建新的元器件仿真模型。关于元器件库需要注意几点。

（1）交流电源所设置电源的大小皆为有效值。

（2）运算放大器、变压器、各种受控源、示波器、波特图仪和函数发生器等必须接地。

（3）含模拟和数字元件的混合电路必须接地。

（4）对于电压表、电流表，所显示的测量值是有效值，设置电压表内阻过低或电流表内阻过高会导致数学计算的舍入误差。

习　题

2-1　试比较电阻、电容、电感等元件在 DIN 和 ANSI 符号标准中的符号有什么不同。

2-2　简述 NI Multisim 14 用户界面的主要组成。

2-3　试在 NI Multisim 14 电路窗口中放置一个标题栏。

2-4　试在放置元件对话框中，搜索元件型号为 74LS138D 的集成电路。

2-5　试查看 74LS74N 的模型参数。

2-6　试查看电阻、可变电阻、电容、可变电容、电感等虚拟元件的属性对话框中可设置参数的含义。

2-7　试创建图 P2-1 所示的电路图。

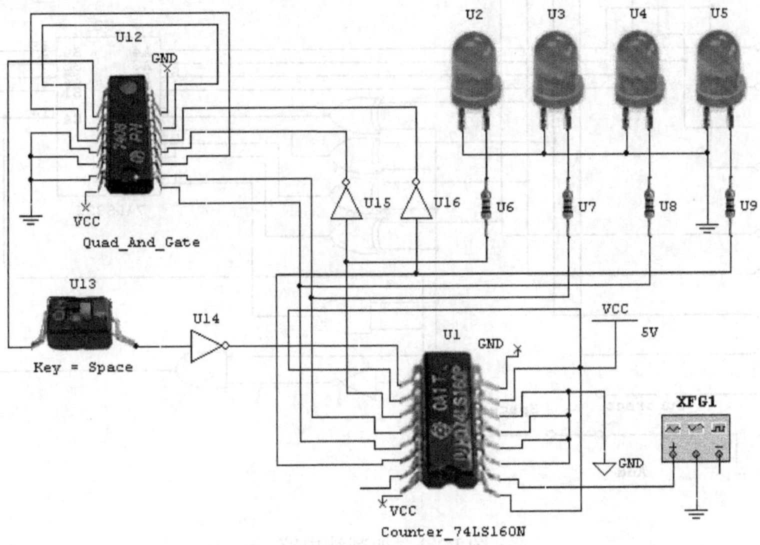

图 P2-1　仿真电路

（1）试显示电路图中各节点的节点号。

（2）试给该电路图添加标题栏，并输入电路图的创建日期、创建人、校对人、使用人和图纸编号等信息。

（3）启动仿真后，单击空格键，观察 U_{13} 的变化。

（4）启动仿真，观察 4 个发光二极管的变化，并记录变化规律。

2-8　试创建图 P2-2 所示的整流电路，并进行计算机仿真，观察输入和输出波形。

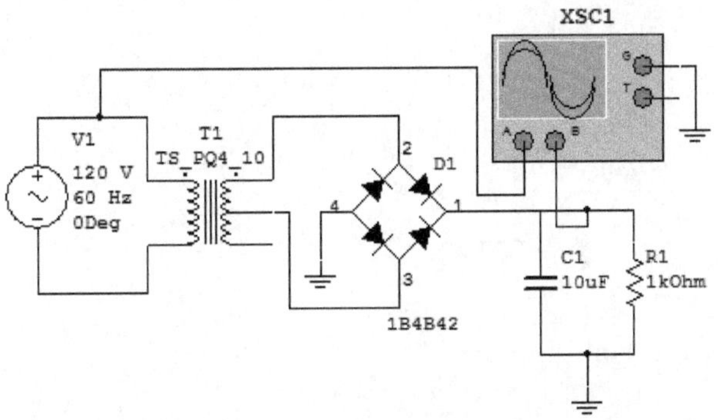

图 P2-2　整流电路

2-9　试创建图 P2-3 所示的加减法电路，分析电路原理并进行计算机仿真。

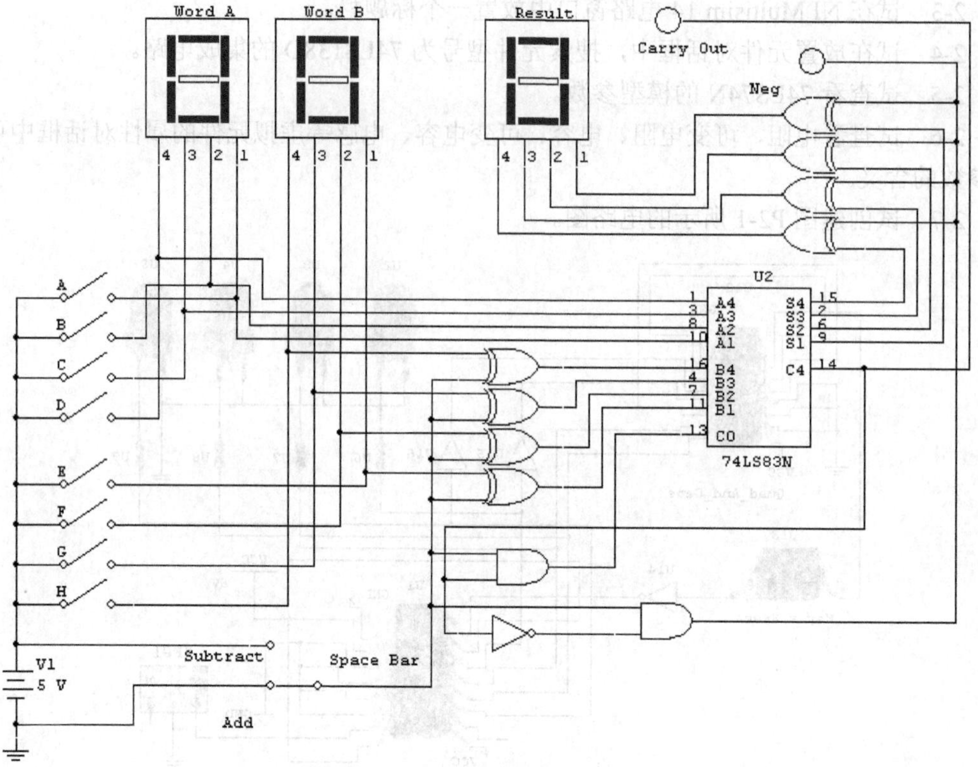

图 P2-3　加减法电路

第 3 章　NI Multisim 14 分析方法

NI Multisim 14 提供了交互式仿真、直流工作点分析、交流分析、单一频率交流分析、瞬态分析、傅里叶分析、噪声分析、噪声系数分析、失真分析、直流扫描分析、灵敏度分析、参数扫描分析、温度扫描分析、零—极点分析、传输函数分析、最坏情况分析、蒙特卡罗分析、线宽分析、批处理分析、用户自定义分析 20 种分析，本章主要介绍 NI Multisim 14 仿真分析。

3.1　NI Multisim 14 仿真分析简介

在运用 NI Multisim 14 进行电路仿真时，通常用虚拟仪器对电路的参数进行测量，以确定电路的性能指标。然而，虚拟仪器只能完成电压、电流、波形和频率等测量，未能体现电路的全面特性。特别是当需要了解元件参数、元件精度或温度变化对电路性能的影响时，仅靠仪器测量将十分费时、费力。此时借助 NI Multisim 14 提供的仿真分析功能，不仅能够完成电压、电流、波形和频率等测量，而且能够完成电路动态特性和参数的全面描述。

用 NI Multisim 14 进行仿真分析包括以下四个基本步骤。

3.1.1　创建仿真电路

电路仿真分析时，首先要创建仿真电路，在 NI Multisim 14 用户界面上调用元器件、连线即可创建仿真电路。为了观察分析结果，应设置电路的节点名显示在电路中。创建仿真电路时，通常且应选用虚拟元器件，因为虚拟元器件的参数修改方便，所以对电路的仿真调试也较为方便。同时在电路中要有电源和接地点（GND）。

3.1.2　选择仿真分析方法

对仿真电路分析时，应首先明确分析的目的，即要确定电路的性能指标，然后结合电路的拓扑和需求选择分析方法。例如，对单级放大电路可选择直流工作点分析方法观测放大电路静态工作点的数值，判断晶体三极管的工作状态；可选择交流分析法观测放大电路的频率响应；对于电路的过渡过程，可选择瞬态分析方法。

3.1.3　设置仿真参数

选择电路仿真分析方法后，即单击仿真分析菜单执行具体分析命令，会弹出相应的仿真分析参数设置对话框，只有恰当地设置仿真参数，才能正确地完成电路仿真分析。例如，要观测单级放大电路的频率响应选用交流分析法时，对在含有仿真电路的主界面执行 Simulate»Analyses and simulation 命令，弹出如图 3-1 所示的 Analyses and Simulation 对话框。

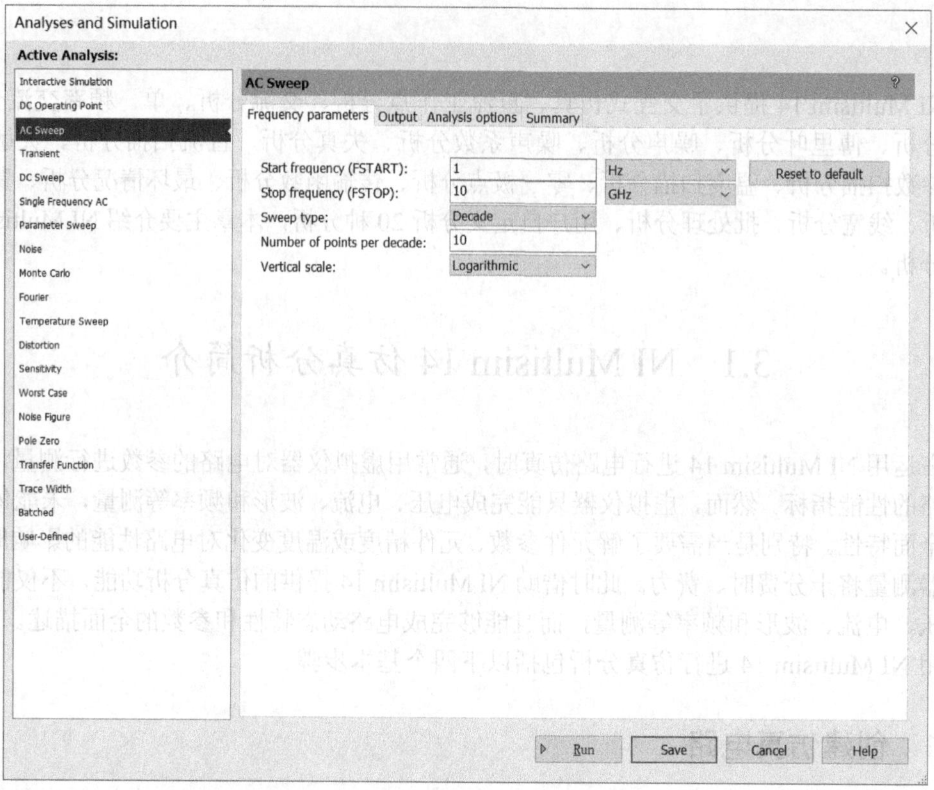

图 3-1　Analyses and Simulation 对话框

由图 3-1 可见，Active Analysis 选项包含 20 种仿真分析方法，其中 Interactive Simulation（交互式仿真）为默认选项，用户可根据需要选择相应的分析方法，并在右侧其参数对话框进行参数设置。此例选择 AC Sweep 分析方法，并在 Active Analysis 右侧的 AC Sweep 对话框中根据电路测量要求设置合理参数。

对于一般电路仿真，仿真参数设置对话框给出了仿真参数的默认设置，大部分参数可不做修改，但对于一些慢过程电路的仿真分析，可将仿真参数设置对话框中的 Maxinmum time step（最大仿真步长）的数值重新设置。否则，在仿真运行时，有可能会提示最大仿真步长太小的错误信息。

3.1.4　运行仿真观测结果

设置并保存仿真参数后，单击 Run 按钮，电路的仿真分析结果会显示在 Grapher View（图形记录仪）中，通常以表格（如直流工作点分析节点电压）或曲线（放大电路的幅频曲线）的形式显示。

为方便介绍 NI Multisim 14 分析方法，本章以如图 3-2 所示的单级交流放大电路为例进行各种方法介绍，读者可拓展到其他电路中。

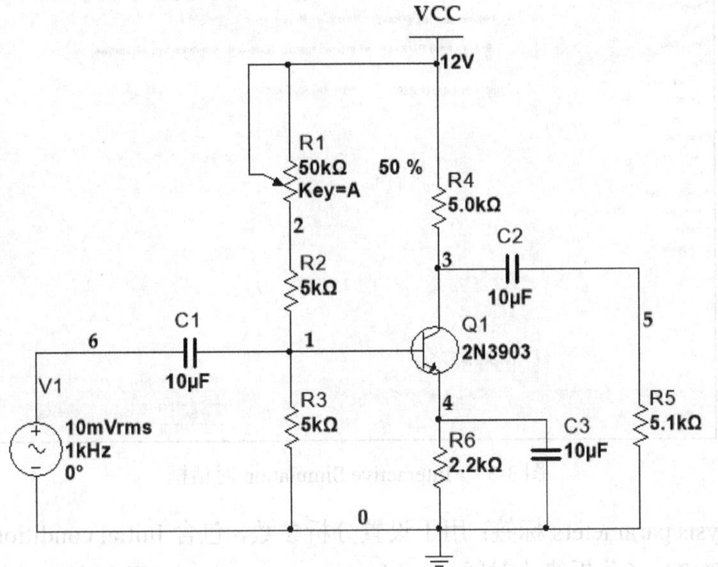

图 3-2　单级交流放大电路

3.2　NI Multisim 14 基本分析

基本分析是电路分析中的常用方法，包括交互式仿真、直流工作点分析、交流分析、单频交流分析、瞬态分析和傅里叶分析 6 种分析方法。

3.2.1　交互式仿真

交互式仿真（Interactive Simulation）是对电路进行时域仿真，也是 NI Multisim 14 默认的仿真方法。用户可以在仿真过程中改变电路参数，并且立即得到由此导致的结果，其仿真结果需要通过连接在电路中的虚拟仪器或显示器件等显示。

在 NI Multisim 14 界面中，对已创建的单级交流放大电路执行 Simulate»Analyses and simulation 命令，弹出如图 3-1 所示的 Analyses and Simulation 对话框，在对话框的 Active Analysis 选项中选择 Interactive Simulation 分析方法，并在 Active Analysis 右侧出现如图 3-3 所示的 Interactive Simulation 对话框，该对话框中含有 3 个标签，即 Analysis parameters、Output 和 Analysis options。

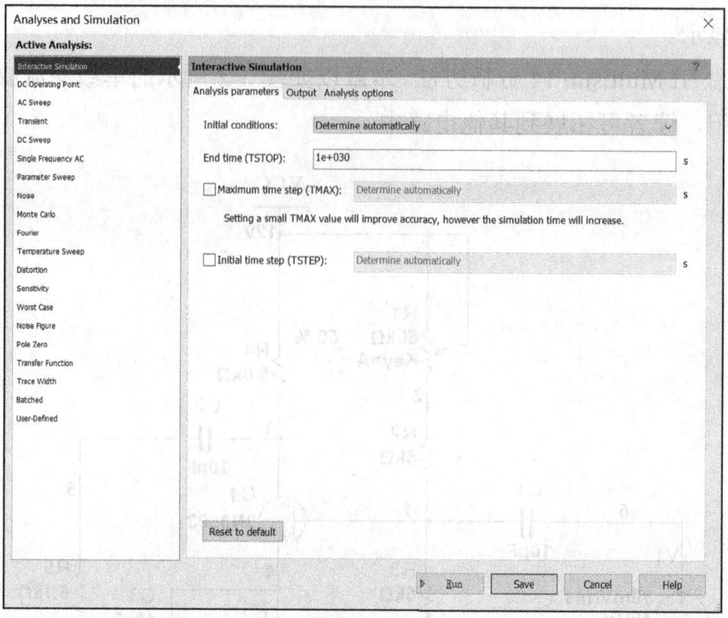

图 3-3　Interactive Simulation 对话框

（1）Analysis parameters 标签：用于设置分析参数，包含 Initial condition（初始条件）、End time（TSTOP）（分析终止时间）、Maximum time step（TMAX）（分析时间最大步长）、Initial time step（TSTEP）（初始分析时间步长）四个选项。其中 Initial condition 又包括 Set to zero（设置到 0）、Use-defined（用户自定义）、Calculate DC operating point（计算直流工作点）、Determine automatically（自动确定）；End time 选项设置分析终止时间，默认值是 10^{30} s；Maximum time step 选项设置分析时间最大步长，用户可以设置较小的步长使得分析更精确，但是花费时间较多；Initial time step 选项设置仿真分析初始步长。

（2）Output 标签：用于设置观测仿真电路的节点，在交互式仿真分析中有借助虚拟仪器或显示器件观测或在仿真结束时显示所有器件的参数。

（3）Analysis options 标签如图 3-4 所示，用于设置仿真器件模型、分析参数及图形记录仪数据格式。

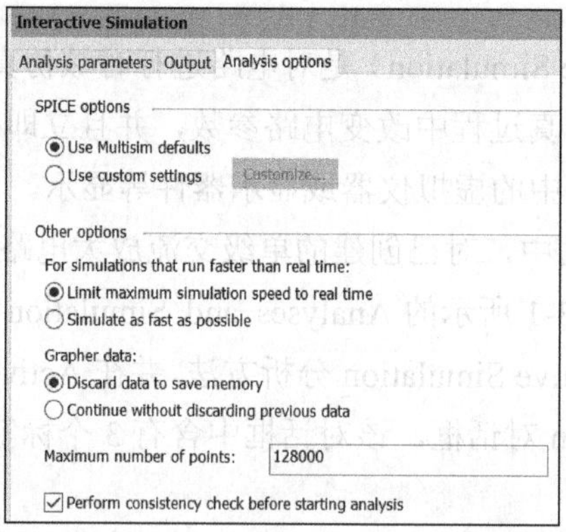

图 3-4　Analysis options 标签

①SPICE options 区：用来对非线性电路的 SPICE 模型进行设置，共有 Use Multisim defaults 和 Use customize setting 两个选项。

选择 Use customize setting，单击 Customize 按钮弹出 Customize Analysis Options 对话框。在新弹出的对话框中通过 Global、DC、Transient、Device、Advanced 5 个标签，给出了对于某个仿真电路分析是否采用用户所设定的分析选项。

- Global 标签：包含了绝对误差容限（ABSTOL）、电压绝对误差容限（VNTOL）、电荷误差容限（CHGTOL）、相对误差容限（RELTOL）、最小电导（GMIN）、矩阵对角线绝对值比率最小值（PIVREL）、矩阵对角线绝对值最小值（PIVTOL）、工作温度（TEMP）、模拟节点至地的分流电阻（RSHUMT）、斜升时间（RAMPTIME）、相对收敛步长（CONVSTEP）、绝对收敛步长（CONVABSSTEP）、能使模型码的收敛（CONVLIMIT）、打印仿真统计数据（ACCT）等。
- DC 标签：包含了直流迭代极限（ITL1）、直流转移曲线迭代极限（ITL2）、源步进算法的步长（ITL6）、增益步长数（GMINSTEPS）、取消模拟/事件交替（NOOPALTER）等。
- Transient 标签：包含了瞬态迭代次数上限（ITL4）、最大积分阶数（MAXORD）、截断误差关键系数（TROL）、积分方式（METHOD）等。
- Device 标签：包含了标称温度（TNOM）、不变元器件的允许分流（BYPASS）、MOSFET 漏极扩散区面积（DEFAD）、MOSFET 源级扩散区面积（DEFAS）、MOSFET 沟道长度（DEFL）、MOSFET 沟道宽度（DEFW）、有损传输线压缩（TRYTOCOMPACT）、使用 SPICE2 MOSFET 限制（OLDLIMIT）等。
- Advanced 标签：包含了全部模型自动局部计算（AUTOPARTIAL）、使用旧 MOS3 模型（BADMOS3）、记录小信号分析工作点（KEEPOPINFO）、分析点处的事件最大迭代次数（MAXEVTITER）、直流工作点分析中模拟/事件交替的最大允许时间（MAXOPALTER）、断点间的最小时间（MINBREAK）、执行直接 GMIN 步进（NOOPITER）、数字器件显示延迟（INERTIALDELAY）、最大模数接口误差（ADERROR）等。

对于一般用户而言，上述对话框选择缺省设置即可，如果想要修改某个选项，则先选中该选项后的复选框，其右边的条形框变为可用，在此条形框中设置该选项的数值。对于不甚熟悉选项功能的读者，不要随便改变选项的缺省设置。

②Other option 区：用于仿真速度的设置。选择 Limit maximum simulation speed to real time 则最高仿真速度受实时限制，选择 Simulate as fast as possible 则无最高仿真速度限制。

③Grapher data 区：用于仿真保持数据的设置。选择 Discard data to save memory 则为节省内存丢弃以前数据，选择 Continue without discarding previous data 则不丢弃以前数据继续保持。在 Maximum number of points 文本框中设置每个点的最大值；选择 Perform consistency check before starting analysis，则在分析开始前执行一致性检查。

完成标签设置后，单击 Run 按钮即可开始仿真（若单击 Save 则只保留设置，不进行仿真）。

单击 Stop 按钮，停止仿真。

对于图 3-2 所示单级交流放大电路选择交互式仿真，利用示波器得到输入与输出的波形，如图 3-5 所示。其中通道 A 是输出信号，通道 B 是输入波形。

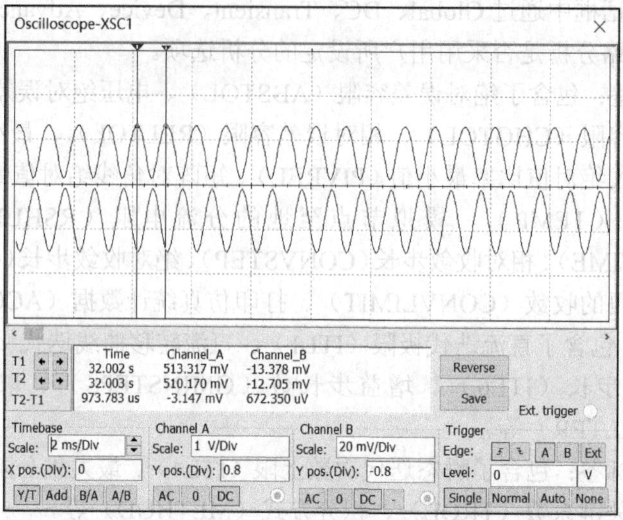

图 3-5　单级交流放大电路输入与输出的波形

3.2.2　直流工作点分析

直流工作点分析（DC Operating Point）就是求解电路（或网络）仅受电路中直流电压源或直流电流源作用时，每个节点上的电压及流过元器件的电流。在对电路进行直流工作点分析时，电路中交流信号源置零（即交流电压源视为短路，交流电流源视为开路）、电容视为开路、电感视为短路、数字器件视为高阻接地。

在 NI Multisim 14 界面中，对已创建的单级交流放大电路执行 Simulate»Analyses and simulation 命令，弹出如图 3-1 所示的 Analyses and Simulation 对话框，在对话框 Active Analysis 选项中选择 DC Operating Point 分析方法，并在 Active Analysis 右侧出现 DC Operating Point 对话框，如图 3-6 所示，该对话框中含有 3 个标签，即 Output、Analysis options 和 Summary。

（1）Output 标签：设置需要分析的节点及相关属性。用户可从左侧备选栏（Variables in circuit）罗列的电路变量中选择所需变量或相关变量的运算构成表达式，通过 Add 按钮添加到右侧分析栏（Selected variables for analysis）中。单击 Remove 按钮，可从分析栏中删去分析变量或表达式。

在 Variables in circuit 区列出了可用来分析的电路节点电压、流过元器件的电流、元器件/模型的电流及功率等变量。如果不需要这么多变量表示，可单击下拉列表的向下箭头，从弹出变量类型选择列表中选择所需变量及表达式。

若需要添加表达式，单击 Add expression 按钮，会弹出 Analysis Expression 对话框，如图 3-7 所示。双击 Variables 栏的变量，会出现在对话框下侧的 Expression 栏中，再选运算符号后单击 OK 按钮添加到分析栏。

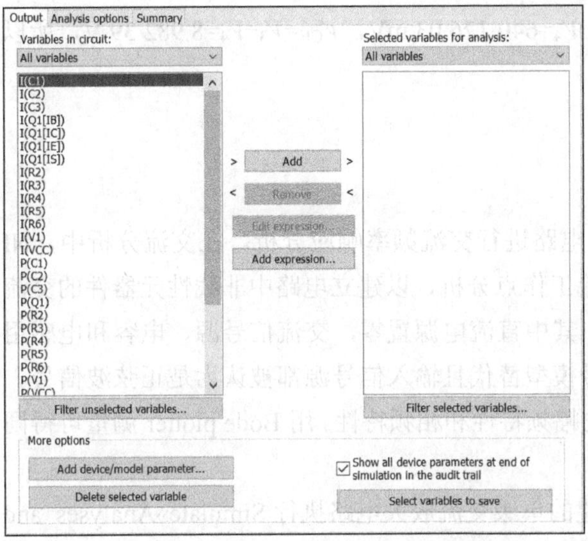

图 3-6　DC Operating Point 对话框

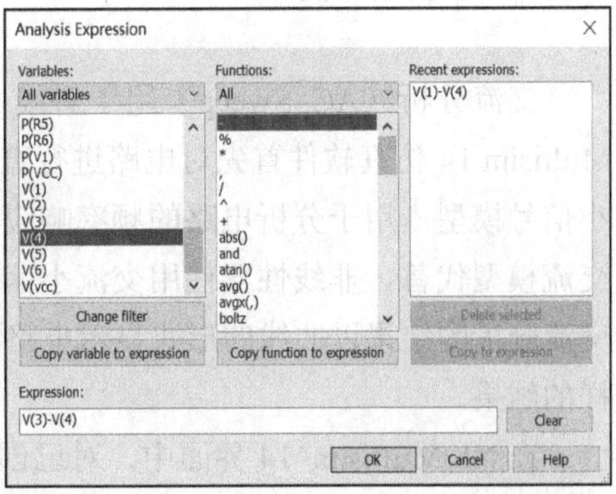

图 3-7　Analysis Expression 对话框

（2）Analysis options 标签：设置仿真器件模型和分析参数，与交互式仿真的 Analysis options 标签类似。

（3）Summary 标签：对所做的分析设置进行汇总确认，如图 3-8 所示。

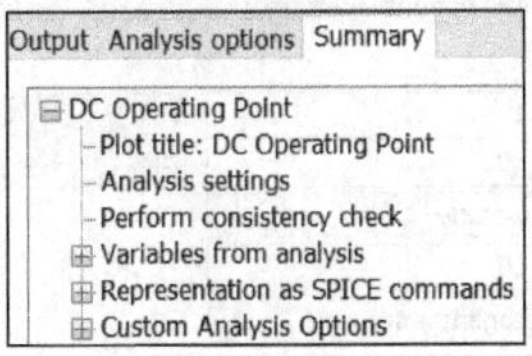

图 3-8　Summary 对话框

若展开其中的 Representation as SPICE commands，则在 begin-scope page DC operating point 和 end-scope 之间的部分是 SPICE 命令语句。

注意

DC Operating Point 对话框中的 Output、Analysis Options 及 Summary 标签在其他分析方法的对话框中也将出现，其功能和操作与此处类似，后面各种分析方法介绍中将不再赘述。

对于图 3-2 所示单级交流放大电路，若选中 $V_{BE}=V_1-V_4$，$V_{CE}=V_3-V_4$，其他参数选择默认值；单击 Run 按钮，弹出 Grapher View 显示框，给出了各节点电压的计算结果，如图 3-9 所示。

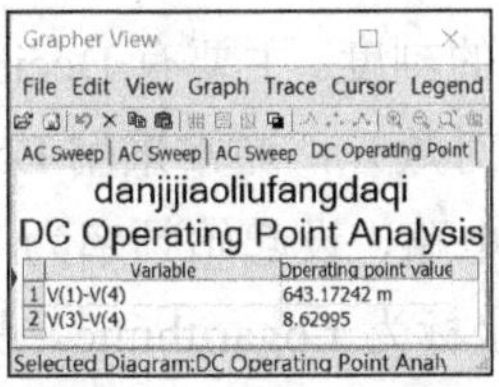

图 3-9　Grapher View 显示框

由图 3-9 可知，晶体管 Q_1 的 $V_{BE}=V_1-V_4$=640.176 03 mV，$V_{CE}=V_3-V_4$=8.982 39 V，所以晶体管 Q_1 工作在放大区。

3.2.3　交流分析

交流分析（AC Sweep）用于对线性电路进行交流频率响应分析。在交流分析中，NI Multisim 14 仿真软件首先对电路进行直流工作点分析，以建立电路中非线性元器件的交流小信号模型，用于分析电路的频率响应。其中直流电源置零，交流信号源、电容和电感用交流模型代替，非线性器件用交流小信号模型替代且输入信号源都被认为是正弦波信号。交流分析的结果以曲线的形式显示电路的幅频特性和相频特性。用 Bode plotter 测量可得同样的结果。

在 NI Multisim 14 界面中，对已创建的单级交流放大电路执行 Simulate»Analyses and simulation 命令，弹出如图 3-1 所示的 Analyses and Simulation 对话框，在对话框 Active Analysis 选项中选择 AC Sweep 分析方法，并在 Active Analysis 右侧出现 AC Sweep 对话框。该对话框中含有 4 个标签，即 Frequency parameters、Output、Analysis options 和 Summary。其中 AC Sweep 对话框中的 Frequency parameters 标签如图 3-10 所示。

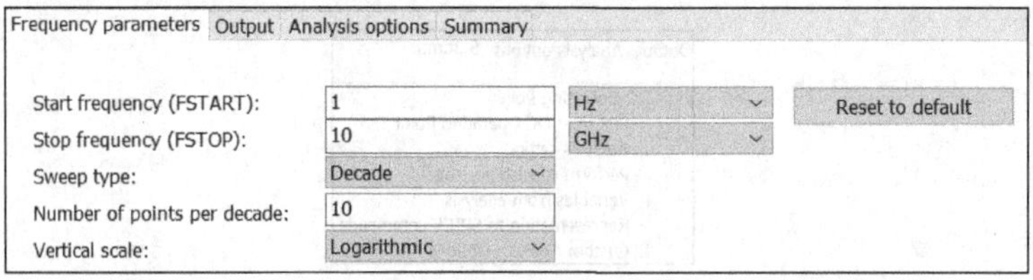

图 3-10　AC Sweep 对话框中的 Frequency parameters 标签

该标签主要用于设置 AC 分析时的频率参数。

- Start frequency（FSTART）：设置交流分析的起始频率。
- Stop frequency（FSTOP）：设置交流分析的终止频率。
- Sweep type：设置交流分析的扫描方式，主要有 Decade（十倍程扫描）、Octave（八倍程扫描）和 Linear（线性扫描）。通常采用十倍程扫描（Decade 选项），以对数方式展现。
- Number of points per decade：设置每十倍频率的采样数量。设置的值越大，分析所需的时间越长。
- Vertical scale：设置纵坐标的刻度。主要有 Decibel（分贝）、Octave（八倍）、Linear（线性）和 Logarithmic（对数），通常采用 Logarithmic 或 Decibel 选项。

对于图 3-2 所示单级交流放大电路，设起始频率为 1 Hz，终止频率为 10 GHz，扫描方式为 Decade，采样值设为 10，纵坐标为 Logarithmic。另外，在 Output 标签中，选定节点 5（输出电压）作为仿真分析变量，其他参数采用系统默认。单击 Run 按钮，弹出 Grapher

View 显示框，如图 3-11 所示。

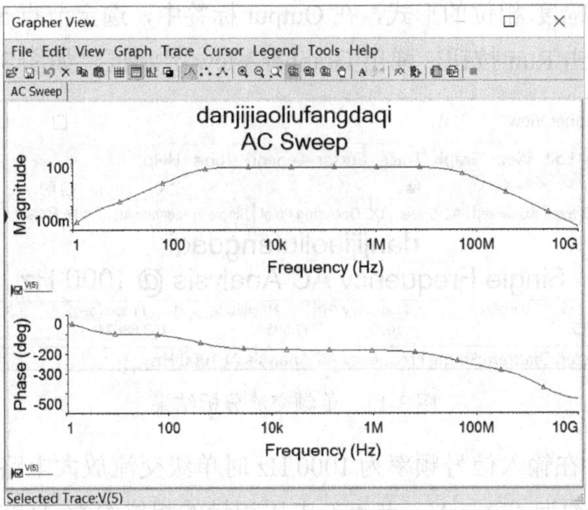

图 3-11　交流分析结果

从图 3-11 中可以看出，电路的上限频率约为 67 MHz，下限频率约为 78 Hz，通频带约为 67 MHz，稳频时的增益约为 44。

3.2.4　单频交流分析

单频交流分析（Single Frequency AC）用来测试电路对某个特定频率的交流频率响应分析结果，以输出信号的实部/虚部或幅度/相位的形式给出。

在 NI Multisim 14 界面中，对已创建的单级交流放大电路执行 Simulate»Analyses and simulation 命令，弹出如图 3-1 所示的 Analyses and Simulation 对话框，在对话框 Active Analysis 选项中选择 Single Frequency AC 分析方法，并在 Active Analysis 右侧出现 Single Frequency AC 对话框。该对话框中含有 4 个标签，即 Frequency parameters、Output、Analysis options 和 Summary。其中 Single Frequency AC 对话框中的 Frequency parameters 标签如图 3-12 所示。

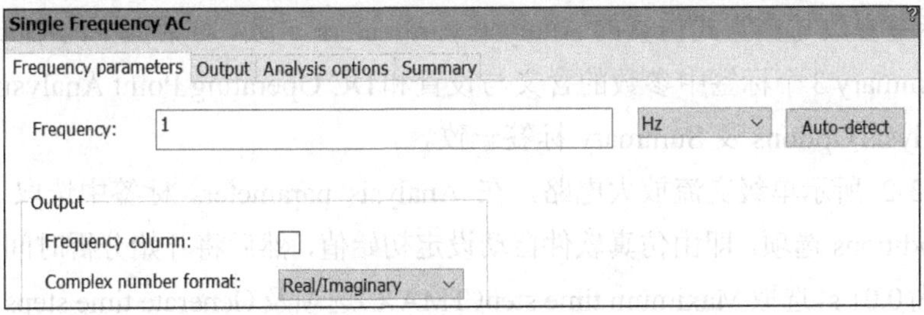

图 3-12　单频交流分析的 Frequency parameters 标签

该标签主要用于设置要分析的单一频率值，而该标签中的下侧两栏则分别设置分析结果中是否显示分析频率及输出信号为实部/虚部或幅度/相位的形式。

对于图 3-2 所示单级交流放大电路，设分析频率为 1000 Hz，在 Output 栏中对显示分析频率及输出信号选幅度/相位的形式，在 Output 标签中，选定节点 5（输出电压）作为仿真分析变量，最后单击 Run 按钮，弹出 Grapher View 显示框，如图 3-13 所示。

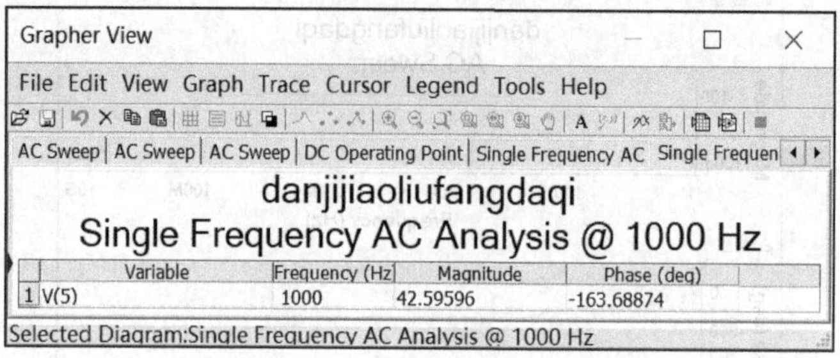

图 3-13 单频交流分析结果

由图 3-13 可知，在输入信号频率为 1000 Hz 时单级交流放大电路节点 5 电压相量（输出电压相量）的幅值约为 42.6 mV，节点 5 电压相量的相位约为−163.7°（接近−180°），说明输入与输出反相，有一定的放大倍数，与单级交流放大电路特点一致。

3.2.5 瞬态分析

瞬态分析（Transient）是指对选定电路节点的时域响应，即观察该节点在整个显示周期中每一时刻的电压波形，结果通常与用示波器观察到的结果相同。进行瞬态分析时，直流电源保持常数，交流信号源随时间而改变，电容电感用储能元件模型替代，用数值积分来计算单位时间间隔内传输的能量。电路的初始状态可由用户自行设置，也可以将 NI Multisim 14 软件对电路进行直流分析的结果作为电路初始状态。

在 NI Multisim 14 界面中，对已创建的单级交流放大电路执行 Simulate»Analyses and simulation 命令，弹出如图 3-1 所示的 Analyses and Simulation 对话框，在对话框 Active Analysis 选项中选择 Transient 分析方法，并在 Active Analysis 右侧出现 Transient 对话框。该对话框中含有 4 个标签，即 Analysis parameters、Output、Analysis options 和 Summary。其中 Analysis parameters 标签参数与交互式仿真的 Analysis parameters 一致。对话框中的 Output、Analysis options 和 Summary 3 个标签中参数的含义与设置和 DC Operating Point Analysis 对话框中的 Output、Analysis Options 及 Summary 标签一致。

对于图 3-2 所示单级交流放大电路，在 Analysis parameters 标签中选取 automatically determine conditions 选项，即由仿真软件自动设定初始值，然后将开始分析时间设为 0，结束分析时间设为 0.01 s，选取 Maximum time step（TMAX）选项及 Generate time steps automatically 选项，在 Output 标签中选定节点 5（输出电压）和节点 6（输入电压）作为仿真分析变量，其他参数采用系统默认。单击 Run 按钮，弹出 Grapher View 显示框，如图 3-14 所示。

由图 3-14 可见，输入电压波形与输出电压波形反相，放大倍数约为 35。

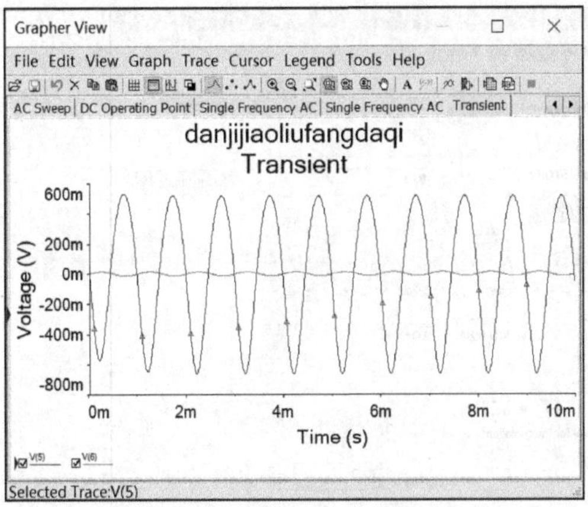

图 3-14　瞬态分析结果

瞬态分析也可通过交互式仿真或者测试通过的示波器完成。不同的是瞬态分析能同时显示电路中所选变量或相关变量的运算构成表达式的电压、电流及功率的波形，而示波器仅能显示 2 个或 4 个节点电压波形。

3.2.6　傅里叶分析

傅里叶分析（Fourier Analysis）是分析复杂周期波形的一种数学方法，它能将非正弦周期信号分解成直流分量、基波分量和各谐波分量之和，即可将信号从时域变换到频域。工程上，常采用长度与各次谐波幅值或初相位对应的线段，按频率高低依次排成幅度或相位频谱，直观表示各次谐波幅值和初相位与频率的关系。傅里叶分析的结果是幅度频谱或相位频谱。

本节仍以单级交流放大电路说明傅里叶分析的方法和步骤，与前面仿真电路不同的是，将输入信号设置成幅度和初相位相同，频率分别为 100 Hz、300 Hz、500 Hz、800 Hz、1000 Hz、1500 Hz 和 2000 Hz 7 个信号源的串联。

在 NI Multisim 14 界面中，对已创建的单级交流放大电路执行 Simulate»Analyses and simulation 命令，弹出如图 3-1 所示的 Analyses and Simulation 对话框，在对话框 Active Analysis 选项中选择 Fourier 分析方法，并在 Active Analysis 右侧出现 Fourier 对话框。该对话框中含有 4 个标签，即 Analysis parameters、Output、Analysis options 和 Summary。其中 Transient 对话框中的 Output、Analysis options 和 Summary 3 个标签中参数的含义与设置和 DC Operating Point Analysis 对话框中的 Output、Analysis Options 及 Summary 标签一致。Fourier 对话框中的 Analysis parameters 标签如图 3-15 所示。

Analysis parameters 标签主要用于设置傅里叶分析时的有关采样参数和显示方式。

（1）Sampling options 区：主要用于设置有关采样的基本参数。

- Fundamental frequency：设置基波的频率，即交流信号激励源的频率或最小公因数频率。频率值由电路所要处理的信号来定。缺省设置为 1 kHz。

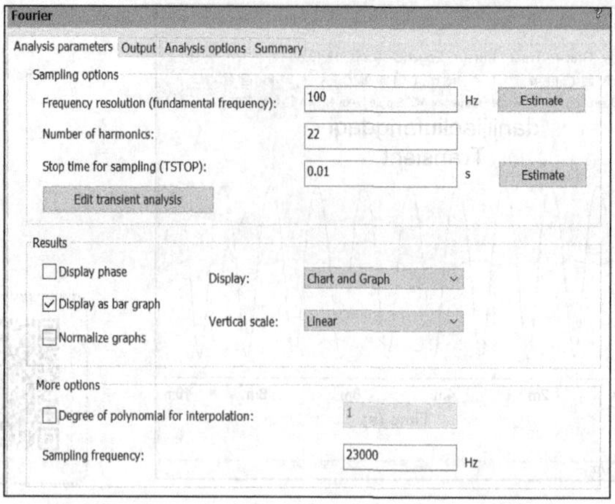

图 3-15　Fourier 对话框中的 Analysis parameters 标签

- Number of harmonics：设置包括基波在内的谐波总数。缺省设置为 9。
- Stopping time for sampling（TSTOP）：设置停止采样的时间，该值一般比较小，通常为毫秒级。如果不知如何设置，可单击 Estimate 按钮，由 NI Multisim 14 仿真软件自行设置。
- Edit transient analysis：该按钮的功能是设置瞬态分析的选项，单击后会弹出瞬态分析对话框，详见 3.2.5 节的叙述。

（2）Results 区：主要用于设置仿真结果的显示方式。

- Display phase：显示傅里叶分析的相频特性。缺省设置为不选用。
- Display as bar graph：以线条形式来描绘频谱图。
- Normalize graphs：显示归一化频谱图。
- Display：设置所要显示的项目，包括 3 个选项：Chart（图表）、Graph（曲线）和 Chart and Graph（图表和曲线）。
- Vertical scale：Y 轴刻度类型选择，包括线性（Linear）、对数（Log）和分贝（Decibel）3 种类型。缺省设置为 Linear。可根据需要进行设置。

（3）More Options 区。

- Degree of polynomial for interpolation：设置多项式的维数。选中该选项后，可在其右边的条形框中输入维数，多项式的维数越高，仿真运算的精度也越高。
- Sampling frequency：设置采样频率，缺省为 100 000 Hz。如果不知道如何设置，可单击 Sampling options 区的 Estimate 按钮，由仿真软件自行设置。

对于图 3-2 所示单级交流放大电路，输入信号设置成幅度和初相位相同，频率分别为 100 Hz、300 Hz、500 Hz、800 Hz、1000 Hz、1500 Hz 和 2000 Hz 的 7 个信号源的串联。基频设置为 100 Hz，谐波的次数取 22，TSTOP 区选择 Estimate，Results 区和 More Options 区选默认值。同时在 Output 标签中，选定节点 5（输出信号）作为仿真分析变量。其他参数采用系统默认。设置完成后，单击 Run 按钮，就会显示该电路的输出信号幅度频谱图，如图 3-16 所示。图 3-17 所示的是节点 12（输入信号）傅里叶分析的幅度频谱图。

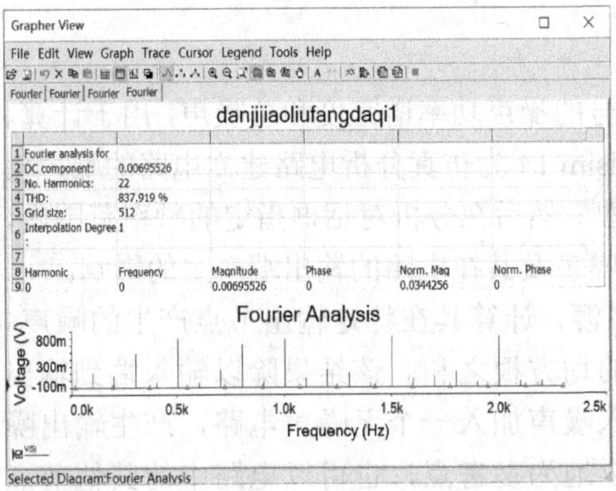

图 3-16 节点 5（输出信号）傅里叶分析结果

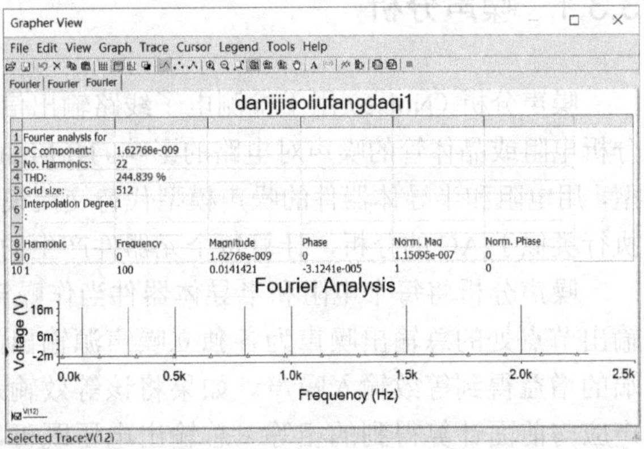

图 3-17 节点 12（输入电压） 傅里叶分析结果

比较图 3-16 和图 3-17 所示的幅度频谱图可知，节点 12（输入信号）含 7 个不同频率的信号幅度一致，而节点 5（输出信号）幅度频谱图表明 7 个不同频率的输入信号经过放大器后，低频信号幅度衰减多，高频幅度信号幅度衰减少。由此可见耦合电容的高通特性。

若在 Display 下拉菜单中选择 Chart and Graph 选项，则傅里叶分析结果就以表格和幅频及相频的形式显示出来，如图 3-18 所示。

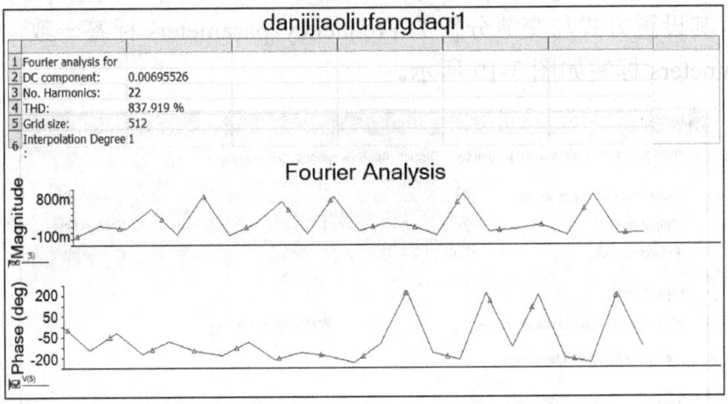

图 3-18 傅里叶分析结果（幅频及相频图）

3.3 NI Multisim 14 高级分析

对仿真电路分析时除了要对电路的电流、电压和波形等常见指标测试外，还需要对电路的噪声、晶体管的某项参数对电路性能影响进行分析，这些分析如果用传统的实验方法将是一项很费事的工作。NI Multisim 14 提供的噪声分析、噪声系数分析、失真分析、直流扫描分析、灵敏度分析、参数扫描分析、温度扫描分析、零—极点分析、传输函数分析、蒙特卡罗分析和最坏情况分析等分析方法，能快捷、准确地完成电子产品设计的分析需求。

3.3.1　噪声分析

噪声分析（Noise）用于检测电子线路输出信号的噪声功率谱密度和总噪声，用于计算、分析电阻或晶体管的噪声对电路的影响。NI Multisim 14 为仿真分析电路建立电路的噪声模型，用电阻和半导体器件的噪声模型代替交流模型，然后在分析对话框指定的频率范围内，执行类似于 AC 的分析，计算每个元器件产生的噪声及其在电路的输出端产生的影响。

噪声分析将每个电阻和半导体器件当作噪声源，计算其在特定输出节点产生的噪声。输出节点处的总输出噪声为各独立噪声源输出的均方根之和。该结果除以输入端到输出端的增益得到等效输入噪声。如果将该等效输入噪声加入一个无噪声电路，产生输出噪声应与前面计算得到的相等。总输出电压既可以地为参考点，也可以电路中的其他节点为参考点。

在 NI Multisim 14 界面中，对已创建的单级交流放大电路执行 Simulate»Analyses and simulation 命令，弹出如图 3-1 所示的 Analyses and Simulation 对话框，在对话框 Active Analysis 选项中选择 Noise 分析方法，并在 Active Analysis 右侧出现 Noise 对话框。在该对话框中含有 5 个标签，即 Analysis parameters、Frequency parameters、Output、Analysis options 和 Summary。其中 Noise 对话框中的 Output、Analysis options 和 Summary 3 个标签中参数的含义与设置和 DC Operating Point Analysis 的设置一样，Frequency parameters 标签用于设置频率等参数，其设置方式与交流分析的 Frequency parameters 标签一致。Noise 对话框中的 Analysis parameters 标签如图 3-19 所示。

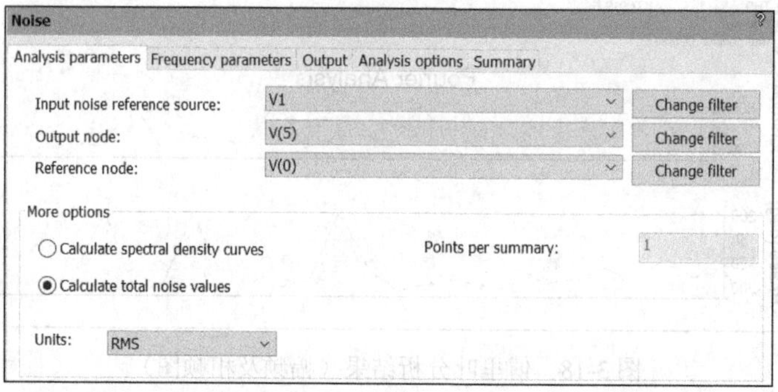

图 3-19　Noise 对话框中的 Analysis parameters 标签

Analysis parameters 标签主要用于设置 Noise 分析时电路参数和显示方式。

（1）Input noise reference source：选择输入噪声的参考电源。

（2）Output node：选择噪声输出节点，在此节点将对所有噪声贡献求和。

（3）Reference node：设置参考电压节点。缺省设置为 0（公共接地点）。

（4）More options 区：选择分析计算内容，具体如下。

- Calculate spectral density curves：计算噪声功率谱密度，此时还需考虑每次求和采样点数（Points per summary）设置，设置数值越大，频率的步进数越大，输出曲线的分辨率越低。

- Calculate total noise values：计算总噪声。

对于图 3-2 所示单级交流放大电路，在 Analysis parameters 标签中选 V_1 为输入噪声的参考电源；选节点 5 为输出节点，选择接地 0 为参考电压节点；Output 标签中选 onoise_qq1（晶体管 Q_1）和 onoise_rr2（电阻 R_2）两个变量作为仿真分析变量，其他参数采用系统默认。单击 Run 按钮，弹出 Grapher View 显示框，如图 3-20 所示。

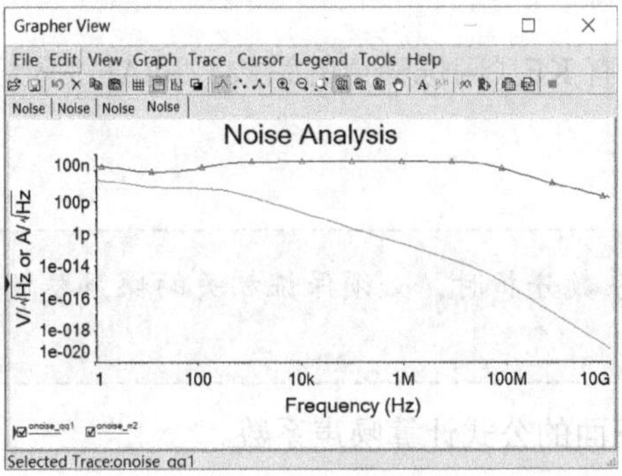

图 3-20　噪声分析结果

图 3-20 显示的是谱密度曲线，其中上面的曲线是电阻 R_2 对输出节点噪声贡献的谱密度曲线，下面的曲线是晶体管 Q_1 对输出节点噪声贡献的谱密度曲线。

3.3.2　噪声系数分析

噪声系数分析（Noise Figure）主要是研究元器件模型中的噪声参数对电路的影响，用于衡量电路输入输出信噪比的变化程度。在二端口网络（如放大器或衰减器）的输入端不仅有信号，还会伴随噪声，同时电路中的无源器件（如电阻）会增加热噪声（Johnson noise），有源器件则增加散粒噪声（shot noise）和闪烁噪声（flicker noise）。无论何种噪声，经过电路放大后，将全部汇总到输出端，对输出信号产生影响。信噪比是衡量一个信号质量好坏的重要参数，而噪声系数（F）则是衡量二端口网络性能的重要参数，其定义为：网络的输入信噪比除以输出信噪比，即：

$$F=\text{输入信噪比}/\text{输出信噪比}$$

若用分贝表示，噪声系数（NF）为：

$$\text{NF}=10\log_{10}F\ (\text{dB})$$

NI Multisim 14 仿真软件中的每个元器件都有 SPICE 模型，例如一个典型的晶体管的 SPICE 模型如下。

```
.MODEL BF513 NPN  (IS=0.480F NF=1.008 BF=99.655 VAF=90.000 IKF=0.190
+ ISE=3.490F NE=1.362 NR=1.010 BR=38.400 VAR=3.000 IKR=93.200 M
+ ISC=0.200F NC=1.042
+ RB=1.500 IRB=0.100M RBM=1.200
+ RE=0.500 RC=2.680
```

+ CJE=1.325P VJE=0.300 MJE=0.220 FC=0.890
+ CJC=1.050P VJC=0.610 MJC=0.240 XCJC=0.400
+ TF=56.940P TR=1.000N PTF=21.000
+ XTF=68.398 VTF=0.600 ITF=0.300
+ XTB=1.600 EG=1.110 XTI=3.000
+ KF=1.000F AF=1.000）

可见，晶体管的 SPICE 模型含有 KF（闪烁噪声的系数）和 AF（闪烁噪声的指数）两个噪声参数。

注意

当选择 SPICE 模型进行噪声系数分析时，必须保证相关的噪声参数是存在的，否则该元器件就不会产生噪声。

NI Multisim 14 仿真软件利用下面的公式计算噪声系数。

$$F=\frac{N_O}{GN_S}$$

其中，N_o 是输出的噪声功率（包括网络内部和输入的两部分噪声），N_s 是源的内阻产生的噪声（该内阻的噪声等于前一级的输出噪声），G 是电路的交流增益。

在 NI Multisim 14 界面中，对已创建的单级交流放大电路执行 Simulate»Analyses and simulation 命令，弹出如图 3-1 所示的 Analyses and Simulation 对话框，在对话框 Active Analysis 选项中选择 Noise Figure 分析方法，并在 Active Analysis 右侧出现 Noise Figure 对话框。该对话框中含有 3 个标签，即 Analysis parameters、Analysis options 和 Summary。其中对话框中的 Analysis options 和 Summary 2 个标签中参数的含义与设置和 DC Operating Point Analysis 的设置一样，Noise Figure 对话框中的 Analysis parameters 标签如图 3-21 所示。

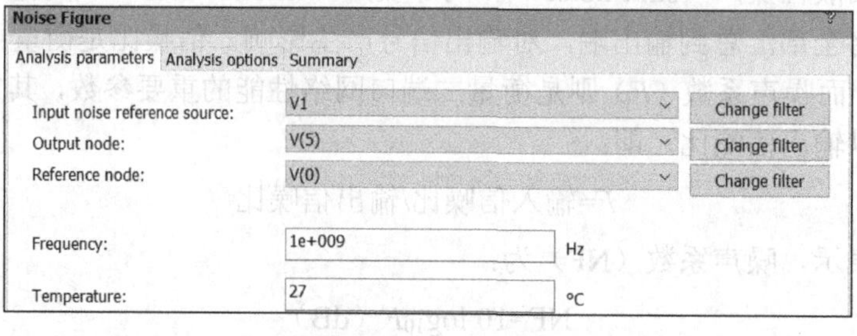

图 3-21　噪声系数分析的 Analysis parameters 标签

Analysis parameters 标签主要用于设置 Noise Figure 分析时电路参数和显示方式。Analysis parameters 标签含有如下选项。

- Input noise reference source：选取输入噪声的信号源。
- Output node：选择输出节点。
- Reference node：选择参考接点，通常是地。
- Frequency：设置输入信号的频率。以上设置均与噪声分析相同。

● Temperature：设置输入温度，单位是摄氏度，缺省值是 27。

对于图 3-2 所示单级交流放大电路，在 Analysis parameters 标签中选 V_1 为输入噪声的参考电源；选节点 5 为噪声响应输出节点，选择接地 0 为参考电压节点；其他参数采用系统默认。最后单击 Run 按钮，弹出 Grapher View 显示框，如图 3-22 所示。

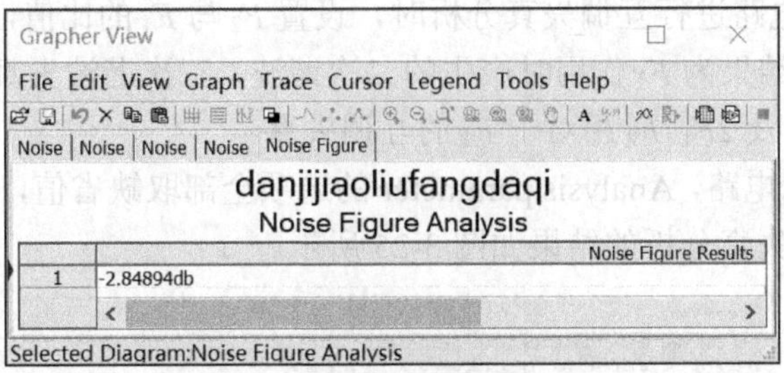

图 3-22 噪声系数分析结果

由图 3-22 可见，分析结果显示单级交流放大电路噪声系数为-2.848 94 dB。

3.3.3 失真分析

失真分析（Distortion）是分析电路增益的非线性和相位偏移，用于检测电路中的谐波失真（Harmonic Distortion）和互调失真（Intermodulation Distortion）。如果电路中有一个交流激励源，失真分析将检测电路中每一个节点的二次谐波和三次谐波所造成的失真。如果电路中有两个频率不同（设 $F_1>F_2$）的交流源，失真分析将检测输出节点在（F_1+F_2）、（F_1-F_2）和（$2F_1-F_2$）3 个不同频率上的失真。失真分析主要用于小信号模拟电路的失真分析，特别是对于瞬态分析中无法观察到的电路中较小的失真十分有效。

在 NI Multisim 14 界面中，对创建的如图 3-23 所示的晶体管 B 类推挽电路执行 Simulate» Analyses and simulation 命令，弹出如图 3-1 所示的 Analyses and Simulation 对话框，在对话框 Active Analysis 选项中选择 Distortion 分析方法，并在 Active Analysis 右侧出现 Distortion 对话框，如图 3-24 所示。

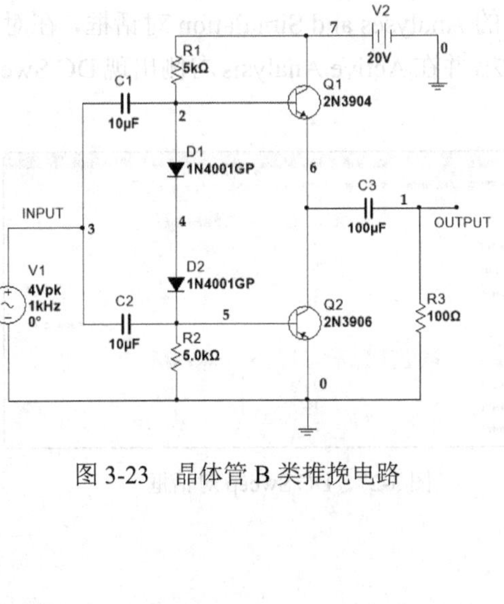

图 3-23 晶体管 B 类推挽电路

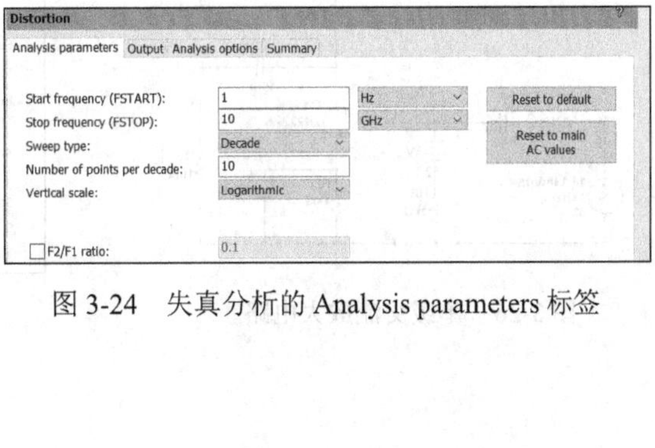

图 3-24 失真分析的 Analysis parameters 标签

该对话框中含有 4 个标签，即 Analysis parameters、Output、Analysis options 和 Summary。除 Analysis parameters 标签外，其余与直流工作点分析的标签一样，不再赘述。Analysis parameters 标签中除 F_2/F_1 ratio 外，其他各选项的主要功能与噪声分析对话框 Frequency parameters 标签中的参数一致，不再重复。

而 F_2/F_1 ratio 对电路进行互调失真分析时，设置 F_2 与 F_1 的比值，其值在 0 到 1 之间。不选择该项时，分析结果为 F_1 作用时产生的二次谐波、三次谐波失真；选择该项时，分析结果为 F_1+F_2、F_1-F_2 及 $2F_1-F_2$ 相对于 F_1 的互调失真。

对于图 3-23 所示电路，Analysis parameter 的选项全部取缺省值，在 Output 标签中选取节点 1 为输出节点。失真分析的结果如图 3-25 所示。

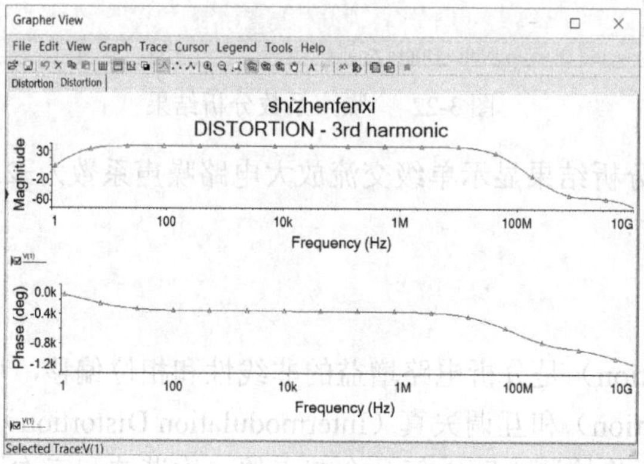

图 3-25 失真分析结果

3.3.4 直流扫描分析

直流扫描分析（DC Sweep）用来分析电路中某一节点的直流工作点随电路中一个或两个直流电源变化的情况。利用直流扫描分析的直流电源的变化范围可以快速确定电路的可用直流工作点。

在 NI Multisim 14 界面中，对创建的如图 3-26 所示的单级交流放大电路执行 Simulate» Analyses and simulation 命令，弹出如图 3-1 所示的 Analyses and Simulation 对话框，在对话框 Active Analysis 选项中选择 DC Sweep 分析方法，并在 Active Analysis 右侧出现 DC Sweep 对话框，如图 3-27 所示。

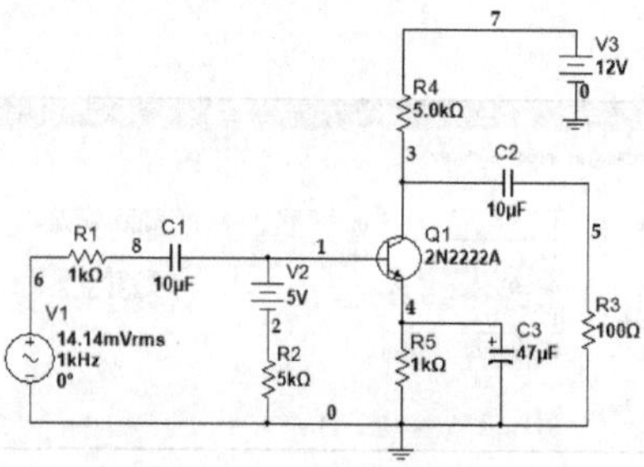

图 3-26 单级交流放大电路

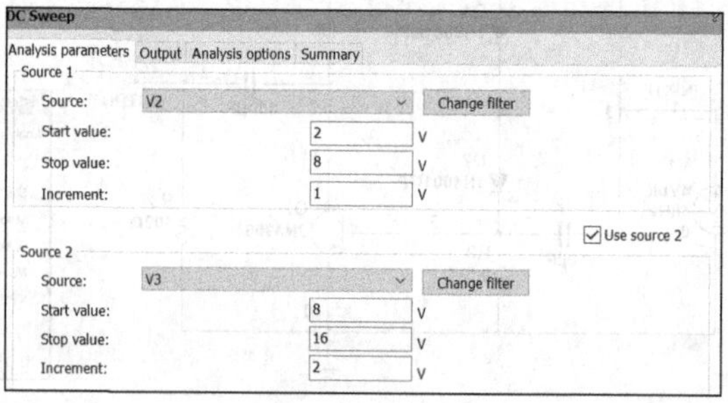

图 3-27 DC Sweep 对话框

该对话框中含有 4 个标签，即 Analysis parameters、Output、Analysis options 和 Summary。除 Analysis parameters 标签外，其余与直流工作点分析的标签一样，不再赘述。Analysis parameters 标签各选项的主要功能如下所述。

（1）Source 1 区：对直流电源 1 的各种参数进行设置，主要参数的功能如下所述。

- Source：选择所要扫描的直流电源。
- Start value：设置电源扫描的初始值。
- Stop value：设置电源扫描的终止值。
- Increase：设置电源扫描的增量。设置的数值越小，分析时间越长。
- Change filter：选择 Source 列表中过滤的内容。

（2）Source 2 区：对直流电源 2 的各种参数进行设置。

要对第 2 个电源进行设置，首先要选中在 Source 1 区与 Source 2 区之间的 Use Source 2 选项，然后就可以对 Source 2 区进行设置，设置方法同 Source 1。

对于图 3-26 所示电路，在 Analysis parameter 中选择第 1 个电源 V_2 的变动范围是 2～8 V，增量是 1 V；第 2 个电源 V_3 的变动范围是 8～16 V，增量是 2 V；在 Output 中选取节点 3 为输出节点，仿真结果如图 3-28 所示。

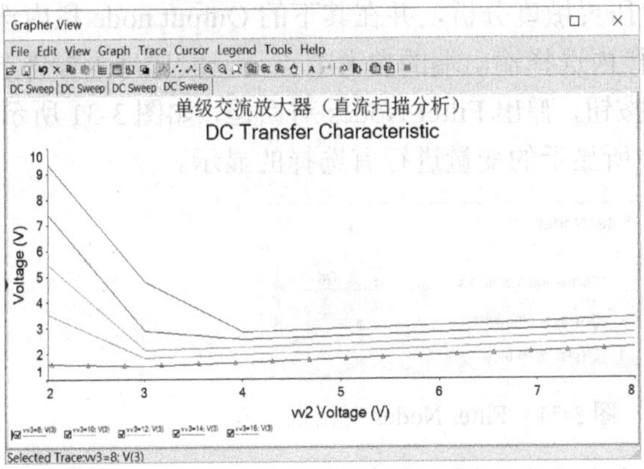

图 3-28　DC Sweep 的结果

3.3.5　灵敏度分析

灵敏度分析（Sensitivity）是研究电路中某个元器件的参数发生变化时，对电路节点电压或支路电流的敏感程度。灵敏度分析可分为直流灵敏度分析和交流灵敏度分析，在直流灵敏度分析中，计算直流工作点对元器件参数的灵敏度，而在交流灵敏度分析中分别计算输出变量对每个元器件参数的灵敏度。直流灵敏度分析节点的仿真结果以数值形式显示，而交流灵敏度分析的仿真结果则绘出相应的幅频和相频曲线。

在 NI Multisim 14 界面中，对创建的如图 3-29 所示单级交流放大电路执行 Simulate» Analyses and simulation 命令，弹出如图 3-1 所示的 Analyses and Simulation 对话框，在对话

框 Active Analysis 选项中选择 Sensitivity 分析方法，并在 Active Analysis 右侧出现 Sensitivity 对话框，如图 3-30 所示。

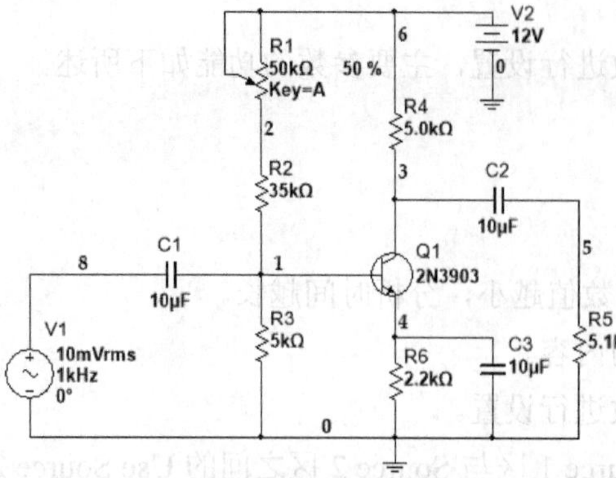

图 3-29　单级交流放大电路

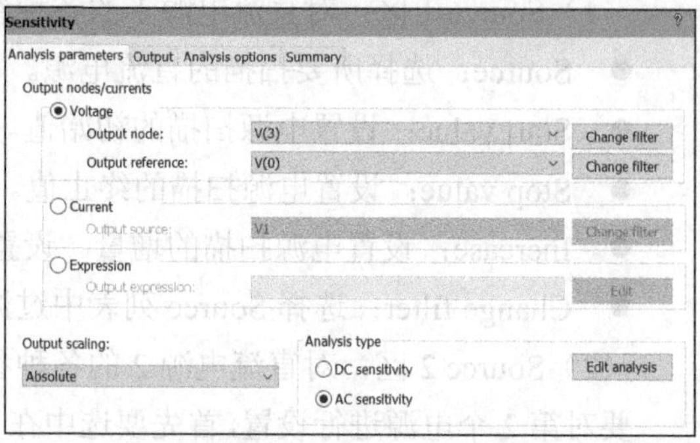

图 3-30　灵敏度分析对话框

该对话框中含有 4 个标签，即 Analysis parameters、Output、Analysis options 和 Summary。除 Analysis parameters 标签外，其余与直流工作点分析的标签一样，不再赘述。Analysis parameters 标签中各选项的主要功能如下所述。

（1）Voltage：选择进行电压灵敏度分析，并在其下的 Output node 栏内选定要分析的输出节点，在 Output reference 栏内选择输出端的参考节点，一般选地为参考节点。

（2）Change filter：单击此按钮，弹出 Filter Nodes 对话框，如图 3-31 所示。通过 Filter Nodes 对话框可以对其左侧栏中所显示的变量进行有选择的显示。

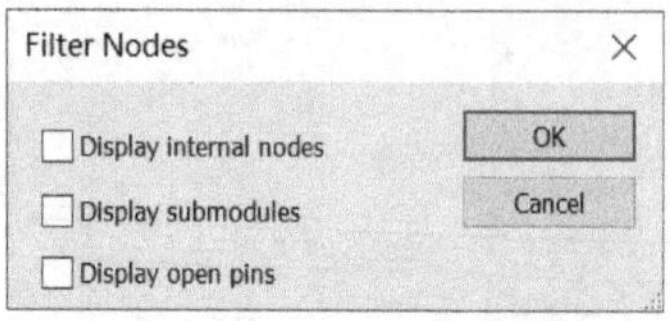

图 3-31　Filter Nodes 对话框

（3）Current：选择进行电流灵敏度分析，并在其下的 Output source 栏内选择要分析的信号源。

（4）Expression：单击 Edit 按钮打开 Analysis Expression 对话框，如图 3-32 所示。在 Expression（表达式栏）中输入算式，可以对多个对象的运算结果进行仿真分析。

（5）Output scaling：用于选择灵敏度输出格式是 Absolute（绝对灵敏度）还是 Relative（相对灵敏度）。

（6）Analysis type：选择灵敏度分析是直流灵敏度分析（DC Sensitivity）还是交流灵敏度分析（AC Sensitivity）。

对于图 3-29 所示电路，若选择直流灵敏度分析，并选电压灵敏度分析，在 Analysis parameter 中选择要分析的节点为节点 3，输出的参考点是节点 0，Analysis type 栏选 DC Sensitivity，并在 Output 标签选电阻 R_2、R_3、R_4 和 V_2，直流灵敏度分析仿真结果如图 3-33 所示。它描述了电阻 R_2、R_3、R_4 及电源 V_2 对输出节点电压的影响。

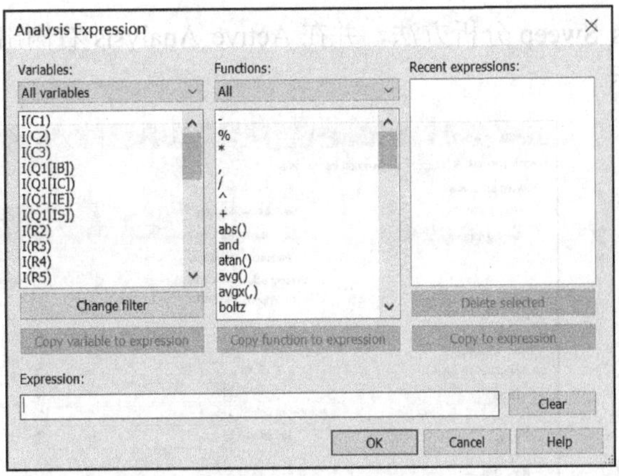

图 3-32　Analysis Expression 对话框

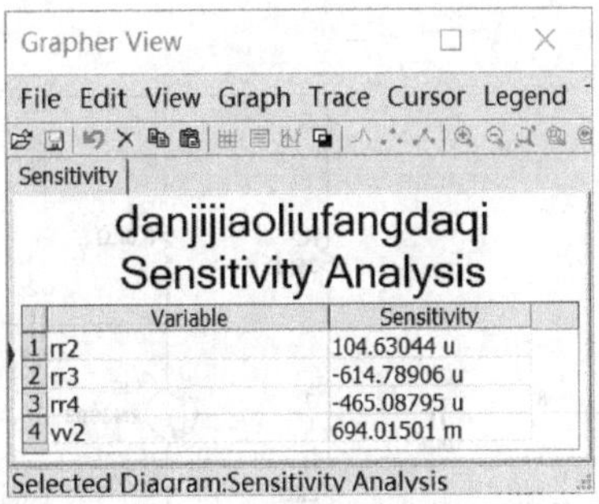

图 3-33　直流灵敏度分析结果

若选择交流灵敏度分析，在 Analysis parameter 中选择要分析的节点为节点 3，输出的参考点是节点 0，Analysis type 栏选择 AC Sensitivity，并在 Output 标签选电阻 R_2、R_3、R_6 和 C_1、C_2、C_3，交流灵敏度分析仿真结果如图 3-34 所示。它描述了电阻 R_2、R_3、R_6 和 C_1、C_2、C_3 对输出节点 3 电压的影响。

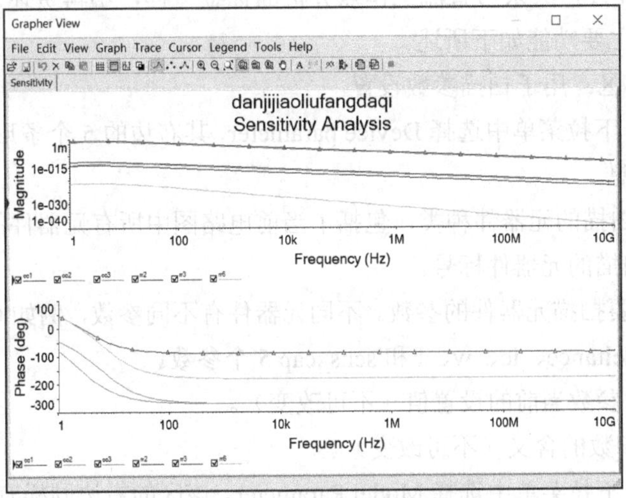

图 3-34　交流灵敏度分析结果

3.3.6　参数扫描分析

参数扫描分析（Parameter Sweep）就是检测电路中某个元器件的参数在一定取值范围内变化时对电路直流工作点、瞬态特性、交流频率特性等的影响。它相当于该元件每次取不同的值，相应地进行一次仿真，是电路分析、调整和设计的快捷方法。在实际电路设计中，可以利用该方法针对电路某些技术指标进行优化。

在 NI Multisim 14 界面中，对创建的如图 3-35 所示单级交流放大电路执行 Simulate» Analyses and simulation 命令，弹出如图 3-1 所示的 Analyses and Simulation 对话框，在对话

框 Active Analysis 选项中选择 Parameters Sweep 分析方法，并在 Active Analysis 右侧出现 Parameters Sweep 对话框，如图 3-36 所示。

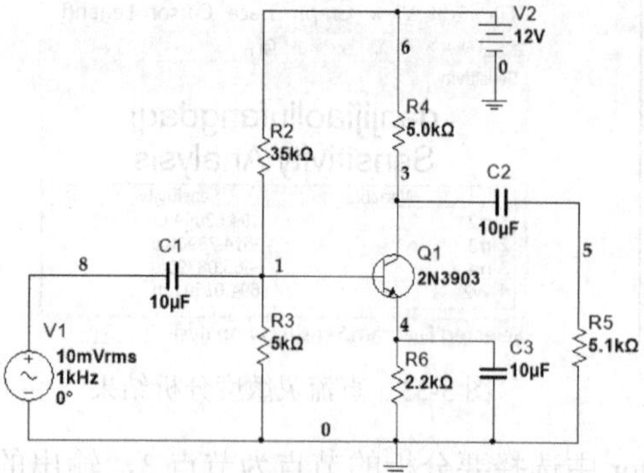

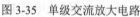

图 3-35　单级交流放大电路

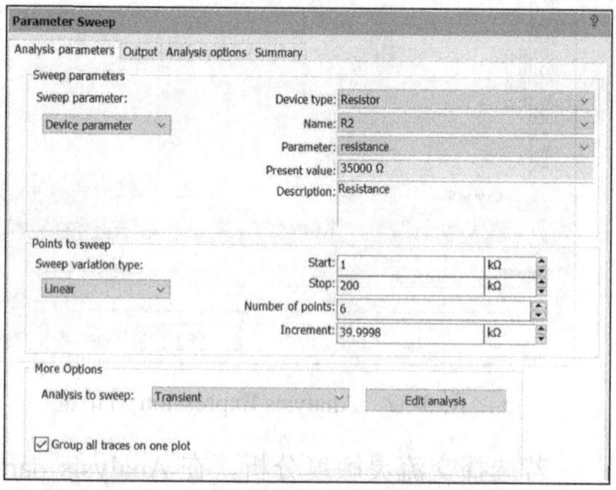

图 3-36　参数扫描分析对话框

该对话框中含有 4 个标签，即 Analysis parameters、Output、Analysis options 和 Summary。除 Analysis parameters 标签外，其余与直流工作点分析的标签一样，不再赘述。Analysis parameters 标签中各选项的主要功能如下所述。

（1）Sweep parameters 区：用于扫描参数设置。

- 在 Sweep parameter 下拉菜单中选择 Device parameter，其右边的 5 个条形框显示与器件参数有关的信息。
- Device：选择将要扫描的元器件种类，包括了当前电路图中所有元器件的种类。
- Name：选择将要扫描的元器件标号。
- Parameter：选择将要扫描元器件的参数。不同元器件有不同参数，例如 Capacitor，可选的参数有 Capacitance、ic、w、l 和 sens_cap 5 个参数。
- Present value：所选参数当前的设置值（不可改变）。
- Description：所选参数的含义（不可改变）。
- 在 Sweep parameter 下拉菜单中选择 Model Parameter。该区的右边同样有 5 个需要进一步选择的条形框。

注意

该 5 个条形框中提供的选项不仅与电路有关，而且与 Device Parameter 对应的选项有关。

- 在 Sweep parameter 下拉菜单中选择 Circuit Parameter，其右边的 2 个条形框显示与电路参数有关的信息，即电路参数和电路值。

（2）Points to sweep 区：用于选择扫描方式。

在 Sweep variation type 下拉菜单中，可以选择十倍程（Decade）、线性（Linear）、八

倍程（Octave）、列表（List）4 种扫描方式，缺省设置为 Decade。

若选 Decade（Octave 或 Linear），该区的右边还有 3 个需要进一步选择的条形框。

- Start：设置将要扫描分析元器件的起始值，其值可以大于或小于电路中所标注的参数值，缺省设置为电路元器件的标注参数值；
- Stop：设置将要扫描分析元器件的终值，缺省设置电路中元器件的标注参数值；
- Number of point per Decade：设置每 10 倍频扫描的点数；Number of point per Octave：设置每 8 倍频扫描的点数；Number of point per Linear：设置线性扫描的点数。

  若选 List，还需在该区右边的框里添加分析参数数值。

（3）More options 区。

- NI Multisim 14 提供了 DC operating point、AC analysis、Single Frequency AC、Transient 和 Nested sweep 5 种分析类型。缺省设置为 Transient。在选定分析类型后，可单击 Edit analysis 按钮对选定的分析进行进一步的设置。
- Group all traces on one plot 选项用于选择是否将所有的分析曲线放在同一个图中显示。

对于本例，Analysis parameters 标签设置如图 3-36 所示。选择节点 3 为输出节点。设置完毕后，选择电阻 R_2 为扫描元件，设置其扫描开始数值为 1 kΩ，扫描结束数值 200 kΩ、扫描点为 6，选择扫描分析类型为 Transient，并设置瞬态分析结束时间为 0.01 s。单击 Run 按钮，开始扫描分析，参数扫描分析结果如图 3-37 所示。

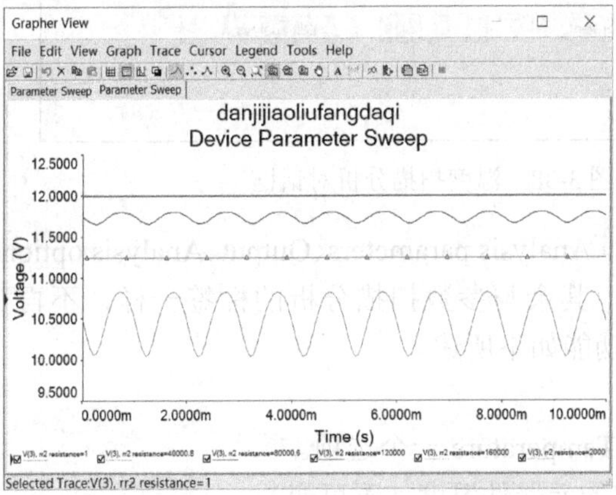

图 3-37　参数扫描分析结果

由图 3-37 可见，电阻 R_2 从 1 kΩ 到 200 kΩ 变化时，放大器的输出经历了截止失真、放大及饱和失真等不同状态。从图中可知，当 R_2 取 40 kΩ 时比较合适，放大器输出基本不失真。

3.3.7　温度扫描分析

温度扫描分析（Temperature Sweep）就是研究不同温度条件下的电路特性。我们知道晶体三极管的电流放大系数 β、发射结导通电压 U_{be} 和穿透电流 I_{ceo} 等参数都是温度的函数。

当工作环境温度变化很大时，会导致放大电路性能指标变差。若不用仿真软件就需把放大电路实物放入烘箱中，进行实际温度条件测试，不断调整电路参数直至满意为止。这种方法费时、成本高。采用温度扫描分析方法则可以很方便地对放大电路温度特性进行仿真分析，对电路参数进行优化设计。

在 NI Multisim 14 界面中，对创建的如图 3-35 所示单级交流放大电路执行 Simulate»Analyses and simulation 命令，弹出如图 3-1 所示的 Analyses and Simulation 对话框，在对话框 Active Analysis 选项中选择 Temperature Sweep 分析方法，并在 Active Analysis 右侧出现 Temperature Sweep 对话框，如图 3-38 所示。

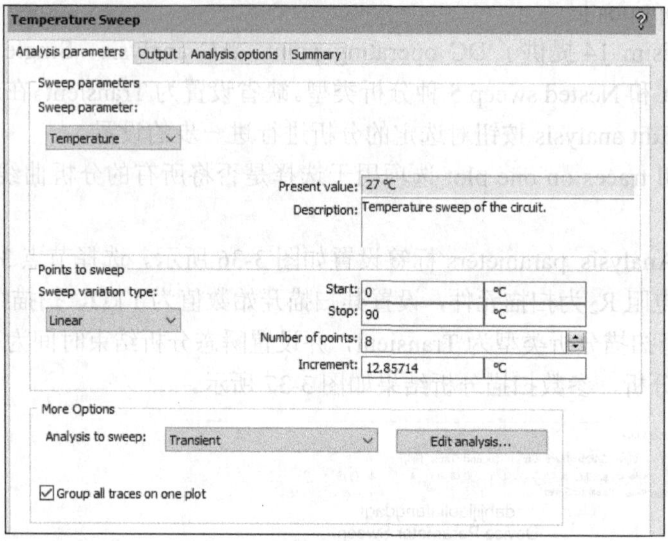

图 3-38　温度扫描分析对话框

该对话框中含有 4 个标签，即 Analysis parameters、Output、Analysis options 和 Summary。除 Analysis parameters 标签外，其余与参数扫描分析的标签一样，不再赘述。Analysis parameters 标签中各选项的主要功能如下所述。

（1）Sweep parameters 区。

- Sweep parameter：只有 Temperature 一个选项。
- Present value：显示当前的元器件温度（不可变）。
- Description：说明当前对电路进行温度扫描分析。

（2）Points to sweep 区

- Sweep variation type：选择温度扫描类型。主要有十倍程（Decade）、线性（Linear）、八倍程（Octave）和列表（List）4 种扫描类型，缺省设置为 List。

（3）More Options 区。

这一区各选项功能设置与参数扫描分析一致，不再赘述。

对于图 3-35 所示电路，Analysis parameters 标签中设置扫描开始温度为 0℃，终止温度为 90℃，扫描点为 8，在 Output 标签中选择节点 V_{BE}（V_1-V_4）为输出节点，扫描分析类型选 DC operating point，单击 Run 按钮，开始扫描分析，若以表格的形式输出如图 3-39（a）

所示，若以曲线的形式输出如图 3-39（b）所示。

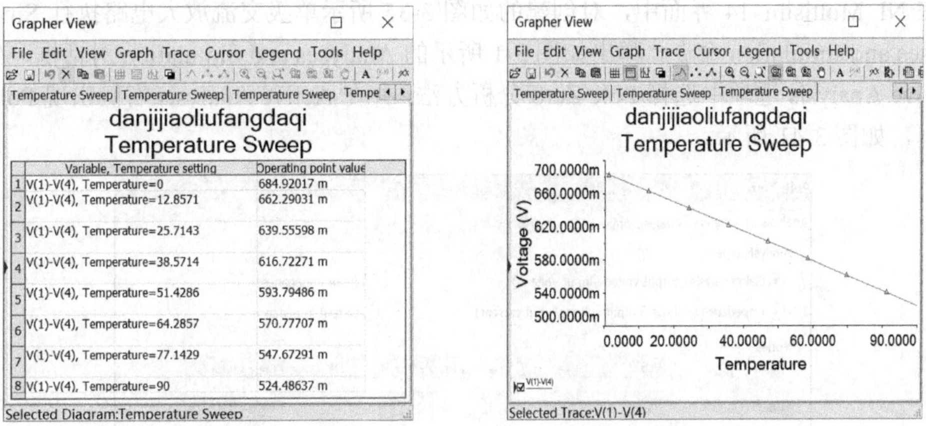

（a）表格形式　　　　　　　　　　　　　　　　（b）曲线形式

图 3-39　温度扫描分析结果（直流工作点分析）

图 3-39 显示的是放大器中晶体管 be 电压随温度变化情况。可见，当温度在 0℃～90℃之间变化时，放大器中晶体管 be 电压随温度升高而下降，与理论分析一致。

若在 Analysis parameters 标签中选择扫描分析类型为 Transient，其他参数不变时可得到如图 3-40 所示的放大器 V_{BE} 输出波形。可见，当温度在 0℃～90℃之间变化时，放大器中晶体管 be 电压随温度升高而下降，与理论分析一致。

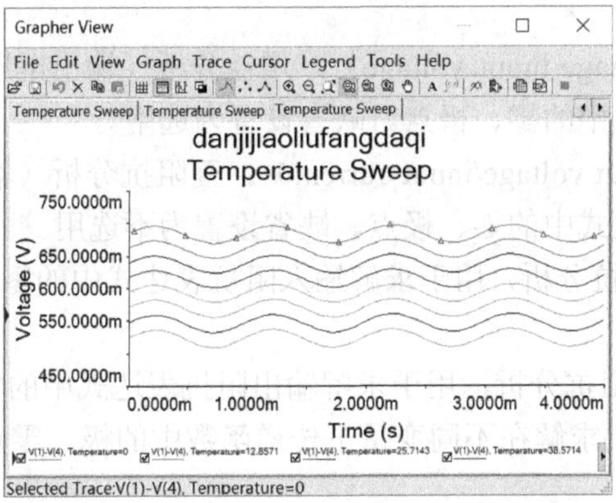

图 3-40　温度扫描分析结果（瞬态分析）

3.3.8　零—极点分析

零—极点分析（Pole－Zero）可以获得交流小信号电路传递函数中极点和零点的个数和数值，因而广泛应用于负反馈放大器和自动控制系统的稳定性分析中。零—极点分析时首先计算电路的直流工作点，并求得非线性元器件在交流小信号条件下的线性化模型，然后在此基础上求出电路传递函数中的极点和零点。

零—极点分析对检测电子线路的稳定性十分有用。如果希望电路（或系统）是稳定的，电路应具有负实部极点，否则电路对某一特定频率的响应将是不稳定的。

在 NI Multisim 14 界面中，对创建的如图 3-35 所示单级交流放大电路执行 Simulate» Analyses and simulation 命令，弹出如图 3-1 所示的 Analyses and Simulation 对话框，在对话框 Active Analysis 选项中选择 Pole Zero 分析方法，并在 Active Analysis 右侧出现 Pole Zero 对话框，如图 3-41 所示。

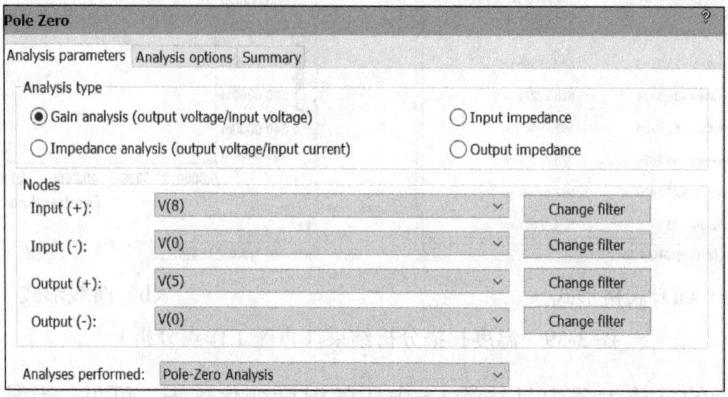

图 3-41　零—极点分析对话框

该对话框中含有 3 个标签，即 Analysis parameters、Analysis options 和 Summary。除 Analysis parameters 标签外，其余与直流工作点分析的标签一样，不再赘述。Analysis parameters 标签中各选项的主要功能如下所述。

（1）Analysis type 区。

- Gain analysis（output voltage/input voltage）：增益分析（输出电压/输入电压），用于求解电压增益表达式中的零、极点。缺省设置为选用。
- Impedance analysis（output voltage/input current）：互阻抗分析（输出电压/输入电流），用于求解互阻表达式中的零、极点。缺省设置为不选用。
- Input impedance：输入阻抗分析，用于求解输入阻抗表达式中的零、极点。缺省设置为不选用。
- Output impedance：输出阻抗分析，用于求解输出阻抗表达式中的零、极点。

根据这 4 项表达式，可按需要求解在不同变量下传递函数中的极、零点。

（2）Nodes 区。

- Input（+）：设置输入节点的正端。
- Input（-）：设置输入节点的负端。
- Output（+）：设置输出节点的正端。
- Output（-）：设置输出节点的负端。

（3）Analyses performed 下拉菜单。

利用 Analyses performed 下拉菜单可以选择 Pole-Zero Analysis、Pole Analysis 和 Zero Analysis 3 个选项。

对于图 3-35 所示电路，Analysis parameters 标签中分析类型选增益分析（输出电压/输入电压），在 Nodes 区选节点 8 为输入节点的正端、节点 0 为输入节点的负端，选节点 5

为输出节点的正端、节点 0 为输出节点的负端。对 Analyses performed 下拉菜单选择 Pole-Zero Analysis。单击 Run 按钮，开始仿真分析，输出如图 3-42 所示。

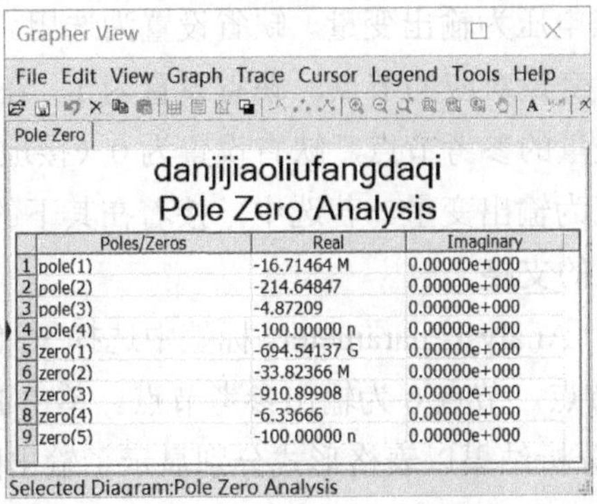
Grapher View
File Edit View Graph Trace Cursor Legend Tools Help
Pole Zero
danjijiaoliufangdaqi
Pole Zero Analysis
Poles/Zeros | Real | Imaginary
1 pole(1) -16.71464 M 0.00000e+000
2 pole(2) -214.64847 0.00000e+000
3 pole(3) -4.87209 0.00000e+000
4 pole(4) -100.00000 n 0.00000e+000
5 zero(1) -694.54137 G 0.00000e+000
6 zero(2) -33.82366 M 0.00000e+000
7 zero(3) -910.89908 0.00000e+000
8 zero(4) -6.33666 0.00000e+000
9 zero(5) -100.00000 n 0.00000e+000
Selected Diagram:Pole Zero Analysis

图 3-42 零—极点分析结果

由图 3-42 可见，该放大器增益的传递函数中有 4 个极点、5 个零点，且 4 个极点的实部均为负值，即极点均在 S 平面的左半部分，所以电路是稳定的。

3.3.9 传递函数分析

传递函数分析（Transfer Function）就是求解电路中一个输入源与两个节点的输出电压之间，或一个输入源和一个输出电流变量之间在直流小信号状态下的传递函数，用于分析小信号电路的传输比。传递函数分析也具有计算电路输入和输出阻抗的功能。对电路进行传递函数分析时，程序首先计算直流工作点，然后再求出电路中非线性器件的直流小信号线性化模型，最后求出电路传递函数诸参数。分析中要求输入源必须是独立源。

在 NI Multisim 14 界面中，对创建的如图 3-35 所示单级交流放大电路执行 Simulate»Analyses and simulation 命令，弹出如图 3-1 所示的 Analyses and Simulation 对话框，在对话框 Active Analysis 选项中选择 Transfer Function 分析方法，并在 Active Analysis 右侧出现 Transfer Function 对话框，如图 3-43 所示。

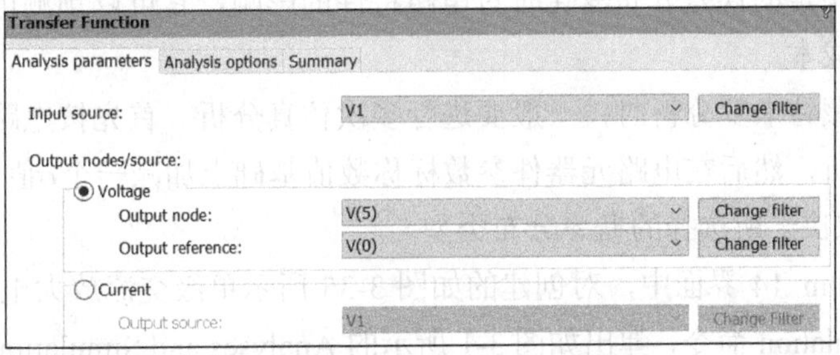

图 3-43 传递函数分析对话框

该对话框中含有 3 个标签，即 Analysis parameters、Analysis options 和 Summary。除 Analysis parameters 标签外，其余与直流工作点分析的标签一样，不再赘述。Analysis parameters 标签中各选项的主要功能如下所述。

- Input souse：选择输入电压源或电流源。
- Voltage：选择节点电压为输出变量。缺省设置为选用。接着在 Output node 下拉菜单中选择输出电压变量对应的节点，缺省设置为 1。在 Output reference 下拉菜单中选择输出电压变量的参考节点，缺省设置为 0（接地）。
- Current：选择电流为输出变量。若选中，接着在其下的 Output source 下拉菜单中选择作为输出电流的支路。

对于图 3-35 所示电路，Analysis parameters 标签中选择 V_1 作为输入电源，选择电压为输出变量，节点 5 为输出节点，节点 0 为输出参考节点。单击 Run 按钮，开始仿真分析，分析结果如图 3-44 所示，分析结果以表格形式分别显示了输出阻抗（Output impedance）、传递函数（Transfer function）和从输入源两端向电路看进去的输入阻抗（Input impedance）等参数数值。

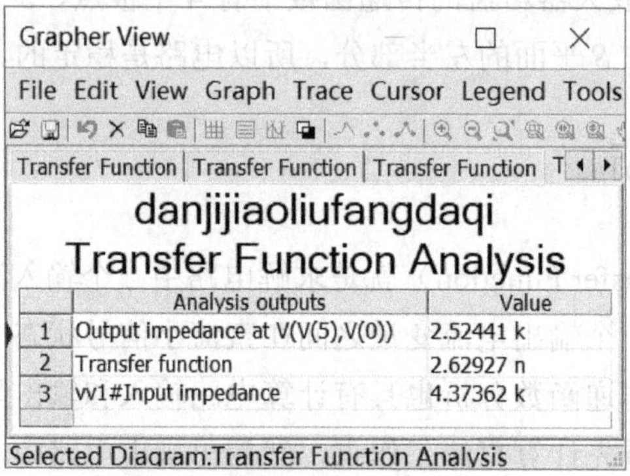

图 3-44 传递函数分析结果

3.3.10 蒙特卡罗分析

蒙特卡罗分析（Monte Carlo）利用一种统计分析方法，分析电路元器件的参数在一定数值范围内按照指定的误差分布变化时对电路特性的影响，它可以预测电路在批量生产时的合格率和生产成本。

对电路进行蒙特卡罗分析时，一般要进行多次仿真分析。首先按电路元器件参数标称数值进行仿真分析，然后在电路元器件参数标称数值基础上加减一个σ值再进行仿真分析，所取的σ值大小取决于所选择的概率分布类型。

在 NI Multisim 14 界面中，对创建的如图 3-35 所示单级交流放大电路执行 Simulate» Analyses and simulation 命令，弹出如图 3-1 所示的 Analyses and Simulation 对话框，在对话框 Active Analysis 选项中选择 Monte Carlo 分析方法，并在 Active Analysis 右侧出现 Monte Carlo 对话框，如图 3-45 所示。

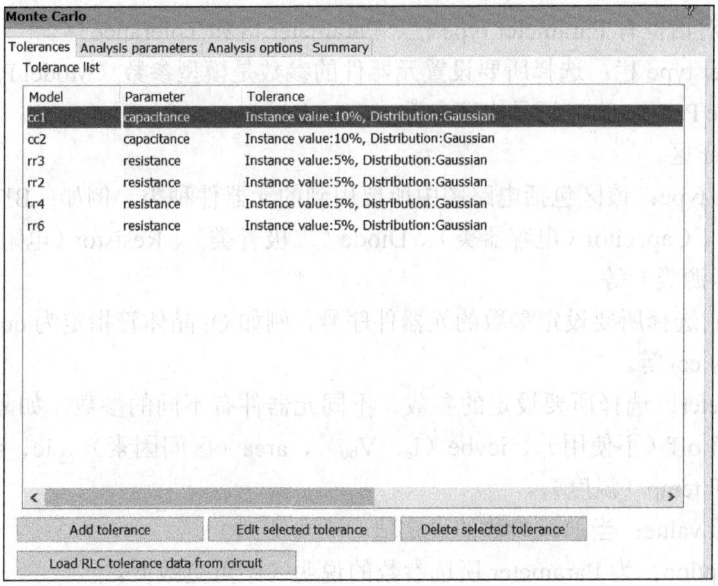

图 3-45　蒙特卡罗分析对话框

该对话框含有 4 个标签，除 Tolerances 和 Analysis parameters 标签外，其余与直流工作点分析的标签相同，不再赘述。

1. Tolerances 标签

在图 3-45 所示 Monte Carlo 对话框中，Tolerances 标签主要用于显示和编辑当前电路元器件的误差。Tolerances list 区显示窗口列出目前的元器件模型参数，在该显示窗口的下面有 4 个按钮，可分别对元器件的误差进行添加、编辑和删除等操作。

（1）Add tolerance 按钮：添加误差设置。

①单击 Add tolerance 按钮，弹出 Tolerance 对话框，如图 3-46 所示。

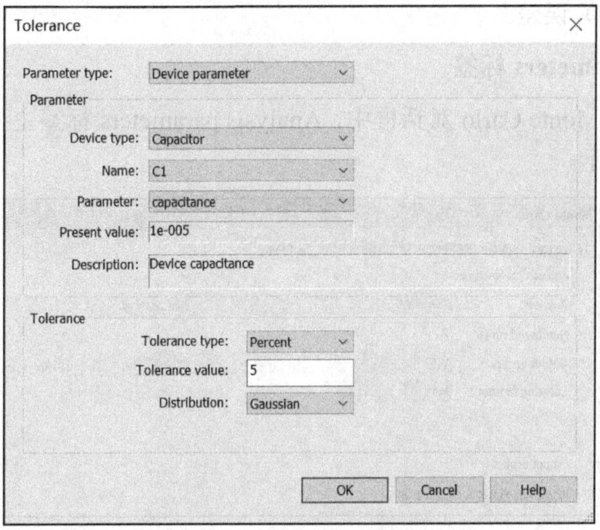

图 3-46　Tolerance 对话框

Tolerance 对话框有 Parameter type 栏、Parameter 区和 Tolerance 区。

②Parameter type 栏：选择所要设置元器件的参数是模型参数（Model Parameter）、器件参数（Device Parameter）还是电路参数（Circuit Parameter）。

③Parameter 区。

- Device type：该区包括电路图中所要用到的元器件种类。例如：BIT（双极性晶体管类）、Capacitor（电容器类）、Diode（二极管类）、Resistor（电阻类）和 Vsourse（电压源类）等。
- Name：选择所要设定参数的元器件序号，例如 Q_1 晶体管指定为 qq_1，C_1 电容器则指定为 cc_1 等。
- Parameter：选择所要设定的参数。不同元器件有不同的参数，如晶体管可指定的参数有 off（不使用）、icvbe（I_c，V_{be}）、area（区间因素）、ic、sens-area（灵敏度）和 temp（温度）。
- Present value：当前该参数的设定值（不可更改）。
- Description：为 Parameter 所选参数的说明（不可更改）。

④Tolerance 区：主要用于确定容差的方式。

- Tolerance type：选择容差的形式，主要包括 Absolute（绝对值）和 Percent（百分比）两个选项。
- Tolerance value：根据所选的容差形式，设置容差值。

当完成新增项目后，单击 OK 按钮即可将新增项目添加到前一个对话框中。

（2）Edit selected tolerance 按钮：误差编辑。

单击 Edit selected tolerance 按钮，也会弹出如图 3-46 所示的 Tolerance 对话框，它可以对某个选中的误差项目进行编辑。

（3）Delete selected tolerance 按钮：删除所选定的误差项目。

（4）Load RLC tolerance data from circuit 按钮：装载添加源自电路中的 R（电阻）、L（电感）、C（电容）误差。

2. Analysis parameters 标签

在图 3-45 所示 Monte Carlo 对话框中，Analysis parameters 标签主要用于设置电路分析参数，如图 3-47 所示。

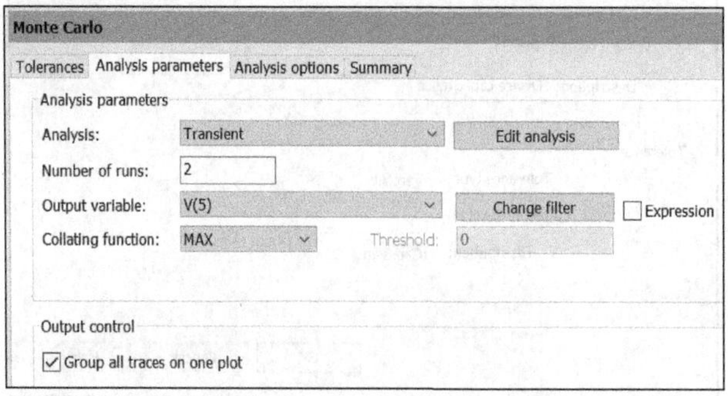

图 3-47　Analysis parameters 标签

（1）Analysis parameters 区。

①Analysis：设置分析类型，包括 AC analysis（交流分析）、Transient（瞬态分析）及 DC Operating Point（直流工作点分析）。

②Number of runs：用于设置蒙特卡罗分析次数，其值必须≥2。

③Output variable：选择所要分析的输出节点。

④Collating function：选择比较函数。最坏情况分析得到的数据通过比较函数收集。所谓比较函数实质上相当于一个高选择性过滤器，每运行一次允许收集一个数据。它含有 MAX、MIN、RISE EDGE、FALL EDGE、FREQUENCY 5 个选项，各选项含义如下所述。

- MAX：*Y* 轴的最大值。仅在 AC analysis 选项中选用。
- MIN：*Y* 轴的最小值。仅在 AC analysis 选项中使用。
- RISE EDGE：第一次 *Y* 轴出现大于用户设定的门限时的 *X* 值。其右边的 Threshold 栏用来输入其门限值。
- FALL EDGE：第一次 *Y* 轴出现小于用户设定的门限时的 *X* 值。
- FREQUENCY：第一次出现小于用户设定的频率时的 *X* 值。

（2）Output control 区。

Group all traces on one plot：选中此项，则将所有仿真结果和记录显示在一个图形中；若不选此项，则将标称值仿真、最坏情况仿真和 Run Log Description 分别显示出来。

对于图 3-35 所示电路，在 Tolerances 标签中设定电阻 R_2、R_3、R_4、R_6 的容差为 5%，设定电容 C_1、C_2 的容差为 10%，Analysis parameters 标签中选择节点 5 为输出节点，分析类型为瞬态分析，单击 Run 按钮，开始仿真分析，蒙特卡罗分析结果如图 3-48 所示。

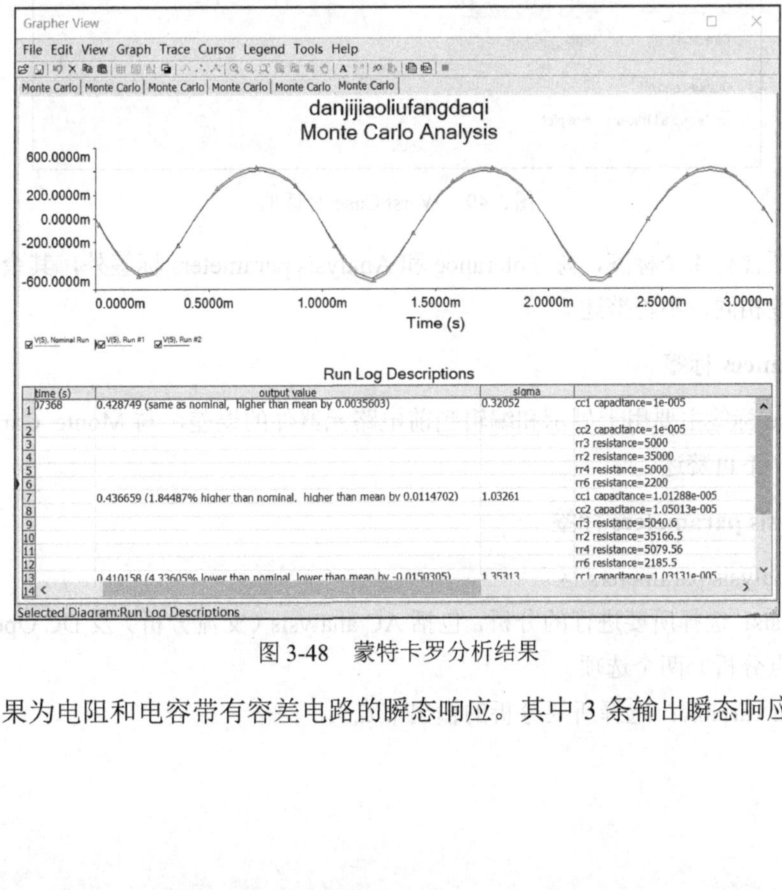

图 3-48　蒙特卡罗分析结果

仿真结果为电阻和电容带有容差电路的瞬态响应。其中 3 条输出瞬态响应曲线分别是元件参数均为标称值及高于标称值和低于标称值曲线。其中 Run Log Descriptions 以表格形式给出 3 条曲线对应的值。正常参数时曲线的 σ=0.320 52，输出值为 0.428 749；曲线 2 的 σ=1.032 61，输出值为 0.436 659；曲线 3 的 σ=1.353 13，输出值为 0.410 158。

3.3.11　最坏情况分析

最坏情况分析（Worst Case）是以统计分析的方式，在给定元件参数容差的条件下，分析电路性能相对元件参数标称时的最大偏差。其第一次仿真采用元件标称值，然后计算电路中某节点电压或某支路电流相对每个元件参数的灵敏度，找出元件参数最小和最大值，最后在元件参数取最大偏差情况下，完成用户指定的分析。最坏情况分析有助于设计者掌握元件参数变化对电路性能造成的最坏影响。

在 NI Multisim 14 界面中，对创建的如图 3-35 所示单级交流放大电路执行 Simulate»Analyses and simulation 命令，弹出如图 3-1 所示的 Analyses and Simulation 对话框，在对话框 Active Analysis 选项中选择 Worst Case 分析方法，并在 Active Analysis 右侧出现 Worst Case 对话框，如图 3-49 所示。

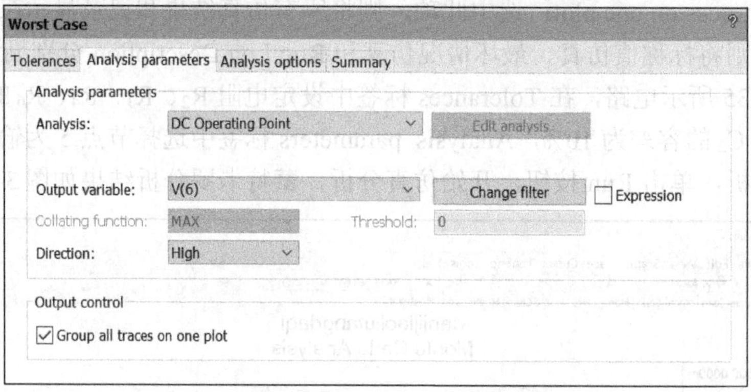

图 3-49　Worst Case 对话框

该对话框含有 4 个标签，除 Tolerance 和 Analysis parameters 标签外，其余与直流工作点分析的标签相同，不再赘述。

1. Tolerances 标签

Tolerance 标签主要用于显示和编辑当前电路元器件的误差，与 Monte Carlo 对话框参数设置一样，不再赘述。

2. Analysis parameters 标签

（1）Analysis parameters 区。

①Analysis：选择所要进行的分析，包括 AC analysis（交流分析）及 DC Operating Point（直流工作点分析）两个选项。

②Output variable：选择所要分析的输出节点。

③Collating function：选择比较函数。最坏情况分析得到的数据通过比较函数收集。所谓比较函数实质上相当于一个高选择性过滤器，每运行一次允许收集一个数据。它含有 MAX、MIN、RISE EDGE、FALL EDGE、FREQUENCY 5 个选项，各选项含义如下所述。

- MAX：*Y* 轴的最大值。仅在 AC analysis 选项中选用。
- MIN：*Y* 轴的最小值。仅在 AC analysis 选项中使用。
- RISE EDGE：第一次 *Y* 轴出现大于用户设定的门限时的 *X* 值。其右边的 Threshold 栏用来输入其门限值。
- FALL EDGE：第一次 *Y* 轴出现小于用户设定的门限时的 *X* 值。
- FREQUENCY：第一次出现小于用户设定的频率时的 *X* 值。

④Direction：选择容差变动方向，包括 Low 和 High 2 个选项。

（2）Output control 区。

Group all traces on one plot：选中此项，则将所有仿真结果和记录显示在一个图形中；若不选此项，则将标称值仿真、最坏情况仿真和 Run Log Description 分别显示出来。

对于图 3-35 所示电路，设定电阻 R_4 的容差为 10%，Analysis parameters 标签中选择节点 3 为输出节点，分析类型为直流工作点分析，单击 Run 按钮，开始仿真分析，最坏情况分析结果如图 3-50 所示。

由图 3-50 可见，节点 3 的直流工作电压正常情况下约为 10.126 77 V，而在电阻 R_4 最坏情况（即 R_4=4500 Ω）下使得节点 3 的直流工作电压为 10.313 84 V，相对变化率约为 1.847%。

对于图 3-35 所示电路，设定电阻 R_4 的容差为 10%，Analysis parameters 标签中选择节点 5 为输出节点，分析类型为交流分析，单击 Run 按钮，开始仿真分析，最坏情况分析结果如图 3-51 所示。

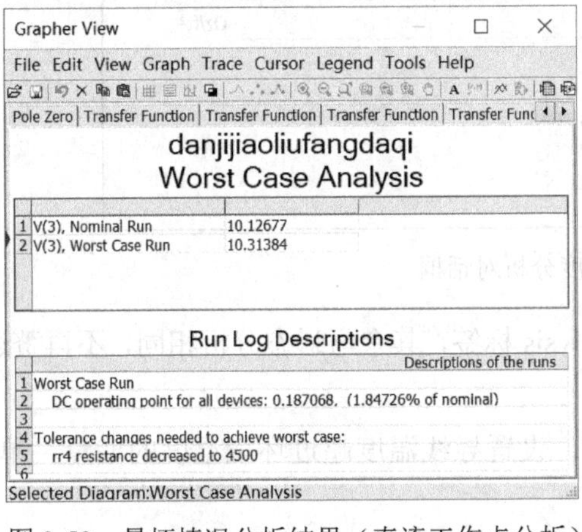

图 3-50 最坏情况分析结果（直流工作点分析）

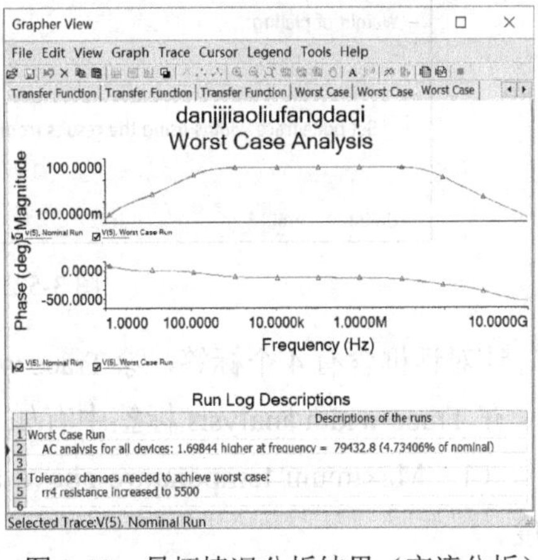

图 3-51 最坏情况分析结果（交流分析）

由图 3-51 可见，在 R_4=5500 Ω（即 R_4 最坏情况下），输出电压（节点 5 的电压）在频率约为 7.94 GHz 时比正常值高 1.698 44 mV，偏离正常值约为 4.73%。

3.4　NI Multisim 14 其他分析

NI Multisim 14 为满足用户多样化需求，还提供布线宽度分析、批处理分析及用户自定义分析等方法。

3.4.1　布线宽度分析

布线宽度分析（Trace Width）就是用来确定在设计 PCB 板时为使导线有效地传输电流所允许的最小导线宽度，它通过计算仿真电路的支路电流有效值，PCB 板单位面积镀层重量、环境温度，确定 PCB 板每个元件管脚的最小布线宽度及连线上允许通过的最大电流。导线所散发的功率不仅与电流有关，还与导线的电阻有关，而导线的电阻又与导线的横截面积有关。在制作 PCB 板时，导线的厚度受板材的限制，那么，导线的电阻就主要取决于 PCB 设计者对导线宽度的设置。

在 NI Multisim 14 界面中，对创建的如图 3-35 所示单级交流放大电路执行 Simulate»Analyses and simulation 命令，弹出如图 3-1 所示的 Analyses and Simulation 对话框，在对话框 Active Analysis 选项中选择 Trace Width 分析方法，并在 Active Analysis 右侧出现 Trace Width 对话框，如图 3-52 所示。

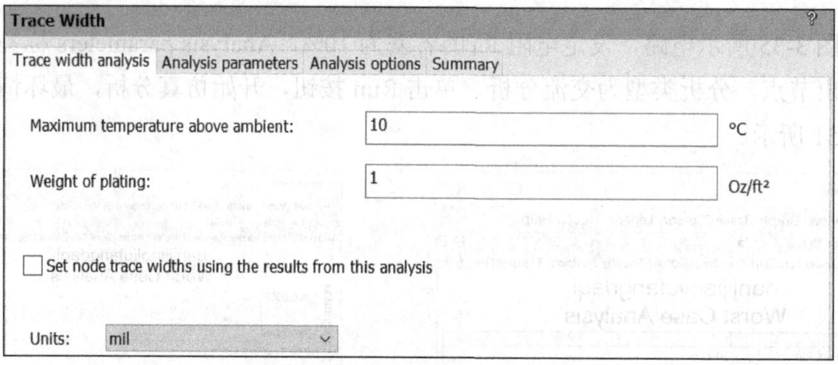

图 3-52　布线宽度分析对话框

该对话框含有 4 个标签，除 Trace width analysis 标签，其余与瞬态分析相同，不再赘述。在 Trace width analysis 标签中有如下选项。

（1）Maximum temperature above ambient：设置导线温度超过环境温度的增量，单位是度。

（2）Weight of plating：设置导线宽度分析时所选导线宽度的类型。在 NI Multisim 14 应用软件中，常用线重的大小来进行线宽分析，线重与导线厚度（即 PCB 板覆铜的厚度）的对应关系见表 3-1。

表 3-1　线重与导线厚度的关系

PCB 板覆铜厚度/mil	线重/（oz/ft²）[①]	PCB 板覆铜厚度/mil	线重/（oz/ft²）
1.0/0.8	0.2	3	4.20
0.0/4.0	0.36	4	5.60
3.0/8.0	0.52	5	3.0
1.0/2.0	0.30	6	8.4
3.0/4.0	1	3	9.8
1	1.40	10	14
2	2.80	14	19.6

（3）Set node trace widths using the results from this analysis：设置是否使用分析的结果来建立导线的宽度。

（4）Units：设置单位，有 mil[②]和 mm 两个选项。

对于图 3-35 所示电路在分析参数设置上全部采用默认值，单击 Run 按钮，开始仿真分析，布线宽度分析结果如图 3-53 所示。

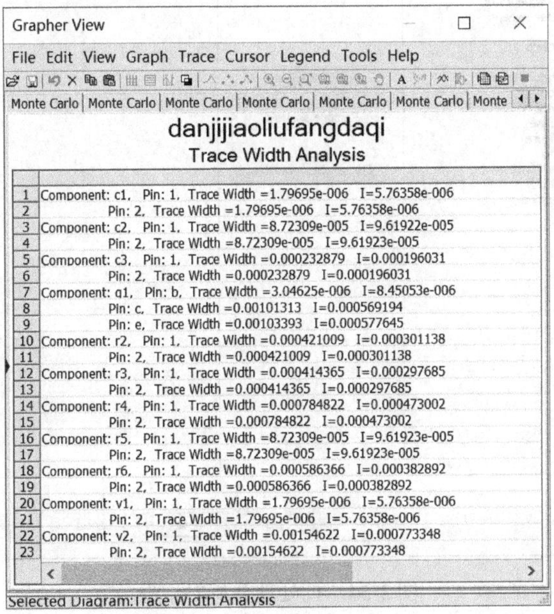

图 3-53　布线宽度分析结果

分析结果给出了导向温度超过环境温度 10℃、线宽类型为线重 1oz/ft² 时，放大电路中连接元件的最小线宽及流过该引脚的连线上允许的最大电流。以电阻 R_2（序号 10）为例，引脚 1 的线宽为 0.000 421 009 mil，电流为 0.000 301 138 A，则设计 PCB 板时 R_2 引脚 1 的线宽大于 0.000 421 009 mil，在该连线上允许流过的最大电流为 0.000 301 138 A。

---

① oz/ft² 表示盎司/英尺 ²。盎司既是长度单位又是重量单位，此处表示重量单位。

② 单位 mil 表示千分之一英寸，也称为毫英寸。1mil=0.0254 mm。

3.4.2 批处理分析

批处理分析（Batched）是将同一电路的不同分析或不同电路的同一分析放在一起依次执行，这为高级用户利用单一的解释命令运行多个分析提供了方便的途径。在电路优化设计时，可利用批处理分析重复实现相似的分析设置，建立对电路进行分析的记录。

在 NI Multisim 14 界面中，对创建的如图 3-35 所示单级交流放大电路执行 Simulate» Analyses and simulation 命令，弹出如图 3-1 所示的 Analyses and Simulation 对话框，在对话框 Active Analysis 选项中选择 Batched 分析方法，并在 Active Analysis 右侧出现 Batched 对话框，如图 3-54 所示。

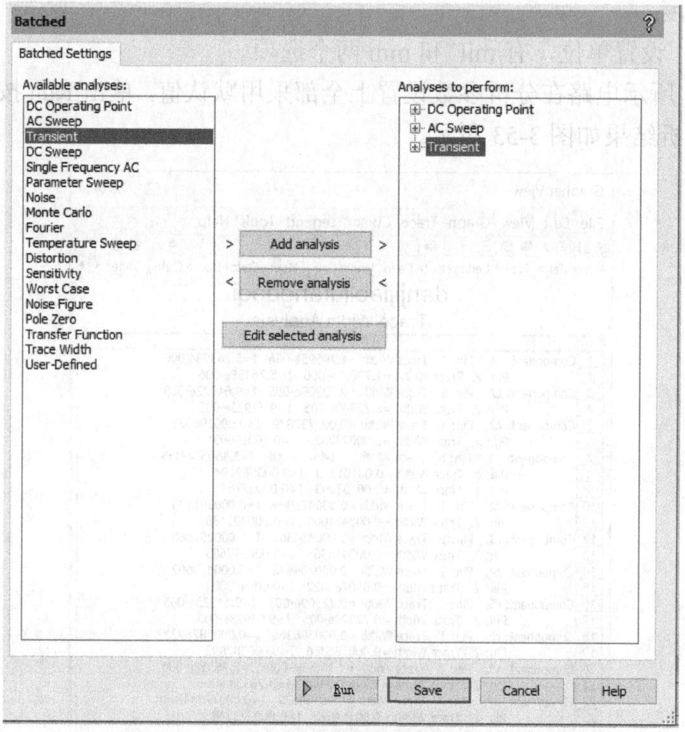

图 3-54 批处理分析对话框

在 Batched 对话框中有 Batched Settings 标签，Available analyses 窗口中罗列了可以选择的分析。选中所需的分析方法，然后单击 Add analysis 按钮，就会弹出与单独做该仿真分析时一样的参数设置对话框。

注意

利用 Batched Analyses 中所弹出的分析对话框与单独执行某种分析所弹出的分析对话框的不同之处仅是将 OK 按钮变成 Add to list 按钮。

对于图 3-35 所示放大电路直流工作点分析、交流分析和瞬态分析，分别选晶体管的

V_{BE}（V_1-V_4）、V_{CE}（V_3-V_4），交流分析选输出节点 5，瞬态分析选输入节点 8 和输出节点 5，其他分析参数采用默认值，单击 Run 按钮，开始仿真分析，批处理分析结果如图 3-55 所示。

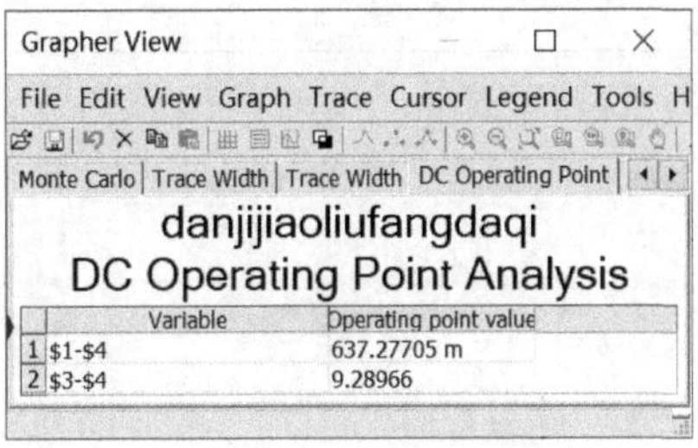

（a）批处理分析-直流工作点结果

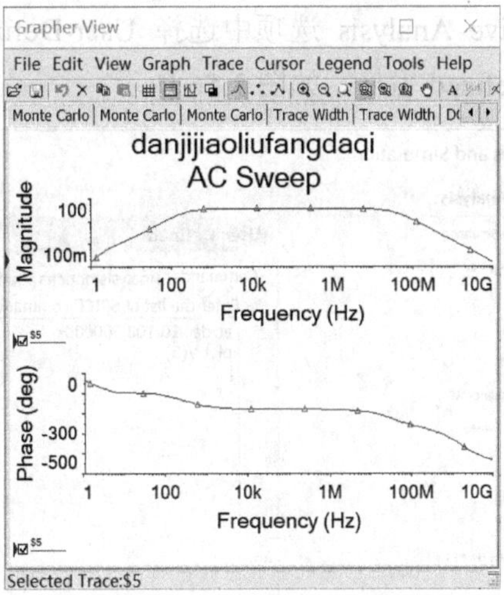

（b）批处理分析-交流分析结果

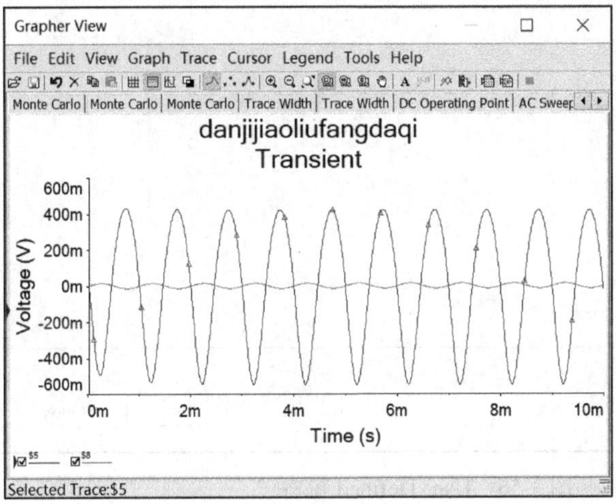

（c）批处理分析-瞬态分析结果

图 3-55 批处理分析结果

本例选择一次性分析完成单级交流放大器的直流工作点分析、交流分析和瞬态分析，从仿真结果可见，分析结果与相应独立完成的分析结果一致。

3.4.3 用户自定义分析

用户自定义分析(User Defined)就是由用户通过 SPICE 命令来定义某些仿真分析功能，以达到扩充仿真分析的目的。SPICE 是 NI Multisim 14 的仿真核心，SPICE 以命令行的方式与用户接口，而 NI Multisim 14 以图形界面的方式与用户接口。

在 NI Multisim 14 界面中，对创建的如图 3-35 所示单级交流放大电路执行 Simulate» Analyses and simulation 命令，弹出如图 3-1 所示的 Analyses and Simulation 对话框，在对话框 Active Analysis 选项中选择 User-Defined 分析方法，并在 Active Analysis 右侧出现 User-Defined 窗格，如图 3-56 所示。

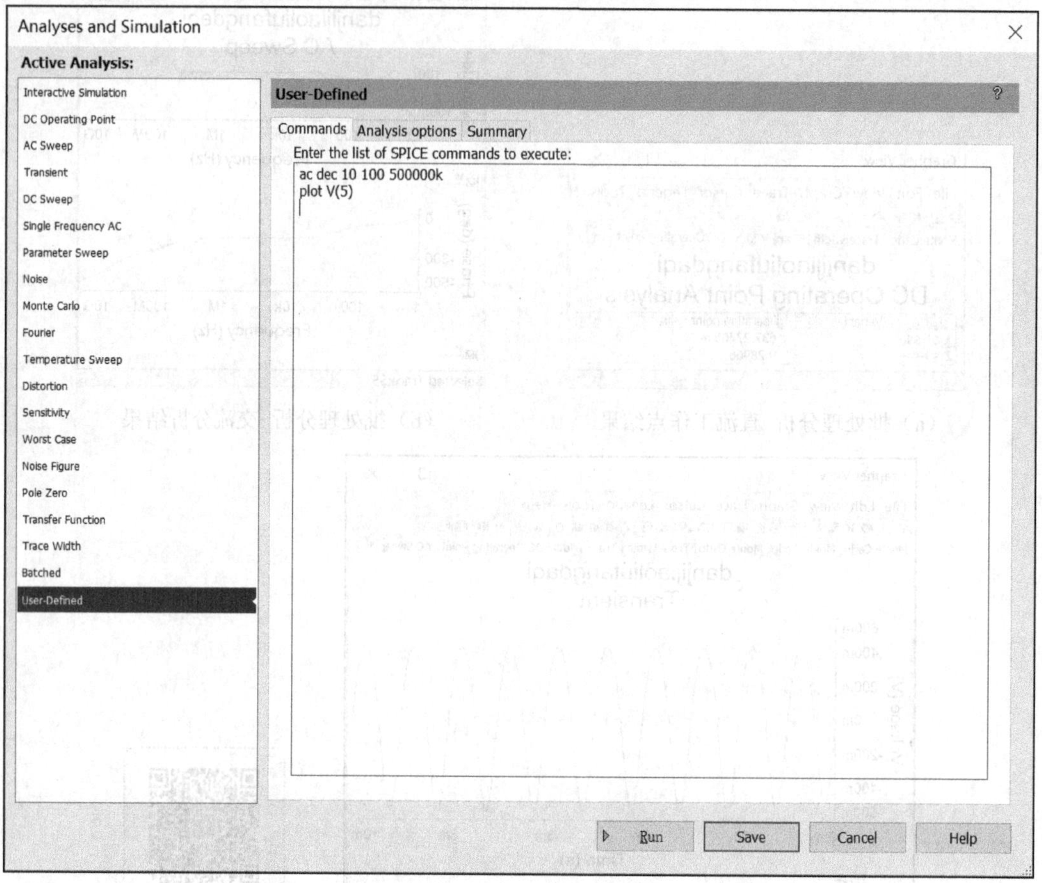

图 3-56 User-Defined 窗格

在 User-Defined 窗格的 Commands 标签中，可以输入由 SPICE 的分析命令组成的命令列表来执行前面介绍过的某种仿真。

以 AC Sweep 分析为例，在 Commands 标签中输入：

```
ac dec 10 100 500000k
plot V（5）
```

其他分析参数选默认值，单击 Run 按钮得到结果如图 3-57 所示。

从图 3-57 可见，分析结果与 NI Multisim 14 提供的分析方法分析结果一致。

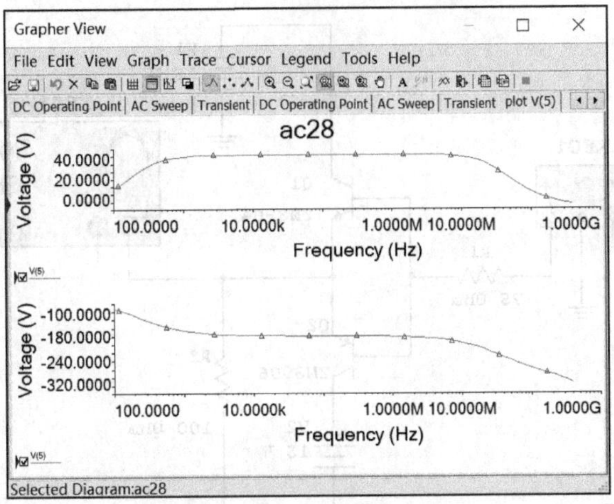

图 3-57　用户自定义分析结果

用户自定义分析为用户提供了一条自行编辑分析项目、扩充分析功能的新途径，但同时也要求用户具有熟练运用 SPICE 语言的能力。

习　　题

3-1　RC 电路如图 P3-1 所示，试对该电路进行直流工作点分析、交流分析、瞬态分析、傅里叶分析、噪声分析和失真分析。

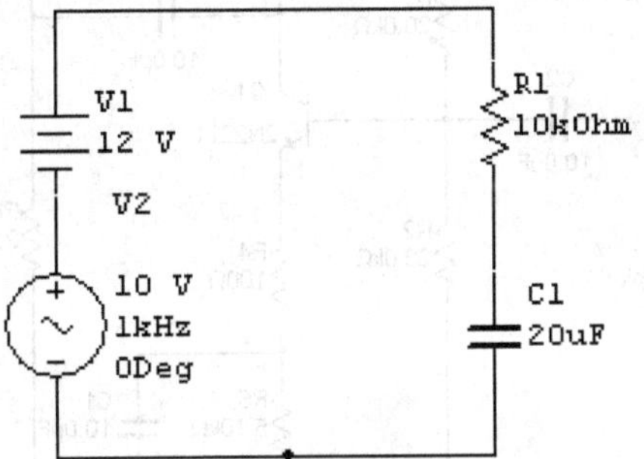

图 P3-1　RC 电路

3-2　直流分析包括哪些分析功能？

3-3　什么是参数扫描分析？可扫描哪些变量？扫描规律如何？

3-4　瞬态分析可实现哪些功能？如何进行时域—频域或频域—时域的转换分析？

3-5　交流分析有什么作用？可实现哪些分析功能？有哪些输出变量？

3-6　试对图 P3-2 所示低频功率放大电路进行瞬态分析，并用示波器观察输出的波形（输入信号为正弦波，其频率为 1 kHz、振幅为 5 V）。

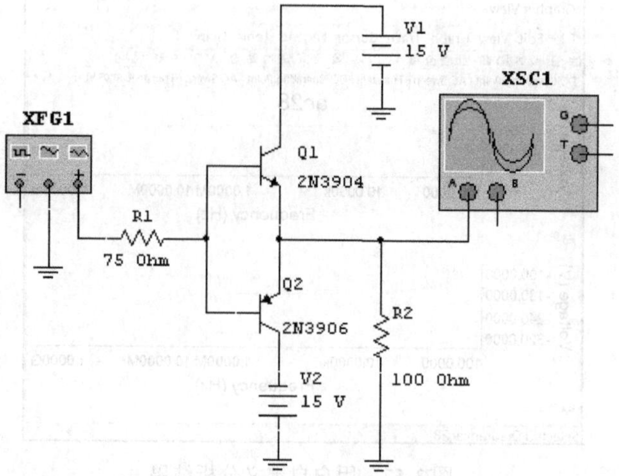

图 P3-2　低频功率放大电路

3-7　简述灵敏度分析、最坏情况分析、蒙特卡罗分析的功能。

3-8　当工作温度为 23℃、50℃、100℃时，利用温度扫描分析，观察图 P3-3 所示共射极放大电路的直流工作点变化情况。

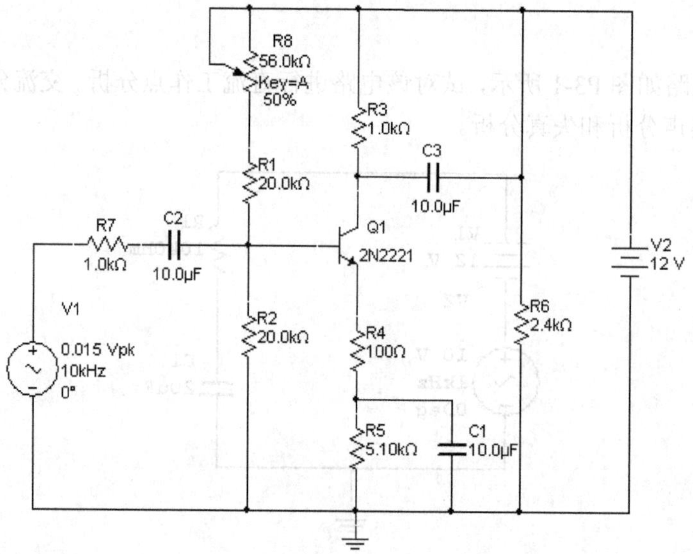

图 P3-3　共射极放大电路

3-9　利用参数扫描分析，观察图 P3-3 所示电路频率特性能随电容 C_1 变化情况（C_1 在 10～200 μF 之间，线性变化增量为 20 μF）。

3-10　将以下命令输入用户自定义分析的 Commands 标签中，观察仿真分析结果。

```
AC AMPLIFIER CHARACTERICS ANALYSIS
* OP,AC,NOISE,TRAN,TEMP ANALYSIS
VIN 10 SIN(0 0.1 1K 0 0 0) AC 0.1
```

```
C1 2 1 10U
R1 5 2 18K
R2 2 0 4K3
R3 5 3 1K5
R4 4 0 150
C2 3 0 4N3
Q1 3 2 4 QMOD
VCC 5 0 9
.MODEL QMOD NPN(BF=120 VJE=0.3V VJC=0.3V RB=100 RC=15)
.OP
.AC DEC 5 1 300K
.TRAN 0.1M 3M 0 0.01M
.TEMP -10 23 80
.NOISE V(3) VIN
.PLOT AC V(3)
.OPTION NODE NOECHO
.PROBE
.END
```

第 4 章　NI Multisim 14 虚拟仪表

NI Multisim 14 提供了 20 多种虚拟仪表，可以用来测量仿真电路的性能参数，这些仪表的设置、使用和数据读取方法大都与现实中的仪表一样，它们的外观也和实验室中的仪表相似。图 4-1 为 NI Multisim 14 的虚拟仪表工具栏，从左到右依次是数字万用表、函数信号发生器、瓦特表、双踪示波器、四通道示波器、波特图仪、频率计数器、字信号发生器、逻辑转换仪、逻辑分析仪、IV 分析仪、失真度仪、频谱分析仪、网络分析仪、安捷伦函数信号发生器、安捷伦万用表、安捷伦示波器、泰克示波器、LabVIEW 仪表、NI ELVISmx 仪表和电流测试探针。

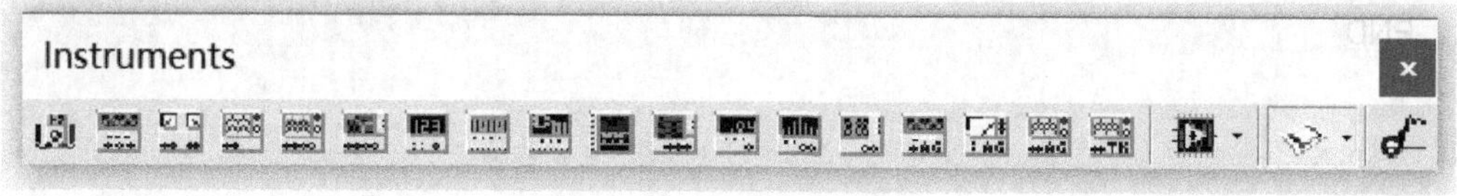

图 4-1　虚拟仪表工具栏

注意

①若仪表工具栏没有显示出来，可以执行菜单命令 View»Toolbars»Instruments，显示仪表工具栏；或选择菜单命令 Simulate»Instruments 项中相应仪表，可以在电路窗口中放置相应的仪表。

②电压表和电流表没有放置在仪表工具栏中，而是放置在指示元件库中。

在 NI Multisim 14 用户界面中，用鼠标指向仪表工具栏中需放置的仪表，单击鼠标左键，就会出现一个随鼠标移动的虚显示的仪表框，在电路窗口合适的位置，再次单击鼠标左键，仪表的图标和标识符就被放置到工作区上。仪表标识符用来识别仪表的类型和放置的次数。例如，在电路窗口内放置第一个万用表被称为 XMM1，放置第二个万用表被称为 XMM2，等等，这些编号在同一个电路里是唯一的。

尽管虚拟仪表与现实中的仪表非常相似，但它们还是有一些不同之处。下面将分别介绍常用虚拟仪表的功能和使用方法。

4.1　模 拟 仪 表

4.1.1　数字万用表

与实验室里的数字万用表一样，NI Multisim 14 中的数字万用表（Multimeter）也是一种多功能的常用仪器，可用来测量直、交流的电压或电流、电阻以及电路两节点间的电压损耗分贝等。它的量程根据待测量参数的大小自动确定，其内阻和流过的电流可设置为近似的理想值，也可根据需要更改。

虚拟数字万用表的图标和界面如图 4-2 所示，其外观与实际仪表基本相同，连接方法与现实万用表完全一样，都是通过+、-两个接线端子将仪表与电路相连，完成相应的测试。

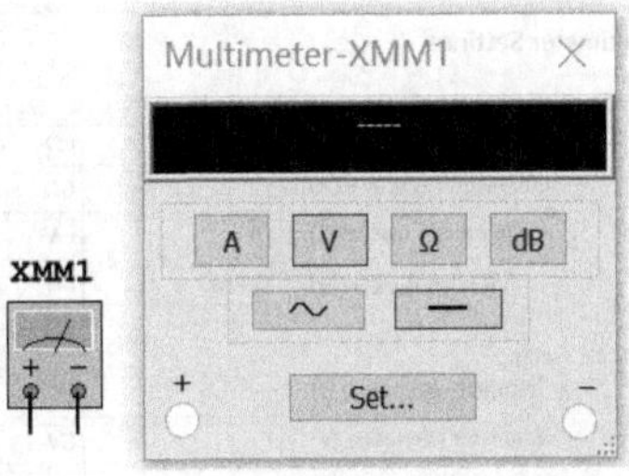

图 4-2　数字万用表的图标和界面

1. 数字万用表的设置

数字万用电表的控制界面可分为 3 个区，由上到下依次为测量结果显示区、被测信号选择区、仪表参数设置区。

（1）被测信号选择区

通过选择中的任意一项，实现被测量对象的选取，当选择测量电路中的电流或电压时，需要根据测量交流量或直流量的要求，选择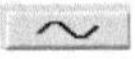（交流挡）或（直流挡）。

- 交流挡：测量交流电压或电流信号的有效值。

注意

此时，被测电压或电流信号中的直流成分都将被数字万用表滤除，所以测量的结果仅是信号的交流成分。

- 直流挡：测量直流电压或者电流的大小。

注意

测量一个既有直流成分又有交流成分的电路的电压平均值时，将一个直流电压表和一个交流电压表同时并联到待测节点上，分别测直流电压 V_{dc} 和交流电压 V_{ac} 的大小。电压的有效值可通过下面的公式计算：

$$\mathrm{RMS}_{\mathrm{voltage}} = \sqrt{(V_{dc}^{\ 2} + V_{ac}^{\ 2})}$$

（2）仪表参数设置区

理想仪表在测量时对电路没有任何影响，即理想的电压表有无穷大的电阻且没有电流通过，理想的电流表内阻几乎为零。实际电压表的内阻并不是无穷大，实际电流表的内阻也不是 0。所以，测量结果只是电路的近似值，并不是完全准确。在 NI Multisim 14 应用软件中，可以通过设置数字万用表的内阻来真实地模拟实际仪表的测量结果。

单击数字万用表界面最下方的 Set…按钮，弹出数字万用表参数设置对话框，如图 4-3 所示。对话框分为 Electronic setting 电路设置、Display setting 显示设置 2 个区，在 Electronic setting 区中，可依次设置电流表内阻、电压表内阻、欧姆表电流、dB 相对值；在 Display setting 区，可依次设置电流、电压、电阻的最大显示范围。设置完成后，单击 OK 按钮保存所做的设置，单击 Cancel 按钮取消本次设置。

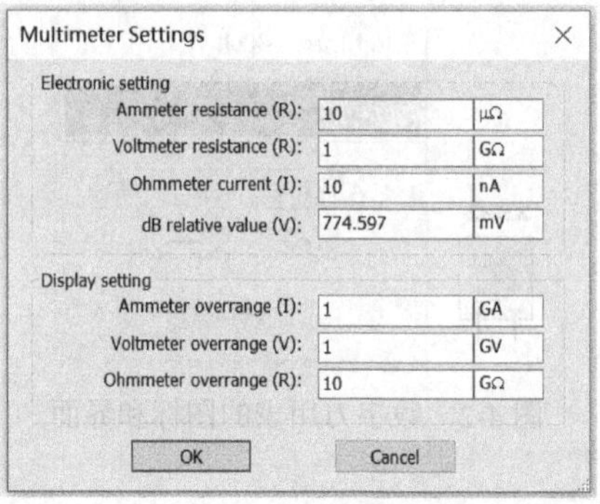

图 4-3　数字万用表的参数设置对话框

2．应用举例

例 4-1　利用数字万用表测电压、电压损耗分贝和电阻的电路连接如图 4-4 所示，所不同的是将数字万用表分别设置在电压挡、分贝挡和电阻挡。

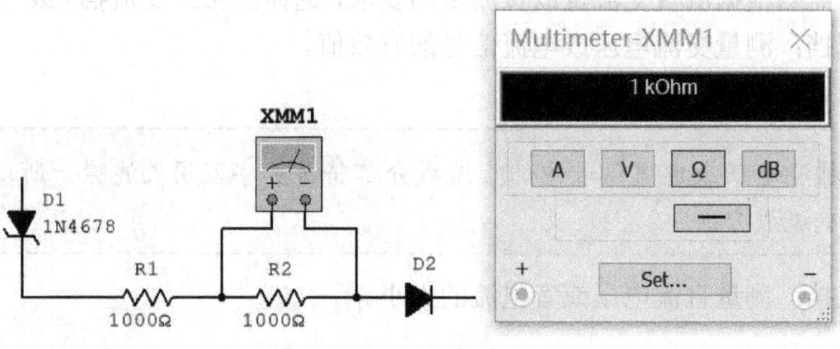

图 4-4　数字万用表测电压及结果

仿真运行后，数字万用表显示电阻值与电路中电阻阻值一致。

4.1.2　函数信号发生器

函数信号发生器（Function Generator）是一个能产生正弦波、三角波和方波的电压信号源，可以方便地为仿真电路提供激励。函数信号发生器能够产生从音频到射频的信号，通过控制界面还能方便地对输出信号的频率、振幅、占空比和直流分量等参数进行调整。

函数信号发生器的图标和界面如图 4-5 所示，有三个接线端。+输出端产生一个正向的输出信号，公共端（Common）通常接地，−输出端产生一个反向的输出信号。

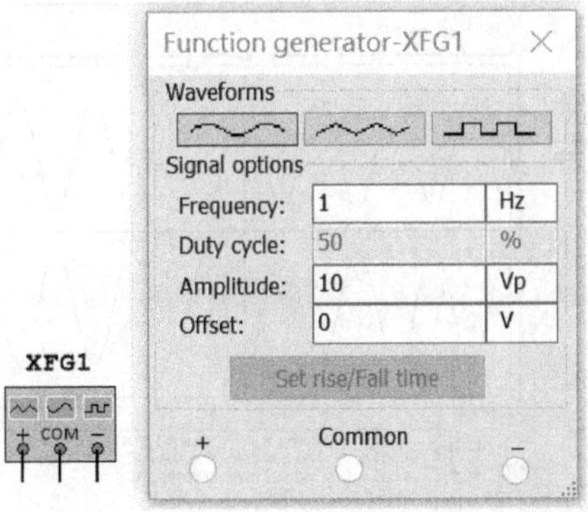

图 4-5　函数信号发生器的图标和界面

1．函数信号发生器的界面设置

函数信号发生器的控制界面可分为 2 个区：Waveforms 波形选择区和 Signal options 输出信号设置区。在 Waveforms 区，单击正弦波、三角波或者方波的按钮，就可以选择相应的输出波形。

在 Signal options 区，可以完成输出信号的以下设置。

- 频率（Frequency）：输出信号的频率，设置范围为 1 fHz～1000 THz。
- 占空比（Duty Cycle）：输出信号的持续期和间歇期的比值，设置的范围为 1%～99%。

注意

该设置仅对三角波和方波有效，对正弦波无效。

- 振幅（Amplitude）：输出信号的幅度，设置的范围为 1 fV～1000 TV。

注意

①若输出信号含有直流成分，则所设置的幅度为从直流到信号波峰的大小。

②如果把地线与+或者-连接起来，则输出信号的峰峰值是振幅的 2 倍。

- 偏置（Offset）：设置输出信号中直流成分的大小，设置的范围为-1000 TV～+1000 TV。
- Set Rise/Fall Time 按钮：单击后弹出 Set Rise/Fall Time 对话框，可以设置输出信号的上升/下降时间。

注意

Set Rise/Fall Time 对话框只对方波有效。

2．应用举例

例 4-2　函数信号发生器的公共端接地，分别从+、-端输出正弦波，电路连接如图 4-6 所示。

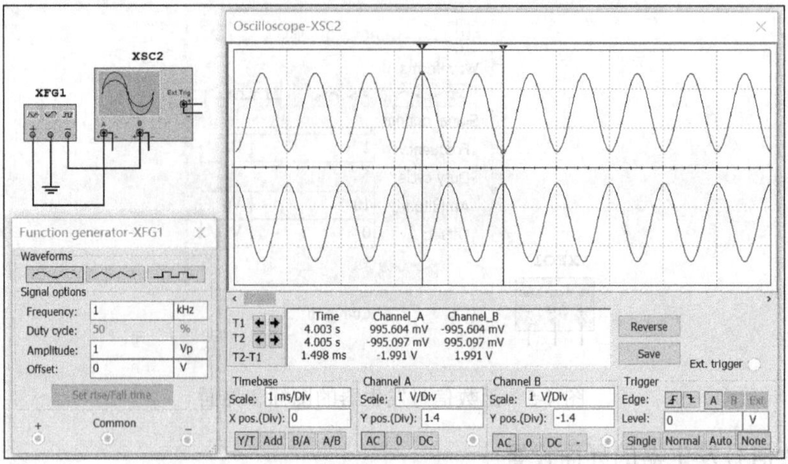

图 4-6　分别从+、-端输出正弦波

由图 4-6 可见，函数信号发生器设置为从+、-端分别输出振幅为 1 V 的正弦波，示波器由上至下依次显示为函数信号发生器-、+端的信号，由游标指示可见，两信号反相，振幅分别为 995.604 mV、995.097 mV，与函数信号发生器设置近似相等。

4.1.3 瓦特表

瓦特表（Wattmeter）是用来测量电路功率的一种仪表。它测得的是电路的有效功率，即电路终端的电势差与流过该终端的电流的乘积，单位为瓦特。此外，瓦特表还可以测量功率因数。功率因数可以通过计算电压与电流相位差的余弦而得到。

瓦特表的图标和界面如图 4-7 所示，有两组输入端。左侧两个输入端为电压输入端，应与被测电路并联，右侧两个输入端为电流输入端，应与被测电路串联。

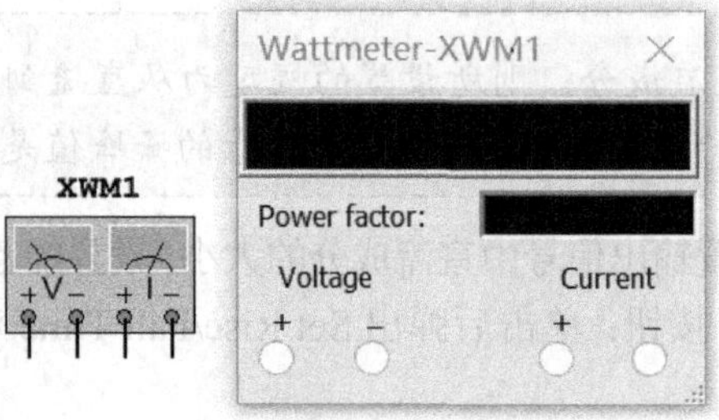

图 4-7　瓦特表的图标和界面

1．瓦特表的设置

由图 4-7 可见，瓦特表的界面没有可以设置的选项，只有两个条形显示框，分别显示功率和功率因数。

2．应用举例

例 4-3　用瓦特表测量如图 4-8 所示电路的功率和功率因数。

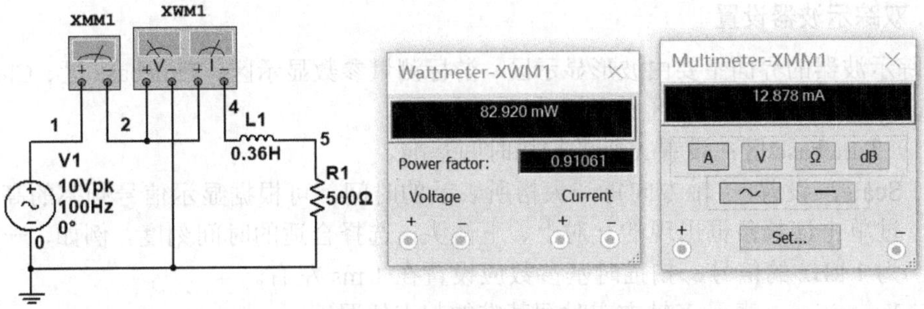

图 4-8　瓦特表连接电路

在图 4-8 中，使用了一个复阻抗 $Z = A + jB$，其中实部 A 为 500 Ω，虚部 B 为 $\omega L = 2\pi \times 100 \times 0.36 \approx 226\ \Omega$。若回路电路与电压信号源的相位差为 φ，则 $tg\varphi = \dfrac{B}{A} = \dfrac{226}{500} = 0.452$，功率因数为 $|\cos\varphi| = \cos(\tan^{-1} 0.452) \approx \cos(24.32) \approx 0.911$，复阻抗吸收的功率为 $P = UI\cos\varphi = \dfrac{10}{\sqrt{2}} \times 12.886 \times 10^{-3} \times 0.911 = 83.008\ \text{mW}$。瓦特表左边的电压输入接线端子要与被测阻抗并联，右边的电流输入接线端子要与被测阻抗串联。运行仿真，测得功率为 82.920 mW，功率因数为 0.9106，与理论计算结果基本一致。

4.1.4　双踪示波器

双踪示波器（Oscilloscope）是实验中常用到的一种仪表，它不仅可以显示信号的波形，还可以通过显示波形来测量信号的幅度和周期等参数。

双踪示波器的图标和界面如图 4-9 所示。双踪示波器有 3 组接线端子，每组端子构成差模输入方式。A、B 两组端点分别为 2 个通道，Ext Trig 是外触发输入端。NI Multisim 14 中的双踪示波器的连接与实际双踪示波器稍有不同，当电路图中有接地符号时，双踪示波器的各组端子中-可以不接，默认接地。

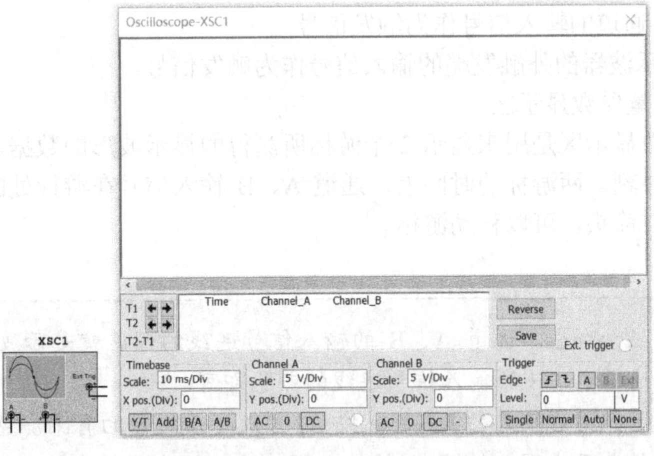

图 4-9　双踪示波器的图标和界面

1．双踪示波器设置

双踪示波器的界面主要由波形显示区、游标测量参数显示区、Timebase 区、Channel A 区、Channel B 区和 Trigger 区 6 个部分组成。

（1）Timebase 区：设置 *X* 轴的扫描时间基准。

- Scale：设置 *X* 轴方向每一大格所表示的时间。可根据显示信号频率的高低，通过单击该长条框出现的一对上、下箭头，选择合适的时间刻度。例如，一个周期为 1 kHz 的信号，扫描时基参数应设置在 1 ms 左右。
- X position：表示 *X* 轴方向时间基准的起点位置。
- Y/T：显示随时间变化的信号波形。
- B/A：将 A 通道的输入信号作为 *X* 轴扫描信号，B 通道的输入信号施加在 *Y* 轴上。
- A/B：与 B/A 相反。
- Add：显示的波形是 A 通道的输入信号和 B 通道的输入信号之和。

（2）Channel A 区：设置 A 通道的输入信号在 *Y* 轴的显示刻度。

- Scale：设置 *Y* 轴的刻度。
- Y position：设置 *Y* 轴的起点。
- AC：交流耦合，显示信号的波形只含有 A 通道输入信号的交流成分。
- 0：A 通道接地，输入信号被短路。
- DC：直接耦合，显示信号的波形含有 A 通道输入信号的交、直流成分。

（3）Channel B 区：设置 B 通道的输入信号在 *Y* 轴的显示刻度，方法与通道 A 相同。

（4）Trigger 区：设置示波器触发方式。

- Edge：表示将输入信号的上升沿或下降沿作为触发信号。
- Level：用于选择触发电平的大小。
- Single：当触发电平高于所设置的触发电平时，示波器就触发一次。
- Normal：只要触发电平高于所设置的触发电平时，示波器就触发一次。
- Auto：若输入信号变化比较平坦或只要有输入信号就尽可能显示波形时，就选择该项。
- A：用 A 通道的输入信号作为触发信号。
- B：用 B 通道的输入信号作为触发信号。
- Ext：用示波器的外触发端的输入信号作为触发信号。

（5）游标测量参数显示区。

游标测量参数显示区是用来显示 2 个游标所测得的显示波形的数据。可测量的波形参数有游标所在的时刻，两游标的时间差，通道 A、B 输入信号在游标处的信号幅度。通过单击游标中的左右箭头，可以移动游标。

注意

①设置波形显示颜色。通道 A、B 的输入信号连线的颜色就是示波器显示波形的颜色，故只要改变通道 A、B 的输入信号连线的颜色即可。

②单击示波器界面右下方的 Reverse 按钮，可改变示波器的背景颜色（黑色或白色）。

③单击示波器界面右下方的 Save 按钮，可将显示的波形保存起来。

2．应用举例

例 4-4　用示波器观察的李沙育图形如图 4-10 所示。

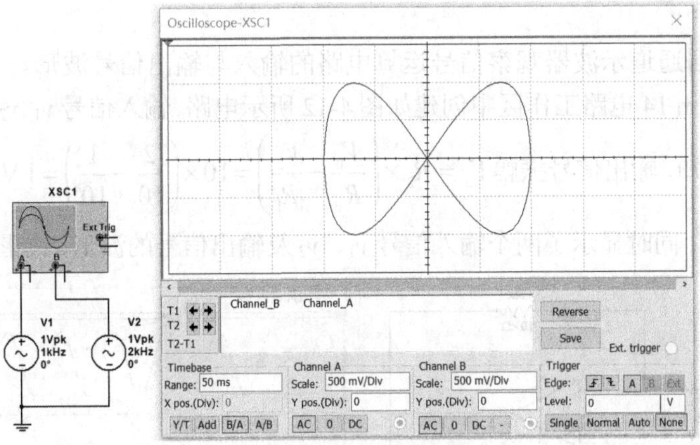

图 4-10　李沙育图形

注意

观察李沙育图形时，应在 Timebase 区选择 B/A。

4.1.5　四通道示波器

四通道示波器（Four-channel Oscilloscope）可以同时对四路输入信号进行观测，其图标和界面如图 4-11 所示。

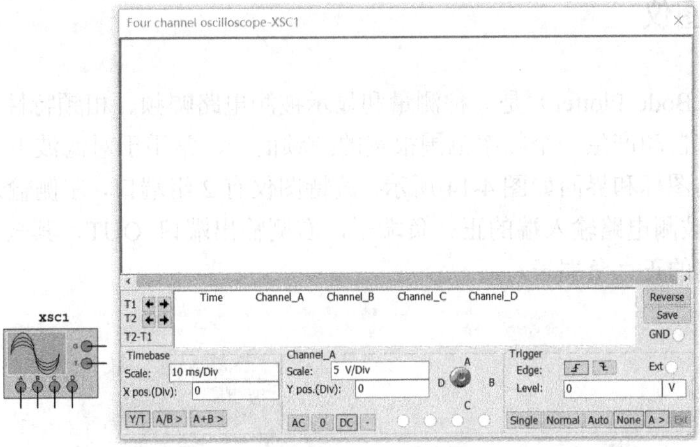

图 4-11　四通道示波器的图标和界面

1．四通道示波器设置

四通道示波器与双踪示波器的使用方法和内部参数的设置调整方式基本一致，不同的是参数控制界面比双踪示波器的控制界面多了一个通道控制器旋钮。当旋钮旋转到 A、B、C、

D 中的某一通道时，即可实现对该通道的参数设置。如果想单独显示该通道的波形，则可以通过选中其他通道后，单击 Channel 区的 0 按钮（接地按钮），来屏蔽其他通道的信号。

2．应用举例

例 4-5　用四通道示波器观察信号运算电路的输入与输出信号波形。

在 NI Multisim 14 电路工作区中创建如图 4-12 所示电路，输入信号 v_1、v_2 振幅分别为 2 V、1 V，分析电路可知，输出信号振幅 $V_o = R_2 \times \left(\dfrac{V_1}{R_3} - \dfrac{V_2}{R_1}\right) = 10 \times \left(\dfrac{2}{10} - \dfrac{1}{10}\right) = 1\ \text{V}$。单击仿真开关，示波器自上而下，同时显示了两个输入信号 v_1、v_2 及输出信号的波形，如图 4-13 所示。

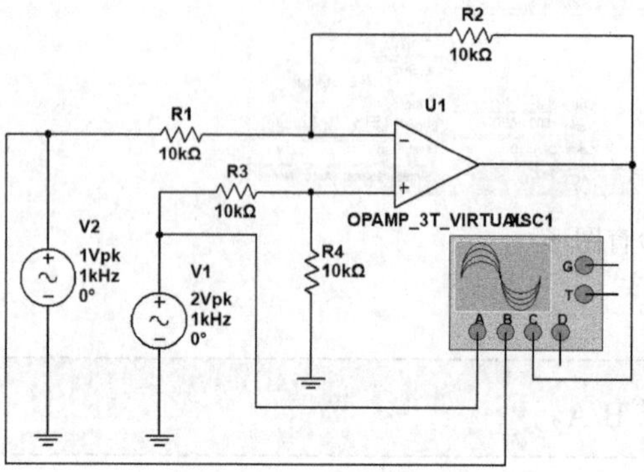

图 4-12　信号运算电路

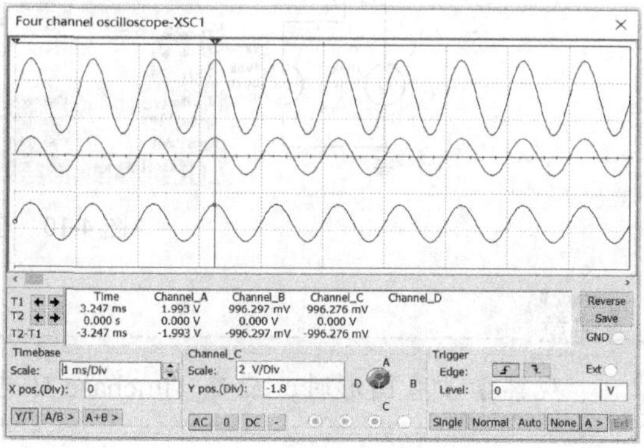

图 4-13　四通道示波器显示仿真结果

由图 4-13 可见，示波器游标读数分别为 1.993 V、996.297 mV 和 996.276 mV，与电路分析结果基本一致。

4.1.6　波特图仪

波特图仪（Bode Plotter）是一种测量和显示被测电路幅频、相频特性曲线的仪表。在测量时，它能够自动产生一个频率范围很宽的扫频信号，常用于对滤波电路特性的分析。

波特图仪的图标和界面如图 4-14 所示。波特图仪有 2 组端口，左侧输入端口 IN，其+、-输入端分别接被测电路输入端的正、负端子，右侧输出端口 OUT，其+、-输入端分别接被测电路输出端的正、负端子。

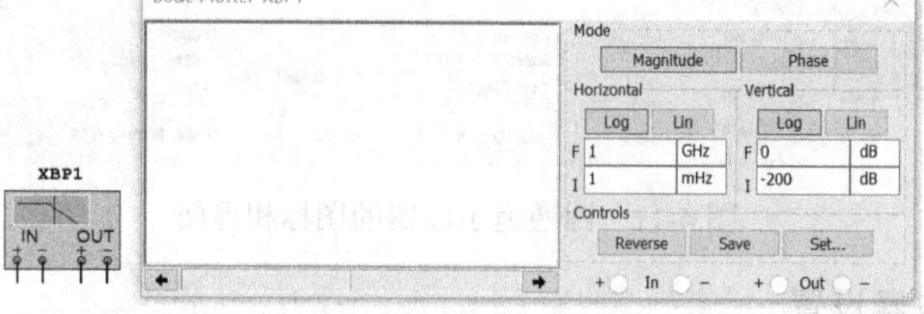

图 4-14　波特图仪的图标和界面

注意

①电路中任何交流源的频率都不影响波特图仪对电路特性的测量。

②波特图仪对电路特性测量时，被测电路中必须有一个交流信号源。

1．波特图仪的设置

在波特图仪的界面对话框中有 Mode 模式区、Horizontal 水平区、Vertical 垂直区及 Controls 控制区 4 部分。

（1）Mode 区：选择显示模式。

- Magnitude：选中则界面左侧的显示区显示被测电路的幅频特性。
- Phase：选中则界面左侧的显示区显示被测电路的相频特性。

（2）Horizontal 区：设置水平坐标。

- Log：*X* 轴的刻度取对数。当被测电路的幅频特性较宽时，选用它较合适。
- Lin：*X* 轴的刻度是线性的。
- F：即 Final，设置频率的最终值。
- I：即 Initial，设置频率的初始值。

注意

设置水平轴标尺时，起始（I）频率必须小于截止（F）频率。

（3）Vertical 区：设置垂直坐标。

当测量电压增益时，纵轴显示的是被测电路输出电压和输入电压的比值。若单击 Log 按钮，即纵轴的刻度取对数（$20\log_{10}V_{out}/V_{in}$），单位为分贝；若单击 Lin 按钮，即纵轴的刻度是线性变化的。一般情况下采用线性刻度。

当测量相频特性时，纵轴坐标表示相位，单位是度，刻度始终是线性的。

（4）Controls 区。

- Reverse：用于设置显示区的背景颜色（黑或白）。
- Save：保存测量结果。
- Set…：单击该按钮，弹出 Settings Dialog 对话框，设置扫描的分辨率，数值越大，分辨率越高，运行时间越长。

此外，移动波特图仪的垂直游标可以得到相应频率所对应的电压大小或相位的度数。

2．应用举例

例 4-6　共发射极三极管放大电路如图 4-15 所示，用波特图仪测量该电路的幅频特性和相频特性分别如图 4-16（a）、（b）所示。

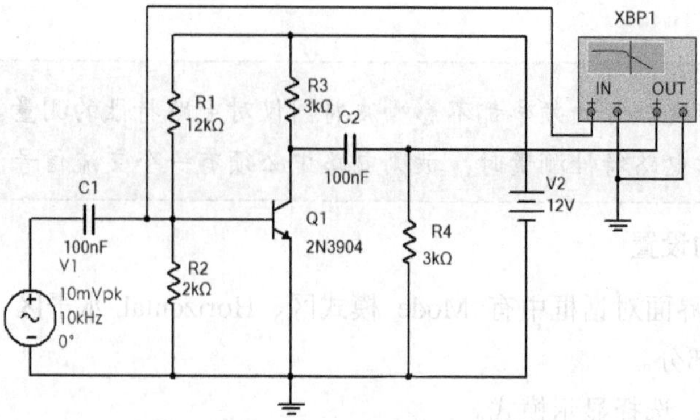

图 4-15　共发射极三极管放大电路

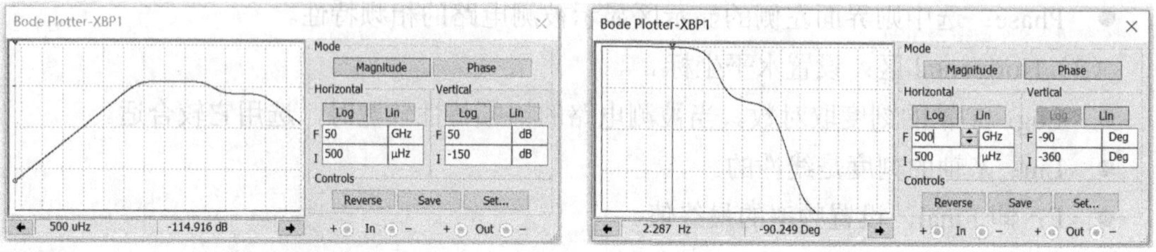

（a）幅频特性　　　　　　（b）相频特性

图 4-16　波特图仪的测量结果

4.1.7　伏安特性图示仪

伏安特性图示仪（IV Analyzer）在 NI Multisim 14 中专门用于测量二极管、晶体管和 MOS 管的伏安特性曲线。伏安特性图示仪的图标和界面如图 4-17 所示，有 3 个接线端子，从左至右分别接三极管的三个极 b、e、c 或二极管的 P、N 结。

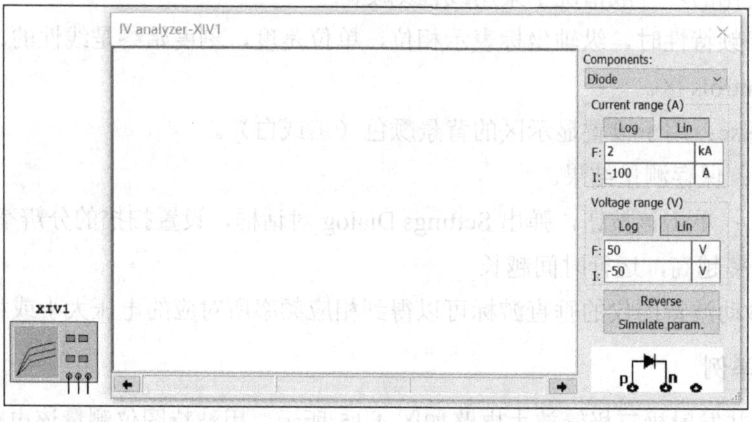

图 4-17　伏安特性图示仪的图标和界面

1. 伏安特性图示仪的设置

伏安特性图示仪的界面分为 Components 元件选择区、Current range 电流范围设置区、

Voltage range 电压范围设置区和 Simulate param.仿真参数设置区 4 部分。

（1）Components 区：单击下拉箭头后，可选择测试的管子类型，共有：Diode、BJT PNP、BJT NPN、PMOS 和 NMOS 等 5 种。

（2）Current range 区：在 F 条形框和 I 条形框中填入数据，分别设置仿真起始和终止电流值，有 Log（对数）和 Lin（线性）两种选择。

（3）Voltage range 区：通过在 F 条形框和 I 条形框中填入数据，分别设置仿真起始和终止电压值，有 Log（对数）和 Lin（线性）两种选择。

（4）Simulate param.区：单击 Simulate param.按钮，弹出如图 4-18 所示 Simulate Parameters 对话框，设置仿真时接在 PN 结两端电压的起始值、终止值及步进增量值。

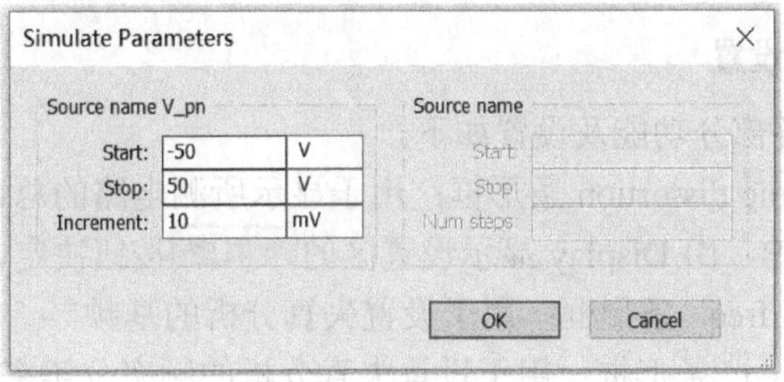

图 4-18　Simulate Parameters 对话框

2．应用举例

例 4-7　对三极管 2N2222 进行伏安特性测试。连线及仿真测量结果如图 4-19 所示，所有参数取缺省值。

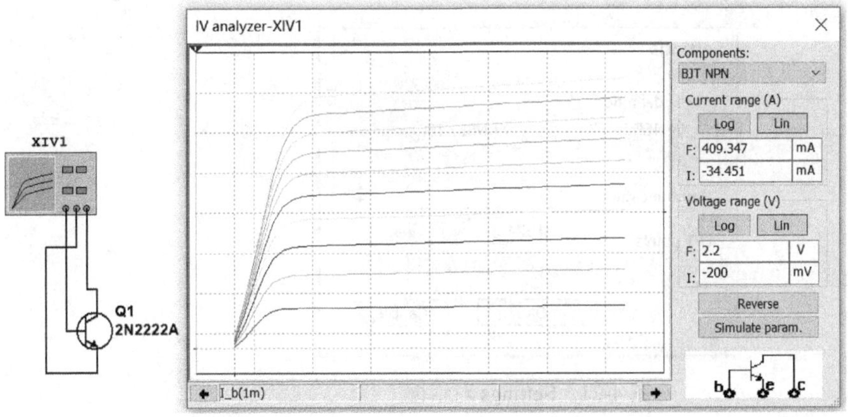

图 4-19　晶体管 2N2222 伏安特性测试结果

4.1.8　失真分析仪

失真分析仪（Distortion Analyzer）是一种用于测量电路总谐波失真和信噪比的仪表，经常用于测量存在较小失真的低频信号。失真分析仪的图标和界面如图 4-20 所示，只有 1 个接线端子，连接被测电路的输出端。

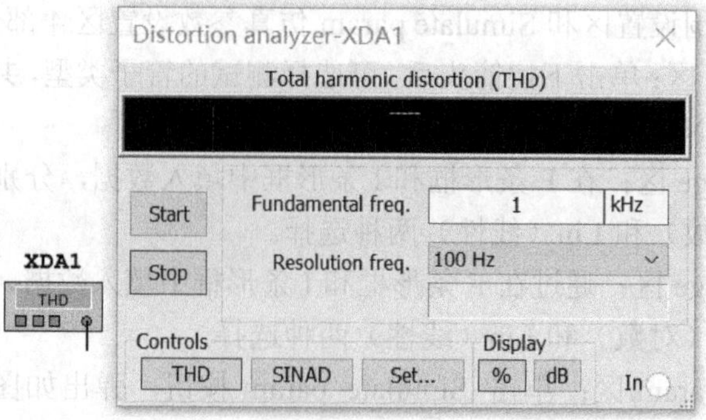

图 4-20　失真分析仪的图标和界面

1．失真分析仪的设置

失真分析仪界面各部分功能及设置如下。

（1）Total harmonic distortion 条形框：用于显示所测电路的总谐波失真的大小，单位可以是%，也可以是 dB，由 Display 显示设置区的 % dB 按钮决定。

（2）Fundamental freq. 条形框：用于设置失真分析的基频。

（3）Resolution freq. 条形框：用于设置失真分析的频率分辨率。

（4）Start 和 Stop 按钮：其功能分别是开始、停止测试。

（5）Control 区。

- THD 按钮：测量总谐波失真，以%形式呈现。
- SINAD 按钮：测量信噪比，以 dB 为单位呈现。
- Set…按钮：用于设置测试的参数。单击该按钮弹出如图 4-21 所示 Settings 对话框。

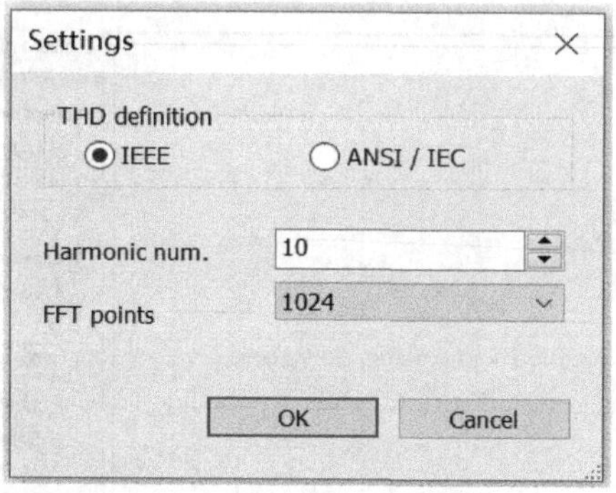

图 4-21　Settings 对话框

在图 4-21 中，THD definition 区用于选择 THD 的定义方式是 IEEE 还是 ANSI/IEC，Harmonic num.条形框用于设置谐波的次数，FFT points 条形框用于设置进行 FFT 变换的点数。最后，单击 OK 按钮保存本次设置，单击 Cancel 按钮取消本次设置。

2．应用举例

例 4-8　对图 4-22 所示的三极管放大电路进行总谐波失真和信噪比的测量，测量结果分别如图 4-23（a）、（b）所示。

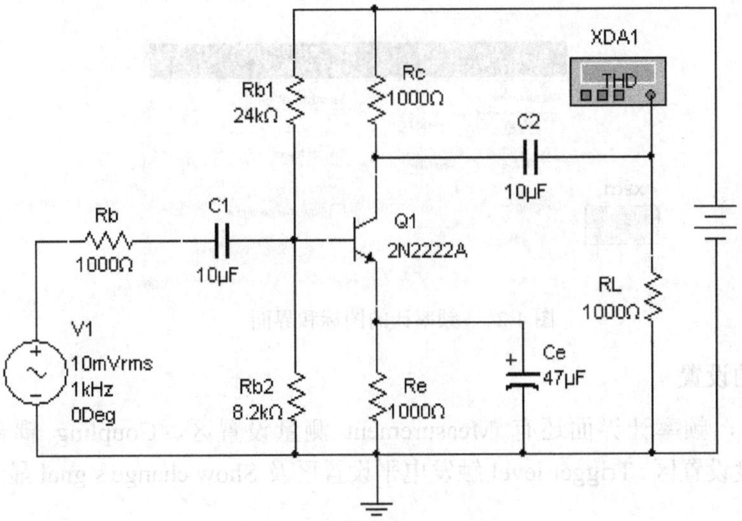

图 4-22　三极管单级放大电路

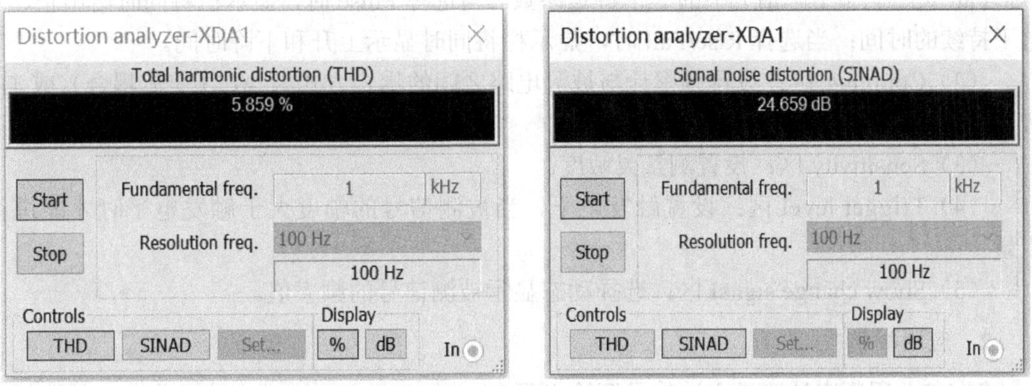

（a）总谐波失真　　（b）信噪比

图 4-23　仿真测量结果

4.2　数 字 仪 表

在数字电路仿真分析中常用的仪表主要有频率计、字信号发生器、逻辑分析仪和逻辑转换器。

4.2.1　频率计

频率计（Frequency Counter）可以用来测量数字信号的频率、周期、相位以及脉冲信号的上升沿和下降沿。频率计的图标和界面如图 4-24 所示，只有 1 个接线端子，连接被测电路节点。

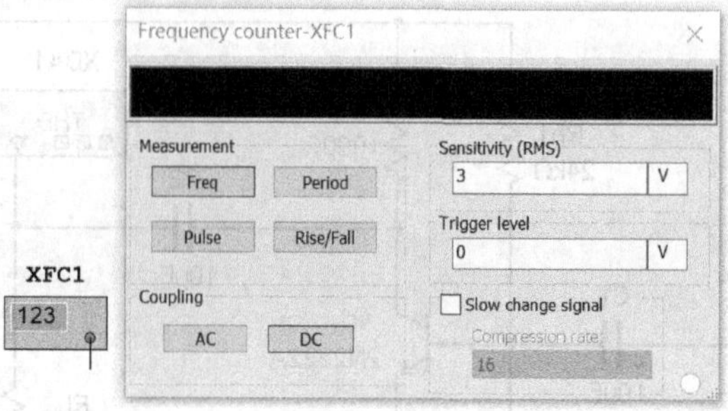

图 4-24　频率计的图标和界面

1．频率计的设置

除显示栏外，频率计界面还有 Measurement 测量设置区、Coupling 耦合设置区、Sensitivity 灵敏度设置区、Trigger level 触发电平设置区及 Show change signal 显示变化信号选择区 5 个区。

（1）Measurement 区：选择频率计测量 Freq（频率）、Period（周期）、Pulse（脉冲）、Rise/Fall（上升沿/下降沿）中的一个特定参数。当选择 Pulse 时，显示栏将同时给出正、负电平持续的时间；当选择 Rise/Fall 时，显示栏将同时显示上升和下降时间。

（2）Coupling 区：设置频率计与被测电路之间的耦合方式为 AC（交流耦合）或 DC（直接耦合）。

（3）Sensitivity 区：设置测量灵敏度。

（4）Trigger level 区：设置触发电平，当被测信号的幅度大于触发电平时才能进行测量。

（5）Show change signal 区：选择动态显示被测信号的频率值。

2．应用举例

例 4-9　用频率计测量方波信号源输出频率。在 NI Mulitism 14 电路工作区中的连接图及测量结果如图 4-25 所示。

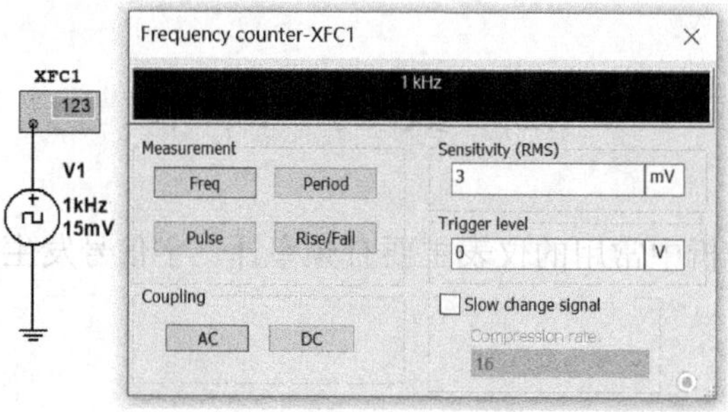

图 4-25　频率计应用举例

注意

在本例中，应选择交流耦合，还需将灵敏度减小，如设为 3 mV。

4.2.2　字信号发生器

字信号发生器（Word Generator）是一个能产生 32 位（路）同步逻辑信号的仪表，常用于数字电路的连接测试。字信号发生器的图标和界面如图 4-26 所示，其左侧有 0～15 共 16 个接线端子，右侧有 16～31 共 16 个接线端子，它们是字信号发生器所产生的 32 位数字信号的输出端。字信号发生器图标的底部有 2 个接线端子，其中 R 端子输出信号准备好标志信号，T 端子为外触发信号输入端。

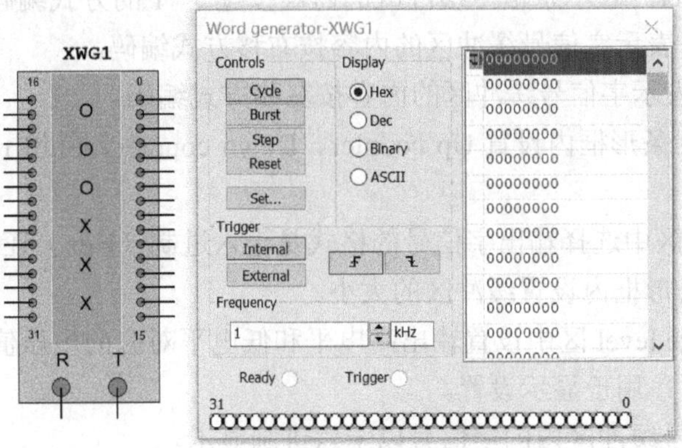

图 4-26　字信号发生器的图标和界面

1．字信号发生器的设置

字信号发生器的界面除缓存器视窗外，还有 Controls 控制设置区、Display 显示设置区、Trigger 触发设置区、Frequency 频率设置区 4 个部分，各部分功能及参数设置如下。

（1）Controls 区：用于设置字信号发生器输出信号的格式。

- Cycle：表示字信号发生器在设置好的初始值和终止值之间周而复始地输出信号。
- Burst：表示字信号发生器从初始值开始，逐条输出直至到终止值为止。
- Step：表示每单击鼠标一次就输出一条字信号。
- Reset：复位。
- Set…：单击此按钮，弹出如图 4-27 所示的 Settings 对话框。

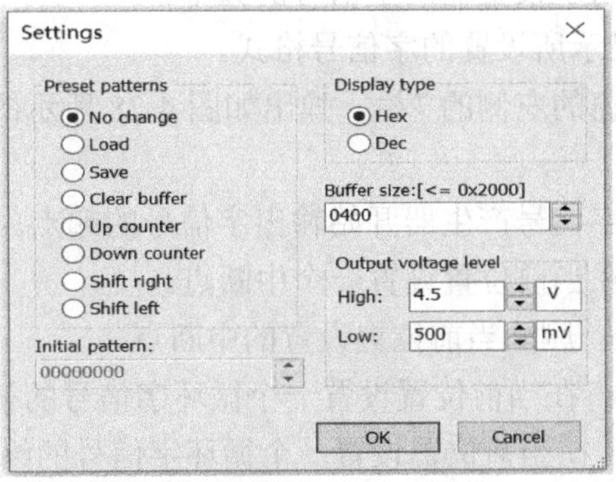

图 4-27　Settings 对话框

该 Settings 对话框主要用于设置和保存字信号变化的规律或调用以前字信号变化规律的文件。在 Preset patterns（预设置模式）区中有如下选项。

- No change：不变。
- Load：调用以前设置字信号规律的文件。
- Save：保存所设置字信号的规律。
- Clear buffer：清除字信号缓冲区的内容。
- Up counter：表示字信号缓冲区的内容按逐个+1 的方式编码。
- Down counter：表示字信号缓冲区的内容按逐个−1 的方式编码。
- Shift right：表示字信号缓冲区的内容按右移方式编码。
- Shift left：表示字信号缓冲区的内容按左移方式编码。

在 Initial pattern 条形框内设置 Up counter、Down counter、Shift right 和 Shift left 模式的初始值。

在 Display type 区中选择输出字信号的格式是十六进制（Hex）还是十进制（Dec）。

在 Buffer size 条形框内设置缓冲区的大小。

在 Output voltage level 区中设置输出高电平和低电平对应的电压值。

（2）Display 区：用于显示设置。

- Hex：字信号缓冲区内的字信号以十六进制显示。
- Dec：字信号缓冲区内的字信号以十进制显示。
- Binary：信号缓冲区内的字信号以二进制显示。
- ASCII：信号缓冲区内的字信号以 ASCII 码显示。

（3）Trigger 区：用于选择触发的方式。

- Internal：选择内部触发方式。字信号的输出受输出方式按钮 Step、Burst 和 Cycle 的控制。
- External：选择外部触发方式。必须接外触发信号，只有外触发脉冲信号到来时才输出字信号。
- ：上升沿触发。
- ：下降沿触发。

（4）Frequency 区：用于设置输出字信号的频率。

（5）缓存器视窗：显示所设置的字信号格式。

用鼠标单击缓存器视窗的左侧的栏，弹出如图 4-28 所示的控制字输出的菜单，具体功能如下。

- Set Cursor：设置字信号产生器开始输出字信号的起点。
- Set Break point：在当前位置设置一个中断点。
- Delete Break point：删除当前位置设置的中断点。
- Set Initial Position：在当前位置设置一个循环字信号的初始值。
- Set Final Position：在当前位置设置一个循环字信号的终止值。
- Cancel：取消本次设置。

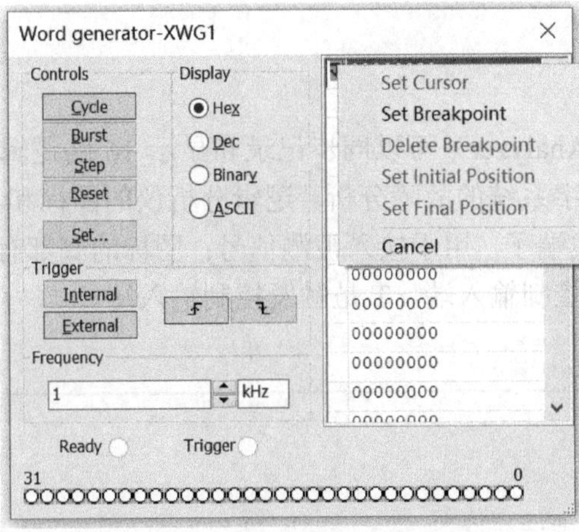

图 4-28　控制字输出的菜单

当字信号发生器发送字信号时，输出的每一位值都会在字信号发生器界面的底部显示出来。

2．应用举例

例 4-10　利用字信号发生器产生一个循环的二进制数，循环的初始值为 00000006H，终止值为 0000000DH，在 0000000A 处设置了一个断点，用发光二极管显示输出的状态。电路连接和字信号发生器的设置如图 4-29 所示。单击仿真开关，指示灯 X_4、X_3、X_2、X_1 显示状态依次为灭亮亮灭、灭亮亮亮、亮灭灭灭、亮灭灭亮、亮灭亮灭，由于设置了断点，字信号发生器输出暂停在此状态，再次单击仿真开关，X_4、X_3、X_2、X_1 显示状态依次为亮灭亮亮、亮亮灭灭、亮亮灭亮、灭亮亮灭、灭亮亮亮、亮灭灭灭、亮灭灭亮、亮灭亮灭。

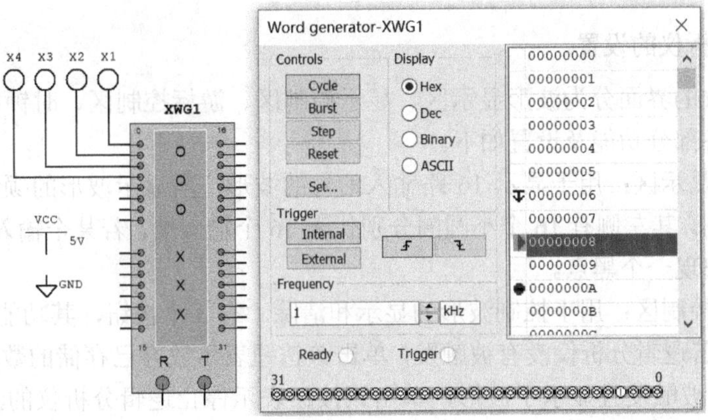

图 4-29　字信号发生器应用举例

注意

由于终止值设为 0000000DH，所以 X_4、X_3、X_2、X_1 的状态将从亮亮灭亮直接转换到灭亮亮灭（对应初始值 00000006H）。

4.2.3　逻辑分析仪

逻辑分析仪（Logic Analyzer）可以同步记录和显示 16 路逻辑信号，常用于数字逻辑电路的时序分析和大型数字系统的故障分析。逻辑分析仪的图标和界面如图 4-30 所示，其左侧从上到下有 16 个接线端子，用于接入被测信号；图标的底部有 3 个接线端子，C 是外部时钟输入端，Q 是时钟控制输入端，T 是触发控制输入端。

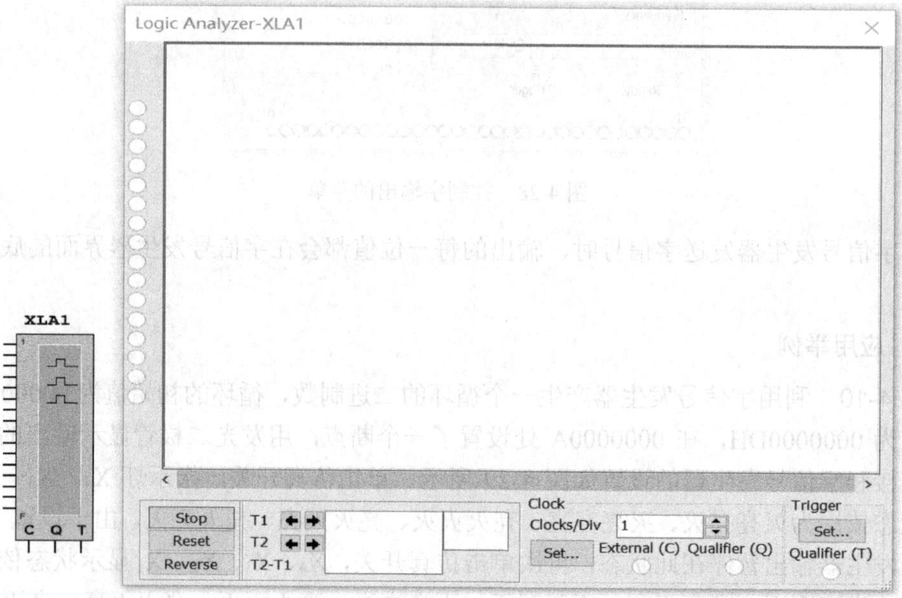

图 4-30　逻辑分析仪的图标和界面

1．逻辑分析仪的设置

逻辑分析仪的界面分为波形显示区、显示控制区、游标控制区、时钟控制区、触发控制区 5 部分，各部分功能及设置如下。

（1）波形显示区：用于显示 16 路输入信号的波形，所显示波形的颜色与该输入信号的连线颜色相同，其左侧有 16 个小圆圈分别代表 16 个输入端，若某个输入端接被测信号，则该小圆圈内出现一个黑点。

（2）显示控制区：用于控制波形的显示和清除。有 3 个按钮，其功能如下。

- Stop：若逻辑分析仪没有被触发，单击该按钮表示放弃已存储的数据；若逻辑分析仪已经被触发且显示了波形，单击该按钮表示停止逻辑分析仪的波形继续显示，但整个电路的仿真仍然继续。
- Reset：清除逻辑分析仪已经显示的波形，并为满足触发条件后数据波形的显示做好准备。
- Reverse：设置逻辑分析仪波形显示区的背景色。

（3）游标控制区：用于读取 T_1、T_2 所在位置的时刻。移动 T_1、T_2 右侧的左右箭头，可以改变 T_1、T_2 在波形显示区的位置，对应显示 T_1、T_2 所在位置的时刻，并计算出 T_1、

T_2 的时间差。

（4）时钟控制区：通过 Clock/Div 条形框可以设置波形显示区每个水平刻度所显示时钟脉冲的个数。单击 Set...按钮，弹出如图 4-31 所示的 Clock Setup 对话框。

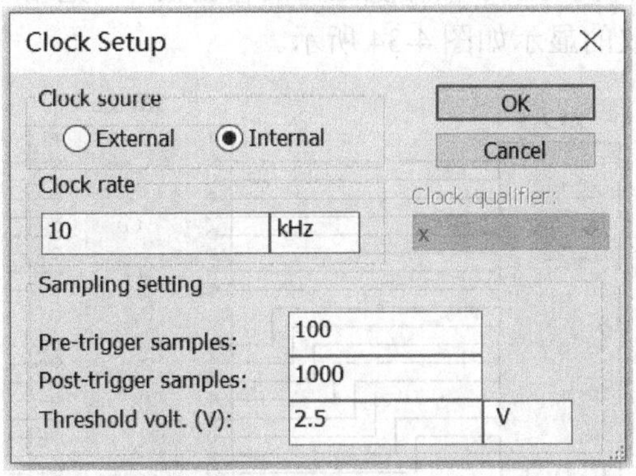

图 4-31　Clock Setup 对话框

- Clock source 区主要用于设置时钟脉冲的来源。其中，External 选项表示由外部输入时钟脉冲，Internal 选项表示由内部取得时钟脉冲。
- Clock rate 区用于设置时钟脉冲的频率。
- Sample settings 区用于设置取样的方式，其中在 Pre-trigger samples 条形框中设置前沿触发的取样数，Post-trigger samples 条形框中设置后沿触发的取样数，Threshold volt.（V）条形框中设置门限电平。

（5）触发控制区：用于设置触发的方式。单击触发控制区的 Set...按钮，弹出 Trigger Settings 对话框，如图 4-32 所示。

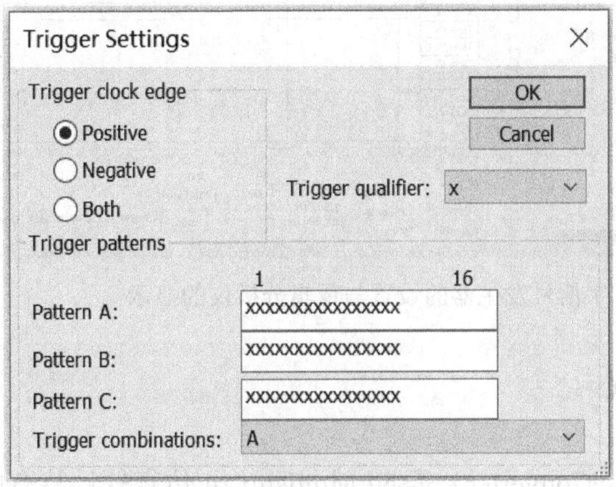

图 4-32　Trigger Settings 对话框

- 在 Trigger clock edge 区可用于选择触发脉冲沿，Positive 选项表示上升沿触发，Negative 选项表示下降沿触发，Both 选项表示上升沿或下降沿都触发。
- 在 Trigger qualifier 的下拉菜单中可以选取触发限制字（0、1 或随意）。
- Trigger patterns 区用于设置触发样本，一共可以设置 3 个样本，并可以在 Trigger

combinations 长条框的下拉菜单中选择组合的样本。

2．应用举例

例 4-11　用逻辑分析仪观察字信号发生器的输出信号，电路如图 4-33 所示。字信号发生器的设置与逻辑分析仪的显示如图 4-34 所示。

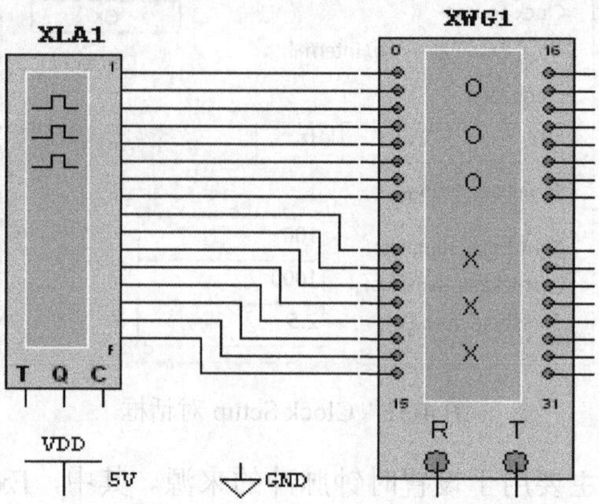

图 4-33　用逻辑分析仪观察字信号发生器的输出信号

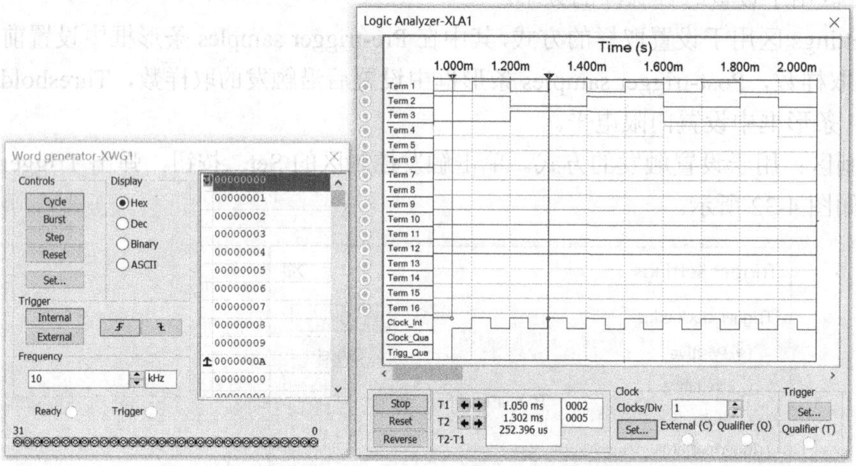

图 4-34　字信号发生器的设置与逻辑分析仪的显示

4.2.4　逻辑转换仪

逻辑转换仪（Logic Converter）是 NI Multisim 14 仿真软件特有的虚拟仪表，在实验室里并不存在。逻辑转换仪主要用于逻辑电路的几种描述方法的相互转换，如将逻辑电路转换为真值表，将真值表转换为最简表达式，将逻辑表达式转换为与非门逻辑电路等。

逻辑转换仪的图标和界面如图 4-35 所示，有 9 个接线端子，左侧 8 个端子用来连接电路输入端的节点，最右边的一个端子为输出端子。通常只有在将逻辑电路转化为真值表时，才将逻辑转换仪的图标与逻辑电路连接起来。

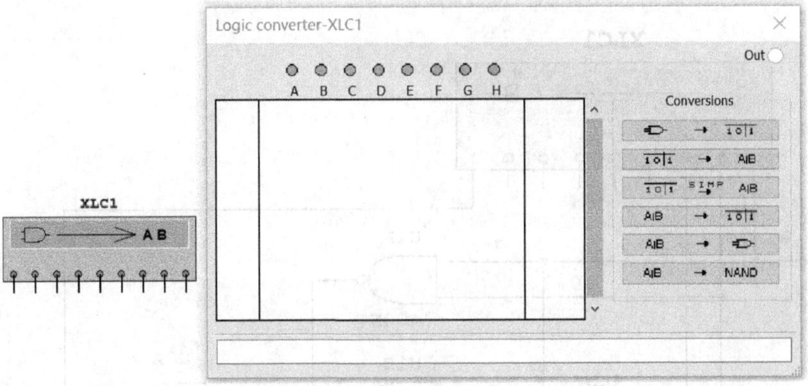

图 4-35 逻辑转换仪的图标和界面

1．逻辑转换仪的操作

逻辑转换仪的界面分为 4 个区，分别是变量选择区、真值表区、转换类型选择区和逻辑表达式显示区。

（1）变量选择区：位于逻辑转换仪界面的最上面，罗列了可供选择的 8 个变量。用鼠标单击某个变量，该变量就自动添加到界面的真值表中。

（2）真值表区：真值表区又分为 3 部分，左边显示了输入组合变量取值所对应的十进制数，中间显示了输入变量的各种组合，右边显示了逻辑函数的值。

（3）转换类型选择区：转换类型选择区位于真值表的右侧，共有 6 个功能按钮，具体功能如下所述。

①：将逻辑电路图转换为真值表。具体步骤如下。

- 将逻辑电路图的输入端连接到逻辑转换仪的输入端。
- 将逻辑电路图的输出端连接到逻辑转换仪的输出端。
- 单击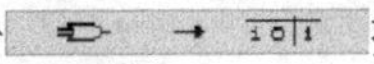按钮，电路真值表就出现在逻辑转换仪界面的真值表区中。

②：将真值表转换为逻辑表达式。

③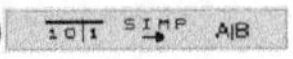：将真值表转换为最简逻辑表达式。

> **注意**
>
> 简化一个逻辑表达式需要较大的内存空间，如果现有内存不够大，NI Multisim 14 或许不能完成此操作指令。

④：由逻辑表达式转换为真值表。

⑤：由逻辑表达式转换为逻辑电路。

⑥：由逻辑表达式转换为与非门逻辑电路。

（4）逻辑表达式显示区：在执行相关的转换功能时，在此条形框中将显示或填写逻辑表达式。

2．应用举例

例 4-12 试求如图 4-36 所示电路的逻辑表达式。

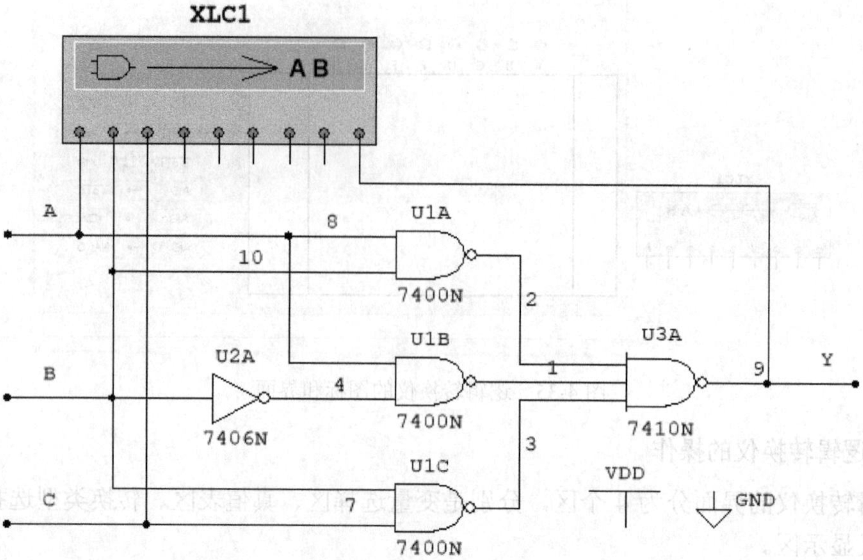

图 4-36　逻辑电路图

根据图 4-36 所示逻辑电路，分析其逻辑表达式为：

$$
\begin{aligned}
\overline{\overline{AB}\,\overline{A\overline{B}}\,\overline{BC}} &= \overline{\overline{AB}}+\overline{\overline{A\overline{B}}}+\overline{\overline{BC}} \\
&= AB+A\overline{B}+BC \\
&= A+BC \\
&= AB(C+\overline{C})+A\overline{B}(C+\overline{C})+(A+\overline{A})BC \\
&= ABC+AB\overline{C}+A\overline{B}C+A\overline{B}\,\overline{C}+ABC+\overline{A}BC \\
&= ABC+AB\overline{C}+A\overline{B}C+A\overline{B}\,\overline{C}+\overline{A}BC
\end{aligned}
$$

其真值表为：

A	B	C	F
0	0	0	0
0	0	1	0
0	1	0	0
0	1	1	1
1	0	0	1
1	0	1	1
1	1	0	1
1	1	1	1

卡诺图为：

A \ BC	00	01	10	11
0	0	0	0	1
1	1	1	1	1

在电路工作区创建图 4-36 所示逻辑电路，并将逻辑转换仪接入电路。单击转换类型按钮，将逻辑电路转换为真值表形式，然后单击逻辑转换仪界面中的按钮，就可以得到该真值表的逻辑表达式，如图 4-37 所示。

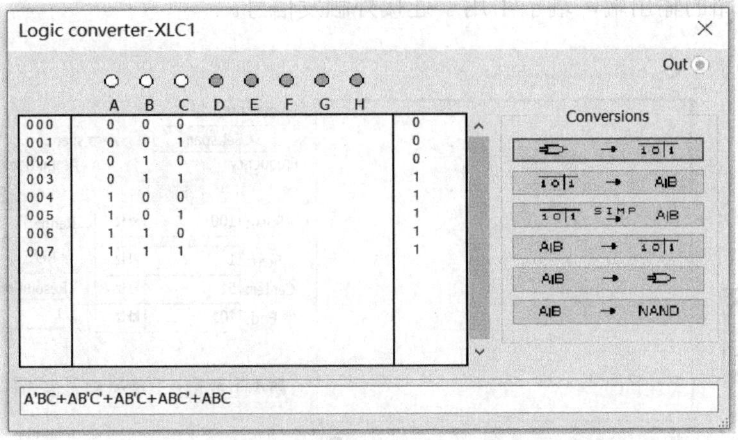

图 4-37　将逻辑电路图转换为真值表及逻辑表达式

若单击逻辑转换仪界面中的按钮，就可以得到该真值表的最简逻辑表达式，如图 4-38 所示。可见与前面分析给出的电路真值表、逻辑表达式一致。

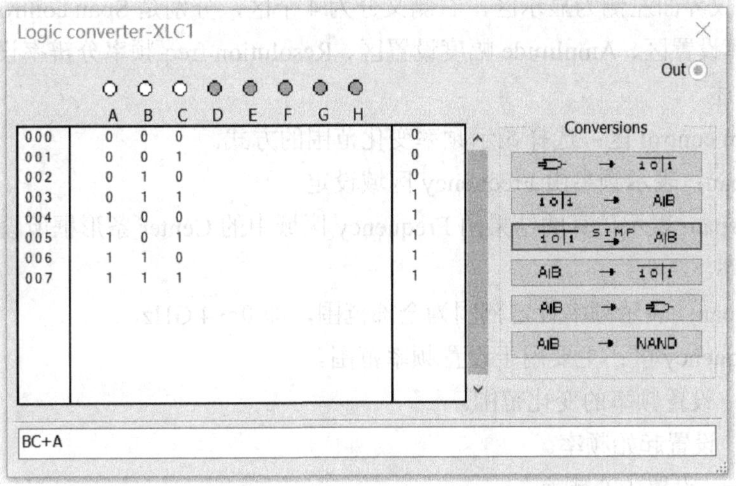

图 4-38　由真值表得到最简逻辑表达式

4.3 射频仪表

4.3.1 频谱分析仪

频谱分析仪（Spectrum Analyzer）主要用于测量信号所包含的频率及对应频率的幅度。

通信领域对信号的频谱很感兴趣。例如，在网络广播系统中，常用频谱分析仪检查载波信号的频谱成分，查看载波的谐波是否影响其他射频系统性能。

频谱分析仪的图标和界面如图 4-39 所示。频谱分析仪只有两个接线端子，端子 IN 用于连接被测电路的输出端，端子 T 用于连接外触发信号。

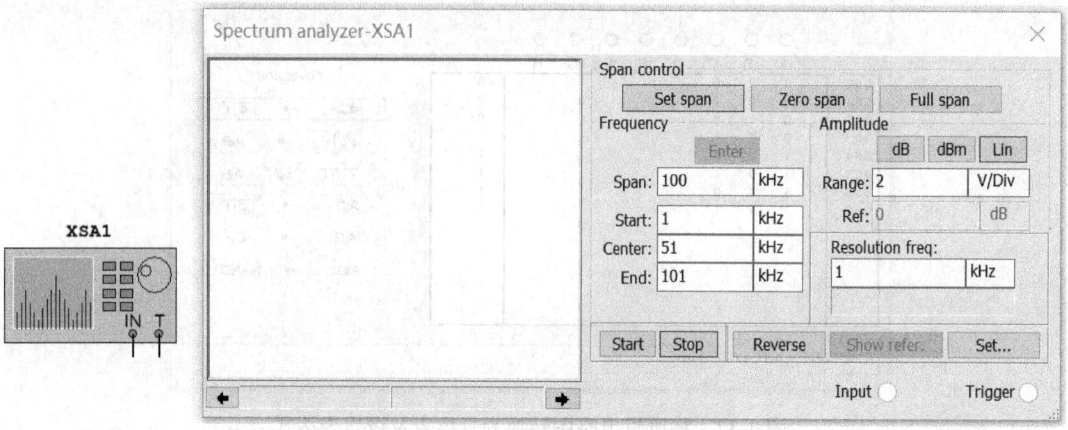

图 4-39　频谱分析仪的图标和界面

1. 频谱分析仪的设置

频谱分析仪界面左侧为显示区，右侧又分为 4 个区，分别是 Span control 量程控制区、Frequency 频率设置区、Amplitude 幅度设置区、Resolution freq 频率分辨率设置区。具体参数设置如下所述。

（1）Span control 区：选择显示频率变化范围的方式。

- Set span：表示频率由 Frequency 区域设定。
- Zero span：表示仿真的结果由 Frequency 区域中的 Center 条形框所设定的频率为中心频率。
- Full span：表示频率设定范围为全部范围，即 0～4 GHz。

（2）Frequency 区：主要用于设置频率范围。

- Span：设置频率的变化范围。
- Start：设置起始频率。
- Center：设置中心频率。
- End：设置终止频率。

（3）Amplitude区：选择频谱纵坐标的刻度。

- dB：表示纵坐标用 dB，即以 $20\log_{10}V$ 为刻度。
- dBm：表示纵坐标用 dBm，即以 $10\log_{10}(V/0.775)$ 为刻度。0 dBm 是电压为 0.775 V 时，在 600 Ω 电阻上的功耗，此时功率为 1 mW。如果一个信号是+10 dBm，意味着其功率是 10 mW。在以 0 dBm 为基础显示信号功率时，终端电阻为 600 Ω 的应用场合（如电话线），直接读 dBm 会很方便。

- Lin：表示纵坐标使用线性刻度。
- Range：设置纵坐标每格的幅值。
- Ref：设置参考标准。所谓参考标准就是确定显示区中信号频谱的某一幅值所对应的频率范围。由于频谱分析仪的数轴没有标明大小，通常利用滑块来读取每一点的频率和幅度。当滑块移动到某一位置，此点的频率和幅度以 V、dB 或 dBm 的形式显示在分析仪的右下角部分。如果读取的不是一个频率点，而是某一个频率范围，则需要与 Show refer. 按钮配合使用，单击该按钮，则在频谱分析仪的显示区中出现以 Ref 条形框所设置的分贝数的横线，移动滑块就可以方便地读取横线和频谱交点的频率和幅度。利用此方法可以快速读取信号频谱的带宽。

（4）Resolution freq 区：设置频率的分辨率，所谓频率分辨率就是能够分辨频谱的最小谱线间隔，它表示了频谱分析仪区分信号的能力。

在该参数设置区的下面还有 5 个控制按钮，其功能如下所述。

- Start：继续频谱分析仪的频谱分析。此按钮常与 Stop 按钮配合使用，通常在电路的仿真过程中停止了频谱分析仪的频谱分析之后，又要启动频谱分析仪时使用。
- Stop：停止频谱分析仪的频谱分析，此时电路的仿真过程仍然继续进行。
- Reverse：频谱分析窗口的图形和背景反向显示。
- Show refer.：显示参考值，详见上面 Amplitude 区的 Ref 说明。
- Set…：用于设置触发参数。单击该按钮，弹出如图 4-40 所示的 Settings 对话框。

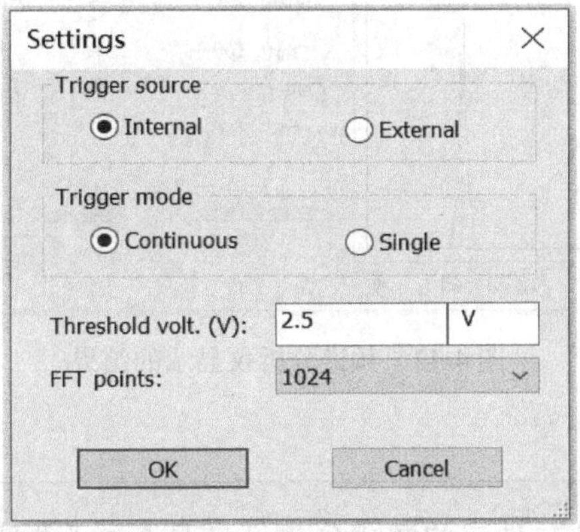

图 4-40　Settings 对话框

其中，Trigger source 区用于选择触发源。Trigger mode 区用于选择触发方式，包括 Continuous（连续触发）选项和 Single（单触发）选项。在 Threshold volt.（V）条形框中设置阈值电压，在 FFT points 条形框中设置进行傅里叶变换的点数。

2．应用举例

例 4-13　利用频谱分析仪观察混频器电路输出信号的频谱结构。在 NI Multisim 14 工作区中创建如图 4-41 所示混频电路，该电路的两路正弦波输入信号经过混频器后，输出信

号含有的频率有 f_1=1.2 MHz+0.8 MHz=2.0 MHz 和 f_2=1.2 MHz−0.8 MHz=0.4 MHz。频谱分析仪设置及显示结果如图 4-42 所示。利用显示区中的游标可读出其中一个频率分量为 1.998 MHz，同样可读出另一个频率分量为 400.827 kHz，与理论计算结果基本一致（由于显示分辨率问题，存在较小的误差）。

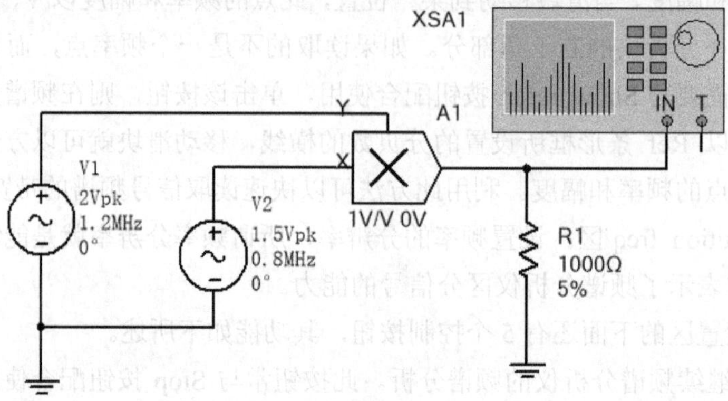

图 4-41　混频器电路

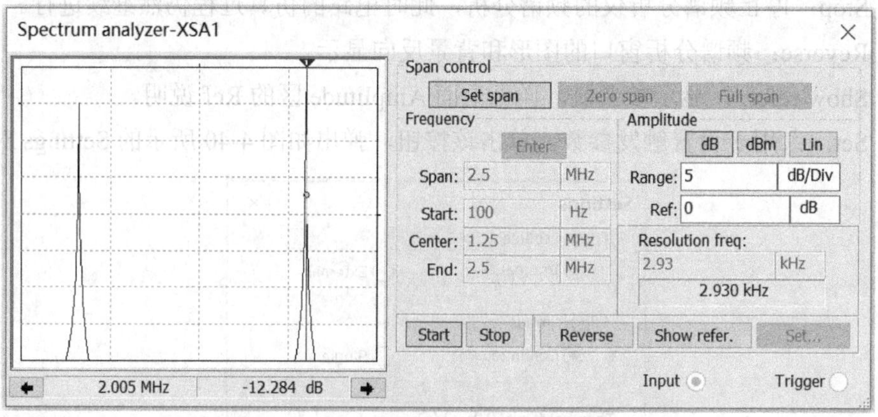

图 4-42　频谱分析仪显示的结果

注意

①NI Multisim 14 仿真软件中的频谱分析仪自身不会产生噪声。

②频谱分析仪对信号进行傅里叶变换时，由于开始只有少数几个采样点，故没有提供准确的频谱分析结果，此时所显示的频谱不断变化，刷新几次后才能得到准确的频率和幅度。

4.3.2　网络分析仪

网络分析仪（Network Analyzer）是一种测试双端口网络的仪表，常常用来分析高频电路中的衰减器、放大器、混频器、功率分配器等电路及元件的特性。NI Multisim 14 所提供的网络分析仪不但可以测量两端口网络的 S、H、Y 和 Z 等参数，还可以测量功率增益、电压增益、阻抗等参数，另外，还能为 RF 电路的匹配网络设计提供帮助。网络分析仪的图标和界面如图 4-43 所示，它有两个接线端子，P_1 端子用来连接被测电路的输入端口，P_2 端子用来连接被测电路的输出端口。仿真时，网络分析仪自动对电路进行两次交流分析，第一次交流分析用来测量输入端的前向参数 S_{11}、S_{21}，第二次交流分析用来测量输出端的反向参数 S_{22}、S_{12}。S 参数确定后，就可以利用网络分析仪以多种方式查看数据，并将这些数据用于进一步的仿真分析。

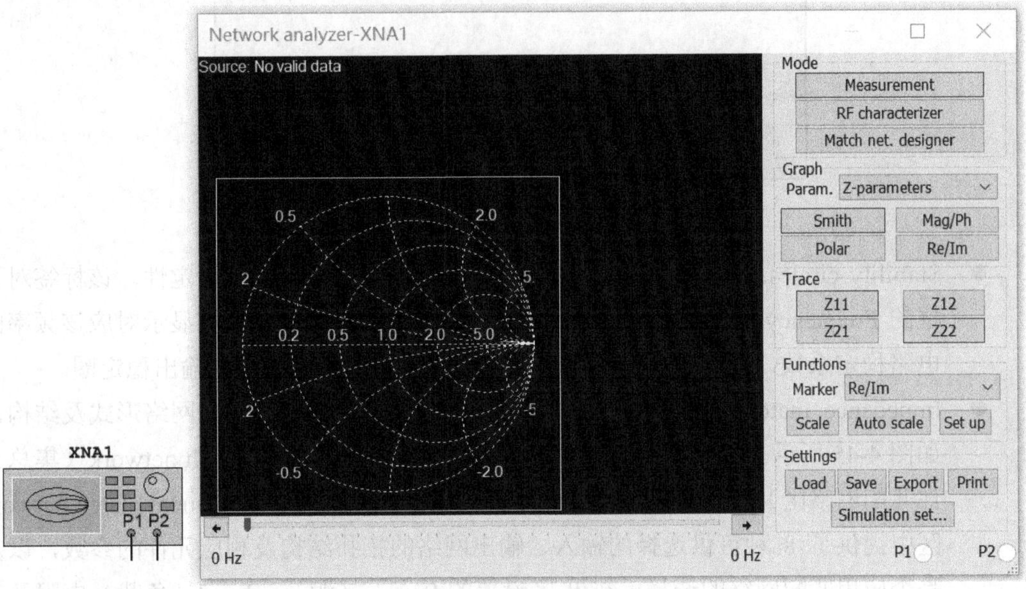

图 4-43　网络分析仪的图标和界面

1．网络分析仪的设置

网络分析仪界面的左侧是显示区，用于显示电路的 4 种参数、曲线、文本以及相关的电路信息。右侧是 5 个参数设置区域，其功能如下。

（1）Mode 区：设置仿真分析模式，该选择将直接影响其他设置区的内容。

- Measurement：选择网络分析仪为测量模式。
- RF characterizer：选择网络分析仪为射频电路分析模式。
- Match net. designer：选择网络分析仪为高频电路设计模式（针对匹配网络）。

注意

RF characterizer、Match net. designer 都提供了 RF 电路的分析功能，但在应用 Match net. designer 前，需先执行 AC Analysis，Run（Simulate）/Stop 操作。

当在 Mode 中选择 Match net. designer 后，将弹出如图 4-44 所示的对话框，该对话框有 Stability circles、Impedance matching、Unilateral gain circle 3 个标签，其功能设置如下。

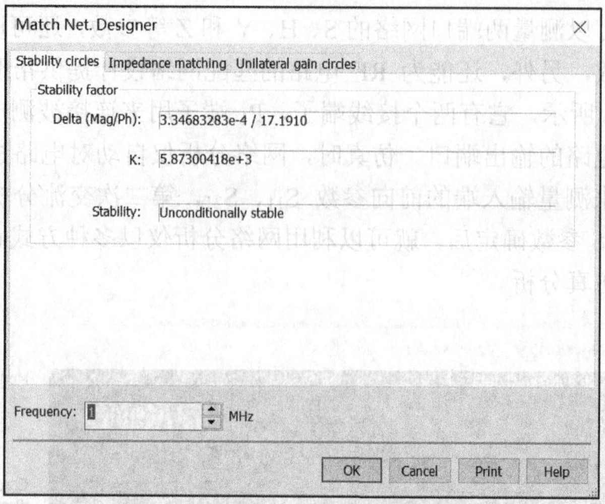

图 4-44　Match Net. Designer 对话框

- Stability circles：该标签提供了仿真设计电路在不同频率点的稳定性。该标签对话框的 Frequency 长条框用于设置分析频率，Stability factor 区将显示对应该频率的电路稳定系数，网络分析仪的显示区也同时显示对应的输入、输出稳定圈。
- Impedance matching：该标签提供了 RF 电路的输入、输出匹配网络形式及结构，如图 4-45 所示。标签有 3 个区，分别为：Lumped element match network（集总元件匹配网络区）、R（电阻区）、Calculate（计算区）；Lumped element match network 区中提供了 8 种可供选择的输入、输出网络的拓扑结构及相应元件的参数，以及是否应用匹配网络的选择。在 R 区设置的 Source（源）、Load（负载）电阻及工作频率设置情况下，还可以通过单击 Calculate 区的 Auto. match 选项自动给出相应的匹配网络。

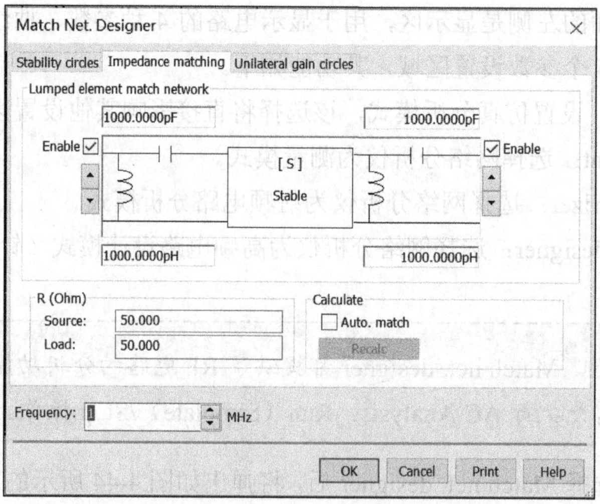

图 4-45　Impedance matching 标签

- Unilateral gain circles：该标签用来分析电路的单向特性，如图 4-46 所示。Unilateral figure of merit 长条框中的值接近于 0，即表示该电路为单向的，否则需要改变频率，直至该值最小。该频率代表放大器单向特性最好的工作点。

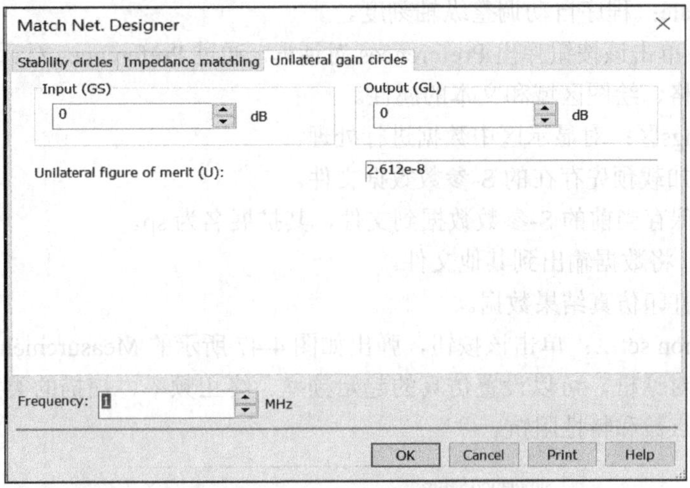

图 4-46　Unilateral gain circles 标签

注意

放大器取得最好单向特性的频率工作点并不需要和最大增益点一致。

（2）Graph 区：设置仿真分析参数及其结果显示模式。

Parameters 下拉菜单提供的可选分析参数与 Mode 区的选项有关，在 Measurement 模式下，有 S-parameters（S 参数）、Y-parameters（Y 参数）、H-parameters（H 参数）、Z-parameters（Z 参数）和 Stability factor（稳定因子）5 种类型。在 RF characterizer 模式下，有 Power Gains（功率增益）、Gains（电压增益）和 Impedance（阻抗）3 种参数。

Parameters 参数长条框下的 4 个按钮用于设置仿真结果的显示方式。

- Smith（史密斯）：以史密斯模式显示。
- Mag/Ph（幅度/相位）：以幅频特性曲线和相频特性曲线方式显示。
- Polar（极坐标）：以极化图方式显示。
- Re/Im（实部/虚部）：以实部和虚部方式显示。

（3）Trace 区：设置 Graph 区 Parameters 下拉菜单中所选择参数类型的具体参数。

Graph 区 Parameters 下拉菜单中选择的参数不同，Trace 区所显示的按钮也不同。例如选择 Z 参数，Trace 区显示的 4 个按钮为 Z_{11}、Z_{12}、Z_{21} 和 Z_{22}，被按下的按钮就是显示区所显示参数。

（4）Functions 区：设置仿真分析所需的其他相关参数。

- Marker：该下拉菜单要与 Mode 模式选择、Graph 区 Parameters 下拉菜单配合使用。选择不同或选择 Graph 区 Parameters 下拉菜单的选项不同，Marker 下拉菜单所显示的选项也不同。例如，选择 Measurement 模式，在 Graph 区 Parameters 下拉菜单中选择 Z-parameters，则 Marker 下拉菜单中有 Re/Im、Mag/Ph（Deg）和 dB Mag/Ph（Deg）3 个选项。

- Scale：设置纵轴的刻度。只有极点、实部/虚部点和幅度/相位点可以改变。
- Auto scale：程序自动调整纵轴刻度。
- Set up：单击该按钮弹出 Preferences 对话框。通过 Preferences 对话框，可以设置曲线、网格、绘图区域和文本的属性。

（5）Settings区：对显示区中数据进行处理。

- Load：加载预先存在的 S-参数数据文件。
- Save：保存当前的 S-参数数据到文件，其扩展名为.sp。
- Export：将数据输出到其他文件。
- Print：打印仿真结果数据。
- Simulation set…：单击该按钮，弹出如图 4-47 所示的 Measurement Setup 对话框。利用此对话框，可以设置仿真的起始频率、终止频率、扫描的类型、每十倍坐标刻度的点数和特性阻抗。

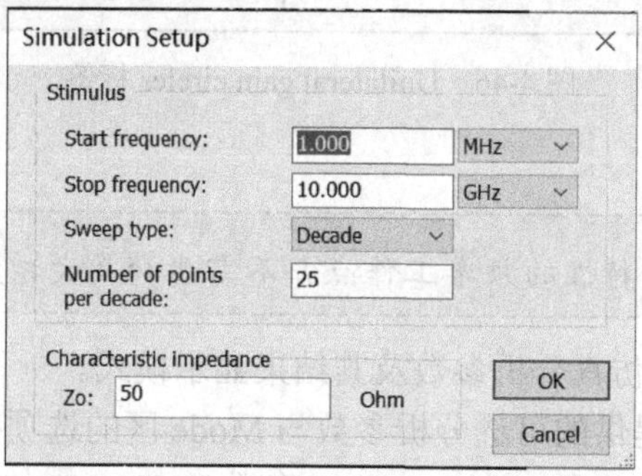

图 4-47　Measurement Setup 对话框

2．应用举例

例 4-14　利用网络分析仪对图 4-48 所示 RF 放大电路进行仿真分析。

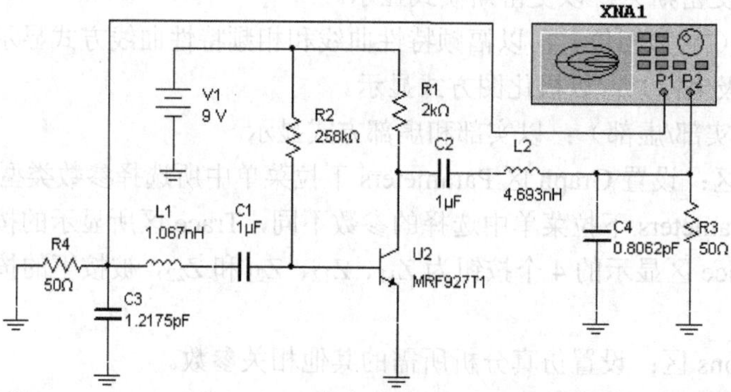

图 4-48　RF 仿真电路图

在 NI Multisim 14 电路工作区中创建图 4-48 所示 RF 放大电路，网络分析仪测量结果如图 4-49（a）～图 4-49（e）所示，其中图 4-49（a）为以 Smith 圆图显示的电路的 S_{11}、S_{22} 参数，图 4-49（b）为以 Re/Im 方式显示的电路 Z_{11}、Z_{12}、Z_{21}、Z_{22} 参数，图 4-49（c）为功率增益，图 4-49（d）为电压增益，图 4-49（e）为阻抗。

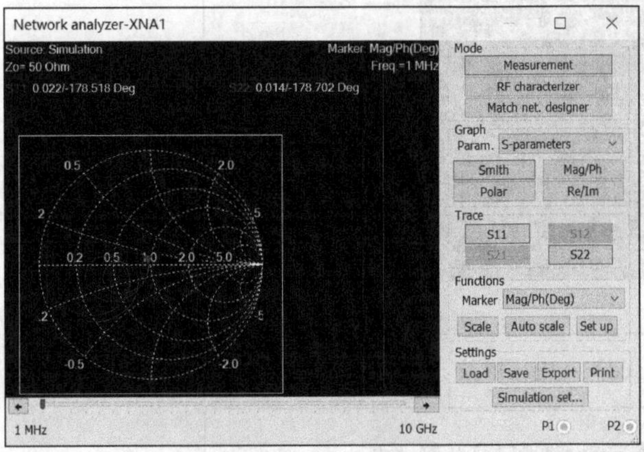

（a）以 Smith 圆图显示的电路 S_{11}、S_{22} 参数

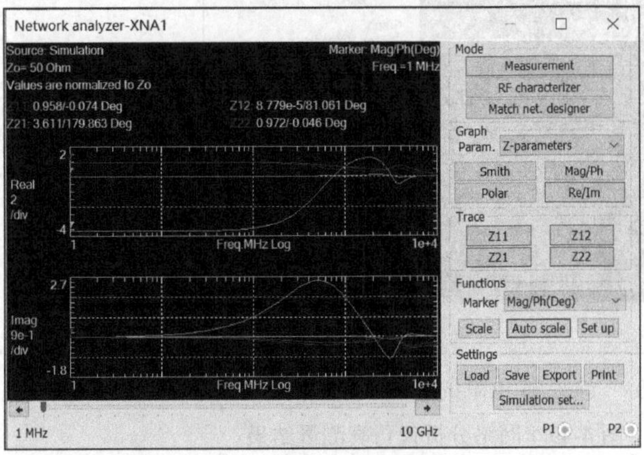

（b）以 Re/Im 方式显示的电路 Z_{11}、Z_{12}、Z_{21}、Z_{22} 参数

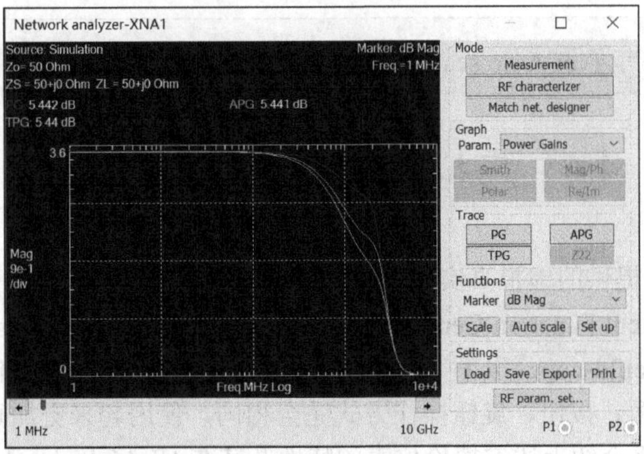

（c）　功率增益

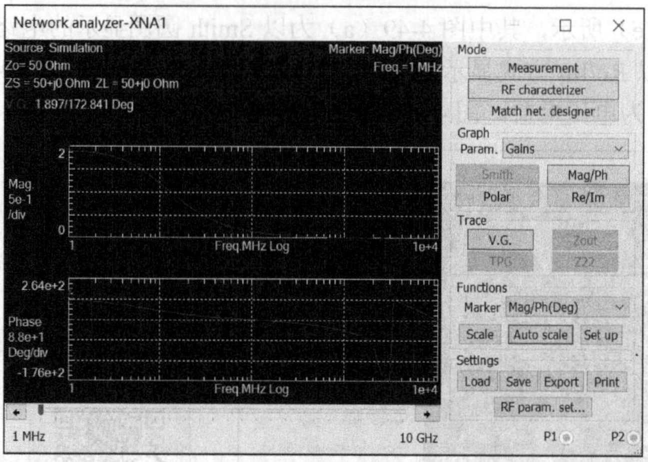

（d）　电压增益

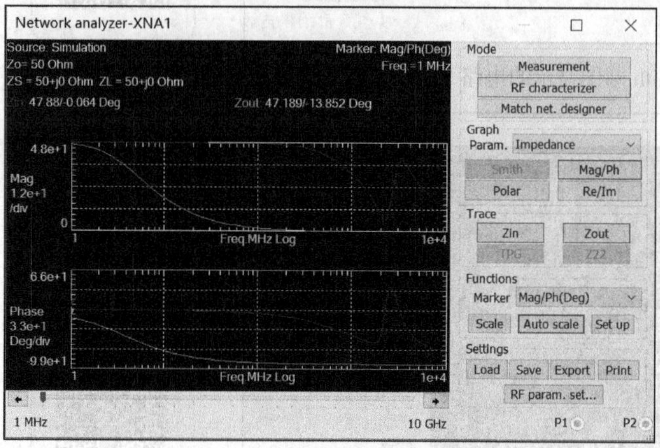

（e）　输入/输出阻抗

图 4-49　网络分析仪仿真测量结果

注意

当图形显示不完整时，可单击 Auto scale 按钮自动调整。

4.4　虚拟真实仪表

NI Multisim 14 仿真软件提供的虚拟真实仪表有安捷伦万用表（Agilent Multimeter）、安捷伦函数信号发生器（Agilent Function Generator）、安捷伦示波器（Agilent Oscilloscope）和泰克示波器（Tektronic Oscilloscope）4 种。与 NI Multisim 14 中已有的虚拟仪表不同，这几种仪表与实际仪表的界面、按钮、旋钮操作方式完全相同，使用起来更加真实、功能更强大、应用更广泛。本节将介绍上述安捷伦仪表的特性及其在 NI Multisim 14 中的使用方法。

4.4.1　Agilent 34401A 型数字万用表

Agilent 34401A 是一种 $6\frac{1}{2}$ 位高性能的数字万用表。它不仅具有传统交/直流电压、交/直流电流、信号频率、周期和电阻的测量功能，还具有数字运算功能、dB、dBm、界限测试和最大/最小/平均值测量等高级功能。Agilent 34401A 的图标和界面如图 4-50 所示。图标中的接线端子自上而下，依次为 1、2、3、4、5。其中，1、2 端用来测量电压（为正极），3、4 端为公共端（为负极），5 端为电流测量流入端。

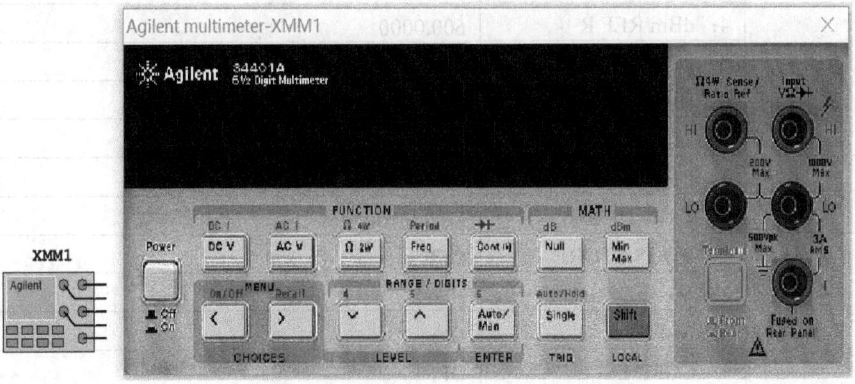

图 4-50　Agilent 34401A 图标和界面

1．Agilent 34401A 功能及设置

从 Agilent 34401A 界面可见，其操作界面与真实的 Agilent 34401A 完全相同。单击界面上的电源 Power 开关，Agilent 34401A 的显示区变亮，处于工作状态。Shift 按钮为换挡按钮，单击该按钮后，再单击其他功能按钮时，将执行界面按钮上方的功能。界面中的其他按钮，根据其功能可分为以下几个部分。

（1）功能选择区（FUNCTION）：完成万用表基本功能的选择和设置。

- ：测量直流电压/电流。
- ：测量交流电压/电流。
- ：测量电阻（二线法/四线法）。
- ：测量频率/周期。
- ：连续模式下测量电阻的阻值/测量二极管。

（2）数学运算区（MATH）。

- ：设置相对测量方式，显示相邻两次测量值的差/测量结果的 dB 值；
- ：设置显示存储的测量过程中的最大值和最小值/测量结果的 dBm 值；

（3）菜单选择区（MENU）。

- 和：用于进行菜单选择。Agilent 34401A 中的菜单及设置见表 4-1。

表 4-1　Agilent 34401A 菜单功能

MENU	COMMAND	PARAMETERS（缺省值）
A：MEAS MENU	1：CONTINITY	∧10．00000 Ohm
	2：RATIO FUNC	DCV：DCV：OFF
B：MATH MENU	1：MIN-MAX	1.000000 T：MIN −1.000000 T：MAX 0.000000：AVE 0.000000：RDG
	2：NULL VALUE	∧0.000000：VAC
	3：Db REL	∧0.000000 dB
	4：dBm REF R	600.0000
	5：LIMIT TEST	OFF
	6：HIGH LIMIT	∧0.000000：VAC
	7：LOW LIMIT	∧0.000000：VAC
C：TRIGGER MENU	1：READ HOLD	0.10000 PERCENT
	2：TRIG DELAY	∧0.000000 sec
D：SYSTEM MENU	1：RDGS STORE	OFF
	2：SAVED RDGS	NON
	3：BEEP	ON
	4：COMMA	OFF

注意

各功能菜单下一级的选项需与和配合使用才能设置完成。

（4）量程选择区（RANGE/DIGITS）。

- 和：用于量程的设置。
- ：用于自动测量和人工测量的转换，人工测量需要手动设置量程。

（5）触发模式设置区（Auto/Hold）。

- ：设置单触发模式。Agilent 34401A 打开时默认处于自动触发模式状态，这时，可以通过单击按钮更改设置为单触发状态。但如想从单次触发模式更改为自动触发模式，则需先单击，待显示区的右下角出现 Shift 时，再单击即可。

注意

表示该项为参数设置，通过、改变位数，、改变该位的数值。

2．应用举例

例 4-15　用 4 线测量法测量小电阻。

Agilent 34401A 提供 2 线测量法和 4 线测量法两种测量电阻方法。2 线测量法和普通的三用表测量方法相同，而 4 线测量法能够能自动减小接触电阻，提高测量精度，更准确地测量小电阻。其方法是将 1 端和 2 端、3 端、4 端分别并联在被测电阻的两端，如图 4-51

所示。测量时，先单击界面上的 Shift 按钮，显示区上显示 Shift，再单击界面上的按钮，即为 4 线测量法的模式，此时显示区上显示的单位为 Ohm[4w]。图 4-51 中利用 Agilent 34401A 数字万用表的 4 线测量法对 3.75 mΩ电阻进行测量，结果为 0.003 750 Ohm，与电阻标称值一致。

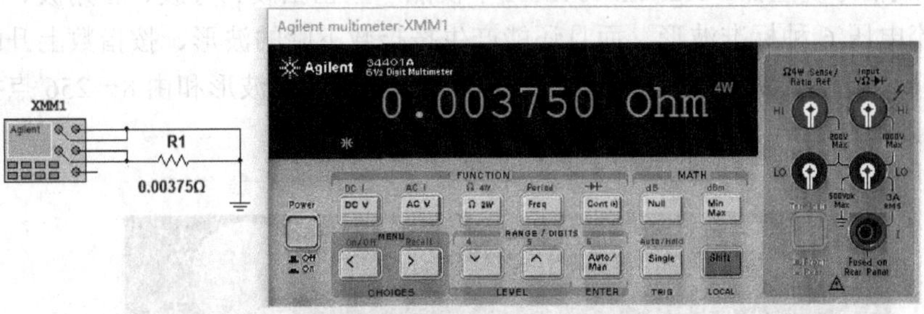

图 4-51　4 线测量电阻的连接图及测量结果

例 4-16　直流电压比率测量。

Agilent 34401A 能测量两个直流电压的比率。此时要选择一个直流参考电压作为基准（一般为直流电压源，且最大不超过±12 V），然后自动求出被测信号电压与该直流参考电压的比率。测量时，将 Agilent 34401A 的 1 端接在被测信号的正端，3 端接在被测信号的负端；Agilent 34401A 的 2 端接在直流参考源的正端，4 端接在直流参考源的负端，3 端和 4 端必须接在公共端。

该测量功能需通过测量菜单设置才能完成。具体步骤如下：①首先单击界面上的 Shift 按钮，显示区上显示 Shift 后，然后单击按钮，测量菜单展开，显示 A：MEAS MENU；②单击按钮，先显示 COMMAND，随后显示 1：CONTINUITY，再单击按钮，显示 2：RATIO FUNC；③单击按钮，先显示 PARAMETERR，随后显示 DCV：OFF，单击或按钮，使其显示 DCV：ON；④单击按钮，关闭测量菜单，此时在显示区显示 Ratio。启动仿真开关，即可测量直流电压比率。

图 4-52 给出了直流电压比率测量的电路连接及测量结果。电位器两端的电压为 $\left[V_1 \div \left(1+\dfrac{1}{2}\times 5\right)\right]\times\left(\dfrac{1}{2}\times 5\right)\approx 0.714\,285\,V_1$，则电压源 V_1 和电位器上电压之比为 0.714 285，与仿真结果一致。

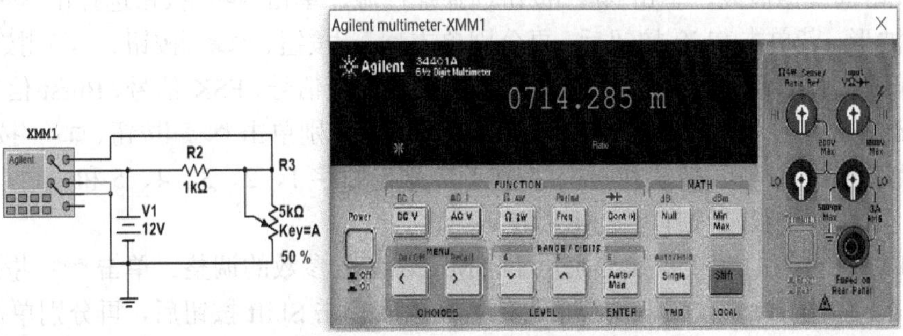

图 4-52　测量直流电压比率电路图及显示结果

4.4.2　Agilent 33120A 型函数发生器

NI Multisim 14 仿真软件提供的 Agilent 33120A 是安捷伦公司生产的一种高性能的 15 MHz 合成信号发生器。Agilent 33120A 不仅能产生正弦波、方波、三角波、锯齿波、噪声源和直流电压 6 种标准波形，而且还能产生按指数下降的波形、按指数上升的波形、负锯齿波、Sa（x）及 Cardiac（心律波）5 种系统存储的特殊波形和由 8～256 点描述的任意波形。Agilent 33120A 的图标及界面如图 4-53 所示。

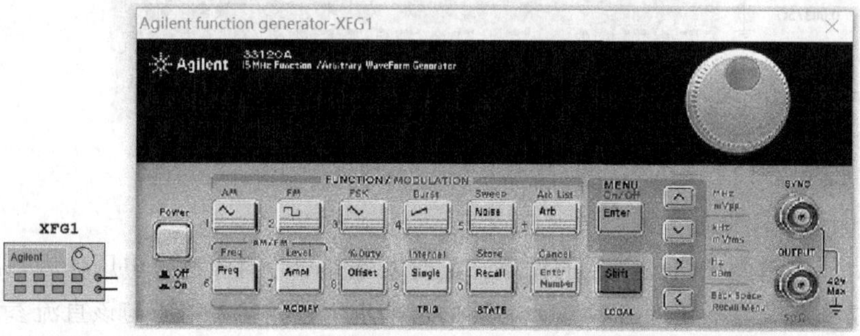

图 4-53　Agilent 33120A 的图标与界面

1．Agilent 33120A 主要功能及设置

从 Agilent 33120A 界面可见，其操作界面与真实的 Agilent 33120A 完全相同。单击界面上的电源 Power 开关，显示区变亮，处于工作状态。显示区右侧的圆形旋钮是信号源的输入旋钮，旋转输入旋钮，可改变输出信号的数值。该旋钮的下方的插座分别为外同步输入端和信号输出端。

Shift 按钮为换挡按钮，同时单击 Shift 按钮和其他功能按钮，执行的是该功能按钮上方的功能。Enter Number 按钮是输入数字按钮。若单击 Enter Number 按钮后，再单击界面上的相关数字按钮，即可输入数字。若单击 Shift 按钮后，再单击 Enter Number 按钮，则取消前一次操作。界面中的其他按钮，根据功能可分为以下几个部分。

（1）输出信号类型选则区（FUNCTION/MODULATION）。

单击 按钮选择正弦波，单击 按钮选择方波，单击 按钮选择三角波，单击 按钮选择锯齿波，单击 Noise 按钮选择噪声源，单击 Arb 按钮选择由 8～256 点描述的任意波形。若单击 Shift 按钮后，再分别单击 按钮、 按钮、 按钮、 按钮、Noise 按钮或 Arb 按钮，分别选择 AM 信号、FM 信号、FSK 信号、Burst 信号、Sweep 信号或 Arb List 信号。若单击 Enter Number 按钮后，再分别单击 按钮、 按钮、 按钮、 按钮、Noise 按钮和 Arb 按钮则分别选数字 1、2、3、4、5 和±极性。

（2）参数调整设置选择区（MODIFY）。

AM/FM 线框下的 2 个按钮分别用于 AM/FM 信号参数的调整。单击 Freq 按钮，调整信号的频率；单击 Ampl 按钮，调整信号的幅度；若单击 Shift 按钮后，再分别单击 Freq 按钮、Ampl 按钮，则分别调整 AM、FM 信号的调制频率和调制度。

Offset 按钮为 Agilent 33120A 信号源的偏置设置按钮，单击 Offset 按钮，调整信号源的偏置；若单击 Shift 按钮后，再单击 Offset（执行%Dute 操作）按钮，则改变信号源的占空比。

（3）菜单操作区（MENU）。

单击 Shift 按钮后，再单击 Enter 按钮就可以对相应的菜单进行操作：单击 ∨ 按钮进入下一级菜单，单击 ∧ 按钮则返回上一级菜单；单击 > 按钮在同一级菜单右移，单击 < 按钮则在同一级菜单左移；若选择改变测量单位，单击 ∨ 按钮选择测量单位递减（如 MHz、kHz、Hz），单击 ∧ 按钮选择测量单位递增（如 Hz、kHz、MHz）。菜单功能及设置如表 4-2 所示。

表 4-2　Agilent 33120A 菜单功能

MENU	COMMAND	PARAMETER（缺省设置）
A：MODulation MENU	1：AM SHAPE	SINE、SQμA RE、TRIANGLE、RAMP
	2：FM SHAPE	SINE、SQμA RE、TRIANGLE、RAMP
	3：BURST CUNT	∧00001 CYC
	4：BURST RATE	∧100.00000 Hz
	5：BURST PHAS	∧0.00000 DEG
	6：FSK FREQ	∧100.00000 Hz
	7：FSK RATE	∧50.000000 Hz
B：SWP MENU	1：START F	∧100.00000 Hz
	2：STOP F	∧1.0000000 kHz
	3：SWP TIME	∧100.0000 ms
	4：SWP MODE	LOG、LINEAR
C：EDIT MENU	1：NEW ARB	CLEAR MEM
	2：POINT	∧008 PNTS
	3：LINE EDIT	000：∧0.0000
	4：POINT EDIT	000：∧0.0000
	5：INVERT	ALL POINTS、Cancel
	6：SAVE AS	ARB1 *NEW*
	7：DELETE	NON
D：SYSTEM MENU	COMMA	OFF

（4）触发模式选择区（TRIG）。

Single：触发模式选择按钮。单击 Single 按钮，选择单次触发；若先单击 Shift 按钮，再单击 Single（执行 Internal 操作）按钮，则选择内部触发。

（5）状态选择区（STATE）。

Recall：状态选择按钮。单击 Recall 按钮，选择上一次存储的状态；若单击 Shift 按钮后，再单击 Recall（执行 Store 操作）按钮，则选择存储状态。

注意

∧表示该项为参数设置，通过 >、< 改变位数，∧、∨改变该位的数值。

2. 应用举例

例 4-17　利用 Agilent 33120A 产生一个表达式为 $v(t)=[100\sin(2\pi\times10^3 t)+60]$mV 的正弦信号。

在 NI Multisim 14 工作区中创建如图 4-54 所示电路，用示波器观察 Agilent 33120A 输出波形。该信号为正弦信号、幅度为 100 mV、频率为 10 kHz、偏置为 60 mV。据此，对 Agilent 33120A 的设置操作如下。

（1）单击 ∿ 按钮，选择输出的信号为正弦波。

（2）单击 Freq 设置信号频率，可以通过三种途径完成频率数值设置：①单击 >，旋转输入旋钮将频率调整为 10 kHz，单击 Enter 按钮确定；②单击 Enter Number 按钮后，键入频率为 10 kHz 的数字，单击 Enter 按钮确定；③单击 ∧、∨ 逐步增减数值，直到频率数值为 10 kHz，单击 Enter 按钮确定。

（3）单击 Ampl 设置信号幅度；可以通过与频率设置相同的途径完成幅度 100 mV 的设置。

注意

Agilent 33120A 开机缺省幅度设置为 V_{pp}，即峰峰值，因此在本例中应将 V_{pp} 设为 200 mV。另外，开机后，单击 Enter Number 按钮，然后单击 ∧ 按钮，可实现将有效值转换为峰峰值；反过来，先单击 Enter Number 按钮，再单击 ∨ 按钮，可实现将峰峰值转换为有效值。先单击 Enter Number 按钮，然后单击 > 按钮，可实现将峰峰值转换为分贝值。

（4）单击 Offset 设置信号偏置，通过与频率设置相同的途径完成偏置 60 mV 的设置。示波器观察结果如图 4-54 所示。

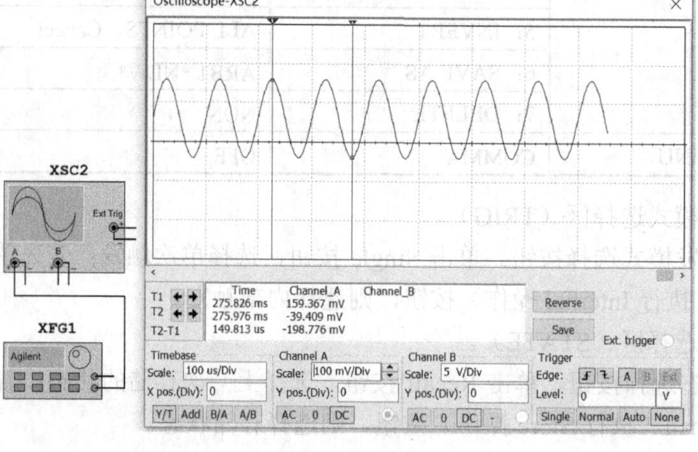

图 4-54　Agilent 33120A 函数发生器输出正弦波

由信号表达式可知，该信号最大值为 100+60=160 mV，最小值为−100+60=−40 mV。而由示波器显示区及游标显示可见，正弦波波峰值为 159.367 mV，波谷值为−39.409 mV，与函数信号发生器设置一致。

例 4-18　用 Agilent 33120A 产生特殊函数——按指数上升函数。

用 Agilent 33120A 产生按指数上升函数信号的步骤如下。

（1）单击 Shift 按钮后，再单击 Arb 按钮，显示区显示 SINC~。

（2）单击 > 按钮，选择 EXP_RISE~，单击 Enter 按钮确定所选 EXP_RISE 函数类型。

（3）单击 Shift 按钮后，再单击 Arb 按钮，显示区显示 EXP_RISE~，再单击 Arb 按钮，显示区显示 EXP_RISE Arb，Agilent 33120A 函数发生器选择按指数上升函数。

（4）单击 Freq 按钮，通过输入旋钮将输出波形的频率设置为 8.5 kHz；单击 Ampl 按钮，通过输入旋钮将输出波形的幅度设置为 3.337 V_{pp}；单击 Offset 按钮，通过输入旋钮设置输出波形的偏置为 1 V。

（5）设置完毕，启动仿真开关，通过示波器观察波形如图 4-55 所示。

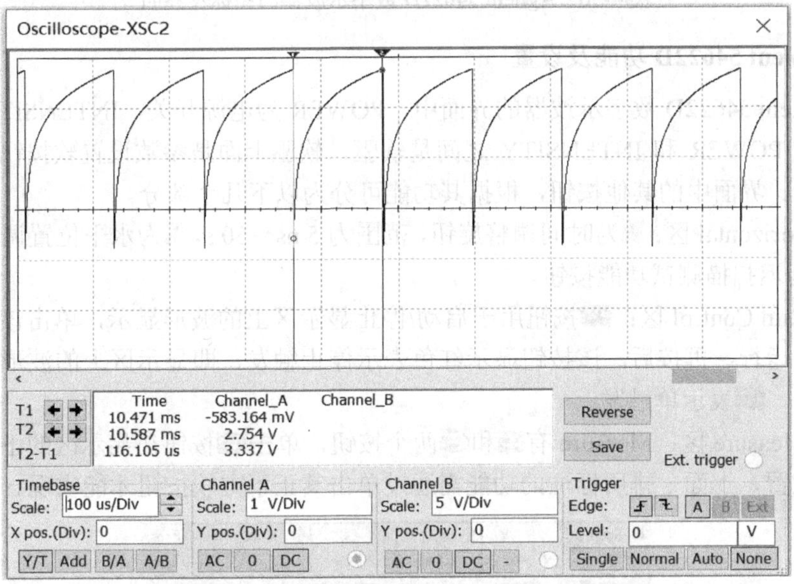

图 4-55　Agilent 33120A 函数发生器输出按指数上升函数的波形

示波器游标分别置于按指数上升函数信号一个周期的最小值（−583.164 mV）和最大值（2.754 V）处，两个游标电压读数差为 3.337 V，与按指数上升函数信号的 V_{pp} 设置有些差异。减小扫描时基后再测量可提高准确度。

4.4.3　Agilent 54622D 型数字示波器

NI Multisim 14 仿真软件提供的 Agilent 54622D 是带宽为 100 MHz、具有 2 个模拟通道和 16 个逻辑通道的高性能示波器，不但可以显示信号波形，还可以进行多种数学运算。Agilent 54622D 的图标及界面如图 4-56 所示，图标下方有 2 个模拟通道（通道 1 和通道 2）、

16 个数字逻辑通道（D_0~D_{15}），界面右侧有触发端、数字地和探头补偿输出。

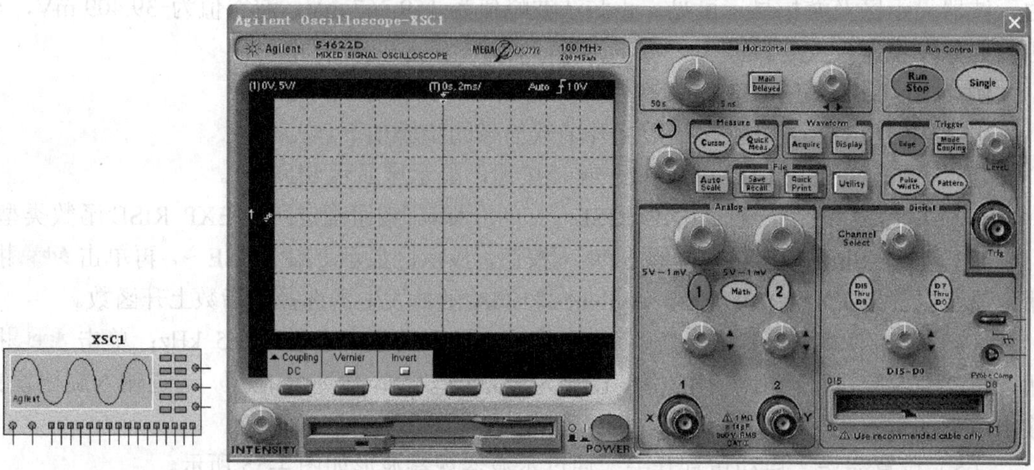

图 4-56　Agilent 54622D 数字示波器的图标及界面

1．Agilent 54622D 功能及设置

在 Agilent 54622D 数字示波器的界面中，POWER 为电源开关，INTENSITY 为辉度调节旋钮，在 POWER 和 INTENSITY 之间是软驱，软驱上面是参数设置软按钮，软按钮上面是显示区。界面中的其他按钮，根据其功能可分为以下几个部分。

（1）Horizontal 区：为时间调整旋钮，范围为 5 ns～50 s，为水平位置调整旋钮，为主扫描/延迟扫描测试功能按钮。

（2）Run Control 区：按钮用于启动/停止显示区上的波形显示，单击该按钮呈现黄色表示连续运行，再按后，该按钮显示红色表示停止触发，即显示区上的波形在触发一次后保持不变。表示单触发。

（3）Measure 区：Measure 有和两个按钮，单击按钮在显示区的下方出现如图 4-57 所示设置，上面一排所标注的功能需通过单击其正下方软按钮才能实现。

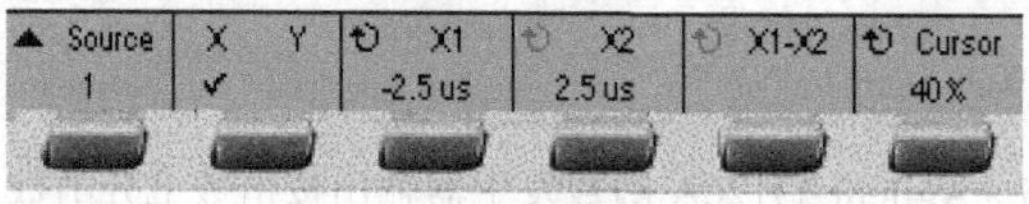

图 4-57　Cursor 按钮设置

- Source：用来选择被测对象，1、2 分别代表模拟通道 1 和通道 2，Math 代表数字通道。
- X Y：设置 X 轴和 Y 轴的位置。X_1 用于设置 X_1 的起始位置。单击正下方按钮，再单击 Measure 区左侧的图标所对应的旋钮，即可改变 X_1 的起始位置，X_2 及 Y_1、Y_2 的设置方法相同。
- X_1-X_2：X_1 与 X_2 的起始位置的时间间隔。
- Cursor：设置光标的起始位置。

单击按钮将出现如图 4-58 所示选项。

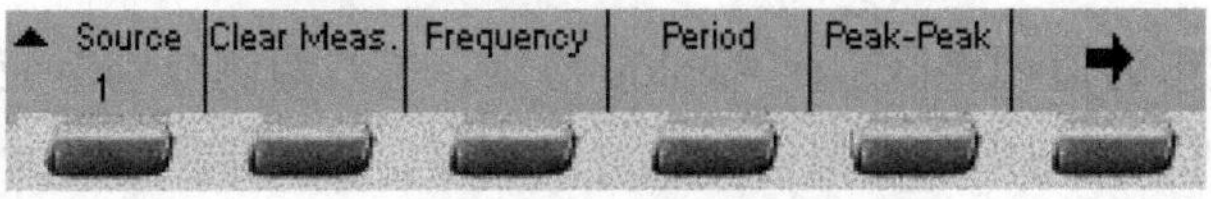

图 4-58　Quick Meas 按钮设置

- Source：选择待测信号源。
- Clear Meas：清除所显示的数值。
- Frequency：测量某一路信号的频率。
- Period：测量某一路信号的周期。
- Peak-Peak：测量峰峰值。
- ：单击该按钮将弹出新的选项设置，分别测量最大值、最小值、上升时间、下降时间、占空比、有效值、正脉冲宽度、负脉冲宽度、平均值。

（4）Waveform 波形调整区：这一区有和两个按钮，用于调整显示波形。单击按钮，弹出如图 4-59 所示设置选项。

图 4-59　Acquire 按钮设置

- Normal：设置正常的显示方式。
- Averaging：对显示信号取平均值。
- Avgs：设置取平均值的次数。

单击弹出如图 4-60 所示设置选项。

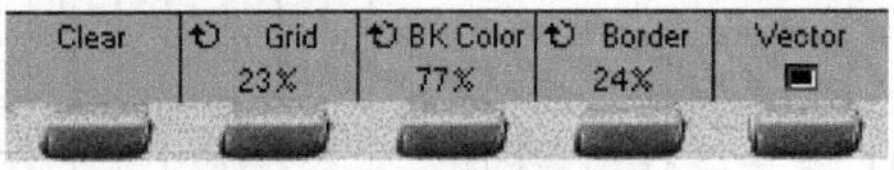

图 4-60　Display 按钮设置

- Clear：清除显示区中的波形。
- Grid：设置栅格显示灰度。
- BK Color：设置背景颜色。
- Border：设置边界大小。
- Vector：设置向量。

（5）Trigger 触发设置区：

- Edge：选择触发方式和触发源。
- Coupling：选择耦合方式。
- Mode：设置触发模式，如 Normal（常规触发）、Auto（自动触发）、Auto-Level（先常规后自动触发）。
- Level：调整触发电平。
- Pattern：将某个通道的信号作为触发条件。
- Pulse Width：设置脉宽作为触发条件。

（6）Analog 模拟通道调整区：在 Analog 区中，左右两侧分别对应 1、2 两个模拟通道的设置，最上面的两个按钮用于模拟信号幅度的衰减，、两个按钮指示 1 或 2 通道，选中后在显示区底部出现

设置选项，Coupling 对应 Ground、DC、AC 三种耦合方式选项，Vemier 对波形进行微调，Invert 对波形取反。单击 Math 按钮可设置对 1、2 通道信号的相应计算，显示在

中，有 FFT、1×2、1-2、微分、积分等，Setting 设置数学衰减和偏置运算。中间的两个旋钮用于调整相应的模拟信号在垂直方向上的位置。

（7）Digital 数字通道调整区：最上面的旋钮用于数字信号通道的选择，中间两个按钮用于选择 D_0～D_7 或 D_8～D_{15} 两组数字信号中的某一组，下面的旋钮用于调整数字信号在垂直方向上的位置。当选中 D_0～D_7 或 D_8～D_{15} 中的某一组时，显示区底部出现

设置选项，D_0 用于将 0 通道的信号接地，第二项设置全屏或半屏显示，Threshold 设置触发电平类型，User 设置触发门限电平的大小。

2．应用举例

例 4-19　利用 Agilent 54622D 数字信号通道观测图 4-61 所示 100 进制加/减计数器的 8 个输出端波形。

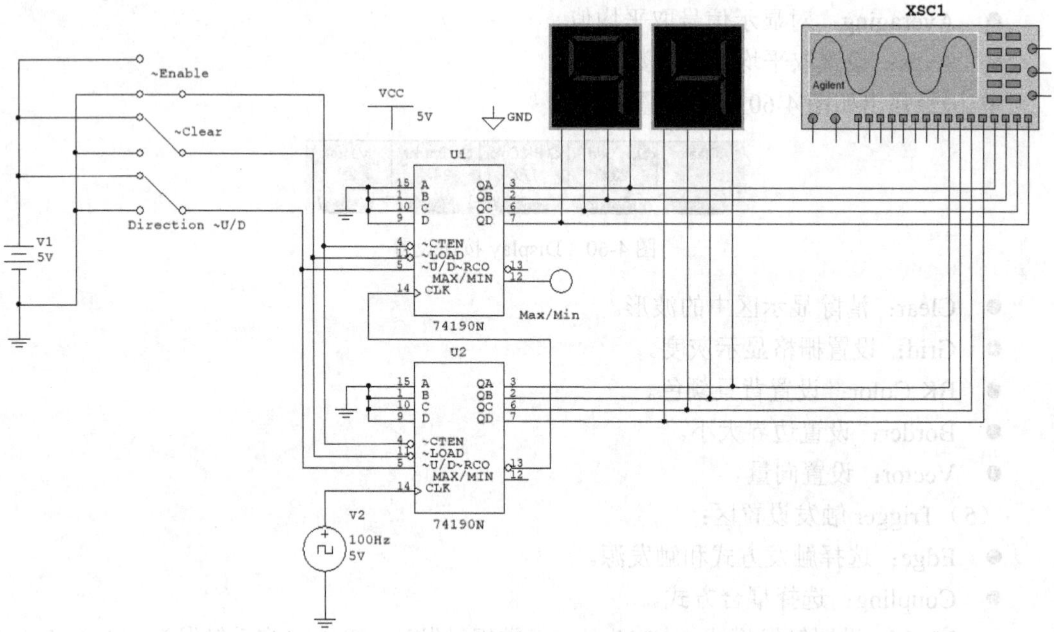

图 4-61　100 进制加/减计数器电路

图 4-61 所示电路为由两片 74190N 级联构成的 100 进制计数器，Direction 端控制电路进行加、减法计数。图 4-62 为 Agilent 54622D 显示结果。

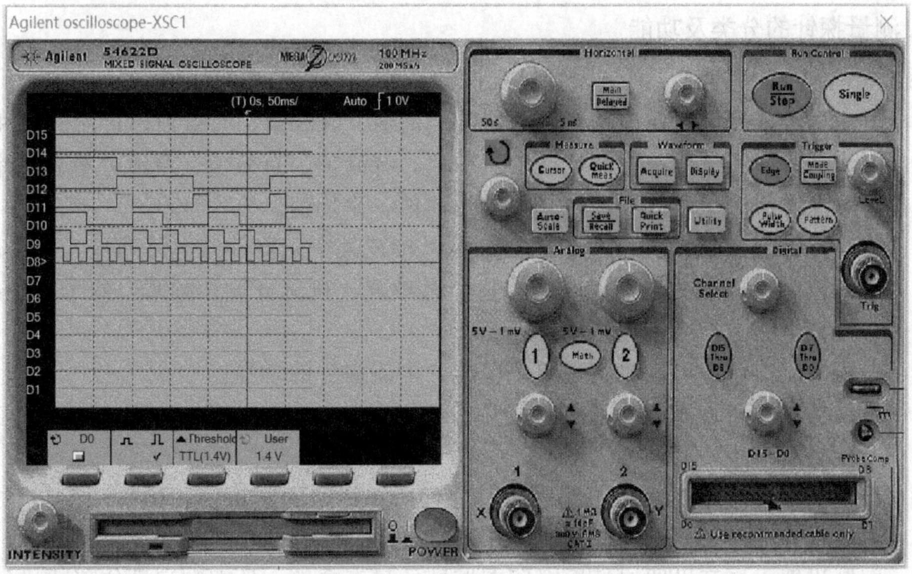

图 4-62　Agilent 54622D 显示结果

示波器显示区由上向下依次呈现 1001 0100，前四位对应 9，后四位对应 4，与数码管显示一致。

4.5　探　　针

探针是 NI Multisim 14 提供的一类极具特色的测量工具，分为测量探针和电流探针两类。

4.5.1　测量探针

测量探针有两种功能：一种是直接放置在工作区电路连接线上（或元器件上），可以方便、快捷地测量电路中对应点处的电压、电流、频率（或功率）等；另一种是在基本分析（如瞬态分析和交流扫描分析）中，将对应点处的电压、电流、功率值作为分析变量。用户可以从放置菜单、放置探针工具栏或者在原理图上单击鼠标右键菜单三种途径来放置探针。探针放置工具栏如图 4-63 所示。

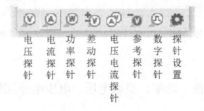

电压探针　电流探针　功率探针　差动探针　电压电流探针　参考探针　数字探针　探针设置

图 4-63　探针工具栏

1. 测量探针的分类及功能

NI Multisim 14 提供了 7 种测量探针及探针设置，它们的功能如下。

- 电压探针：测量所在电路对地电压的当前值、峰峰值、有效值、直流分量和频率。
- 电流探针：测量所在电路电流的当前值、峰峰值、有效值、直流分量和频率。
- 功率探针：测量所测元器件功率的当前值、平均值。
- 差动探针：该探针拥有两个探头，可以接在某个元器件或电路两端，测量所在元器件或电路电压的当前值、峰峰值、有效值、直流分量和频率。两个探头必须同时接在电路上，否则无法工作。
- 电压电流探针：可同时实现单个电压、电流探针的功能。
- 参考探针：可以配合电压探针使用，实现差动探针的功能，但比差动探针在使用上更灵活。
- 数字探针：用于在数字电路中时时观察所在线路的逻辑值和频率。在交互式仿真中，1、0 和 X 符号分别表示高电平、低电平和未知状态。
- 探针设置：打开设置对话框对所有探针的显示参数、外观和记录仪形式进行设置。

双击测量探针图标，可以打开探针属性对话框对探针的外观、参数、触发等进行修改，如图 4-64 所示。单击探针设置图标将打开设置对话框，可以对探针所有测量探针的参数模式、外观和图标呈现方式进行修改，如图 4-65 所示。

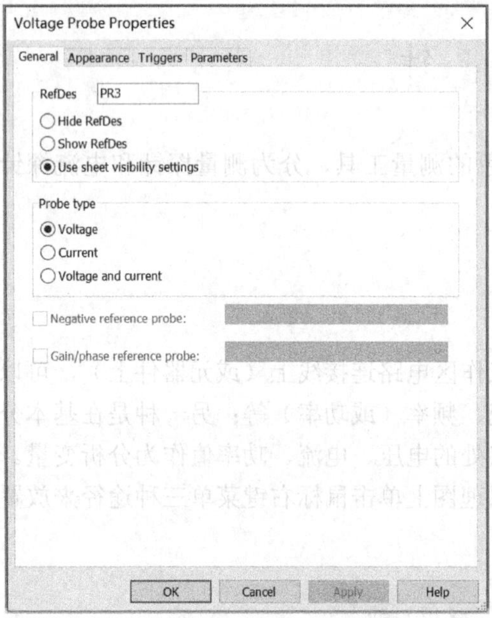

图 4-64　探针属性对话框

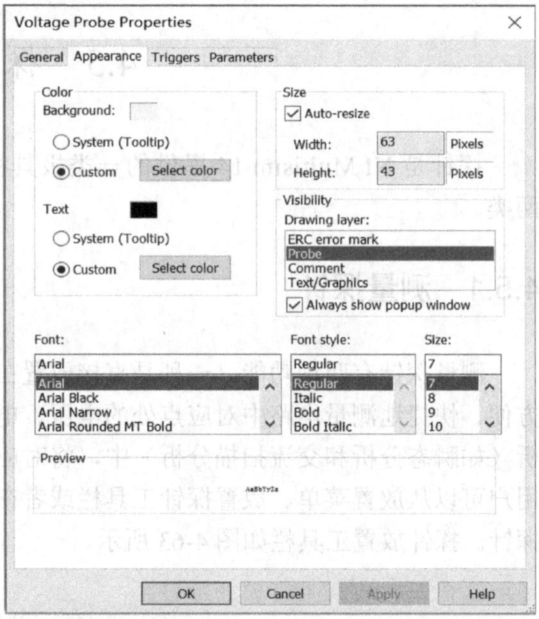

图 4-65　探针设置对话框

2. 应用举例

例 4-20　利用电压、电流、功率、差动电压、电压电流探针分别测量图 4-66 电路中各处电压、电流和功率。

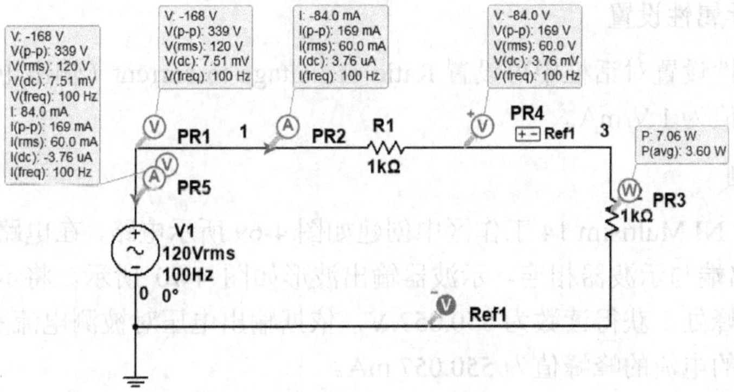

图 4-66　测量探针的使用

例 4-21　利用数字探针观察图 4-67 中 MUX_16TO1A、D 输入端状态变化。

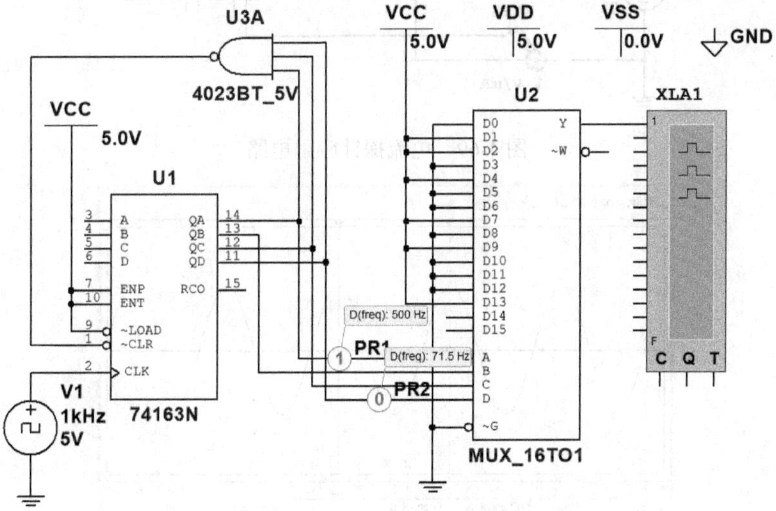

图 4-67　数字探针的使用

4.5.2　电流探针

电流探针模拟的是能够将流过导线的电流转换成设备输出终端电压的工业用钳式电流探针。输出终端与示波器相连，其电流大小由示波器读数及探针的电压-电流转换比计算而得。电流探针图标及属性对话框如图 4-68 所示。

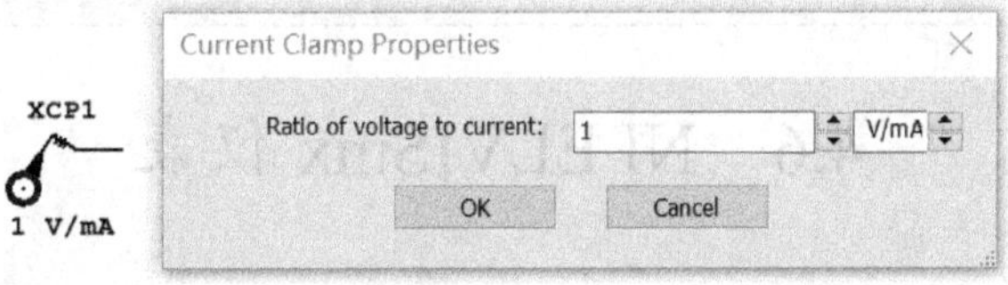

图 4-68　电流探针图标及属性设置对话框

1．电流探针属性设置

电流探针属性设置对话框中可设置 Ratio of voltage to current（输出电压对被测电流变换比），其缺省值为 1 V/mA。

2．应用举例

例 4-22　在 NI Multisim 14 工作区中创建如图 4-69 所示电路，在电路中放置电流探针 XCP1，将其输出端与示波器相连。示波器输出波形如图 4-70 所示。将示波器波形显示区的图标移动到波峰处，获得读数为 550.057 V，依据输出电压对被测电流变换比 1 V/mA，可知流过该支路的电流的峰峰值为 550.057 mA。

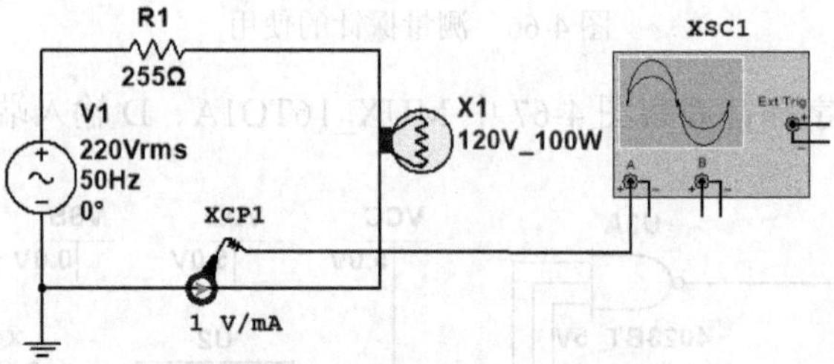

图 4-69　电流探针应用电路

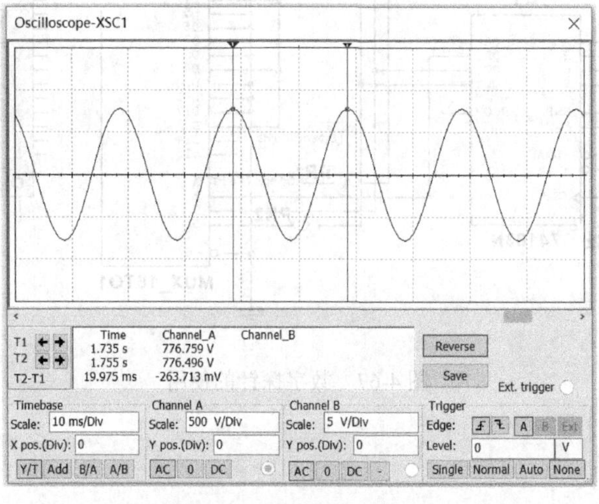

图 4-70　示波器显示结果

注意

利用电流探针解决了示波器无法对电流进行直接观测的问题。

4.6　NI ELVISmx 仪表

2003 年，美国 NI 公司针对高校实验室开发了教学实验室虚拟仪表套件（Education Laboratory

Virtual Instrumentation Suit，NI ELVIS），它主要由硬件和软件组成。NI ELVIS 硬件为用户提供一个搭建实际电路的平台，其软件为实际电路的测试提供了虚拟仪表。本节将主要介绍 NI Multisim 14 平台提供的 9 种 NI ELVISmx 虚拟仪表，如图 4-71 所示。

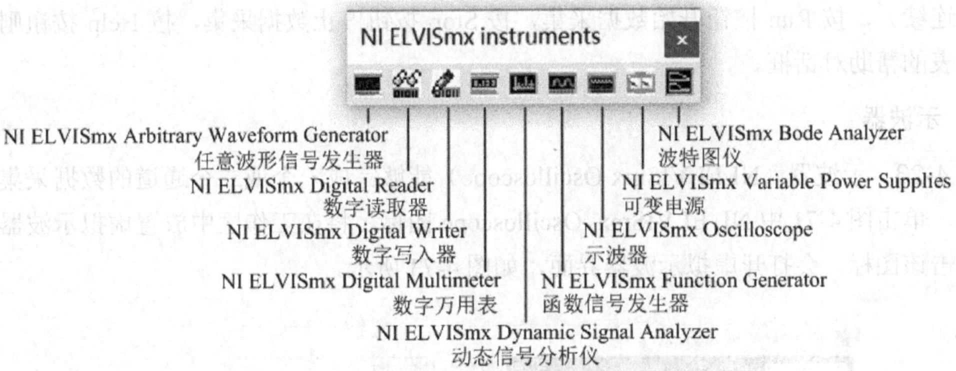

图 4-71　9 种 NI ELVISmx 虚拟仪表

4.6.1　NI ELVISmx 模拟输入仪表

1．数字万用表

数字万用表（NI ELVISmx Digital Multimeter）能够完成交/直流电压、交/直流电流、电阻、电容量、电感量、二极管以及音频信号的连续测试。单击图 4-71 中 NI ELVISmx Digital Multimeter 图标，将在工作区中放置数字万用表图标；双击该图标，会打开数字万用表界面，如图 4-72 所示。

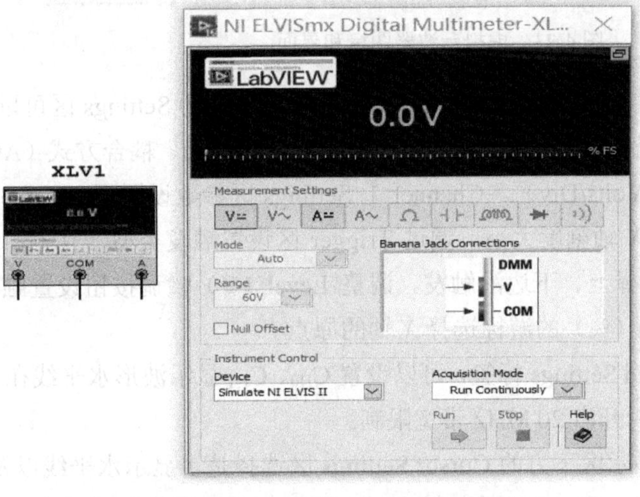

图 4-72　数字万用表图标和界面

在图 4-72 中，通过 Measurement Settings 区中的一排按钮可以选择相应的测量功能，在 Mode 下拉菜单中选择测量范围是 Auto（自动）还是 Special Range（特定挡位），若是特定挡位就可以在 Range 下拉菜单中选择相应的挡位。Null Offset 复选框用于设置是否有零点漂移。在 Instrument Control 区中，通过 Device 下拉菜单选择 NI ELVIS 类型，包括 NI ELVIS II、NI ELVIS II^+、NI myDAQ，通过 Acquisition Mode 下拉菜单选择测量的模式（单次还是连续），按 Run 按钮开始数据采集，按 Stop 按钮停止数据采集，按 Help 按钮则弹出该仪表的帮助对话框。

2．示波器

例 4-23 示波器（NI ELVISmx Oscilloscope）能够完成一个或二个通道的数据采集显示功能。单击图 4-71 中 NI ELVISmx Oscilloscope 图标，将在工作区中放置虚拟示波器图标；双击该图标，会打开虚拟示波器界面，如图 4-73 所示。

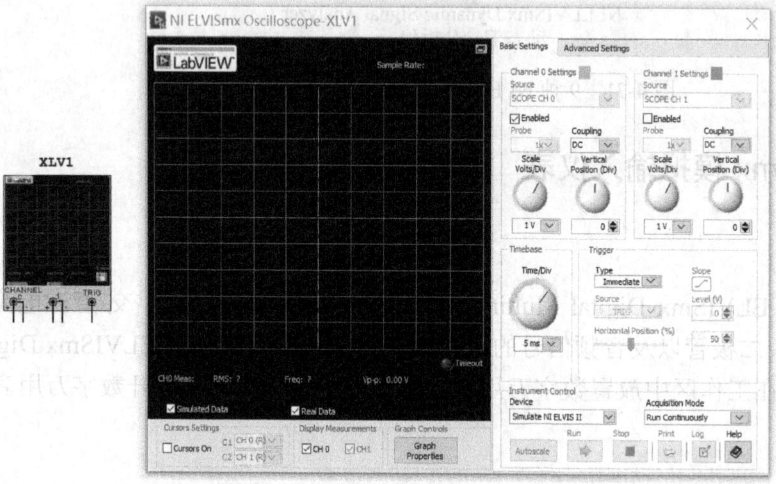

图 4-73 虚拟示波器图标和界面

在图 4-73 中，通过 Basic Settings 标签中的 Channel 0 Settings 区可以选择被测信号（是示波器探头 0 还是模拟输入 AI_0–AI_7）、探头的×1/×10 挡、耦合方式（AC、DC 或 GND）、*Y* 轴衰减（Scale Volts/Div）。Channel 1 Settings 区参数设置同 Channel 0 Settings。通过 Timebase 区设置 *X* 轴刻度大小。通过 Trigger 区设置触发类型（立刻、数字或边沿），按 Slope 按钮可以选择上、下边沿触发。调整 Level（V）微调按钮设置触发电平的大小，在 Horizontal Position（%）的游标选择 *X* 轴的原点。

通过 Advanced Settings 标签，可以设置 C_{H0}、C_{H1} 显示波形水平线在 *Y* 轴位置（Vertical Position）以及是否开启 20 MHz 带宽限制。

通过示波器显示区下方的 Cursor Settings 区选择是否显示水平线以及是 C_{H0} 还是 C_{H1}。通过 Display Measurement 区选择是否显示 CH_0、CH_1 通道的测量结果，包括电压（有效值）RMS、频率 Freq 和峰峰值电压 V_{pp}。Graph Control 区完成对示波器显示区的相关设置，如背景颜色，波形现颜色、宽度等。

注意

NI ELVISmx 各种仪表的 Instrument Control 线框功能基本相同，在此不再赘述。

3. 波特图仪

波特图仪（NI ELVISmx Bode Analyzer，Bode）能够显示有源或无源电路的幅频特性和相频特性。单击图 4-71 中 NI ELVISmx Bode Analyzer 图标，将在工作区中放置虚拟波特图仪图标；双击该图标，会打开虚拟波特图仪界面，如图 4-74 所示。

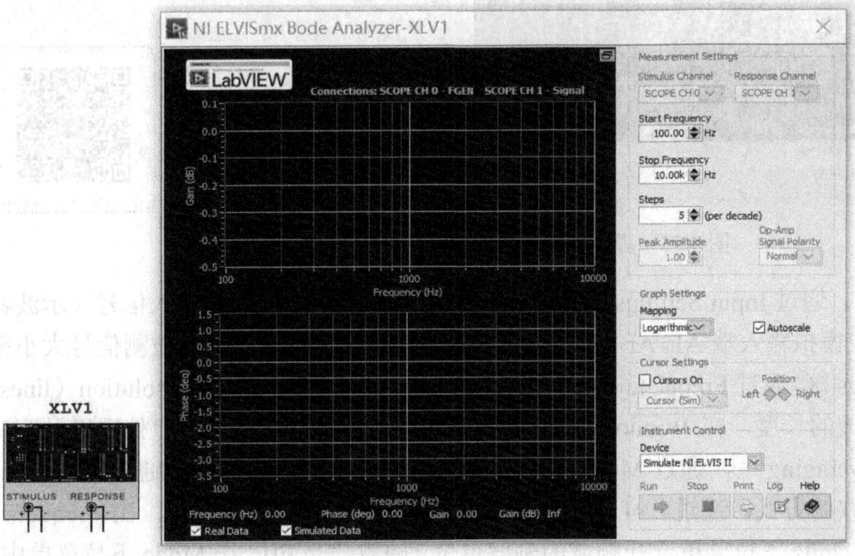

图 4-74　虚拟波特图仪图标和界面

在图 4-74 中 Measurement Settings 区，通过 Stimulus Channel 和 Response Channel 下拉菜单选择被测电路的激励端口和输出端口，通过 Start Frequency、Stop Frequency 和 Steps 选择起始频率、终止频率和频率步长，通过 Peak Amplitude 设置波特图仪输出信号的峰值，通过 Op-Amp Signal Polarity 下拉菜单选择测量的输入信号是否反相。在 Graph Settings 区，通过 Mapping 下拉菜单选择 *Y* 轴刻度取值是线性还是取 dB，通过 Autoscale 选择增益图和相位图的刻度是否自动选取。通过 Cursor Settings 区选择是否显示水平线以及显示在左侧还是右侧。

4. 动态信号分析仪

动态信号分析仪（NI ELVISmx Dynamic Signal Analyzer）能够完成一个通道采集信号的均方根、平均功率谱显示、信号加窗处理、检测其频率成分的峰值、估计实际频率和功率等功能。单击图 4-71 中 NI ELVISmx Dynamic Signal Analyzer 图标，将在工作区中放置虚拟动态信号分析仪图标；双击该图标，会打开虚拟动态信号分析仪界面，如图 4-75 所示。

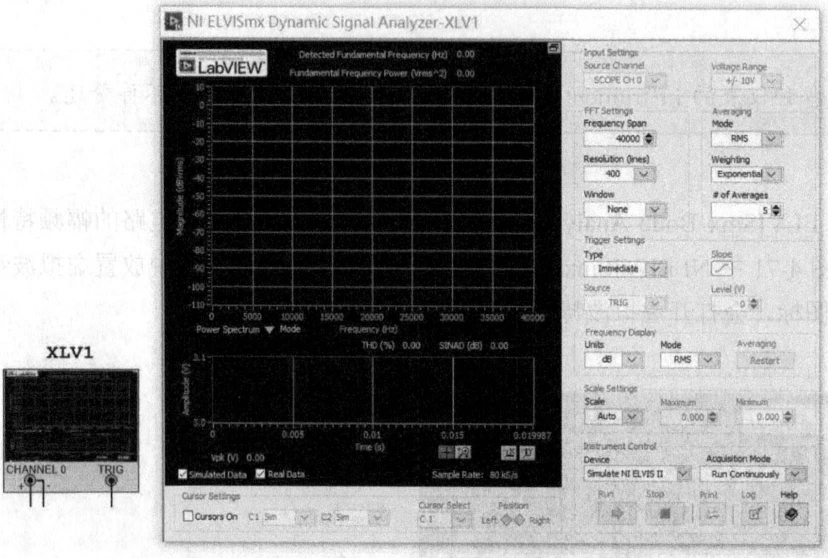

图 4-75　虚拟动态信号分析仪图标和界面

在图 4-75 中，通过 Input Settings 区中 Source Channel 下拉菜单选择输入信号（示波器通道 0、通道 1 或模拟输入端 AI_0-AI_7），通过 Voltage Range 下拉菜单选择被测信号大小范围。在 FFT Settings 区，通过 Frequency Span 微调按钮选择频率跨度，通过 Resolution（lines）下拉菜单选择时域的长度，在 Window 下拉菜单中选择是否对信号进行窗口处理以及窗口函数类型。在 Averaging 区，通过 Mode 下拉菜单选择信号求平均的模式，通过 Weighting 下拉菜单选择加权的方式，通过# of Averages 微调按钮选择求平均的点数。在 Frequency Display 区，通过 Units 下拉菜单选择频域的刻度单位，缺省值是 dB，在 Mode 下拉菜单中，选择频域显示和基频功率指示的刻度大小的单位。单击 Restart 按钮被选取的平均过程将重新开始。在 Scale Settings 区可以选择频域范围是根据输入数据自动确定还是通过 Maximum 和 Minimum 确定。

4.6.2　NI ELVISmx 模拟输出仪表

1．函数信号发生器

函数信号发生器（NI ELVISmx Function Generator）能够产生正弦波、三角波、方波以及 AM、FM 调制信号。单击图 4-71 中 NI ELVISmx Function Generator 图标，将在工作区中放置虚拟函数信号发生器图标；双击该图标，会打开虚拟函数信号发生器界面，如图 4-76 所示。

在图 4-76 中，通过 Waveform Settings 区中三个纵向排列的按钮可以选择输出波形（正弦波、三角波或方波）；通过 Frequency、Amplitude 和 DC Offset 旋钮或条形窗分别设置输出信号的频率、幅度和偏置直流电压；对于方波信号可通过 Duty Cycle 条形窗设置其占空比；通过 Modulation Type 下拉菜单可选择调制的类型（无调制、振幅调制或频率调制）；

通过 Sweep Settings 区设置频率扫描的起始频率、终止频率和步长，通过 Step Interval 设置在频率扫描时不同波形产生的时间间隔；通过 Signal Route 下拉菜单选择函数信号发生器输出信号的端口（NI ELVIS 原型板或同轴电缆接口）。

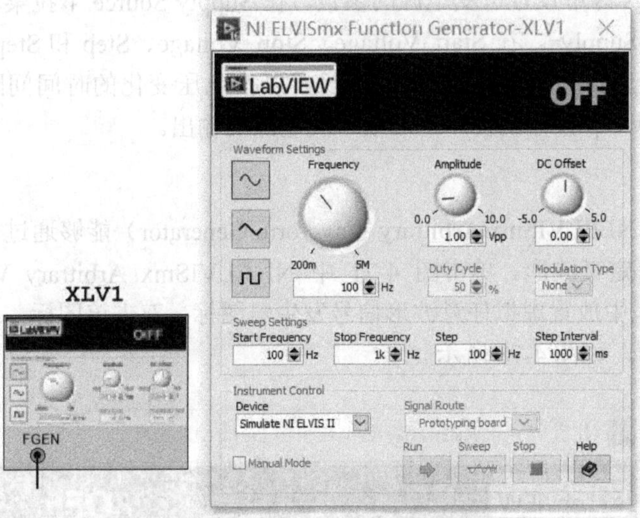

图 4-76　虚拟函数信号发生器图标和界面

2．可变电源

可变电源(NI ELVISmx Variable Power Supplies)能够产生两路独立的正电源和负电源，并在 0～12 V 范围内可调。单击图 4-71 中 NI ELVISmx Variable Power Supplies 图标，将在工作区中放置虚拟可变电源图标；双击该图标，会打开虚拟可变电源界面，如图 4-77 所示。

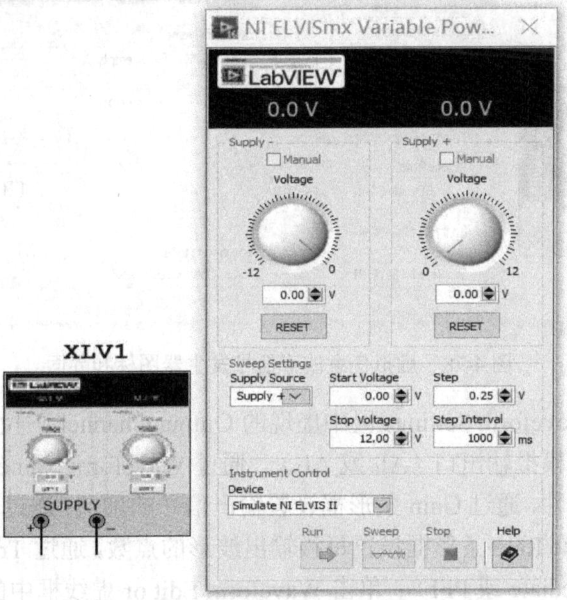

图 4-77　虚拟可变电源图标和界面

在图 4-77 中，通过 Supply-区中 Manual 复选框选择负电源是软件调节还是手动硬件旋钮调节，也可以在 Voltage 旋钮下方的条形框中直接输入负电源的大小，单击 RESET 按钮直接将负电源置为 0；Supply+区中所有旋钮、按钮功能与 Supply-区相同，不同之处是正电源输出；在 Sweep Settings 区可设置可变电源的参数，在 Supply Source 下拉菜单中选择可变电压源是 Supply+还是 Supply-，在 Start Voltage、Stop Voltage、Step 和 Step Interval 条形框中设置可变电源的起始电压、终点电压、步长，以及电压变化的时间间隔。单击 Instrument Control 区中的 Sweep 按钮就会产生连续可变电源的输出。

3．任意信号发生器

任意波形信号发生器（NI ELVISmx Arbitrary Waveform Generator）能够通过模拟输出口 0 或 1 输出产生用户自定义波形。单击图 4-71 中 NI ELVISmx Arbitrary Waveform Generator 图标，将在工作区中放置虚拟任意波形信号发生器图标；双击该图标，会打开虚拟任意波形信号发生器界面，如图 4-78 所示。

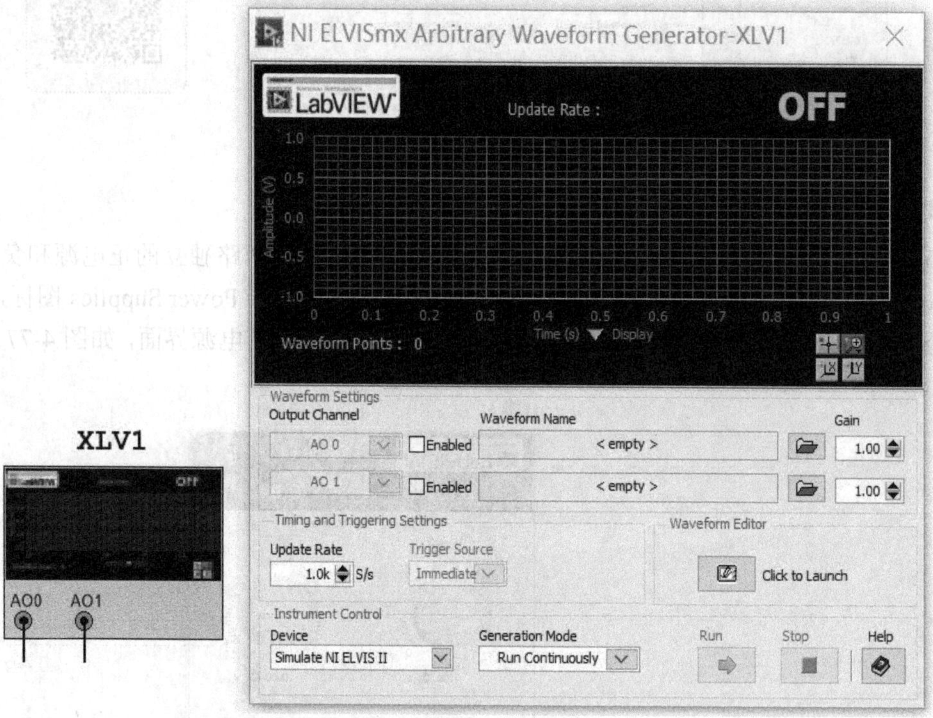

图 4-78　虚拟任意波形信号发生器图标和界面

在图 4-78 中，Waveform Settings 区中虚现的 Output Channel 下拉菜单右侧 Enable 使能选项可以打开或关闭模拟输出口（AI_0 或 AI_1），通过 Waveform Name 条形窗口选择波形编辑器所产生的波形文件，通过 Gain 条形框设置输出信号的增益；通过 Timing and Triggering Settings 区中的 Update Rate 条形框设置每秒输出波形的点数，通过 Trigger Source 下拉菜单设置触发类型（Immediate 或 PFI）；单击 Waveform Edit or 虚线框中的按钮就会启动波形编辑器，如图 4-79 所示。

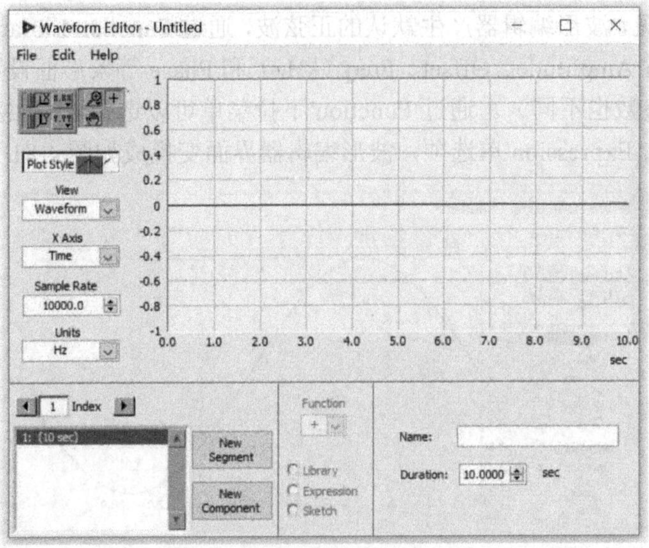

图 4-79　波形编辑器

在 Waveform Editor 中，它能够产生正弦波、方波、三角波、升指数、降指数、均匀分布噪声、高斯噪声等 20 种波形的组合波形。单击波形编辑器左上角的图标的黑三角，可以设置 *X* 轴的格式、精度、映射模式、显示标尺、显示标尺标签和网格颜色；单击 Plot Style 条形框，可以设置显示图形的格式（如曲线格式、颜色、线条样式、线条宽度等），通过 View 下拉菜单可以选择观察视图是波形、某段波形还是某段组合波形中的某个组成波形，通过 X Axis 下拉菜单可以选择 *X* 轴是时间还是频率，通过 Sample Rate 条形框可以设置波形的采样频率，采样频率的单位由 Units 下拉菜单选择。单击 New Component 按钮，波形编辑器界面变换成如图 4-80 所示界面。

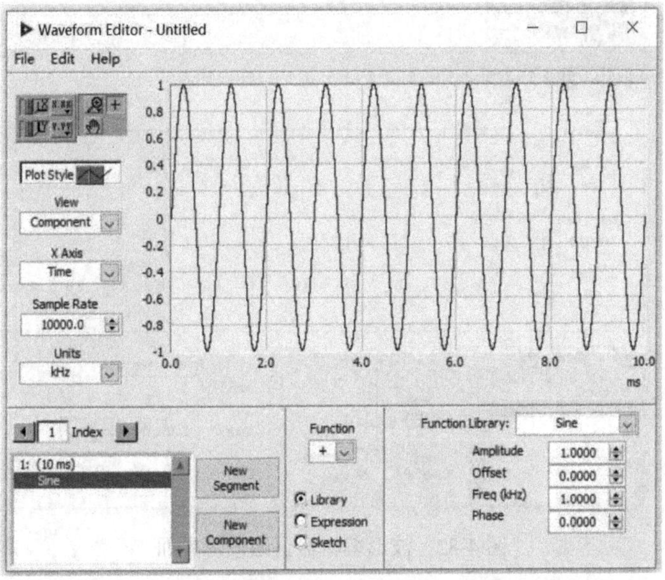

图 4-80　波形编辑器添加新波形组成界面

由图 4-80 可见，波形编辑器产生默认的正弦波，通过 Function Library 下拉菜单可以选择其他波形，通过 Amplitude、Offset、Freq（kHz）和 Phase 等条形框设置波形的参数（波形不同可设置的参数也不同）。通过 Function 下拉菜单可以选择再添加新波形时与现波形的运算关系；单击 Expression 单选项，波形编辑器界面变换成如图 4-81 所示界面。

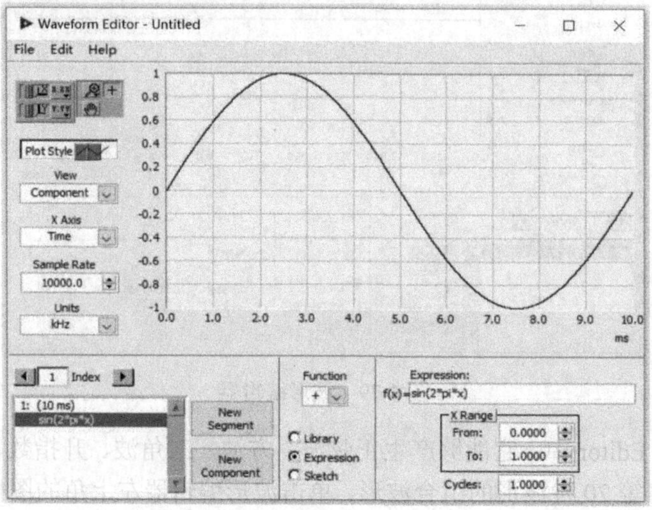

图 4-81　波形编辑器输入波形表达式界面

在图 4-81 所示界面中的 Expression 条形框可输入波形的表达式。若单击 Sketch 单选项则波形编辑器如图 4-82 所示界面。

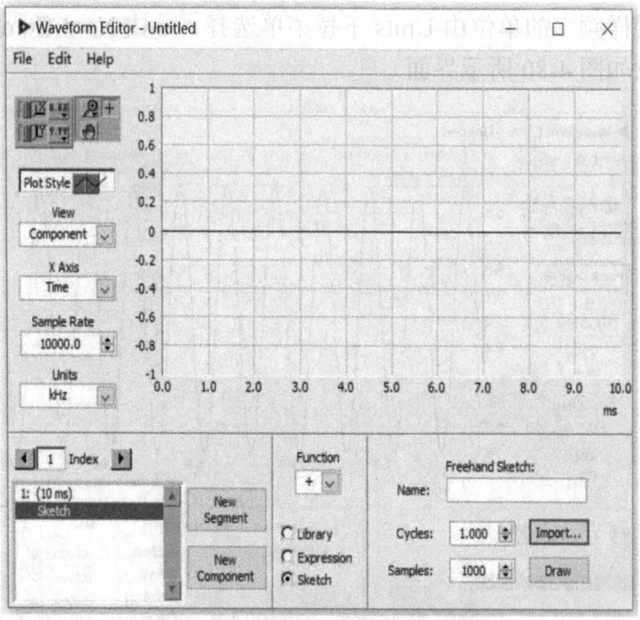

图 4-82　波形编辑器自绘波形界面

在图 4-82 中，单击 Draw 按钮，使用，用户就可以在显示区自己绘制所需要的波形。

4.6.3 NI ELVISmx 数字仪表

1．数字读取器

数字读取器（NI ELVISmx Digital Reader）能够读入数据线的高低电平并通过显示区的灯泡显示出来。单击图 4-71 中 NI ELVISmx Digital Reader 图标，将在工作区中放置虚拟数字读取器图标；双击该图标，会打开虚拟任意数字读取器界面，如图 4-83 所示。

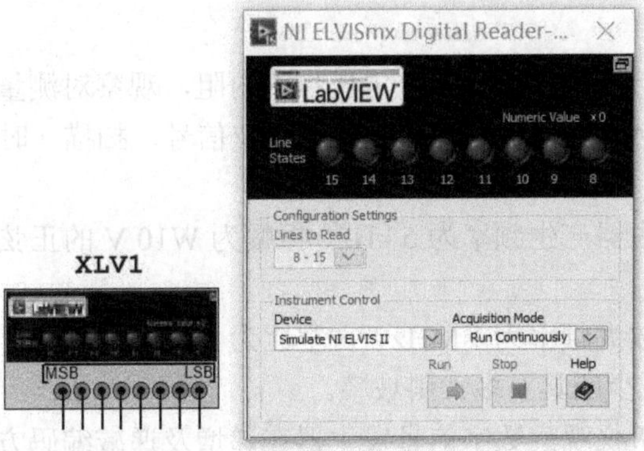

图 4-83　虚拟数字读取器图标和界面

在图 4-83 中，显示区显示的 Line States 表示从数字线读入数据的状态，Numeric Value 表示从数字输入/输出线读入数据的大小；通过 Line to Read 下拉菜单指定将被读入的数据线。

2．数字写入器

数字写入器（NI ELVISmx Digital Writer）能够完成用户自定义的二进制数输出到数字线。单击图 4-71 中 NI ELVISmx Digital Writer 图标，将在工作区中放置虚拟数字写入器图标；双击该图标，会打开虚拟任意数字写入器界面，如图 4-84 所示。

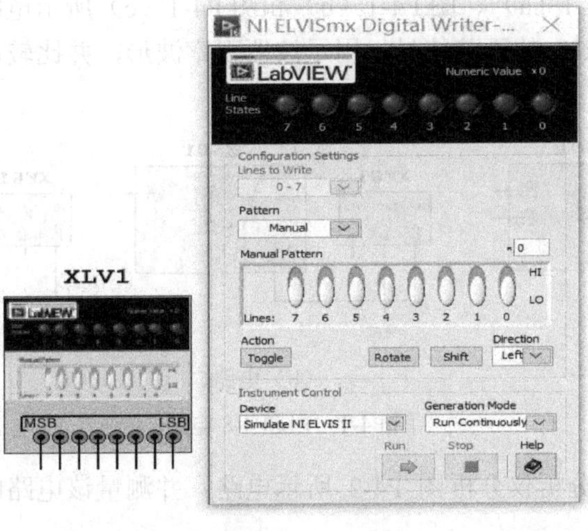

图 4-84　虚拟数字写入器图标和界面

在图 4-84 中，通过 Lines to Write 下拉菜单设置数据将要写到数据线的编号，通过 Pattern 下拉菜单选择预置好的二进制数写到数据线的类型是手动、递增、交替还是持续 1 s，在 Manual Pattern 中设置二进制数的大小，单击 Toggle 按钮将设置好的二进制数反相输出到相应的数据线。单击 Rotate 按钮将会对设置好的二进制数进行循环移位，移位的方向由 Direction 下拉菜单控制。

习　题

4-1　试改变数字万用表中电流挡、电压挡的内阻，观察对测量精度是否有影响。

4-2　试用示波器 A、B 通道同时测量某一正弦信号，扫描（时基）方式分别为 Y/T、A/B，观察显示波形的差异，思考其原因。

4-3　利用函数发生器产生频率为 5 kHz、振幅为 W10 V 的正弦信号，用示波器观察输出波形。

4-4　若不失真地放大频率为 1 MHz、占空比为 50%、幅度为 1 V 的方波，试用电压变化率模块求出放大器至少应具有多大斜坡率。

4-5　试用逻辑分析仪观察数字信号发生器在递增及递减编码方式时的输出波形。

4-6　将下列逻辑函数表达式转化成真值表。

（1）$Y=\overline{ABCD}+\overline{ABC}\,\overline{D}+A\overline{BC}D+\overline{ACD}$

（2）$Y=A\overline{BC}D+A\overline{C}D+A\overline{B}D+A\overline{C}D$

（3）$Y=\overline{A}+\overline{B}CD+A\overline{BC}D+A\overline{D}$

4-7　试利用函数发生器产生幅度为 20 V、频率为 1 kHz 的三角波，作为电压限幅器的输入信号 V_i，使电压限幅器的输出 V_O 满足下列关系：当−10 V＜V_i＜10 V 时，$V_O=V_i$；当 V_i≥10 V 时，V_O=10 V；当 V_i≤−10V 时，V_O=−10 V。试设计电压限幅器电路，并用示波器观察输出波形。

4-8　创建如图 P4-1（a）、图 P4-1（b）和图 P4-1（c）所示电路，函数发生器产生幅度为 20 V、频率为 1 kHz 的正弦信号，用示波器观察波形，并比较函数发生器 3 种接法输出波形的特点。

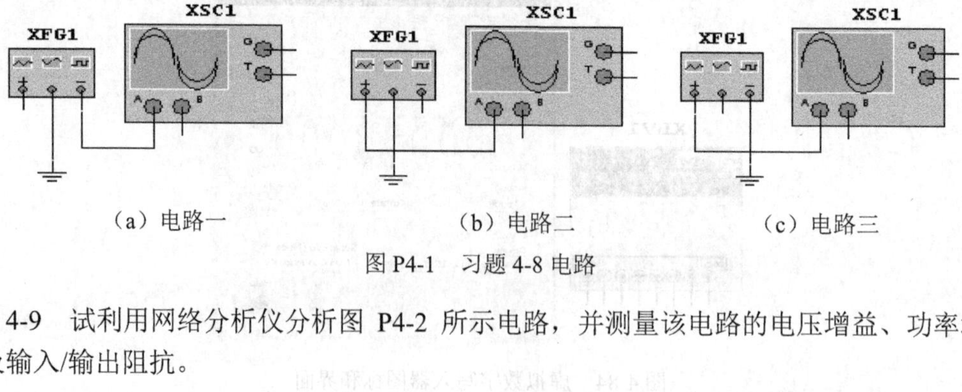

（a）电路一　　（b）电路二　　（c）电路三

图 P4-1　习题 4-8 电路

4-9　试利用网络分析仪分析图 P4-2 所示电路，并测量该电路的电压增益、功率增益以及输入/输出阻抗。

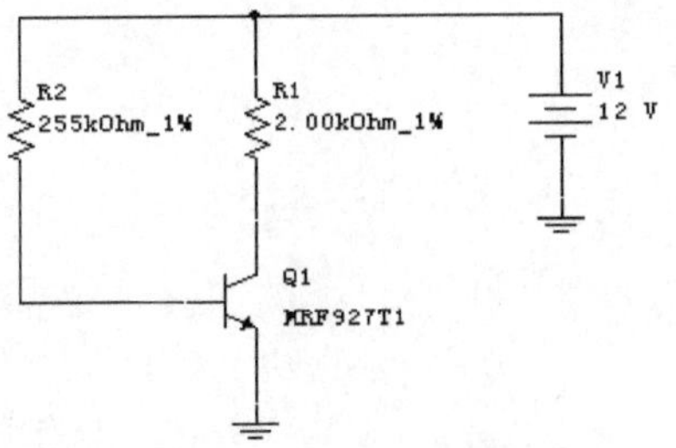

图 P4-2　习题 4-9 电路

4-10　试用频谱分析仪分析如图 P4-3 所示乘法器输出信号的频谱。

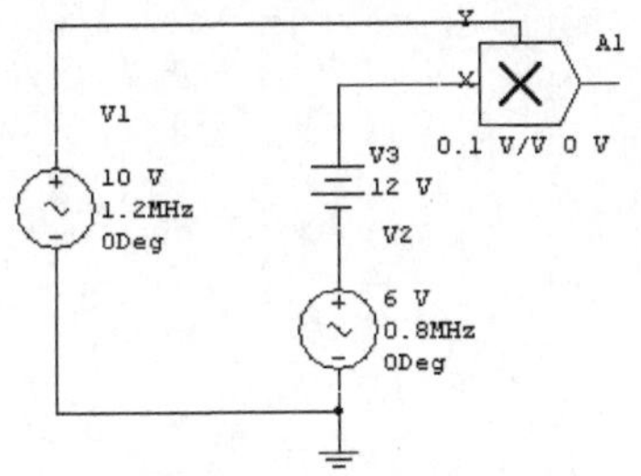

图 P4-3　习题 4-10 电路

4-11　如何用 Agilent 54622D 的数字通道查看信号？

4-12　若函数发生器提供一个幅度为 5 V、频率为 1000 Hz 的方波作为示波器完成微分运算的信号源，简述用 Agilent 54622D 示波器完成该函数微分运算的操作过程。

4-13　用 Agilent 3120A 输出 AM 调制波，要求载波为幅度 600 mV、频率 50 kHz 的方波，调制信号为频率 500 Hz 的正弦波，调幅度为 60%。

4-14　部分 NI ELVISmx 仪表与原 Multisim 仪表功能相同，本质上有何不同？

4-15　熟悉 NI ELVISmx 仪表界面各种参数的含义。

4-16　在 NI ELVISmx 仪表界面中，Run 和 Sweep 按钮有何不同？

4-17　试利用 NI ELVISmx 仪表中的任意信号发生器产生图 P4-4 所示波形。

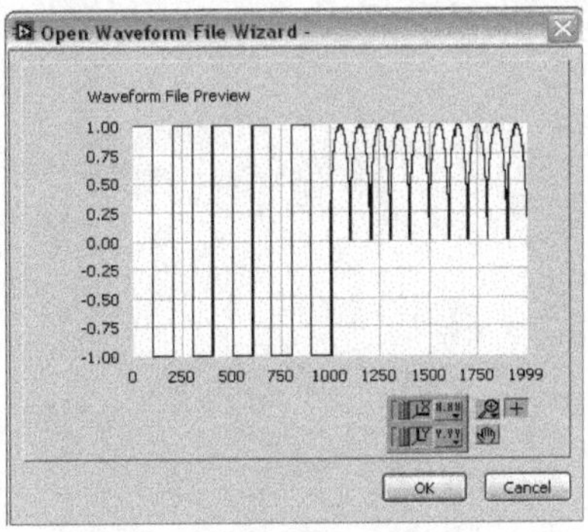

图 P4-4　习题 4-17 波形

中篇　NI Multisim 14 在电类课程中的应用

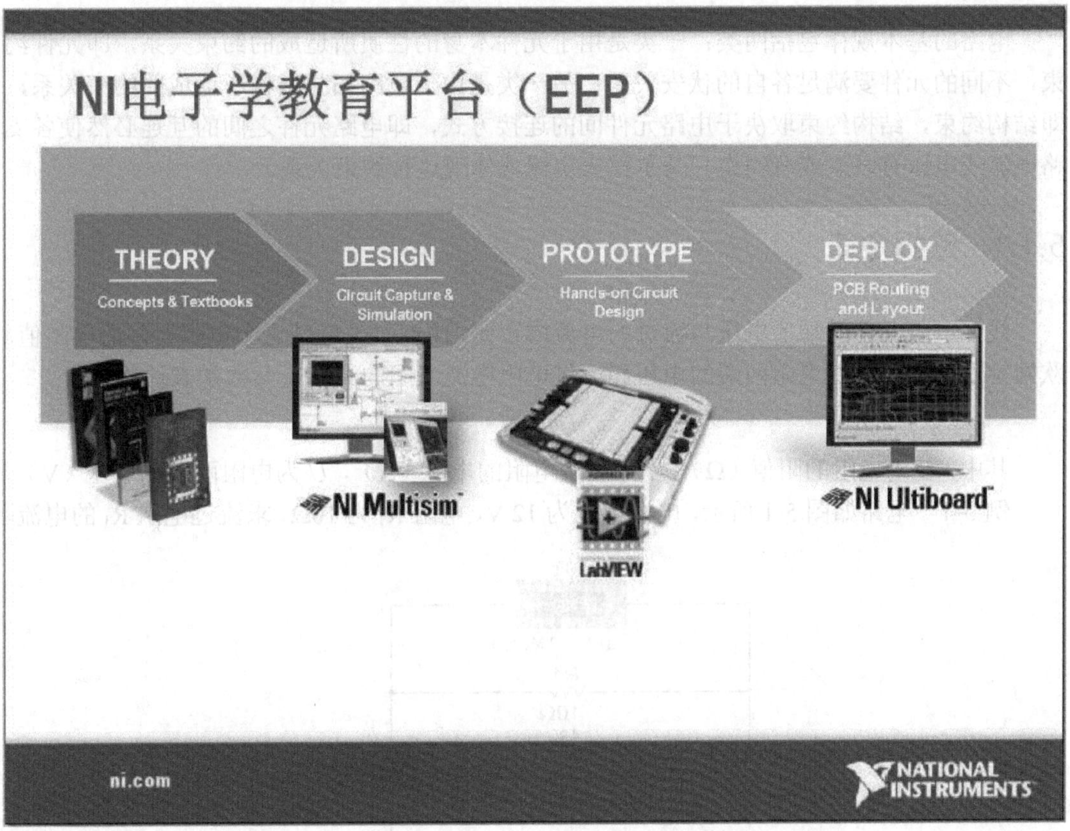

第 5 章　NI Multisim 14 在电路分析中的应用

电路理论主要研究电路中发生的电磁现象，它的内容包括电路分析、电路综合与设计两大类问题。电路分析的任务是根据已知的电路结构和元件参数，求解电路的物理量；电路综合与设计是根据所提出的电路性能要求，设计合适的电路结构和元件参数，实现所需要的电路性能。本章主要介绍 NI Multisim 14 仿真软件在电路分析中的应用。通过本章的学习，读者可较快掌握利用 NI Multisim 14 仿真软件对电路进行分析的方法。

5.1　电路的基本规律

电路的基本规律包括两类：一类是由于元件本身的性质所造成的约束关系，即元件约束，不同的元件要满足各自的伏安关系；另一类是由于电路拓扑结构所造成的约束关系，即结构约束，结构约束取决于电路元件间的连接方式，即电路元件之间的互连必然使各支路电流或电压有联系或有约束。基尔霍夫定律就体现这种约束关系。

5.1.1　欧姆定律

线性电阻元件两端的电压与流过的电流成正比，比例常数就是这个电阻元件的电阻值。欧姆定理确定了线性电阻两端的电压和流过电阻电流之间的关系，其数学表达式为：

$$U = RI$$

其中，R 为电阻的阻值（Ω），I 为流过电阻的电流（A），U 为电阻两端的电压（V）。

例 5-1　电路如图 5-1 所示，电源电压为 12 V、电阻 R_1 为 10Ω，求流过电阻 R_1 的电流。

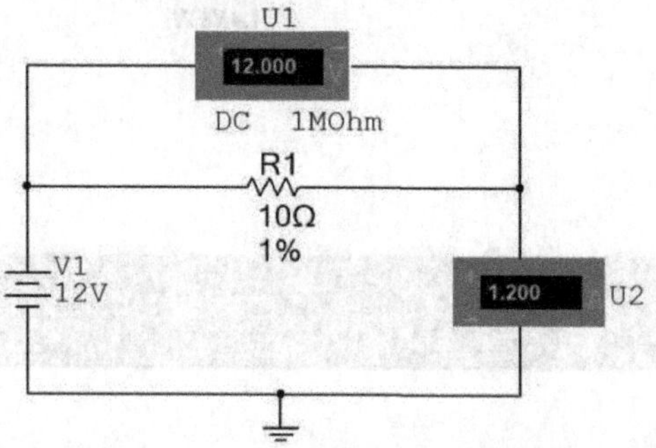

图 5-1　欧姆定理应用电路

在电路仿真工作区中创建图 5-1 所示电路，启动仿真，仿真结果见图 5-1 中电压表、电流表读数。根据欧姆定理 $I = U / R$ 可得，流过电阻 R_1 的电流为 1.2 A。可见，电路仿真结果与理论计算相同。

5.1.2　基尔霍夫电流定律

基尔霍夫电流定律（简称 KCL 定理）是电荷守恒定律的应用，反映了支路电流之间的约束关系。

KCL 定理：在任意时刻，对于集总参数电路的任意节点，流出或流入某节点电流的代数和恒为零。

KCL 定理是电路的结构约束关系，只与电路结构有关而与电路元件性质无关。KCL 定理不仅适用于节点，也适用于电路中任意假设的封闭面。

例 5-2　电路如图 5-2 所示，求流过电压源 V_1 的电流。

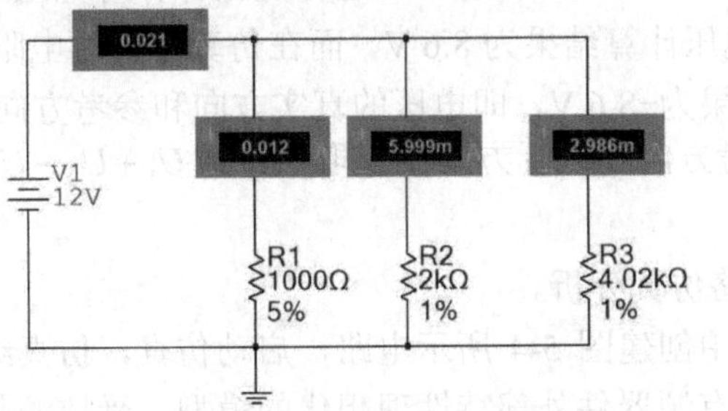

图 5-2　基尔霍夫电流定律应用电路

在电路仿真工作区中创建图 5-2 所示电路，电路中有 2 个节点、4 条支路。启动仿真，仿真结果见图 5-2 中电流表读数。根据欧姆定理可分别求得各支路电流，$I_1 = 12\text{ mA}$、$I_2 = 6\text{ mA}$、$I_3 = 3\text{ mA}$。由 KCL 定理可得：$I = I_1 + I_2 + I_3 = 21\text{ mA}$。可见，该结果与图 5-2 所示电路仿真结果相同。

5.1.3　基尔霍夫电压定律

基尔霍夫电压定律（简称 KVL 定理）是各支路电压必须遵守的约束关系。

KVL 定律：在任意时刻，对于集总参数电路的任意回路，某回路上所有支路电压的代数和恒为零。

例 5-3　电路如图 5-3 所示，试求各电阻上的电压，并验证 KVL 定理。

在电路仿真工作区中创建图 5-3 所示电路，启动仿真，仿真结果见图 5-3 中电压表读数。

理论分析：设电流的参考方向由 1 到 2，电阻上电压和电流取关联参考方向；首先求出 3 个串联电阻的总电阻，$R = R_1 + R_2 + R_3$，由欧姆定理 $I = \dfrac{U}{R}$ 形式可求出电路中的电流 I，再由欧姆定理 $U = RI$ 形式可求出各电阻上的电压 $U_1 = R_1 I = 1.7\text{ V}$、$U_2 = R_2 I = 1.7\text{ V}$、$U_3 = R_3 I = 8.6\text{ V}$；$U_1 + U_2 + U_3 = 12\text{ V}$，验证了 KVL 定律。

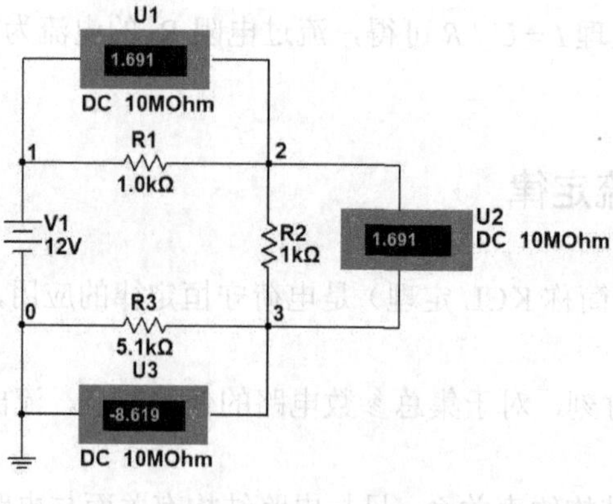

图 5-3　基尔霍夫电压定律应用电路

大家有没有注意到一个问题——电压表 U_3 读数为负，为什么呢？我想借助这个简单的例题把困扰大家的参考方向做一个讲解：在进行理论计算时电阻上电压和电流取关联参考方向，所以 R_3 两端的电压计算结果为 8.6 V，而在仿真分析时电阻 R_3 上电压和电流取非关联参考方向，故仿真结果为-8.6 V，即电压的真实方向和参考方向相反；列 KVL 方程时取电压降为正，U_3 的参考方向和绕行方向相反取负，故 $U_1+U_2-U_3=12\ \text{V}$，仿真结果与理论分析结果相同。

例 5-4　受控源电路仿真分析。

在电路仿真工作区中创建图 5-4 所示电路，启动仿真，仿真结果见图 5-4 中电压表和电流表读数。受控源是有源器件外部特性理想化的模型。受控源是指电压源的电压或电流源的电流不是给定的时间函数，而是受电路中某支路电压或电流控制的。在图 5-4 所示的受控源电路 1 中，受控源为电压控制的电流源。受控电流源的电流为 $I=gU_1$，其中 $g=10\ \text{Mho}$。当 $U_1=10\ \text{V}$ 时受控源的电流为 100 A，可见该结果与电路仿真结果（见图 5-4 中电流表的读数）相同。若将 R_2 替换为阻值为 2.0 kΩ 的电阻，仿真结果如图 5-5 所示。可见，电压表的读数仍为 100 A，说明该受控源的电流只取决控制量的大小。

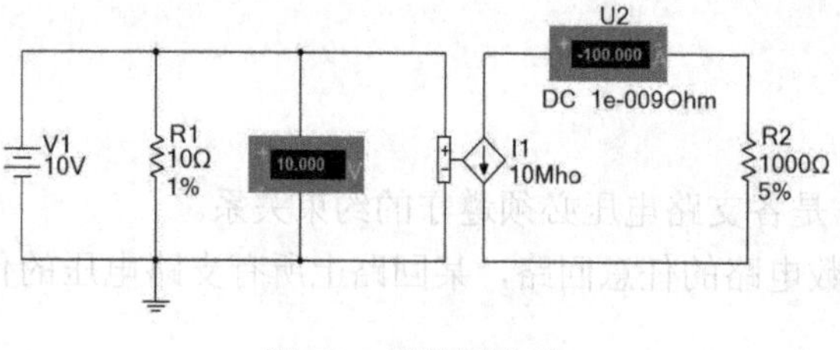

图 5-4　受控源电路 1

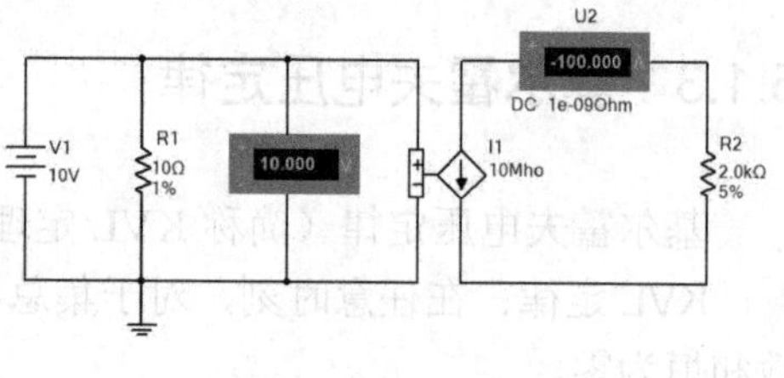

图 5-5　受控源电路 2

5.2　电阻电路的分析

电路的分析方法和组成电路的元件、激励源和结构有关，但其基本方法是相同的。本节主要介绍由时不变的线性电阻、线性受控源和独立源组成的电阻电路的仿真分析方法。

5.2.1　直流电路网孔电流分析

一个平面图自然形成的孔称为网孔，网孔实际上就是一组独立回路。网孔电流分析法是以网孔电流为变量列 KVL 方程求解电路的方法。

例 5-5　电路如图 5-6 所示，试用网孔电流分析法求各支路电流。

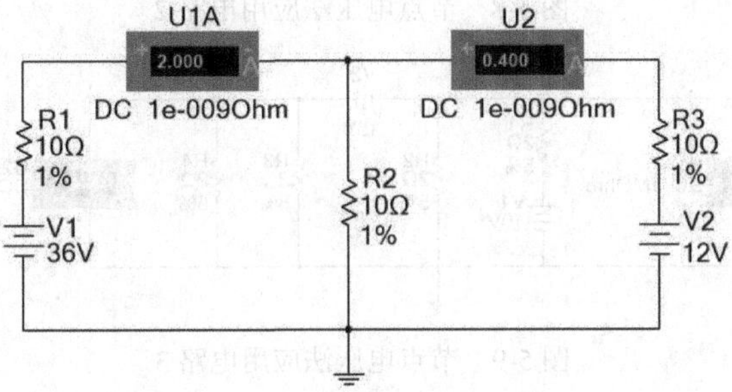

图 5-6　网孔电流分析法应用电路

在电路仿真工作区中创建图 5-6 所示电路，启动仿真，仿真结果见图 5-6 中电流表读数。假定网孔电流在网孔中顺时针方向流动，用网孔电流分析法可求得网孔电流分别为 2.0 A、0.4 A。可见，计算结果与电路仿真结果（见图 5-6 中电流表读数）相同。

5.2.2　直流电路节点电压分析

节点电压（节点电位）是节点到参考点之间的电压。对于具有 *n* 个节点的电路一定有（*n*-1）个节点电压是一组完备的独立电压变量。节点电压法是以节点电压为变量列 KCL 方程求解电路的方法。当电路比较复杂时，节点电压法的计算步骤极为烦琐。但利用仿真分析可以快速方便地求出各节点的电位。

例 5-6　电路如图 5-7、图 5-8、图 5-9 所示，求节点电位。

在电路仿真工作区中创建图 5-7 所示电路，启动仿真，仿真结果见图 5-7 中电压表读数。图 5-7 所示电路为 2 节点电路，设定参考节点后，利用仿真分析的方法可直接求得节点电位。

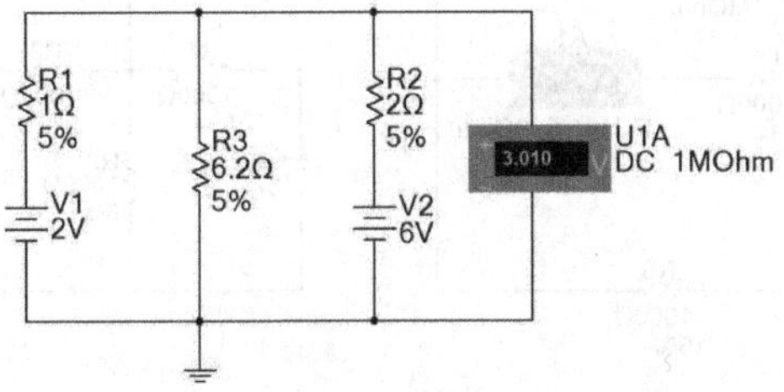

图 5-7　节点电压法应用电路 1

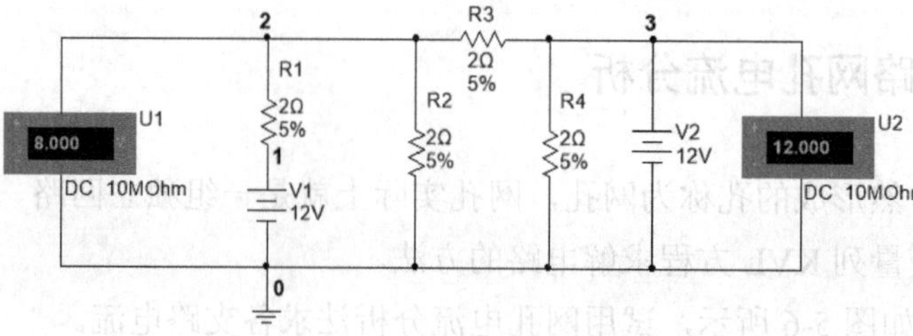

图 5-8　节点电压法应用电路 2

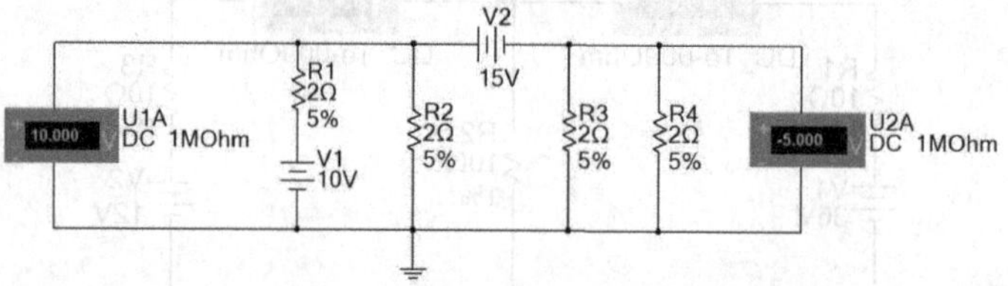

图 5-9　节点电压法应用电路 3

在电路仿真工作区中创建图 5-8 所示电路，启动仿真。图 5-8 所示电路为 3 节点电路，电路中含有理想电压源，若选电压源的-极所在节点 0 为参考节点，则电压源+极所在节点 3 的电位为理想电压源的电压值。利用仿真软件可直接求出节点电位，其结果见图 5-8 中电压表的读数。

在电路仿真工作区中创建图 5-9 所示电路，启动仿真，图 5-9 所示电路为 3 节点含有理想电压源电路，若不选电压源的-极为参考节点，利用节点电压法求解电路时会增加计算难度，利用仿真分析可直接求出节点电位，其结果见图 5-9 中电压表的读数。

5.2.3　齐次定理

齐次定理描述了线性电路中激励与响应之间的比例关系。

定理内容：对于具有唯一解的线性电路，当只有一个激励源（独立电压源或独立电流源）作用时，其响应（电路中任一处的电压或电流）与激励成正比。

例 5-7　电路如图 5-10、图 5-11 所示，求流过电阻 R_5 电流、电阻 R_3 和 R_5 两端的电压，并验证齐次定理。

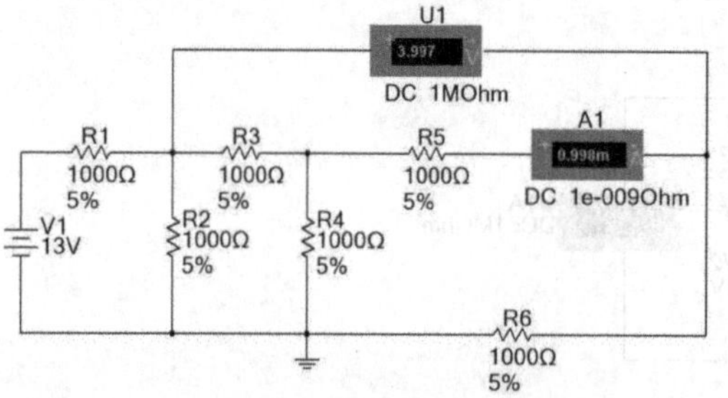

图 5-10　齐次定理应用电路 1

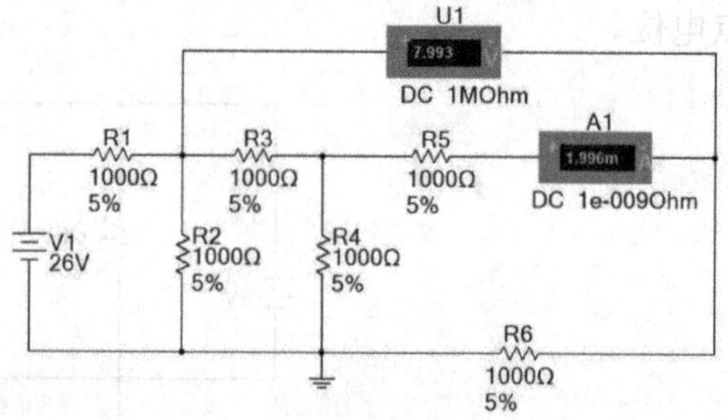

图 5-11　齐次定理应用电路 2

在电路仿真工作区中创建图 5-10 和 5-11 所示电路，启动仿真，由齐次定理可知，电流 I、电压 U 均与激励成正比，即：$I = aU_s$，$U = bU_s$。再根据欧姆定理、KCL 定理和 KVL 定理可计算出：a=1/13 000（s），b=4/13。对于图 5-10 所示电路，当电源电压为 13 V 时，可计算出：I=1 mA、U=4 V。对于图 5-11 所示电路，当电源电压为 26 V 时，可计算出：I=2 mA、U=8 V。可见，计算结果与仿真分析的结果（见图 5-10、图 5-11 中的电压表和电流表读数）相同，并且激励增加 2 倍，其响应也增加 2 倍，验证了电流或电压与激励成正比的结论。

5.2.4 叠加定理

定理内容： 对于有唯一解的线性电路，多个激励源共同作用时引起的响应（电路中各处的电流或电压）等于各个激励源单独作用时（其他激励源置为 0）所引起的响应之和。

例 5-8　电路如图 5-12 所示，求流过电阻 R_1 的电流 I 和电阻 R_3 两端的电压。

在电路仿真工作区中创建图 5-12、图 5-13 和图 5-14 所示电路，启动仿真。

根据叠加定理，首先求出各个激励单独作用于电路的响应。

当独立电压源单独作用时，将独立电流源置为零。根据欧姆定理、KCL 定理和 KVL 定理可计算出：$I^{(1)} = 4.8\text{ A}$，$U^{(1)} = 2.4\text{ V}$。可见，计算结果与图 5-13 仿真结果相同。

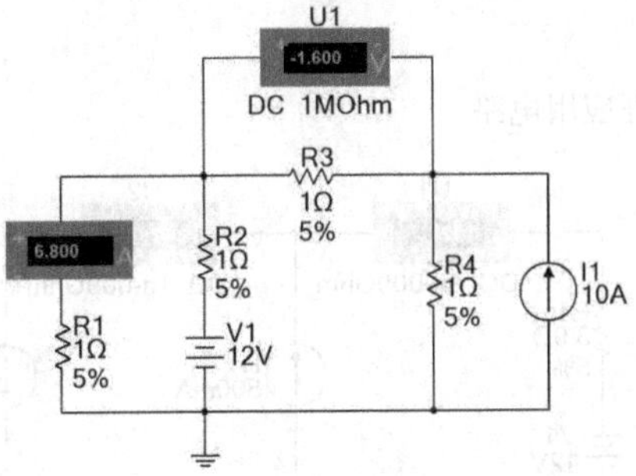

图 5-12　叠加定理应用电路

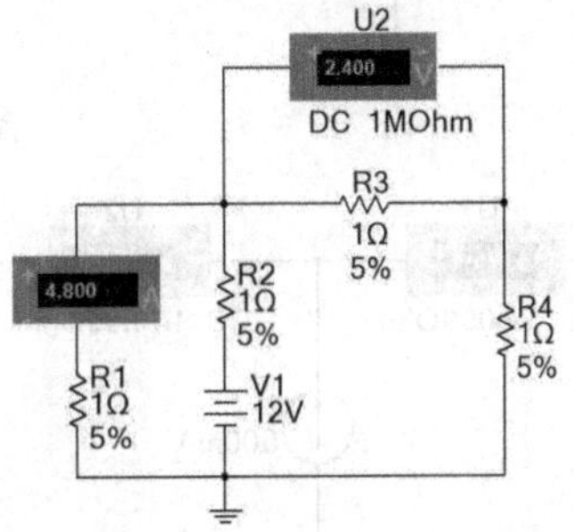

图 5-13　电压源单独作用电路图

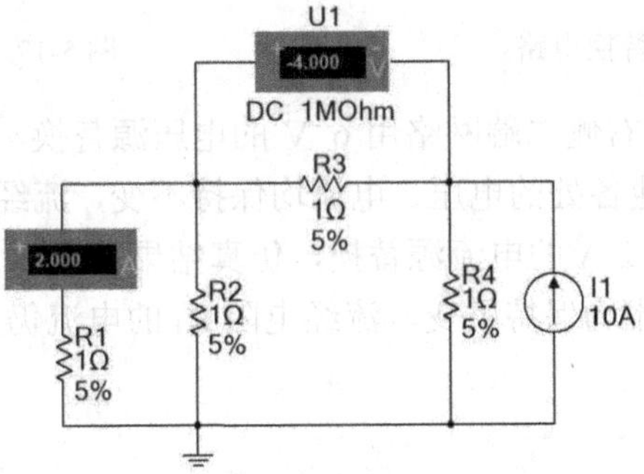

图 5-14　电流源单独作用电路图

当独立电流源单独作用时，将独立电压源置为零。根据欧姆定理、KCL 定理和 KVL 定理可计算出：$I^{(2)} = 2\text{ A}$，$U^{(2)} = -4\text{ V}$。可见，计算结果与图 5-14 仿真结果相同。

最后根据叠加定理可得：$I=I^{(1)}+I^{(2)}=6.8\text{ A}$，$U=U^{(1)}+U^{(2)}=-1.6\text{V}$。可见该结果与图 5-12 电路的仿真结果相同。

5.2.5　替代定理

定理内容：在具有唯一解的任意线性或非线性网络中，若已知某支路电压 u 或电流 i，则在任意时刻，可以用一个电压为 u 的独立电压源或一个电流为 i 的独立电流源代替该支路，而不影响网络其他支路的电压或电流。

例 5-9　电路如图 5-15 所示，已知 R_2 右侧二端网络的电流为 2 A，电压为 6 V。试用替换定理对 R_2 右侧二端网络进行替换，并求流过电阻 R_1 的电流 I。

在电路仿真工作区中创建图 5-15、图 5-16 和图 5-17 所示电路，启动仿真。

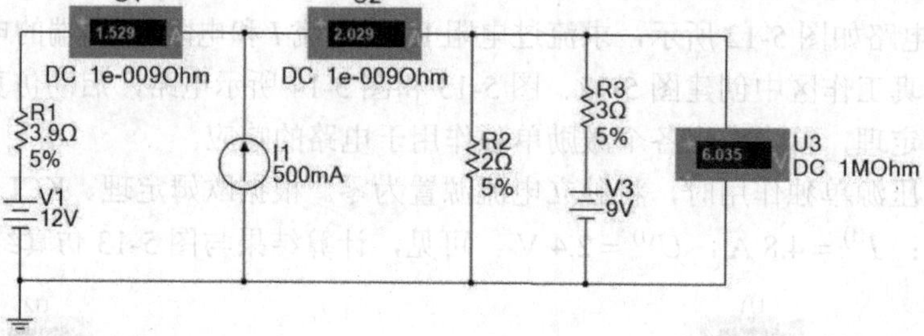

图 5-15　替换定理应用电路

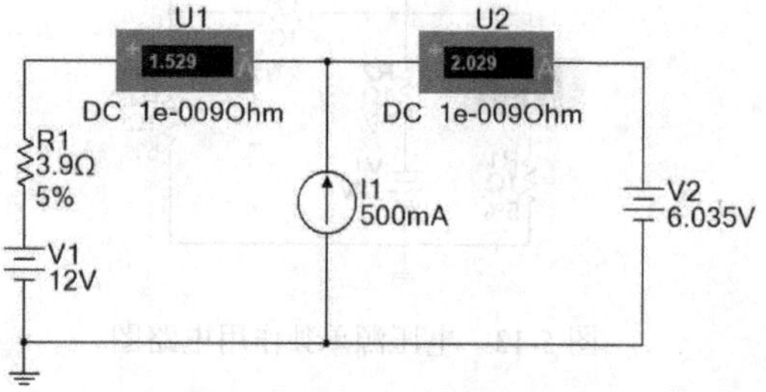

图 5-16　电压源替换电路

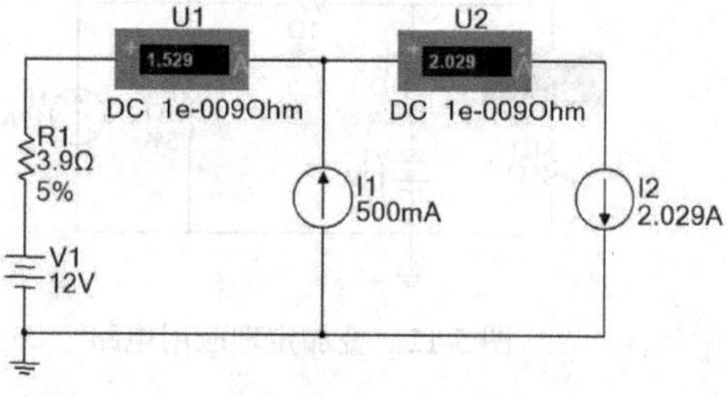

图 5-17　电流源替换电路

根据替换定理，若 R_2 右侧二端网络用 6 V 的电压源替换，仿真结果见图 5-16 中电流表的读数。可见，电路其他各处的电压、电流均保持不变，流经电阻 R_1 的电流为 1.529 A。

若 R_2 右侧二端网络用 2 A 的电流源替换，仿真结果见图 5-17 中电流表的读数。可见，电路其他各处的电压、电流均保持不变，流经电阻 R_1 的电流仍为 1.529 A。

5.2.6　戴维南定理

戴维南定理是求解有源线性一端口网络等效电路的一种方法。

定理内容：任何有源线性一端口网络，对其外部特性而言，都可以用一个电压源串联一个电阻的支路替代，其中电压源的电压等于该有源一端口网络输出端的开路电压 U_{oc}，串

联的电阻 R_0 等于该有源一端口网络内部所有独立源为零时在输出端的等效电阻。

例 5-10 电路如图 5-18 所示，利用戴维南定理求流过电阻 R_3 的电流。

根据戴维南定理，将 R_3 左侧的一端口电路可等效为电压源与电阻的串联。首先求开路电压，根据欧姆定理、KCL 定理和 KVL 定理可计算出：$U_{oc} = 20\ \text{V}$。

在电路仿真工作区中创建图 5-19 所示电路，启动仿真，其仿真结果（见图 5-19 中电压表的读数）与理论计算结果相同。

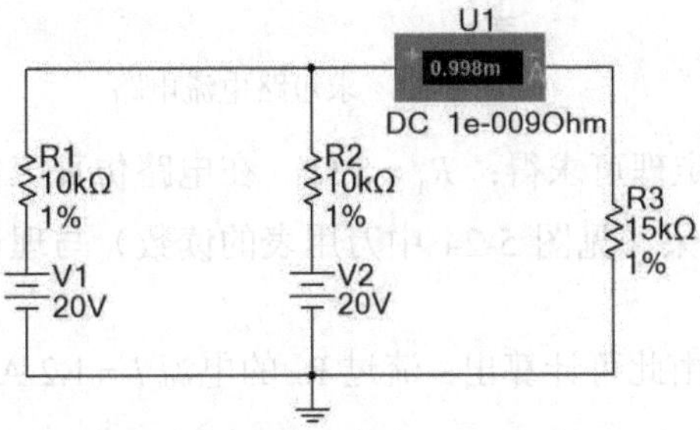

图 5-18 戴维南定理应用电路

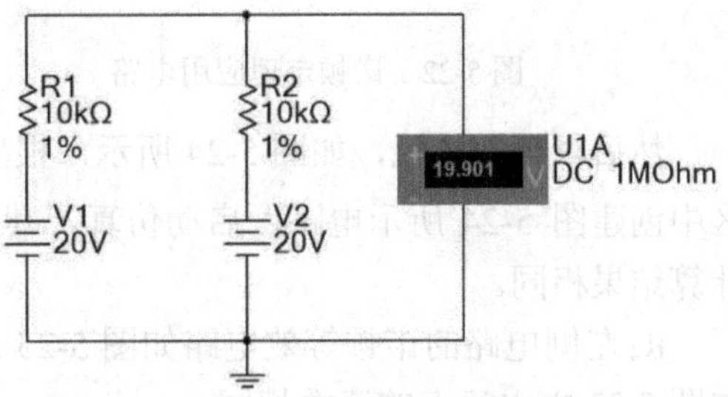

图 5-19 求开路电压电路

然后求等效电阻，根据欧姆定理可计算出：$R_0 = 5\ \text{k}\Omega$。在电路仿真工作区中创建图 5-20 所示电路，启动仿真，其仿真结果（见图 5-20 中万用表的读数）与理论计算结果与相同。

由此可画出如图 5-21 所示的戴维南等效电路，并可计算出：$I = 1\ \text{mA}$，与图 5-18 电路仿真结果相同。

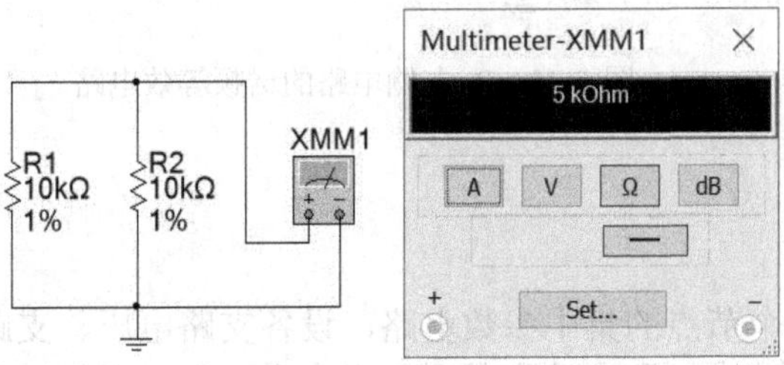

图 5-20 求等效电阻电路

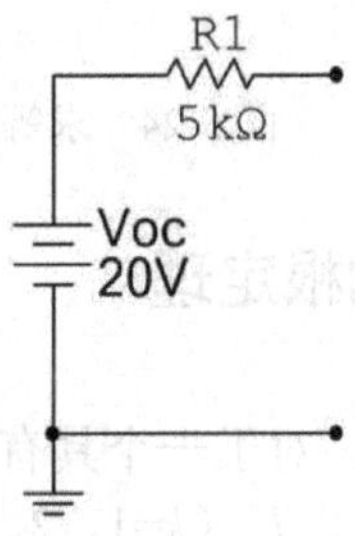

图 5-21 R3 左侧电路的戴维南等效电路

5.2.7 诺顿定理

定理内容：任何有源一端口网络，对其外部特性而言，都可用一个电流源并联一个电阻的支路来代替，其中，电流源等于有源一端口网络输出端的短路电流，并联电阻等于有源一端口网络内部所有独立源为零时在输出端的等效电阻。

例 5-11 电路如图 5-22 所示，试求流过 R_4 的电流。

根据诺顿定理，将 R_4 左侧的一端口电路可等效为电流源与电阻的并联。首先求短路电流，如图 5-23 所示，根据欧姆定理、KCL 定理和 KVL 定理可求得：I_{sc}=1.5 A

在电路仿真工作区中创建图 5-23 所示电路，启动仿真，其仿真结果（见图 5-23 中电流表的读数）与理论计算结果相同。

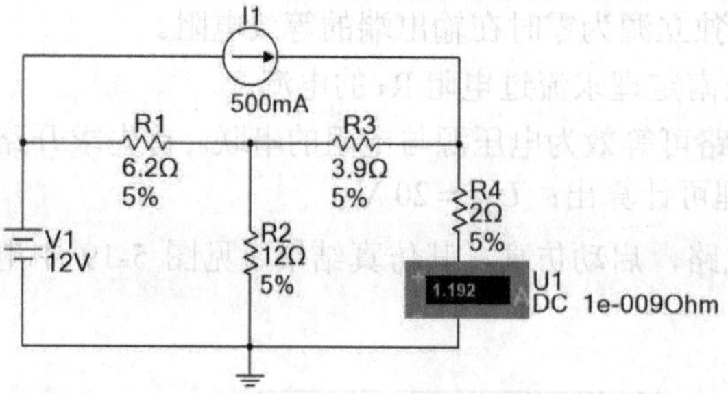

图 5-22　诺顿定理应用电路

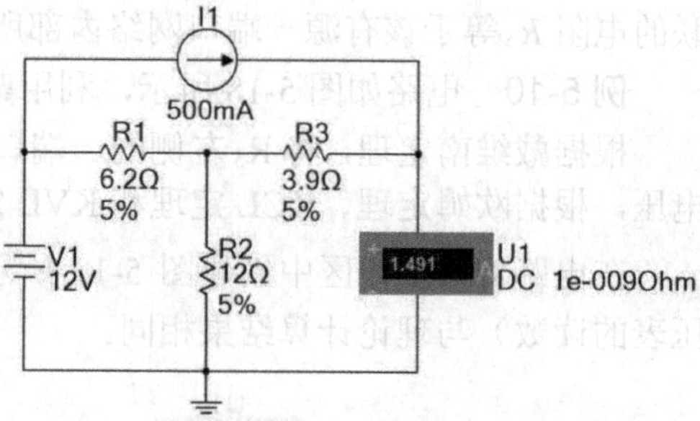

图 5-23　求短路电流电路

然后求等效内阻，如图 5-24 所示，根据欧姆定理可求得：$R_0 = 8\ \Omega$。在电路仿真工作区中创建图 5-24 所示电路，启动仿真，其仿真结果（见图 5-24 中万用表的读数）与理论计算结果相同。

R_4 左侧电路的诺顿等效电路如图 5-25 所示，由此可计算出：流过 R_4 的电流 $I = 1.2\ \text{A}$，与图 5-22 中电流表的读数相同。

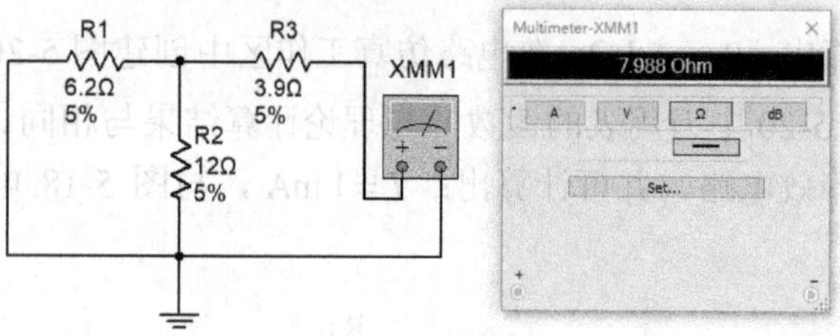

图 5-24　求等效电阻

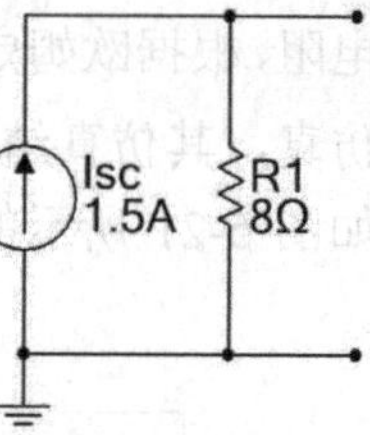

图 5-25　R_4 左侧电路的诺顿等效电路

5.2.8　特勒根定理

定理内容：对于一个具有 b 条支路和 n 个节点的集中参数电路，设各支路电压、支路电流分别为 U_k、I_k（k=1、2、…），且各支路电压和电流取关联参考方向，则对任何时间 t，有 $\sum_{k=1}^{b} U_k I_k = 0$。由于上式求和中的每一项是同一支路电压和电流的乘积，表示支路吸收的功率。因此，该定理又称功率定理。

例 5-12　电路如图 5-26 所示，试利用特勒根定理求各支路电流和电压，并验证特勒根定理。

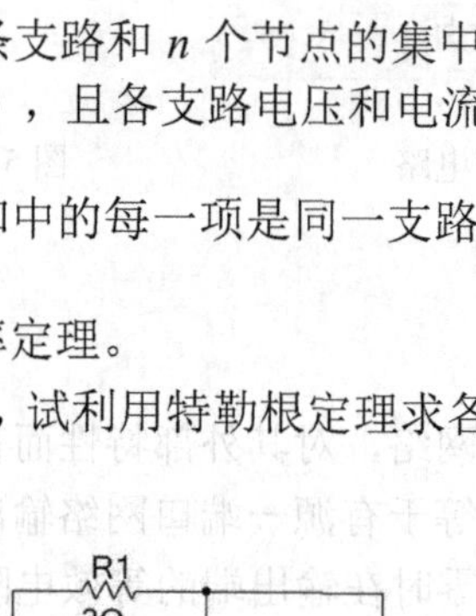

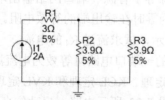

图 5-26　特勒根定理应用电路

在电路仿真工作区中创建图 5-26 所示电路，启动仿真，其仿真结果见图 5-27 中电压表的读数。

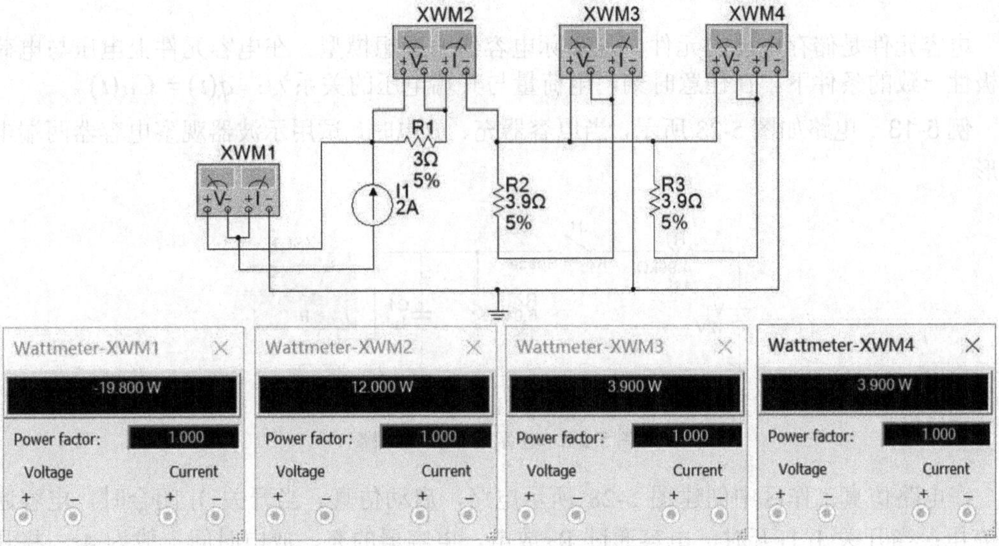

图 5-27　特勒根定理仿真电路

如图 5-26 所示电路，根据欧姆定理、KCL 定理和 KVL 定理可求得：

$$I_1 = 2\ \text{A} \qquad I_2 = 1\ \text{A} \qquad I_3 = 1\ \text{A}$$

$$U_1 = 6\ \text{V} \qquad U_2 = 3.9\ \text{V} \qquad U_3 = 3.9\ \text{V} \qquad U_4 = 9.9\ \text{V}$$

$$P_1 = 12\ \text{W} \qquad P_2 = 3.9\ \text{W} \qquad P_3 = 3.9\ \text{W} \qquad P_4 = -19.8\ \text{W}$$

由此可得：$\sum_{k=1}^{4} U_k I_k = 0$，与仿真结果相同。

5.3　动 态 电 路

许多电路不仅包含电阻元件和电源元件，还包括电容元件和电感元件。这两种元件的电压和电流的约束关系是导数和积分关系，我们称之为动态元件。含有动态元件的电路称为动态电路，描述动态电路的方程是以电流和电压为变量的微分方程。

在动态电路中，电路的响应不仅与激励源有关，而且与各动态元件的初始储能有关。从产生电路响应的原因上，电路的完全响应（即微分方程的全解）可分为零输入响应和零状态响应。

描述动态电路电压、电流关系的是一组微分方程，通常可以通过 KVL、KCL 和元件的伏安关系（VAR）来建立。如果电路中只有一个动态元件，则所得的是一阶微分方程，相应的电路称为一阶电路（如果电路中含有 n 个动态元件，则称为 n 阶电路，其所得的方程为 n 阶微分方程）。

5.3.1　电容器充电和放电

电容元件是储存电能的元件，是实际电容器的理想模型。在电容元件上电压与电荷参考极性一致的条件下，在任意时刻，电荷量与其端电压的关系为：$q(t)=Cu(t)$。

例 5-13　电路如图 5-28 所示，当电容器充、放电时，试用示波器观察电容器两端电压波形。

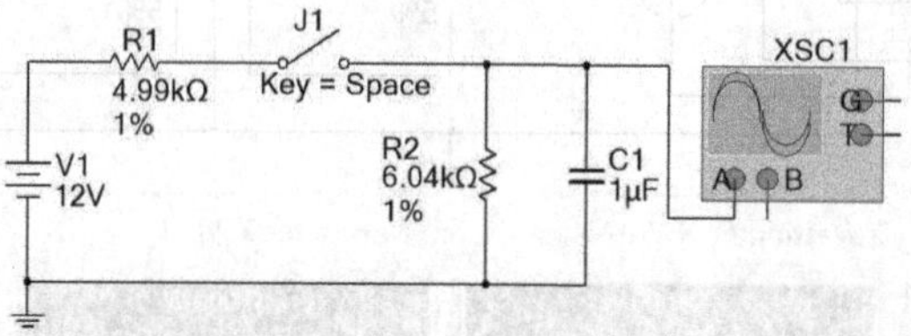

图 5-28　电容充、放电电路

在电路仿真工作区中创建图 5-28 所示电路，启动仿真。当开关 J_1 闭合时，电容通过 R_1 充电；当开关 J_1 打开时，电容通过 R_2 放电，电容器的充、放电时间一般为 4τ。将开关 J_1 反复打开和闭合，就会在示波器的屏幕上观测到图 5-29 所示的输出波形，这就是电容器充、放电时电容器两端的电压波形。

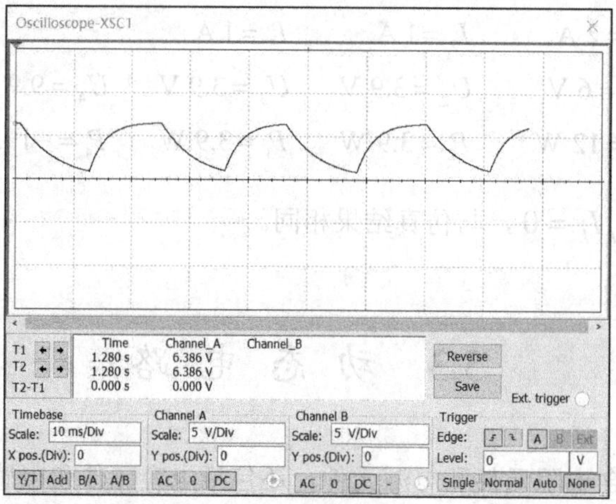

图 5-29　电容两端的电压波形

5.3.2　零输入响应

一阶电路仅有一个动态元件（电容或电感），如果在换路瞬间动态元件已储存有能量，那么即使电路中无外加激励电源，电路中的动态元件将通过电路放电，在电路中产生响应，即零输入响应。对于图 5-28 所示电路，当开关 J_1 闭合时电容通过 R_1 充电，电路达稳定状态，电容储存有能量。当开关 J_1 打开时，电容通过 R_2 放电，在电路中产生响应，即零输入响应，仿真波形如图 5-30 所示。

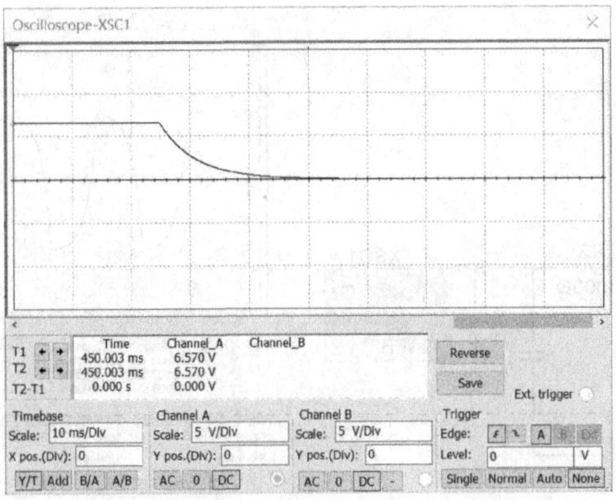

图 5-30　电容电压零输入响应波形图

5.3.3　零状态响应

当动态电路初始储能为零（即初始状态为零）时，仅由外加激励产生的响应就是零状态响应。

对于图 5-28 所示电路，若电容的初始储能为零。当开关 J_1 闭合时电容通过 R_1 充电，响应由外加激励产生，即零状态响应，仿真波形如图 5-31 所示。

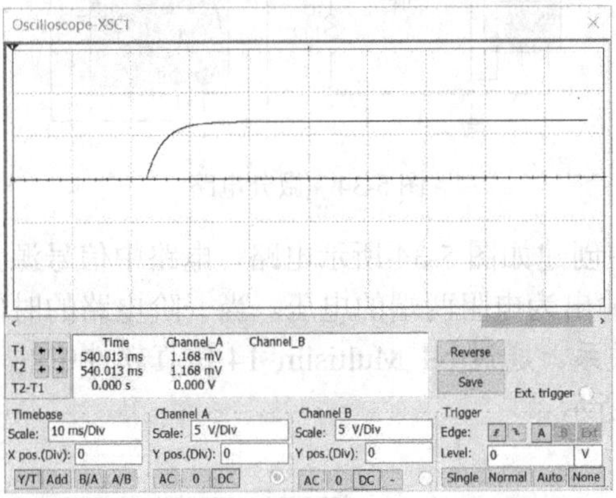

图 5-31　电容电压零状态响应波形图

5.3.4　全响应

当一个非零初始状态的电路受到激励时，电路的响应称为全响应。对于线性电路，全响应是零输入响应和零状态响应之和。

例 5-14　电路如图 5-32 所示，试用仿真分析的方法求电路的全响应。

在电路仿真工作区中创建图 5-32 所示电路，启动仿真。该电路有两个电压源，当 V_1 接入电路时电容充电，当 V_2 接入电路时电容放电（或反方向充电），其响应是初始储能和外加激励同时作用的结果，即为全响应。反复按下空格键使开关反复打开和闭合，通过 NI Multisim 14 仿真软件中的示波器就可观察到电路全响应波形，如图 5-33 所示。

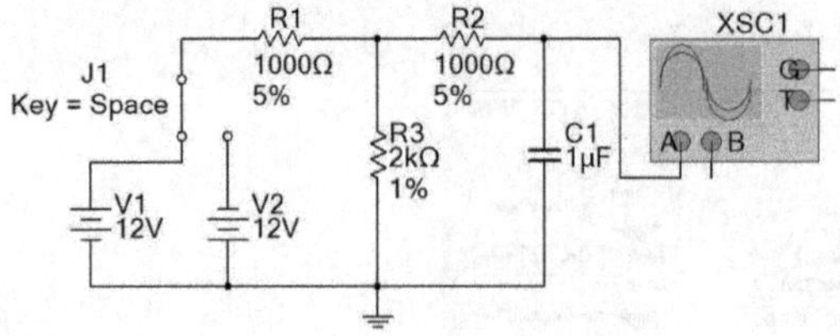

图 5-32　电容电压全响应电路图

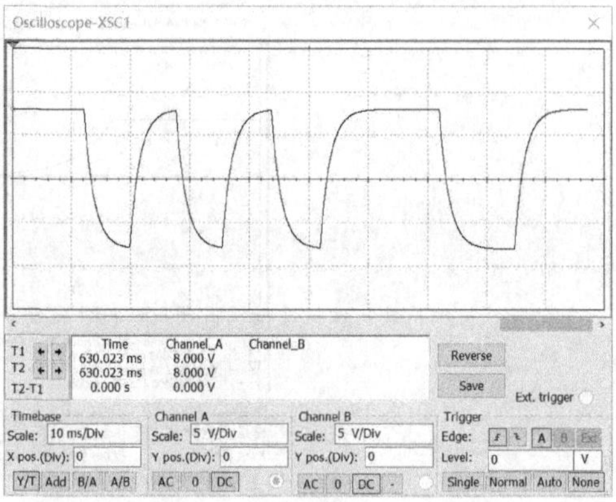

图 5-33　电容电压全响应波形

注意

开关的开、闭时间不同，其响应也不同。

例 5-15　电路如图 5-34 所示，试用 NI Multisim 14 仿真分析该电路的全响应。

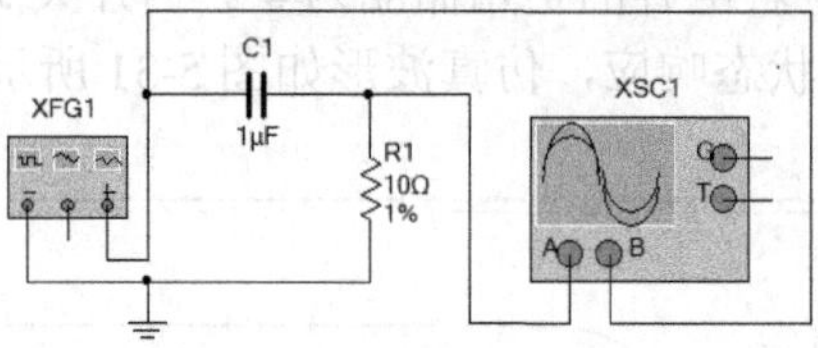

图 5-34　微分电路

在电路仿真工作区中创建如图 5-34 所示电路，电路中信号源为函数信号发生器，其参数设置如图 5-35 所示，输出为电阻两端的电压。当一阶电路的时间常数选取足够小时，输出与输入之间呈现微分关系。通过 NI Multisim 14 仿真软件中的示波器就可观察到电路全响应的波形，如图 5-36 所示。

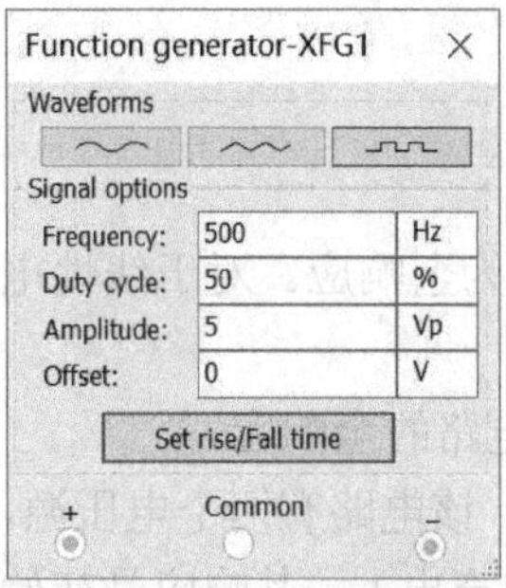

图 5-35　函数信号发生器的参数设置

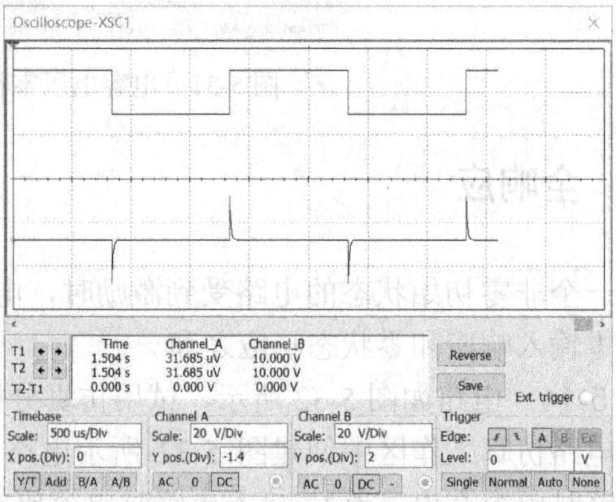

图 5-36　微分波形

例 5-16　电路如图 5-37 所示，试用 NI Multisim 14 仿真分析该电路的全响应。

在电路仿真工作区中创建如图 5-37 所示电路，电路中信号源为函数信号发生器，其参数设置如图 5-35 所示。输出为电容两端的电压，当选取一阶电路的时间常数足够大时，电路输出与输入之间呈现的是积分关系。通过 NI Multisim 14 仿真软件中的示波器就可观察到电路全响应波形，如图 5-38 所示。

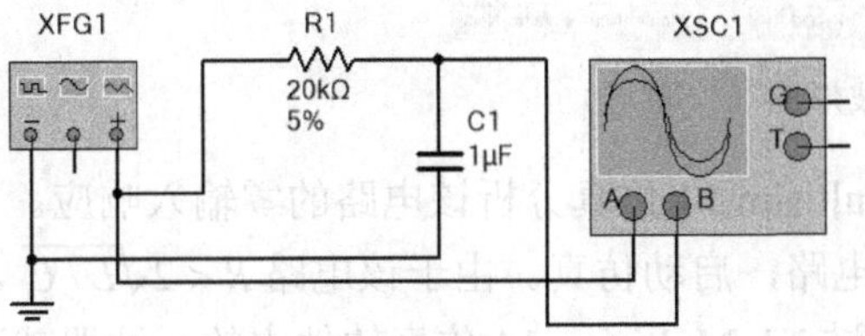

图 5-37　积分电路

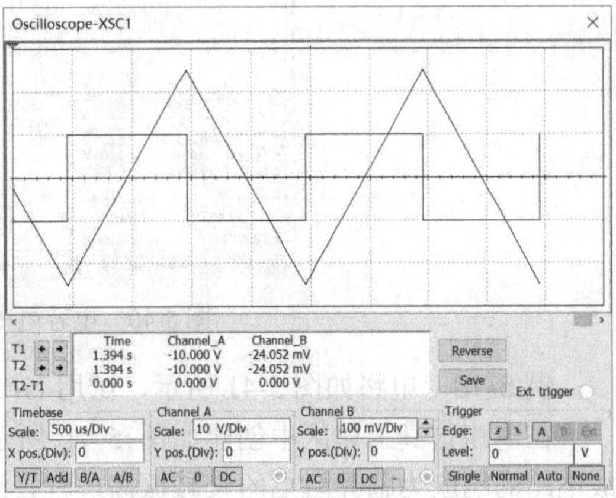

图 5-38　积分波形图

5.3.5　二阶电路的响应

当电路中含有两个独立的动态元件时，描述电路的方程就是二阶常系数微分方程。对于 RLC 串联电路可以用二阶常系数微分方程来描述，当外加激励为零时，描述电路的微分方程为：

$$LC\frac{\mathrm{d}^2u_\mathrm{c}}{\mathrm{d}t^2}+RC\frac{\mathrm{d}u_\mathrm{c}}{\mathrm{d}t}+u_\mathrm{c}=0$$

例 5-17　电路如图 5-39 所示，试用 NI Multisim 14 仿真分析该电路的零输入响应。

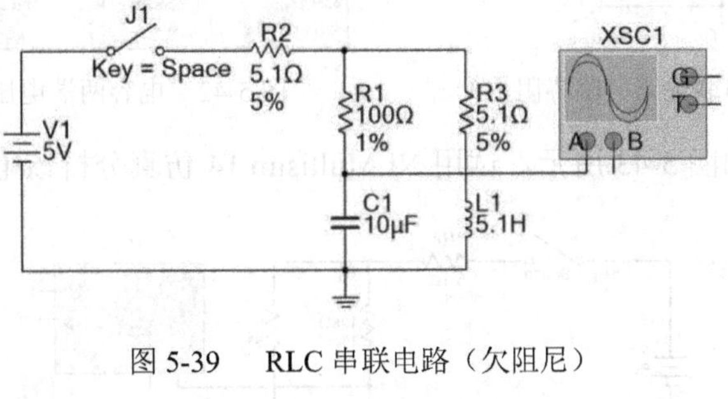

图 5-39　RLC 串联电路（欠阻尼）

在电路仿真工作区中创建如图 5-39 所示电路，启动仿真。当开关 J_1 闭合时，电源给储能元件提供能量，其响应是外加激励产生的，即零状态响应。当闭合的开关打开后，电路的响应是储能元件的储能产生的，即零输入响应。由于 $R<2\sqrt{L/C}$，则电路的响应为欠阻尼的衰减振荡过程。通过 NI Multisim 14 仿真软件中的示波器就可观察到电路的零输入响应波形，如图 5-40 所示。

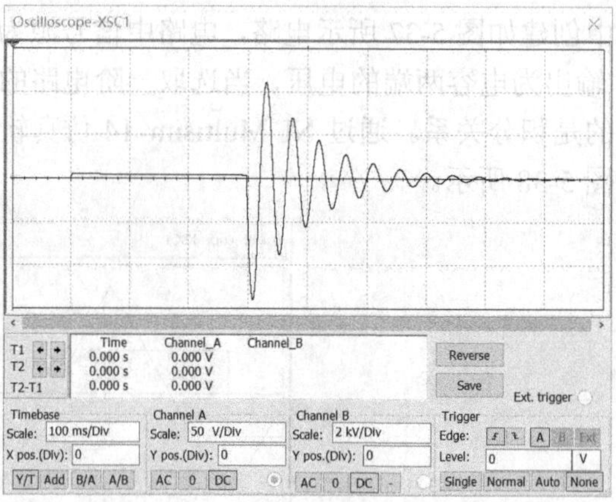

图 5-40　电容电压波形图（欠阻尼）

例 5-18　电路如图 5-41 所示，试用 NI Multisim 14 仿真分析该电路的零输入响应。

在电路仿真工作区中创建如图 5-41 所示电路，启动仿真。由于该电路 $R<2\sqrt{L/C}$，故电路的响应为临界阻尼的衰减振荡过程，通过 NI Multisim 14 仿真软件中的示波器就可观察到该过程，电容两端电压的波形如图 5-42 所示。

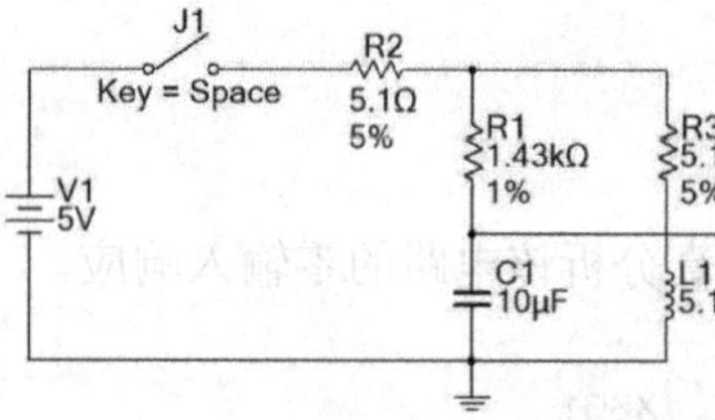

图 5-41　RLC 串联电路（临界阻尼）

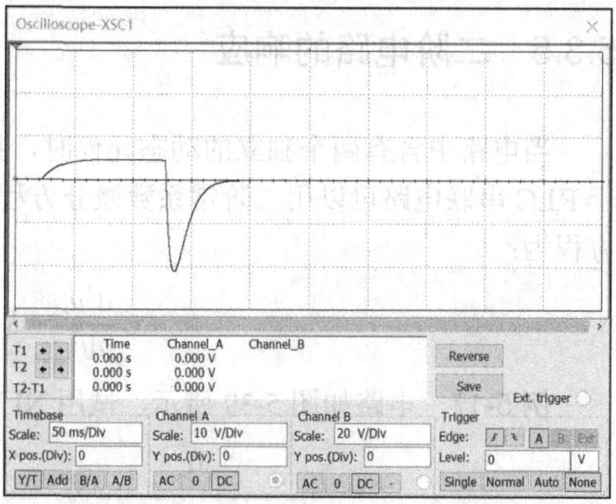

图 5-42　电容两端电压的波形（临界阻尼）

例 5-19　电路如图 5-43 所示，试用 NI Multisim 14 仿真分析该电路的零输入响应。

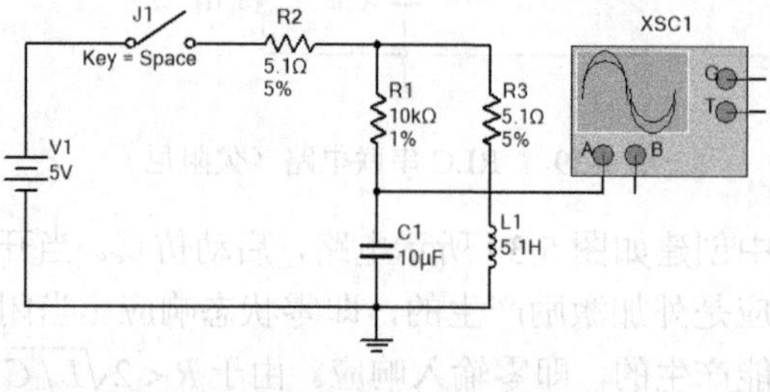

图 5-43　RLC 串联电路（过阻尼）

在电路仿真工作区中创建如图 5-43 所示电路。由于该电路 $R<2\sqrt{L/C}$，故电路的响

应为过阻尼的非振荡过程，通过 NI Multisim 14 仿真软件中的示波器就可观察到该过程，电容两端电压的波形如图 5-44 所示。

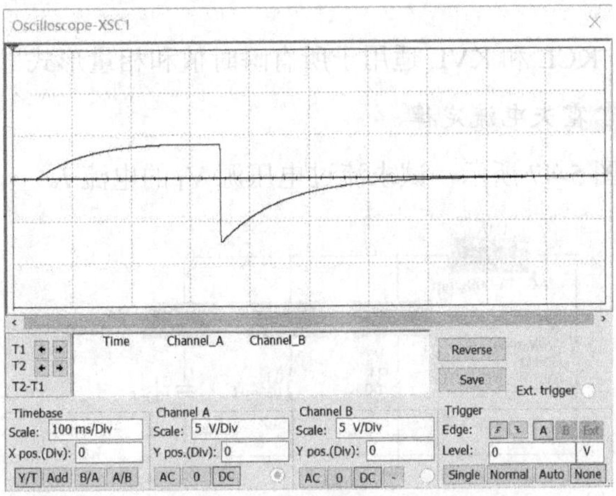

图 5-44　电容两端的电压波形（过阻尼）

例 5-20　电路如图 5-45 所示，试用 NI Multisim 14 仿真分析该电路的响应。

在电路仿真工作区中创建如图 5-45 所示电路。信号源为 NI Multisim 14 软件中的函数信号发生器，输出频率为 1 kHz 的方波信号。其响应是初始储能和外加激励同时作用的结果，即为全响应。通过 NI Multisim 14 仿真软件中的示波器就可观察到全响应过程，该电路的输入、输出信号如图 5-46 所示。

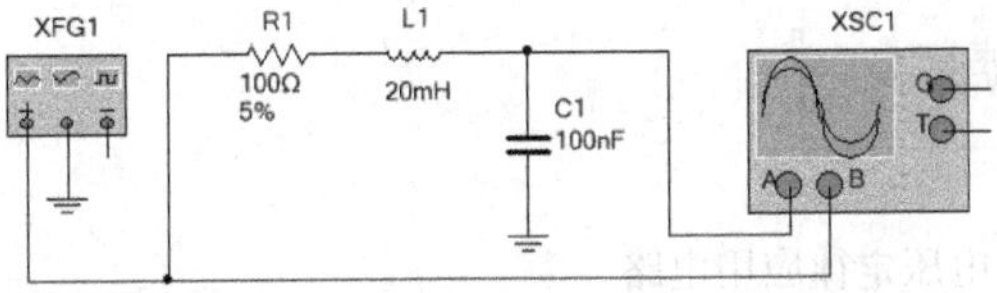

图 5-45　RLC 串联电路（全响应）

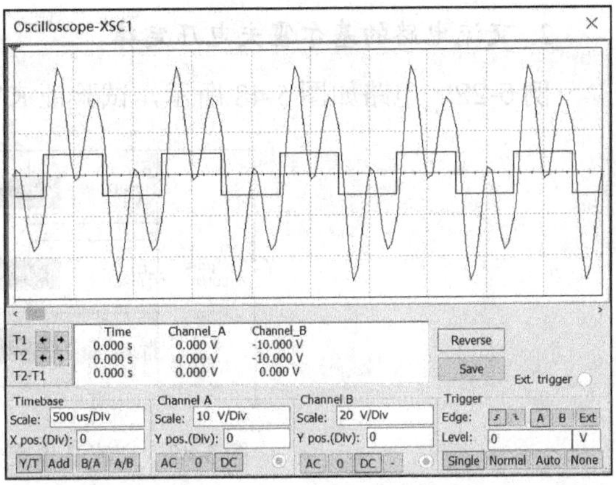

图 5-46　全响应波形图

5.4　正弦稳态分析

在线性电路中，当激励是正弦电流（或电压）时，其响应也是同频率的正弦电流（或电压），因而这种电路也称为正弦稳态电路。本节主要利用 NI Multisim 14 软件来研究时不变电路在正弦激励下的稳态响应，即正弦稳态分析。

5.4.1　电路定理的相量形式

正弦交流电路中，KCL 和 KVL 适用于所有瞬时值和相量形式。

1. 交流电路的基尔霍夫电流定律

例 5-21　电路如图 5-47 所示，试求流过电压源 V_1 的电流 I。

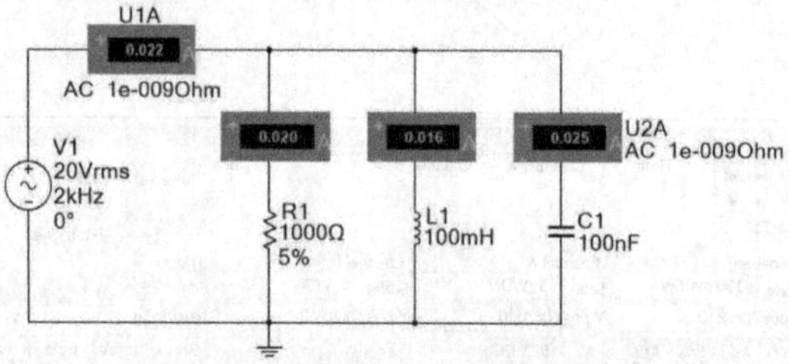

图 5-47　交流基尔霍夫电流定律的应用电路

在交流稳态电路中应用基尔霍夫电流定律的相量形式时，电流必须使用相量相加。由于流过电感的电流相位落后其两端电压 90°，流过电容的电流相位超前其两端电压 90°，故电感电流与电容电流就有 180° 相位差，所以电感支路和电容支路电流之和 I_x 等于电感电流与电容电流之差，总电流 $I=\sqrt{I_r^2+I_x^2}=0.22\text{ A}$。可见，计算结果与 NI Multisim 14 的仿真结果相同。

2. 交流电路的基尔霍夫电压定律

例 5-22　电路如图 5-48 所示，试验证 KVL 定理。

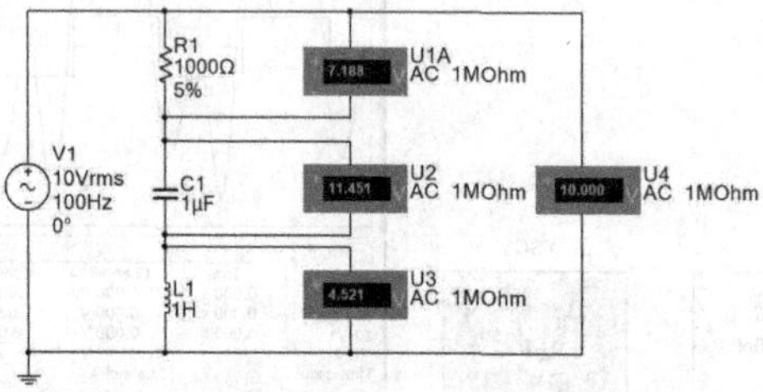

图 5-48　交流基尔霍夫电压定律应用电路

在电路仿真工作区中创建图 5-48 所示电路，启动仿真。在交流电路中应用基尔霍夫电流定律时，各个电压相加必须使用相量加法。图 5-48 所示电路中，电阻两端电压 U 相位与电流相同，电感两端电压相位超前电流 90°，电容两端的电压相位落后电流 90°，所以总电抗两端电压 U_x 等于电感电压与电容电压之差，总电压 $U=\sqrt{U_r^2+U_x^2}=10\text{ V}$。可见，计算结果与仿真结果（见图 5-48 电压表的读数）相同。

3. 欧姆定理的相量形式

例 5-23　电路如图 5-49 所示，试求电路中的电流和电感两端的电压。

在电路仿真工作区中创建如图 5-49 所示电路。在交流电路中，欧姆定律确定了电感元件的电压和电流之间的关系。电感两端电压的有效值等于 ωL 与电流有效值的乘积，电感电流相位落后电压 90°。ωL 具有电阻的量纲，称其为电感的感抗，用 X_L 表示。RL 串联电路的阻抗 Z 为电阻 R 和电感电抗的相量和。因此，阻抗大小为 $Z=\sqrt{R^2+X_L^2}$，阻抗角为电压与电流之间相位差 $\theta=\arctan\left(\dfrac{X_L}{R}\right)$。在图 5-49 所示电路中，由于感抗远大于电阻，电路可视为纯电感电路。电感上电压相位超前电流 90°，其波形如图 5-50 所示。根据欧姆定理的相量形式可计算出：I=312 mA，U_L=10 V。可见，计算结果与 NI Multisim 14 的仿真结果相同。

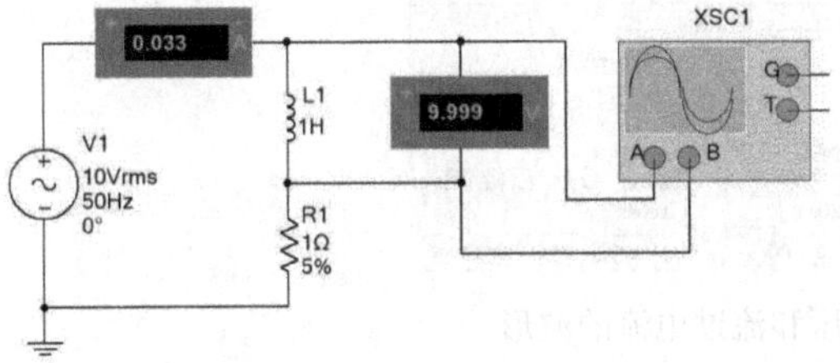

图 5-49　电阻与电感串联的电路

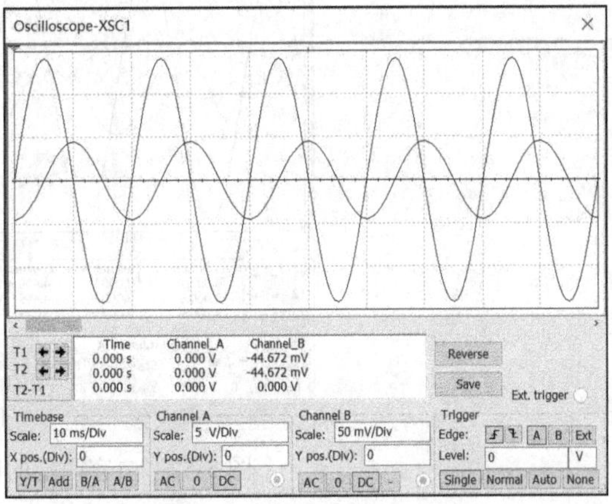

图 5-50　电感电压、电流波形

注意

示波器显示的波形分别是电感和电阻两端的电压波形，由于电阻两端的电压与流过的电流同相位，讨论相位关系时，可使用电阻两端的电压形象说明流过电流波形的相位关系。以下例题情况类同，不再说明。

例 5-24　电路如图 5-51 所示，试求电路中的电流和电容两端的电压。

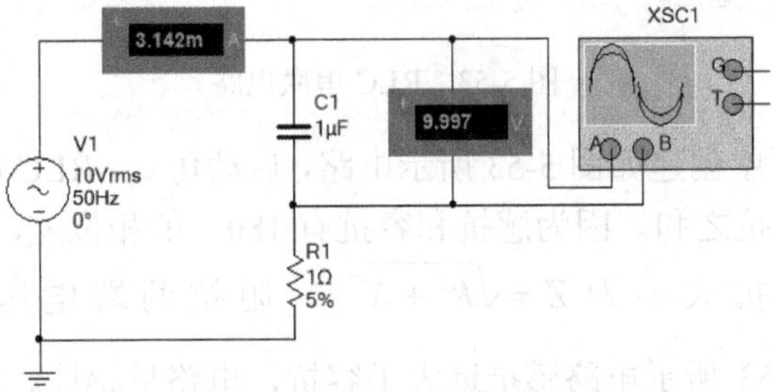

图 5-51　电阻与电容串联的电路

在电路仿真工作区中创建如图 5-51 所示电路。在交流电路中，欧姆定律确定了电容两端电压和流过电流之间的关系。电容两端电压的有效值等于 1/（ωC）与电流有效值的乘积，电容电流相位超前电压 90°。1/（ωC）具有电阻的量纲，称其为电容的容抗，用 X_c 表示。RC 串联电路的阻抗 Z 为电阻和电容电抗的相量和。因此，阻抗大小为 $Z=\sqrt{R^2+X_C^2}$，阻抗角为电压与电流之间相位差 $\theta=\arctan\left(\dfrac{X_C}{R}\right)$。该电路中，由于容抗远大于电阻，电路可视为纯电容电路。电容上电压相位超前电流 90°，其波形如图 5-52 所示。根据欧姆定理的相量形式可计算出：I=312 mA，U_c=10 V。可见，计算结果与 NI Multisim 14 的仿真结果相同。

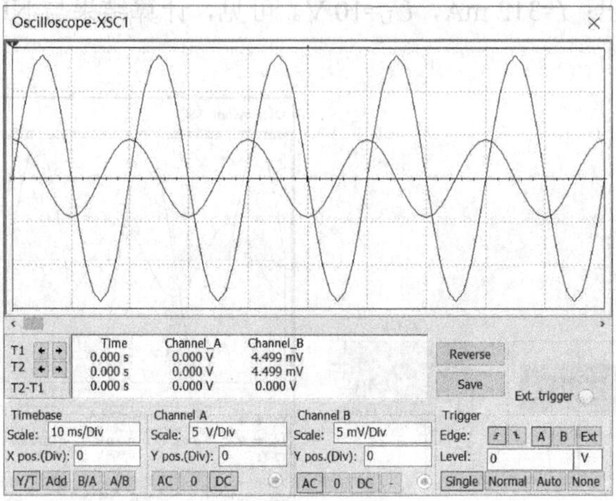

图 5-52　电容两端的电压和流过电流的波形

例 5-25　电路如图 5-53 所示，试求电路中的电流。

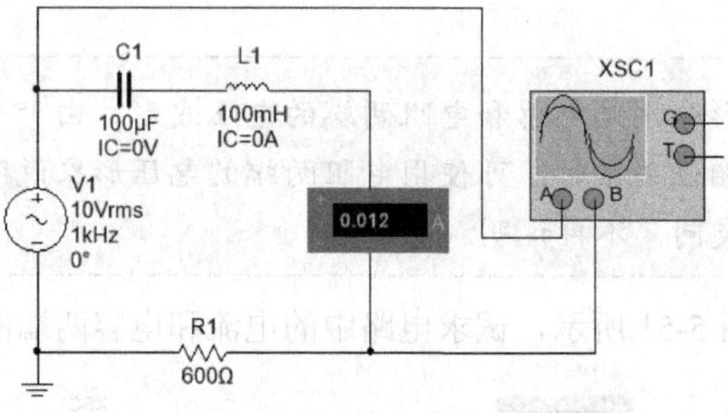

图 5-53　RLC 串联电路

在电路仿真工作区中创建如图 5-53 所示电路，启动仿真。RLC 串联电路的阻抗 Z 为电阻 R、电感与电容总电抗之和。因为感抗和容抗有 180° 的相位差，所以总电抗 X=X_L−X_C。RLC 串联电路的阻抗大小为 $Z=\sqrt{R^2+X^2}$，阻抗两端电压和电流的相位差为 $\theta=\arctan\left(\dfrac{X}{R}\right)$。图 5-53 所示电路感抗远大于容抗，电路呈感性。电路中电流相位滞后电源电压，其波形如图 5-54 所示。根据欧姆定理的相量形式可得 I=115 mA。可见，计算结果与 NI Multisim 14 的仿真结果相同。

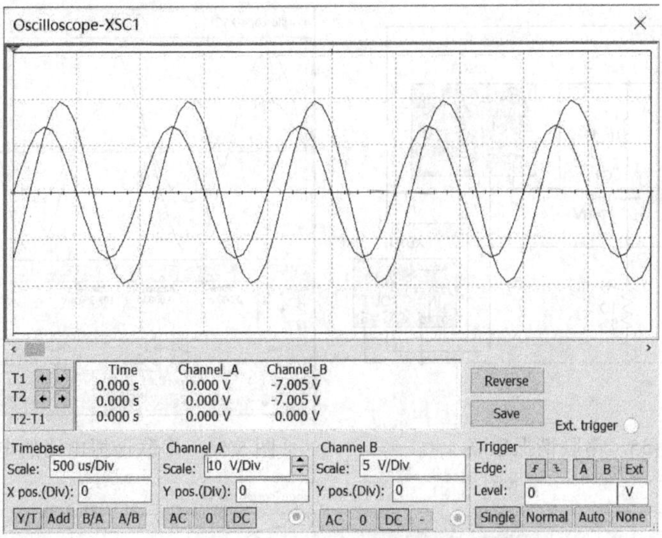

图 5-54　电压、电流波形图

5.4.2　谐振电路

谐振现象是正弦稳态电路的一种特定的工作状态。谐振电路通常由电感、电容和电阻组成。按照电路的组成形式可分为串联谐振电路和并联谐振电路。

1. 串联谐振电路

当 RLC 串联电路电抗等于零，电流 I 与电源电压 U_s 同相时，称电路发生了串联谐振。这时的频率称为串联谐振频率，用 f_0 表示。

由 $X=\omega_0 L-\dfrac{1}{\omega_0 C}=0$，可得：

谐振角频率为：

$$\omega_0=\frac{1}{\sqrt{LC}}\ ,$$

或谐振频率为：

$$f_0=\frac{1}{2\pi\sqrt{LC}}$$

当电路发生谐振时，由于电抗 X=0，故电路呈纯阻性，激励电压全部加在电阻上，电阻上的电压达到最大值，电容电压和电感电压的模值相等，均为激励电压的 Q 倍。

例 5-26　电路如图 5-55 所示，试用 NI Multisim 14 仿真软件提供的示波器观察 L、C 串联谐振电路外加电压与谐振电流的波形，并用波特图仪测定频率特性。

在电路仿真工作区中创建如图 5-55 所示电路，启动仿真。当 f_0=156 Hz，电路发生谐振时，电路呈纯阻性，外加电压与谐振电流同相位，其波形如图 5-56 所示。串联谐振电路的幅频特性和相频特性分别如图 5-57、图 5-58 所示。

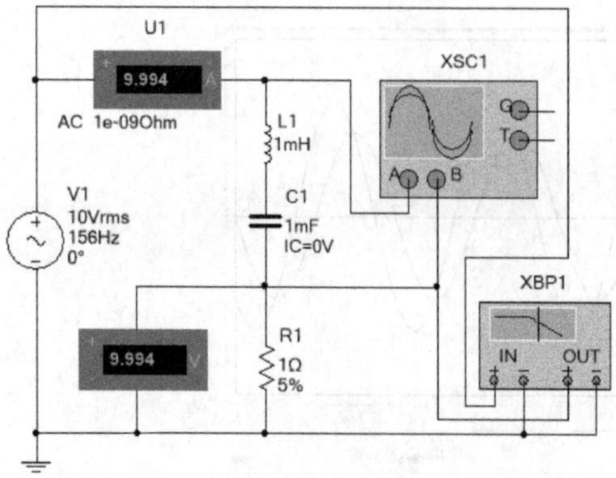

图 5-55　串联谐振电路

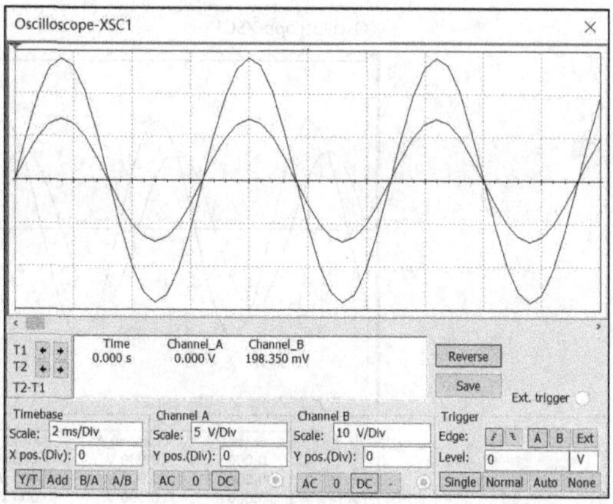

图 5-56　串联谐振电路的电压、电流波形

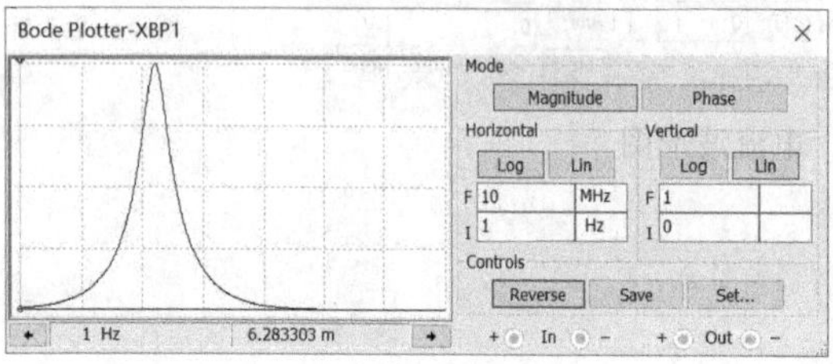

图 5-57　幅频特性曲线

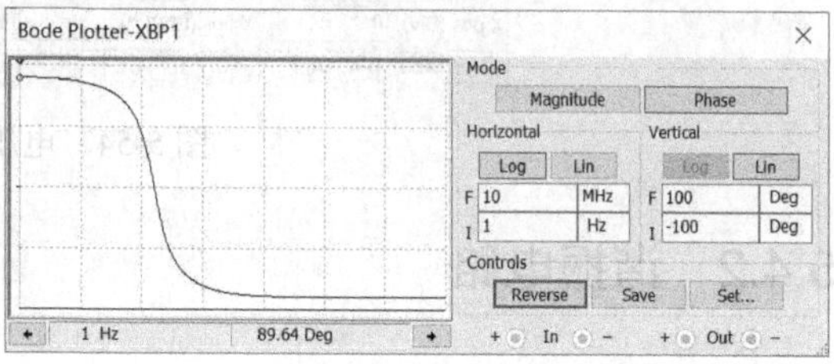

图 5-58　相频特性曲线

2. 并联谐振电路

并联谐振电路是串联谐振电路的对偶电路，因此，它的主要性质与串联谐振电路相同。

例 5-27　电路如图 5-59 所示，试用 NI Multisim 14 仿真软件提供的示波器观察 L、C 并联谐振电路外加电压与谐振电流的波形，并用波特图仪测定其频率特性。

在电路仿真工作区中创建如图 5-59 所示电路，启动仿真。由于电路发生谐振时，电路呈纯阻性。因此，外加电压与谐振电流同相位。并联谐振电路的电压、电流波形如图 5-60 所示，幅频特性和相频特性分别如图 5-61、图 5-62 所示。

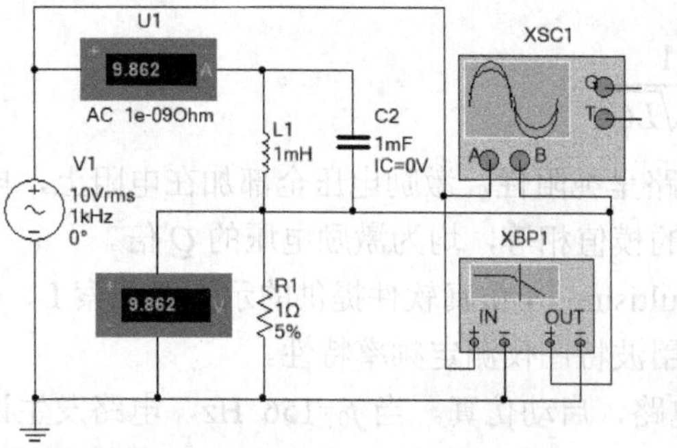

图 5-59　并联谐振电路

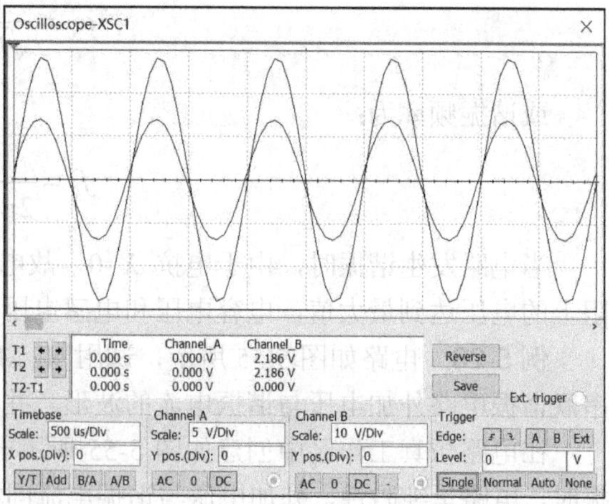

图 5-60　并联谐振电路的电压、电流波形

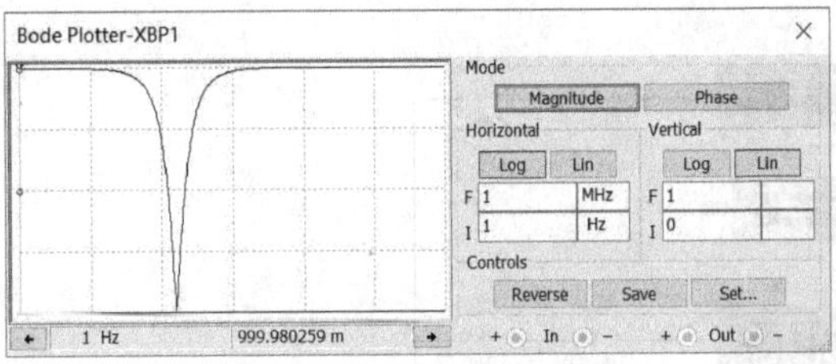

图 5-61　幅频特性曲线

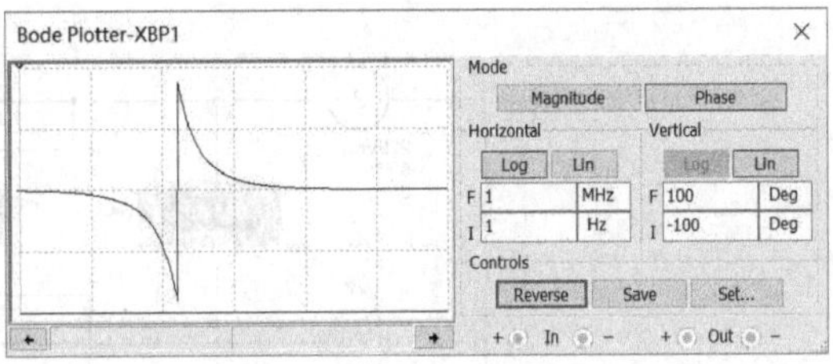

图 5-62　相频特性曲线

5.4.3　三相交流电路

三相电路是由 3 个同频率、等振幅而相位依次相差 120° 的正弦电压源按一定连接方式组成的电路，三相交流电路有三相四线制和三相三线制两种结构。

三相四线制电路中不论负载对称与否，负载均可以采用 Y 连接，并有 $U_l=\sqrt{3}\,U_p$，$I_l=I_p$。对称时中性线无电流，不对称时中性线上有电流。

在三相三线制电路中，当负载为 Y 连接时，线电流 I_l 与相电流 I_P 相等，线电压 U_l 与相电压 U_P 的关系为 $U_l=\sqrt{3}U_p$；当负载为△连接时，线电压 U_l 与相电压 U_p 相等，线电流与相电流的关系为 $I_l=\sqrt{3}\,I_p$。

1. 三相四线制 Y 形对称负载工作方式

在电路仿真工作区中创建图 5-63 所示电路，启动仿真。用电流表可观测到中线电流，用示波器可观测到 b 相、c 相电压波形，如图 5-64 所示。当负载完全对称时中线电流为零，三相负载中点与地断开，三相电流将不发生任何变换，这说明了在负载完全对称的情况下，三相四线制和三相三线制是等效的。

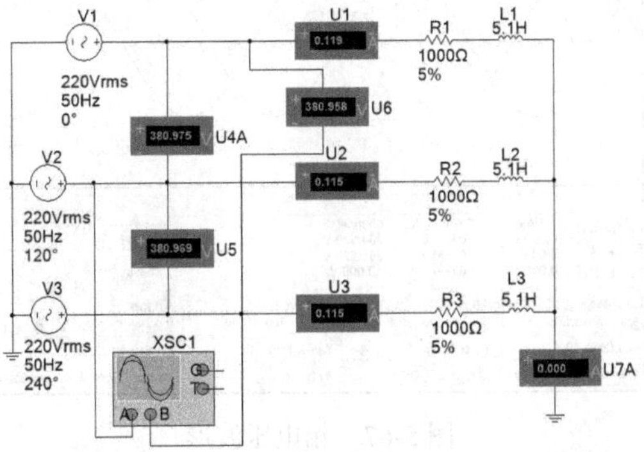

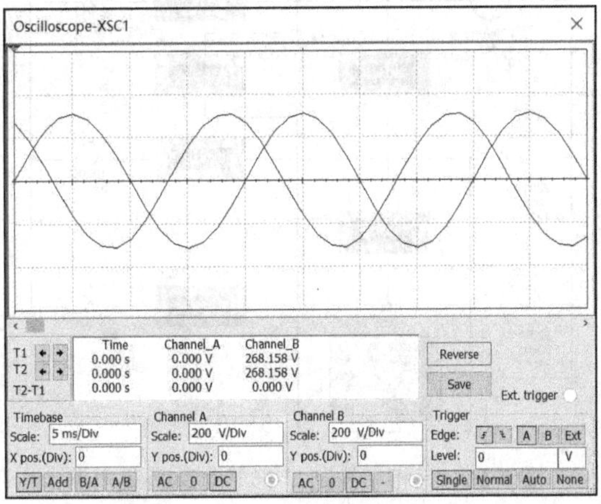

图 5-63　三相四线制 Y 形对称负载电路　　　　图 5-64　电源电压波形

2. 三相四线制 Y 形非对称负载工作方式

在电路仿真工作区中创建图 5-65 所示电路，启动仿真。图 5-65 所示电路为三相四线制 Y 形非对称负载工作方式。由于负载不对称，中线电流不为零。

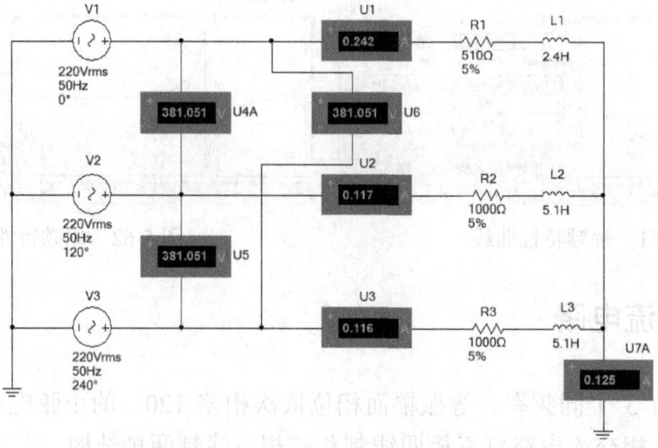

图 5-65　三相四线制 Y 形非对称负载电路

3. 三相三线制 Y 形非对称负载工作方式

若将图 5-65 所示电路 Y 形非对称负载的中点与地断开，则电路就成为如图 5-66 所示的三相三线制 Y 形非对称负载情况。因为在三相三线制 Y 形非对称负载情况下，由于中线的作用，能使三相负载成为 3 个互不影响的独立电路。所以，不论负载有无变化，每相负载均承受对称的电源相电压（其波形如图 5-67 所示），从而能保证负载正常工作。如果中线一旦断开，这时虽然线电压仍然对称，但各相负载所承受的对称相电压遭到破坏，一般负载电阻较大的一相所承受的电压会超过额定相电压，如果超过太多时会把负载烧断；而负载电阻较小的一相所承受的电压会低于额定相电压，不能正常工作。

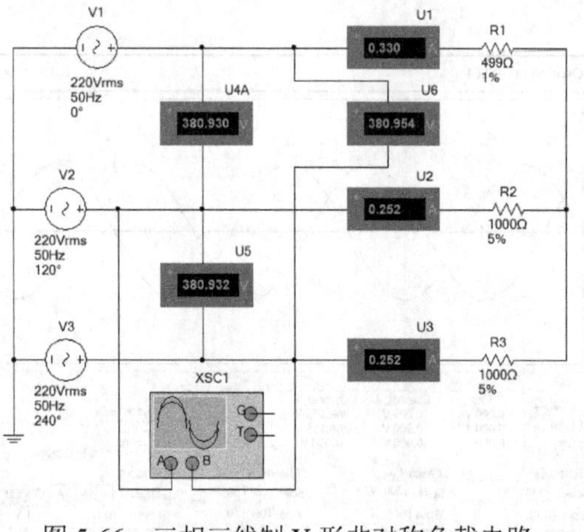

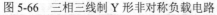

图 5-66　三相三线制 Y 形非对称负载电路

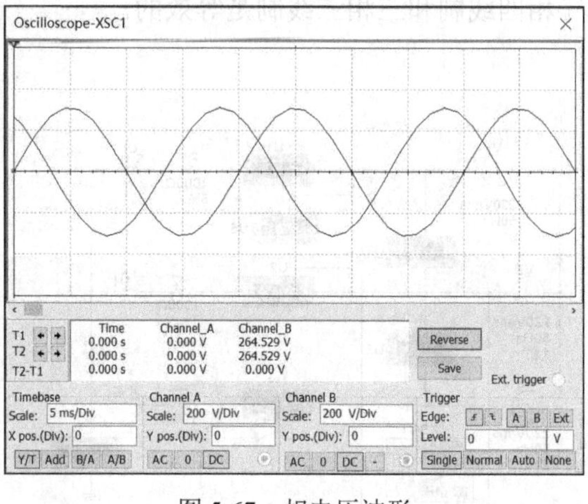

图 5-67　相电压波形

4. 三相三线制△形对称负载工作方式

在电路仿真工作区中创建图 5-68 所示电路，启动仿真。图 5-68 所示电路为三相三线制△形对称负载工作方式。当三相对称负载作三角连接方式时，各相所承受的电压为对称的电源线电压。当负载对称时，线电流为负载线电流的 $\sqrt{3}$ 倍。

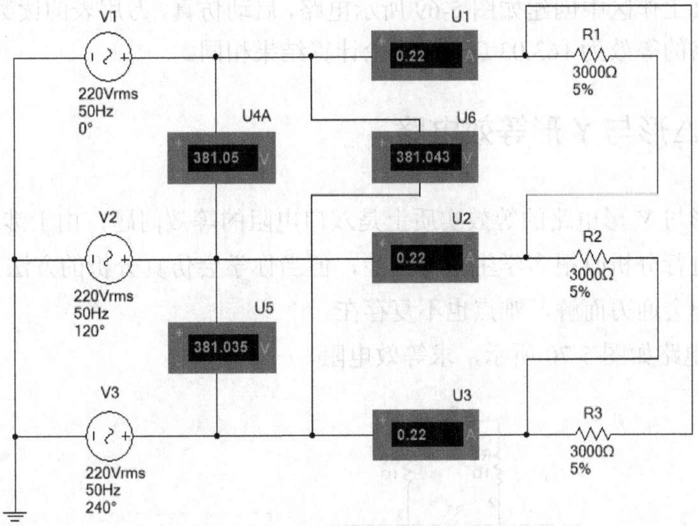

图 5-68　三相三线制△形对称负载电路

5.5　等 效 电 路

在电路理论中，等效的概念极其重要，利用它可以化简电路。电路的等效分为有源网络的等效和无源网络的等效，有源网络等效的经典方法是戴维南定理和诺顿定理，在前面已经介绍过，在这里我们主要讨论无源网络的等效问题和有源网络等效的其他方法。

对有源二端网络进行等效分析时，难点是无法正确判断电阻的连接关系、运算量大，而用仿真分析就可以绕开这个难点，轻松得到想要的等效电阻。

5.5.1　电阻的串联和并联等效电路

当若干个电阻串联时，其等效电阻等于串联部分的各个电阻的总和，当若干个电阻并联时，其等效电导等于并联部分的各个电导的总和，那么当电阻混联时应根据电阻串联、并联的基本特征，仔细判别电阻间的连接方式，然后利用串、并联公式分步进行化简和计算。

例 5-28　电路如图 5-69 所示，求等效电阻。

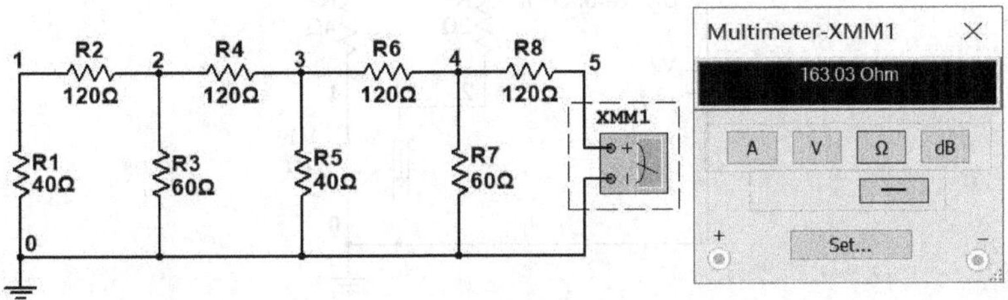

图 5-69　串并联电阻电路的等效

在电路仿真工作区中创建如图 5-69 所示电路，启动仿真，万用表的读数即为等效电阻，该无源单口网络的等效为 163.03 Ω，与理论计算结果相同。

5.5.2 电阻△形与 Y 形等效电路

电阻的△形与 Y 形电路的等效实质上是双口电阻的等效问题，由于涉及的物理量多、运算量大，在进行分析时很多学生望而却步，但当你学会仿真分析的方法并熟练加以运用时，很多问题便会迎刃而解，难点也不复存在。

例 5-29 电路如图 5-70 所示，求等效电阻。

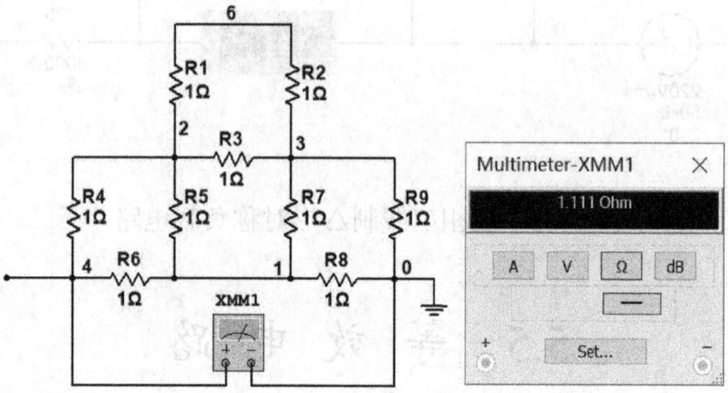

图 5-70 电阻△连接电路的等效

在电路仿真工作区中创建如图 5-70 所示电路，启动仿真，万用表的读数即为等效电阻。而在理论计算时需要用△形与 Y 形等效转换公式把两个△电路转换成 Y 形电路，使电路的连接关系变成简单的串并联，利用串并联等效公式即可求出等效电阻，等效电阻值为 1.11 Ω。

5.5.3 含受控源单口网络的等效

一个含受控源及电阻的单口网络和一个只含电阻的单口网络一样，都可以等效为一个电阻。在含受控源时，等效电阻可能为负值。

例 5-30 电路如图 5-71 所示，求等效电阻。

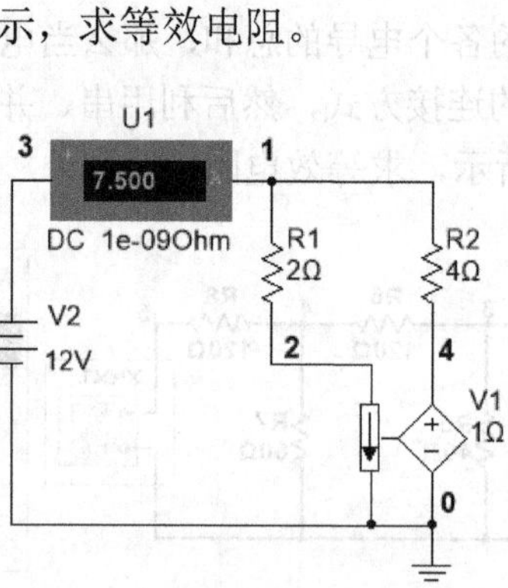

图 5-71 含受控源电路的等效

在电路仿真工作区中创建如图 5-71 所示电路，启动仿真，利用加压求流法可求出含受控源单口网络的电阻。外加电压为 12 V，电流为 7.5 A，等效电阻为 1.6 Ω。

注意

加压求流法所加的电压可以取任意数值。

5.5.4　与理想电压源并联支路的等效

与理想电压源并联的支路对外无效，端口电压等于电压源的电压，该等效电路就是电压源本身。

在电路仿真工作区中创建图 5-72 所示电路，启动仿真，从仿真结果可以看到端口处的电压为理想电压源的电压值。

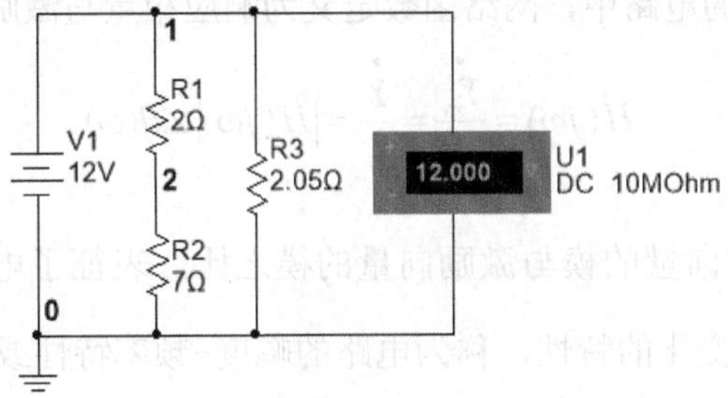

图 5-72　与理想电压源并联支路的等效

5.5.5　与理想电流源串联支路的等效

与理想电流源串联的支路对外无效，从端口等效观点来看，串联的支路是多余的，该等效电路就是电流源本身。

在电路仿真工作区中创建如图 5-73 所示电路，启动仿真，从仿真结果可以看到等效电路就是电流源本身。

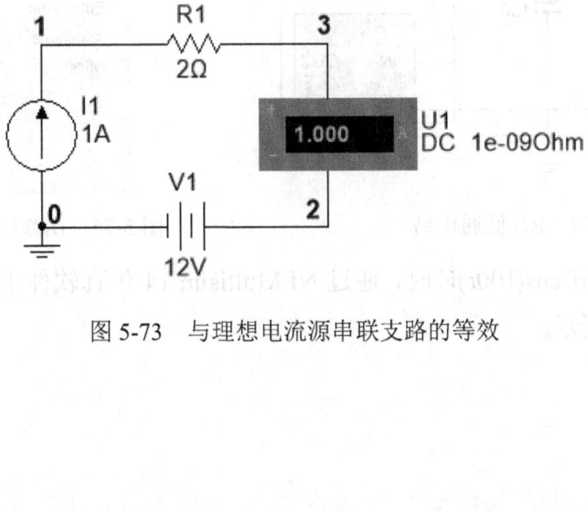

图 5-73　与理想电流源串联支路的等效

5.6　典型应用案例分析和仿真

在实际的电子系统中需要传输和处理的电信号通常都不是单一频率的正弦量，而是由许多不同频率的正弦波组成，电路结构也趋于复杂。本节将介绍低通滤波器和二端口网络的仿真分析方法。

5.6.1　频率响应与网络函数

由于感抗和容抗都是频率的函数，当不同频率的正弦激励作用于电路时，即使其振幅和初相位相同，响应的振幅和相位也会随之变化。这种电路响应随激励频率变化的特性称为电路的频率特性或频率响应。电路的频率特性通常用正弦稳态电路的网络函数来描述。在具有单个正弦激励源的电路中，网络函数定义为响应相量与激励相量之比，即：

$$H(j\omega)=\frac{\dot{Y}_{\mathrm{m}}}{\dot{F}_{\mathrm{m}}}=\frac{\dot{Y}}{\dot{F}}=|H(j\omega)|\angle\theta(\omega)$$

$|H(j\omega)|=\dfrac{Y}{F}$ 是响应向量的模与激励向量的模之比，表征了电路响应与激励的有效值（或振幅）的比值随 ω 变化的特性，称为电路的幅度-频率特性或幅频特性。$\theta(\omega)$ 是响应向量与激励向量之间的相位差，表征了电路响应与激励的相位差（又称相移）随 ω 变化的特性，称为相位-频率特性或相频特性。

在电路仿真工作区中创建图 5-74 所示电路，输出为电容两端的电压，$R=1\,\mathrm{k\Omega}$，$C=1\,\mu\mathrm{F}$。电路中信号源为函数信号发生器，其参数设置如图 5-75 所示。

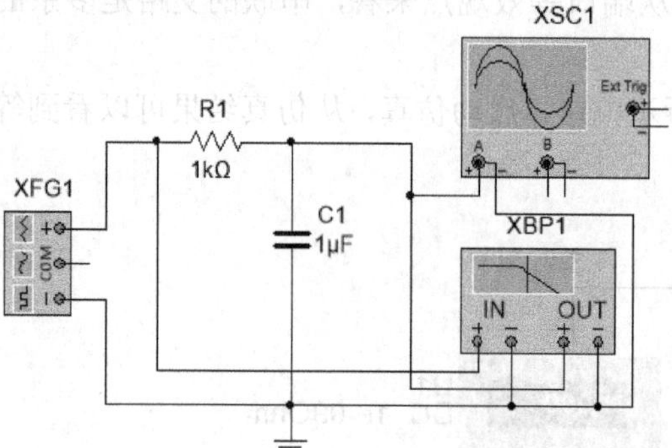

图 5-74　RC 低通电路

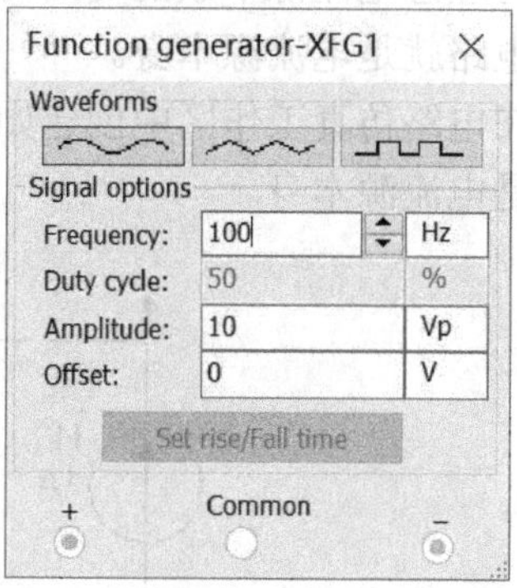

图 5-75　函数信号发生器的参数设置

当激励电压 $u_{\mathrm{s}}=10\cos(100t)V$ 时，通过 NI Multisim 14 仿真软件中的示波器就可观察到电路波形如图 5-76 所示。

而当激励电压 $u_s = 10\cos(10^4 t)V$ 时，通过 NI Multisim 14 仿真软件中的示波器就可观察到电路波形如图 5-77 所示。由此可见，当输出取自电容电压时，低频信号容易通过，而高频信号将受到抑制，这类电路被称为低通滤波器。截止角频率为：$\omega_C = \dfrac{1}{RC} = 10^3\ \text{rad/s}$。

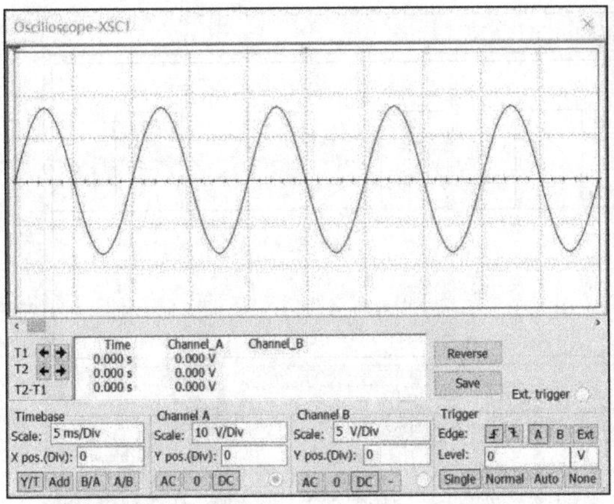

图 5-76　低频输入电容电压的波形

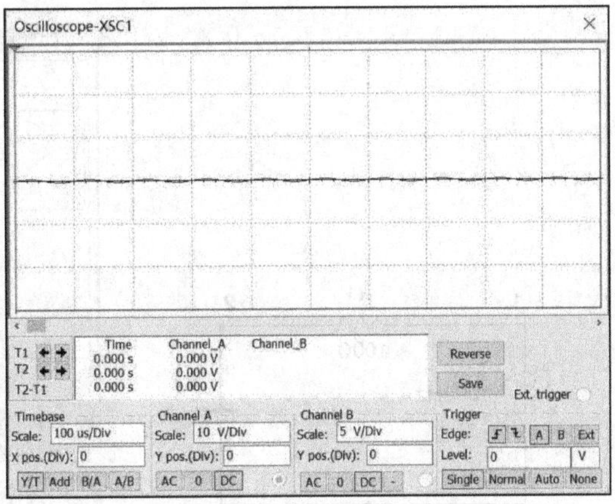

图 5-77　高频输入电容电压的波形

利用波特图仪可以观测到低通滤波器的幅频特性曲线和相频特性曲线如图 5-78 所示。

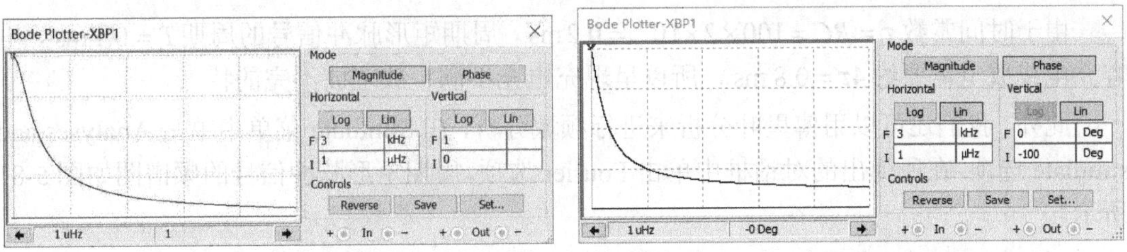

（a）幅频特性曲线　　（b）相频特性曲线

图 5-78　低通滤波器的特性曲线

5.6.2　非正弦稳态分析

周期信号的傅里叶级数表明：周期信号可分解为直流、基波和各次谐波的线性组合。各种周期信号的区别在于它们的基波频率不同，各次谐波分量的幅度及相位不同。如果知道一个周期信号所含的全部频率分量和各频率分量的幅度、相位，这个周期信号就可以确定了。对于周期矩形脉冲信号：

$$f(t) = \frac{A_0}{2} + \sum_{n=1}^{\infty} A_n \cos(n\Omega t + \phi_n) = \frac{E\tau}{T} + \frac{2E\tau}{T}\sum_{n=1}^{\infty} Sa\left(\frac{n\Omega\tau}{2}\right)\cos n\Omega t$$

也就是说，周期信号可以分解为直流和若干个正弦交流信号的组合，当我们分别求出直流响应和正弦稳态响应（利用相量法），利用齐次定理和叠加定理就可以很方便地求出周期信号作用于电路的响应。

在电路仿真工作区中创建图 5-79 所示电路，电路中信号源是周期矩形脉冲信号，其频率 $f = 1000\ \text{Hz}$，输出为电容两端的电压，$R = 100\ \Omega$，$C = 2\ \mu\text{F}$，当激励电压为周期矩形脉冲信号，通过 NI Multisim 14 仿真软件中的示波器就可观察到电路波形如图 5-80 所示，电容上电压周期性地进行充电和放电。

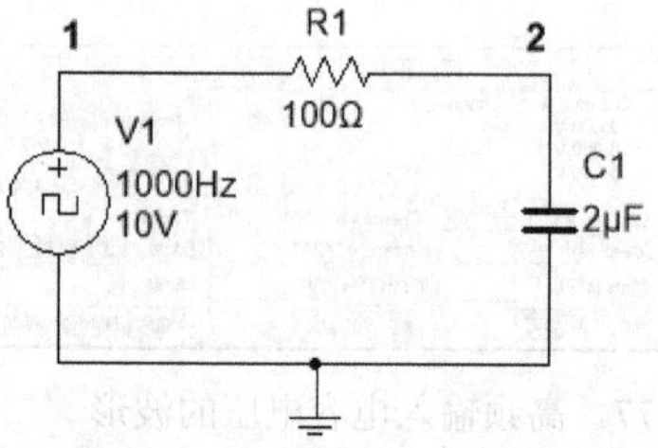

图 5-79　方波激励 RC 电路

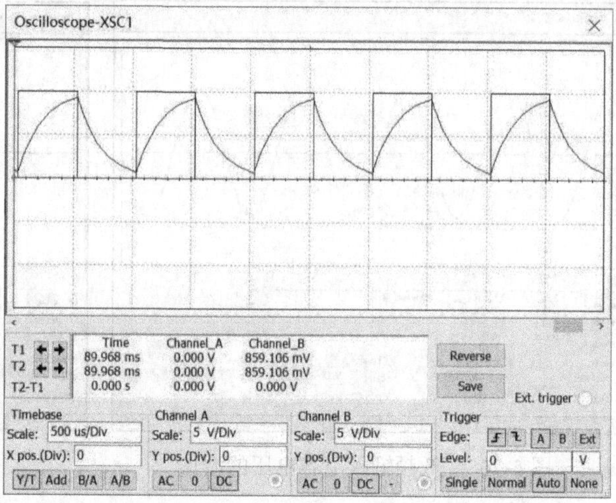

图 5-80　输入输出波形

由于时间常数 $\tau = RC = 100 \times 2 \times 10^{-6} = 0.2\,\text{ms}$，周期矩形脉冲信号的周期 $T = 0.1\,\text{ms}$，电容充电或放电需要约 $4\tau = 0.8\,\text{ms}$，所以呈现充电充不满、放电放不完的特点。

此外，我们还可以用傅里叶分析来进行频域分析，在 Simulate 菜单中单击 Analyses and simulate 选项，在所弹出的对话框中单击 Fourier 选项，周期矩形脉冲信号的频谱图如图 5-81 所示。

由于该电路为低通滤波器，截止角频率为：$\omega_C = \dfrac{1}{RC} = 5 \times 10^3\ \text{rad/s}$，所以直流和低频信号容易通过，而高频信号将受到抑制。傅里叶分析结果如图 5-82 所示。

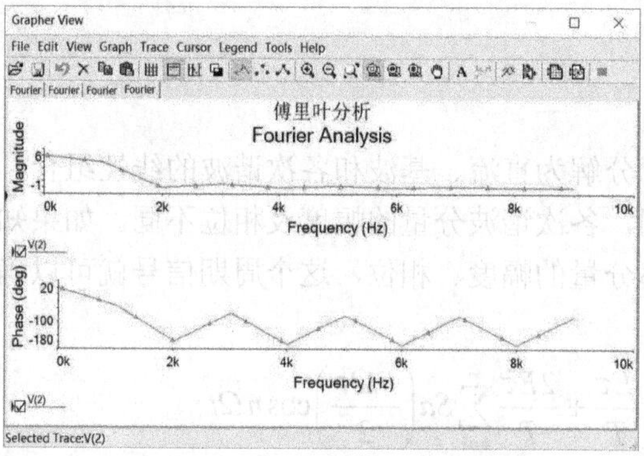

图 5-81　周期矩形脉冲频谱图

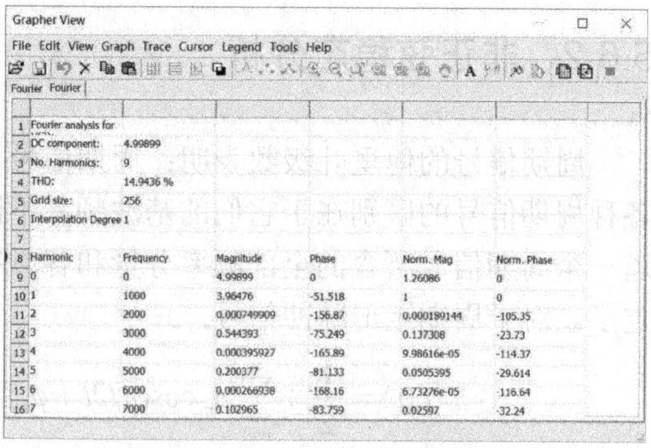

1	Fourier analysis for					
2	DC component:	4.99899				
3	No. Harmonics:	9				
4	THD:	14.9436 %				
5	Grid size:	256				
6	Interpolation Degree 1					
7						
8	Harmonic	Frequency	Magnitude	Phase	Norm. Mag	Norm. Phase
9	0	0	4.99899	0	1.26086	0
10	1	1000	3.96476	-51.518	1	0
11	2	2000	0.000749909	-156.87	0.000189144	-105.35
12	3	3000	0.544393	-75.249	0.137308	-23.73
13	4	4000	0.000395927	-165.89	9.98616e-05	-114.37
14	5	5000	0.200377	-81.133	0.0505395	-29.614
15	6	6000	0.000266938	-168.16	6.73276e-05	-116.64
16	7	7000	0.102965	-83.759	0.02597	-32.24

图 5-82　傅里叶分析结果

周期矩形脉冲信号频谱中的直流分量、基波分量通过低通滤波器而高次谐波分量被滤除。一个信号的细节是由高频分量来表征的，因此，电容上电压波形呈现细节丢失的特点。

习　题

5-1　电路如图 P5-1 所示，试利用 NI Multisim 14 仿真分析各支路电流。

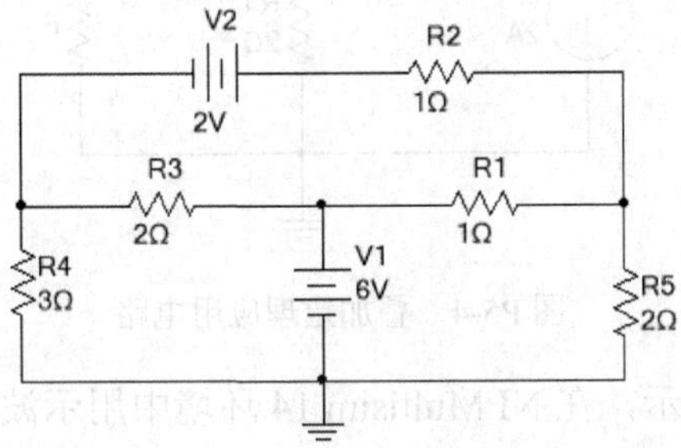

图 P5-1　网孔电流分析法应用电路

5-2　电路如图 P5-2 所示，试利用 NI Multisim 14 仿真分析各节点电位。

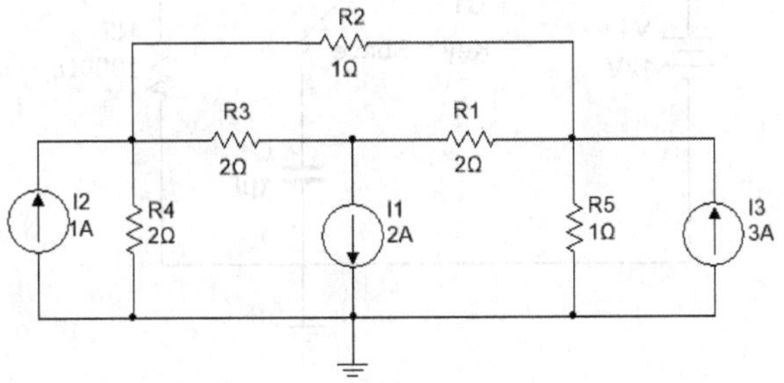

图 P5-2　节点电位分析法应用电路

5-3　电路如图 P5-3 所示，负载 R 为何值时能获得最大功率？最大功率是多少？

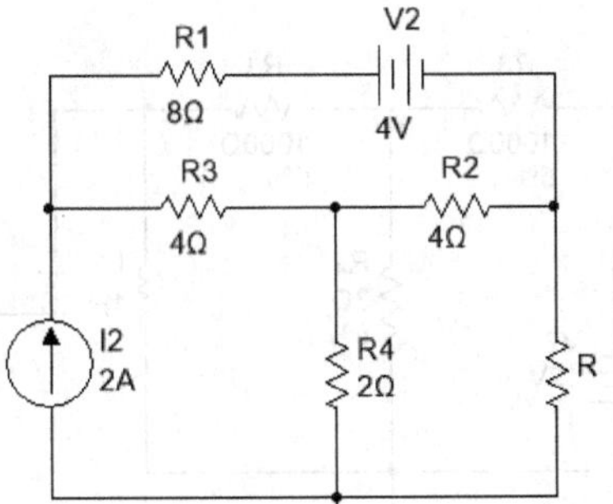

图 P5-3　最大功率传输应用电路

5-4　电路如图 P5-4 所示，用叠加定理求流过电压源的电流，并与仿真结果相比较。

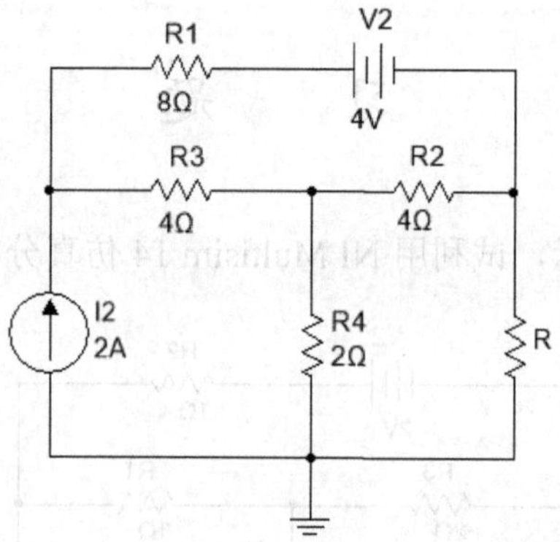

图 P5-4　叠加定理应用电路

5-5　电路如图 P5-5 所示，在 NI Multisim 14 环境中用示波器观察电容充放电情况。

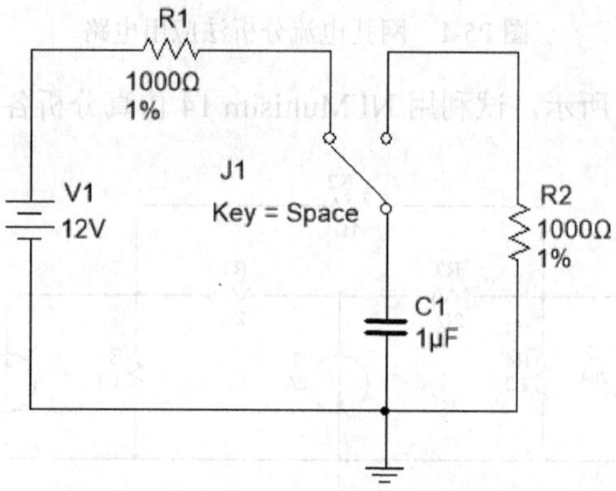

图 P5-5　电容充放电电路

5-6　电路如图 P5-5 所示，改变电容的大小，试观察电容充放电的变化。

5-7　电路如图 P5-6 所示，试观察电感两端电压的波形。

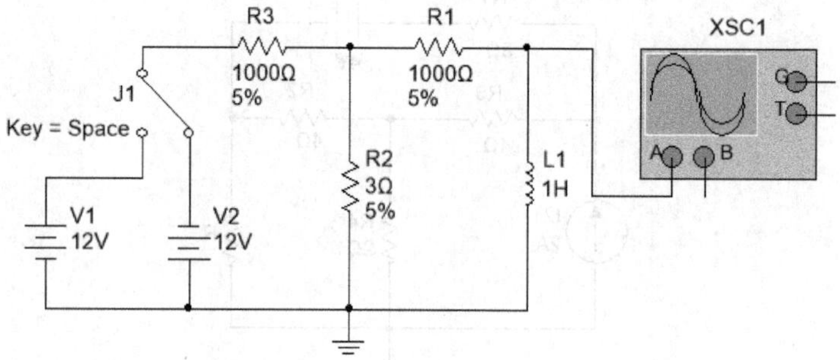

图 P5-6　电感电路

5-8　电路如图 P5-7 所示，试用示波器观察 RC 积分电路的工作过程（激励为 1 kHz 方波信号）。

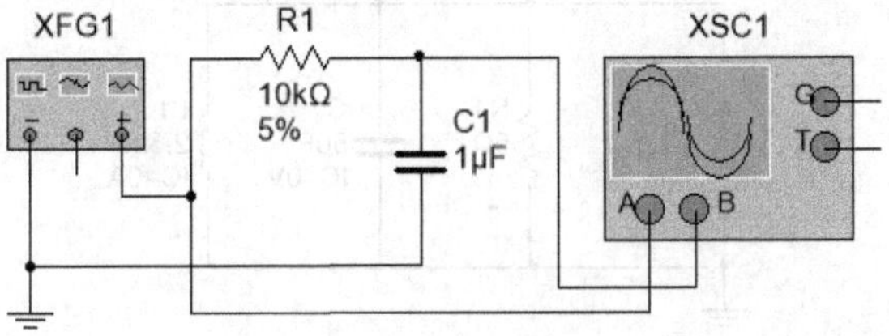

图 P5-7　RC 积分电路

5-9　电路如图 P5-8 所示，试用波器观察 RC 微分电路的工作过程（激励为 500 Hz 方波信号）。

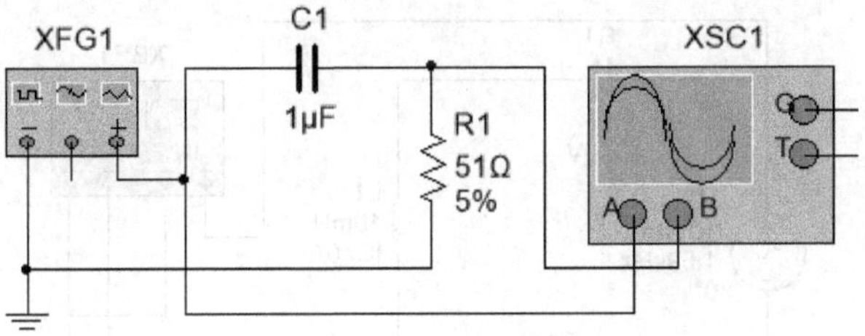

图 P5-8　RC 微分电路

5-10　电路如图 P5-9 所示，试用示波器观察电容电压波形。

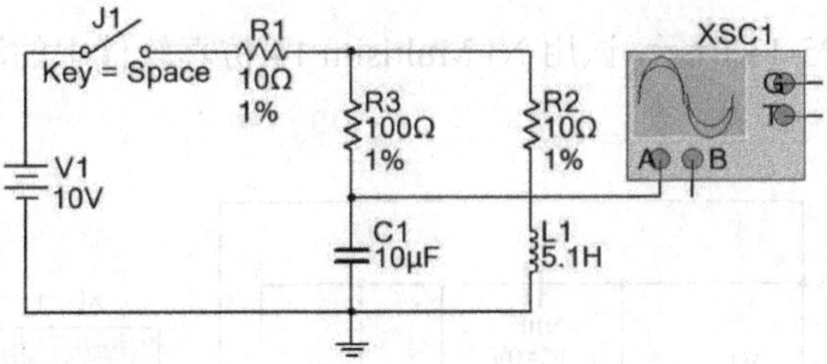

图 P5-9　RLC 串联电路

5-11　电路如图 P5-10 所示，用 NI Multisim 14 中的电流表测量各支路电流。

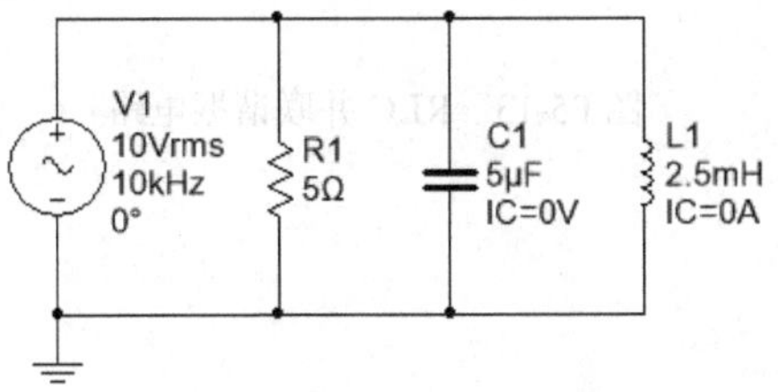

图 P5-10　欧姆定理应用电路

5-12　电路如图 P5-11 所示，用 NI Multisim 14 中的电流表测量各支路电流，并验证基尔霍夫电流定律。

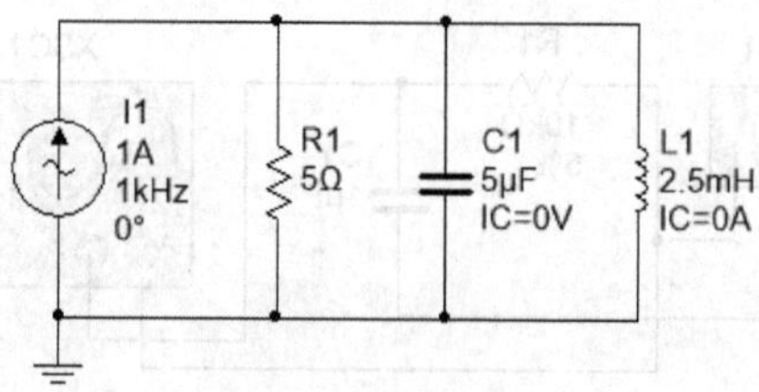

图 P5-11　基尔霍夫电流定律应用电路

5-13　电路如图 P5-12 所示，试用 NI Multisim 14 仿真软件中的波特图仪测量电路的频率特性。

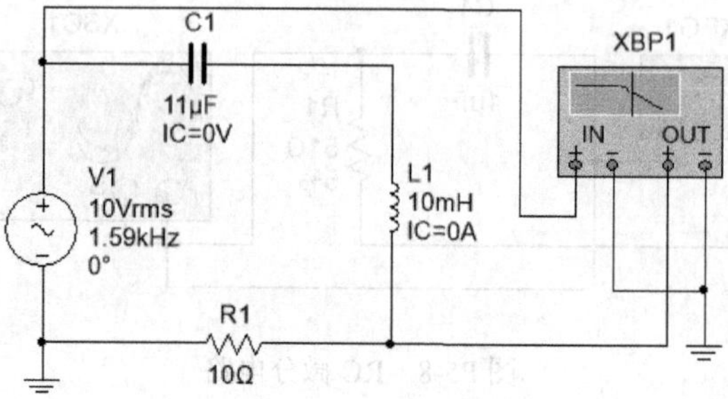

图 P5-12　RLC 串联谐振电路

5-14　电路如图 P5-13 所示，试用 NI Multisim 14 仿真软件中的波特图仪测量电路在谐振时的频率特性。

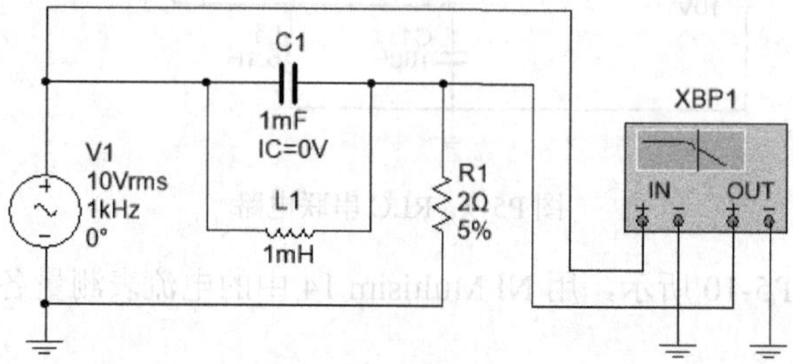

图 P5-13　RLC 并联谐振电路

第 6 章　NI Multisim 14 在模拟电子线路中的应用

模拟电子线路是研究半导体器件的性能、电路及其应用的一门专业基础课。它主要包括晶体管放大电路、反馈放大电路、集成运算放大电路、信号产生及变换电路和电源电路。本章主要介绍利用 NI Multisim 14 仿真软件对模拟电子线路进行仿真分析。

6.1　晶体管放大电路

放大电路是模拟电子线路基本的单元电路，通常由有源器件、信号源、负载和耦合电路构成。根据有源器件的不同，放大电路可分为晶体三极管（BJT）放大电路及场效应管（FET）放大电路。

6.1.1　共发射极放大电路

共发射极放大电路既有电压增益，又有电流增益，是一种广泛应用的放大电路，常用作各种放大电路中的主放大级，其电路如图 6-1 所示。它是一种电阻分压式单管放大电路，其偏置电路采用由 R_1、R_2 和 R_3 组成的分压电路，在发射极中接有电阻 R_6，以稳定放大电路的静态工作点。当放大电路输入信号 V_1 后，输出端便输出一个与 V_1 相位相反、幅度增大的输出信号 V_o，从而实现了放大电压的功能。

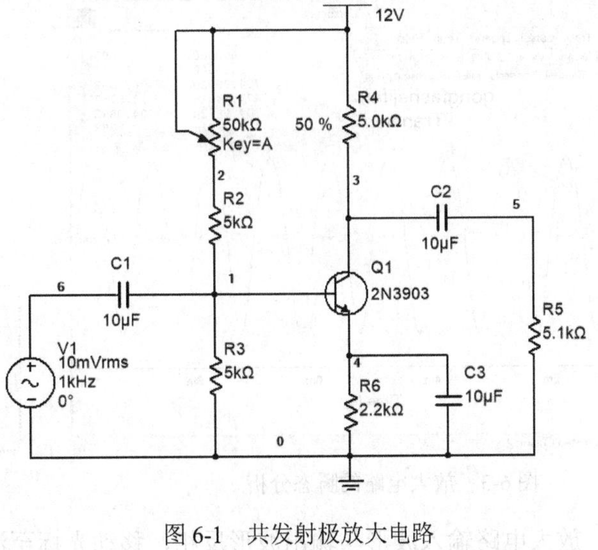

图 6-1　共发射极放大电路

1. 放大电路的静态分析——直流工作点分析

放大电路静态工作点直接影响放大电路的动态范围，进而影响放大电路的电流/电压增益和输入/输出电阻等参数指标，因此，设计一个放大电路首先要设计合适的工作点。在 NI Multisim 14 用户界面中，创建如图 6-1 所示的电路，其性能指标的仿真如下所述。

在 NI Multisim 14 用户界面中，执行 Simulate»Analyses and simulation 命令，弹出 Analyses and Simulation 对话框，在对话框 Active Analyses 选项中选择 DC Operating Point 分析方法，并在 Active Analyses 右侧出现 DC Operating Point 对话框中选择需仿真的变量，然后单击 Simulate 按钮，系统自动显示运行结果，如图 6-2 所示。

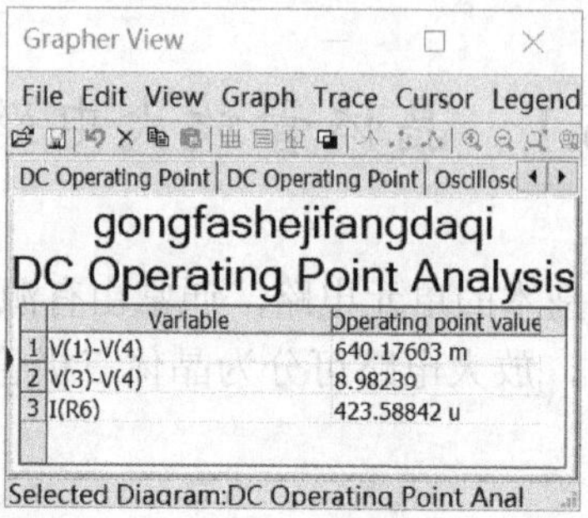

图 6-2　放大电路的静态工作点分析

由图 6-2 可见，晶体管 Q_1 的 $V_{BE}=V_1-V_4=640.176\ 03\ mV$，$V_{CE}=V_3-V_4=8.982\ 39\ V$，所以晶体管 Q_1 工作在放大区。

2. 放大电路的动态分析

（1）放大电路的瞬态分析。

执行菜单命令 Simulate»Analysis and simulation »Transient，在 Output variable 标签中选择输入节点 6 及输出节点 5，然后单击 Simulate 按钮，放大电路输入、输出波形如图 6-3 所示。

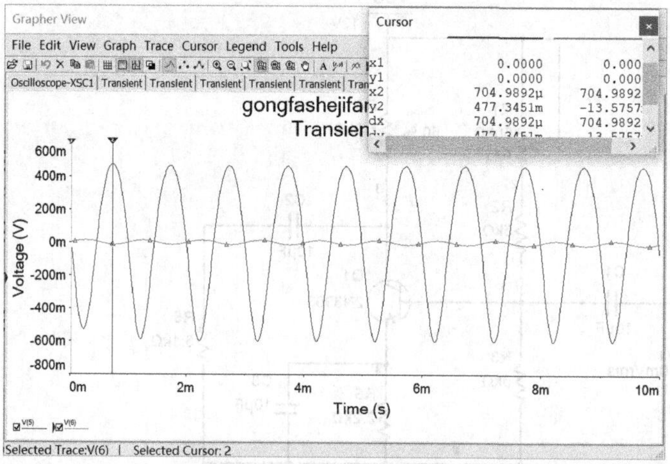

图 6-3　放大电路的瞬态分析

由图 6-3 可见，放大电路输入波形与输出波形反相，移动光标至波形的峰值，可测得输入电压为 13.5757 mV，输出电压值为 477.3451 mV，则放大倍数为 35.16。

（2）放大电路的交流分析。

执行菜单命令 Simulate»Analysis and simulation，弹出 Analyses and Simulation 对话框，在对话框中选择 AC Analysis 选项，在其 Output variables 标签中选定节点 5 进行仿真，然后在 Frequency Parameters 标签中，设置起始频率为 1 Hz，扫描终点频率为 10 GHz，扫描方式为十倍程扫描，单击 Simulate 按钮，仿真分析结果如图 6-4 所示。

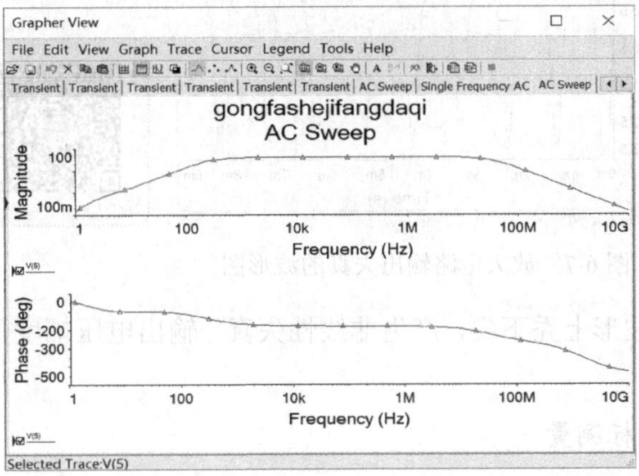

图 6-4　放大电路的交流分析结果

由图 6-4 可见，电路的上限频率约为 67 MHz，下限频率约为 78 Hz，通频带约为 67 MHz，稳频时的增益约为 36.85。

（3）共发射极放大电路的小信号等效电路仿真。

共发射极放大电路的电路图如图 6-1 所示，其小信号等效电路如图 6-5 所示，通过共发射极放大器小信号等效电路瞬态分析，则输入与输出波形如图 6-6 所示。

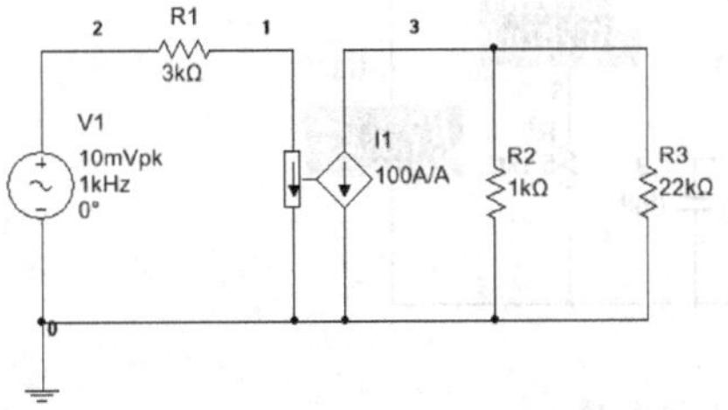

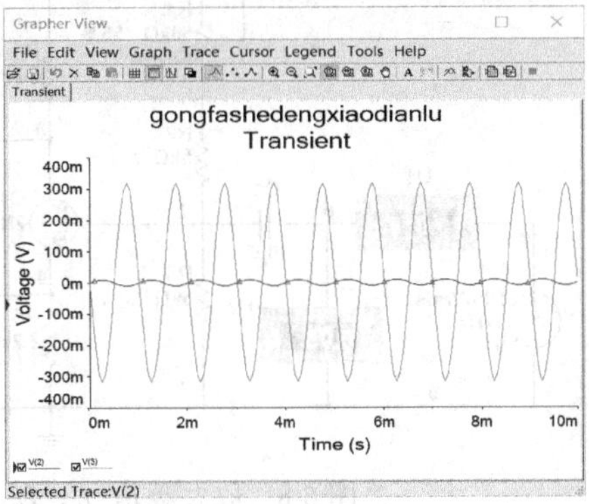

图 6-5　共发射放大电路小信号等效电路　图 6-6　小信号等效电路的输入与输出信号波形

对比图 6-6 和图 6-3 的输入、输出波形可知，共发射极放大电路与其对应的小信号等效电路的输入、输出波形相同，即放大电路可用其小信号等效电路来等效。

（4）共发射极放大电路失真。

图 6-1 所示放大电路的激励源是电压源，输入端加 V_s=10 cos（2000 πt）的正弦信号，

输出波形无明显失真，输出电压幅度为 180 mV。若增大输入信号幅度为 50 mV，输入与输出波形如图 6-7 所示。

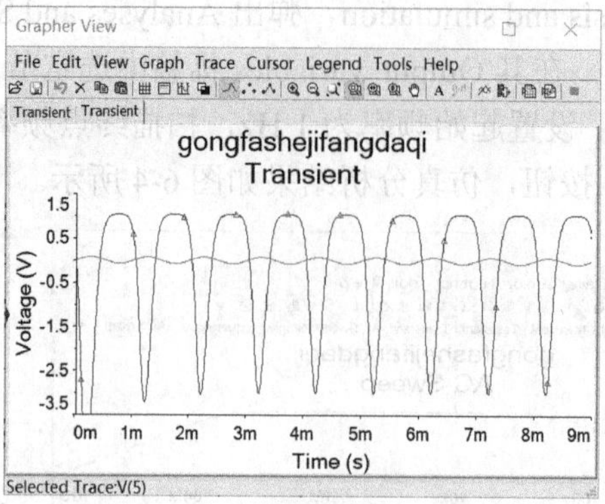

图 6-7　放大电路输出失真的波形图

由图 6-7 可见，波形上秃下尖，产生非线性失真。输出电压幅度正半周约为 1 V，而负半周约为 3 V。

3. 放大电路的指标测量

（1）放大倍数 A_V 的测量。

通过对放大电路进行瞬态分析，放大倍数约为 35.16。

（2）输入电阻和输出电阻的测量。

在放大器输入、输出端分别接入交流模式电流表测量 I_i、I_o、U_i、U_o，如图 6-8 所示。

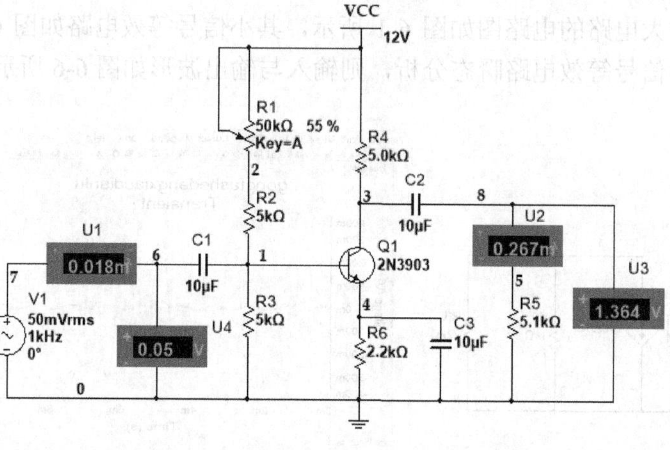

图 6-8　放大器 I_i、I_o、U_i、U_o 的测量

由图 6-8 可见，输入支路交流电流 I_i 的有效值为 0.018 mA，输入交流电压 U_i 的有效值为 0.05 V，输出支路交流电流 I_o 的有效值为 0.267 mA，输出电压 U_o 的有效值为 1.364 V。

由此可计算出：

$$R_i = \frac{U_i}{I_i} = \frac{0.05\ \text{V}}{0.018\ m\text{A}} \approx 2.78\ \text{k}\Omega$$

$$R_o = \frac{U_o}{I_o} = \frac{1.364\ \text{V}}{0.267\ \text{mA}} \approx 5.11\ \text{k}\Omega$$

4. 组件参数对放大电路性能的影响

（1）静态工作点对放大性能的影响。

对图 6-1 所示的放大电路来说，假定 R_1、R_2 和 R_3 不变，输入信号从 0 开始增大，使输出信号足够大但不失真。工作点偏高，输出将产生饱和失真；工作点偏低，则产生截止失真。一般来说，静态工作点 Q 应选在交流负载线的中央，这时可获得最大的不失真输出，亦可得到最大的动态工作范围。

增大 R_1 或减小 R_1，工作点升高，但交流负载线不变，动态范围不变；增大 V_{CC}，交流负载线向右平移，动态范围增大，同样会提升工作点；增大 R_3，交流负载线斜率绝对值减小，动态范围减小，同时降低工作点。反之则相反。

在输入信号幅度适当时，调整偏置 R_1 电阻，通过共发射放大电路瞬态分析，输出波形的失真情况如图 6-9 和图 6-10 所示。

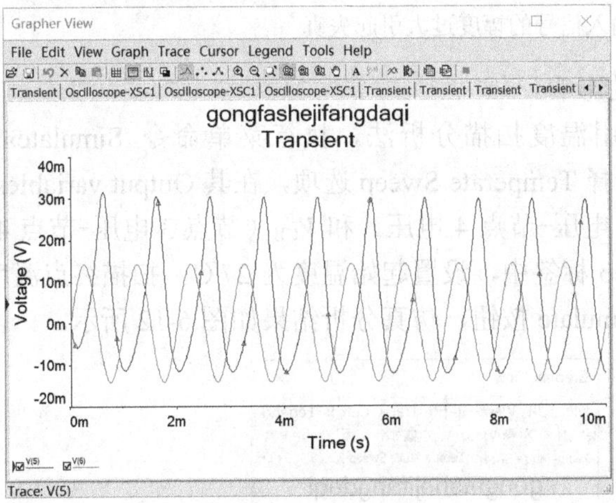

图 6-9　R_5 减小产生的饱和失真

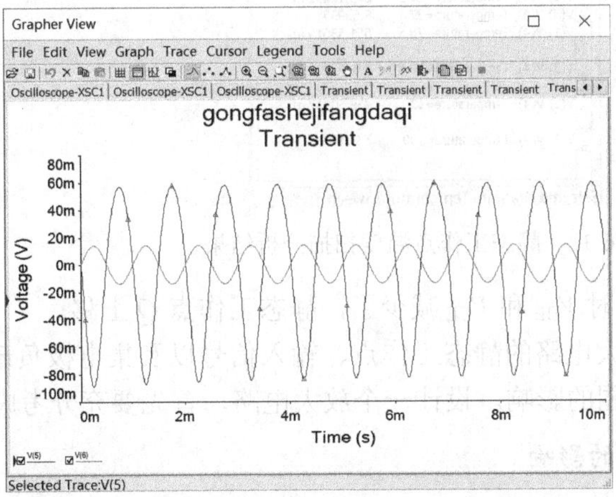

图 6-10　R_1 增加产生的截止失真

静态工作点确定以后，若增大或减小集电极负载电阻 R_6，都会影响输出电流或输出电压的动态范围。在激励信号不变的情况下，会产生饱和失真或截止失真。若静态工作点设置合适，负载电阻不变，但输入信号的幅度增大，超出其动态范围，会使输出电流、电压波形出现顶部削平和底部削平失真，即放大电路既产生饱和失真，又产生截止失真，如图 6-11 所示。

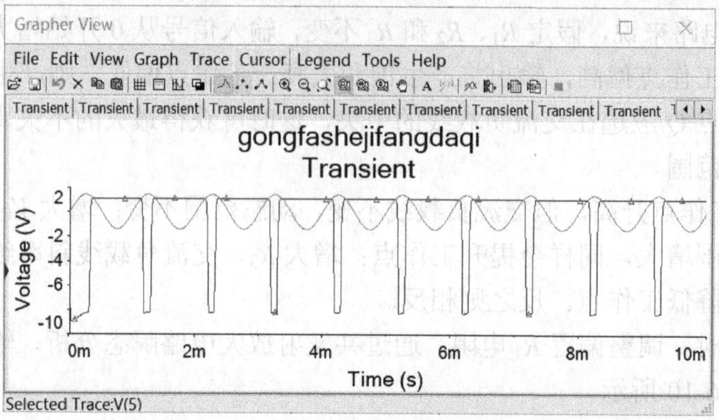

图 6-11　输入信号的幅度过大引起失真

（2）温度对静态工作点的影响。

对图 6-1 所示晶体管采用温度扫描分析法，执行菜单命令 Simulate»Analysis and simulation，在弹出对话框中选择 Temperate Sweep 选项，在其 Output variables 标签中选定晶体三极管 Q_1 的 V_{BE}（节点 1 电压-节点 4 电压）和 V_{CE}（节点 3 电压-节点 4 电压）进行仿真，然后在 Temperate Sweep 标签中，设置起始温度为 27℃，扫描终点温度为 130℃，扫描方式为线性扫描，单击 Simulate 按钮，仿真分析结果如图 6-12 所示。

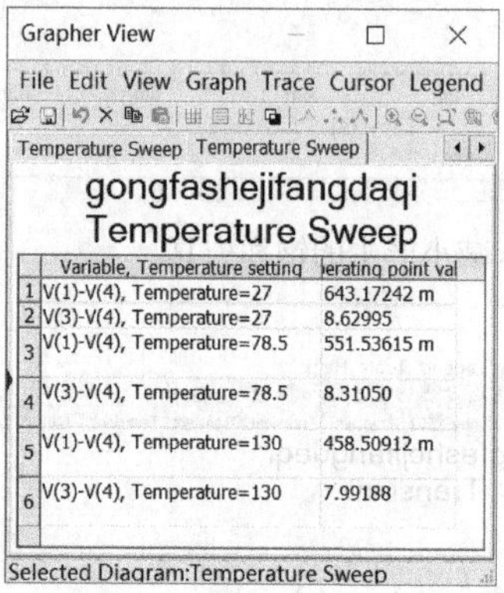

图 6-12　静态工作点温度扫描分析结果

由图 6-12 可见，温度升高时 V_{BE} 和 V_{CE} 减少了，静态工作点 Q 上移。

以上的讨论充分说明了放大电路的静态工作点、输入信号以及集电极负载电阻对放大电路输出电流电压波形动态范围的影响。设计一个放大电路，首先要充分考虑这些因素。

5. 三极管故障对放大电路的影响

利用 NI Multisim 14 仿真软件可以虚拟仿真三极管的各种故障现象。对图 6-1 所示的放大电路，若设置三极管 B、E 极开路，则共发射放大电路瞬态分析，放大电路的输入、输出波形如图 6-13 所示，输出信号电压为零，与理论分析吻合。

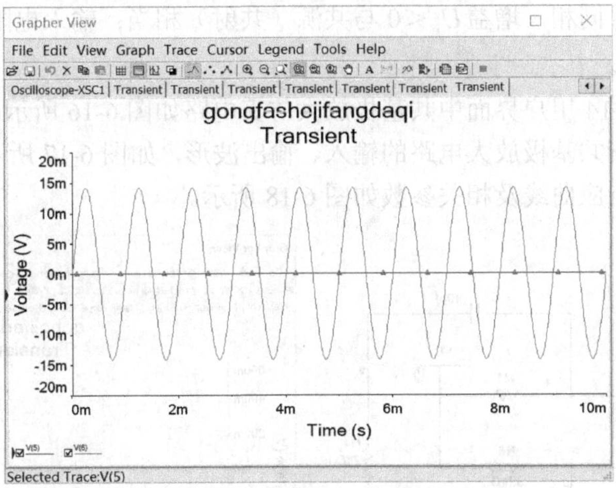

图 6-13　三极管 B、E 极开路时电路的输入与输出波形

6.1.2　常见基本放大电路

用晶体三极管可以构成共发射极（CE）、共集电极（CC）和共基极（CB）3 种基本组态的放大电路，与晶体三极管相对应，场效应管可以构成共源（CS）、共栅（CG）和共漏（CD）3 种组态。

1. 分压式自偏压共源放大电路

分压式自偏压共源放大电路如图 6-14 所示，通过共发射放大电路瞬态分析，分压式自偏压共源电路的输入与输出波形如图 6-15 所示。

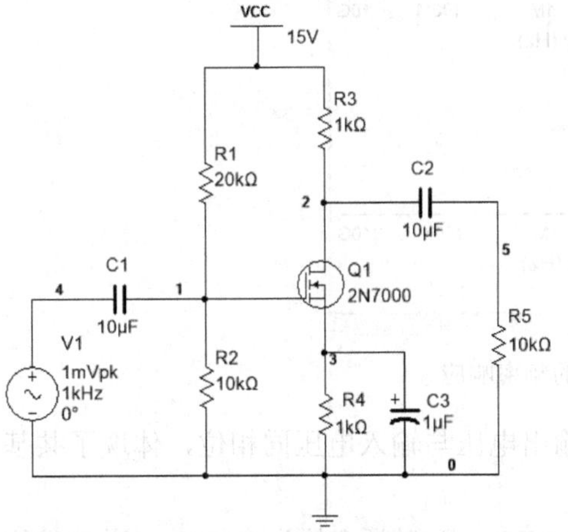

图 6-14　分压式自偏压共源放大电路

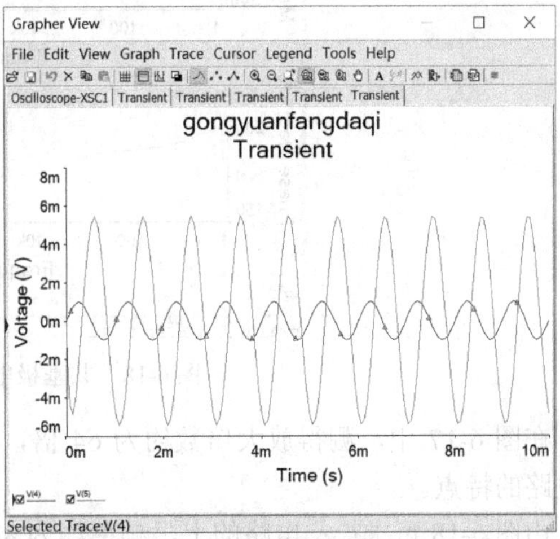

图 6-15　分压式自偏压共源放大电路的输入、输出信号波形

2. 共基电路

（1）电路特点。

输入与输出信号同相，增益U_i <0 与共源（共射）相当；输入电阻小。

（2）电路仿真。

在 NI Mulitisim 14 用户界面中共基极放大仿真电路如图 6-16 所示，通过共基极放大仿真电路瞬态分析观察共基极放大电路的输入、输出波形，如图 6-17 所示。选用交流分析方法获得电路的频率响应曲线及相关参数如图 6-18 所示。

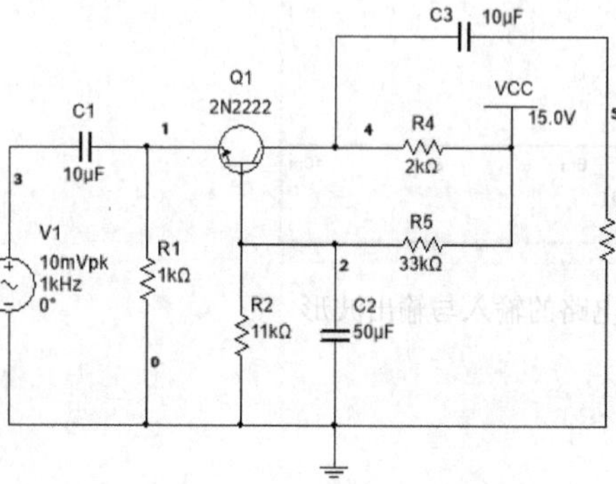

图 6-16　共基极放大电路

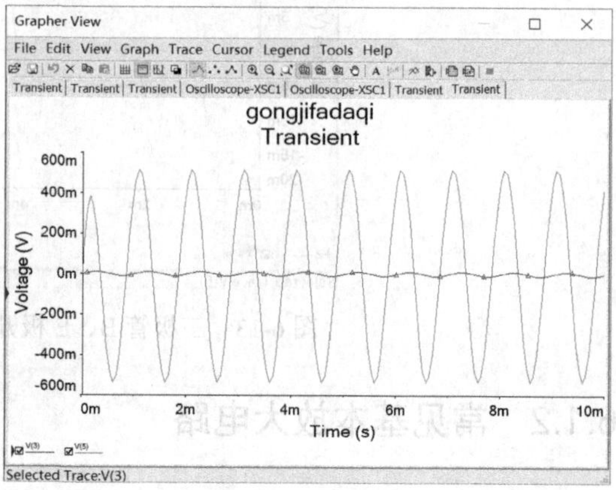

图 6-17　共基极放大电路的输入与输出波形

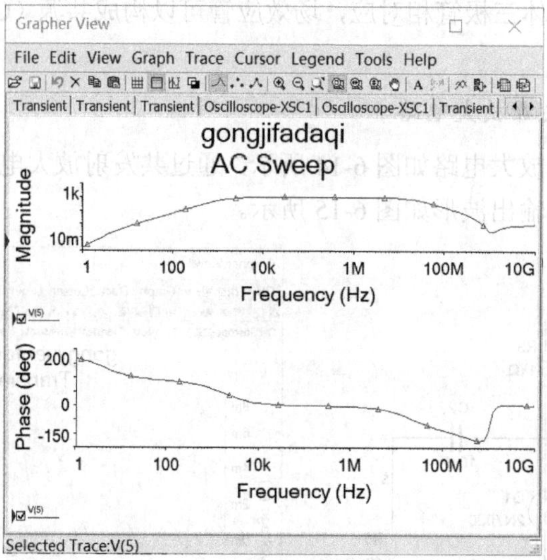

图 6-18　共基极电路的频率响应

在图 6-17 中，测得放大倍数约为 64 倍，且输出电压与输入电压同相位，体现了共基极电路的特点。

由图 6-18 可求得：电路的上限频率约为 83.12 MHz，下限频率约为 216 Hz；通频带约为 83 MHz。

3. 共漏极电路

（1）电路特点。

输入输出同相，增益 $A_v<1$；输入电阻大，输出电阻小。

（2）电路仿真。

在 NI Multisim 14 用户界面中创建如图 6-19 所示的共漏极放大电路，通过示波器观察共漏极放大电路的输入与输出波形，如图 6-20 所示。选用交流分析方法获得电路的频率响应曲线及相关参数如图 6-21 所示。

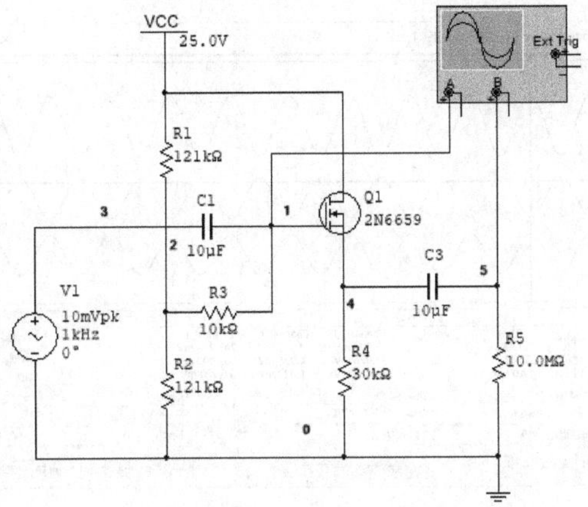

图 6-19　共漏极放大电路的电路图

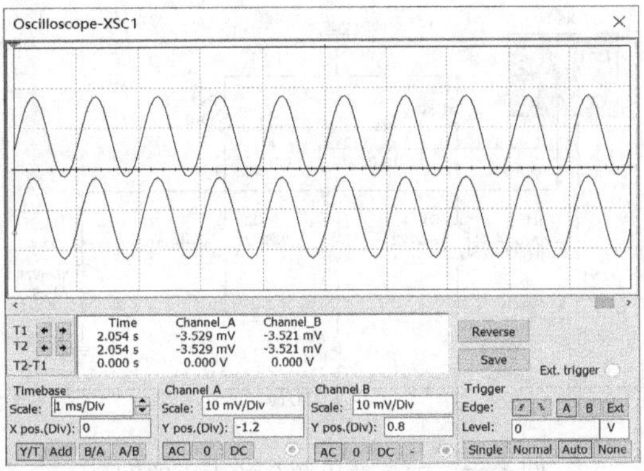

图 6-20　共漏极放大电路的输入与输出波形

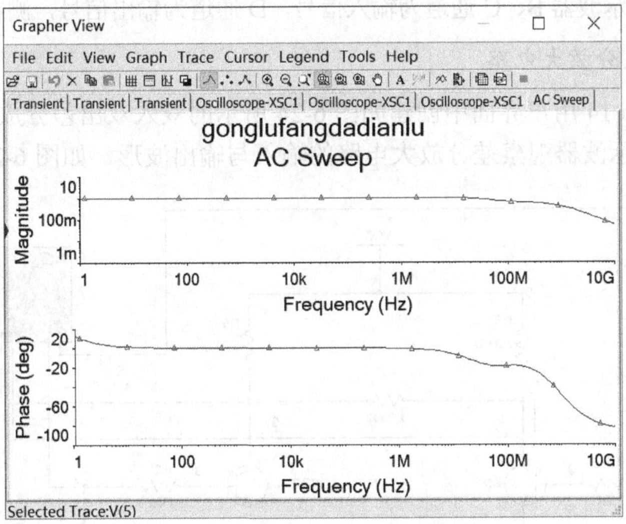

图 6-21　共漏极电路的频率响应

在图 6-20 中，A 通道为输入信号，B 通道为输出信号，测得放大倍数接近于 1，且输出电压与输入电压同相位，体现了共漏极电路的特点。

由图 6-21 可看出，该电路的上限频率非常高，带宽非常宽。

6.1.3　差分放大电路

在集成运放的输入级，通常采用差分放大电路，利用电路参数的对称性和负反馈作用，有效地稳定静态工作点，以放大差模信号、抑制共模信号。

1. 双入单出差分放大电路

在 NI Multisim 14 用户界面中创建如图 6-22 所示的双入单出差分放大电路，加差模信号 V_1、V_2，通过示波器观察差分放大电路的输入与输出波形如图 6-23 所示。

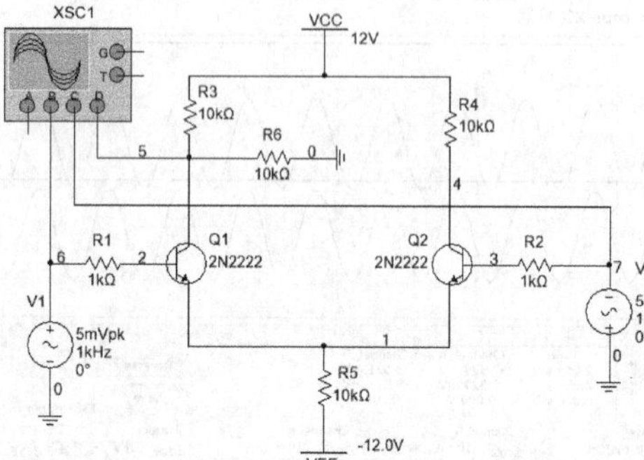

图 6-22　双入单出差分放大电路图

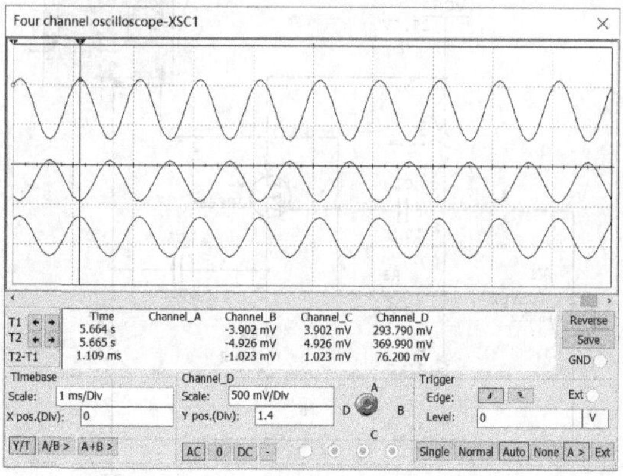

图 6-23　双入单出差分放大电路的输入与输出波形

在图 6-23 中，示波器 B、C 通道为输入信号，D 通道为输出信号，测得放大倍数约为 75。

2. 双入双出差分放大电路

在 NI Multisim 14 用户界面中创建如图 6-24 所示的双入双出差分放大电路，加差模信号 V_1、V_2，通过示波器观察差分放大电路的输入与输出波形，如图 6-25 所示。

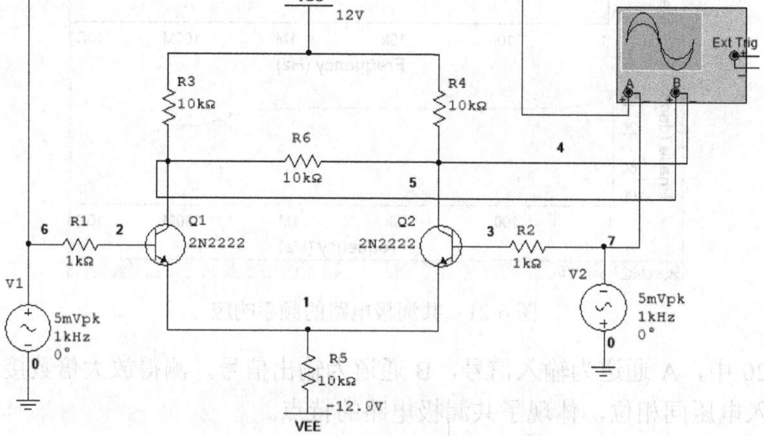

图 6-24　双入双出差分放大电路图

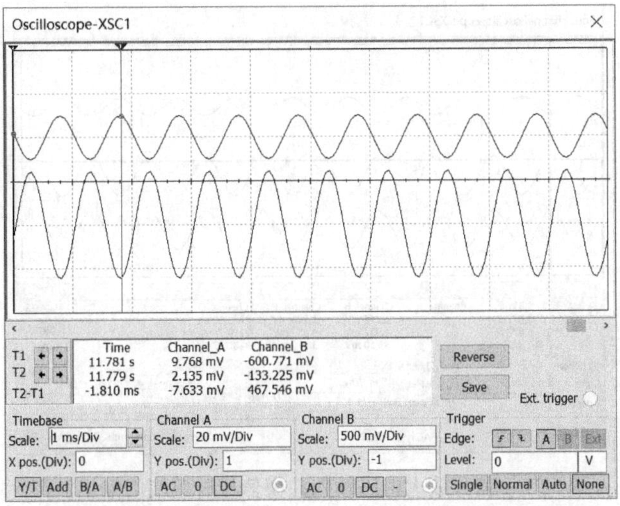

图 6-25　双入双出差分放大电路的输入与输出波形

在图 6-25 中，示波器 A 通道为输入信号，B 通道为输出信号，测得放大倍数约为 62。

3. 差分放大电路共模抑制特性分析

在图 6-24 中，将 V_2 信号源方向反过来，即加上共模信号，启动仿真，双击示波器调整 A、B 通道显示比例，仿真结果如图 6-26 所示。其中，A 通道为输入信号，B 通道为输出信号。

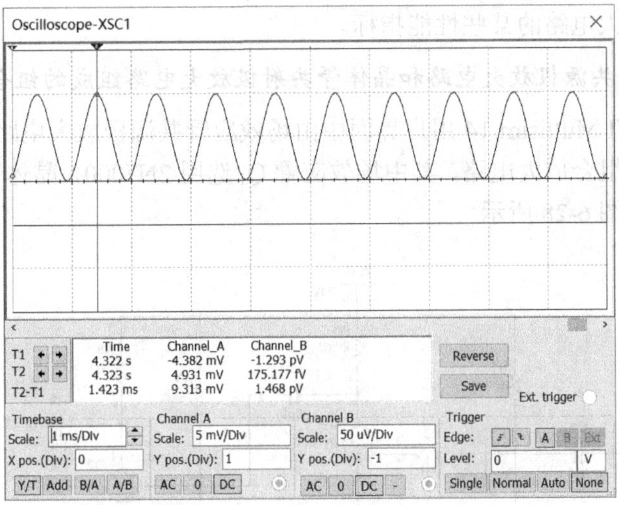

图 6-26　差分放大电路输入共模信号时双端的输出波形

由图 6-26 可见，在共模输入信号作用下，输出的幅值约为 0。这说明差分放大电路在双端输出时，对共模信号有很强的抑制能力，参数对称时共模抑制比接近无穷大。

在图 6-22 中，将 V_2 信号源方向反过来，即加上共模信号，从单端输出。启动仿真，双击示波器调整 B、C、D 通道显示比例，仿真结果如图 6-27 所示。其中，示波器的 B、C 通道为输入信号，D 通道为输出信号。

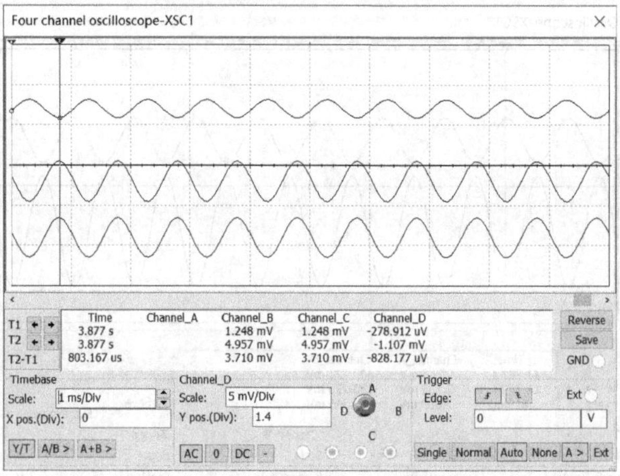

图 6-27　差分放大电路输入共模信号时单端的输出波形

由图 6-27 可见，单端输出的幅值较小，测得放大倍数约为 0.22，其共模抑制比为 340。因此，不论采用哪种连接形式，差分放大电路都有较高的共模抑制比。

6.1.4　场效应管及晶体管组合的放大电路

半导体三极管具有较强的放大能力（高）和负载能力，而场效应管具有输入阻抗高、噪声低等显著特点，但放大能力较弱（小）。如果将场效应管与半导体三极管组合使用，就可提高和改善放大电路的某些性能指标。

1. 由场效应管共源极放大电路和晶体管共射极放大电路组成的组合放大电路

图 6-28 是在 NI Multisim 14 用户界面中由场效应管共源极放大电路和晶体管共射极放大电路组成的两级组合放大电路，其中场效应管 Q_1 选用 2N7000，晶体管 Q_2 选用 2N2222，其他元件及参数如图 6-28 所示。

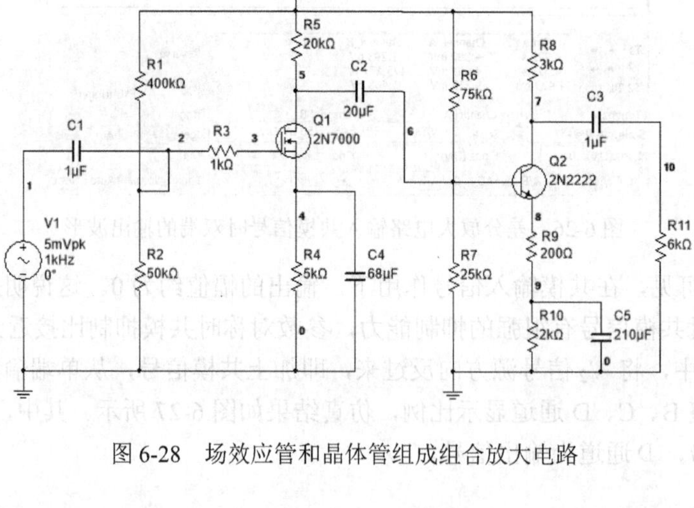

图 6-28　场效应管和晶体管组成组合放大电路

对场效应管和晶体管组成组合放大器仿真电路进行瞬态分析，得出如图 6-29 所示瞬态分析波形。

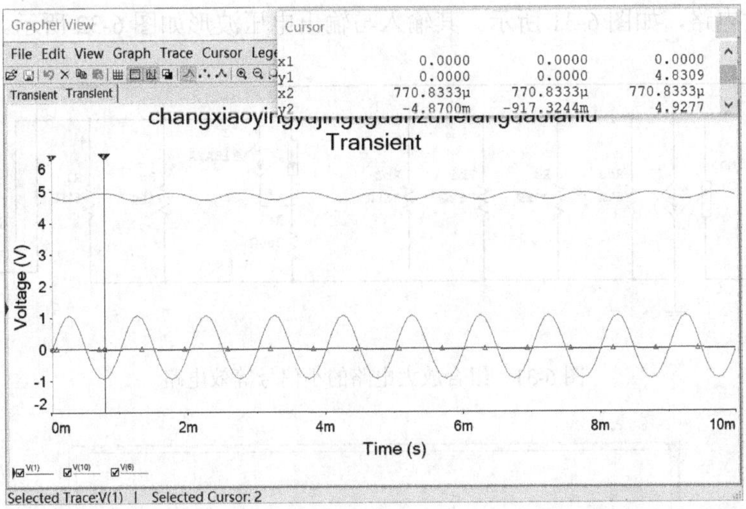

图 6-29　场效应管和晶体管组成的组合放大电路瞬态分析

从图 6-29 可知，放大电路输入波形与输出波形同相位，第一级放大器（场效应管）电压增益约 188，第二级放大器（三极管）电压增益约 5.37，总电压增益为 1011。

对场效应管和晶体管组成组合放大器仿真电路进行交流分析，在交流分析对话框中，设置扫描起始频率为 1 Hz，终止频率为 1 GHz，扫描方式为十倍程扫描，节点 10 为输出节点，得出如图 6-30 所示的幅频特性与相频特性波形。

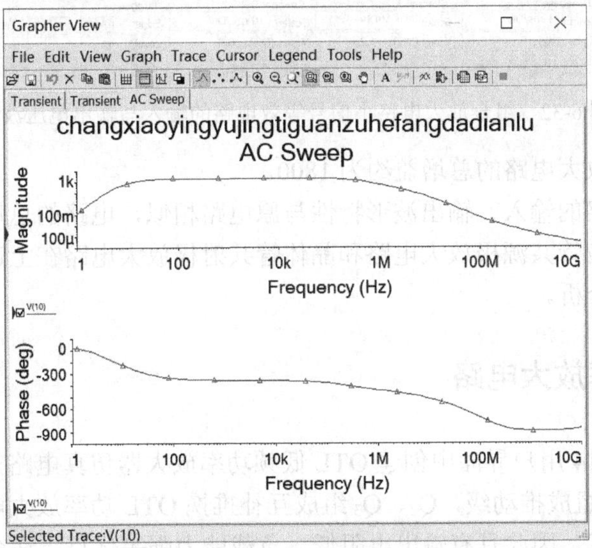

图 6-30　组合放大电路的频率响应

该电路的上限频率为 2 MHz，下限频率为 50 Hz，通频带约为 2 MHz。显然多级放大电路的通频带低于单级放大电路，但增益高。

2. 组合放大电路的小信号等效电路

在 NI Multisim 14 用户界面中创建场效应管共源极放大电路和晶体管共射极放大电路的小信号等效电路，如图 6-31 所示。其输入与输出电压波形如图 6-32 所示。

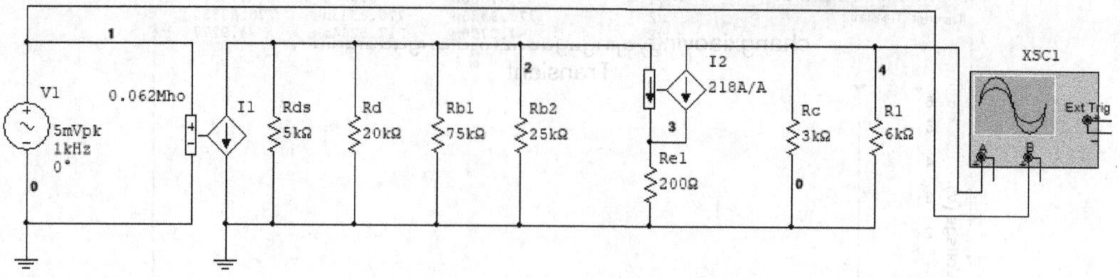

图 6-31　组合放大电路的小信号等效电路

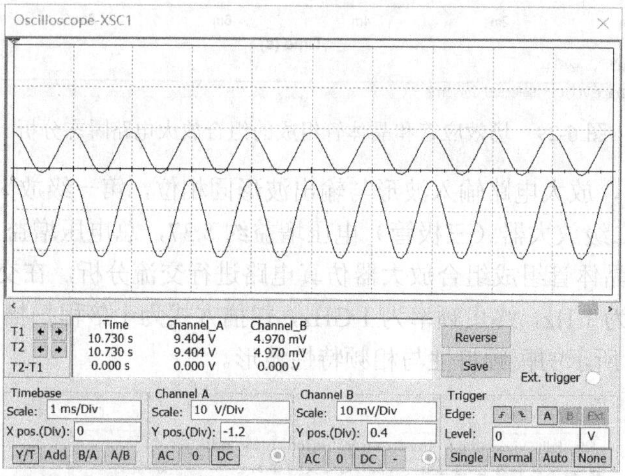

图 6-32　组合放大电路小信号等效电路的输入与输出电压波形

由示波器测得放大电路的总增益约为 1800。

小信号等效电路的输入、输出波形特性与原电路相似，电路的总增益在误差允许的范围内相等，故场效应管共源极放大电路和晶体管共射极放大电路在上述频率范围内可用小信号等效电路等效分析。

6.1.5　低频功率放大电路

在 NI Multisim 14 用户界面中创建 OTL 低频功率放大器仿真电路，如图 6-33 所示。其中，晶体三极管 Q_1 组成推动级，Q_2、Q_3 组成互补推挽 OTL 功率放大电路。每个管子都接成发射极输出的形式，因此具有输出电阻低、负载能力强等优点，适合作为功率输出级。Q_1 工作于 A 类状态，它的集电极电流 I_{c1} 由 R_1 调节，I_{c1} 的一部分流经电位器 R_5 及二极管 D_1，可以使 Q_2、Q_3 得到合适的静态电流而工作于 AB 类状态，以克服交越失真。C_3 和 R_8 构成自举电路，用于提高输出电压正半周的幅度，扩大动态范围。

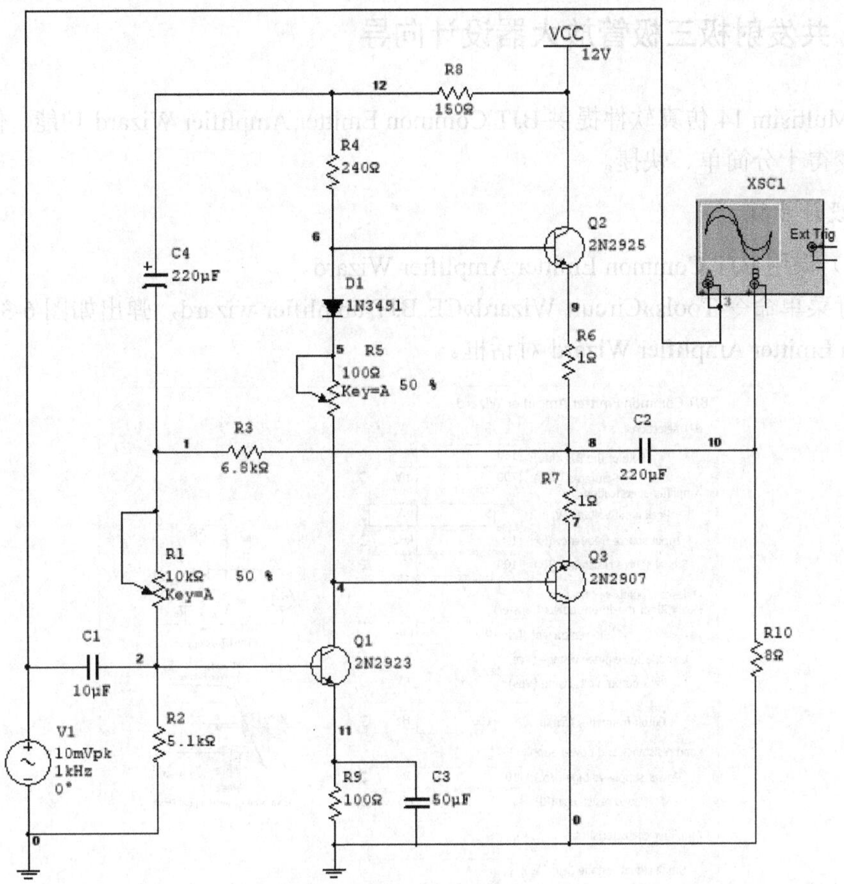

图 6-33　OTL 低频功率放大电路

图 6-34 给出了 OTL 低频功率放大电路的输入与输出波形。

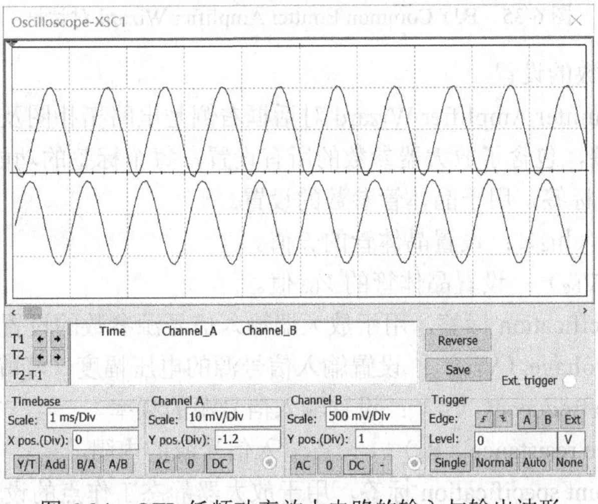

图 6-34　OTL 低频功率放大电路的输入与输出波形

6.1.6 共发射极三极管放大器设计向导

NI Multisim 14 仿真软件提供 BJT Common Emitter Amplifier Wizard 功能，使得放大器的设计变得十分简单、快捷。

1. 设计步骤

（1）调用 BJT Common Emitter Amplifier Wizard。

执行菜单命令 Tools»Circuit Wizard»CE BJT amplifier wizard，弹出如图 6-35 所示 BJT Common Emitter Amplifier Wizard 对话框。

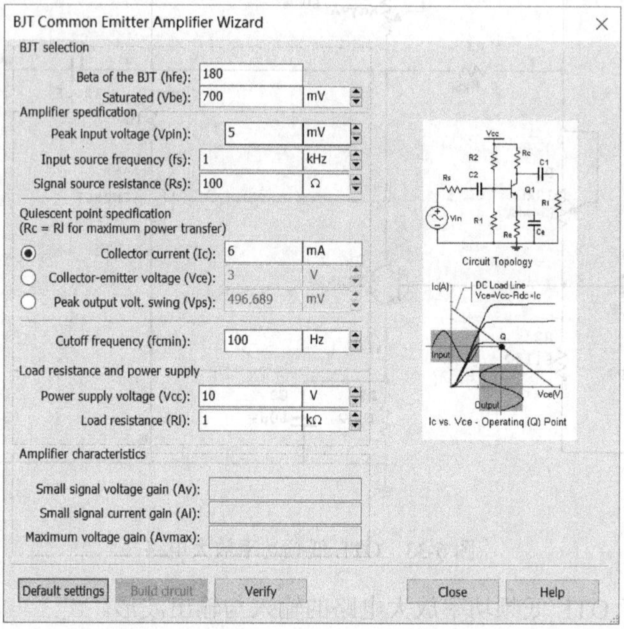

图 6-35　BJT Common Emitter Amplifier Wizard 对话框

（2）放大器参数的设置。

BJT Common Emitter Amplifier Wizard 对话框右侧是电路拓扑图及静态工作点，该对话框左侧含有 6 个标签，包含了放大器参数的所有设置，每个标签的功能如下所述。

①BJT selection 标签，用于晶体管参数的设置。

- Beta of BJT（h_{fe}）：设置晶体管的 β 值。
- Saturated（V_{be}）：设置晶体管的 V_{be} 值。

②Amplifier specification 标签，用于放大器输入信号源参数的设置。

- Peak input voltage（V_{pin}）：设置输入信号源的电压幅度（峰峰值）。
- Input source frequency（f_s）：设置输入信号源的频率。
- Signal source resistance（R_s）：设置输入信号源的内阻。

③ Quiescent point specification 标签，用于放大器静态工作点的设置。

从 Collector current（I_c）（集电极电流）、Collector -emitter voltage（V_{ce}）、Peak output volt. Swing（V_{ps}）（输出电压摆动峰值）中选择一个参数设置。

④ Cutoff frequency（fcmin）标签，用于放大器截止频率的设置。

⑤ Load resistance and power supply 标签，用于放大器负载电阻和电源电压的设置。

⑥ Amplifier characteristics 标签，用于放大器特性设置。

- Cutoff frequency（f_{cmin}）：放大器截止频率。
- Power supply voltage（V_{cc}）：电源电压。
- Load resistance（R_l）：负载电阻。

（3）放大器的生成。

放大器参数设置完毕后，单击 Verify 按钮，NI Multisim 14 软件会自动检查能否实现所设置的放大器，若出现如图 6-36 所示的对话框，则表明 NI Multisim 14 能够实现该放大器。

图 6-36 中校验生成放大器的参数为信号电压增益 A_v=99.337 748，信号电流增益 A_i=71.428 571，最大电压增益 A_{vmax}=384.615 385。

反之，若放大器设计向导的对话框如图 6-37 所示，则表明 NI Multisim 14 仿真软件不能实现该放大器，此时应重新设置放大器的参数，直至出现如图 6-36 所示的对话框。然后单击 Build circuit 按钮生成所需电路。

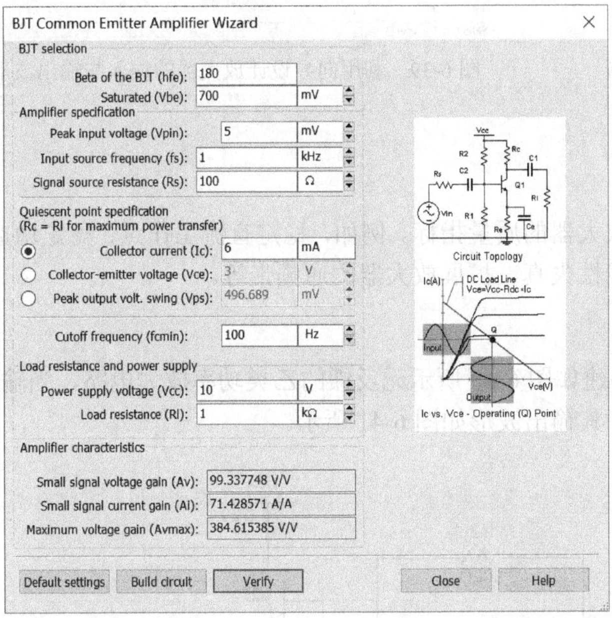

图 6-36　校验后的 BJT Common Emitter Amplifier Wizard 对话框

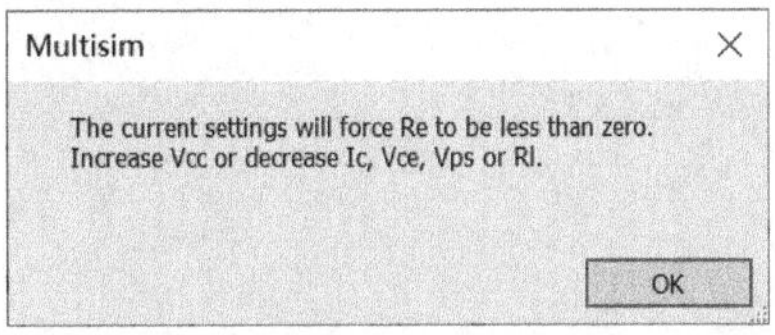

图 6-37　校验出错对话框

2. 设计举例

利用 NI Multisim 14 用户界面中的 BJT Common Emitter Amplifier Wizard 设计一个放大器，其参数为：电源电压为 10 V，信号电压增益 A_v 约为 99。

在 BJT Common Emitter Amplifier Wizard 对话框中，设置放大器器的参数如图 6-35 所示。单击 Verify 按钮，NI Multisim 14 软件会自动出现如图 6-36 所示对话框，检查放大器参数是否符合设计要求，若符合，单击 Build circuit 按钮生成所需电路如图 6-38 所示。否则，修改图 6-35 所示 BJT Common Emitter Amplifier Wizard 对话框参数，直至参数符合设计要求。

对该放大器进行瞬态分析，放大器输入与输出波形如图 6-39 所示，放大器输入波形与输出波形反相，放大倍数约 100。

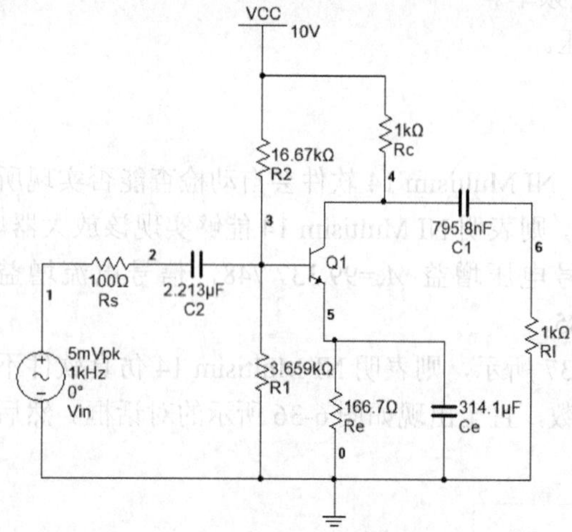

图 6-38　利用向导设计的放大器

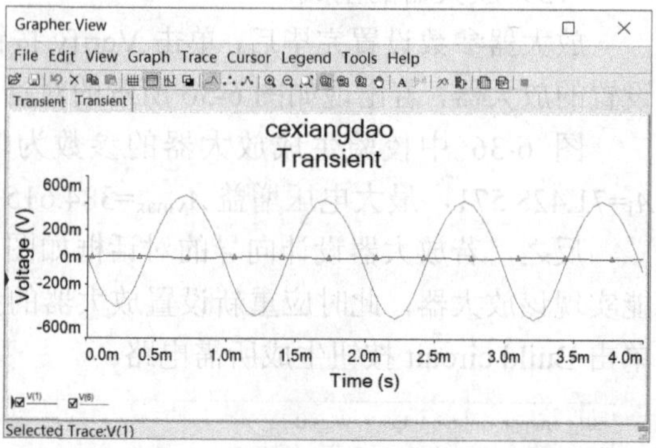

图 6-39　利用向导设计放大器的输入与输出波形

6.1.7　负反馈放大器电路

负反馈放大电路主要用来提高放大器的质量指标。例如，稳定直流工作点、稳定增益、改变输入电阻和输出电阻、减小非线性失真、扩展放大器的通频带等。

1. 负反馈对功率放大器的影响

在 NI Multisim 14 用户界面中创建如图 6-40 所示无反馈的乙类功率放大电路，当输入端加 50 mV/1000 Hz 的正弦信号时，其输出波形如图 6-41 所示。

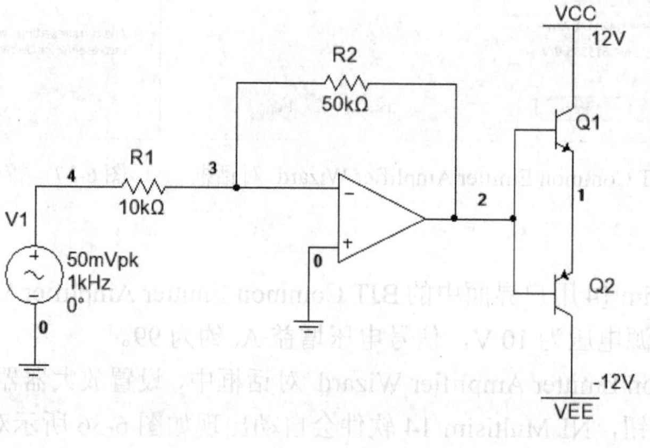

图 6-40　无反馈功率放大电路

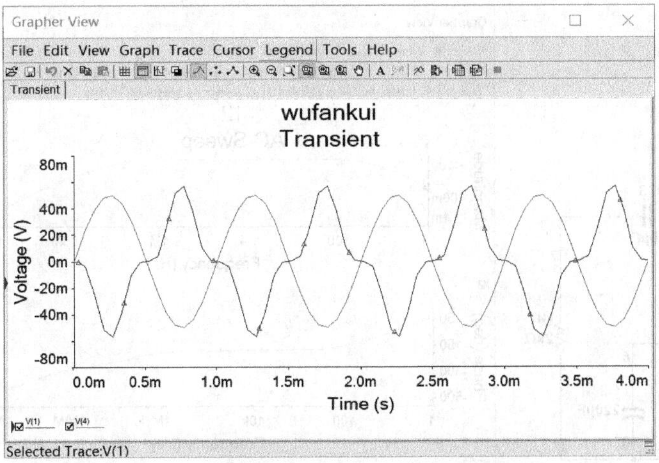

图 6-41　无反馈功率放大电路的输出波形

由图 6-41 可见，输出信号明显存在交越失真，而且信号的幅值很小。可见这种无反馈功率放大电路在实际应用中很难发挥作用。

图 6-42 为接入反馈的乙类功率放大电路，将输出信号通过 R_2 引入输入端，会使输出信号波形大大改善。图 6-43 所示即为接入反馈后的输入输出信号，电路消除了交越失真，并提高了电路的放大倍数。

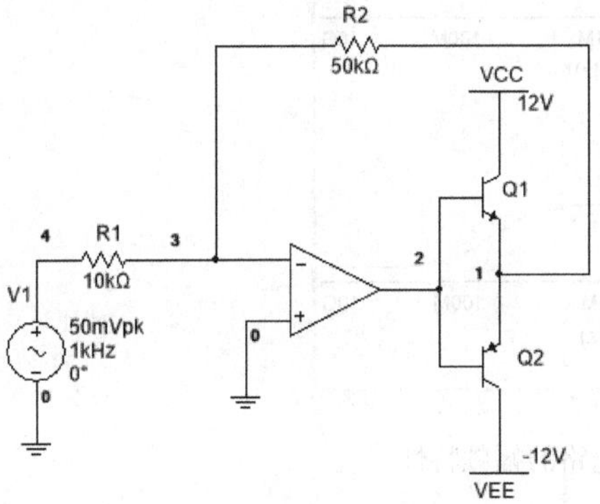

图 6-42　有反馈的乙类功率放大电路

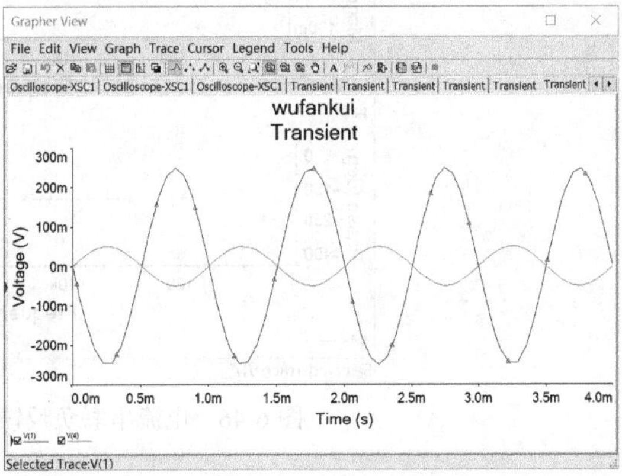

图 6-43　有反馈乙类功率放大电路的输入输出信号

2. 电流串联负反馈放大电路

在 NI Multisim 14 用户界面中创建如图 6-44 所示的电流串联负反馈放大电路，当开关 J_1 闭合时，电路处于无反馈状态，此时对电路进行交流分析，得到放大器的电压放大倍数 A_V 的幅频特性如图 6-45 所示。

由图 6-45 可读出其中频增益 A_{VO}=63.95，上截止频率 f_h 约为 31 MHz。

当开关 J_1 打开时，重复上面的分析，再观察放大器有电流串联负反馈时，放大器的电压放大倍数 A_V 的幅频特性曲线如图 6-46 所示。

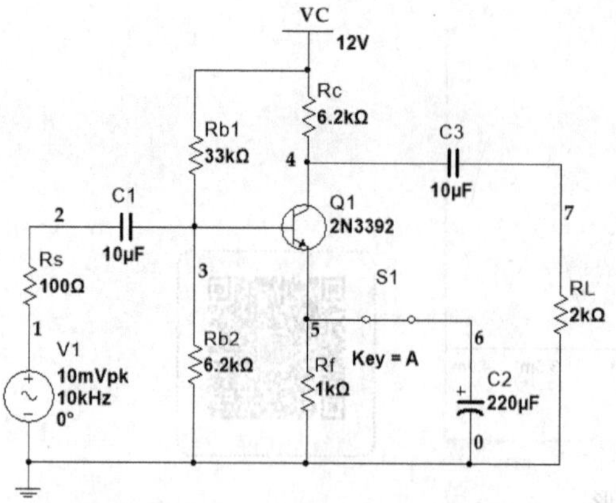

图 6-44　电流串联负反馈放大电路

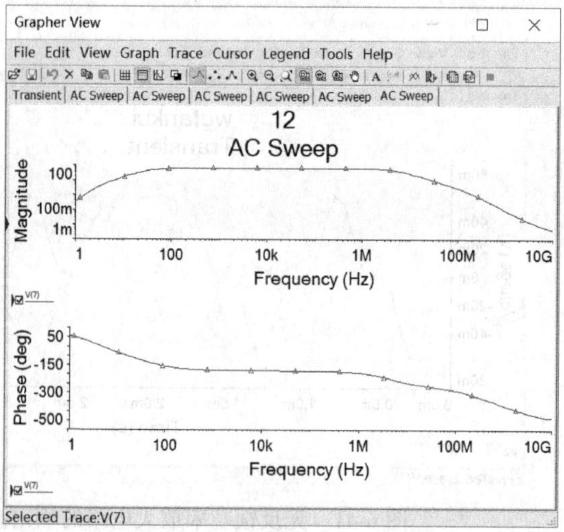

图 6-45　未加电流串联负反馈时电路幅频特性结果显示

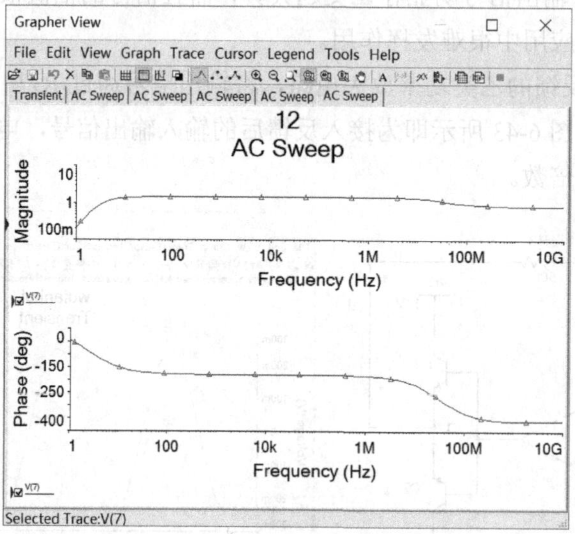

图 6-46　电流串联负反馈时电路的幅频特性

由图 6-46 可读出，中频增益 A_{VO} 为 1.163，上截止频率 f_h 约为 851 MHz。可见，放大器加负反馈后，电压放大倍数的上截止频率提高了，但中频增益均降低了。所以，负反馈法提高放大器的上截止频率是以牺牲中频增益为代价的。

3. 直流电流负反馈电路和交流电压负反馈电路

图 6-47 所示电路是一种最基本的负反馈放大器电路，这个电路看上去很简单，但其实其中包含了直流电流负反馈电路和交流电压负反馈电路。

其中，R_{b1}、R_{b2} 为晶体管 Q_1 的直流偏置电阻，R_L 是放大器的负载电阻，R_e 是直流电流负反馈电阻，R_1、C_4 组成的支路是交流电压负反馈支路，C_2 是交流旁路电容，它可以防止交流电流负反馈的产生。

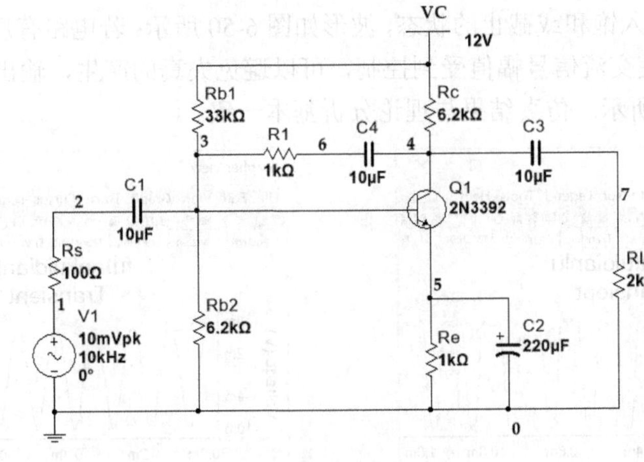

图 6-47　负反馈放大电路

（1）直流电流负反馈电路。

① 理论分析。

设晶体管 Q_1 的 b、e 间的电压 $U_{BE}=U_B-U_E=U_B-I_E\times R_5$。当某种原因（如温度变化）引起 I_E 增大，而 I_E 增大会导致 U_E 增大，使得 Q_1 的 U_{BE} 减小，即 Q_1 的 I_B 减小，这样使得 I_E 也相应减小，即直流工作点获得稳定。这个负反馈过程是由于 I_E 的增大所引起的，所以属于电流负反馈电路。其中发射极电容 C_2 提供交流通路,因为如果没有 C_2，放大器工作时交流信号同样因 R_e 的存在而形成负反馈作用，使放大器的放大倍数降低。

② 计算机仿真。

在 NI Multisim 14 用户界面中创建如图 6-47 所示电路，在输入信号不变的情况下对电路进行瞬态分析，在 C_2 开路前、后的输出波形分别如图 6-48 和图 6-49 所示。

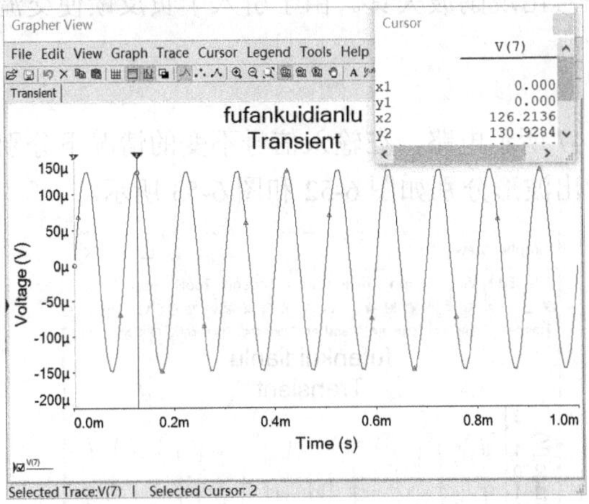

图 6-48　C_2 开路（有直流反馈）时的输出波形

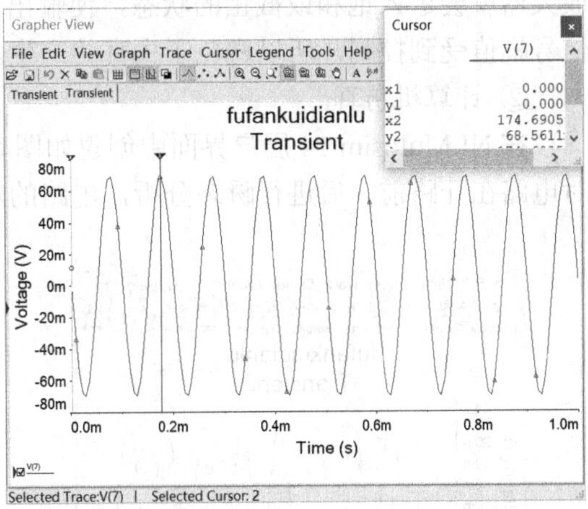

图 6-49　C_2 正常（无直流反馈）时的输出波形

比较图 6-48 和图 6-49 所示波形可知，在输入信号不变的情况下，电路在 C_2 断开时输出电压明显减小，则电路的增益明显减小，即电路的放大倍数明显减小。

当输入的交流信号幅度过大时，若电路无反馈时（C_2 正常），输出电压波形产生削顶失真，放大器就会进入饱和或截止的状态，波形如图 6-50 所示；若电路有反馈时（C_2 开路），由于引入了负反馈使交流信号幅值受到控制，可以避免失真的产生，输出电压波形基本正常，波形如图 6-51 所示。仿真结果与理论分析基本一致。

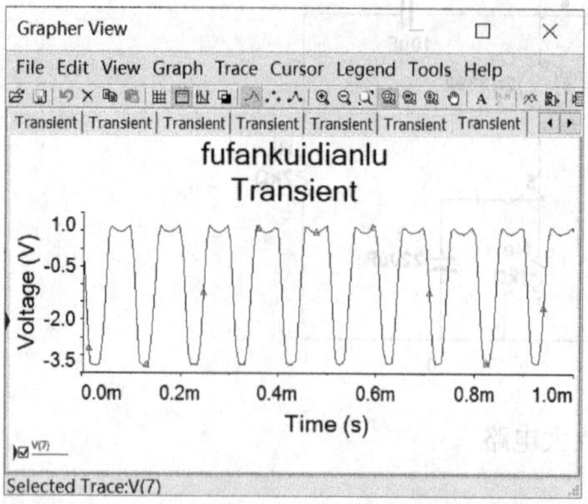

图 6-50　无反馈时增大输入信号幅度时输出电压波形（产生削顶失真）

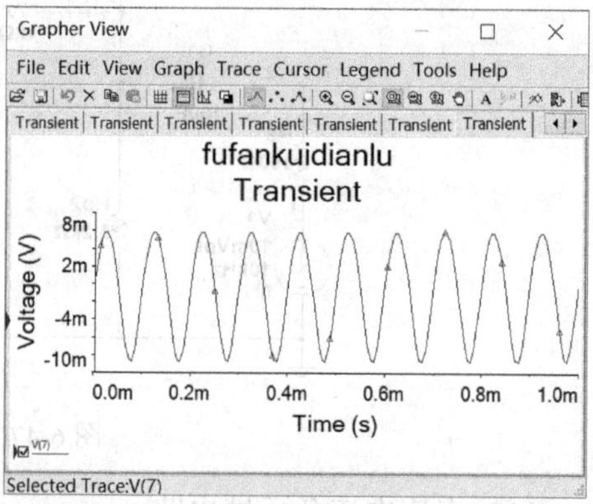

图 6-51　有反馈时增大输入信号幅度时输出电压波形

（2）交流电压负反馈电路。

① 理论分析。

交流电压负反馈支路由 R_1 和 C_4 组成，输出电压经过这条支路反馈到输入端。由于放大器的输出信号与输入信号电压在相位上互为反相，所以是电压负反馈电路。由于负反馈削弱了原输入信号的作用，使放大器的放大系数大为减小。$i_L=-\dfrac{u_i}{R_5}$ 控制着负反馈量的大小，C_4 起隔直流通交流的作用。当输入的交流信号幅度过大时，如果没有 i_L 的负反馈支路，放大器就会进入饱和或截止的状态，使输出信号出现削波失真。由于引入了负反馈使交流信号幅值受到控制，所以避免了失真的产生。

② 计算机仿真。

在 NI Multisim 14 用户界面中创建如图 6-47 所示电路，在输入信号不变的情况下分别对电路在开路前、后进行瞬态分析，电路的输出波形分别如图 6-52 和图 6-53 所示。

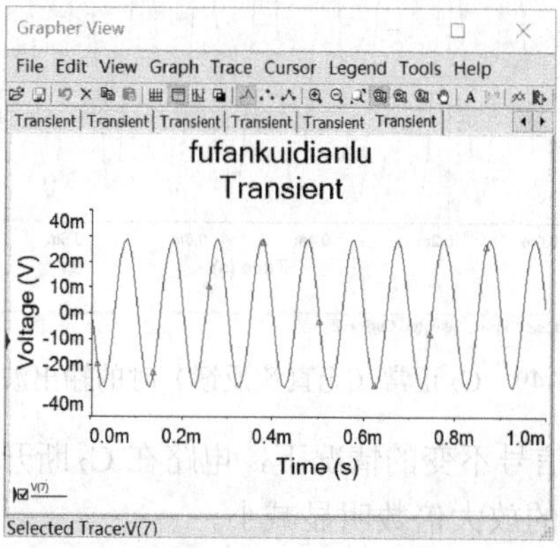

图 6-52　C_4 正常（有反馈）时电路的输出波形

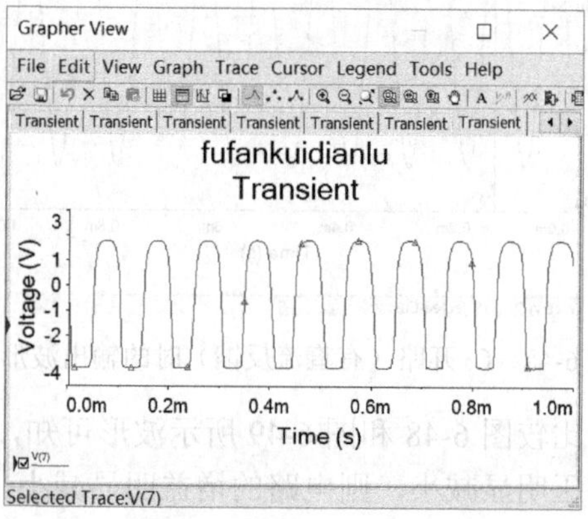

图 6-53　C_4 开路（无反馈）时电路的输出波形

由此可见，在输入信号不变的情况下，电路在 A_V 正常，电路引入负反馈时输出电压明显减小，输出电压波形的失真也明显减小。仿真结果与理论分析一致。

6.2 信号运算电路

集成运算放大器是一种高放大倍数、高输入阻抗、低输出阻抗的直接耦合放大电路，当集成运算放大器外部接不同的线性或非线性元器件组成输入和负反馈电路时，就可以实现各种特定的函数关系。比例运算电路是最基本的运算电路，结构上可分为反相比例运算电路和同相比例运算电路。在此基础上可演变成其他形式的线性或非线性运算电路，如加、减法电路，微分、积分电路。

6.2.1 理想运算放大器的基本特性

1. 理想运算放大器的特性

（1）开环电压增益 $A_{Vd}=\infty$。

（2）输入阻抗 $R_i=\infty$。

（3）输出阻抗 $R_o=0$。

（4）带宽 $f_{BW}=\infty$。

（5）失调与漂移均为零等。

2. 理想运算放大器线性应用的两个重要特性

（1）输出电压 V_O 与输入电压 V_i 之间满足关系式：

$$V_O = A_{Vd}(V_+ - V_-)$$

由于 $A_{Vd}=\infty$，而 V_O 为有限值，因此 $V_+=V_-=0$ 称为虚短。

（2）由于 $R_i=\infty$，故流进运算放大器两个输入端的电流可视为零，称为虚断。

6.2.2 比例求和运算电路

1. 电压跟随器

电压跟随器的输出电压与输入电压关系为：

$$u_o = u_i$$

在 NI Multisim 14 用户界面中创建如图 6-54（a）及图 6-54（b）所示电路。启动仿真，电压表读数见图 6-54。

由图 6-54 可见，无论是直流电压源还是交流电压源，输出电压与输入电压对应相等。

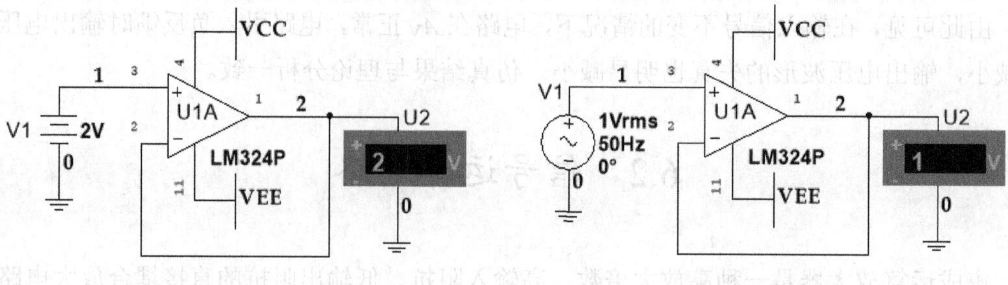

（a）电路一　　　　　　　　　　（b）电路二

图 6-54　电压跟随器

2. 反相比例电路

反相比例电路的输出电压与输入电压关系为：

$$u_o = \frac{R_3}{R_2} ui$$

在 NI Multisim 14 用户界面中创建如图 6-55 所示电路，为了减小输入级偏置电流引起的运算误差，在同相端应接入平衡电阻 $R_1=R_2//R_3$ 。启动仿真，电压表读数见图 6-55。

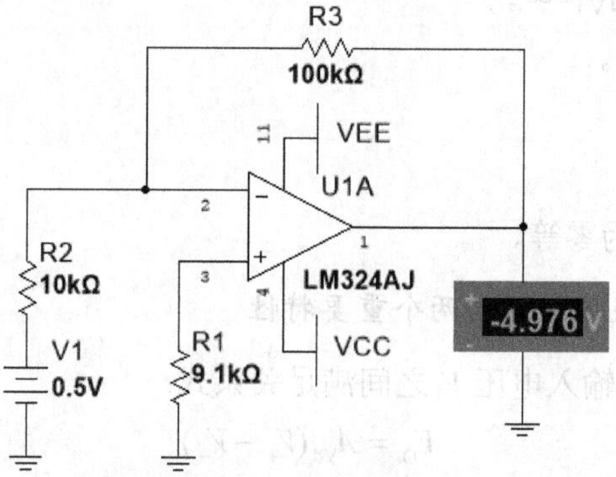

图 6-55　反相比例电路

由图 6-55 可见，当输入 0.5 V 直流电压，输出为−4.976 V，仿真分析结果与理论分析的结论相符。

3. 同相比例电路

同相比例电路的输出电压与输入电压关系为：

$$u_o = \left(1+\frac{R_3}{R_2}\right) ui$$

在 NI Multisim 14 用户界面创建如图 6-56 所示同相比例电路。按照理论分析，输出电压是输入电压的 4 倍。

启动仿真，仿真电路的输入及输出波形如图 6-57 所示。其中，A 通道为输入波形（波形下移 1.2），B 通道为输出波形（波形上移 0.8）。

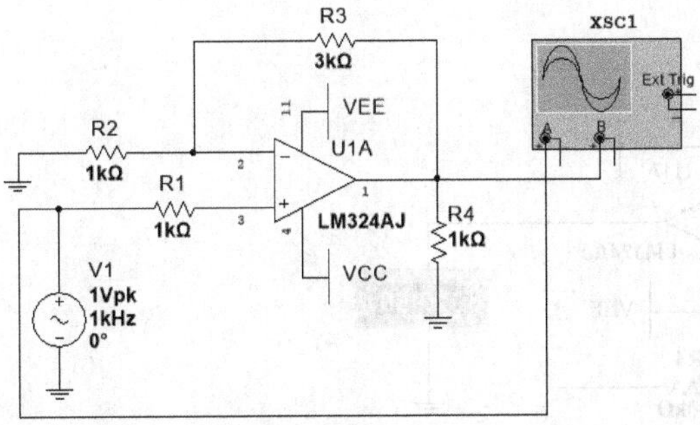

图 6-56　同相比例电路

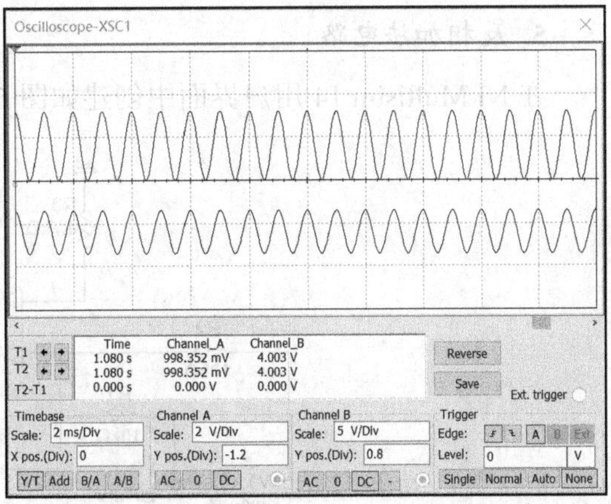

图 6-57　同相比例电路输入及输出波形

由图 6-57 可见，波形及波形同相，输出电压约是输入电压的 4 倍，仿真分析结果与理论分析的结论相符。

4.差动比例电路

在 NI Multisim 14 用户界面中创建如图 6-58 所示的差动比例电路。

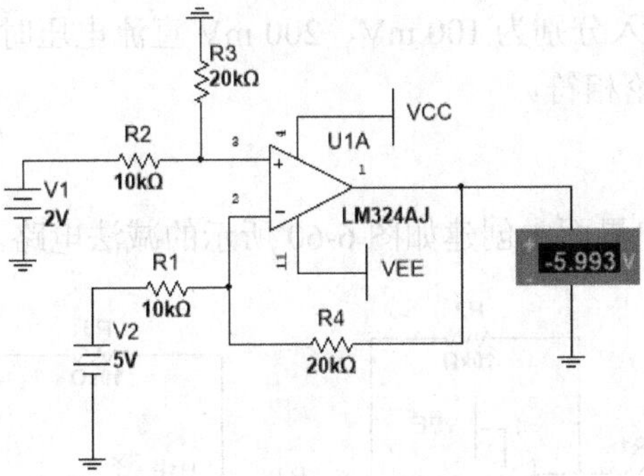

图 6-58　差动比例电路

利用理想运算放大器的虚短和虚断特性，可得：

$$u_o = \frac{1+\dfrac{R_4}{R_1}}{1+\dfrac{R_2}{R_3}}u_{i1} - \frac{R_4}{R_1}u_{i2}$$

在满足平衡条件 $R_1=R_2$、$R_3=R_4$ 的前提下，输出电压与输入电压的关系为：

$$u_o = \frac{R_4}{R_1}(u_{i1} - u_{i2})$$

由图 6-58 可见，当输入 V_1=2 V、V_2=5 V 时，输出于为−5.993 V，计算机仿真分析结果与理论分析的结论相符。

5. 反相加法电路

在 NI Multisim 14 用户界面中创建如图 6-59 所示反相加法电路。

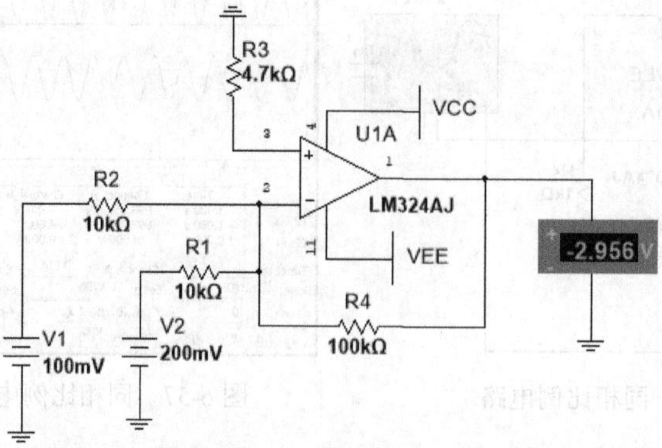

图 6-59　反相加法电路

在满足平衡条件 $R_3=R_1//R_2//R_4$ 的前提下，输出电压与输入电压的关系为：

$$u_o = \left(\frac{R_4}{R_2}u_{i1} + \frac{R_4}{R_1}u_{i2}\right)$$

由图 6-59 可见，当输入分别为 100 mV、200 mV 直流电压时，输出为−2.956 V，仿真分析结果与理论分析的结论相符。

6. 减法电路

在 NI Multisim 14 用户界面中创建如图 6-60 所示的减法电路。

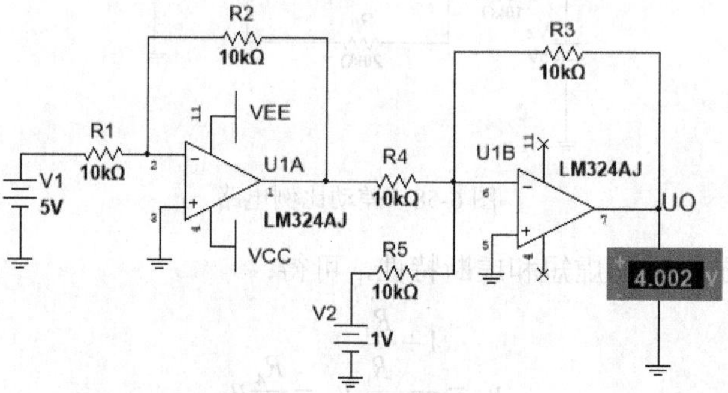

图 6-60　减法电路

利用理想运算放大器的虚短和虚断特性，可得：

$$U_o = -\left(\frac{R_3}{R_5}V_2 - \frac{R_2R_3}{R_1R_4}V_1\right)$$

取 $R_1=R_2=R_3=R_4$ 则：

$$U_O = V_1 - V_2$$

当输入分别为 V_1=5 V、V_2=1 V 时，输出电压为 4.002 V，仿真分析结果与理论分析的结论相符。

7. 利用 NI Multisim 14 中的 Opamp Wizard 设计比例求和运算电路

（1）设计步骤。

执行菜单命令 Tools»Crcuit wizard»Opamp wizard，弹出如图 6-61 所示 Opamp Wizard 对话框。

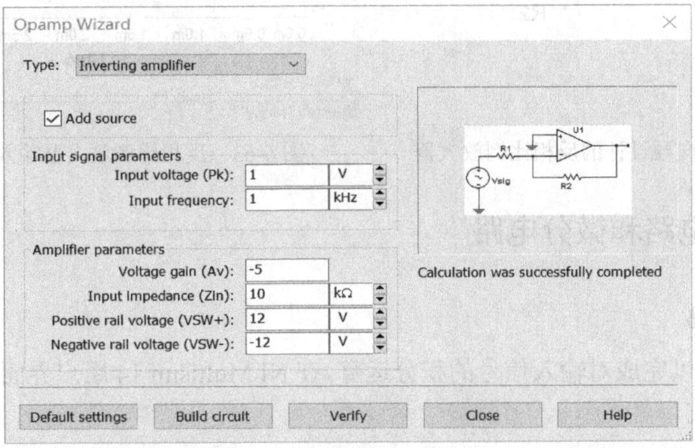

图 6-61　Opamp Wizard 对话框

Opamp Wizard 对话框右侧是电路图，该对话框的左侧为运算放大器参数的设置区。通过 Type 下拉菜单，选择所设计运算电路的类型（同相、反相、差动、比例求和）；通过 Input signal parameters 栏为运算电路设置输入信号的幅度及频率；通过 Amplifier parameters 栏为运算电路设置电压增益、输入阻抗、运算放大器电源电压。选择 Add source 复选框则为比例运算电路添加了信号源，若单击 Default settings 按钮是恢复到缺省的设置状态。

运算电路参数的设置完毕，单击 Verify 按钮，NI Multisim 14 软件会自动检查能否实现所设置的比例运算电路。若运算电路拓扑示意图下方出现 Calculation was successfully completed 字样，则表明 NI Multisim 14 能够实现该电路；反之，若运算电路拓扑示意图出现 Amplifier may Enter cutoff region 字样，则表明 NI Multisim 14 不能实现该电路，此时应重新设置电路的参数，直至出现 Calculation was successfully completed 字样。然后单击 Build circuit 按钮生成所需电路。

（2）设计举例。

利用 NI Multisim 14 中的 Opamp Wizard 设计一个增益为 5 的反相比例放大器。

在 Opamp Wizard 对话框中，设置反相比例放大器的参数如图 6-61 所示。单击 Verify 按钮，NI Multisim 14 软件会自动检查放大器参数是否符合设计要求。若符合，单击 Build circuit 按钮生成所需电路如图 6-62 所示。

对电路进行瞬态分析，反相比例放大器输入与输出波形如图 6-63 所示。

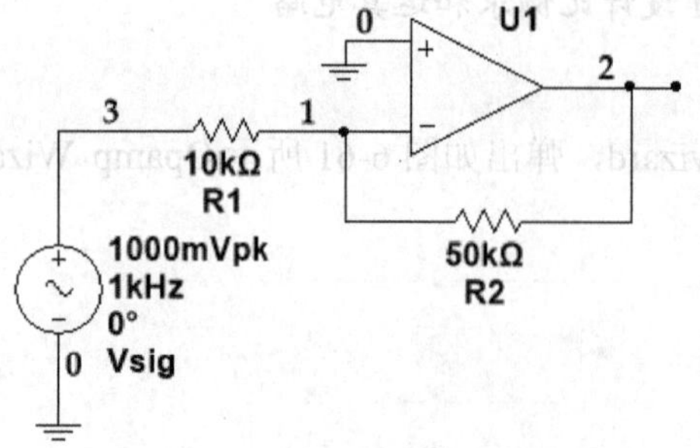

图 6-62　利用向导设计的反相比例放大器

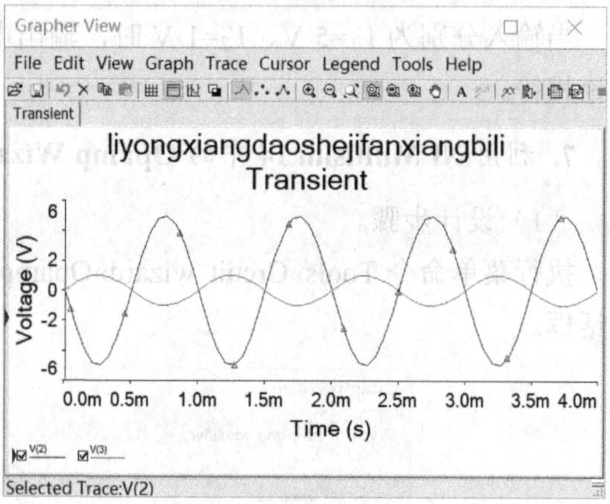

图 6-63　反相比例放大器输入与输出波形

6.2.3　积分电路和微分电路

1. 积分电路

积分电路可以完成对输入信号的积分运算，在 NI Multisim 14 用户界面中创建如图 6-64 所示的积分电路。

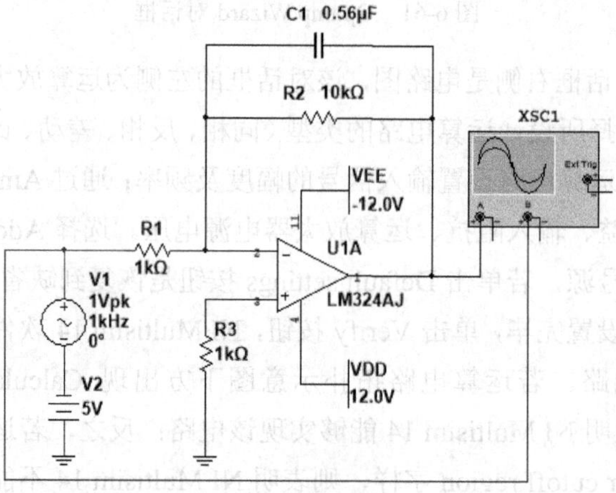

图 6-64　积分电路

电路的输出电压 U_O 与输入电压 U_i 的关系为：

$$U_O = -\frac{1}{R_1C_1}\int U_i \mathrm{d}t - uc1(0)$$

由于 NI Multisim 14 仿真软件中提供的脉冲信号源为正极性波形，即有直流分量，所以串联一个直流电源以抵消直流分量。为防止在设定的频率下增益过大，在积分电容 C_1 两端并联一个 10 kΩ 电阻。调整积分电路参数，运行并双击示波器图标 XSC1，可得积分电路的输入、输出波形如图 6-65 所示。

在图 6-65 中，B 通道的方波为输入波形、A 通道的三角波为输出波形。从波形上可看出输入与输出波形满足反相积分运算关系。改变积分时间常数，即可改变输出三角波斜率和幅值。

若将图 6-64 所示的积分运算电路的输入信号改为正弦信号源，调整积分电路参数，调整为 C_1=2 uF，R_2=1.5 kΩ，启动仿真，可得如图 6-66 所示的积分电路的输入、输出波形。

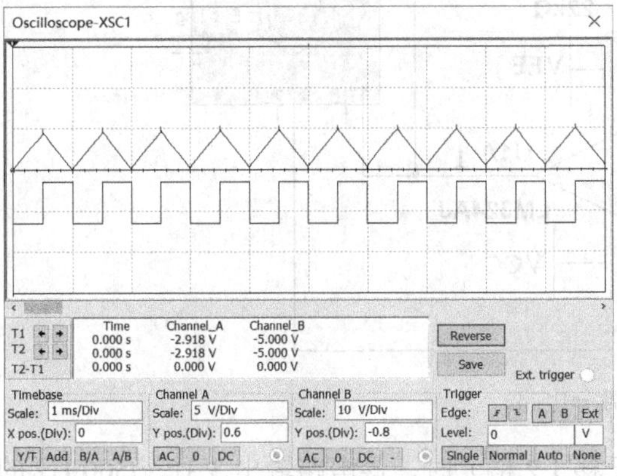

图 6-65　积分电路输入与输出波形

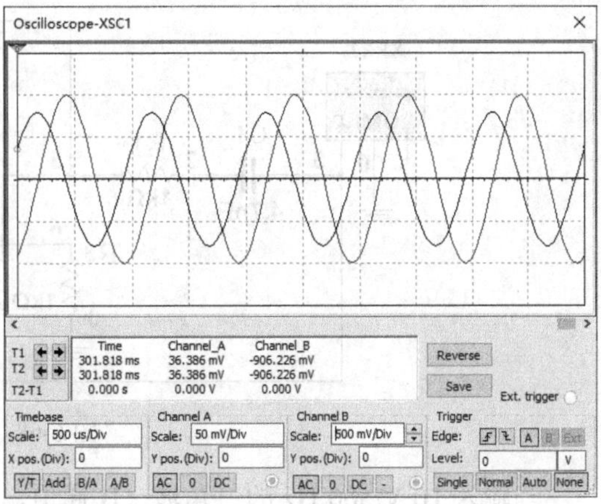

图 6-66　正弦输入的积分电路输入与输出波形

在图 6-66 中，B 通道的正弦波为输入波形，A 通道的正弦波为输出波形。从仿真波形上可看出，输入与输出波形均为正弦波，输出波形相位超前 90°，满足反相积分运算关系。

2. 伺服放大电路

在 NI Multisim 14 用户界面中创建如图 6-67 所示的伺服放大仿真电路。

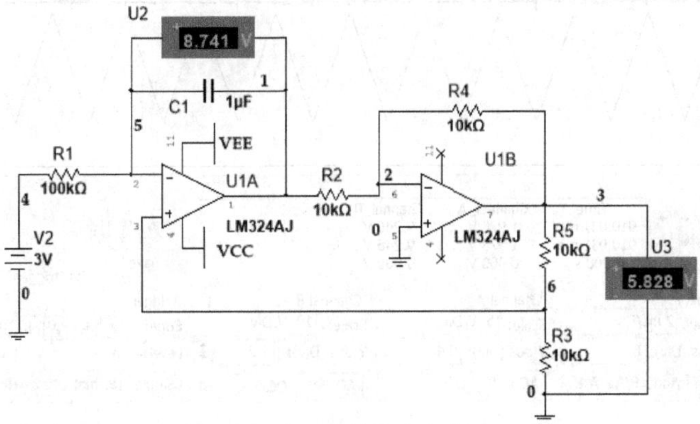

图 6-67　伺服放大电路

启动仿真，由电压表读数可知：输出电压约是输入电压的 2 倍，电容 C_1 上的电压约是输入电压的 3 倍。

3. 微分电路

微分是积分的逆运算，将积分电路中 R 和 C 的位置互换，可组成微分电路。

在理想化条件下，输出电压 U_O 为：

$$U_O = -RC\frac{dUi}{dt}$$

在 NI Multisim 14 用户界面中创建如图 6-68 所示的微分电路。

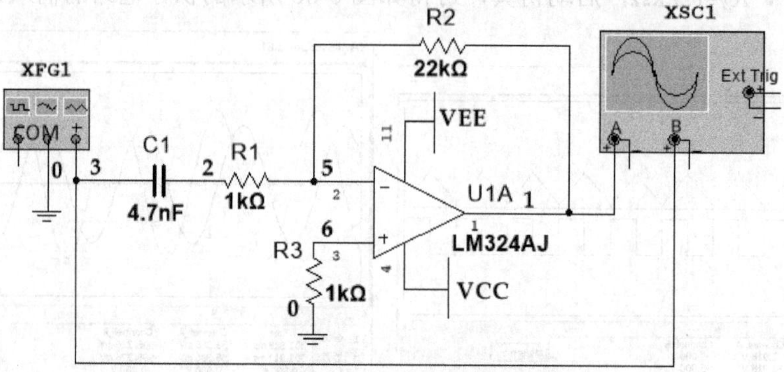

图 6-68　微分电路

当输入 10 V/500 Hz 的三角波（B 通道，下移 1.2 格）时，该电路输出 3.31 V/500 Hz 的方波（A 通道上移 0.4 格）如图 6-69 所示。

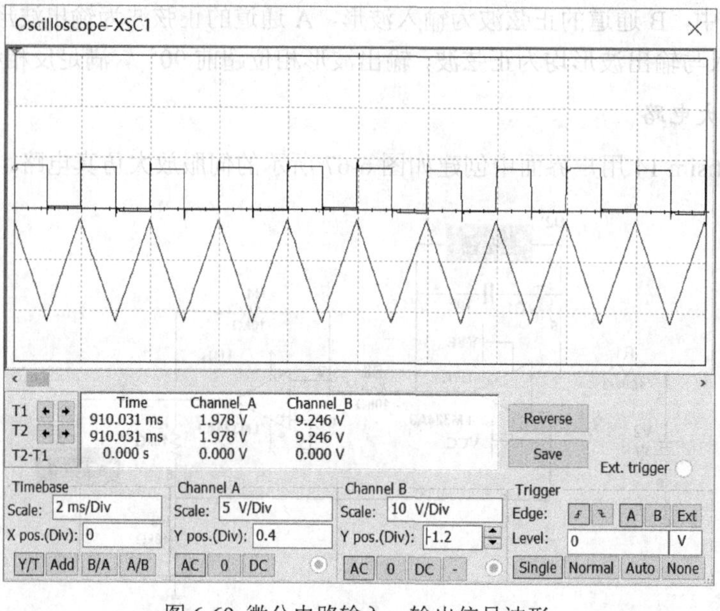

图 6-69 微分电路输入、输出信号波形

6.2.4 对数和指数运算电路

1. 二极管对数放大电路

在理想运算放大器的条件下，对数放大电路的输出电压为：

$$U_O = -u_D = -\frac{2.3kT}{q}\lg\left(\frac{u_i}{u_k}\right) = u_T\lg\left(\frac{u_i}{u_k}\right)$$

式中，$u_T = -\dfrac{2.3kT}{q}$；q 是波耳兹曼常数；k 是电子电量；T 是热力学温度，当 T=25℃时，$u_T \approx 59$ mV。u_D 为结电压；$u_k = RI_S$（I_s 是 PN 结的反向饱和电流）；u_i 是输入电压。

在 NI Multisim 14 用户界面中创建如图 6-70 所示的对数放大电路，调用安捷伦的 33120 A 函数发生器，使其输出一个 3.5 kHz/100 mV 按指数上升的函数。

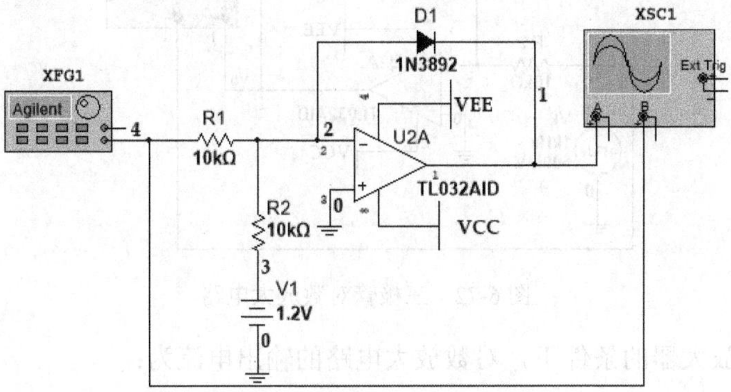

图 6-70　二极管对数放大电路

启动仿真，对数放大电路的输入、输出波形如图 6-71 所示。

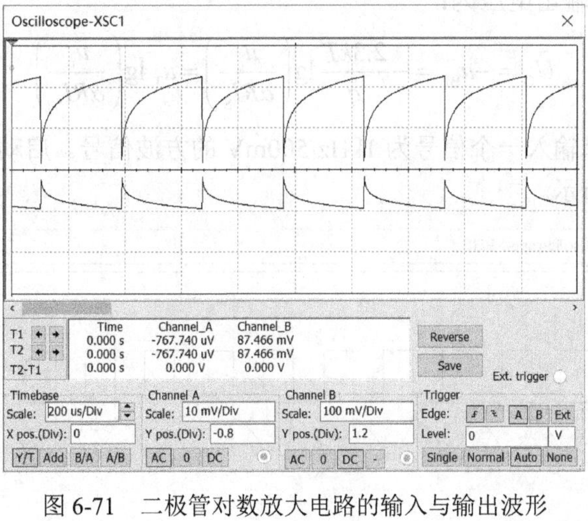

图 6-71　二极管对数放大电路的输入与输出波形

由图 6-71 可见，当输入 3.5 kHz/100 mV（B 通道，上移 1.2 格）时，该电路输出 3.5 kHz/1 mV 按指数上升的函数（A 通道下移 0.8 格），输入波形与输出波形满足对数运算关系。

2. 三极管对数放大电路

在 NI Multisim 14 用户界面中创建如图 6-72 所示的对数放大电路，它是由三极管和运算放大器组成的对数放大电路。D_1 是保护二极管，其作用是防止 Q_1 反偏时因输出电压 V_0 过大而造成击穿。

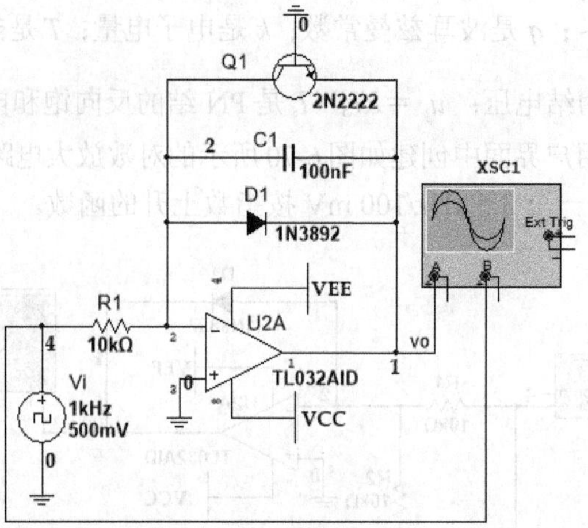

图 6-72　三极管对数放大电路

在理想运算放大器的条件下，对数放大电路的输出电流为：

$$I_C = \alpha I_E = \alpha I_S e^{\frac{q}{kT}u\mathrm{BE}}$$

其中，I_S 是三极管 b-e 结的反向饱和电流；α 是公基极电流放大系数。

对数放大电路的输出电压为：

$$U_O = -u_{BE} = -\frac{2.3kT}{q}\lg\left(\frac{u_i}{\alpha RI_S}\right) = u_T\lg\left(\frac{u_i}{\alpha RI_S}\right)$$

在图 6-72 中选择输入一个信号为 1kHz/500mV 的方波信号。启动仿真，电路的输入与输出波形如图 6-73 所示。

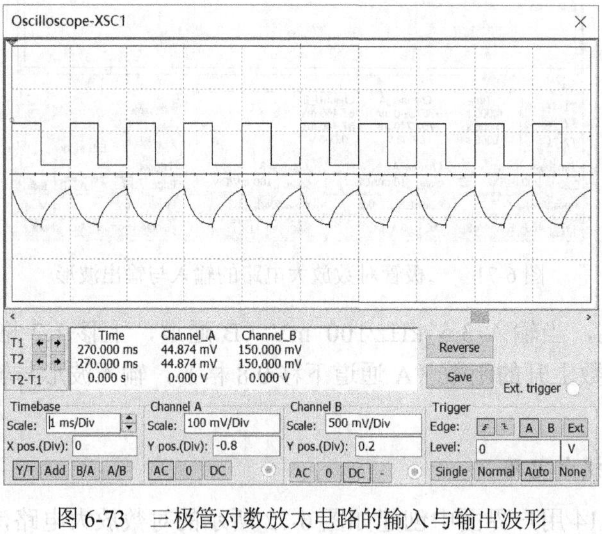

图 6-73　三极管对数放大电路的输入与输出波形

由图 6-73 可见，当输入信号为 1 kHz/500 mV 方波（B 通道，上移 0.2 格）时，该电路输出 1 kHz/110 mV 按指数上升的函数（A 通道下移 0.8 格），输入波形与输出波形满足对数运算关系。

3. 指数放大电路

指数放大电路输出电压 U_O 与输入电压 U_i 的关系为：

$$U_{\mathrm{O}} = -RI_{\mathrm{E}} = -RI_{\mathrm{S}}e^{\frac{q}{kT}u_{\mathrm{BE}}} = -RI_{\mathrm{S}}e^{\frac{q}{kT}u_i}$$

在 NI Multisim 14 用户界面中创建如图 6-74 所示指数放大电路。

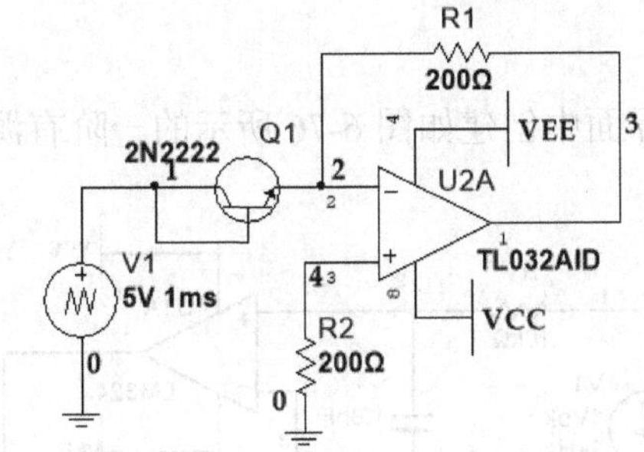

图 6-74　指数放大电路

对电路进行瞬态分析，指数放大电路输入与输出波形如图 6-75 所示，符合指数关系。

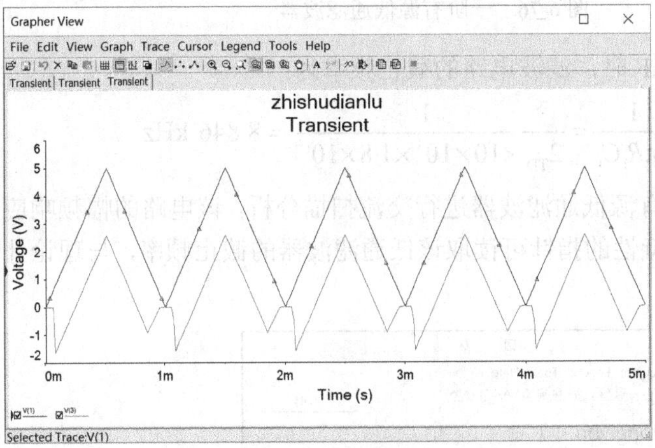

图 6-75　指数放大电路输入与输出波形

上述几种电路运算放大器的应用，输入电压不宜太高，否则运算放大器就会进入饱和状态，输出为直流。

6.3　有源滤波电路

滤波器是一种能够滤除不需要的频率分量、保留有用频率分量的电路。利用运算放大器和无源器件（R、L、C）构成的有源滤波器具有一定的电压放大和输出缓冲作用。按滤除频率分量的范围来分，有源滤波器可分为低通滤波器、高通滤波器、带通滤波器和带阻滤波器。

利用 NI Multisim 14 仿真软件中的交流分析，可以方便地求得滤波器的频率响应曲线，根据频率响应曲线，调整和确定滤波器电路的元件参数，很容易获得所需的滤波特性，同时省去烦琐的计算，充分体现计算机仿真技术的优越性。

6.3.1　低通滤波器

1. 一阶有源低通滤波器

在 NI Multisim 14 用户界面中创建如图 6-76 所示的一阶有源低通滤波器。

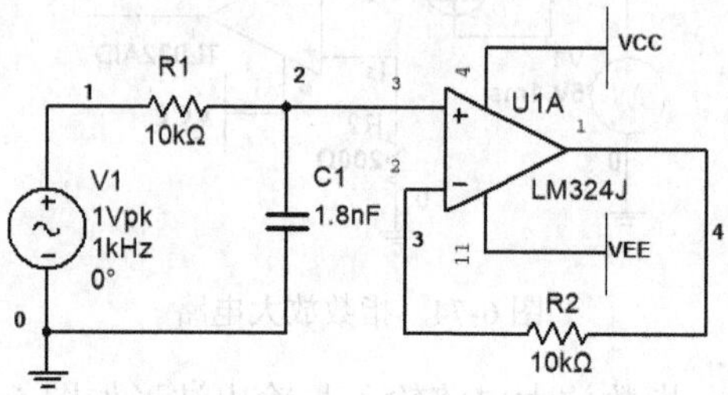

图 6-76　一阶有源低通滤波器

当 R_1=10 kΩ，C_1=1.8 nF 时，滤波电路的截止频率为：

$$f_n = \frac{1}{2\pi R_1 C_1} = \frac{1}{2_{\mathrm{TD}} \times 10 \times 10^3 \times 1.8 \times 10^{-9}} = 8.846\ \text{kHz}$$

对图 6-76 所示的一阶有源低通滤波器进行交流扫描分析，该电路的幅频响应和相频响应如图 6-77 所示。由幅频特性的指针可读取该低通滤波器的截止频率，与理论计算值基本相符。

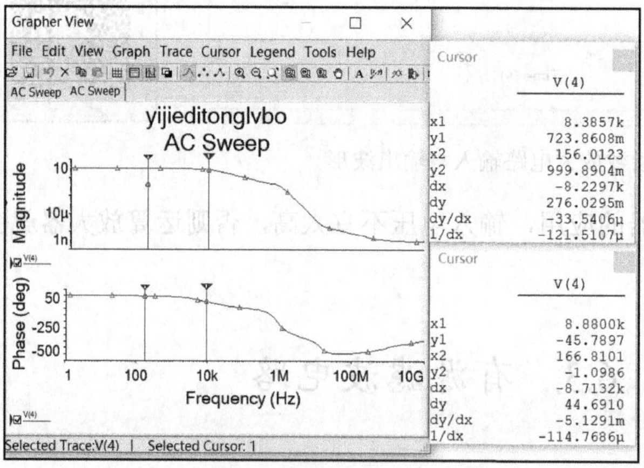

图 6-77　一阶有源低通滤波电路的幅频响应

2.二阶有源低通滤波器

在 NI Multisim 14 用户界面中创建如图 6-78 所示的二阶有源低通滤波器。

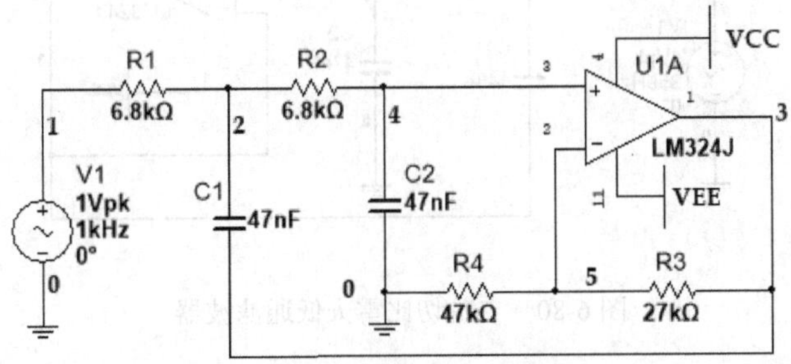

图 6-78　二阶有源低通滤波器电路

当 R_1=6.8 kΩ，C_1=47 nF 时，滤波电路的截止频率为：

$$f_n = \frac{1}{2\pi R_1 C_1} = \frac{1}{2\pi \times 6.8 \times 10^3 \times 47 \times 10^{-9}} = 498\ \text{kHz}$$

对 6-78 所示的二阶有源低通滤波电路进行交流扫描分析，该电路的幅频响应和相频响应如图 6-79 所示。由幅频特性的指针 2 处可读取该低通滤波器的截止频率，与理论计算值基本相符。

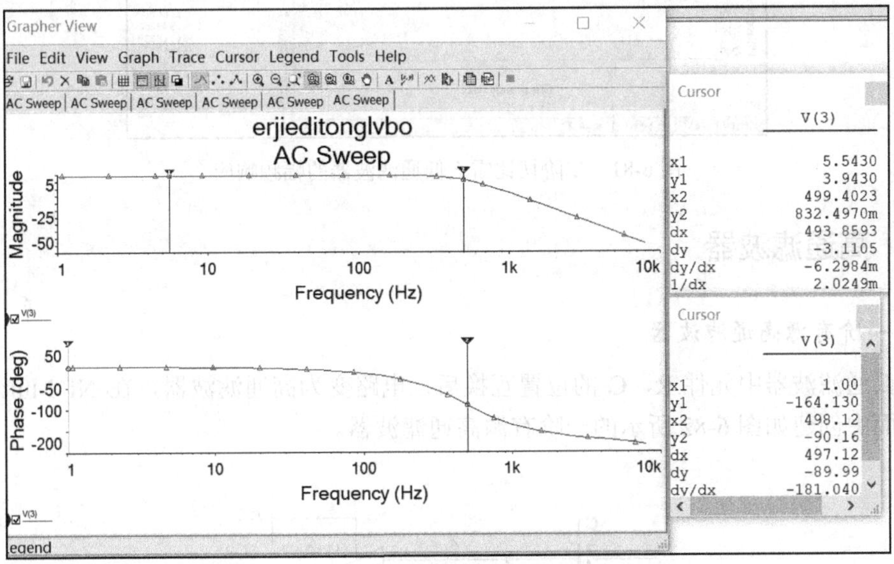

图 6-79　二阶有源电路的幅频响应和相频响应

当输入信号电压频率高于截止频率时，二阶滤波器频率响应下降速率明显高于一阶滤波器（下降速率由 20 dB/十倍频程增加到 40 dB/十倍频程）。

3. 二阶切比雪夫低通滤波器

在 NI Multisim 14 用户界面中创建如图 6-80 所示的二阶切比雪夫低通滤波器。

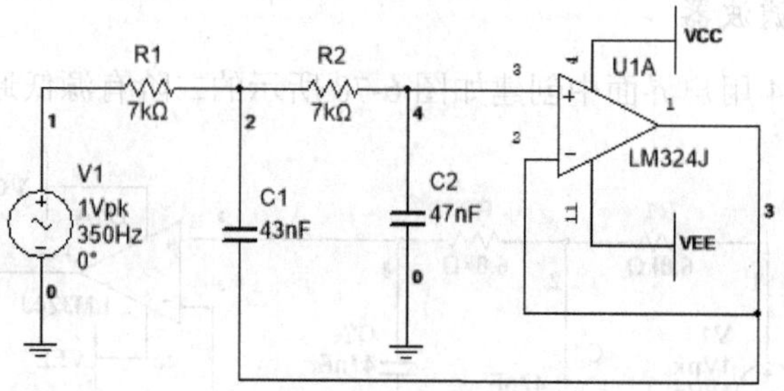

图 6-80　二阶切比雪夫低通滤波器

对图 6-80 所示的二阶切比雪夫低通滤波器进行交流扫描分析，该电路的幅频响应如图 6-81 所示。由幅频特性的指针 2 处可读取该低通滤波器的截止频率。

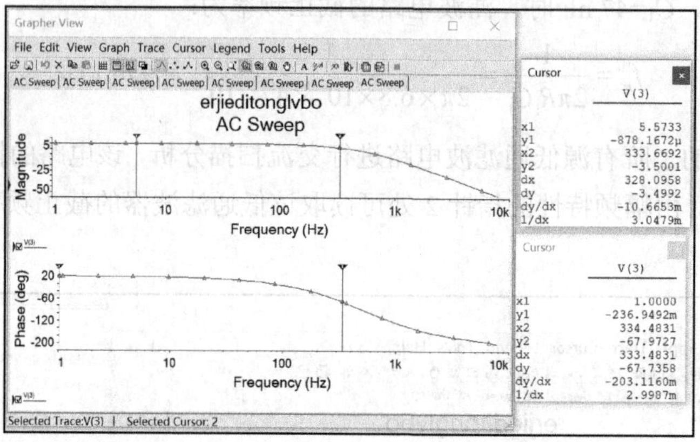

图 6-81　二阶切比雪夫低通滤波器的幅频响应

6.3.2　高通滤波器

1. 一阶有源高通滤波器

将低通滤波器中元件 R、C 的位置互换后，电路变为高通滤波器，在 NI Multisim 14 用户界面中创建如图 6-82 所示的一阶有源高通滤波器。

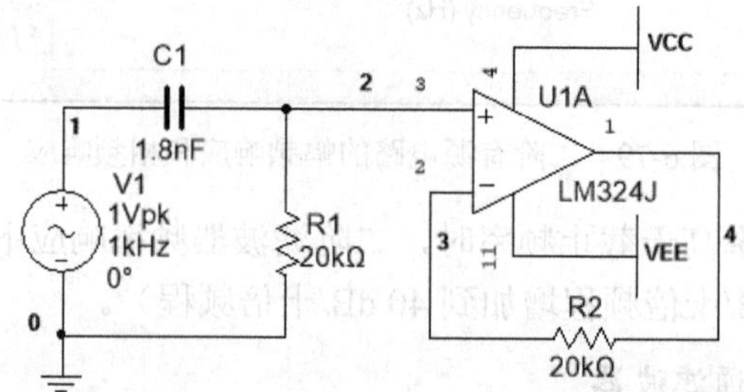

图 6-82　一阶有源高通滤波器电路

截止频率为：

$$f_n = \frac{1}{2\pi R_1 C_1} = \frac{1}{2\pi \times 20 \times 10^3 \times 1.8 \times 10^{-9}} = 4.423 \text{ kHz}$$

对图 6-82 所示的一阶有源高通滤波器进行交流扫描分析，该电路的幅频响应如图 6-83 所示。由幅频特性的指针 1 处可读取该低通滤波器的截止频率，与理论计算值基本相符。

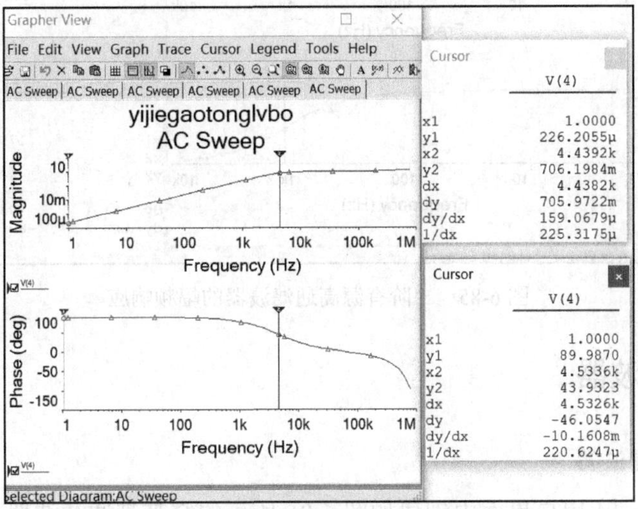

图 6-83　一阶有源高通滤波器电路的幅频响应

2. 二阶有源高通滤波器

在 NI Multisim 14 用户界面中创建如图 6-84 所示的二阶有源高通滤波器。

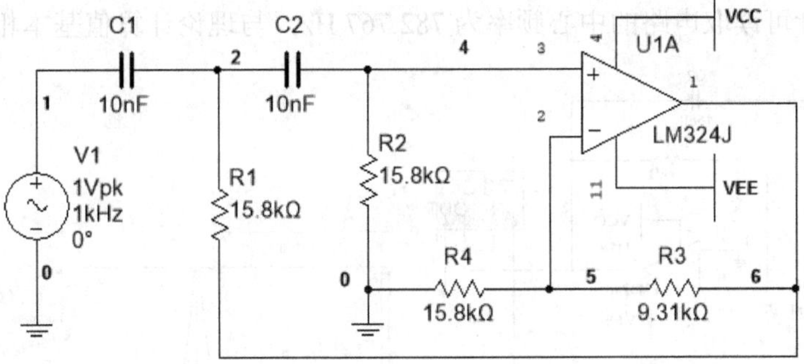

图 6-84　二阶有源高通滤波器

截止频率为：

$$f_n = \frac{1}{2\pi R_1 C_1} = \frac{1}{2\pi \times 15.8 \times 10^3 \times 10 \times 10^{-9}} = 1.007 \text{ kHz}$$

对图 6-84 所示的二阶高通滤波器进行交流扫描分析，该电路的幅频响应如图 6-85 所示。通过幅度特性的指针可读取电路的截止频率，与理论计算值基本相符。

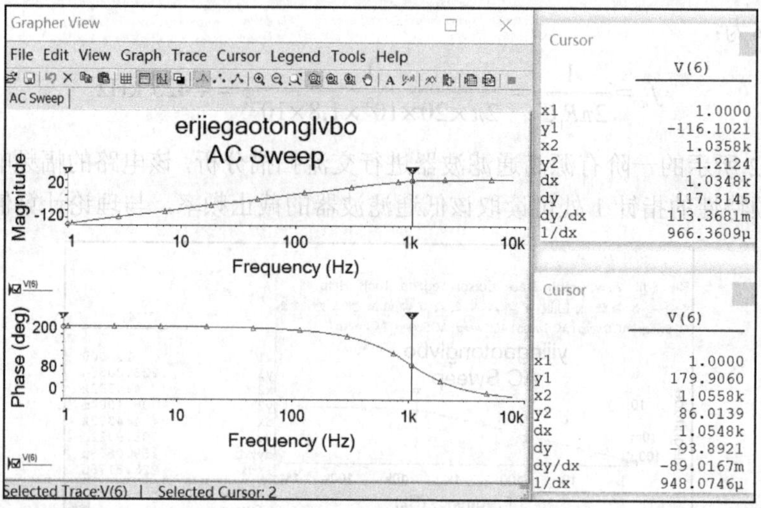

图 6-85　二阶有源高通滤波器的幅频响应

6.3.3　带通滤波器

1. 窄带带通滤波器

在 NI Multisim 14 用户界面中创建如图 6-86 所示的窄带带通滤波器。

该电路的中心频率为：

$$f \approx \frac{1}{2\pi C_1}\sqrt{\frac{1}{R_2 R_4}} = \frac{1}{2\pi\times 15\times 10^{-9}}\sqrt{\frac{1}{5\times 10^3\times 47\times 10^3}} = 0.692\ \text{kHz}$$

启动仿真，双击波特图仪，窄带带通滤波器的幅频响应和相频响应如图 6-87 所示。由幅度特性的指针可读取电路的中心频率为 782.767 Hz，与理论计算值基本相符。

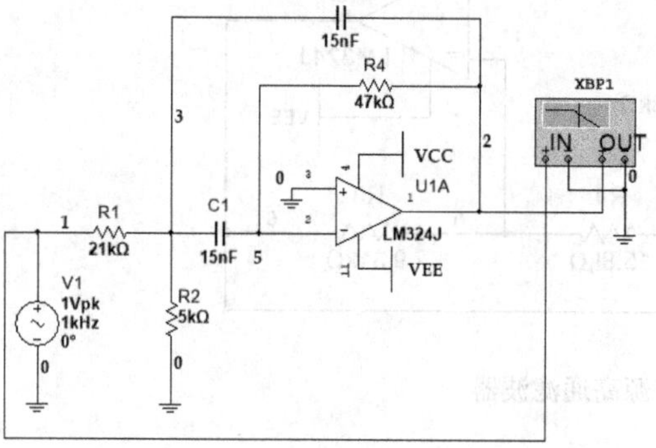

图 6-86　窄带带通滤波器

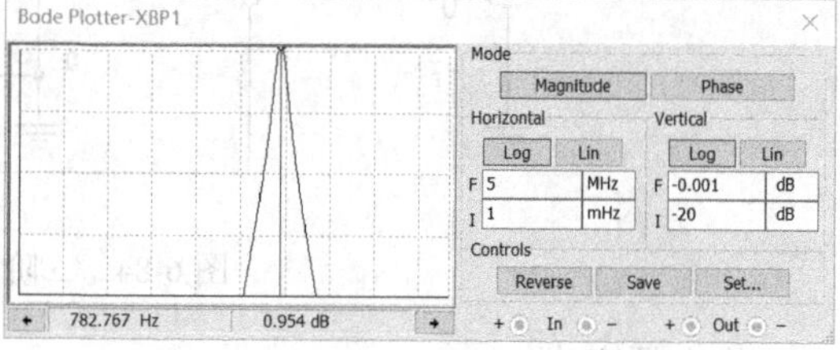

图 6-87　窄带带通滤波器的幅频响应曲线

2. 3 阶带通滤波器

在 NI Multisim 14 用户界面中创建如图 6-88 所示的 3 阶带通滤波器仿真电路。启动仿真，双击波特图仪，3 阶带通滤波器的幅频响应和相频响应如图 6-89 所示。由幅度特性的指针可读取电路的中心频率 f_c 为 880 Hz。

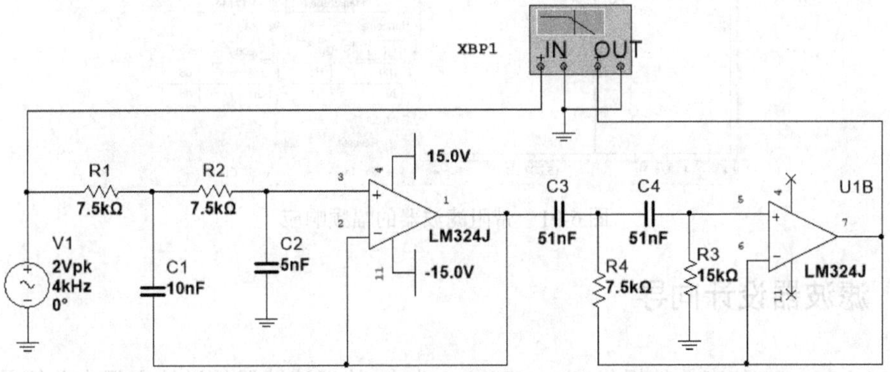

图 6-88　3 阶带通滤波器仿真电路

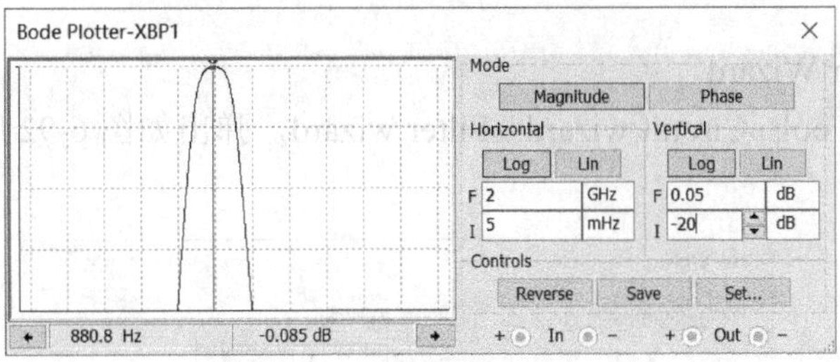

图 6-89　3 阶带通滤波器幅频响应

6.3.4　带阻滤波器

在 NI Multisim 14 用户界面中创建如图 6-90 所示的带阻滤波器电路。

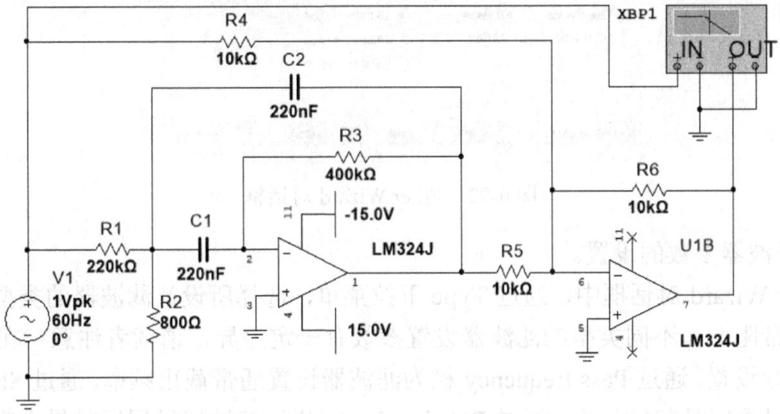

图 6-90　带阻滤波器

启动仿真，双击波特图仪，带阻滤波器电路的幅频特性如图 6-91 所示。由图 6-91 可见，该电路的中心频率约为 41 Hz。

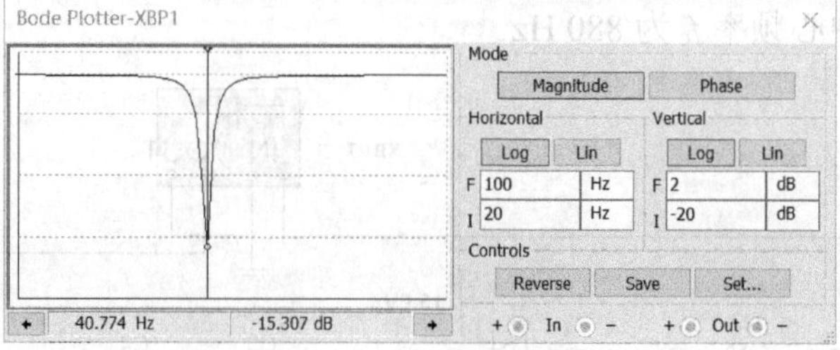

图 6-91　带阻滤波器的幅频响应

6.3.5　滤波器设计向导

NI Multisim 14 仿真软件提供 Filter Wizard 功能，使得滤波器的设计变得十分简单、快捷。

1. 设计步骤

（1）调用 Filter Wizard。

执行菜单命令 Tools»Circuit wizards»Filter wizard，弹出如图 6-92 所示 Filter Wizard 对话框。

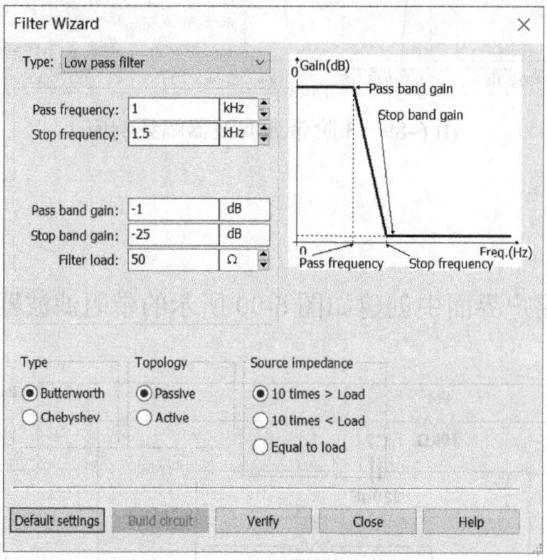

图 6-92　Filter Wizard 对话框

（2）滤波器参数的设置。

在 Filter Wizard 对话框中，通过 Type 下拉菜单，选择所设计滤波器的类型（低通、高通、带通和带阻）；不同类型的滤波器设置参数有一定差异，请读者注意。在此以低通滤波器为例进行设置。通过 Pass frequency 栏为滤波器设置通带截止频率，通过 Stop frequency 栏为滤波器设置阻带起始频率，通过 Pass band gain 栏为滤波器设置通带最大衰减值，通过 Stop band gain 栏为滤波器设置阻带最小衰减值，通过 Filter load 栏为滤波器设置负载值。在该对话框中下面的 Type 栏选择所设计滤波器是巴特沃斯还是切比雪夫类型滤波器，在该对话框中的 Topology 栏选择所设计滤波器是无源滤波器还是有源滤波器，在该对话框中的

Source Impedance 栏选择所设计滤波器源阻抗范围。滤波器源阻抗范围通过源阻抗与负载阻抗的倍数关系来确定。若单击 Default settings 按钮则恢复到缺省的设置状态。

（3）滤波器的生成。

滤波器参数设置完毕后，单击 Verify 按钮，NI Multisim 14 软件会自动检查能否实现所设置的滤波器。若滤波器幅频特性示意图下方出现 Calculation was successfully completed 字样，则表明 NI Multisim 14 软件能够实现该滤波器；反之，若滤波器幅频特性示意图标出现 Error，即 Filter order is too high(＞10).字样，则表明 NI Multisim 14 软件不能实现该滤波器，此时应重新设置滤波器的参数，直至出现 Calculation was successfully completed，然后单击 Build circuit 按钮生成所需电路。

2. 设计举例

（1）设计一个通带截止频率为 3.4 kHz，阻带起始频率为 4 kHz，通带最大衰减为-1dB，阻带最小衰减为-25dB 的切比雪夫无源低通滤波器。

在 Filter Wizard 对话框中，设置滤波器的参数如图 6-93 所示。

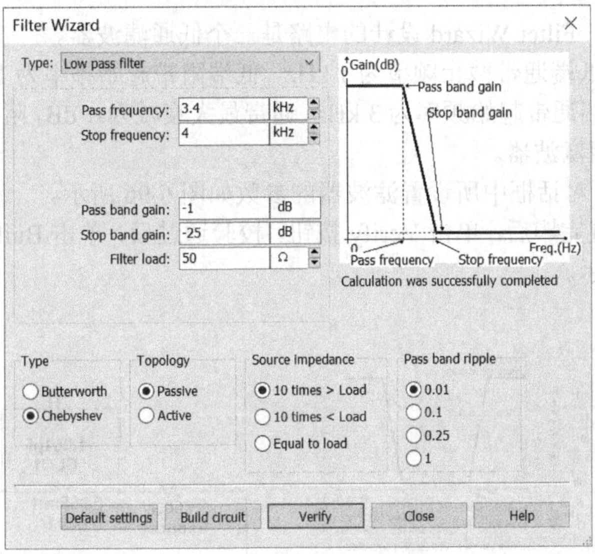

图 6-93　切比雪夫无源低通滤波器的设置

单击 Verify 按钮，对话框显示 Calculation was successfully completed 字样。再单击 Build circuit 按钮，所生成的电路如图 6-94 所示。

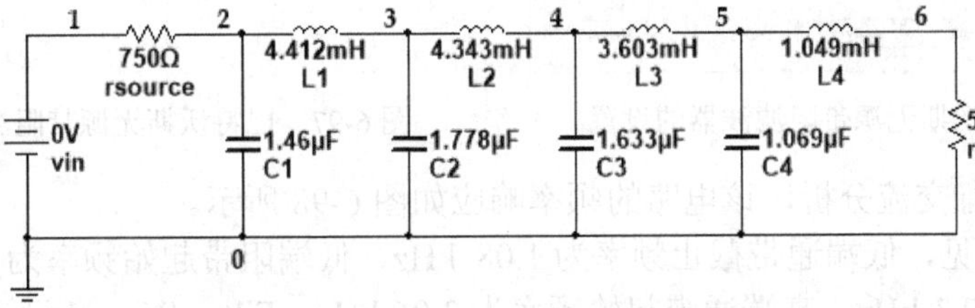

图 6-94　切比雪夫无源低通滤波器的电路

对 Filter Wizard 产生的切比雪夫无源低通滤波器电路进行交流分析，电路的频率响应如图 6-95 所示。

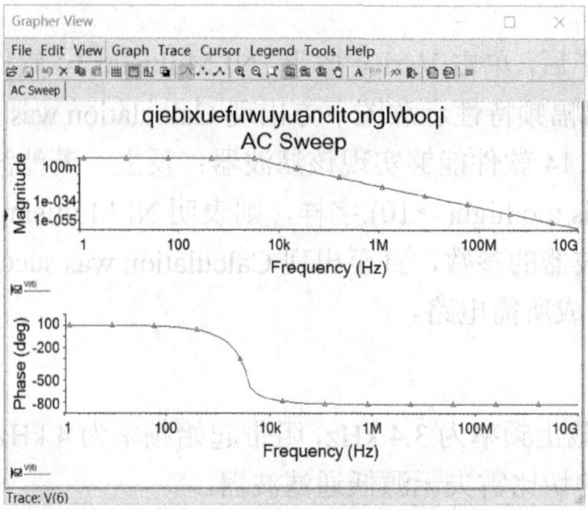

图 6-95　切比雪夫无源低通滤波器的频率响应

由图 6-95 可见，Filter Wizard 设计的电路是一个低通滤波器。

（2）设计一个低端通带截止频率为 1 kHz，低端阻带起始频率为 1.5 kHz，高端阻带截止频率为 2 kHz，高端通带起始频率为 3 kHz，通带最大衰减为-1 dB，阻带最小衰减为-25 dB 的巴特沃斯无源带阻滤波器。

在 Filter Wizard 对话框中所设置滤波器的参数如图 6-96 所示。

滤波器参数设置完毕后，单击 Verify 按钮。校验通过后，单击 Build circuit 按钮所生成的电路如图 6-97 所示。

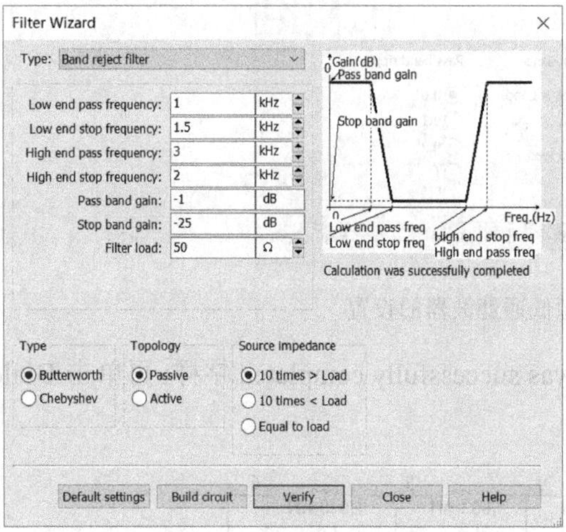

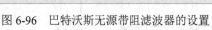

图 6-96　巴特沃斯无源带阻滤波器的设置

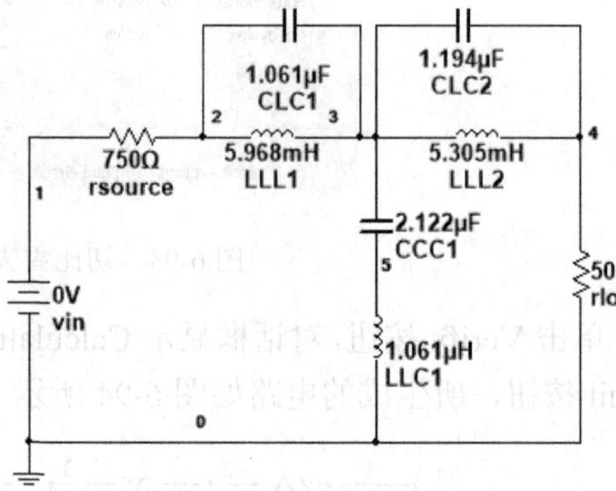

图 6-97　巴特沃斯无源带阻滤波器电路

对该电路进行交流分析，该电路的频率响应如图 6-98 所示。

由图 6-98 可见，低端通带截止频率为 1.08 kHz，低端阻带起始频率为 1.2 kHz；高端阻带截止频率为 2.3 kHz，高端通带起始频率为 3.06 kHz。Filter Wizard 设计的无源带阻滤波器基本符合要求。

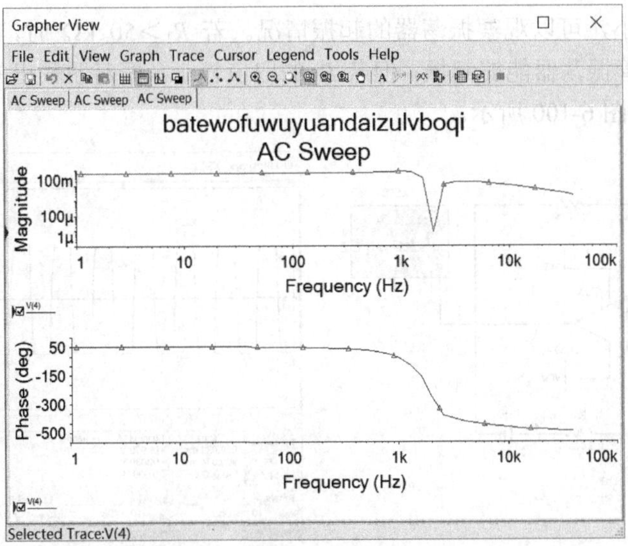

图 6-98 巴特沃斯无源带阻滤波器的频率响应

6.4 信号产生电路

信号产生电路从直流电源获取能量，转换成负载上周期性变化的交流振荡信号。若振荡频率单一，为正弦波信号发生电路；若振荡频率含有大量谐波，称为多谐振荡，如矩形波、三角波等。

6.4.1 正弦波信号产生电路

1. RC 基本文氏电桥振荡电路

RC 正弦波振荡电路有很多种形式，其中文氏电桥振荡电路最为常用。当工作于超低频时，常选用积分式 RC 正弦波振荡电路。

图 6-99 所示电路为基本文氏电桥振荡电路，电路中负反馈网络为一电阻网络，电路中正反馈网络是 RC 选频网络。其中，正反馈系数 $B+=\dfrac{1}{1+\dfrac{R_3}{R_4}+\dfrac{C_1}{C_2}}=\dfrac{1}{3}$，负反馈系数 $B-=\dfrac{R_2}{R_1+R_2}=\dfrac{9}{14}$。

为了满足起振条件 $AB \geqslant 1$，取 R_2=100 kΩ，则 $R_1 \leqslant$50 kΩ（A 为运算放大器的开环增益，A=10^5）。

基本文氏电桥振荡电路的振荡频率为：

$$f_O=\frac{1}{2\pi\sqrt{R_3C_1R_4C_2}}=\frac{1}{2\pi\times\sqrt{10\times10^3\times0.1\times10^{-6}\times10\times10^3\times0.1\times10^{-6}}}=159\ \text{Hz}$$

调整 R_1 的大小，可以观察振荡器的起振情况。若 $R_1 > 50\ \mathrm{k\Omega}$ 时，电路很难起振；若 $R_1 < 50\ \mathrm{k\Omega}$ 时，尽管振荡器能够起振，但若 R_1 的取值较小，振荡器输出的不是正弦波信号，而是方波信号，如图 6-100 所示。

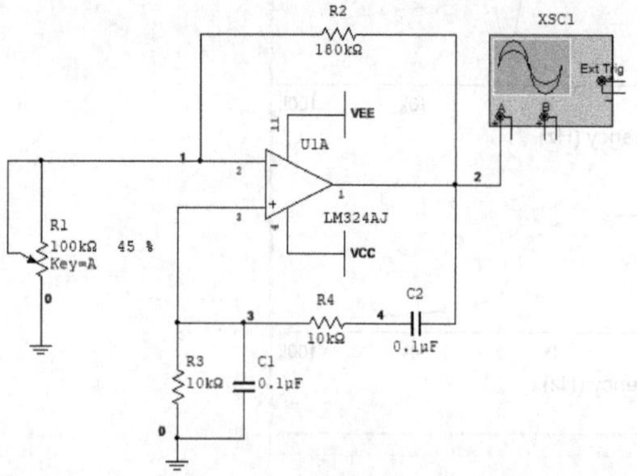

图 6-99　基本文氏电桥振荡电路

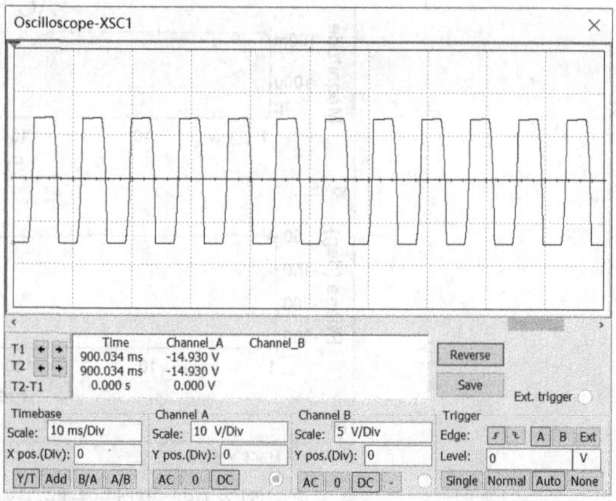

图 6-100　基本文氏电桥振荡电路振荡波形

由图 6-100 可见，输出波形上下均幅，说明电路起振后随幅度增大，运算放大器进入强非线性区。RC 正弦波振荡电路因选频网络的等效 Q 值很低，不能采用自生反偏压稳幅，只能采用自动稳幅电路来稳幅。图 6-101 所示的电路是基本文氏电桥振荡器的改进电路，它是用场效应管稳幅的文氏电桥振荡器。振荡电路的稳幅过程如下：若输出幅度增大，当输出电压大于稳压管的击穿电压时，则检波后加在场效应管上的栅压负值增大，漏源等效电阻增大，负反馈加强，环路增益下降，输出幅度降低，从而达到稳幅目的。

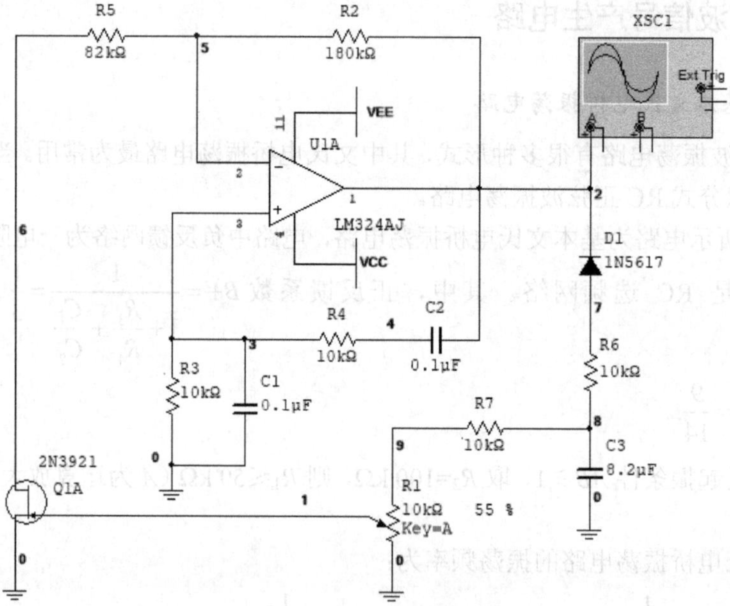

图 6-101　改进的文氏电桥振荡器电路

改进的文氏电桥振荡器的波形如图 6-102 所示。

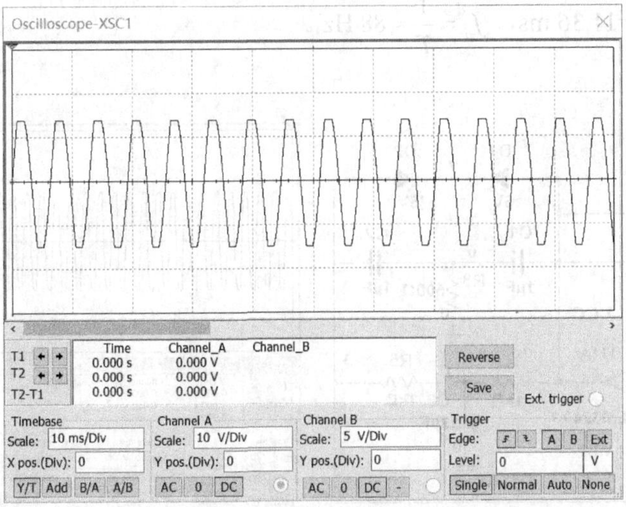

图 6-102　改进的文氏电桥振荡器的振荡波形

由图 6-102 可见，振荡器输出的波形基本上是正弦波。

2. RC 移相式振荡器

RC 移相式振荡器如图 6-103 所示，该电路是由反相放大器和三节 RC 移相网络组成，要满足振荡相位条件，则要求 RC 移相网络完成 180° 相移。由于一节 RC 移相网络的相移极限为 90°。因此，采用三节或三节以上的 RC 移相网络，才能实现 180° 相移。

只要适当调节 R_4 的值，使得 A_V 适当，就可以满足相位和振幅条件，产生正弦振荡。其振荡频率为 $f_O \approx 1/2\pi\sqrt{6}RC$（$R=R_1=R_2=R_3$，$C=C_1=C_2=C_3$），振荡波形如图 6-104 所示。

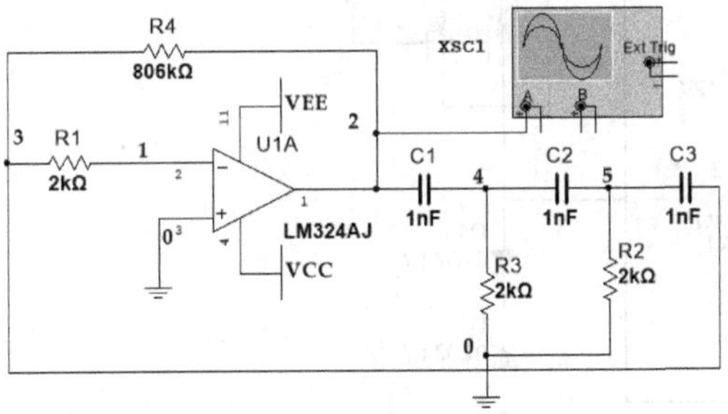

图 6-103　RC 移相式振荡器

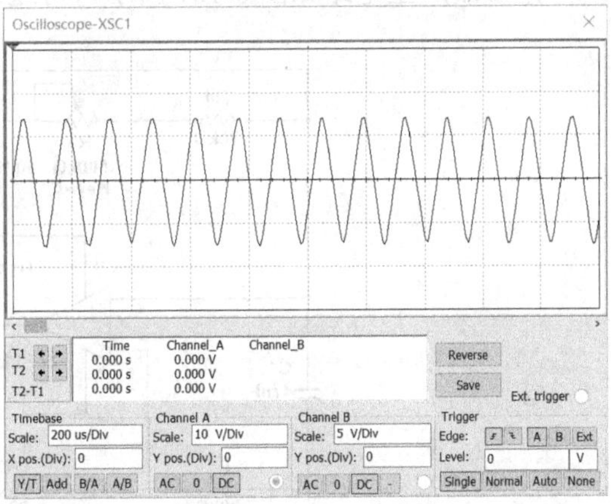

图 6-104　RC 移相式振荡器的振荡波形

3. RC 双 T 反馈式振荡器

RC 双 T 反馈式振荡器如图 6-105 所示，其中 C_1、C_2、C_3、R_3、R_4 和 R_5 组成双 T 负反馈网络（完成选频作用）。电路中两个稳压管 D_1、D_2 具有稳压的功能，用来改善输出波形。

RC 双 T 反馈式振荡器的输出电压波形如图 6-106 所示，根据示波器的扫描时间刻度，可测得振荡周期 T=11.36 ms，$f_o = \frac{1}{T} \approx 88\ \text{Hz}$。

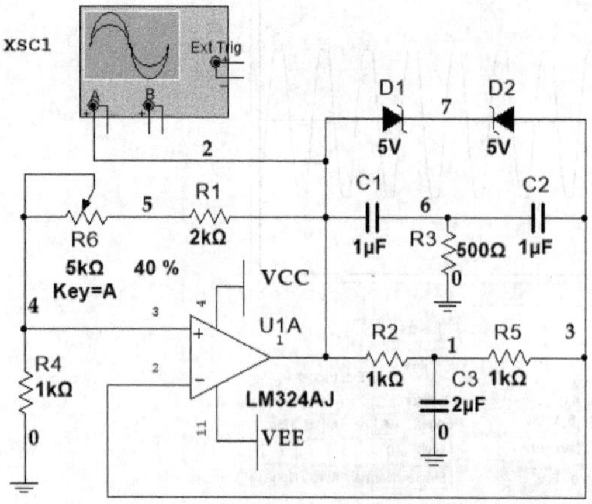

图 6-105　RC 双 T 反馈式振荡器

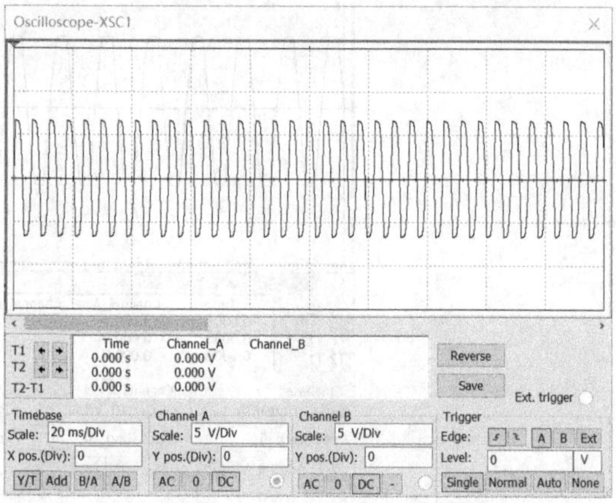

图 6-106　RC 双 T 反馈式振荡器的输出电压波形

6.4.2　非正弦波发生电路

常用的正弦波主要有矩形波、三角波和锯齿波发生器，通常用集成运算放大器来实现。当集成运算放大器接成负反馈时，可构成各种运算电路和信号处理电路；当集成运算放大器接成正反馈时，可构成比较电路和振荡电路。

1. 矩形波产生电路

矩形波产生电路如图 6-107 所示，可通过一个 RC 积分电路和滞回比较器来实现。

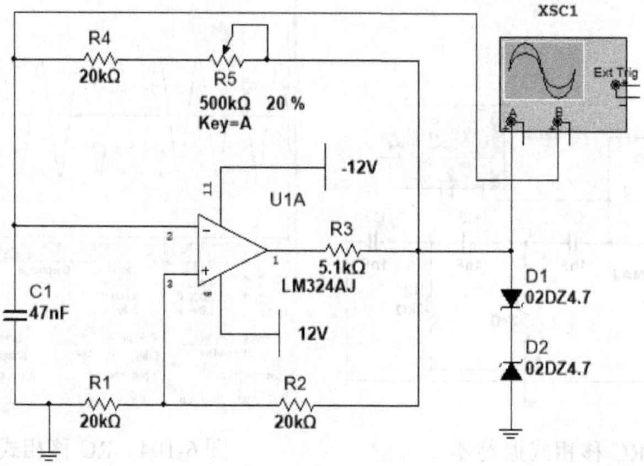

图 6-107　矩形波产生电路

图 6-107 中运算放大器 U_{1A} 和电阻 R_1、R_2 构成滞回比较器，运算放大器 U_{1A} 和电阻 R_4、R_5、C_1 构成 RC 积分电路，稳压管 D_1、D_2 及限流电阻 R_3 构成输出限幅电路。输出信号经

RC 积分电路后将电容上电压信号作为输入信号，经滞回比较器比较后，输出矩形信号如图 6-108 所示。

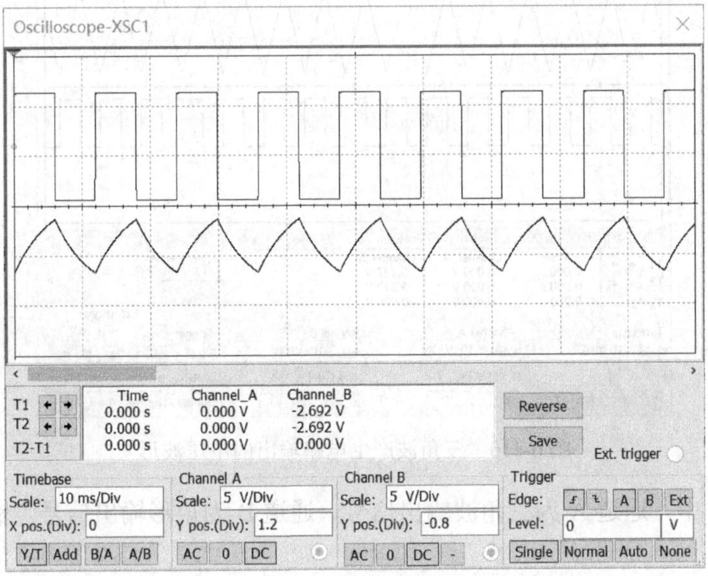

图 6-108　矩形波产生电路输出波形及 C_1 的电压波形

图 6-108 的波形中，通道 A 为矩形波输出信号，通道 B 为电容 C_1 的电压信号。调整积分时间常数（即 R_5 或 C_1）或调整滞回比较器的阈值电压（即 R_5 或 C_1）即可调整矩形波频率。

2. 三角波产生电路

在方波发生电路中，输出接积分电路，即可将方波变换为三角波，如图 6-109 所示。三角波的幅值由调整滞回比较器的阈值电压决定，调整积分电路 R_7、C_2 的数值，即可调整三角波的频率。

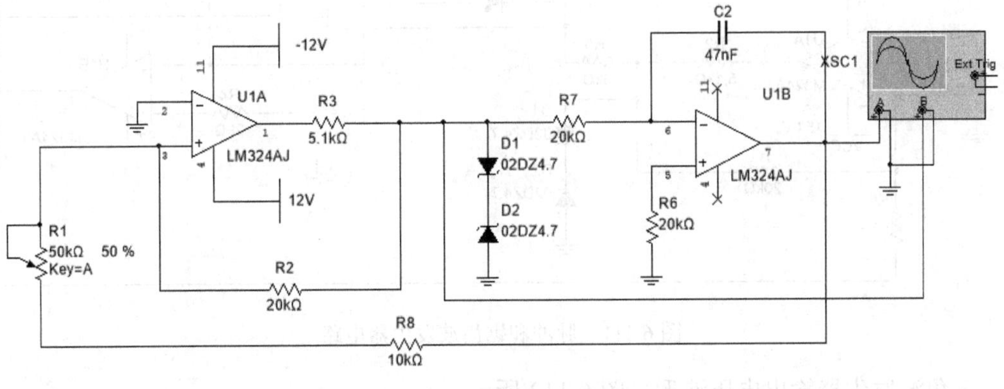

图 6-109　三角波发生器电路

三角波发生器输出电压波形如图 6-110 所示。

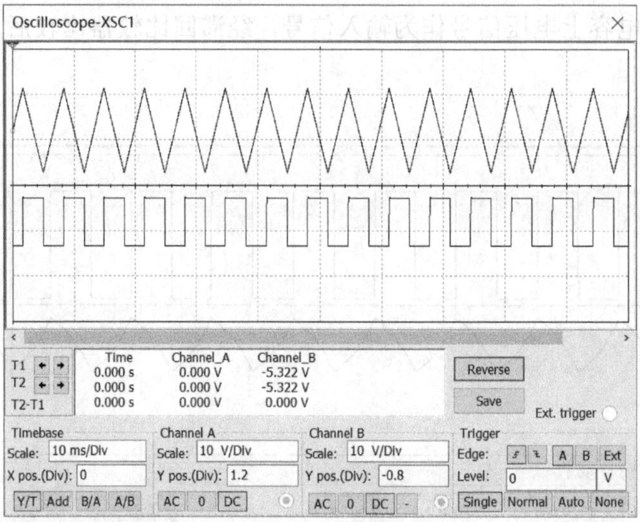

图 6-110　三角波产生电路输出的电压波形

在图 6-110 中，通道 A 为三角波输出信号，通道 B 为矩形输出信号。输出三角波的频率约为 150 Hz。

3. 锯齿波发生器

在矩形波发生电路中，输出接积分电路，即可将矩形波变换为锯齿波。如图 6-111 所示，锯齿波的幅值由调整滞回比较器的阈值电压决定，调整积分电路 R_7、C_2 的数值，即可调整锯齿波的频率。

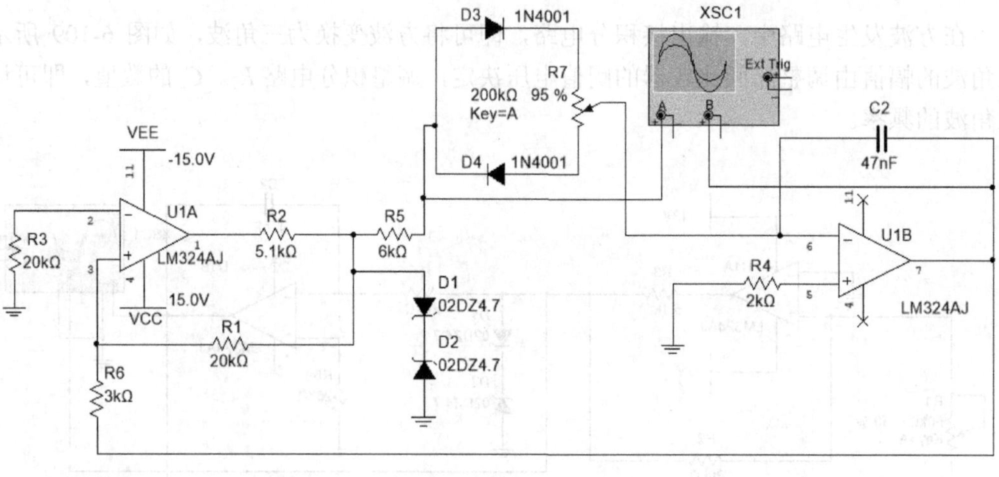

图 6-111　脉冲和锯齿波发生器电路

三角波发生器输出电压波形如图 6-112 所示。

在图 6-112 的波形中，通道 B 为锯齿波输出信号，通道 A 为矩形输出信号。输出锯齿波的频率约为 286 Hz。

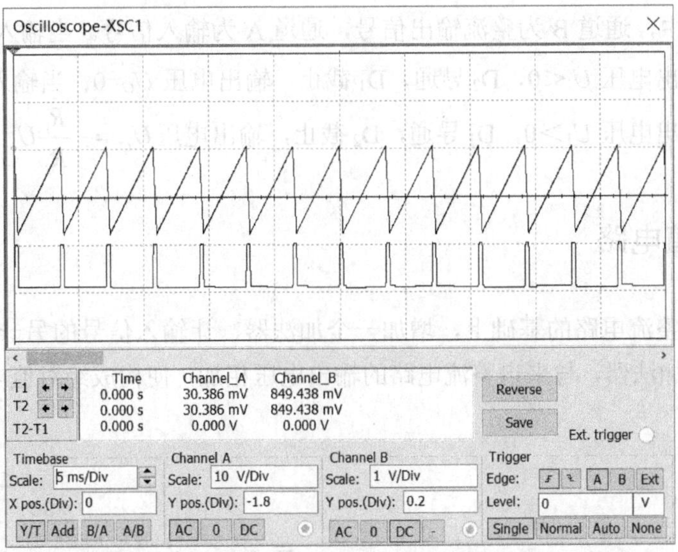

图 6-112　脉冲和锯齿波发生器电路的脉冲和锯齿波形

6.5　信号变换电路

信号变换电路属于非线性电路，其传输函数随输入信号的幅度、频率或相位的变化而变化。

6.5.1　半波精密整流电路

由运算放大器组成的半波精密整流电路如图 6-113 所示。该电路利用二极管的单向导电性实现整流，利用运算放大器的放大作用和深度负反馈来消除二极管的非线性和正向导通压降造成的误差。整流电路的输入与输出波形如图 6-114 所示。

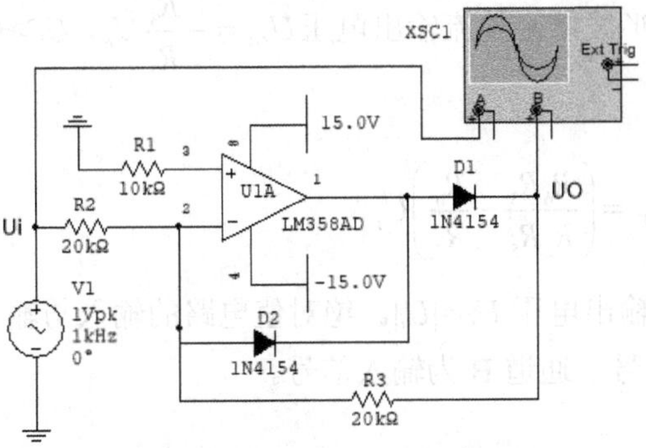

图 6-113　半波精密整流电路

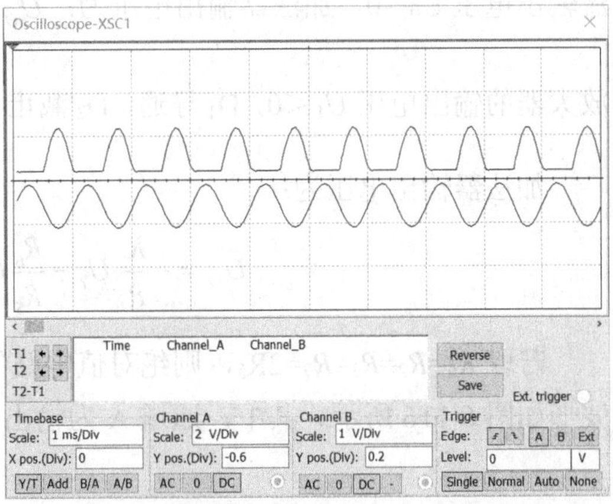

图 6-114　半波精密整流电路的输入、输出波形

在图 6-114 中，通道 B 为整流输出信号，通道 A 为输入信号。当输入电压 $U_i > 0$，则运算放大器的输出电压 $U_i<0$，D_2 导通，D_1 截止，输出电压 $U_O=0$；当输入电压 $U_i<0$，则运算放大器的输出电压 $U_1>0$，D_1 导通，D_2 截止，输出电压 $U_O = -\frac{R_1}{R_2}U_i$。

6.5.2　绝对值电路

在半波精密整流电路的基础上，增加一个加法器，让输入信号的另一极性电压不经整流，而直接送到加法器，与来自整流电路的输出电压相加，便构成绝对值电路，如图 6-115 所示。

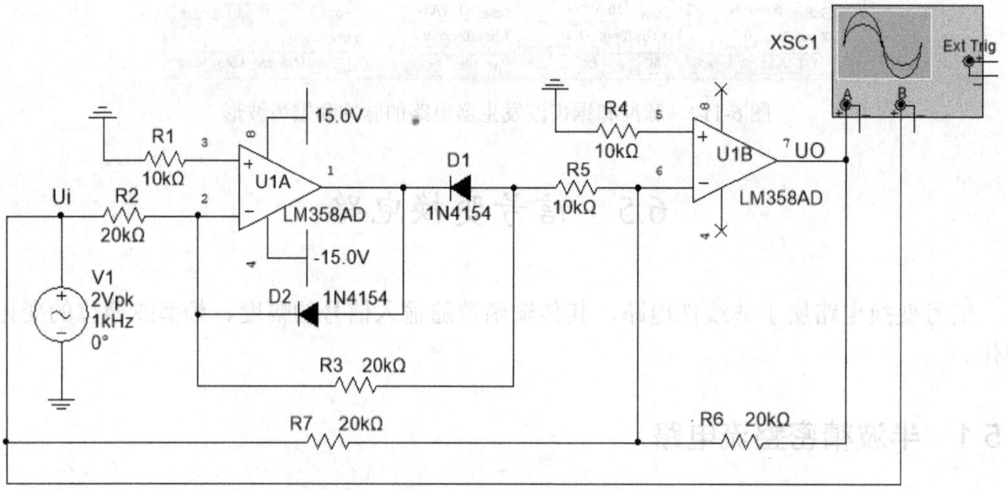

图 6-115　绝对值电路

当输入电压 $U_i<0$，则运算放大器的输出电压 $U_1>0$，D_2 导通，D_1 截止，半波精密整流输出电压 $U_{01}=0$，加法器输出电压为：$U_O = -\frac{R_6}{R_7}U_i$，$U_i<0$；当输入电压 $U_i>0$，则运算放大器的输出电压 $U_1<0$，D_1 导通，D_2 截止，半波精密整流输出电压 $U_{O1} = -\frac{R_3}{R_2}U_i$，$U_i>0$。

加法器输出电压为：

$$U_O = -\frac{R_6}{R_7}U_i - \frac{R_6}{R_5}U_{O1} = \left(\frac{R_6 R_3}{R_2 R_5} - \frac{R_6}{R_7}\right)U_i$$

若取 $R_6=R_2=R_3=R_7=2R_5$，则绝对值电路的输出电压 $U_O=|U_i|$。绝对值电路的输入与输出波形如图 6-116 所示。其中，通道 A 为输出信号，通道 B 为输入信号。

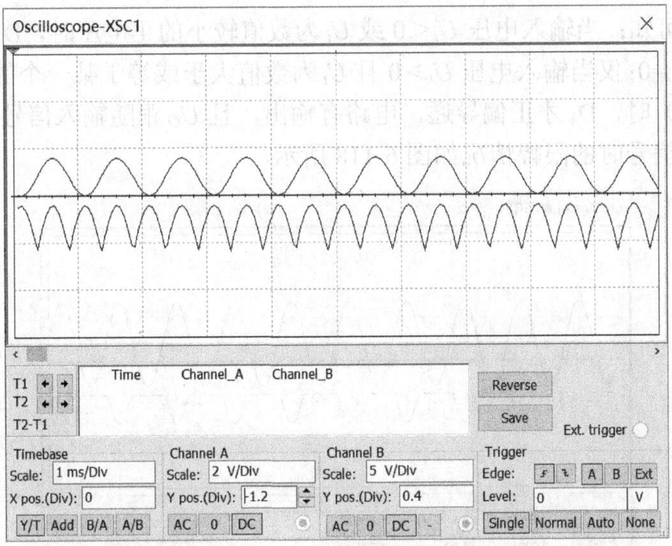

图 6-116　绝对值电路的输入与输出波形

6.5.3　限幅电路

限幅电路的功能如下：当输入信号电压进入某一范围（限幅区）内，其输出信号的电压不再跟随输入信号电压变化。

1. 串联限幅电路

串联限幅电路如图 6-117 所示，起限幅控制作用的二极管 D_1 与运算放大器 U_1 反相输入端串联，参考电压（V_{DC5}=−2 V）为二极管 D_1 的反偏电压，以控制限幅电路的门限电压 U_{th}^{+}。

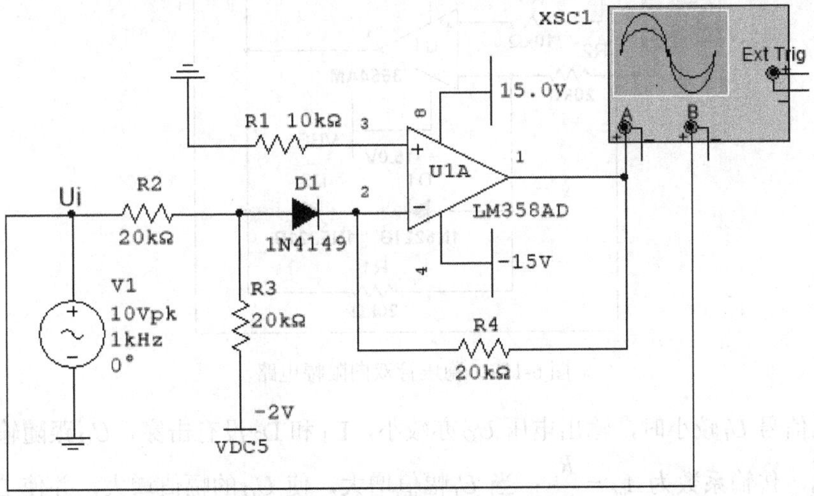

图 6-117　串联限幅电路

由图 6-117 可知：当输入电压 U_i<0 或 U_i 为数值较小的正电压时，D_1 截止，运算放大器的输出电压 U_O=0；仅当输入电压 U_i>0 且 U_i 为数值大于或等于某一个的正电压 U_{th}^+（U_{th}^+ 称为正门限电压）时，D_1 才正偏导通，电路有输出，且 U_O 跟随输入信号 U_i 变化，串联限幅电路输入正弦信号时的限幅情况如图 6-118 所示。

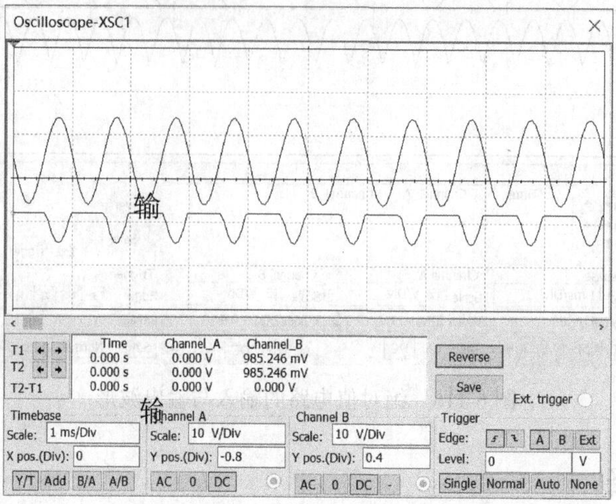

图 6-118　串联限幅电路的输入与输出波形

在图 6-118 的波形中，通道 A 为输出信号，通道 B 为输入信号。

2. 稳压管双向限幅电路

双向限幅电路如图 6-119 所示。其中，稳压管 D_1、D_2 与负反馈电阻 R_1 并联。

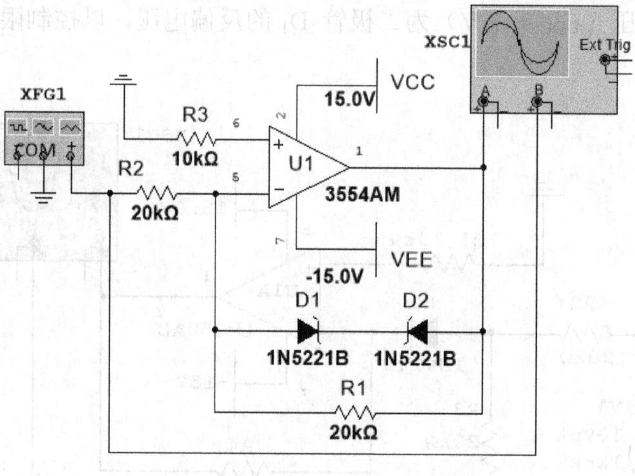

图 6-119　稳压管双向限幅电路

当输入信号 U_i 较小时，输出电压 U_O 亦较小，D_1 和 D_2 没有击穿，U_O 跟随输入信号 U_i 变化而变化，传输系数为 $A_{uf}=\dfrac{R_1}{R_2}$；当 U_i 幅值增大，使 U_O 的幅值增大，并使 D_1 和 D_2 击穿时，输出 U_O 的幅度保持 $\pm(U_Z+U_D)$ 值不变，电路进入限幅工作状态。该电路的传输特性如图 6-120 所示。

若稳压管双向限幅电路的输入信号为三角波时，其输入与输出信号波形如图 6-121 所示。

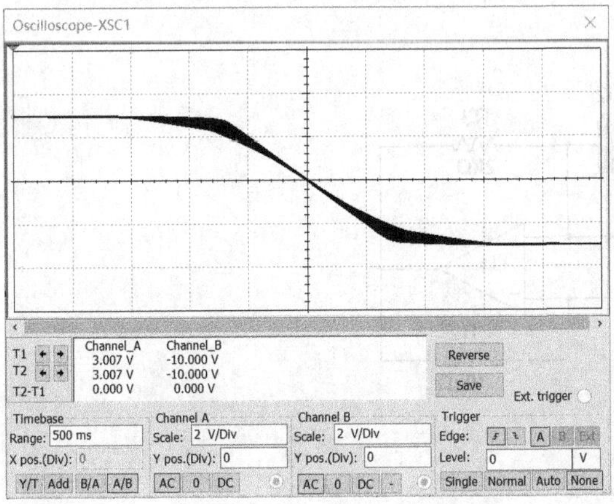

图 6-120　电路的传输特性

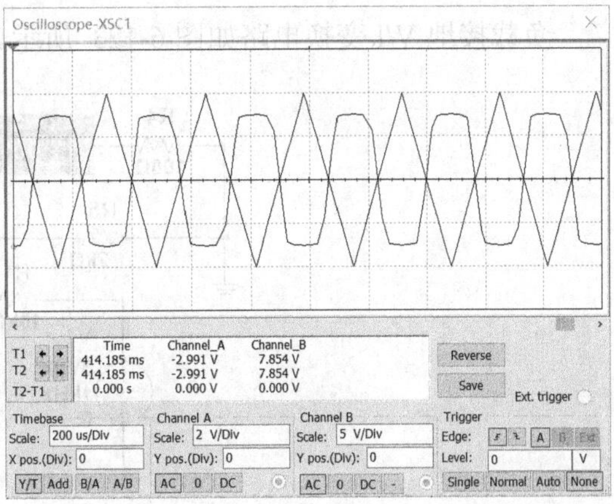

图 6-121　稳压管双向限幅电路的输入与输出波形

在图 6-121 的波形中，通道 A 为输出信号，通道 B 为输入信号。

6.5.4　电压电流（V/I）变换电路

1. 负载不接地 V/I 变换电路

负载不接地 V/I 变换电路如图 6-122 所示。

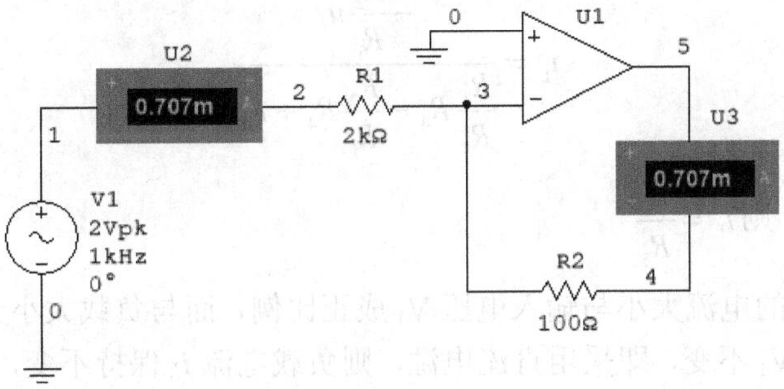

图 6-122　负载不接地 V/I 变换电路

负载 R_2 接在反馈支路，兼作反馈电阻。U_1 为运算放大器，则流过 R_2 的电流为：

$$i_L \approx i_R \approx \frac{u_i}{R_1}$$

由图 6-122 可见，电压表显示的 0.707 mA 是测得支路电流是交流电流有效值。同时流经负载 R_2 的电流 i_L 与输入电压 V_1 成正比例，而与负载大小无关，从而实现 V/I 变换。若输入电压 V_1 不变，即采用直流电源，则负载电流 i_L 保持不变，可以构成一个恒流源电路。图 6-122 所示电路中最大负载电流 i_L 受运算放大器最大输出电流的限制而取值不能太大，

最小负载电流 i_L 受运算放大器输入电流的限制而取值不能太小。

2. 负载接地 V/I 变换电路

负载接地 V/I 变换电路如图 6-123 所示。

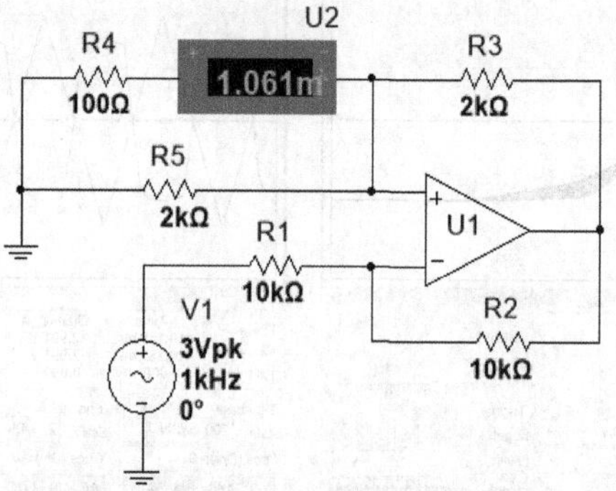

图 6-123　负载接地 V/I 变换电路图

由图 6-123 可知：

$$U_O = -\frac{R_2}{R_1}U_i + \left(1+\frac{R_2}{R_1}\right)i_L R_4,$$

$$i_L R_4 = \frac{R_5//R_4}{R_3 + R_5//R_4}U_O$$

解上述两式可得：

$$i_L = \frac{-\frac{R_2}{R_1}u_i}{\frac{R_3}{R_5}R_4 - \frac{R_2}{R_1}R_4 + R_3}$$

若取 $\frac{R_2}{R_1} = \frac{R_3}{R_5}$，则 $i_L = \frac{u_i}{R_5}$

可见，负载 R_4 的电流大小与输入电压 V_1 成正比例，而与负载大小无关，从而实现 V/I 变换。若输入电压 V_1 不变，即采用直流电源，则负载电流 i_L 保持不变，可以构成一个恒流源电路。

6.5.5 电压比较器

电压比较器是一种能用不同的输出电平表示两个输入电压大小的电路。利用不加反馈或加正反馈时工作于非线性状态的运算放大器即可构成电压比较器。

1. 电压比较器

电压比较器的仿真电路如图 6-124 所示。其中，运算放大器处于开环无反馈状态，可调的±15 V 参考电压作为阈值电压加到比较器的反相输入端，被比较的输入信号是 10 V/100 Hz

的正弦波。电阻 R_1 和稳压管 D_1 构成限幅电路。

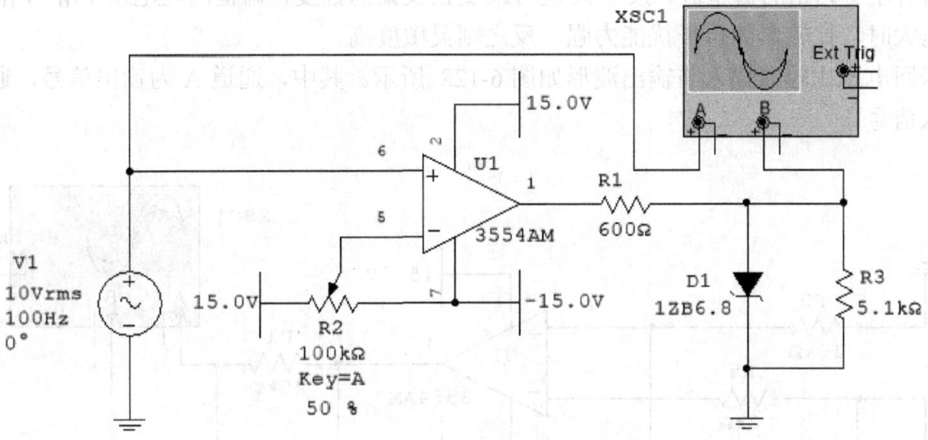

图 6-124　电压比较器的仿真电路

电压比较器输入与输出波形如图 6-125 所示。其中，通道 A 为输出信号，通道 B 为输入信号。

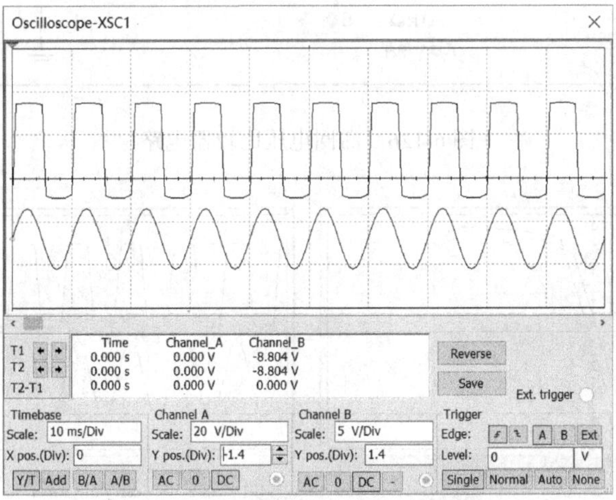

图 6-125　电压比较器输入与输出波形

由图 6-125 可知，当输入信号大于阈值电压时，输出约为+9 V；而当正弦信号小于阈值电压时，输出约为−9 V。由此形成了占空比约为 0.51 的矩形波信号，实现了模拟信号到脉冲信号的转换。

2. 滞回电压比较器

滞回电压比较器电路如图 6-126 所示。其中，运算放大器引入了正反馈状态，参考电压为 0，输入信号是 5 V/1 kHz 的正弦波。与电压比较器不同，正反馈使滞回电压比较器的阈值不再是一个固定的常量，而是一个随输入状态变化的量。滞回电压比较器传输特性如图 6-127 所示，它反映了输出随输入变化的关系。

从图 6-127 可知，当输入信号大于 V_{TH1} 时，输出为负的稳压值；而当输入信号小于 V_{TH2} 时，输出才变为正的稳压值。按下 A 键可改变正反馈的强度，调整回差电压 $V_{TH1}-V_{TH2}$。回差电压大时，比较器的抗干扰能力强，反之则灵敏度高。

滞回电压比较器输入与输出波形如图 6-128 所示。其中，通道 A 为输出信号，通道 B 为输入信号。

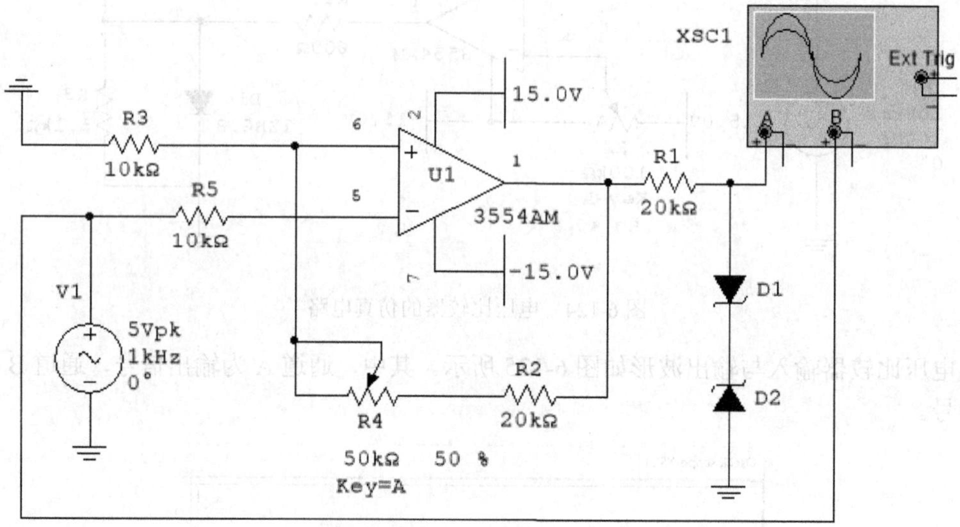

图 6-126　滞回电压比较器电路

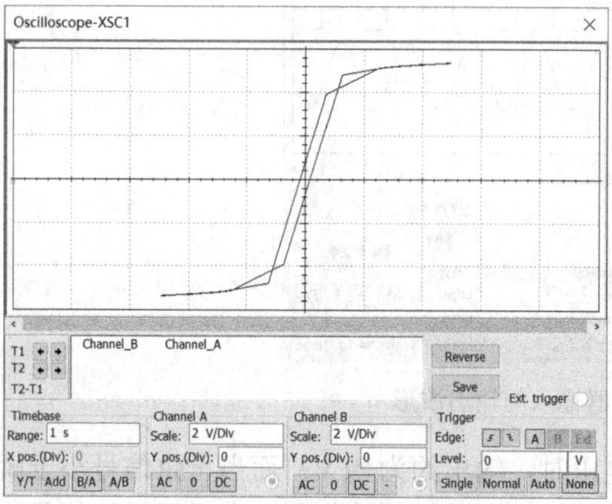

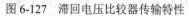

图 6-127　滞回电压比较器传输特性

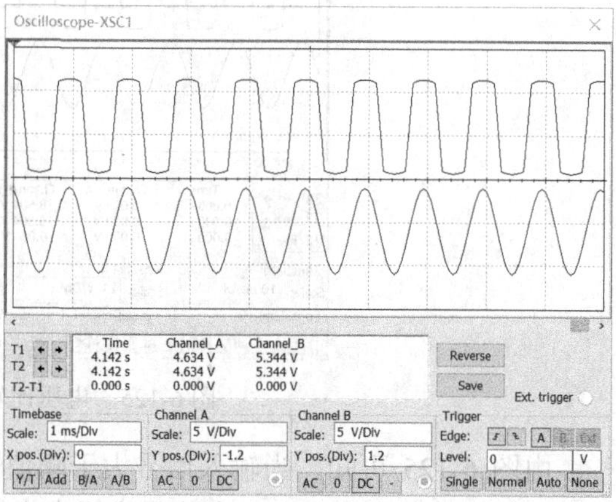

图 6-128　滞回电压比较器输入与输出波形

6.5.6　可调有源分频器

可调有源分频器电路如图 6-129 所示，当输入信号是 10 V/1 kHz 的正弦波时，输出为 10 V/22.7 Hz 的方波信号，输入与输出波形如图 6-130 所示。其中，通道 B 为输出信号，通道 A 为输入信号。

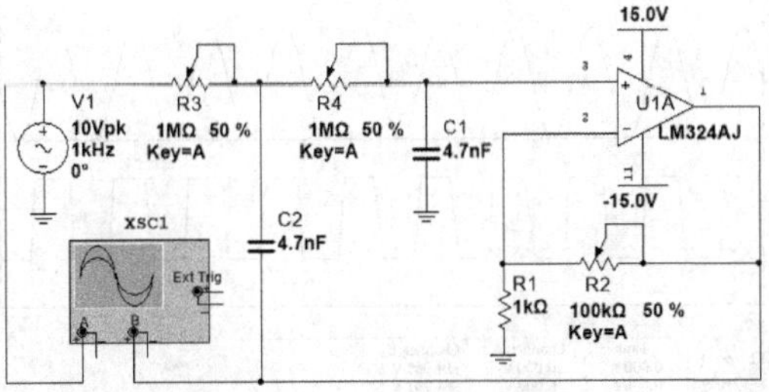

图 6-129　可调有源分频器电路

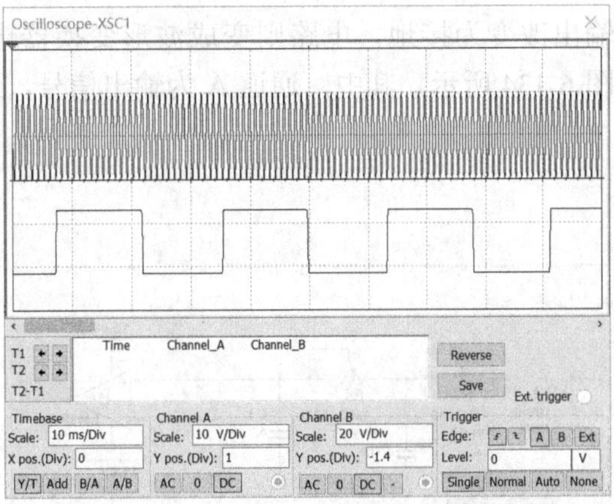

图 6-130　可调有源分频器波形

按下 A 键可改变反馈的强度，分频器的输出频率也随之改变。在可调有源分频器的基础上将输入信号源替换成单次脉冲则变成可控振荡器，可控振荡器电路如图 6-131 所示。

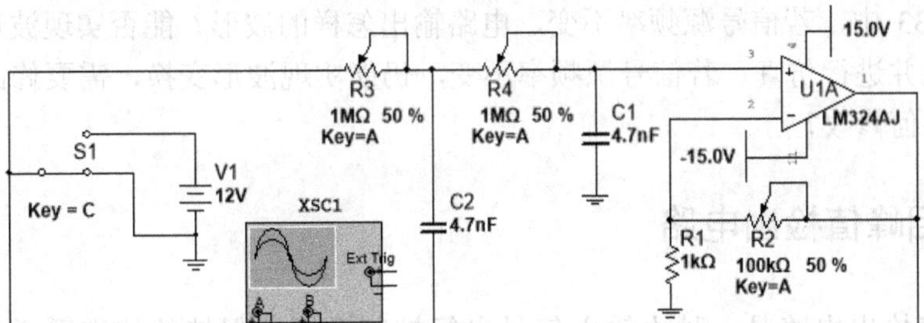

图 6-131　可控振荡器电路

可控振荡器的波形如图 6-132 所示，当 J_1 接高电平时，可控振荡器持续输出高电平 10 V；而当 J_1 接低电平时，可控振荡器输出脉冲信号，脉冲信号的周期随 R_2 改变而改变。

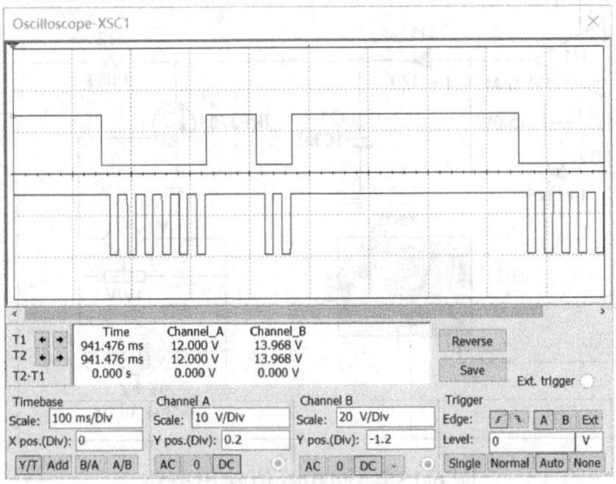

图 6-132　可控振荡器波形

在可调有源分频器的基础上，将输入信号源的频率调整为 10 Hz，电容 C_2 的一端由接输出改变为接地，电路则变成波形变换器电路，如图 6-133 所示。其输入与输出波形如图 6-134 所示。其中，通道 A 为输出信号，通道 B 为输入信号。

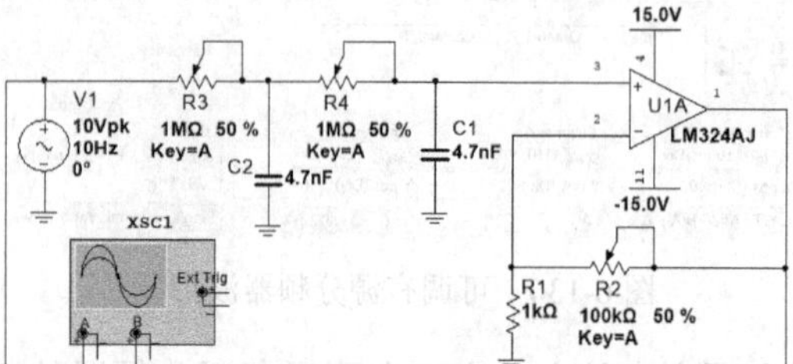

图 6-133　波形变换器电路

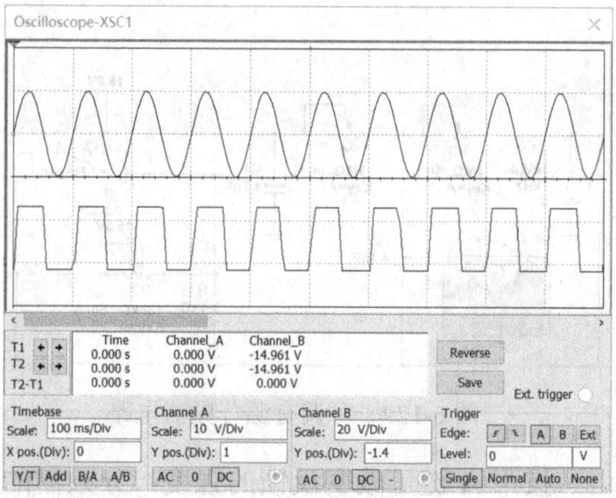

图 6-134　波形变换器波形

在图 6-133 中，若信号源频率不变，电路输出怎样的波形？能否实现波形变换？请读者分析其原理并进行仿真。若信号源频率不变，仍能实现波形变换，需要修改电路中哪些元件参数？如何修改？

6.5.7　同相峰值检出电路

同相峰值检出电路是一种由输入信号自行控制采样或保持的特殊采样保持电路，如图 6-135 所示。它由运算放大器 U_1 和二极管 D_1、D_2 构成的半波整流电路、保持电容 C_1、电压跟随器 U_2 及场效应管 Q_1 组成。

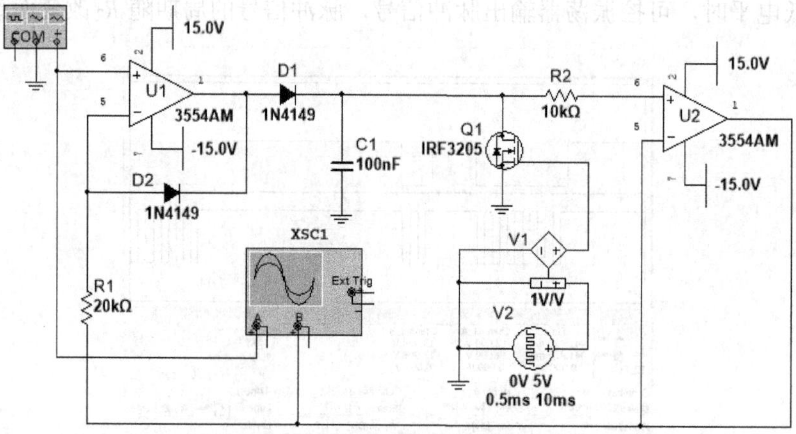

图 6-135　同相峰值检出电路

当复位控制信号 $V_1<0$ 时，场效应管 Q_1 截止，电路处于采样保持状态，输出 $V_O=V_C$，若 U_1 的输出误差电压 $V_S>V_C$，D_2 截止，D_1 导通，V_S 经 U_1 放大后，通过 D_1 对 C_1 充电，

使 V_C、V_O 跟踪 V_S；若 $V_S<V_C$，D_2 导通，D_1 截止，$V_O=V_C$ 不再跟踪 V_S，保持已检出的 V_S 的最大峰值。D_2 导通提供 V_1 负反馈通路，防止 V_1 进入饱和状态。当 $V_2>0$ 时，即控制信号有效时，Q_1 导通，C_1 通过 Q_1 快速放电，$V_C=0$，电路又开始进入峰值检出过程。输入与输出波形如图 6-136 和图 6-137 所示。图 6-136 是输入正弦信号时同相峰值检出电路输入与输出波形，通道 B 显示输出信号，通道 A 显示输入波形。图 6-137 是输入锯齿波时同相峰值检出电路输入与输出波形，通道 B 为输出信号，通道 A 为输入信号。

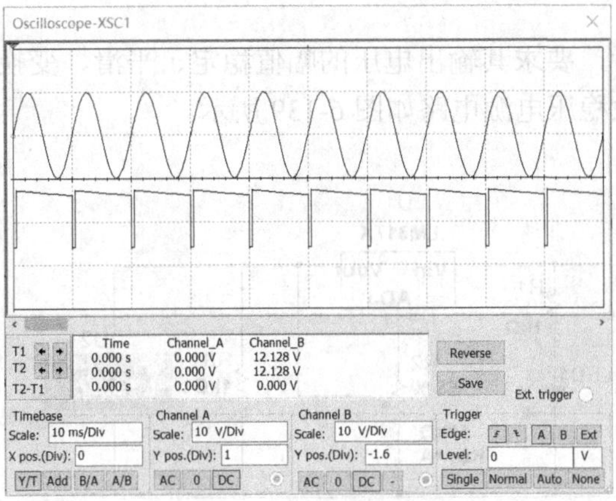

图 6-136　同相峰值检出电路（输入正弦信号）输入与输出波形

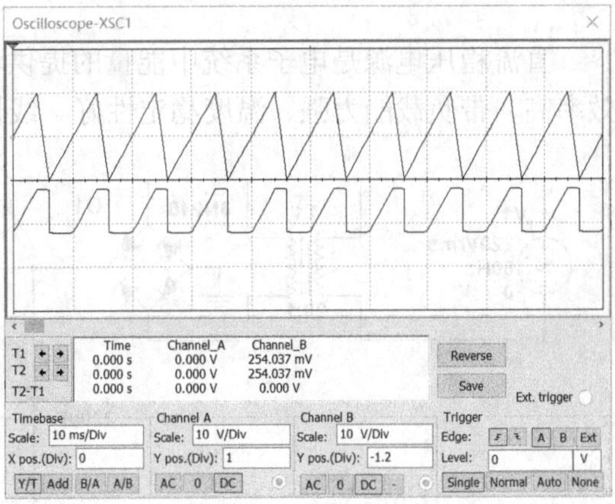

图 6-137　同相峰值检出电路（输入锯齿波）输入与输出波形

6.5.8　检测报警电路

检测报警电路如图 6-138 所示，它由 R_1、R_2、R_3、R_5 组成的测量电桥仿真传感器，由 U_1、R_4、R_6、R_8 组成的差分放大器，由 U_2、R_9、R_{10}、R_{11} 组成的单限同相电压比较器和由 Q_1、BUZZER、LED_1、R_{14}、R_{13} 组成的声光报警驱动组成。

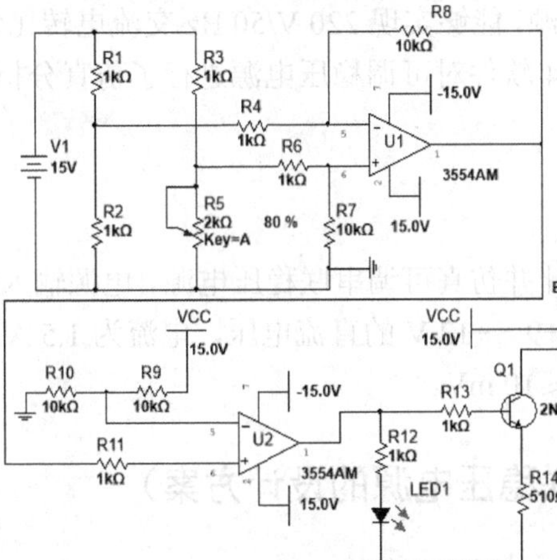

图 6-138　检测报警电路

正常情况下调整 R_5 使电桥平衡，输出为零。而当环境参数突变时，传感器的输出电压发生明显变化（即可按下 A 键改变 R_5 的阻值模拟），电桥平衡打破，输出不为零，经第一级差分放大器放大后送入第二级单限同相电压比较器输出高电平，驱动发光二极管 LED_1 灯亮，蜂鸣器鸣响，产生声光报警信号。

6.5.9　线性稳压电源

直流稳压电源是电子系统中能量的提供者，要求其输出电压的幅值稳定、平滑、变换效率高、带负载能力强、温度稳定性好。线性稳压电源电路如图 6-139 所示。

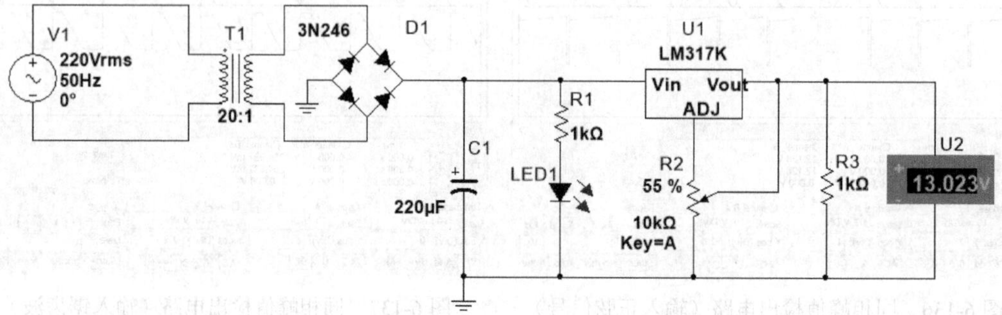

图 6-139　线性稳压电源电路

由图 6-139 可见，220 V/50 Hz 交流电经过降压、整流、滤波和稳压 4 个环节变换成电压 13.023 V 的直流电压。

6.6　可调串联稳压电源的设计

试设计一个可调稳压电源，能够实现 220 V/50 Hz 交流电转化为输出+9～+12 V 直流电压，同时采用 NI Multisim 14 软件对可调稳压电源进行了仿真分析。

6.6.1　任务描述

采用 NI Multisim 14 设计并仿真可调串联稳压电源。电源输入为 220 V/50 Hz（±20%）的交流电，输出直流电压为+9～+12 V 的直流电压，电流为 1.5 A，电源效率≥35%，电压调整率 K_U≤0.5，纹波电压≤10 mV。

6.6.2　构思（可调串联稳压电源的设计方案）

要实现可调串联稳压电源，首先要明确设计要求。本次设计的 220 V/50 Hz 的交流电，输出直流电压为+9～+12 V 的直流电压；常见的稳压电源有开关电源及线性稳压电源，与开关电源相比，线性稳压电源具有电路结构简单、纹波电压小但效率低等特点。因此，根据设计指标，本设计选用分立元件实现可调串联稳压电源，实现稳压电源的原理框图如图 6-140 所示。

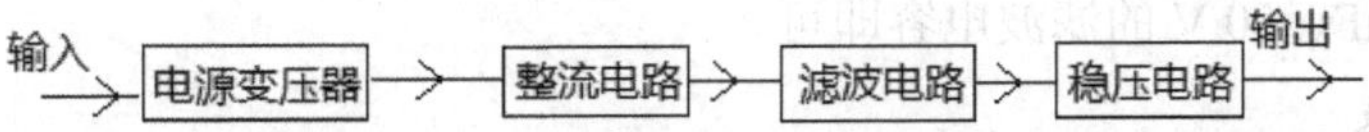

图 6-140　可调串联稳压电源的原理框图

其工作过程如下：输入 220 V/50 Hz 的交流电经过电源变压器降压到 18 V/50 Hz 的交流电，再经过整流、滤波电路变成不稳定的直流电压，再由稳压电路变换后输出稳定电压。

6.6.3　设计（可调串联稳压电源的设计与仿真）

根据可调串联稳压电源原理框图选择合适的元件实现电路功能。

1. 降压整流滤波电路

降压整流滤波电路选择如图 6-141 所示的电路实现。

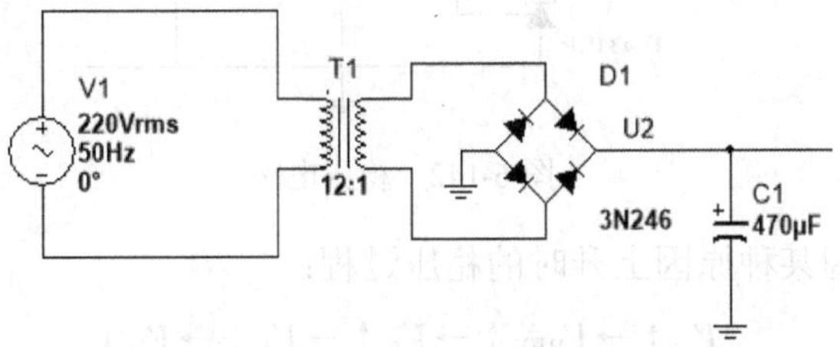

图 6-141　降压整流滤波电路

其中，选择变压器时既要计算变压器的匝数比，又要考虑变压器的功率，根据题目要求，当电网电压最低时即 V_i=220 V×(1−20%)=176 V，必须保证输出 V_i=12 V；又为保证调整管 Q_1 工作区，取 V_{CE}=4 V，则 U_2=16 V。对桥式整流及电容滤波来说，则变压器次级电压为 14 V，变压器的匝数比 $\dfrac{n_1}{n_2}=\dfrac{V_1}{V_2}=\dfrac{176}{14}=12.5$，取变压器匝数比 12∶1，则当 V_i=220 V 时，V_2=18 V。在工程估算中，常取变压器次级电流 I_2 为输出电流 I_O 的 1.1～3 倍，且要求 I_O=1.5A，则取电流 I_2=1.5 I_O 时，有 I_O=2.25 A。故变压器功率 P=V_2I_2=18×2.25=40.5 W，所以取变压器功率 50 W，匝数比 12∶1。

对于桥式整流和电容滤波，二极管的平均电流是负载电流的 0.5 倍，设过流临界电流为 2A（因为要输出 1.5 A，留有余量），所以流过整流二极管的电流 I_D=1 A，每个二极管所承受电压 $V\max=\sqrt{2}V_2$，所以 $\sqrt{2}\times18\times(1+20\%)=30.54\text{ V}$。因此，选允许流过整流二极管的电流 I_D=1 A，V_R=31 V 的整流二极管，查晶体管手册，这里仿真选 3N246 整流桥。

选择滤波电容时为了使电源的纹波足够小，应使充电电路的时间常数 τ 为电网电压半波周期的 5 倍以上，这里取 5 倍，即 τ=5×0.5×T=0.05 s，电源等效输入阻抗

$R_L = \frac{1.2V_2}{I_{O\max}} = \frac{1.2\times 18}{2} = 10.8$，则滤波电容 $C = \frac{\tau}{R}\frac{0.05}{11} = 4545.45\ \mu F$，

空载时滤波电容上最大电压：$V = \sqrt{2}V_2 = \sqrt{2}\times 18\times(1+20\%) = 30.54\ V$

则取 4700 μF、50 V 的滤波电容即可。

2. 稳压电路

根据题目要求，稳压部分选串联稳压电路，Q_1、Q_2构成电压调整电路，并联可调稳压器 TL431 和 R_1、R_2、R_3组成的取样比较电路，改变 R_3的数值调整输出电压大小，使其能实现+9～+12 V 输出电压。电路如图 6-142 所示。

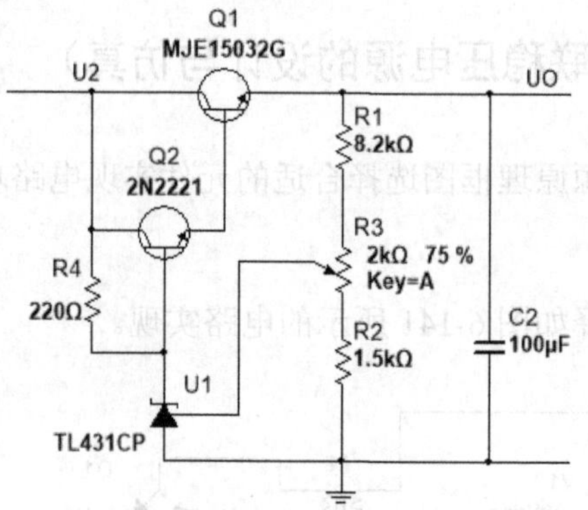

图 6-142　稳压电路

当输出电压 V_O 因某种原因上升时的稳压过程：

$$V_O\uparrow \rightarrow V_{REF}\uparrow \rightarrow V_A\uparrow \rightarrow V_T\downarrow \rightarrow V_O\downarrow$$

式中，V_{REF}为输出电压的采样电压，V_A为 TL431 的内部误差放大器的输出，V_T为 TL431 的阴极输出；反之亦然。

所以输出电压因某种原因变化时，该电路就能调整输出电压，使其保持稳定。

根据题目要求，结合电路可知，调整管 Q_1 的电流应该不小于 2A，其反向耐压：

$$V = 2\sqrt{2}V_2 = 2\sqrt{2}\times 18(1+20\%) = 61.08\ V$$

经查手册，MJE15032G 是功率 NPN 管，其参数最大电流为 8 A，耐压为 250 V，所以本设计选 MJE15032G。

按照电路形式，推动管 Q_2 的发射极电流与调整管 Q_1 的基极电流相等。假设调整管 Q_1 的放大倍数 β=100，则 I_b=20 mA，即推动管 Q_2 的 I_{CM} 为 20 mA，其反向耐压：

$$V = V_A - V_{be} = \sqrt{2}V_2 - 0.7 = \sqrt{2}\times 18 - 0.7 = 24.5\ V\text{。}$$

式中 V_A 为电路整流滤波后的输出电压。经查手册，2N2221 最大电流允许值为 0.8 A，耐压为 30 V，所以本设计选 2N2221。

采样电路由电阻 R_1、R_2和 R_3组成，由于 TL431 的基准电压是 2.5 V，取 R_3=2 kΩ，按照分压原理可得 R_1=8.2 kΩ，R_2=1.5 kΩ。

3. 整体电路

按照上面的分析可得可调串联稳压电源电路，如图 6-143 所示。

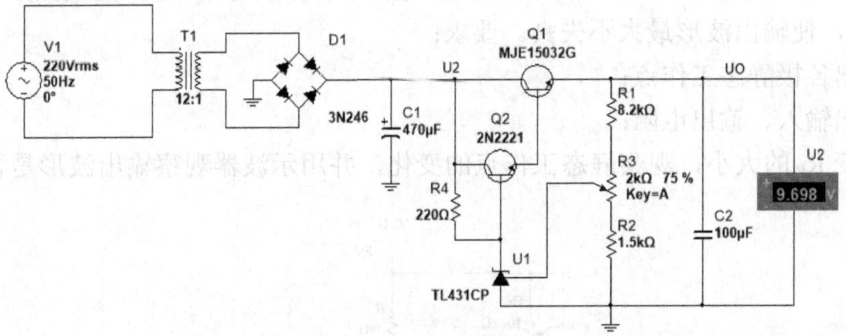

图 6-143　可调串联稳压电源的整体电路

6.6.4　实现和运行（可调串联稳压电源的组装调试与测试）

可调串联稳压电源电路设计正确后，就可以利用 PCB 设计软件进行 PCB 设计、元件的焊接和调试。调试时先调试降压整流、滤波和稳压电路等单元电路，待各单元电路工作正常后再联调。

电路调试完毕，可调串联稳压电源就能正常工作。按照设计要求进行测试，选择合适的仪器测试输出电压幅值、电流值，电压调整率和纹波电压，并记录数据，总结设计过程。

习　题

6-1　在 NI Multisim 14 电路窗口中创建如图 P6-1 所示的晶体管放大电路，设 V_{CC}=12 V，R_1=240 kΩ，R_2=3 kΩ，三极管选择 2N222A。要求：

① 用万用表测量静态工作点；

② 用示波器观察输入及输出波形。

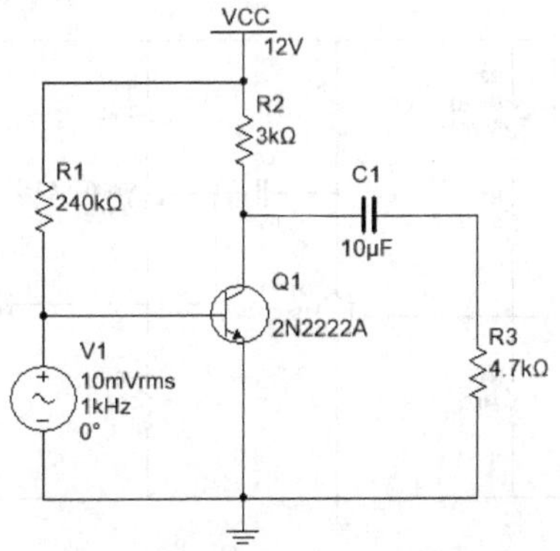

图 P6-1　晶体管放大电路

6-2　在图 P6-1 中，若 R_2=100 kΩ，其他元件参数不变，用万用表测出各极静态工作点，并观察其输入、输出波形的变化，并解释之。

6-3　在 NI Multisim 14 仿真软件中创建如图 P6-2 所示的分压式偏置电路，调节合适的静态工作点，使输出波形最大不失真。要求：

① 测出各极静态工作点；

② 测出输入、输出电阻；

③ 改变 R_P 的大小，观察静态工作点的变化，并用示波器观察输出波形是否失真。

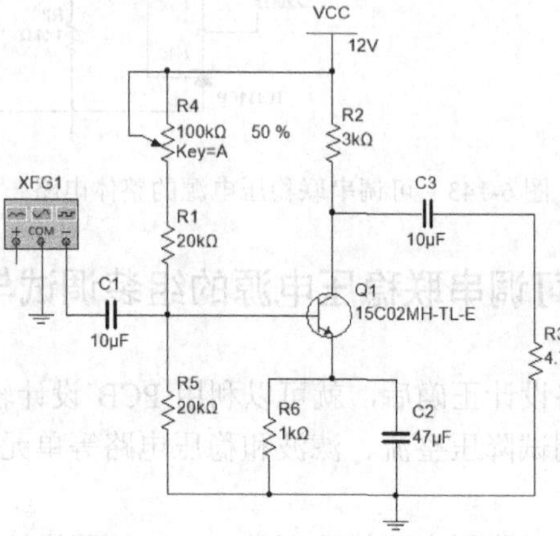

图 P6-2　分压式偏置电路

6-4　对图 P6-2 所示电路，要求：

① 用示波器观察接上负载和负载开路时对输出波形的影响；

② 学会使用波特图仪在电路中的连接；

③ 测量放大电路的幅频特性和相频特性。

6-5　两级放大电路如图 P6-3 所示，在输出波形不失真的情况下，要求：

① 分别测出两级放大电路的静态工作点；

② 用示波器观察两级放大电路输出电压的大小。

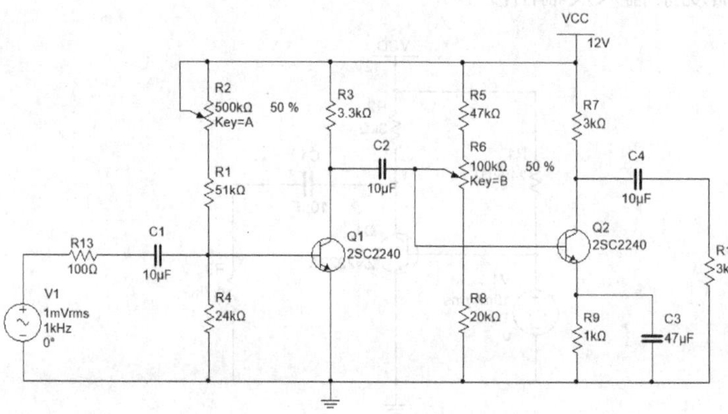

图 P6-3　两级放大电路

6-6 图 P6-4 所示为共射-共基混合放大电路，计算 $A_S=V_0/V_s$ 的中频电压放大倍数和上截止频率，晶体管参数为 β=80，r_{bb}=50 Ω，f_T=300 MHz，C_{jc}=3 pF，观察共射极输出端的频率特性。

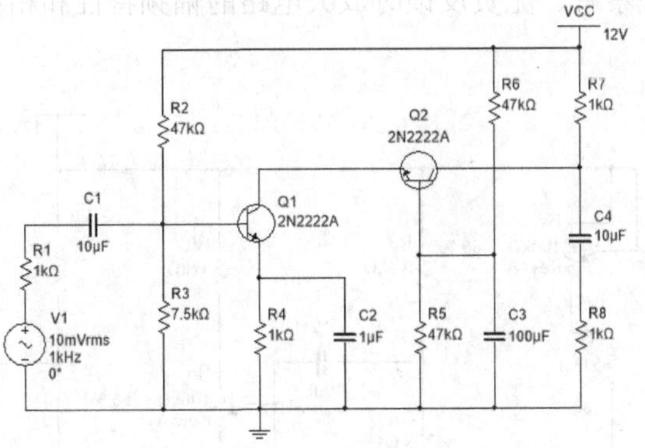

图 P6-4 共射－共基混合放大电路

6-7 图 P6-5 所示为差动放大电路，其晶体管参数为 $\beta_1=\beta_2$=50，$r_{bb'1}=r_{bb'2}$=300 Ω，$C_{jc1}=C_{jc2}$=2 pF，$f_{T1}=f_{T2}$=300 MHz，$V_{AF1}=V_{AF2}$=50 V。要求：

① 对该电路进行直流分析，求直流工作点；

② 求单端输入、双端输出时的零频电压放大倍数 A_d 和上截止频率；

③ 求单端输入、单端输出时的零频电压放大倍数 $A_{d1}=V_{o1}/V_i$，$A_{d2}=V_{o2}/V_i$ 和上截止频率；

④ 求单端输入时的放大器输入阻抗的幅频特性；

⑤ 若将电路改为双端输入，即将 VT_2 基极接信号源 V_{i2}，且 $V_{i1}=-V_{i2}$，再求单端输出时，零频电压放大倍数和上截止频率；

⑥ 求双端输入时，差模输入阻抗的幅频特性；

⑦ 设 $V_{i1}=V_{i2}=V_i$（共模输入），求 $A_{c1}=V_{o1}/V_i$，$A_{c2}=V_{o2}/V_i$ 及 $A_c=(V_{o1}-V_{o2})/V_i$ 的幅频特性。

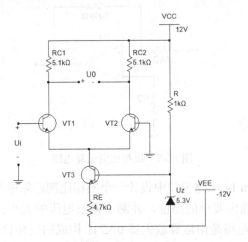

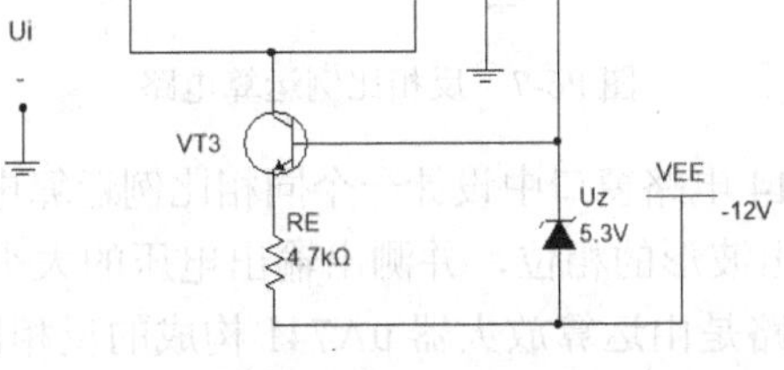

图 P6-5 差动放大电路

6-8　两级负反馈放大电路如图 P6-6 所示。要求：

① 反馈支路开关 K 断开，增大输入信号使输出波形失真，然后反馈支路开头 K 闭合，观察负反馈对放大电路失真的改善；

②接波特图仪，观察有、无负反馈时放大电路的幅频特性和相频特性。

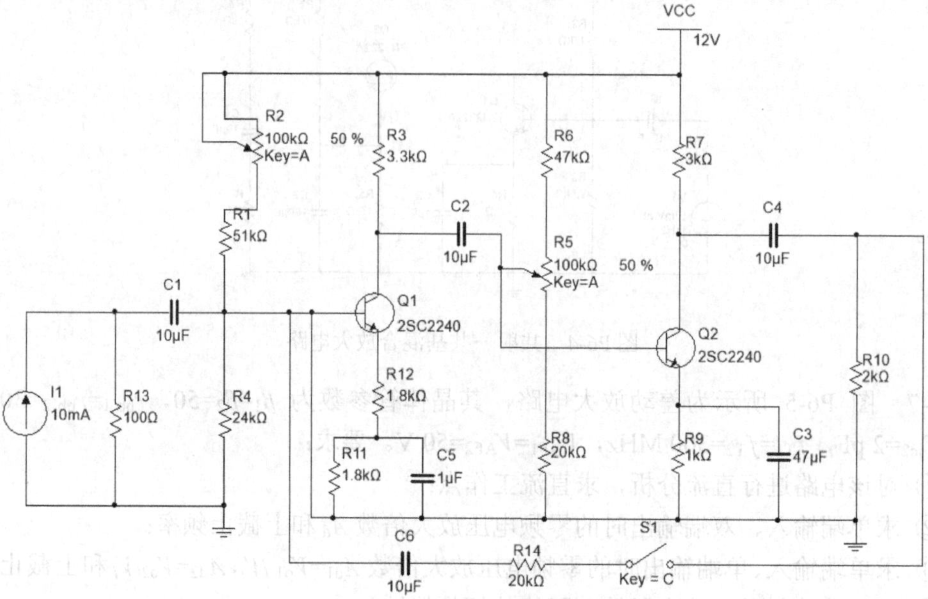

图 P6-6　两级负反馈放大电路

6-9　在图 P6-7 所示的反相比例运算电路中，设 R_1=10 kΩ，R_f=500 kΩ，R_2 的阻值应为多大？若输入信号为 10 mV，用万用表测量输出信号的大小。

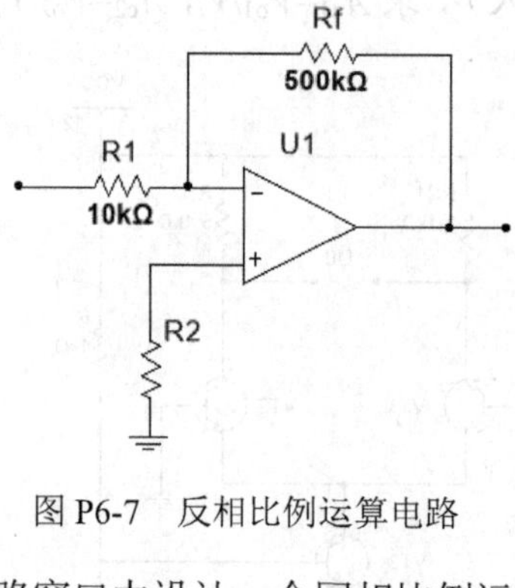

图 P6-7　反相比例运算电路

6-10　在 NI Multisim 14 电路窗口中设计一个同相比例运算电路，若输入信号为 10 mV，试用示波器观察输入、输出波形的相位，并测出输出电压的大小。

6-11　图 P6-8 所示电路是由运算放大器 μA741 构成的反相比例放大器。要求：

① 对该电路进行直流工作分析；

② 对该电路进行直流传输特性分析，并求电路的直流增益和输入、输出电阻；

③ 若输入信号振幅为 0.1 V、频率为 10 kHz 的正弦波，对电路进行瞬态分析，观察输出波形；

④ 将输入信号的振幅增大为 1.8 V，重复上面分析，观察输出波形的变化，并做解释；

⑤ 若输入信号振幅为 2.5 V、频率为 1 kHz 的正弦波，再对电路进行瞬态分析，观察输出波形的变化。

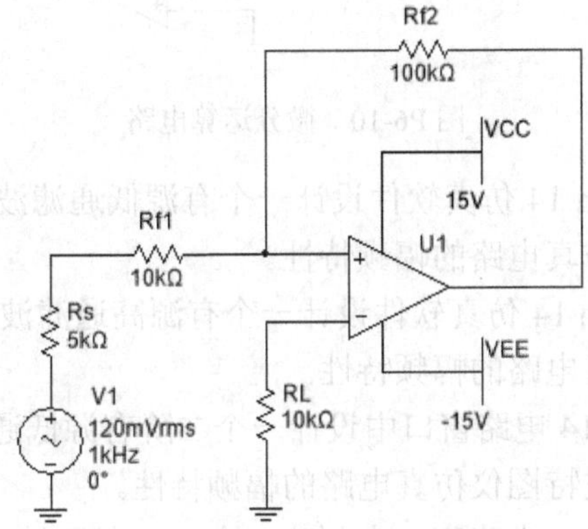

图 P6-8　反相比例放大器

6-12　将图 P6-8 所示电路改为同相比例放大电路，且要求放大倍数不变，画出改动后的电路，并重复上题的分析。

6-13　电路如图 P6-9 所示，已知 U_{i1}=1 V，U_{i2}=2 V，U_{i3}=3 V，U_{i4}=4 V，R_1=R_2=R_5=5 kΩ，R_3=R_4=10 kΩ，试仿真 U_o 的数值大小。

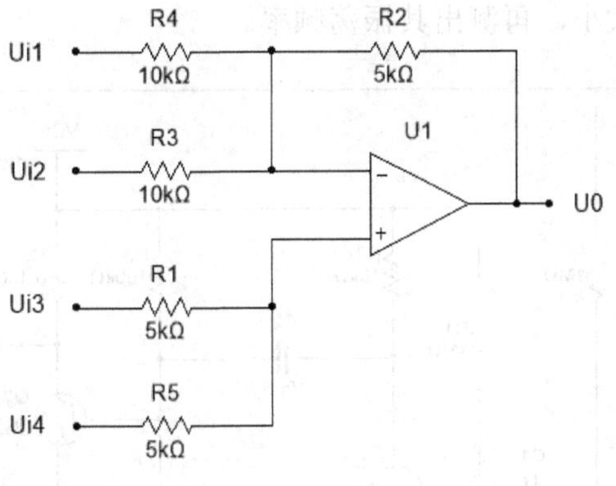

图 P6-9　习题 6-13 电路图

6-14　设计一个反相比例电路，要求输入电阻为 50 kΩ，放大倍数为 50，且电阻的阻值不得大于 300 kΩ，试对设计好的电路进行直流传输特性分析和交流小信号分析，以验证是否达到指标要求。

6-15　在 NI Multisim 14 电路窗口中创建如图 P6-10 所示的一个微分运算电路，试用示波器观察输入、输出信号的波形。若改变电容的大小，观察输入、输出波形的变化情况。

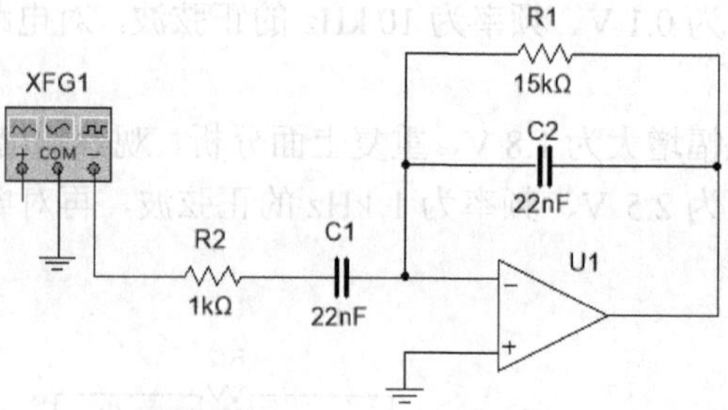

图 P6-10　微分运算电路

6-16　利用 NI Multisim 14 仿真软件设计一个有源低通滤波器，要求 10 kHz 以下的频率能通过，试用波特图仪仿真电路的幅频特性。

6-17　利用 NI Multisim 14 仿真软件设计一个有源高通滤波器，要求 1 kHz 以上的频率能通过，试用波特图仪仿真电路的幅频特性。

6-18　在 NI Multisim 14 电路窗口中设计一个二阶有源低通滤波器电路，要求 10 kHz 以下的频率能通过，试用波特图仪仿真电路的幅频特性。

6-19　在 NI Multisim 14 电路窗口中创建一个双 T 带阻滤波器电路，试用波特图仪仿真电路所通过的频率范围。

6-20　利用 NI Multisim 14 仿真软件提供的 Filter Wizard，设计一个阻带截止频率为 2 kHz，通带起始频率为 3 kHz，通带衰减为−1 dB，阻带衰减为−25 dB 的巴特沃斯有源高通滤波器。

6-21　在 NI Multisim 14 仿真平台上设计一个如图 P6-11 所示的 RC 串/并联选频网络振荡器电路，调节 R_6 使电路起振，测出起振时电阻 R_6 的大小，并用示波器测出其振荡频率。改变正反馈支路 RC 的大小，再测出其振荡频率。

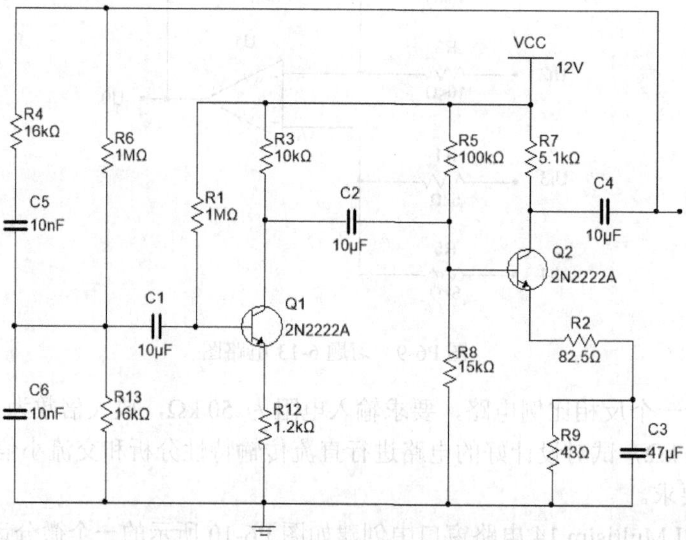

图 P6-11　RC 串/并联选频网络振荡器电路

6-22　试观察图 P6-12 所示电路的输出波形并分析其原理。

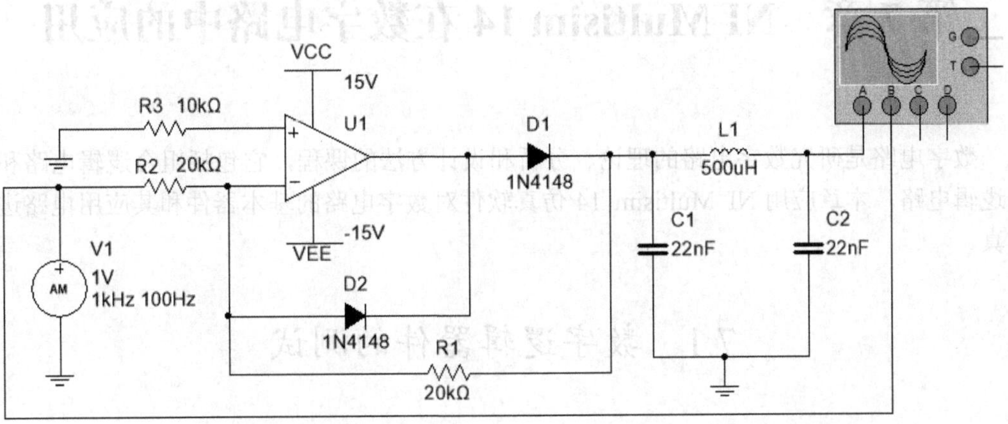

图 P6-12　习题 6-22 电路图

第 7 章　NI Multisim 14 在数字电路中的应用

数字电路是研究数字电路的理论、分析和设计方法的课程，它包括组合逻辑电路和时序逻辑电路。本章应用 NI Multisim 14 仿真软件对数字电路的基本器件和其应用电路进行仿真。

7.1　数字逻辑器件的测试

7.1.1　TTL 门电路的测试

TTL 与非门是数字逻辑电路的基本单元电路，其他类型的门电路都是从它衍化而来的。

1. TTL 与非门的功能测试

在 NI Multisim 14 电路窗口中创建如图 7-1 所示的测试电路。选择 NI Multisim 14 元件库中的 Interactive-digital-constant 作为 74LS00 的输入端 A、B，选 Probe（X_1）作为 74LS00 的输出端 X_1。

改变输入 A、B 逻辑电平，观察 X_1 的状态。图 7-1 显示的状态是当 A=1、B=0 时，输出 X_1=1，结论正确。同理可以实现其他逻辑门电路功能测试。

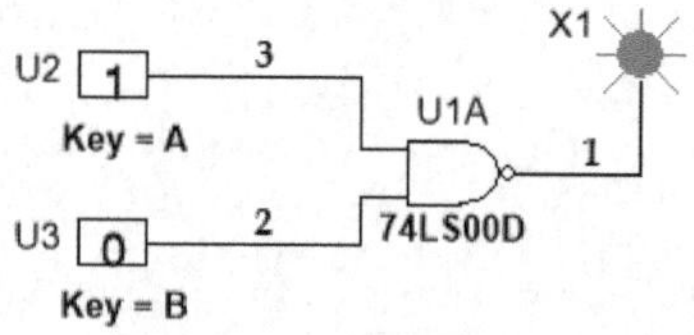

图 7-1　逻辑门测试电路

2. TTL 与非门电压传输特性测试

电压传输特性是指电路的输出电压与输入电压的函数关系。在 NI Multisim 14 电路窗口中创建如图 7-2 所示的测试电路。在图 7-2 中电压表 U_2、U_3 分别测试输入电平、输出电平的大小，若调整电位器 R_1 即改变输入端的电平，则输出电平随之改变，记录输入、输出电平变化数据并描绘成输入、输出曲线就是 TTL 与非门电压传输特性曲线。

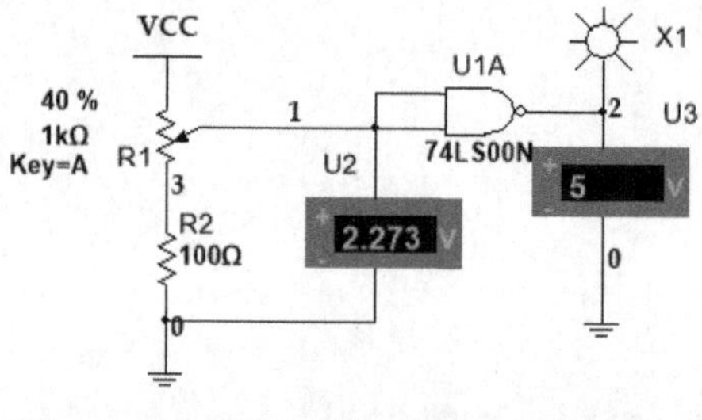

图 7-2　TTL 与非门电压传输特性测试图

在 NI Multisim 14 电路窗口中创建如图 7-3（a）所示的测试电路，对该电路进行直流扫描分析也可得到电压传输特性曲线，分析结果如图 7-3（b）所示。

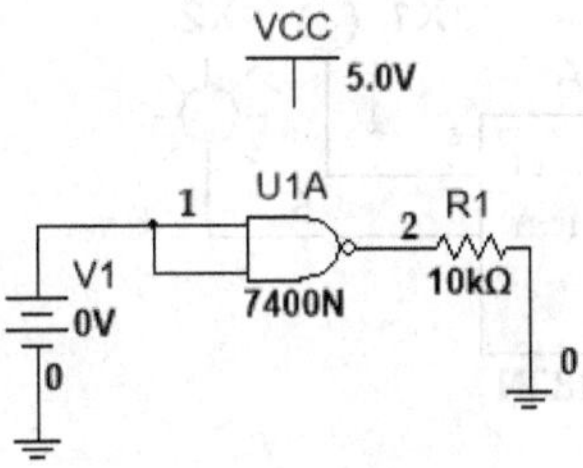

（a）TTL 与非门测试电路

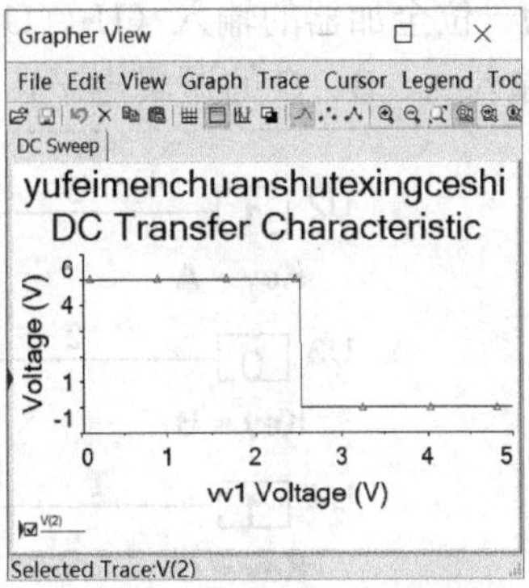

（b）TTL 与非门电压传输特性

图 7-3　TTL 与非门电压传输特性的测试

由图 7-3（b）可见，随着输入电压的增加，输出由高变低的过程，与理论分析吻合。

3. TTL 与非门延迟特性测试

延迟特性是 TTL 与非门的主要动态参数，一般用平均延迟时间 t_{pd} 表示。在 NI Multisim 14 电路窗口创建如图 7-4 所示闭环振荡器电路。

启动仿真，示波器 XSC1 显示波形如图 7-5 所示。

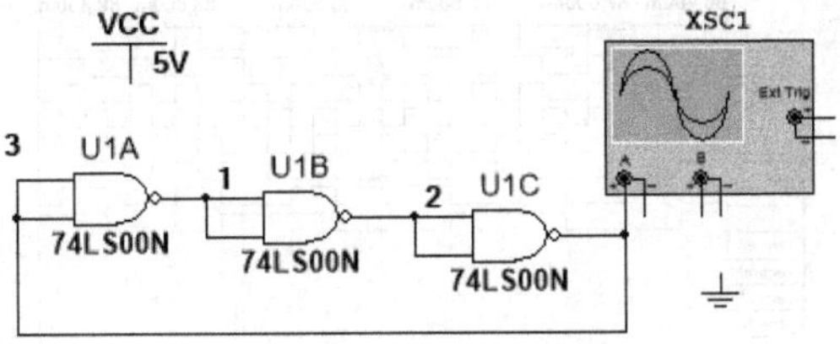

图 7-4　闭环振荡器电路

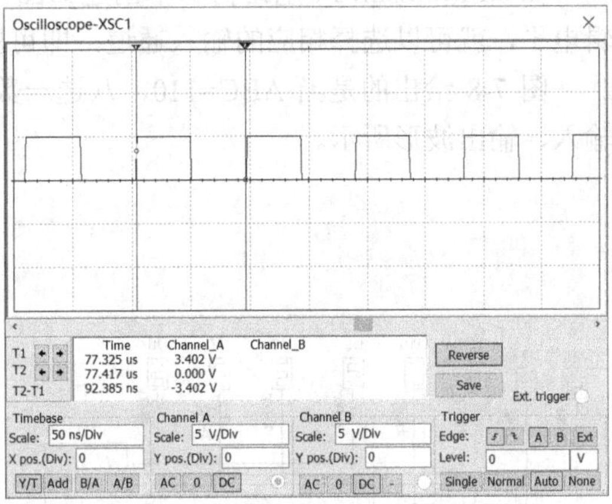

图 7-5　闭环振荡器的工作波形

由图 7-5 可见，矩形波的振荡周期为 92.385 ns。由于该振荡器由 TTL 与非门经过 3 级门延迟构成，因此，TTL 与非门平均延迟时间 t_{pd} 为振荡器振荡周期的三分之一，即为 30.8 ns。

7.1.2　组合逻辑部件的功能测试

1. 全加器的逻辑功能测试

全加器是常用的算术运算电路，能完成一位二进制数全加的功能。在 NI Multisim 14

电路窗口中创建如图 7-6 所示全加器功能测试电路。选择元件库中的 Interactive-digital-constant 作为一位全加器的输入（U_2、U_3、U_4），选 Probe 作为一位全加器的输出（X_1、X_2），改变输入 A、B、C 的逻辑电平，观察 X_1、X_2 的状态。

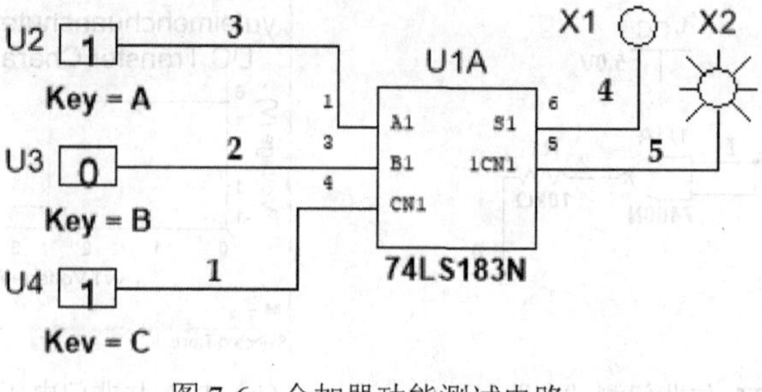

图 7-6　全加器功能测试电路

由图 7-6 可见，当 A=1、B=0、C=1 时，输出 X_1=1（X_1 为本位和），X_2=1（X_2 为进位信号），结论正确。

2. 多路选择器的功能测试

在多路数据传送过程中，有时需要将多路数据中任一路信号挑选出来传送到公共数据线上去，完成这种功能的逻辑电路称为数据选择器。74LS151 是八选一数据选择器，其功能测试如下。

在 NI Multisim 14 电路窗口中创建如图 7-7 所示的电路。通过改变输入 A、B、C 的逻辑电平，就可以选择相应的输入通道，即可验证多路选择器功能。

图 7-8 给出的是当 ABC=110，八选一数据选择器选择了 D_6 通道时逻辑分析仪显示的输入、输出波形所示。

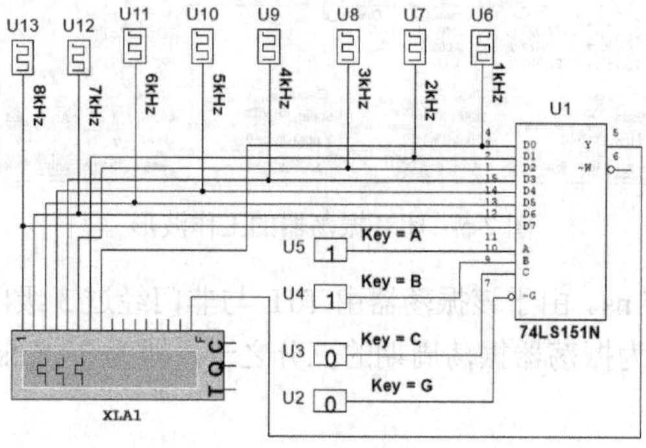

图 7-7　多路选择器的功能测试电路

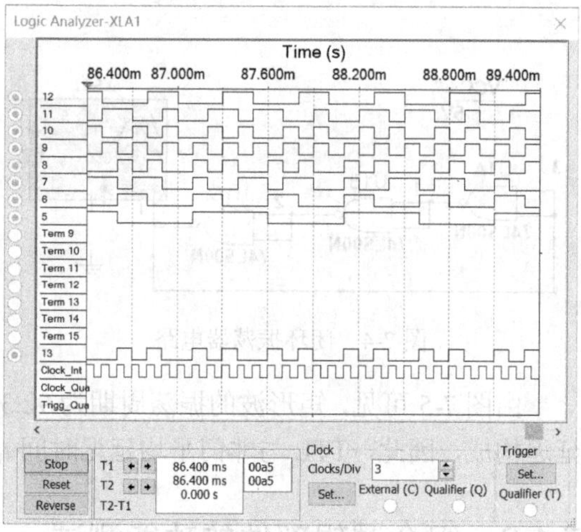

图 7-8　多路选择器的工作波形

3. 编码器的功能测试

编码就是在选定的一系列二进制数码中，赋予每个二进制数码以某一固定含义。

74LS148 是 8/3 编码器，其功能测试如下所述。

在 NI Multisim 14 电路窗口中创建如图 7-9 所示的电路，设置交互式数字常量 U_3～U_{10} 的值使得 8 线-3 线优先编码器依次选取不同的输入信号进行编码。用数码管显示输出编码结果。

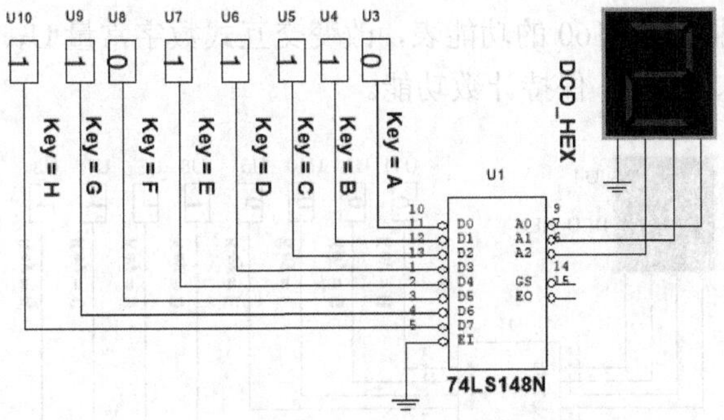

图 7-9　编码发生器的功能测试电路

由图 7-9 可见，输入 D_5 为 0 时输出编码 010，数码管显示 2 正确。

7.1.3　时序逻辑部件的功能测试

1. D 触发器的功能测试

触发器是时序逻辑电路的基本单元，它能存储一位二进制码，即具有记忆能力。

D 触发器的特性方程：

$$Q^{n+1} = D$$

在 NI Multisim 14 电路窗口中创建如图 7-10 所示的电路。

启动仿真，D 触发器的输出波形如图 7-11 所示。

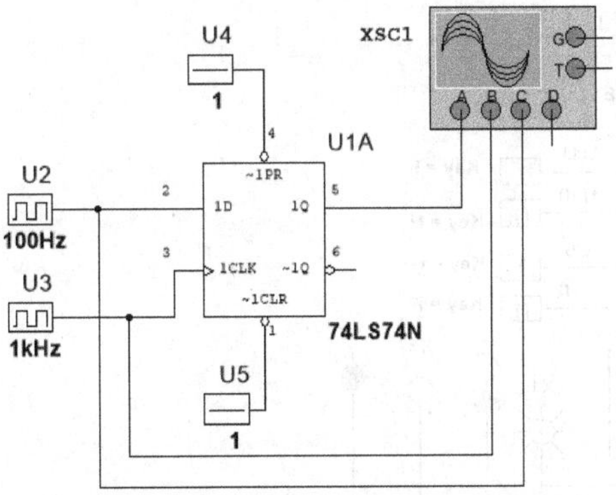

图 7-10　D 触发器的功能测试电路

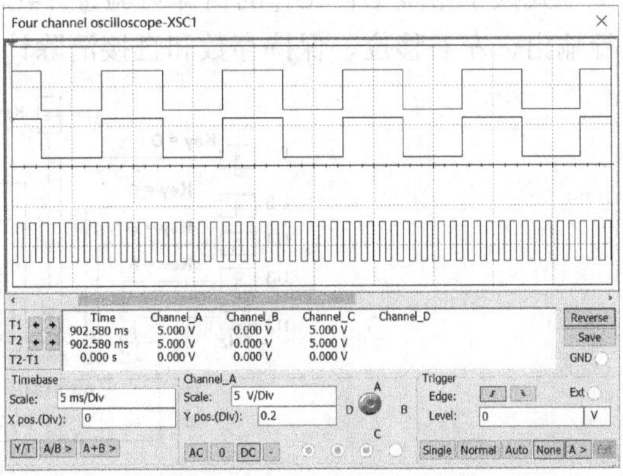

图 7-11　D 触发器输入与输出波形

由图 7-11 可见，在触发脉冲的作用下，D 触发器输出 Q 与 D 触发器输入端波形相同。

2. 集成计数器的功能测试

集成计数器也是数字系统中的基本数字部件，能完成脉冲个数的计数。74LS160 是同步十进制计数器（上升沿触发），其功能测试如下。

在 NI Multisim 14 电路窗口中创建如图 7-12 所示的电路，选择数字时钟 U_2 为 74LS160 的时钟 CLK，选择交互式数字常量 U_3、U_5～U_{11} 作为 74LS160 输入控制变量，选择数码管 U_4 显示输出状态。按照 74LS160 的功能表，改变交互式数字常量 U_3、U_5～U_{11} 的值即可验证 74LS160 具有清零、置数、保持计数功能。

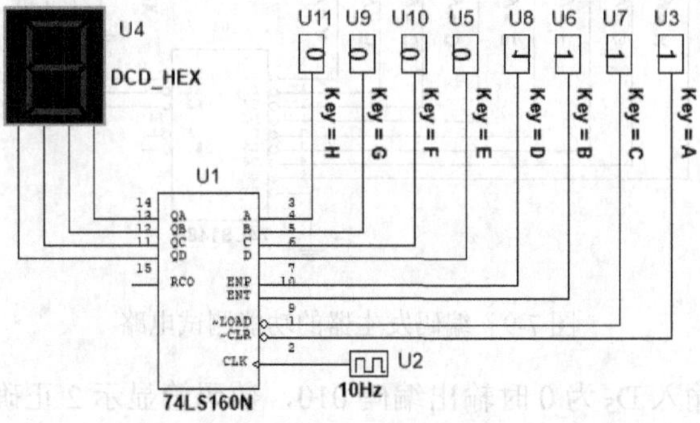

图 7-12　74LS160 逻辑功能的测试电路

由图 7-12 可见，当 $U_3=U_7=U_6=U_8=1,U_5=U_{10}=U_9=U_{11}=0$ 时，计数器处于计数模式，74LS160 在时钟 U_2 作用下以 0～9 循环计数。

3. 移位寄存器的功能测试

74LS194 是四位双向移位寄存器。它由四个 R-S 触发器和若干门电路组成，具有并行输入、并行输出、串行输入、串行输出、左右移位、保持存数和直接清除等功能，采用上升沿触发。

在 NI Multisim 14 的电路窗口中创建如图 7-13 所示电路，按照 74LS194 的功能表，改变交互式数字常量 U_3～U_{11} 的值即可验证 74LS194 具有并行输入、并行输出、串行输入、串行输出、左右移位、保持存数和直接清除计数功能。

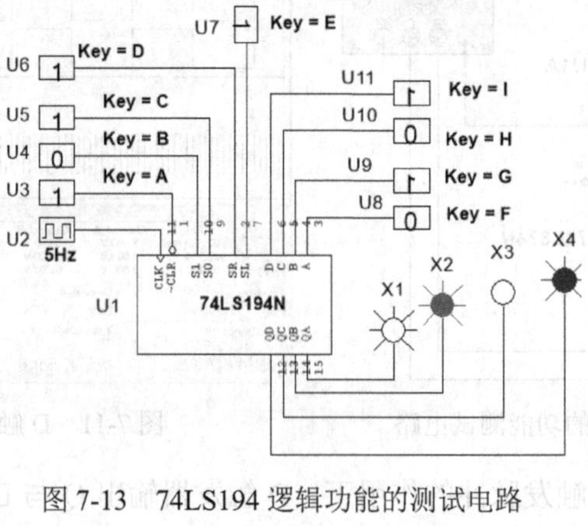

图 7-13　74LS194 逻辑功能的测试电路

由图 7-13 可见，当 $U_3=U_5=U_6=U_7=U_9=U_{11}=1, U_4=U_{10}=U_8=0$ 时，可验证计数器处于右移移位模式，且 $D_R=1$。当前状态是 74LS194 在时钟 U_2 作用下从 0101 的初态经历 2 个脉冲时的状态 $Q_3Q_2Q_1Q_0=1011$。

7.1.4　A/D 与 D/A 功能测试

1. ADC16 功能测试

ADC16 是 NI Multisim 14 软件中的能将输入的模拟信号转化为 16 位数字量输出的虚拟元件，在 NI Multisim 14 电路窗口中创建 ADC16 功能测试电路如图 7-14 所示。

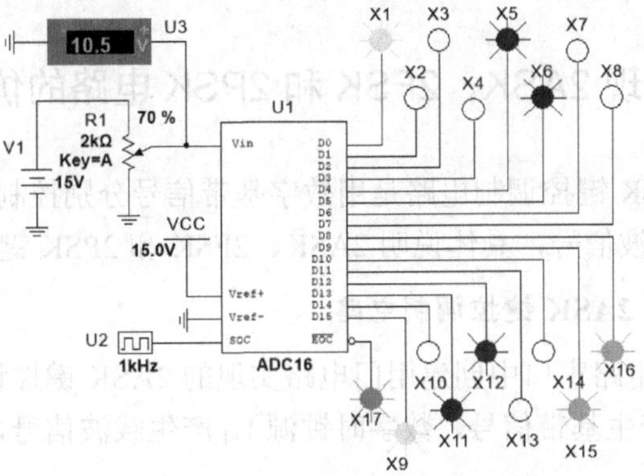

图 7-14　A/D 转换器的功能测试电路

启动仿真，改变电位器 R_1 的大小，即改变输入模拟量，在仿真电路中就可以观察到输出端数字信号的变化。图 7-14 所显示的是当输入 10.5V 直流电压时，输出二进制数为 1011001100110001。

2. VDAC16 功能测试

VDAC16 是 NI Multisim 14 软件中的能将输入 16 位数字量转化为模拟信号输出的虚拟元件，在 NI Multisim 14 电路窗口中创建 VDAC16 功能测试电路如图 7-15 所示。

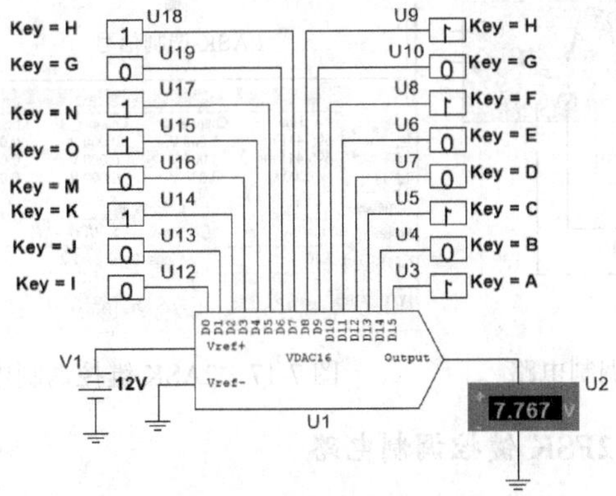

图 7-15　VDAC 型 D/A 转换器的仿真电路

启动仿真，改变交互式数字常量 U_3～U_{19} 的值，即改变输入数字量，观察输出端电压表转换后的结果。图 7-15 显示的是在参考电压为 12 V 时将二进制数 1010010110110100 转换输出 7.767 V 的模拟电压。

7.2　组合逻辑电路的仿真

组合逻辑电路在任何时刻的输出仅仅取决于该时刻的输入信号，而与这一时刻前电路的状态没有任何关系。常用的组合逻辑模块有编码器、译码器、全加器、数据选择/分配器、数值比较器、奇偶检验电路和一些算术运算电路。

7.2.1　用逻辑门实现 2ASK、2FSK 和 2PSK 电路的仿真

2ASK、2FSK、2PSK 键控调制电路是用数字基带信号分别控制载波的幅度、频率和相位。下面以载波作为方波信号，具体说明 2ASK、2FSK 和 2PSK 键控调制电路的仿真。

1. 用门电路实现的 2ASK 键控调制电路

在 NI Multisim 14 电路窗口中创建用门电路实现的 2ASK 键控调制电路，如图 7-16 所示。用数字时钟源 U_3 产生基带信号，数字时钟源 U_1 产生载波信号，与门 74LS08N 作为键控开关。

启动仿真，输入与输出波形如图 7-17 所示。其中 A 通道为载波信号，C 通道为基带信号，B 通道为 2ASK 键控调制信号。

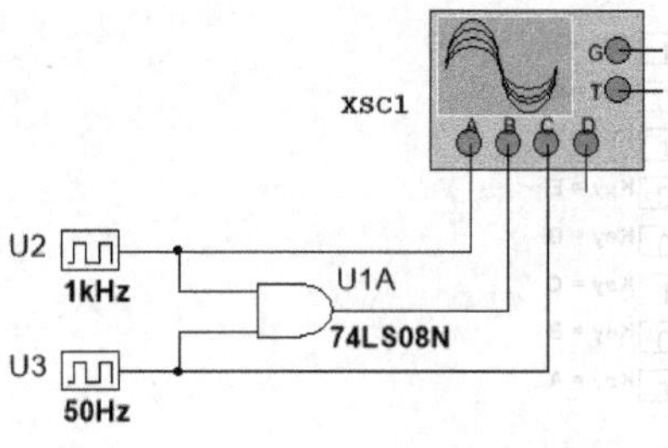

图 7-16　2ASK 键控调制电路

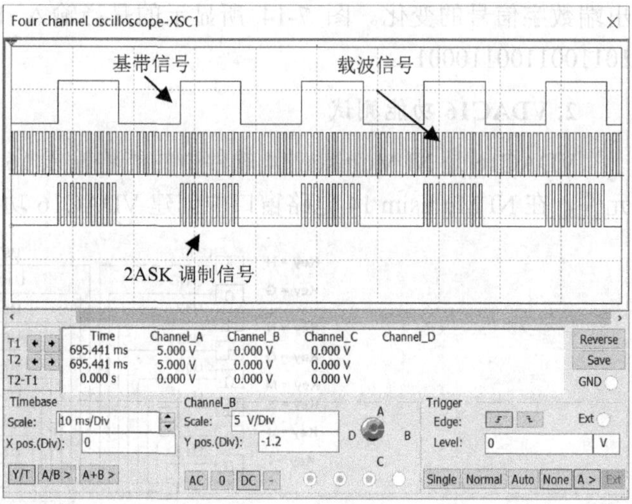

图 7-17　2ASK 键控调制电路的输入与输出波形

2. 用门电路实现的 2FSK 键控调制电路

在 NI Multisim 14 电路窗口中创建 2FSK 键控调制电路，如图 7-18 所示。

数字时钟源 U_3 产生基带信号，数字时钟源 U_2 作为时钟源 1，数字时钟源 U_4 作为时钟源 2，与门 74LS08N 的 U_{1A} 和 U_{1B} 作为键控开关。当基带信号为高电平时输出时钟源 2 的波形，当基带信号为低电平时输出时钟源 1 的波形，输入输出波形如图 7-19 所示。

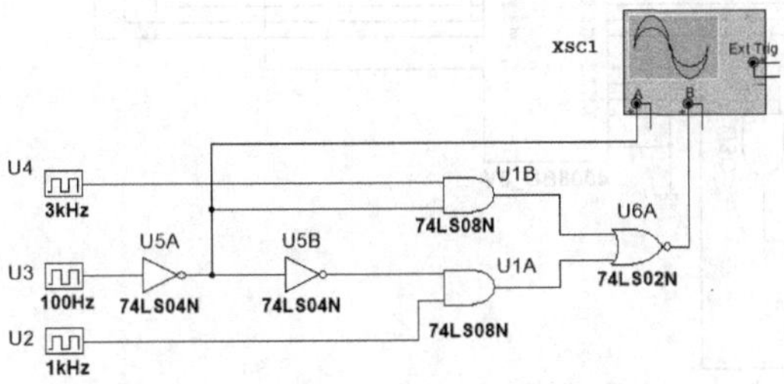

图 7-18　2FSK 键控调制电路

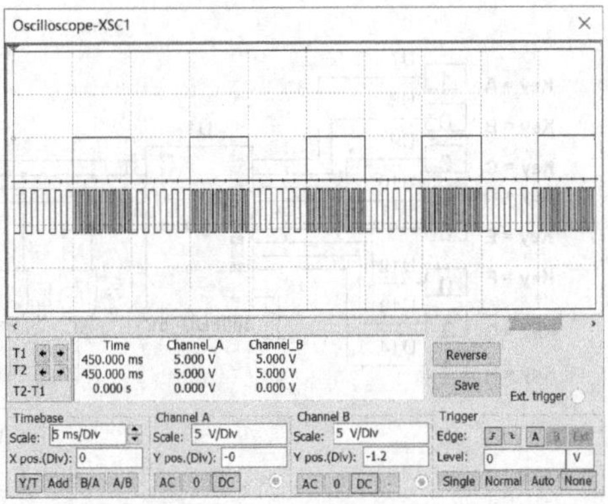

图 7-19　2FSK 键控调制电路输入与输出波形

图 7-19 中，A 通道为基带信号，B 通道为 2FSK 键控调制波形。

3. 用门电路实现的 2PSK 键控调制电路

对于二进制 PSK，用 0 码代表载波相位 π，用 1 码代表载波相位 0。用门电路实现的 2PSK 键控调制的仿真电路如图 7-20 所示。

数字时钟源 U_3 产生基带信号，数字时钟源 U_2 作为载波信号，与门 74LS08N 的 U_{1A}、U_{1B} 作为键控开关。当基带信号为高电平时输出载波信号的相位为 0，当基带信号为低电平时载波信号的相位为 π，换相点在基带信号变换时，输入输出波形如图 7-21 所示。

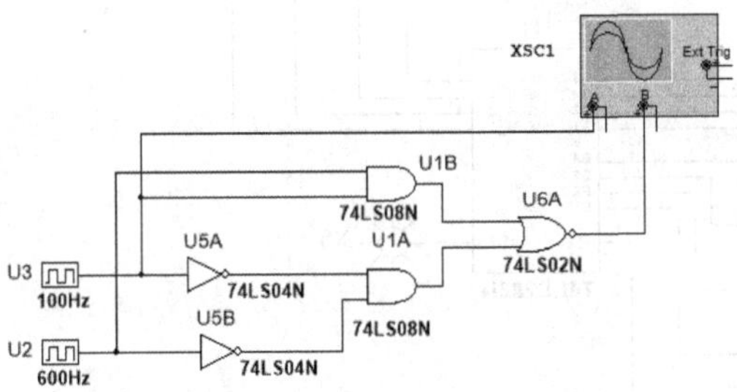

图 7-20　2PSK 键控调制仿真电路

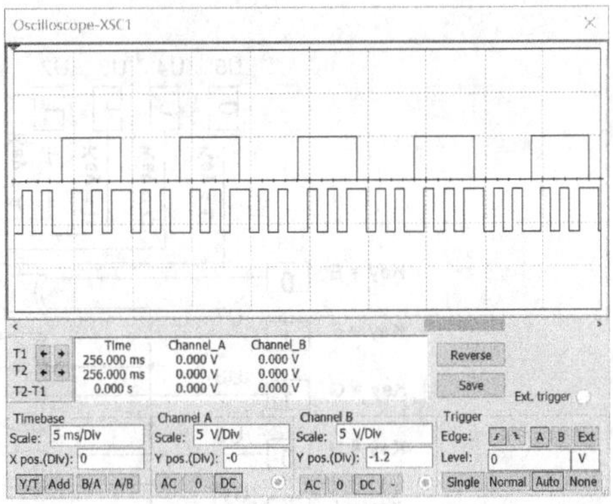

图 7-21　2PSK 键控调制仿真电路输入与输出波形

7.2.2　用四位全加器实现四位二进制数运算

1. 利用 4008BD 实现四位二进制数相加

4008BD 是电源电压为 5 V 的 CMOS 四位全加器。在 NI Multisim 14 电路窗口中创建如图 7-22 所示的四位数据电路。通过交互式数字常量 U_7～U_{14} 分别设置两个 4 位 8421BCD 码输入，通过数码管观察电路对任意两个 8421BCD 码相加后的输出。

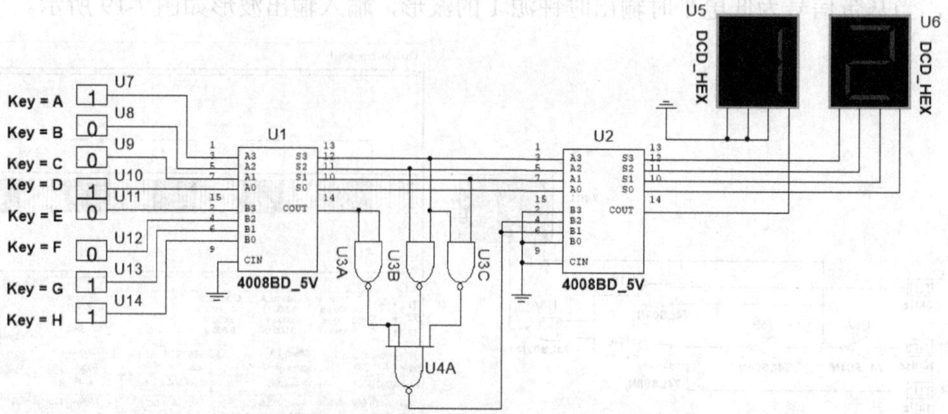

图 7-22　用全加器实现两个 8421BCD 码加法电路

启动仿真，改变输入观察仿真结果，图 7-22 显示的是 9（1001）+3（0011）=12，仿真结果正确。

2. 利用 74LS283N 实现四位二进制数相加/相减电路

74LS283N 是四位二进制超前进位全加器。在 NI Multisim 14 电路窗口创建四位二进制数相加/相减电路，如图 7-23 所示。交互式数字常量 U_{11} 是模式控制变量，输出用 Probe 表示。交互式数字常量 U_2～U_5 分别设置为四位被加数/被减数，交互式数字常量 U_6～U_9 分别设置为四位加数/减数。

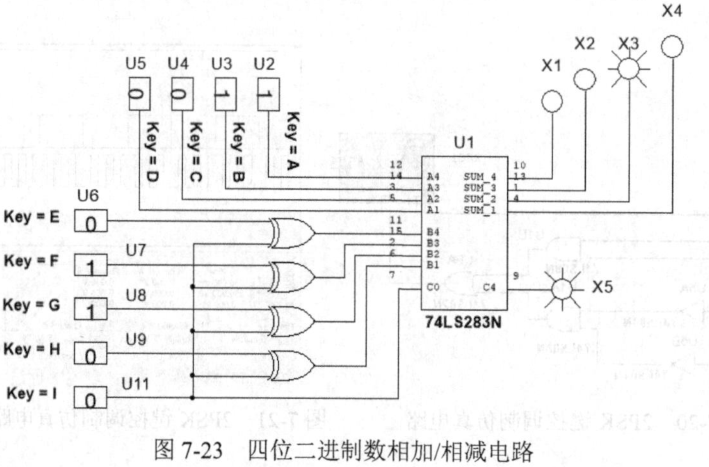

图 7-23　四位二进制数相加/相减电路

当 U_{11} 设置为 0 时实现四位二进制数相加，当 U_{11} 设置为 1 时实现四位二进制数相减。启动仿真，目前是当 U_{11} 设置为 0 时，A（1100）+B（0110）=12H①，仿真结果正确。

① H 表示该数值为十六进制。

7.2.3　编码器的扩展

编码器在实际应用中，经常需要对多路信号进行编码，若没有合适的芯片，就要对已有编码器进行扩展。例如，由两片 8 线-3 线优先编码器扩展为 16 线-4 线的优先编码器，其电路如图 7-24 所示。

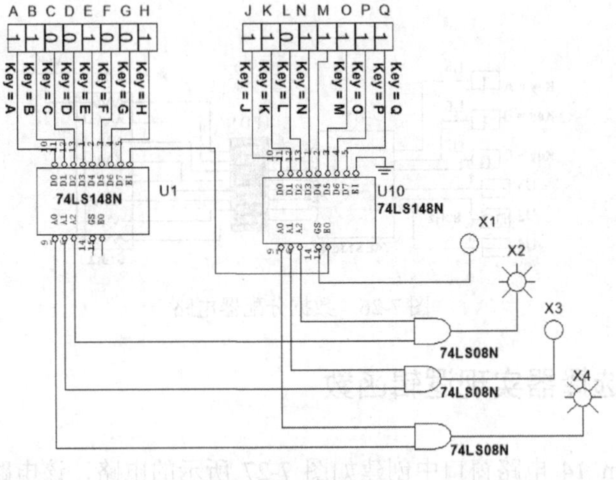

图 7-24　编码器功能扩展的仿真电路

8 线-3 线优先编码器扩展为 16 线-4 线的优先编码器的输入由交互式数字常量 A～Q 设置，编码器输出状态由 Probe X_1、X_2、X_3 和 X_4 表示。图 7-24 显示的是交互式数字常量 L（输入 I_{10}）=0 时，编码器输出 0101。

7.2.4　用译码器实现逻辑函数

1. 用译码器实现一位全加器

在 NI Multisim 14 电路窗口中创建图 7-25 所示电路，一位全加器的输入由交互式数字常量 A～C 设置，利用数字常量 U_3 和 U_4 设置使能端 G_1=1，$\overline{G_{2A}}=\overline{G_{2B}}=0$，全加器输出状态由 Probe X_1 和 X_2 表示。图 7-25 显示的是交互式数字常量 ABC=101（即一位全加器的输入为 101）时，一位全加器输出的本位和 X_1=0，进位信号 X_2=1。

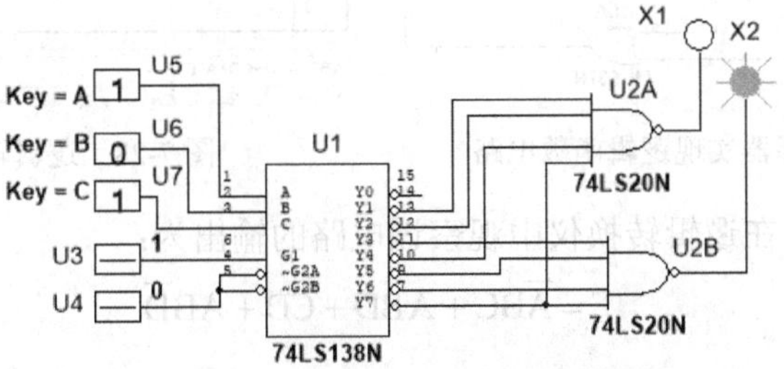

图 7-25　由译码器实现的全加器电路

2. 用译码器实现数据分配器

在 NI Multisim 14 电路窗口中，创建如图 7-26 所示数据分配电路。数据分配器的地址变量由交互式数字常量 A～C 设置，利用数字常量 U_3 和 U_4 设置使能端 $G_1=1$，$\overline{G_{2B}}=0$，设置频率为 80 Hz 的数字时钟接使能端 $\overline{G_{2A}}$，电源 V_{CC} 通过排阻（510 Ω×8）和 LED 组（LED×8）接在 74LS138 相应的输出。图 7-26 显示的是交互式数字常量 $A_2A_1A_0$=011（地址变量为 011）时，74LS138 的 $\overline{Y_3}$ 被选中，$\overline{Y_3}$ 对应的 LED_3 按 80 Hz 的频率交替出现亮灭。

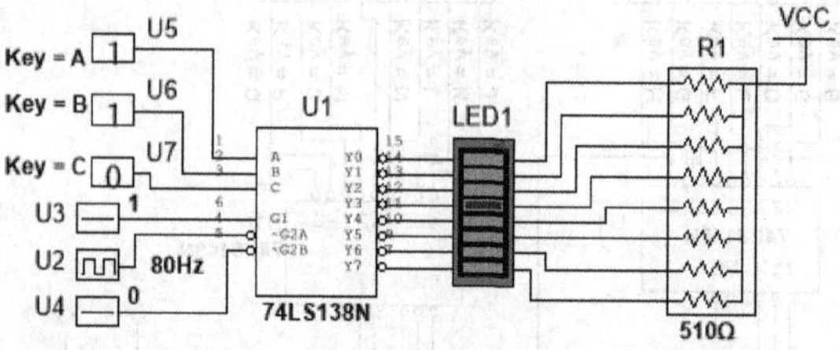

图 7-26　数据分配器电路

7.2.5　用数据选择器实现逻辑函数

在 NI Multisim 14 电路窗口中创建如图 7-27 所示的电路，该电路用两片数据选择器 74LS151 实现 16 选 1 数据选择器，当数据端 D_0～D_{15} 为 0100011101011110 时该电路可实现逻辑函数 $F=\overline{A}BC+A\overline{B}\,\overline{D}+\overline{C}D+AB\overline{D}$。

启动仿真，仿真结果如图 7-28 所示。

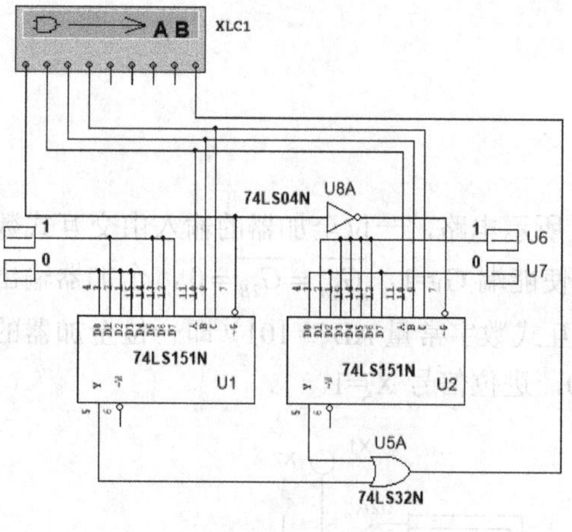

图 7-27　数据选择器实现逻辑函数电路

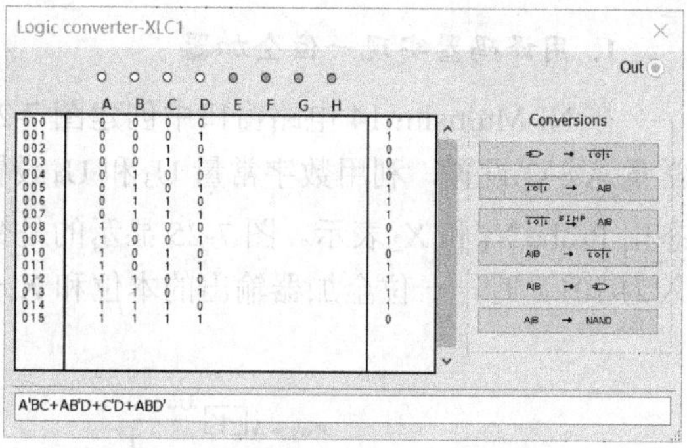

图 7-28　逻辑转换仪的仿真结果

由图 7-28 可见，在逻辑转换仪中观察该电路的输出为：

$$F=\overline{A}BC+A\overline{B}\,\overline{D}+\overline{C}D+AB\overline{D}$$

仿真结果正确。

7.2.6　基于逻辑转换仪的组合逻辑电路设计

组合逻辑电路设计是根据逻辑要求设计出相应的逻辑电路图。一般组合逻辑电路设计过程为：依据给定逻辑要求列出相应真值表，由真值表求得逻辑表达式并简化，再根据化简的逻辑表达式画出逻辑电路图。这一过程可由 NI Multisim 14 软件中的逻辑转换仪完成。例如，在 NI Multisim 14 环境中设计 3 人无弃权表决器的基本过程为：首先约定 3 人无弃权表决器输入变量 A、B、C 同意为 1，反之为 0；输出变量 out 通过为 1，反之为 0。再启动 NI Multisim 14 软件调用逻辑转换仪 XLC1，单击输入变量 A、B、C，XLC_1 自动生成输入变量组合，根据题意确定输出变量 out 的值，分别修改为 00010111，如图 7-29 所示。单击图 7-29 逻辑转换仪 XLC_1 中的，生成 3 人无弃权表决器简化逻辑表达式 AC+AB+BC；再单击逻辑转换仪 XLC1 中的图标生成 3 人无弃权表决器电路图，添加输出节点 F 后，3 人无弃权表决器电路图如图 7-30 所示。

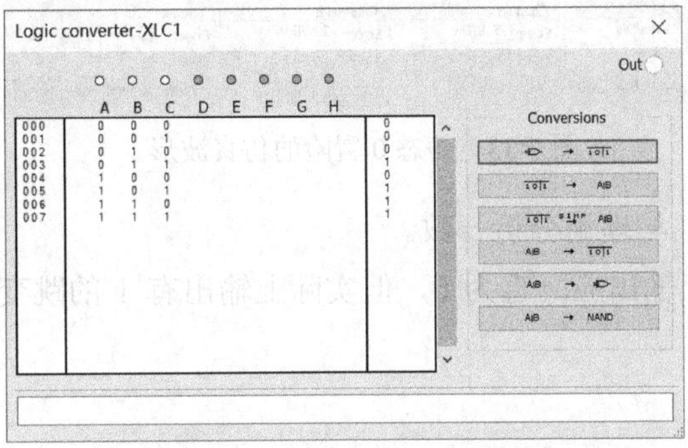

图 7-29　3 人无弃权表决器真值表

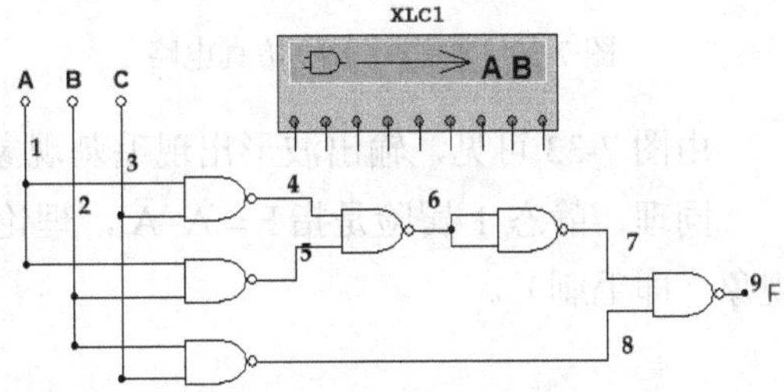

图 7-30　3 人无弃权表决器电路原理图

再在图 7-30 基础上选择 Multisim 元件库中的 Interactive-digital-constant（U_7、U_8 和 U_9）连接 3 人无弃权表决器的输入端 A、B 和 C，选 Probe（X_1）连接 3 人无弃权表决器输出端的 F，如图 7-31 所示。

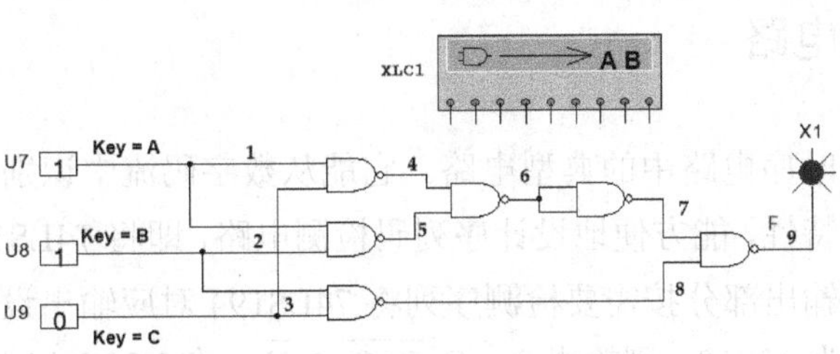

图 7-31　3 人无弃权表决器电路仿真图

启动仿真，观察该电路的输出结果，符合设计要求。

7.2.7　静态冒险现象的分析

在组合电路中，如果输入信号变化前、后稳定输出相同，而在转换的瞬间出现一些不正确的尖峰信号，成为静态冒险。静态 0 冒险是指 $F = A + \overline{A}$，理论上输出应恒为 1，而实际上输出有 0 的跳变现象（即毛刺）。静态 0 冒险的仿真电路如图 7-32 所示。

静态 0 冒险仿真电路的输入与输出波形如图 7-33 所示。其中，A 通道是输入波形，B 通道是输出波形。为观察方便，分别将 A 通道向上移动 0.2 格，B 通道向下移动 1.2 格。

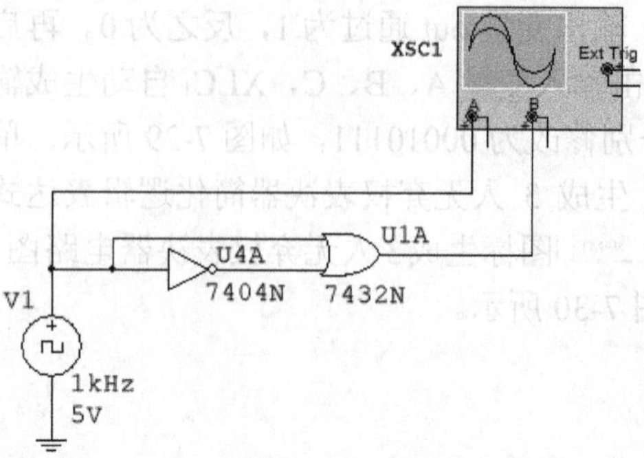

图 7-32　静态 0 冒险仿真电路

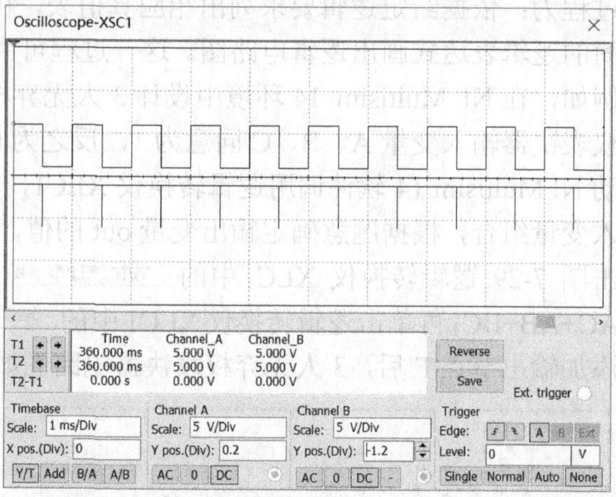

图 7-33　静态 0 冒险的仿真波形

由图 7-33 可见，输出波形出现毛刺现象，与理论分析一致。

同理，静态 1 冒险是指 $F = A \cdot \overline{A}$，理论上输出应一直为 0，但实际上输出有 1 的跳变现象（即毛刺）。

7.3　时序逻辑电路的仿真

本节主要介绍利用 NI Multisim 14 仿真软件对常用的时序逻辑电路进行仿真分析。

7.3.1　序列检测电路

序列检测电路是时序电路中的典型电路。它能从数字码流中识别出一个指定的序列。利用移位寄存器移位特性，能方便地设计序列码检测电路，即将 74LS194 设置为右移方式，实现串并转换，组合输出部分按需要检测序列将 74LS194 对应输出设置为原态或非态相与即可。若需检测序列为 10010，则输出 $Z = Q_3\overline{Q_2}\,\overline{Q_1}Q_0\overline{X}$。在 NI Multisim14 电路窗口中创建如图 7-34 所示电路。

在图 7-34 中，74LS194 时钟 CLK 接信号源 V_1，74LS194 的模式控制 S_1S_0=01，74LS194 处于右移模式，序列输入 X 由交互式数字常量 U_6 提供，并连接到右移输入 S_R 端，序列检测器的输出 $Z = Q_3\overline{Q_2}\,\overline{Q_1}Q_0\overline{X}$，在时钟作用下输出 Z 波形如图 7-35 所示。

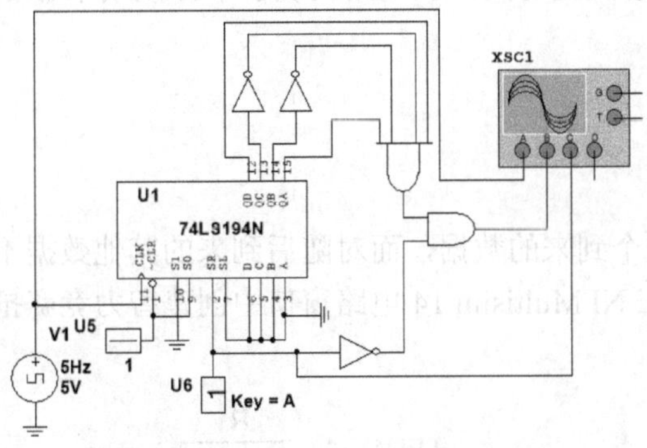

图 7-34　基于 74LS194 构成的 10010 序列码检测器电路

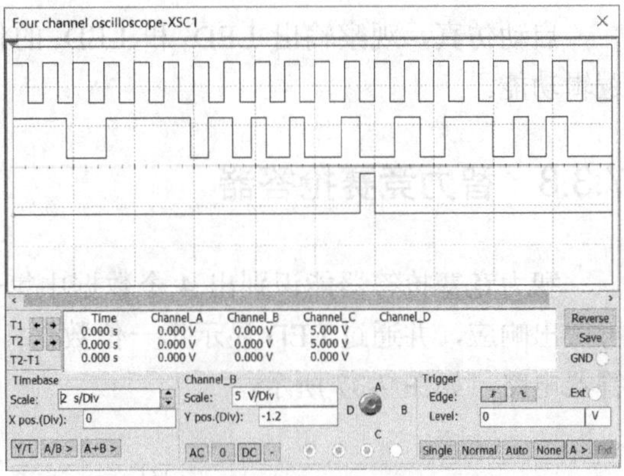

图 7-35　序列码检测器脉冲、输入及输出波形

在图 7-35 中，A 通道是时钟信号，为输入波形，B 通道是输出 Z 波形，C 通道是序列输入 X。为观察方便，分别将 A 通道向上移动 1.6 格，B 通道向下移动 1.2 格，C 通道位置不变。由此可见，当输入序列 X 为 10010 时，输出 Z 波形输出 1，与理论设计一致。

7.3.2　七位串行/并行转换器

串行/并行转换器是把串行数据（按时序逐位进行传输数据）转化为并行数据（同时传输数据）。在 NI Multisim 14 仿真电路中创建如图 7-36 所示七位串行/并行转换器电路，其中 S_0 端接高电平 1，S_1 受 Q_7（U_2 的 Q_D）控制，二片寄存器连接成串行输入右移工作模式。Q_7 是转换结束标志。当 Q_7=1 时，S_1 为 0，使之成为 S_1S_0=01 的串入右移工作方式，当 Q_7=0 时，S_1=1，有 S_1S_0=10，则串行送数结束，标志着串行输入的数据已转换成并行输出了。为了方便观察，图 7-36 中的数字时钟源设置为 5V/10Hz，通过交互式数字常量 U_8 改变串行输入的数据，观察 U_1、U_2 的输出 Q_A、Q_B、Q_C 和 Q_D 的状态变化。

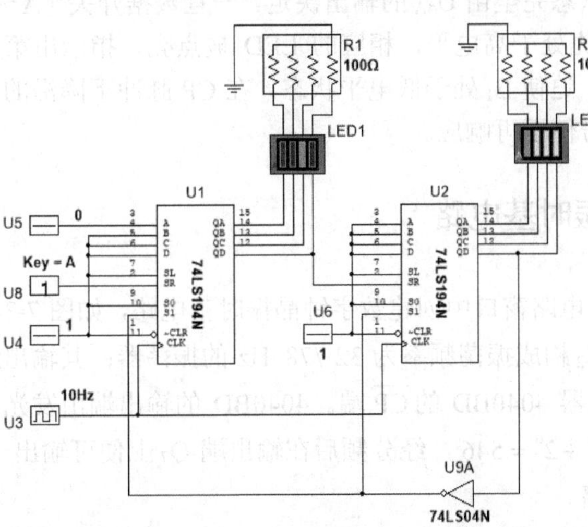

图 7-36　七位串行输入/并行输出的仿真电路

启动仿真，观察输出 LED_2 和 LED_3 的状态变化可知，该电路实现了串行/并行转换的逻辑功能。

7.3.3 智力竞赛抢答器

智力竞赛抢答器能识别出 4 个数据中第一个到来的数据，而对随后到来的其他数据不再做出响应，并通过 LED 显示第一位数据。在 NI Multisim 14 电路窗口中创建智力竞赛抢答器电路，如图 7-37 所示。

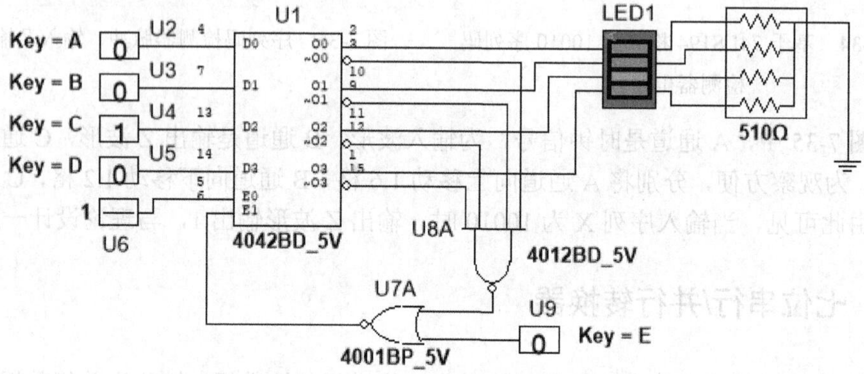

图 7-37 智力竞赛抢答器仿真电路

电路工作时，U_1 的极性端 E_0（POL）处于高电平，E_1（CP）端由 $\overline{Q_0}$ ～ $\overline{Q_3}$ 和复位开关 E 决定。复位开关 E 断开时，由于 U_2～U_5 均为关断状态，D_0～D_3 均为低电平状态，所以 $\overline{Q_0}$ ～ $\overline{Q_3}$ 为高电平，CP 端为低电平，锁存了前一次工作阶段的数据。新的工作阶段开始，复位开关 E 闭合，U_{2A} 的一个输入端接地为低电平，U_{7A} 的输出也为低电平，所以 E_1 端为高电平状态。以后，E_1 端状态完全由 U_{4A} 的输出决定。一旦数据开关（A～D）有一个闭合，则 Q_0～Q_3 中必有一端最先处于高电平，相应的 LED 被点亮，指示出第一信号的位数。同时 U_{7A} 的输出为高电平，迫使 E_1 处于低电平状态，在 CP 脉冲下降沿的作用下，第一位被锁存。电路对以后的信号便不再响应。

7.3.4 数字钟晶振时基电路

在 NI Multisim 14 电路窗口中创建数字钟晶振时基电路，如图 7-38 所示。反相器 U_{2A}、晶振 X_1、电容 C_1 和 C_2 构成振荡频率为 32 778 Hz 的振荡器；其输出经反相器 U_{2C} 整形后送至 12 位二进制计数器 4040BD 的 $\overline{CP}$ 端。4040BD 的输出端由发光二极管 LED_1～LED_3 置成分频系数为 $2^1+2^5+2^9=546$，经分频后在输出端 Q_7 上便可输出一个 60 Hz 的时钟信号供给数字钟集成电路。

启动仿真，双击示波器图标，可以观察输出波形的变化。

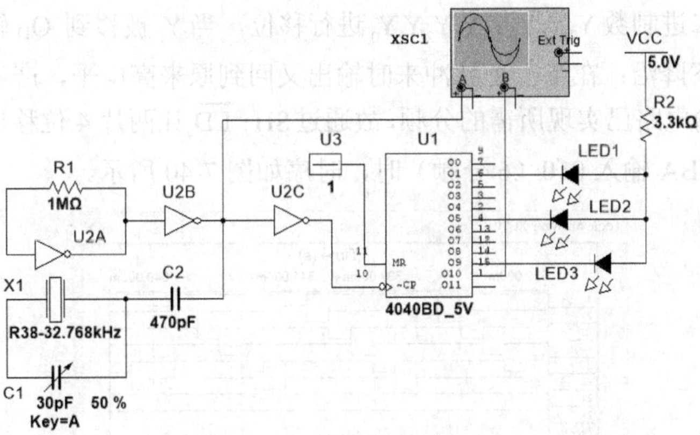

图 7-38　数字钟晶振时基仿真电路

7.3.5　程序计数分频器

程序计数器是模值可以改变的计数器。利用移位存储器和译码器可以构成程序计数器。例如，用 74LS138（3 线/8 线译码器）和 74LS195（4 位移位寄存器）可以构成模值范围为 2～8 的程序计数分频器，其电路如图 7-39 所示。

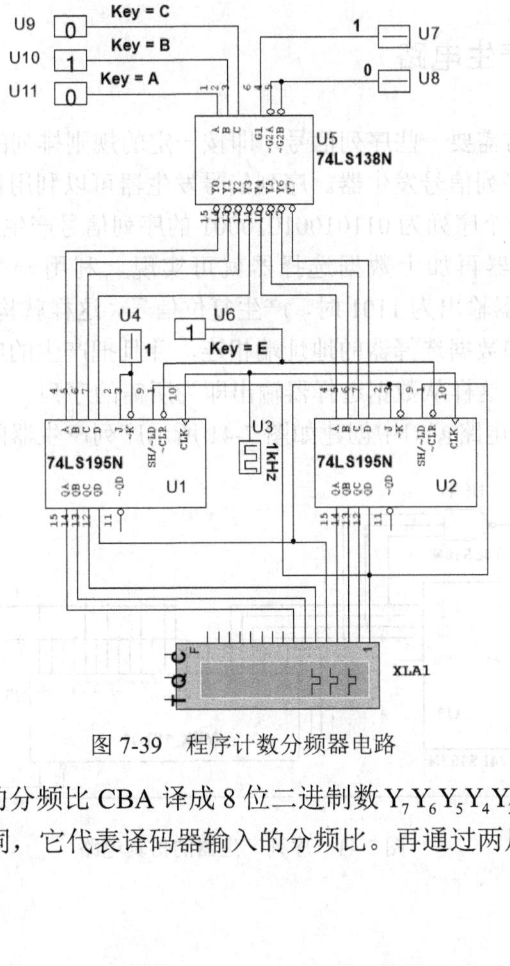

图 7-39　程序计数分频器电路

通过译码器将所需的分频比 CBA 译成 8 位二进制数 $Y_7Y_6Y_5Y_4Y_3Y_2Y_1Y_0$，其中只有一位 Y_i 为 0，与其他 7 位不同，它代表译码器输入的分频比。再通过两片 4 位移位寄存器对带有分频比信息的二进制数 $Y_7Y_6Y_5Y_4Y_3Y_2Y_1Y_0$ 进行移位，当 Y_i 被移到 Q_D 输出时，说明输出开始变化，产生下降沿；在下一个脉冲来时输出又回到原来高电平，产生一个负脉冲，说明 Y_i 被移到 Q_D 输电路已实现所需的分频，故通过 $SH/\overline{LD}$ 让两片 4 位移位寄存器重新置数开始移位循环。CBA 输入 010（6 分频）时，时序如图 7-40 所示。

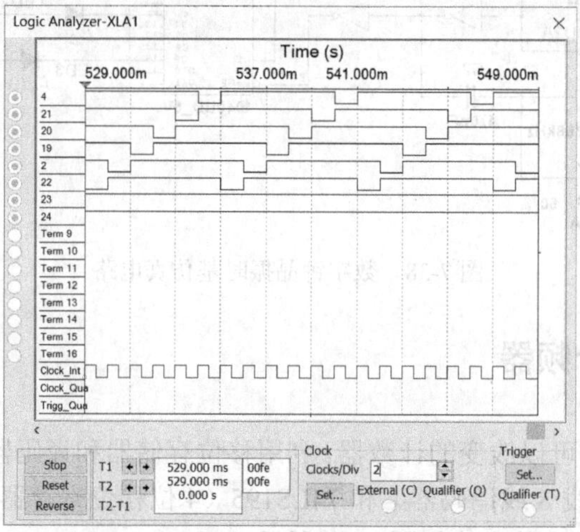

图 7-40　CBA 为 010（6 分频）的时序

7.3.6　序列信号产生电路

在数字系统中经常需要一些序列信号，即按一定的规则排列的 1 和 0 周期序列，产生序列信号的电路称为序列信号发生器。序列信号发生器可以利用计数器和组合逻辑电路来实现。例如，要实现一个序列为 01101001010001 的序列信号产生电路。根据序列长度，选用一个十四进制计数器再加上数据选择器就可实现。利用一个 4 位十六进制计数器（74LS163），当计数器输出为 1101 时，产生复位信号，这样就构成一个十四进制计数器，同时计数器的输出端和数据选择器的地址端相连，并且把产生的序列按一定顺序加在数据选择器的数据输入端。这样从数据选择器输出即为所需的序列。

在 NI Multisim 14 电路窗口中创建如图 7-41 所示序列产生器的仿真电路。

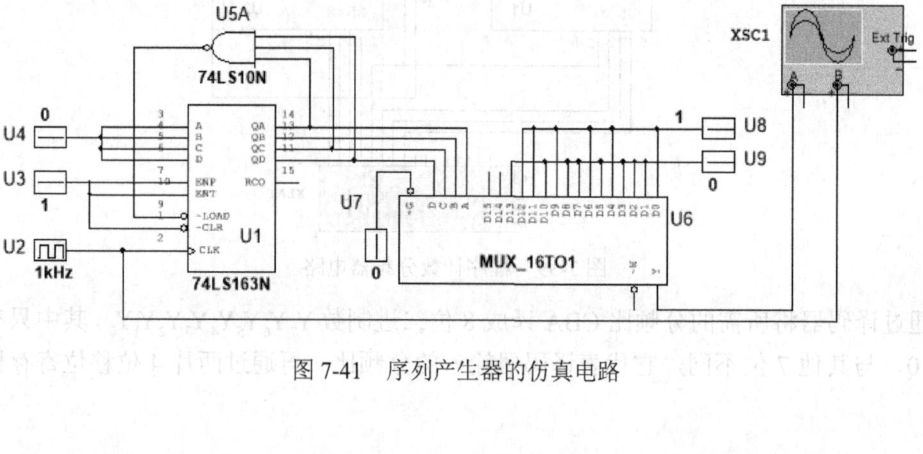

图 7-41　序列产生器的仿真电路

启动仿真，序列产生电路的输入时钟和输出的波形如图 7-42 所示。

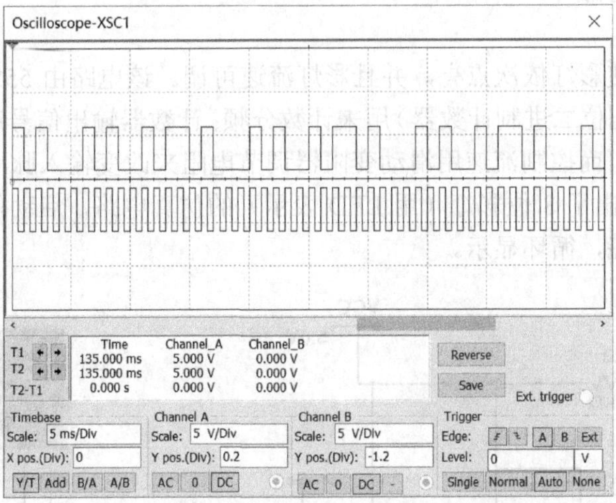

图 7-42　序列产生电路的输入时钟和输出的波形

由 7-42 可见，序列产生电路输出一个为 01101001010001 的序列信号，仿真结果正确。

7.3.7　随机灯发生器

随机灯发生器是 D 触发器和移位寄存器结合起来的一种运用。在 NI Multisim 14 电路窗口中创建如图 7-43 所示的随机灯发生器电路。其中，多谐振荡电路由 555 定时器构成。启动仿真，LED 会不规则地随机闪烁。增大电阻 R_1 和 R_2，或增大电容 C_1，可以降低闪烁频率。

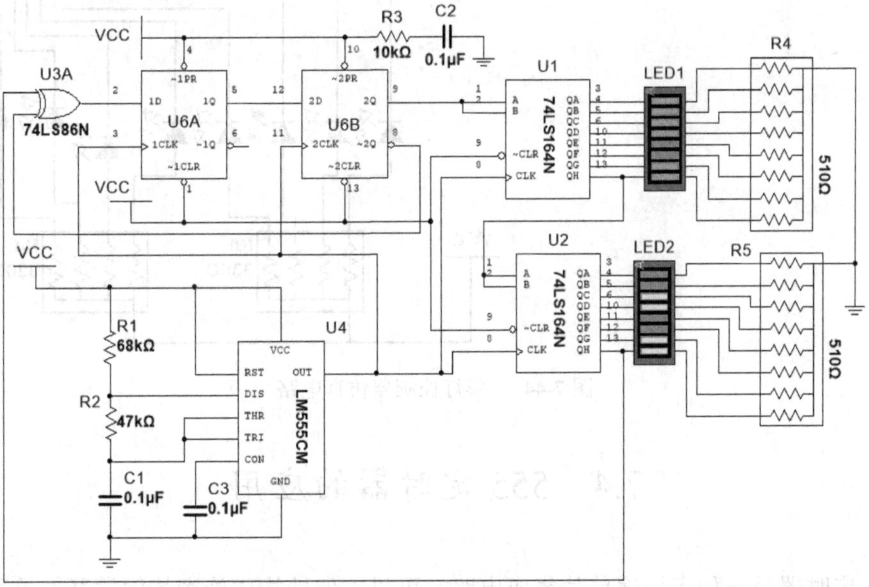

图 7-43　随机灯发生器的仿真电路

7.3.8 彩灯控制器

彩灯控制器能使彩灯依次点亮，并且彩灯流速可调。该电路由 555 多谐振荡器提供稳定脉冲，74LS161（四位二进制计数器）用来计数分频；计数器输出信号通过译码器 74LS138 直接输出控制彩灯。而控制流速用滑动变阻器调节电阻来改变输入脉冲频率，进而改变彩灯流速。图 7-44 给出了 8 位彩灯（用 LED 表示）的仿真电路，启动仿真，由观察结果可知 8 位彩灯依次点亮，循环显示。

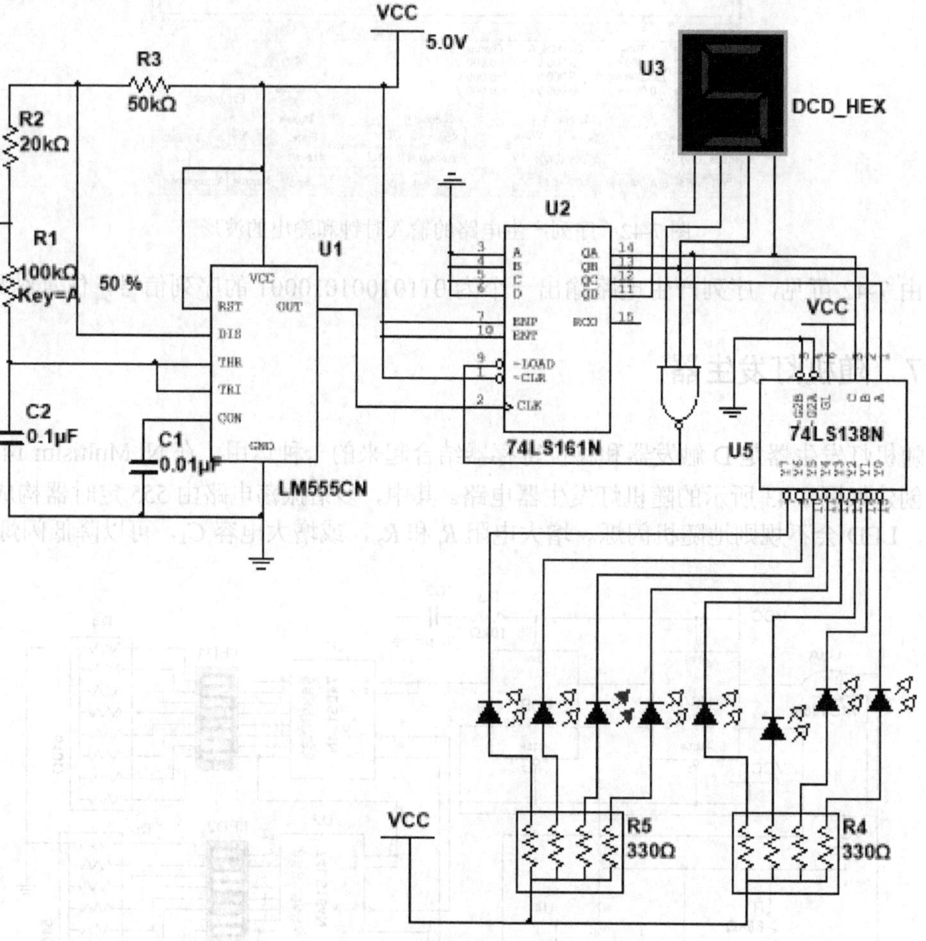

图 7-44　彩灯控制器仿真电路

7.4 555 定时器的应用

555 定时器是一种多用途单片集成电路，可以方便地构成施密特触发器、单稳态触发器和多谐振荡器。555 定时器使用灵活方便，因而得到广泛的应用。

7.4.1　用 555 定时器构成施密特触发器

在 NI Multisim 14 电路窗口中创建施密特触发器（双稳态触发器）的仿真电路，如图 7-45 所示。

其中，C_{ON} 端所接电容 C_1（0.01 μF）起滤波作用，用来提高比较器参考电压的可靠性。R_{ST} 清零端（4）接高电平 V_{CC}。将两个比较器的输入端 T_{HR} 和 T_{RI} 连在一起，作为施密特触发器的输入端。

启动仿真，电路输入输出波形如图 7-46 所示。其中，A 通道为输入信号，B 通道为输出信号。为观察方便，A 通道的波形位置不变，B 通道的波形下移 1.4 格。

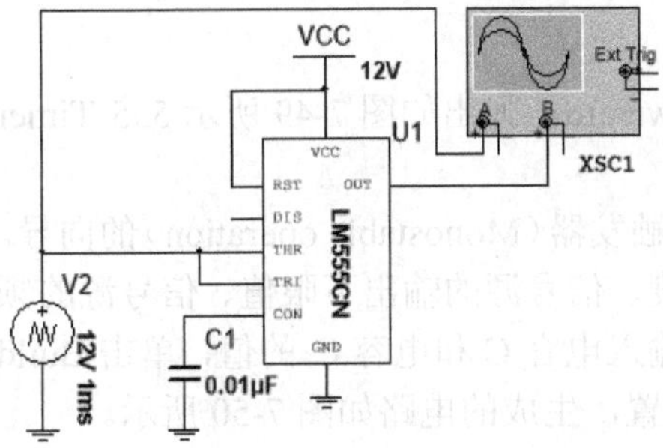

图 7-45　用 555 定时器构成施密特触发器的仿真电路

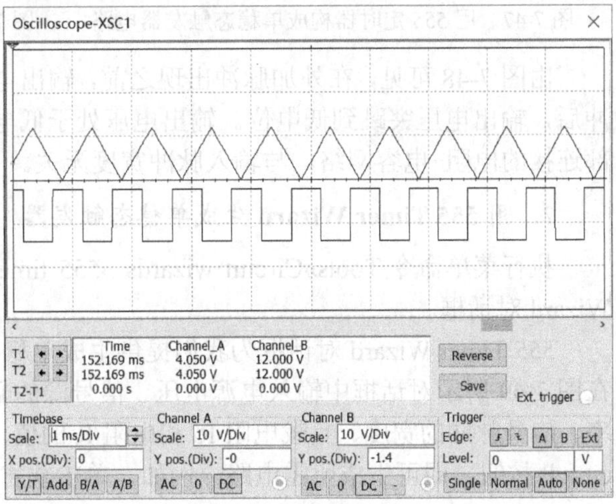

图 7-46　施密特触发电路的输入 V_I 和输出 V_O 波形

由图 7-46 可见，施密特触发电路实现了将三角波转变为同频的矩形波。

7.4.2　用 555 定时器构成单稳态触发器

利用 555 定时器构成单稳态触发器有两种方法：一种是通过 555 模块直接搭建单稳态触发器；另一种方法就是利用 NI Multisim 14 提供的 555 Timer Wizard 生成单稳态触发器。

1. 用 555 定时器构成单稳态触发器

用 555 定时器构成单稳态触发器的电路如图 7-47 所示。

在图 7-47 中，R_{ST} 接高电平 V_{CC}，T_{RI} 端作为输入触发端，V_i 的下降沿触发。将 T_{HR} 端和 D_{IS} 端接在一起，通过 R_1 接 V_{CC}，并通过电容 C 接地。这样就构成积分型单稳态触发器。启动仿真，其输入与输出波形如图 7-48 所示。其中，A 通道是输入波形，B 通道是输出波形。为观察方便，A 通道的波形上移 0.2 格，B 通道的波形下移 1.4 格。

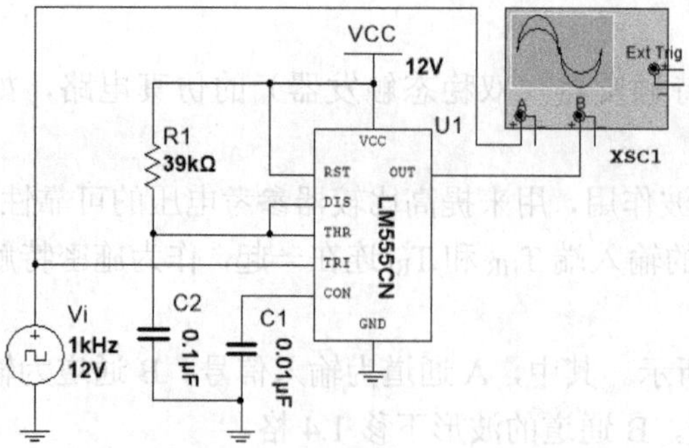

图 7-47 用 555 定时器构成单稳态触发器电路

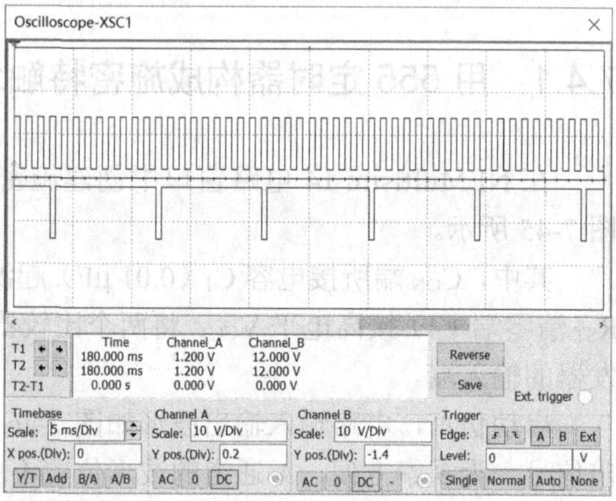

图 7-48 用 555 定时器构成单稳态触发器的波形

由图 7-48 可见，在外加脉冲出现之前，输出电压一直处于高电位。在 $t=N$ 时刻加入脉冲后，输出电压突跳到低电位。输出电压处于低电位的时间间隔（暂稳态时间）决定与外部连接的电阻-电容网络，与输入脉冲宽度无关。

2. 用 555 Timer Wizard 生成单稳态触发器

执行菜单命令 Tools»Circuit wizards »555 timer wizard，弹出如图 7-49 所示 555 Timer Wizard 对话框。

555 Timer Wizard 对话框为我们提供生成单稳态触发器（Monostable operation）的向导。在图 7-49 所示对话框中输入电源电压、信号源的幅度、信号源的输出下限值、信号源的频率、信号脉冲的宽度、负载电阻 R_f 和电阻 R 的值，输入电容 C 和电容 C_f 的值，单击 Build circuit 按钮，即可生成所需电路。例如，单击缺省设置，生成的电路如图 7-50 所示。

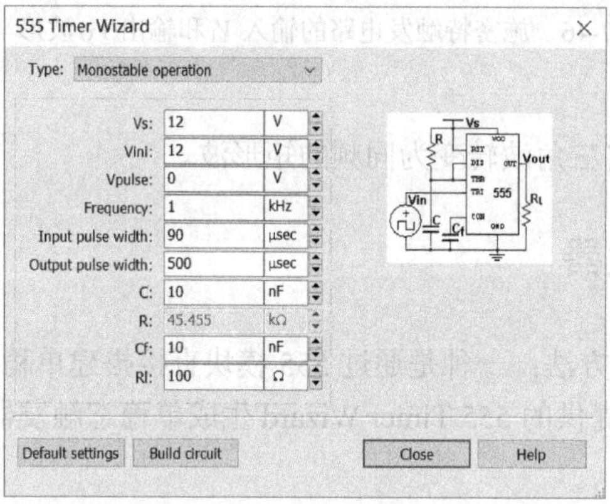

图 7-49 555 Timer Wizard 对话框

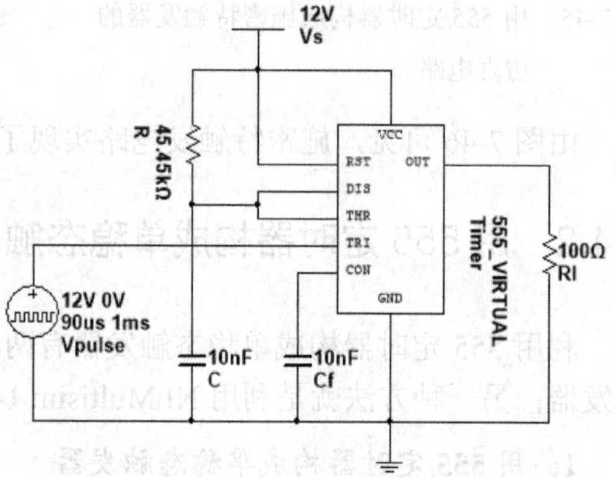

图 7-50 利用 555 Timer Wizard 生成单稳态触发器电路

启动仿真，用示波器观察电路的输入 V_I 信号波形和输出信号波形，如图 7-51 所示。其中，A 通道为输出信号，B 通道为输入信号。为观察方便，A 通道的波形下移 1.6 格，B 通道的波形上移 0.6 格。

由图 7-51 可测得，输出脉冲的宽度 $t_W = 0.502\text{ ms}$。而理论计算输出脉冲的宽度为：

$t_W = RC\ln\dfrac{V_{CC}}{V_{CC}-\dfrac{2}{3}V_{CC}} = 1.1RC = 0.5\,\text{ms}$。由此可见仿真结果与理论一致。通过改变 R 和 C 的值可以改变输出脉冲的宽度。

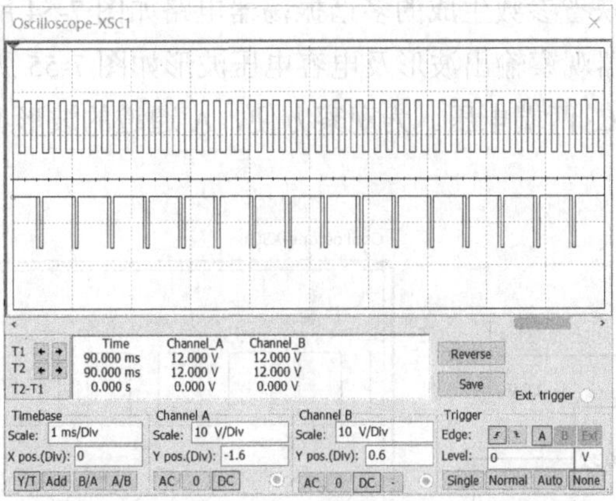

图 7-51　利用 555 Timer Wizard 生成单稳态触发器的工作波形

7.4.3　用 555 定时器构成多谐振荡器

利用 555 定时器构成多谐振荡器有两种方法：一种是直接利用 555 模块搭接多谐振荡器；另一种方法就是利用 NI Multisim 14 提供的 555 Timer Wizard 生成多谐振荡器。

1. 用 555 定时器构成多谐振荡器

直接利用 555 定时器构成多谐振荡器的电路如图 7-52 所示。其中，R_{ST} 接高电平 V_{CC}，D_{IS} 端通过 R_1 接 V_{CC}，通过 R_2 和 C_2 接地，将 T_{HR} 端和 T_{RI} 端并接在一起通过 C_2 接地。

启动仿真，双击图中示波器，输出波形及电容电压波形如图 7-53 所示。其中，A 通道为输出信号，B 通道为电容 C_2 两端电压。为观察方便，A 通道的波形上移 0.4 格，B 通道的波形下移 1.8 格。

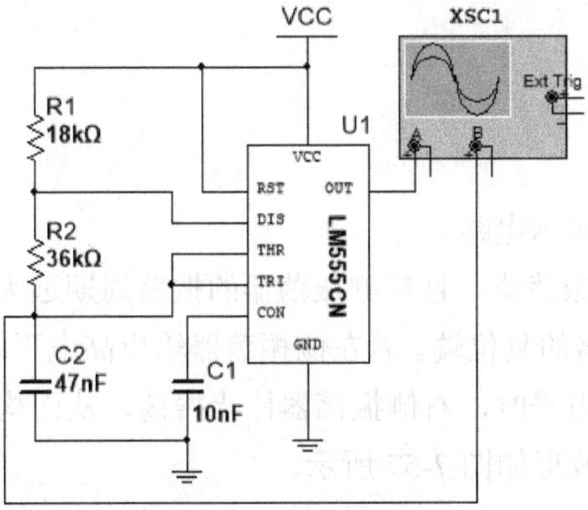

图 7-52　用 555 定时器构成的多谐振荡器电路

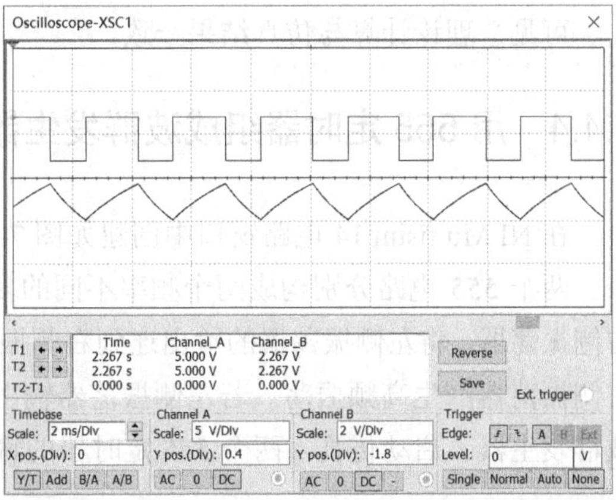

图 7-53　用 555 定时器构成多谐振荡器工作波形

2. 用 555 Timer Wizard 生成多谐振荡器

利用 NI Multisim 14 提供的 555 Timer Wizard 也可生成多谐振荡器，在图 7-49 所示的 555 Timer Wizard 对话框 Type 栏中选 Astable operation 选项，输入电路的相关参数即可得到多谐振荡器。例如，缺省参数生成的多谐振荡器电路如图 7-54 所示。

启动仿真，用示波器观察输出波形及电容电压波形如图 7-55 所示。其中，A 通道为输出信号，B 通道为电容 C_1 两端电压。为观察方便，A 通道的波形上移 0.2 格，B 通道的波形下移 2.4 格。

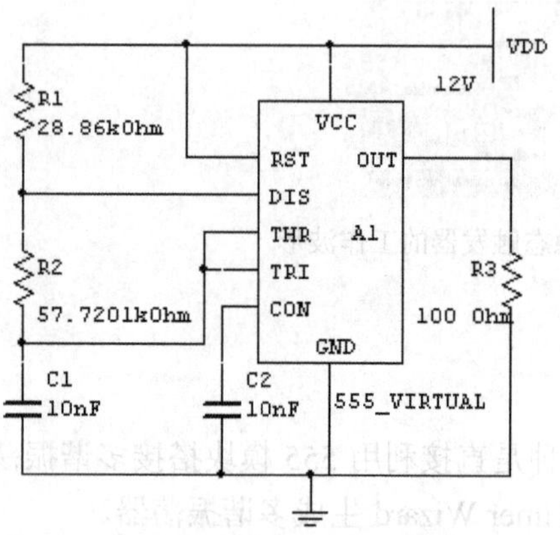

图 7-54　利用 555 Timer Wizard 生成多谐振荡器电路

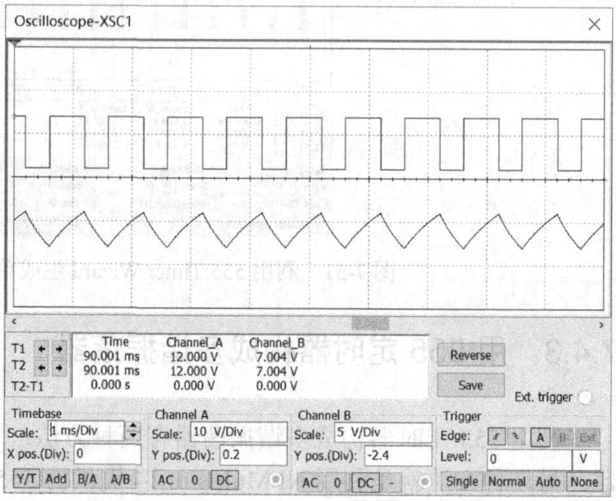

图 7-55　利用 555Timer Wizard 生成多谐振荡器的工作波形

由图 7-55 可测得输出矩形脉冲的高电平持续时间：$t_{W1} = 0.61\,\text{ms}$，低电平持续时间：$t_{W2} = 0.409\,\text{ms}$。

555 定时器构成多谐振荡器的理论计算。在电容充电时，暂稳态保持时间为：$t_{W1} = 0.7(R_1 + R_2)C = 0.612\,\text{ms}$；在电容 C 放电时，暂稳态保持时间为：$t_{W2} = 0.7R_2C = 0.40\,\text{ms}$。

可见，理论计算与仿真结果一致。

7.4.4　用 555 定时器组成波群发生器

在 NI Multisim 14 电路窗口中创建如图 7-56 所示电路。

两个 555 电路分别构成两个频率不同的多谐振荡器，且左侧振荡器的振荡周期远大于右侧振荡器，将左侧振荡器的输出连到右侧振荡器的复位端。若左侧振荡器输出高电平时，右侧振荡器产生高频振荡；若左侧振荡器输出低电平时，右侧振荡器停止振荡，从而构成波群发生器。启动仿真，两个 555 定时器的输出波形如图 7-57 所示。

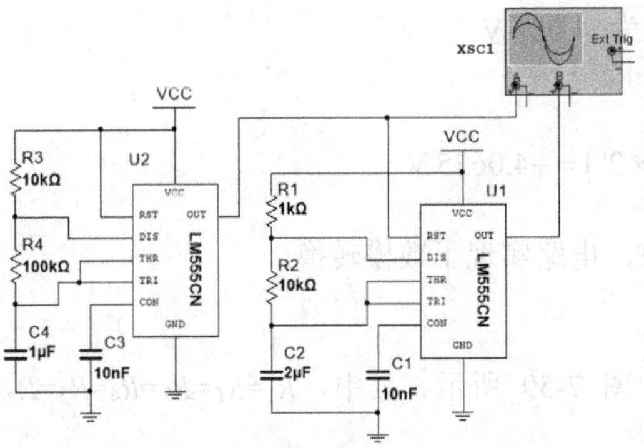

图 7-56　利用 555 定时器组成波群发生器仿真电路

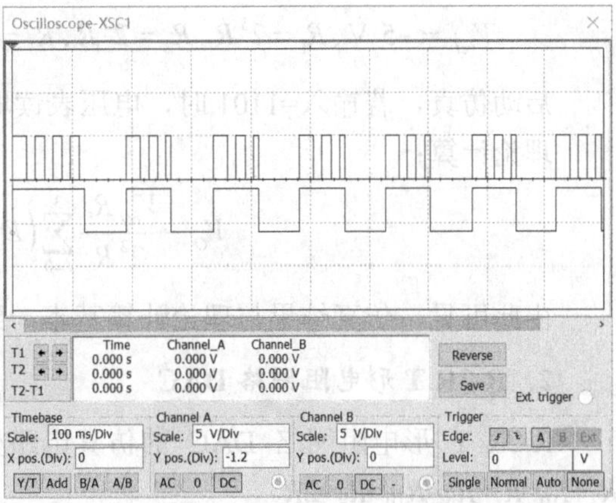

图 7-57　利用 555 定时器组成波群发生器的工作波形

7.5　数模和模数转换电路

7.5.1　数模转换电路（DAC）

数模转换电路（DAC）能够将一个模拟信号转换为数字信号。数模转换电路主要由数字寄存器、模拟电子开关、参考电源和电阻解码网络组成。数字寄存器用于存储数字量的各位数码，该数码分别控制对应的模拟电子开关，使数码为 1 的位在位权网络（在电阻解码网络中）上产生与其权位成正比的电流值，再由运算放大器（在电阻解码网络中）对个电流值求和，并转成电压值。

根据位权网络的不同，可以构成不同类型的 DAC，如权电阻网络 DAC、R-2R 倒 T 形电阻网络 DAC 和单值电流型网络 DAC 等。

1. 权电阻网络 DAC

在 NI Multisim 14 电路窗口中创建如图 7-58 所示的权电阻网络 DAC 的仿真电路。

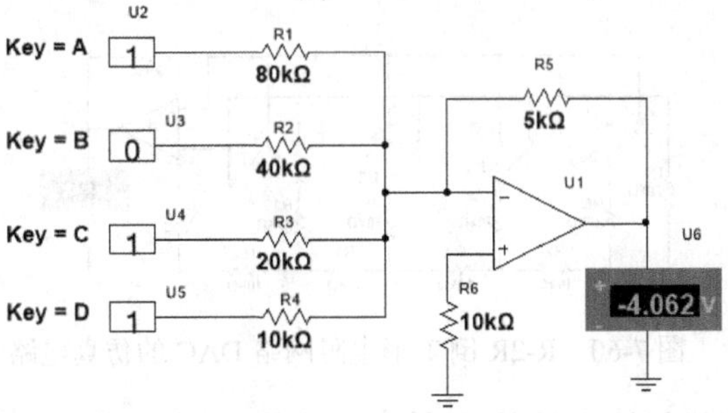

图 7-58　权电阻网络 DAC 的仿真电路

当输入的信号为高电平（即为 1），开关接参考电压（V_{ref}）；且

$$V_{ref}=-5\ \text{V}, R_1=2^3R, R_2=2^2R, R_3=2R, R_4=R=10\ \text{k}\Omega, R_f=R_5=5\ \text{k}\Omega。$$

启动仿真，若输入=1101 时，电压表读取为-4.062 V。

理论计算：

$$V_O-\frac{V_{ref}R_5}{2^3R}\sum_{i=0}^{3}\left(D_i\times2^i\right)=-4.0625\ \text{V}$$

由此可见，仿真结果与理论计算基本一致，电路实现了数模转换。

2．R-2R T 形电阻网络 DAC

R-2R T 形电阻网络 DAC 的仿真电路如图 7-59 所示。其中，$R_1=R_f=R_3=R_4=R_5=R$，$R_2+R_6=R_7=R_8=R_{10}=R_9=2R$。

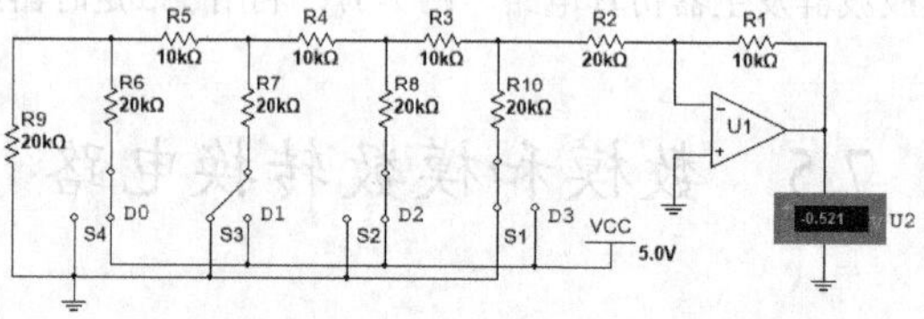

图 7-59　R-2R T 形电阻网络 DAC 的仿真电路

由图 7-59 可见，当 $D_3D_2D_1D_0=0101$ 时，电压表读数为-0.521 V，

理论计算：

$$V_O=-\frac{R_f}{3R}\times\frac{V_{CC}}{2^4}\times\sum_{i=0}^{3}\left(D_i\times2^i\right)=-\frac{V_{CC}}{3\times2^4}\times\sum_{i=0}^{3}\left(D_i\times2^i\right)=-0.5208\ V$$

由此可见，仿真结果与理论计算基本一致，电路实现了数模转换。

3．R-2R 倒 T 形电阻网络 DAC

在 NI Multisim 14 电路窗口中创建的 R-2R 倒 T 形电阻网络 DAC 的仿真电路如图 7-60 所示。经过电路分析可知，模拟输出量 V_O 与输入数字量 D 的关系为：

$$V_O=\frac{V_{ref}R_f}{2^nR}\sum_{i=0}^{n-1}D_i\times2^i$$

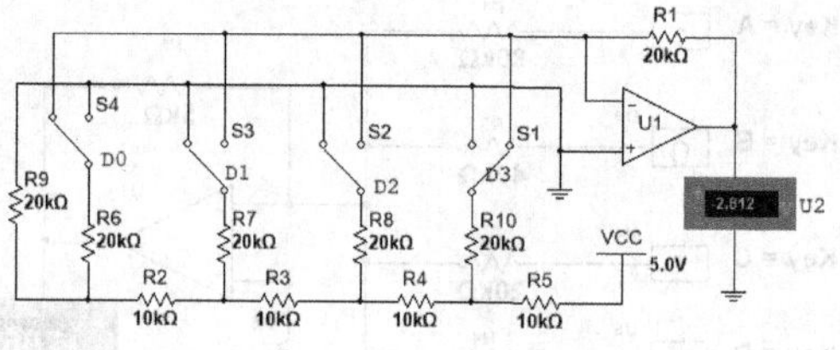

图 7-60　R-2R 倒 T 形电阻网络 DAC 的仿真电路

若取 $R_f=R$，则模拟输出量 V_O 与输入数字量 D 的关系可简化为：

$$V_O=\frac{V_{ref}}{2^n}\sum_{i=0}^{n-1}D_i\times2^i$$

当输入 $D_3D_2D_1D_0=1001$ 时，通过 NI Multisim 14 仿真软件仿真可知，电压表读取输出电压值为−2.812 V，与理论计算值 $V_O=\frac{V_{ref}}{2^n}\sum_{i=0}^{n-1}D_i\times 2^i=-2.8125$ V 基本一致。

4. 开关树 D/A 转换器

3 位 D/A 转换器 NI Multisim 14 仿真电路如图 7-61 所示。

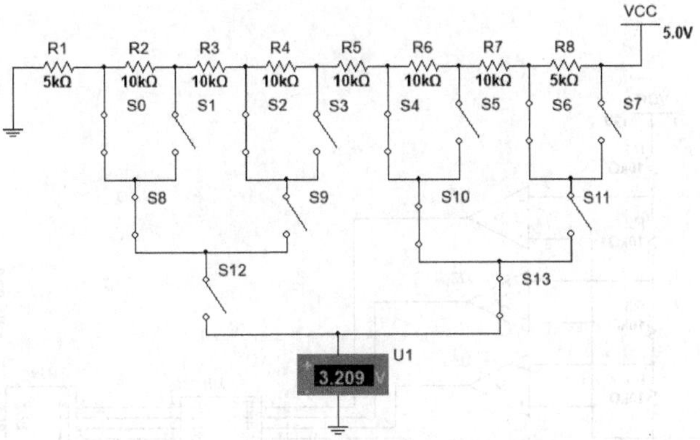

图 7-61　开关树型 D/A 转换器电路

14 个开关构成开关树，每个开关受输入 3 位数码 D_2、D_1、D_0 的控制。表 7-1 表示了在 3 位输入数码的不同输入情况下开关的闭合情况和输出的模拟电压值。

表 7-1　开关树型 D/A 转换器的工作情况

输入数码			开关														输出
D_2	D_1	D_0	S_0	S_1	S_2	S_3	S_4	S_5	S_6	S_7	S_8	S_9	S_{10}	S_{11}	S_{12}	S_{13}	V_o
0	0	0	1	0	1	0	1	0	1	0	1	0	1	0	1	0	0
0	0	1	0	1	0	1	0	1	0	1	1	0	1	0	1	0	$V_{cc}/14$
0	1	0	1	0	1	0	1	0	1	0	0	1	0	1	1	0	$3V_{cc}/14$
0	1	1	0	1	0	1	0	1	0	1	0	1	0	1	1	0	$5V_{cc}/14$
1	0	0	1	0	1	0	1	0	1	0	1	0	1	0	0	1	$7V_{cc}/14$
1	0	1	0	1	0	1	0	1	0	1	1	0	1	0	0	1	$10V_{cc}/14$
1	1	0	1	0	1	0	1	0	1	0	0	1	0	1	0	1	$11V_{cc}/14$
1	1	1	0	1	0	1	0	1	0	1	0	1	0	1	0	1	$13V_{cc}/14$

假如输入数码 $D_2D_1D_0=100$，则由于开关 S_0、S_2、S_4、S_6、S_8、S_{10}、S_{13} 合上，其余开关均断开，通过 NI Multisim 14 仿真软件仿真，电压表读取输出电压值为 3.209 V，与理论计算 $V_O=\frac{V_{CC}}{7^R}\times 4\frac{1}{2}R=\frac{9}{14}V_{CC}=3.215$ V 基本一致。

7.5.2 模数转换电路（ADC）

模拟信号经过取样、保持、量化和编码 4 个过程就可以转换为相应的数字信号。3 位并联比较型 ADC 电路如图 7-62 所示，它主要由比较器、分压电阻链、寄存器和优先编码器 4 个部分组成。输入端 V_i 输入一个模拟量，输出得到数字量 $D_2D_1D_0$，并通过数码管进行显示。

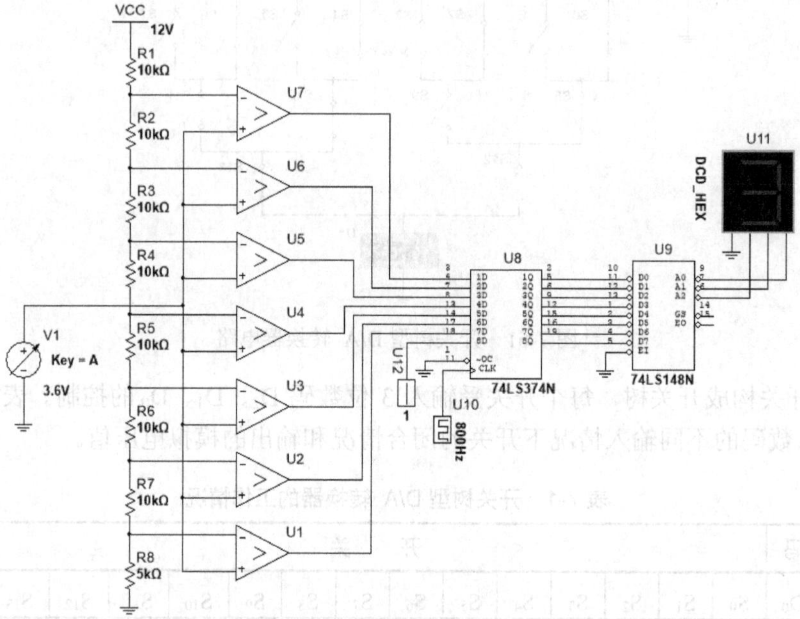

图 7-62 3 位并联比较型 ADC 仿真电路

若输出为 n 位数字量，则比较器将输入模拟量 V_i 划分 2^n 个量化级，并按四舍五入进行量化，其量化单位 $\Delta=\dfrac{V_{ref}}{2^n-1}$，量化误差为 $\dfrac{\Delta}{2}$，量化范围为 $\left(2^n-\dfrac{1}{2}\right)\Delta$。当输入超出正常范围，输出保持为 111 不变，但此时电路已进入饱和状态，不能正常工作。

若输入模拟量 V_i=3.6 V，启动仿真，数码管显示为 3。并联比较型 ADC 转换速度快，但成本高，功耗大。

7.5.3 随机波形发生器

在 NI Multisim 14 电路窗口中创建如图 7-63 所示随机波形发生器电路。其中 U_1 是虚拟数模转换器（VDAC），其参考电压由直流电压源 V_1 和 V_2 提供，U_2 和 U_3（双 JK 触发器 74LS112）组成 4 位移位寄存器。在时钟 U_6 作用下移位寄存器随机输出 0、1 序列组合，并将该组合序列接到 VDAC 的数字输入端，VDAC 随之输出相应的波形。

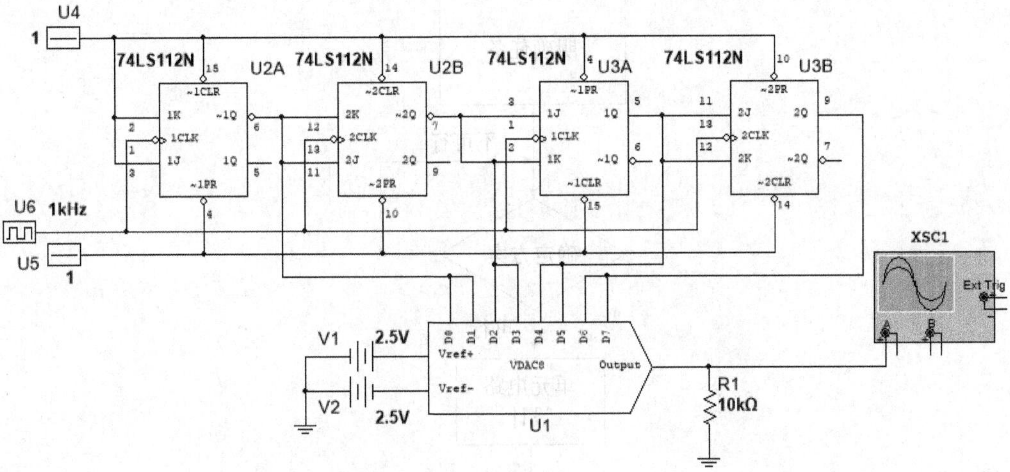

图 7-63　随机波形发生器电路

启动仿真，示波器观察的波形如图 7-64 所示。

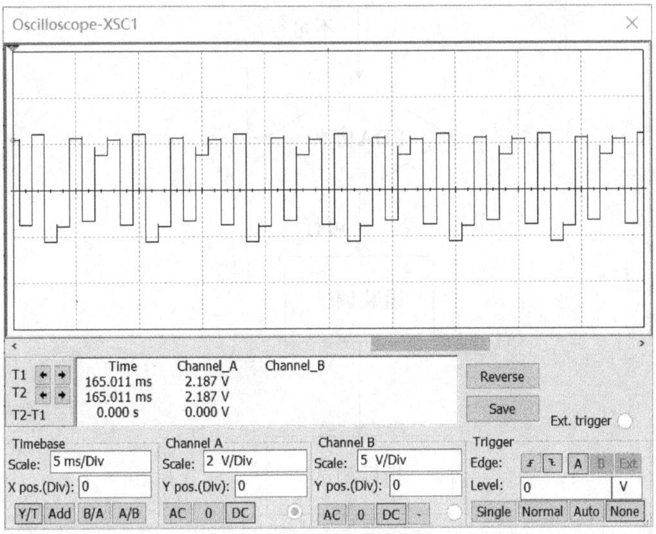

图 7-64　随机波形发生器输出波形

7.6　数字逻辑电路项目设计

7.6.1 数字逻辑电路项目设计概述

1. 数字逻辑电路项目设计流程

数字逻辑电路项目设计的一般流程为明确任务、确定方案、单元电路设计、电路参数选择、EDA 仿真、组装调试和指标测试，如图 7-65 所示。

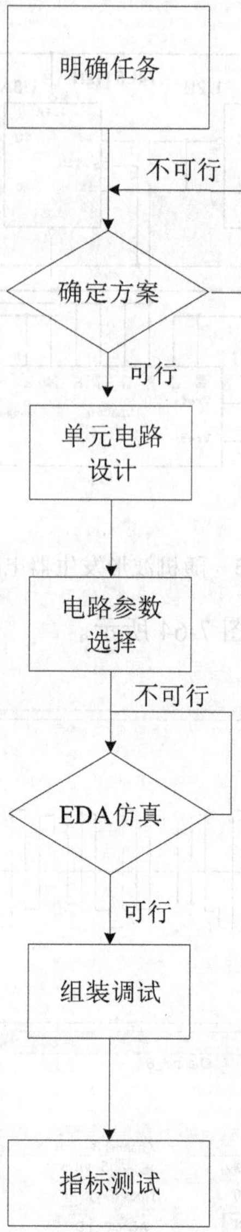

图 7-65　数字电路仿真设计的一般流程

2. 数字逻辑电路项目设计方法

数字逻辑电路项目设计方法就是按项目设计的流程，结合具体电路去实现设计要求。按照 CDIO 理念完成电路设计，其具体含义及要求如下。

（1）明确任务（构思）。任务是项目设计的出发点和落脚点，了解设计任务的具体要求（如性能指标、内容及要求）对设计任务的完成至关重要。因此，设计者应充分理解任务的指标含义、明确任务的具体内容，熟悉设计所涉及的相关知识。设计的原则是在满足任务的前提下应力求电路结构简单、价格性能比高。当选用小规模集成电路设计时，电路最简的标准是所用的触发器和门电路的数目最少，而且输入端也最少。而当使用中、大规模集成电路时，电路最简的标准则是使用的集成电路数目最少，种类最少，而且互相间的连线也最少。

（2）确定方案（构思）。根据掌握的知识和资料，针对设计提出的任务、要求和条件，设计合理、可靠、经济、可行的方案框架，对其优缺点进行分析，确定实现设计要求的方案。由于方案关系到电路全局问题，因此应当从不同途径设计方案，深入分析比较，有些关键部分，还要提出具体电路，便于找出最优方案。

（3）根据设计框架进行电路单元设计、参数计算和器件选择（设计）。可以模仿成熟的电路进行改进和创新，根据电路工作原理和分析方法，进行参数的估计与计算；器件选择时，元器件的工作、电压、频率和功耗等参数应满足电路指标要求，元器件的极限参数必须留有足够的裕量，电阻和电容的参数应选择计算值附近的标称值。

（4）电路 EDA 仿真（设计）。对总体方案及硬件单元电路进行仿真分析，以判断电路结构的正确性及性能指标的可实现性，通过这种精确的量化分析方法，指导设计以实现系统结构或电路特性模拟以及参数优化设计，避免电路设计出现大的差错。

（5）电路原理图的绘制。绘制电路图时布局必须合理、排列均匀、清晰、便于看图、有利于读图；信号的流向一般从输入端或信号源画起，由左至右或由上至下按信号的流向依次画出各单元电路，反馈通路的信号流向则与此相反；连线应为直线，并且交叉和折弯应最少，互相连通的交叉处用圆点表示，地线用接地符号表示。

（6）电路板的 PCB 设计（设计）。PCB 设计是在芯片设计的基础上，通过对芯片和其他电路元件之间的连接，把各种元器件组合起来构成完整的电路系统；并且依照电路性能、机械尺寸、工艺等要求，确定电路板的尺寸、形状，进行元器件的布局、布线；通常可以借助 PCB 设计软件（如 Altium Designer）完成。

（7）电路的组装和调试（实现与运行）。电路组装是指将电子电路元件按照电路设计图在印制板或面包板上通过导线或连线组合装配成实际的电子电路；而调试是指由于元器件特性参数的分散性、装配工艺的影响以及其他如元器件缺陷和干扰等各种因素的影响需要通过调整和试验来发现、纠正、弥补，使其达到预期的功能和技术指标。电路组装包括审图、元器件的预处理、电路板布局和电路焊接；电路调试包括调试准备、静态调试、动态调试、指标测试等环节，要按照设计工艺要求进行电路的组装调试。

3. 项目设计报告撰写要求

项目设计报告主要包括以下几点。

（1）课题名称；

（2）内容摘要；

（3）设计内容及要求；

（4）比较和选择的设计方案；

（5）单元电路设计、参数计算和器件选择；

（6）画出完整的电路图，并说明电路的工作原理；

（7）电路 EDA 仿真原理图、波形图及仿真结论；

（8）组装调试的内容，如使用的主要仪器和仪表，调试电路的方法和技巧，测试的数据和波形，并与计算结果进行比较分析，调试中出现的故障、原因及排除方法；

（9）总结设计电路的特点和方案的优缺点，指出课题的核心及实用价值，提出改进意见和展望；

（10）列出元器件清单；

（11）列出参考文献；

（12）收获、体会。

实际撰写时可根据具体情况做适当调整。

7.6.2 抢答器设计

1. 任务描述

设计一台可供 4 名选手参加比赛的智力竞赛抢答器，要求：

（1）抢答器同时供 4 名选手比赛，分别用按钮 S_1～S_4 表示，任何选手先将某一按钮按下，则对应的发光二极管（指示灯）亮，表示该选手抢答成功，而紧随其后的其他按钮再按下，与其对应的发光二极管不亮；

（2）设置一个系统清除和抢答控制开关 S_5，该开关由主持人控制。

2. 构思（抢答器设计方案）

本次设计的抢答器由四路输入、四路输出显示，能通过发光二极管显示优先抢答选手的状态，并一直保持直至主持人将系统清零为止。因此，抢答器应由时钟产生电路、触发电路与控制电路、输入电路、输出电路等模块电路组成，其实现框图如图 7-66 所示。

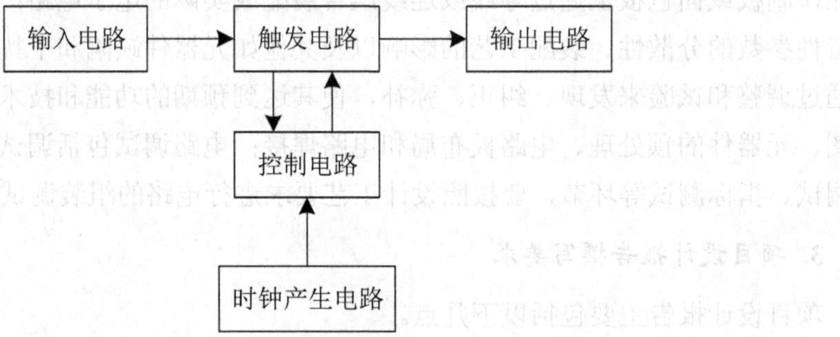

图 7-66　抢答器的组成框图

其工作过程应为：无人抢答时，触发电路的输入为 0，触发电路的输出为 0，输出电路 LED 不亮；当有人开始抢答时，抢先输入按钮为高电平，在时钟脉冲作用下，触发器对应的输出为高电平，对应的 LED 点亮。而其他选手按下按钮也不起作用，从而实现抢答。

3. 设计（抢答器设计与仿真）

根据抢答器组成框图选择合适的单元电路实现抢答器功能。

（1）输入、触发与控制电路设计。

输入、触发与控制电路是抢答器设计的关键，它要完成参赛选手输入状态的保持及控制参赛选手只能有一人按下按钮有效，根据设计要求选择 74LS175 及 74LS20、74LS00、74LS04 和开关构成触发与控制电路，如图 7-67 所示。

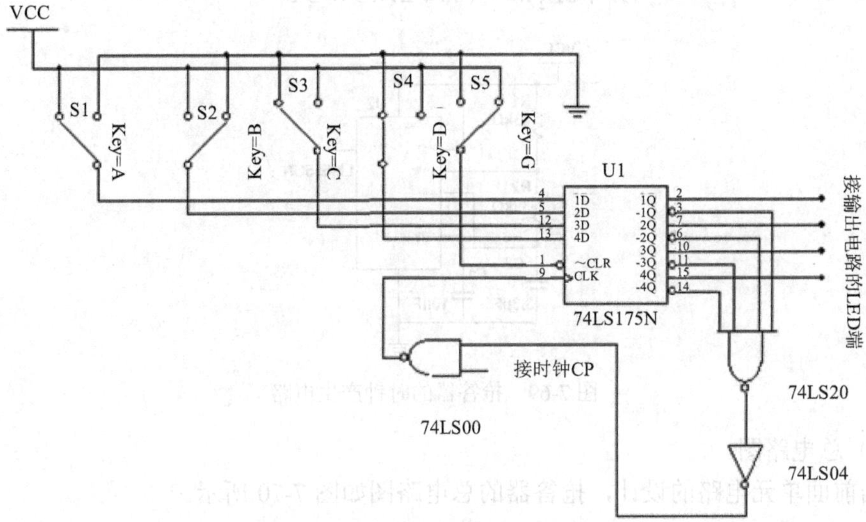

图 7-67　抢答器的触发与控制电路

在图 7-67 中，分别用 4 个开关构成输入电路，用开关 S_1～S_4 表示选手的抢答状态，开关接 1 表示按钮按下，选手处于抢答状态，开关接 0 表示按钮未按下，选手未抢答；设置一个系统清除和抢答控制开关 S_5，它由主持人控制，S_5 接 1 表示抢答器开始工作；S_5 接 0 表示抢答器禁止选手抢答。4D 触发器（74LS175）在时钟脉冲作用下，能保持选手状态；四输入与非门 74LS20、二输入与非门 74LS00 和非门 74LS04 实现抢答控制。其中 74LS175 的时钟输入 CLK 为：

$$\mathrm{CLK}=\overline{\overline{Q_4 Q_3 Q_2 Q_1}\,\mathrm{CP}}$$

（2）输出电路设计。

选用发光二极管 LED 和限流电阻组成输出电路如图 7-68 所示，当触发器输出为低电平时，LED 灭；当触发器输出为高电平时，LED 亮。

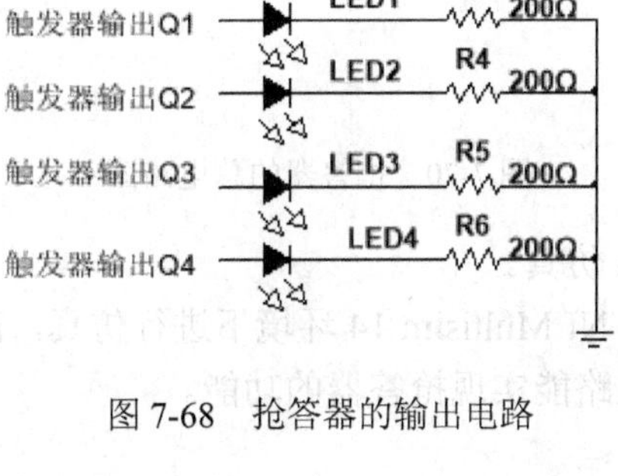

图 7-68　抢答器的输出电路

（3）时钟产生电路设计。

图 7-69 给出了用 555 定时器构成的时钟产生电路，当 R_1=43 kΩ、R_2=39 kΩ、C=3.3 μF 时，该电路产生的脉冲频率 f 为：

$$f = \frac{1.43}{(R_1 + 2R_2)C} = \frac{1.43\times10^6}{(43+2\times39)\times3.3} = 3.6\ \text{Hz}$$

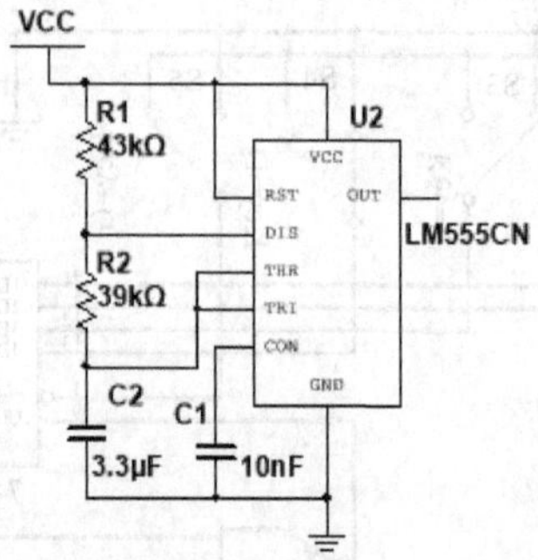

图 7-69　抢答器的时钟产生电路

（4）总电路图。

根据前面单元电路的设计，抢答器的总电路图如图 7-70 所示。

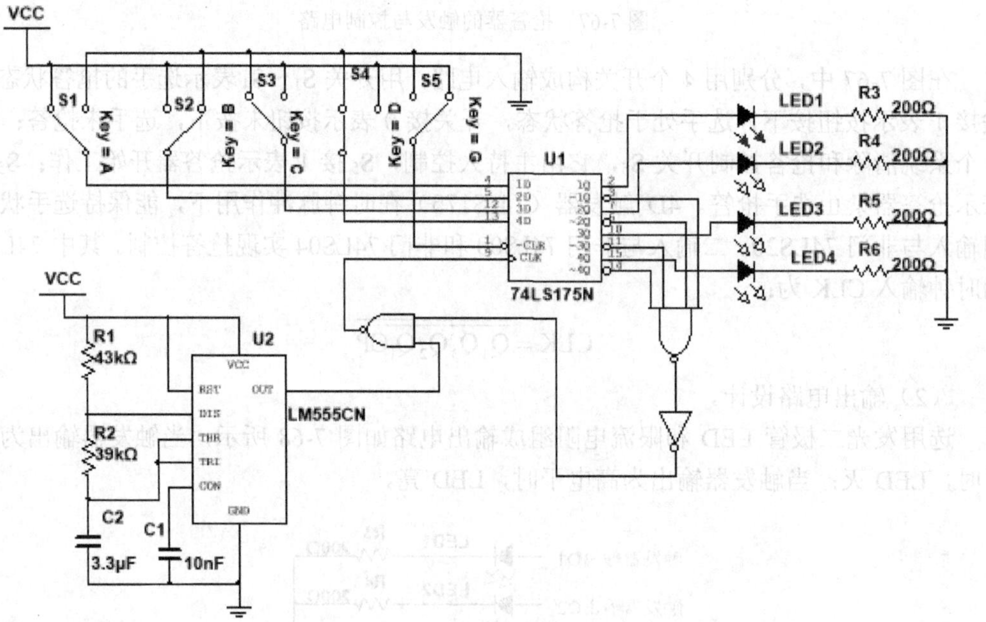

图 7-70　抢答器的总电路图

（5）抢答器的 Multisim 仿真。

对图 7-70 所示的电路在 NI Multisim 14 环境下进行仿真，改变输入开关的状态，观察输出 LED 的状态可知，该电路能实现抢答器的功能。

4. 实现和运行（抢答器的组装调试与测试）

抢答器原理图设计正确后，就可以利用 PCB 设计软件进行 PCB 设计、电路组装和调试。调试时，先调试 LED 输出电路，其次调试时钟产生电路，再调试输入、触发与控制电路。当单元电路正常时，再进行抢答器的联调，使其满足设计要求。电路调试完毕，抢答器就可以正常工作了。按照设计要求进行测试，改变输入开关按钮的状态，观察输出 LED 的变化，并记录数据，撰写设计报告，总结设计过程。

7.6.3　电子秒表设计

1. 任务描述

设计一个电子秒表，具有以下要求。

（1）计数精度为 0.1 s 并以数字的形式显示；

（2）电子秒表的量程显示为 0.1 秒～9 分 59.9 秒；

（3）该秒表具有清零、开始计时、停止计时功能。

2. 构思（电子秒表设计方案）

本次设计的电子秒表计数精度为 0.1 s，故基准脉冲频率取 10 Hz。秒表要求可显示时间为 9 分 59.9 秒，输出需 4 位七段数码管显示，计数器中分和 0.1 s 为十进制计数器组成，秒为六十进制计数器。通过秒表控制电路实现开始计数、停止并保持计数和清零并准备开始重新计数的功能。因此该秒表应由时钟产生电路、计数及译码显示、控制电路等模块电路组成，其实现框图如图 7-71 所示。

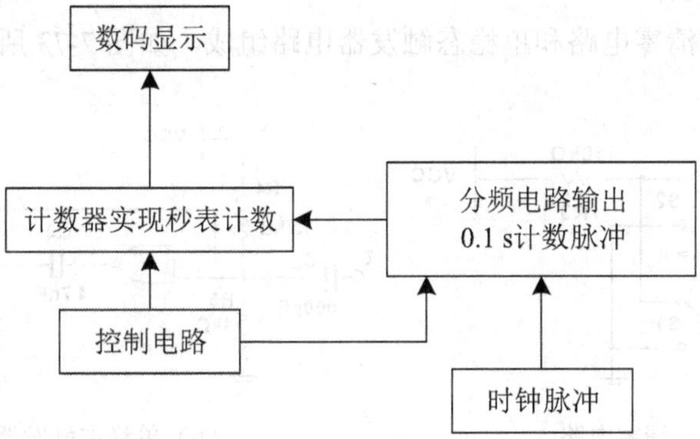

图 7-71　电子秒表的组成框图

其工作过程如下：首先按下控制电路的清零复位开关使电子秒表显示为 0；其次按下启动开关，时钟脉冲产生电路输出产生频率为 50 Hz 的时钟脉冲经 5 分频电路输出 0.1 s 计数脉冲，再经过计数器实现秒表计数，秒表从 0 开始计时，至 9 分 59.9 秒，并通过数码管显示计数结果。

3. 设计（电子秒表的设计与仿真）

根据电子秒表组成框图，选择合适的单元电路实现电子秒表功能。

（1）时钟产生电路设计。

时钟发生器可以采用石英晶体振荡产生 50 Hz 时钟信号，也可以用 555 定时器构成的多谐振荡器，555 定时器是一种性能较好的时钟源，且构造简单，采用 555 定时器构成的多谐振荡器作为电子秒表的输入脉冲源原理图如图 7-72 所示，当 R_1=91 kΩ、R_2=91 kΩ、C=0.1 μF 时，该电路产生的脉冲频率约为 50 Hz。

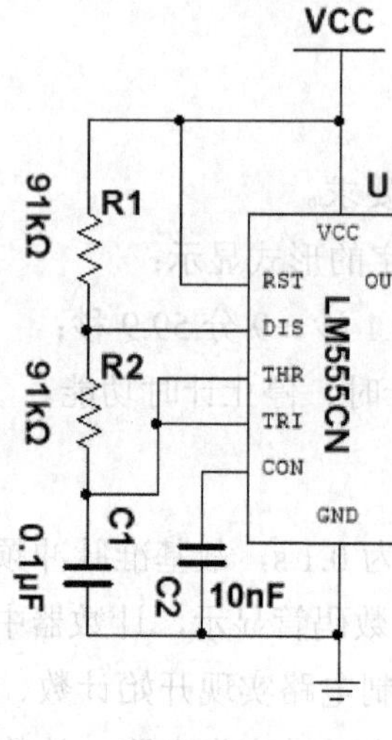

图 7-72　电子秒表的时钟产生电路

（2）控制电路设计。

控制电路由启动清零电路和单稳态触发器电路组成，如图 7-73 所示。

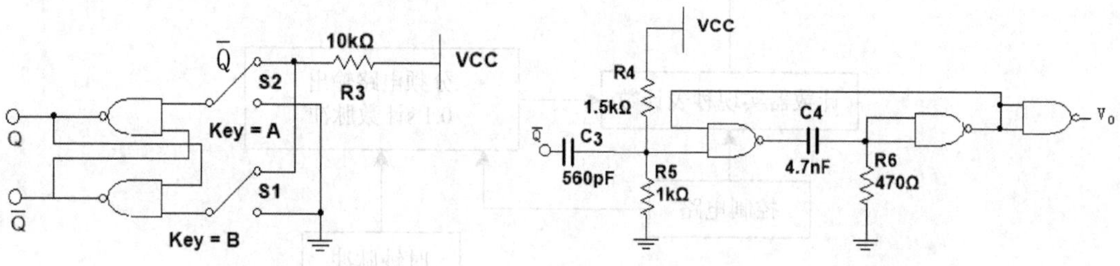

（a）启动清零电路　　（b）单稳态触发器电路

图 7-73　电子秒表的控制电路

由图 7-73（a）可见，启动清零电路是一个 RS 触发器。开关 S_1 和 S_2 控制数字秒表的继续与暂停。开始时把开关 S_1 接高电平，开关 S_2 接地，运行本电路，电子秒表正在计数，此时电路为启动；其反相输出作为单稳态触发器的输入，输出 Q 作为与非门 U_{2A} 的输入控制信号。当开关 S_1 接地、S_2 接高电平时，电路运行停止，电子秒表停止工作。

由图 7-73（b）可见，单稳态触发器的输入触发负脉冲信号 V_i 由 RS 触发器端提供，输出负脉冲 V_O 通过非门加到计数器清除端 R。单稳态触发器在电子秒表中的功能是为计数器提供清零信号。

（3）计数电路设计。

计数电路是电子秒表设计的关键，首先多谐振荡器产生的 50 Hz 脉冲 CP 经由 74LS90 构成 5 分频数器变为频率 10 Hz 的脉冲，电路如图 7-74 所示。使电子秒表的计数精度为 0.1 s。

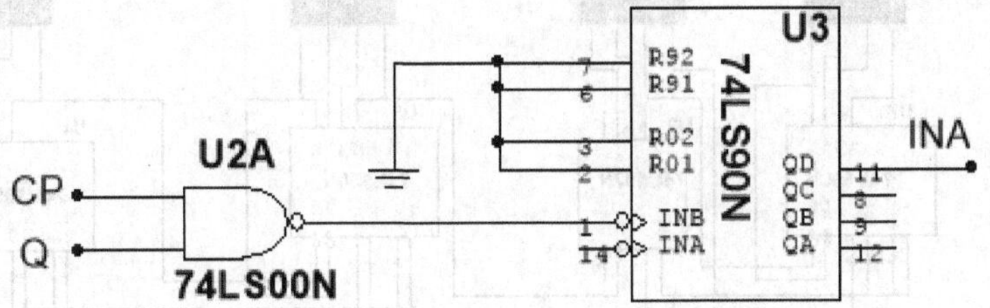

图 7-74　74LS90 构成 5 分频数器电路

其次，由 74LS90、74LS92 构成电子秒表的计数单元，如图 7-75 所示。其中图 7-75（a）和图 7-75（b）中对应的 74LS90 都接成 8421 码十进制形式，使 0.1 s 和分按十进制计数，其输出端与译码显示单元的相应输入端连接。图 7-75（c）中的 74LS90 和 74LS92 都接成六十进制计数器，实现秒对分的进位，输出端与译码显示单元的相应输入端连接。电子秒表的计数范围为 0.1 秒～9 分 59.9 秒。

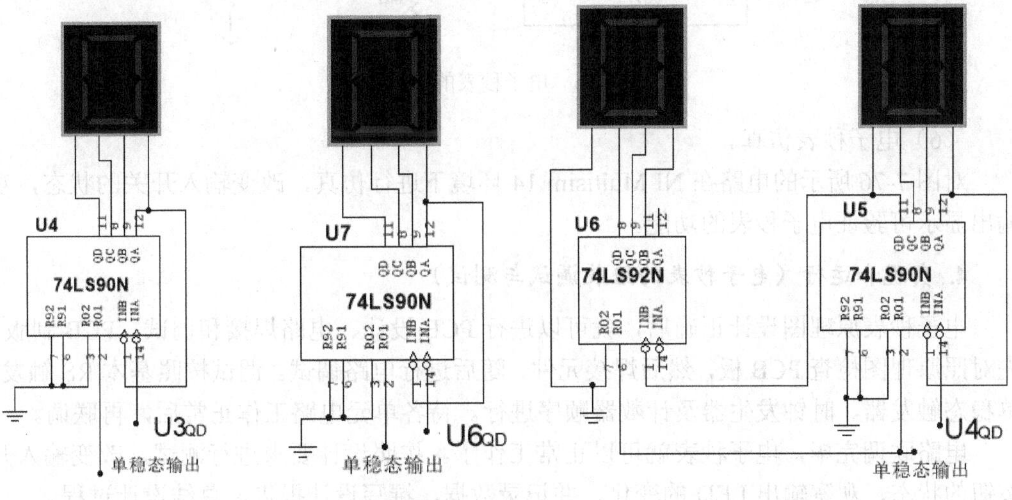

（a）十进制计数器（0.1 s）　（b）十进制计数器（分）　（c）六十进制计数器

图 7-75　电子秒表的计数单元

（4）译码显示单元设计。

本次设计译码显示单元选用共阴极 LED 数码管 LC5011-11 和 CMOS BCD-锁存/7 段译

码/驱动器 CD4511（注：在 NI Multisim 14 中仿真可以用译码显示器 DCD_HEX 代替译码和显示单元）完成电子秒表的数字显示。

（5）总电路图。

根据前面的单元电路设计，可得电子秒表的总电路图，如图 7-76 所示。

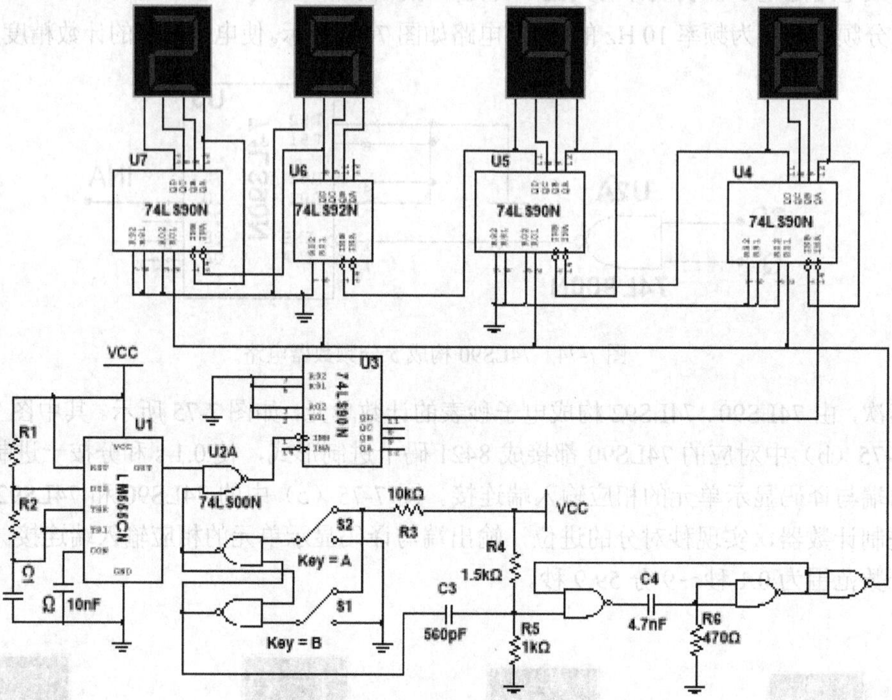

图 7-76　电子秒表的总电路图

（6）电子秒表仿真。

对图 7-76 所示的电路在 NI Multisim 14 环境下进行仿真，改变输入开关的状态，观察输出显示可验证电子秒表的功能。

4. 实现和运行（电子秒表的组装调试与测试）

电子秒表原理图设计正确后，就可以进行 PCB 设计、电路焊接和调试。PCB 制版后，先对照原理图检查 PCB 板，然后焊接元件，随后进行电路调试。调试按照基本 RS 触发器、单稳态触发器、时钟发生器及计数器顺序进行。待各单元电路工作正常后，再联调。

电路联调完毕，电子秒表就可以正常工作了。按照设计要求进行测试，改变输入开关按钮的状态，观察输出 LED 的变化，并记录数据，撰写设计报告，总结设计过程。

习　题

7-1　利用 NI Multisim 14 中的逻辑转换仪，试求图 P7-1 所示电路的逻辑函数。

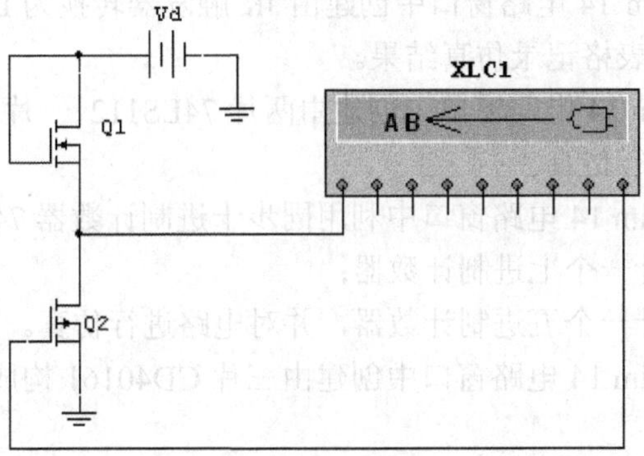

图 P7-1　习题 7-1 电路图

7-2　在 NI Multisim 14 电路窗口中创建能够测试 74LS00、74LS138、74LS148、74LS153、CC4052 和 CC4076 等芯片的仿真电路，并仿真验证其功能。

7-3　在 NI Multisim 14 电路窗口中创建能够测试静态 1 冒险功能的仿真电路，并仿真验证其功能。

7-4　在 NI Multisim 14 电路窗口中创建由两块 CC4052 和一块 CC4076 构成的两路数据传输开关，并仿真验证其功能。

7-5　在 NI Multisim 14 电路窗口中创建如图 P7-2 所示的四通道数据选择器，并对电路进行仿真，自拟表格记录仿真结果。

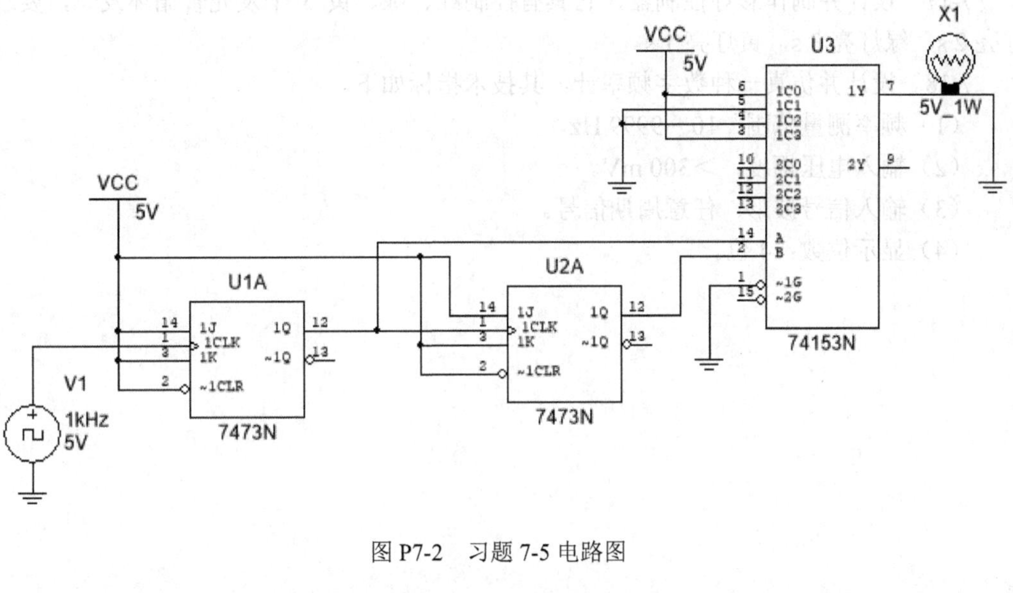

图 P7-2　习题 7-5 电路图

7-6　在 NI Multisim 14 电路窗口中创建一个 2DPSK 调制电路，并仿真其功能。

7-7　在 NI Multisim 14 电路窗口中创建能够测试 74LS74、74LS76、74LS160、74LS112、74LS172、74LS7、CD40161 等芯片功能的仿真电路，并对电路进行仿真，自拟表格记录仿真结果。

7-8　在 NI Multisim 14 电路窗口中创建由 JK 触发器转换为 D 触发器的仿真电路，并对电路进行仿真，自拟表格记录仿真结果。

7-9　在 NI Multisim 14 电路窗口中创建由两片 74LS112、一片 74LS20 构成的同步二进制计数器，并对电路进行仿真。

7-10　在 NI Multisim 14 电路窗口中利用同步十进制计数器 74LS160 进行设计，要求：

① 试用置零法设计一个七进制计数器；

② 试用置数法设计一个五进制计数器，并对电路进行仿真。

7-11　在 NI Multisim 14 电路窗口中创建由三片 CD40161 构成 2048 进制的计数器，并对电路进行仿真。

7-12　在 NI Multisim 14 电路窗口中，设计一个能自启动实现 4 位的环形计数器，有效循环状态为：0010－1010－1011－1001，并显示仿真结果。

7-13　在 NI Multisim 14 电路窗口中创建基于 PLD 器件实现 4 位加法器，并对电路进行仿真。

7-14　在 NI Multisim 14 电路窗口中创建基于 PLD 器件实现 4 位乘法器，并对电路进行仿真。

7-15　在 NI Multisim 14 电路窗口中创建基于 PLD 器件实现数字钟，并对电路进行仿真。

7-16　在 NI Multisim 14 电路窗口中，利用 555 Timer Wizard 设计一个振荡频率为 3 kHz 的单稳态电路，并对电路进行仿真。

7-17　设计并制作彩灯控制器，它具有控制红、绿、黄 3 个发光管循环发光，要求红灯亮 2 s，绿灯亮 3 s，黄灯亮 1 s。

7-18　设计并仿真一种数字频率计，其技术指标如下。

（1）频率测量范围：10～9999 Hz。

（2）输入电压幅度：＞300 mV。

（3）输入信号波形：任意周期信号。

（4）显示位数：4 位。

第 8 章　NI Multisim 14 在高频电子线路中的应用

高频电子线路是研究通信系统中高频信号产生、放大和变换等功能电路的一门课程。本章主要利用 NI Multisim 14 仿真软件对高频电子线路中的主要功能电路进行仿真分析，以便更好地掌握高频电子电路的功能和原理。

8.1　高频小信号谐振放大电路

高频小信号谐振放大电路主要用于接收机的高频放大器和中频放大器，目的是对有用的高频小信号进行频率选择和线性电压放大。

8.1.1　高频小信号谐振放大电路的组成

高频小信号谐振放大电路主要由晶体管、负载、输入信号和直流馈电等部分组成。例如图 8-1 所示电路，晶体管基极为正偏，工作在甲类，负载为 LC 并联谐振回路，调谐在输入信号的频率 465 kHz 上。该放大电路能够对输入的高频小信号进行反相放大。

在 NI Multisim 14 仿真软件的电路窗口中，创建如图 8-1 所示的高频小信号谐振放大电路图，其中晶体管 Q_1 选用虚拟晶体三极管。单击仿真按钮，就可以从示波器中观察到输入、输出信号的波形，如图 8-2 所示。

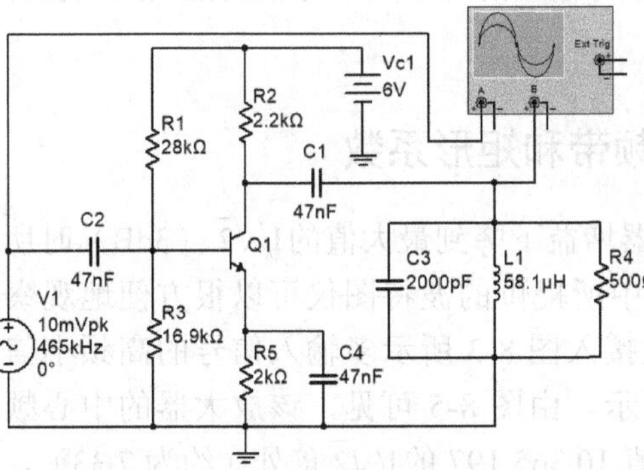

图 8-1　高频小信号谐振放大电路

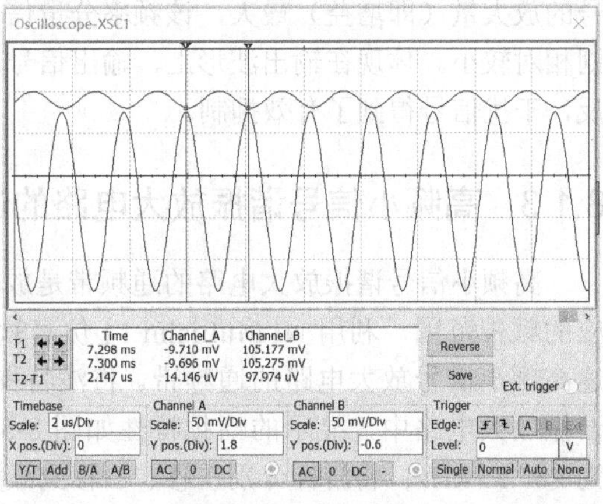

图 8-2　高频小信号谐振放大电路的输入、输出波形

由图 8-2 可见，高频小信号谐振放大电路的输出信号（示波器窗口下方信号）与输入信

号（示波器显示窗口上方信号）反相，且输出信号幅度是输入信号幅度的$\frac{105.177}{-9.710}=-10.83$倍。

8.1.2　高频小信号谐振放大电路的选频作用

在高频小信号谐振放大电路中，若将输入信号由单一频率改为多个频率，信号频率分别为 465 kHz 及其 2、4、8 次谐波（即 930 kHz、1860 kHz、3720 kHz），相应的谐振回路参数为 C_3=20 000 pF、L_1=5.81 μH。此时电路如图 8-3 所示，电路的输入、输出波形如图 8-4 所示。

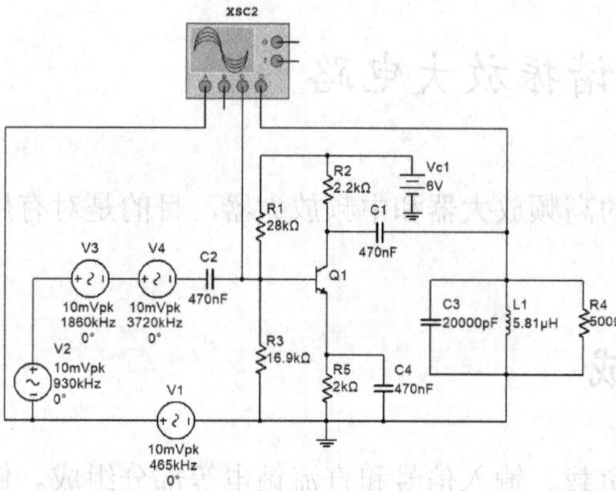

图 8-3　多输入信号的高频小信号谐振放大电路

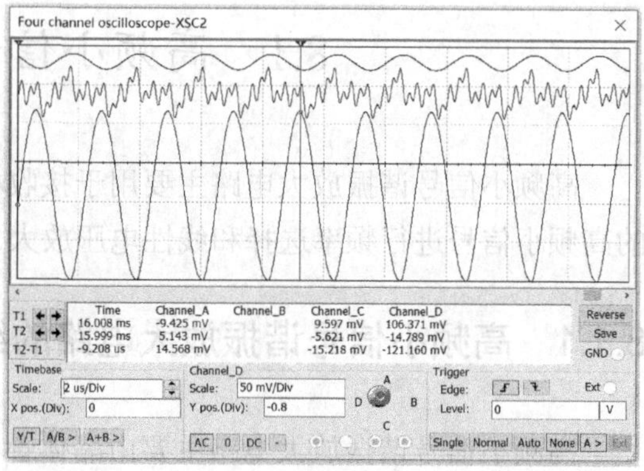

图 8-4　多输入信号的高频小信号谐振放大电路的输入与输出波形

在图 8-4 中，最上面的信号为待放大信号（频率为 465 kHz），中间为高频小信号谐振放大电路的输入信号，它由待放大信号及其 2、4、8 次谐波信号（作为干扰信号）叠加构成，最下面为输出信号。由于负载 LC 并联谐振回路调谐在 465 kHz 上，对该频率分量信号的放大量（即增益）最大，该频率分量信号的幅度就最大，而其他频率的信号输出幅度则相对较小。体现在输出波形上，输出信号近似与输入的待放大信号呈线性关系、极性相反，干扰信号得到了有效抑制。

8.1.3　高频小信号谐振放大电路的通频带和矩形系数

高频小信号谐振放大电路的通频带是放大器增益下降到最大值的$1/\sqrt{2}$（3dB）时所对应的频带范围。利用 NI Multisim 14 仿真软件中所提供的波特图仪可以很方便地观察上述高频小信号放大电路的通频带。将波特图仪接入图 8-3 所示多输入信号的高频小信号谐振放大电路中，显示的幅频特性如图 8-5 所示。由图 8-5 可见，该放大器的中心频率为 465.55 kHz；将游标分别左移、右移到最大值 10.365 197 的$1/\sqrt{2}$倍处（约为 7.33），对应频率分别为 478.947 kHz、455.981 kHz，通频带为 478.947 kHz−455.981 kHz=22.966 kHz。这样该电路 4 个输入信号频率中的 930 kHz、1860 kHz、3720 kHz 都在通频带外面，被很好地抑制了。

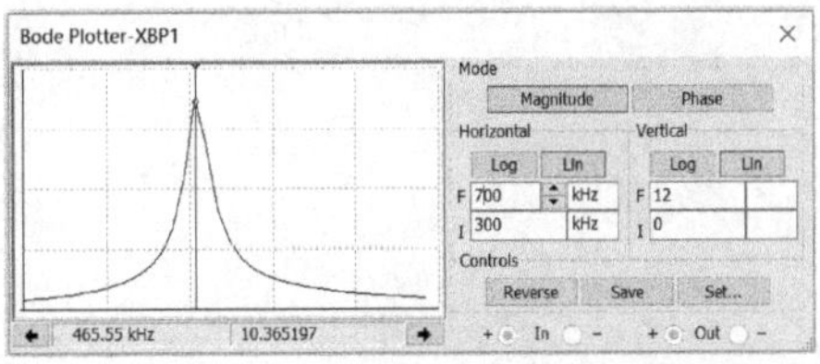

（a）中心频率

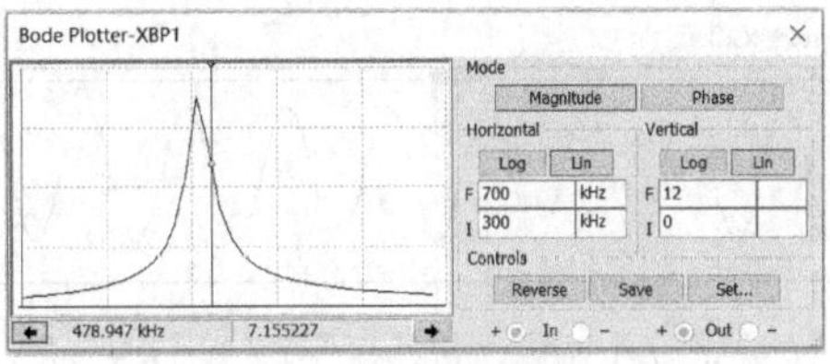

（b）上限频率

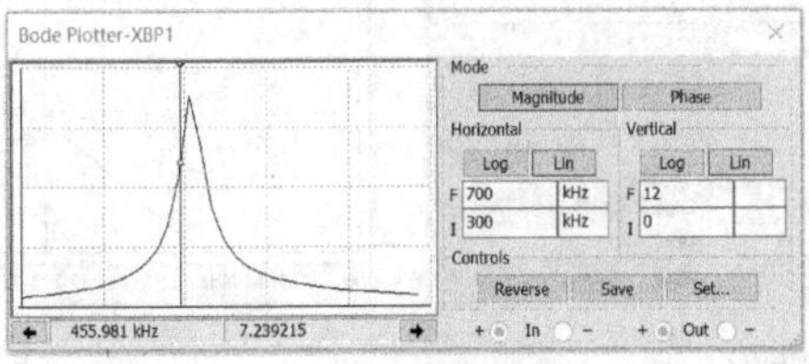

（c）下限频率

图 8-5　高频小信号谐振放大电路的幅频特性

8.1.4　双调谐回路高频小信号放大器

上述的单调谐放大器矩形系数 $K_{r0.1}$ 近似等于 9.95，远远大于 1，因此滤波特性不理想。利用双调谐回路作为晶体管的负载，可以改善放大器的滤波特性，使矩形系数减小到 3.2。

在 NI Multisim 14 仿真软件的电路窗口中，创建如图 8-6 所示的双调谐高频小信号谐振放大电路，单击仿真按钮，就可以从示波器中观察到输入、输出信号的波形，结合游标示数可见，放大电路增益为 72.19，约为 32.273 dB，如图 8-7（a）所示；从波特图仪中还可观察放大电路的幅频特性，如图 8-7（b）所示。移动游标测量并计算可得其通频带 $BW_{0.7}$=2.355 MHz，矩形系数 $K_{r0.1}$=3.234。

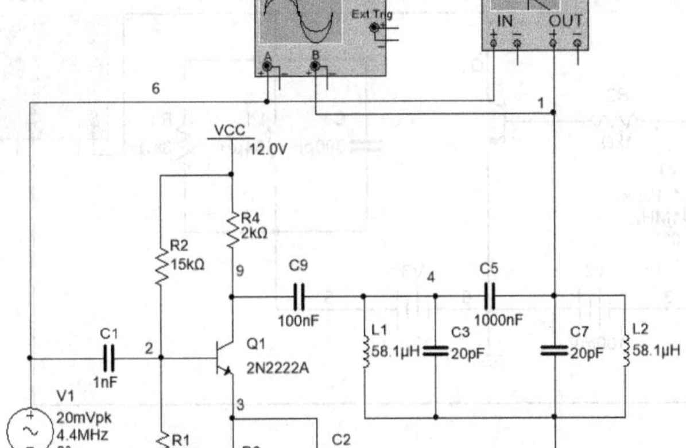

图 8-6　双调谐高频小信号谐振放大电路

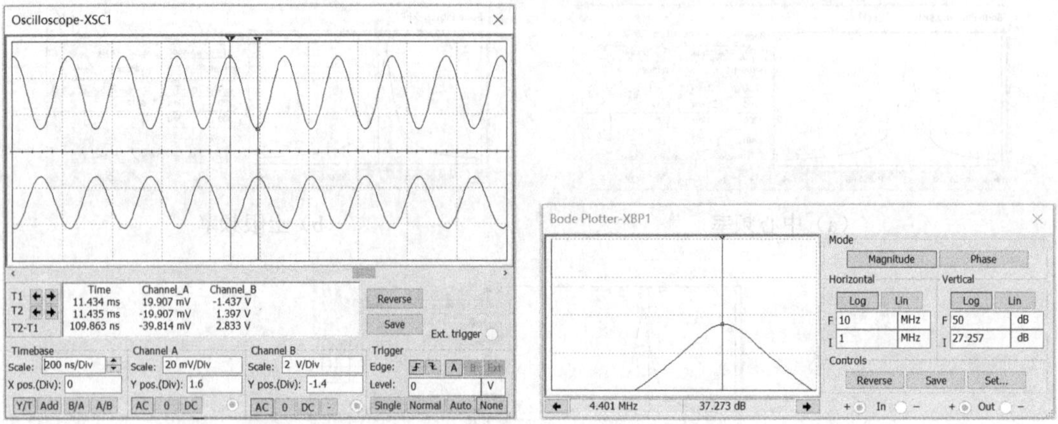

（a）输入、输出波形　　　　（b）幅频特性

图 8-7　双调谐高频小信号谐振放大电路特性

8.2　高频谐振功率放大电路

高频谐振功率放大器通常用在发射机末级功率放大器和末前级功率放大器中，主要对高频信号的功率进行放大，使其达到发射功率的要求。

8.2.1　高频谐振功率放大电路原理仿真

高频谐振功率放大电路如图 8-8 所示，其电路特点如下：晶体管工作在丙类，负载为并联谐振回路，调谐在输入信号的中心频率上，完成滤波和阻抗匹配的作用。

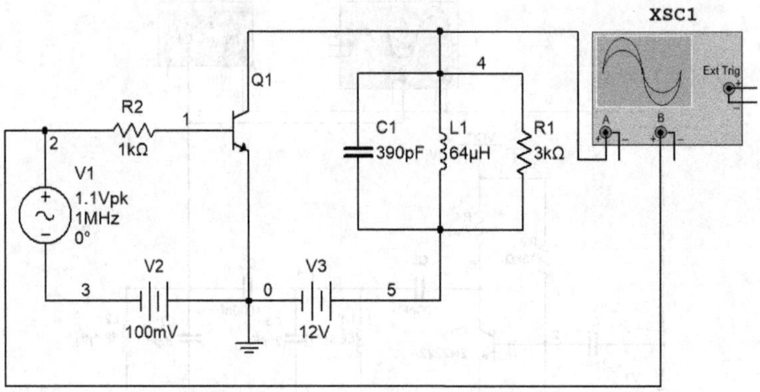

图 8-8　高频谐振功率放大电路

1. 集电极电流 i_C 与输入信号之间的非线性关系

晶体管工作在丙类的目的是提高功率放大电路的效率，为此，晶体管的基极直流偏置

V_{BB}（电路中的 V_2）$<U_{(on)}$（$U_{(on)}$为晶体管开启电压），这样晶体管的导通时间小于输入信号的半个周期。因此，当输入信号为余弦信号时，集电极电流 i_C 将是周期性的余弦脉冲序列。

（1）当输入信号 v_1 振幅 V_{pk} 设为 0.7 V 时，利用 NI Multisim 14 仿真软件中的瞬态分析对高频谐振功率放大电路进行分析。单击菜单命令 Simulate»Analyses and simulation，打开 单击 Analyses and Simulation 对话框，在对话框左侧 Active Analysis 栏中单击 Transient，则对话框右侧对应呈现 Transient 分析设置标签。如图 8-9（a）、图 8-9（b）所示，在 Analysis parameter 标签中起始时间设置为 0.003 s，终止时间设置为 0.003 005 s，在 Output 标签中将分析输出变量 I（$Q_1[I_C]$）添加至右侧 selected variables for analysis 窗口中，然后单击 Save 保存设置，执行 Run 操作。

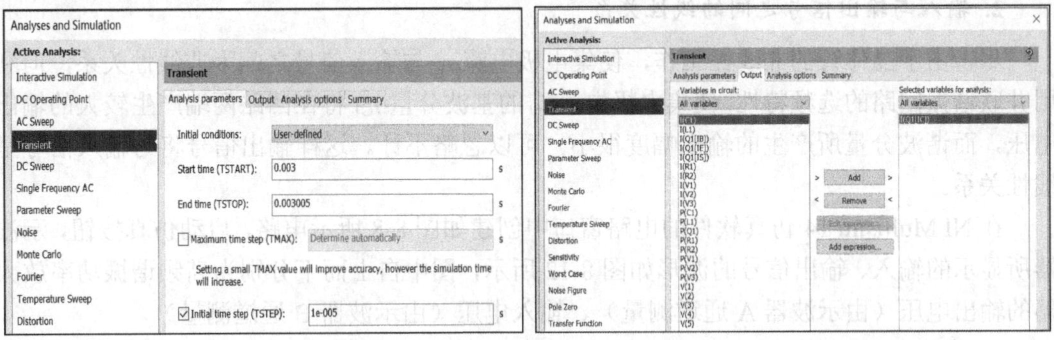

（a）瞬态分析中 Analysis parameters 标签设置　　　（b）瞬态分析中 Output 标签设置

图 8-9　高频谐振功率放大电路仿真参数设置

瞬态分析结果即集电极电流如图 8-10 所示。可见，集电极电流是一串尖顶余弦脉冲，与输入信号呈非线性关系。

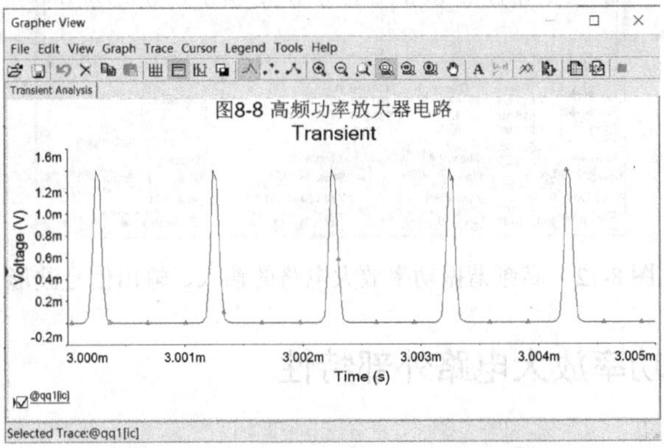

图 8-10　输入信号较小时的瞬态分析结果

（2）当输入信号 v_1 的振幅 V_{pk} 为 1.2 V 时，设置同上，瞬态分析结果即集电极电流如图 8-11 所示。可见，集电极电流是一个周期性的凹顶余弦脉冲，说明此时高频谐振功率放大器已经工作在过压状态了。

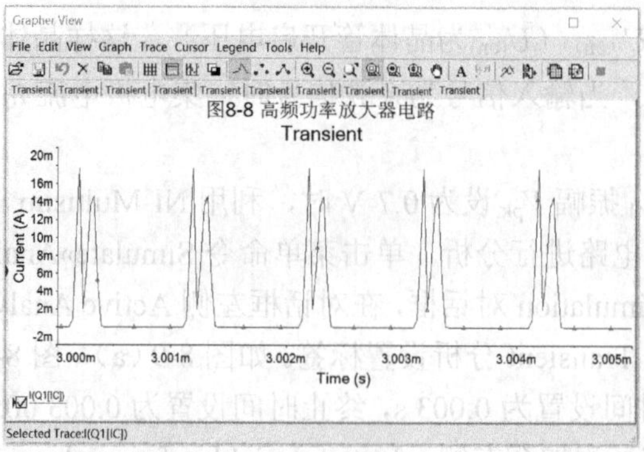

图 8-11　输入信号较大时的瞬态分析结果

2. 输入与输出信号之间的线性关系

尽管由于晶体管的非线性工作，使集电极电流 i_C 与输入信号之间为非线性关系，但利用并联谐振回路的选频特性，使集电极电流 i_C 的基波分量 i_{C1} 将在回路两端产生较大的输出电压，而谐波分量所产生的输出幅度很小，可以忽略不计。这样输出信号将与输入信号呈线性关系。

在 NI Multisim 14 仿真软件的电路窗口中创建如图 8-8 所示电路，启动仿真按钮，示波器所显示的输入、输出信号的波形如图 8-12 所示，图中自上而下分别为高频谐振功率放大器的输出电压（由示波器 A 通道测量）、输入电压（由示波器 B 通道测量）。

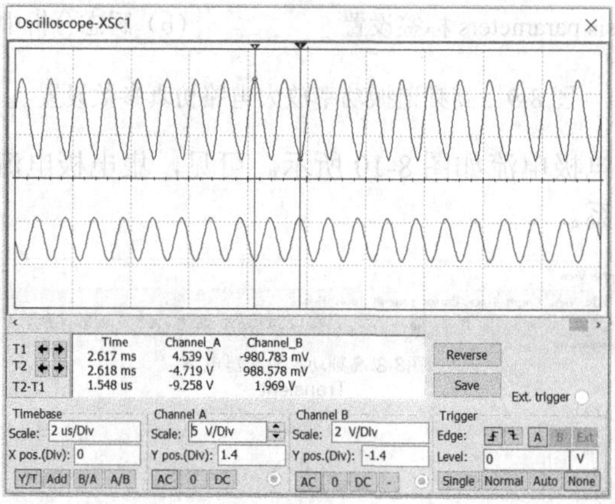

图 8-12　高频谐振功率放大电路的输入、输出信号波形

8.2.2　高频谐振功率放大电路外部特性

高频谐振功率放大电路的外部特性是判断、调整其工作状态的依据，主要包括调谐特性、负载特性、振幅特性和调制特性。

1. 调谐特性

调谐特性是指在 R_1、V_{1m}、V_{BB}、V_{CC} 不变的条件下，高频谐振功率放大电路的 I_{c0}、V_{cm}

等变量随谐振回路电容 C_1 变化的关系，如图 8-13 所示，回路谐振时，I_{c0} 最小、V_{cm} 最大。调谐特性是指示负载回路是否已调谐在输入载波频率上的重要依据。

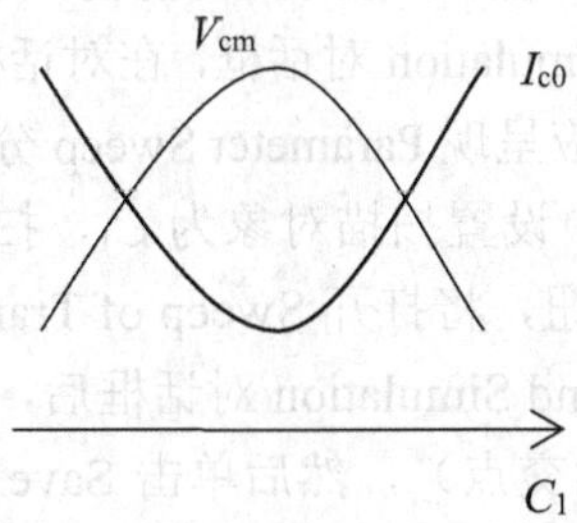

图 8-13　高频谐振功率放大电路的调谐特性

下面以图 8-8 所示电路为例分别验证 I_{c0}、V_{cm} 随电容 C_1 变化的情况。

（1）I_{c0} 随 C_1 变化。

为使电路状态变化明显，将输入信号 v_1 的 V_{pk} 设为 1.1 V，在 V_3 回路中串联直流电流表 U_1（将其内阻设为 1e-009mOhm），将 C_1 依次从谐振时的 390 pF 改为 290 pF、490 pF，则电流表的指示分别从 1.999 mA 变化为 2.054 mA，如图 8-14 所示，与图 8-13 所示调谐特性一致。

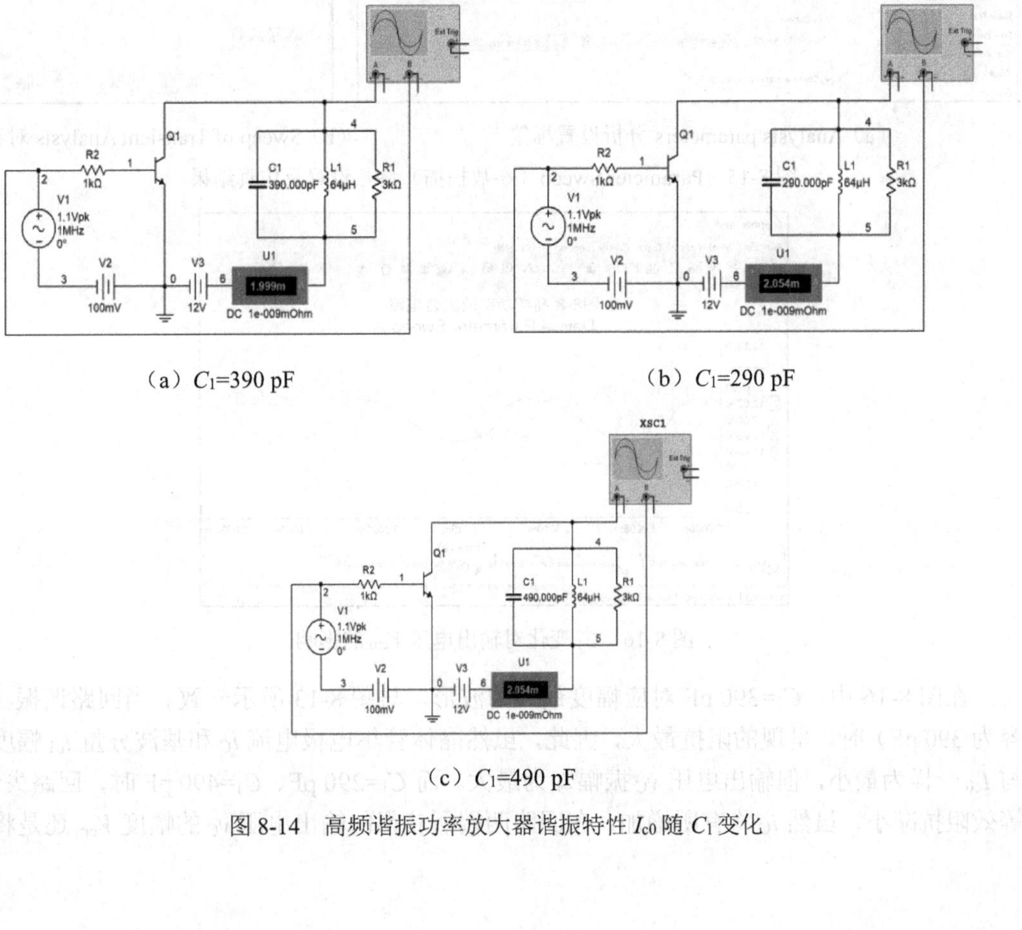

（a）C_1=390 pF　　（b）C_1=290 pF

（c）C_1=490 pF

图 8-14　高频谐振功率放大器谐振特性 I_{c0} 随 C_1 变化

（2）V_{cm} 随 C_1 变化。

通过 NI Multisim 14 仿真软件中的 Parameter Sweep（参数扫描）分析方法具体说明高频谐振功率放大电路的调谐特性中 V_{cm} 随 C_1 的变化情况。单击菜单命令 Simulate»Analyses and simulation，打开 Analyses and Simulation 对话框，在对话框左侧 Active Analysis 栏中选中 Parameter Sweep，则对话框右侧对应呈现 Parameter Sweep 分析设置标签。参考图 8-15（a）所示，在 Analysis parameter 标签中设置扫描对象为 C_1，扫描分析方式为 Transient（瞬态分析），单击右侧 Edit analysis 按钮，将打开 Sweep of Transient Analysis 对话框，设置如图 8-15（b）所示。返回 Analyses and Simulation 对话框后，在 Output 标签中设分析输出量为 V（4）（C_1、R_1 与 Q_1 集电极的交点），然后单击 Save 按钮，保存设置；执行 Run 操作，结果如图 8-16 所示。

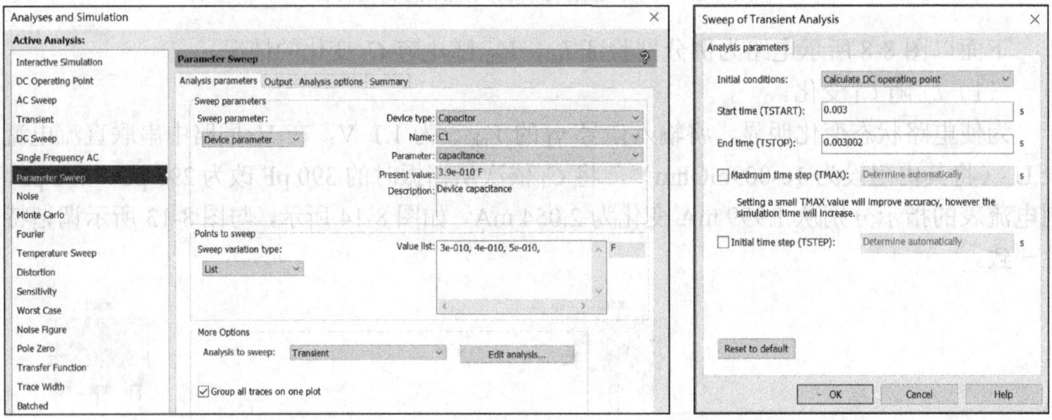

（a）Analysis parameters 分析设置标签　　　　（b）Sweep of Transient Analysis 对话框

图 8-15　Parameter Sweep（参数扫描）参数设置及仿真结果

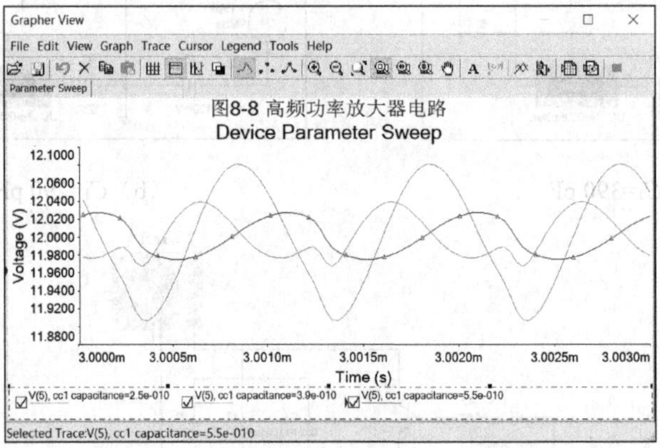

图 8-16　C_1 变化对输出电压 V_{cm} 的影响

在图 8-16 中，C_1=390 pF 对应幅度最大的波形，与图 8-13 所示一致。当回路谐振（电容为 390 pF）时，呈现的阻抗最大，因此，虽然晶体管集电极电流 i_C 和基波分量 i_{c1} 幅度都与 I_{c0} 一样为最小，但输出电压 v_C 振幅却为最大。而 C_1=290 pF、C_1=490 pF 时，回路失谐，等效阻抗减小，虽然 i_C 将有所增加，在回路两端所获得的输出电压 v_C 的幅度 V_{cm} 还是将减小。另外，当 C_1=290 pF 时，负载谐振回路的通频带将增大，不能很好地滤除 i_C 中的二次、三次谐波，导致输出电压出现了波形失真。

2．负载特性

负载特性是指在 V_{CC}、V_{BB}、V_{1m} 不变的条件下，高频谐振功率放大电路的工作状态（特别是 I_{c0}、I_{c1m}、V_{cm} 及功率）与 R_1 之间的关系，负载特性如图 8-17 所示。

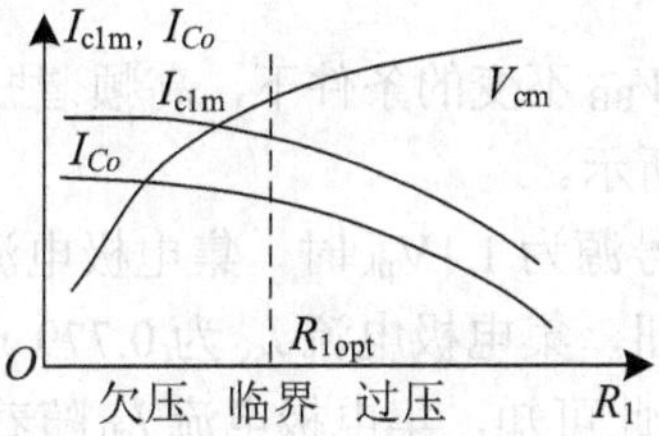

图 8-17　负载特性

在图 8-8 所示高频谐振功率放大电路中，将 R_1 作为扫描对象，同样利用参数扫描分析方法，根据图 8-18（a）所示进行相关参数设置，对 R_1 选择 2 kΩ、3 kΩ、4 kΩ三组不同值，观察晶体管集电极电流 i_c 和回路的输出电压 v_o，结果见图 8-18（b）、图 8-18（c）。

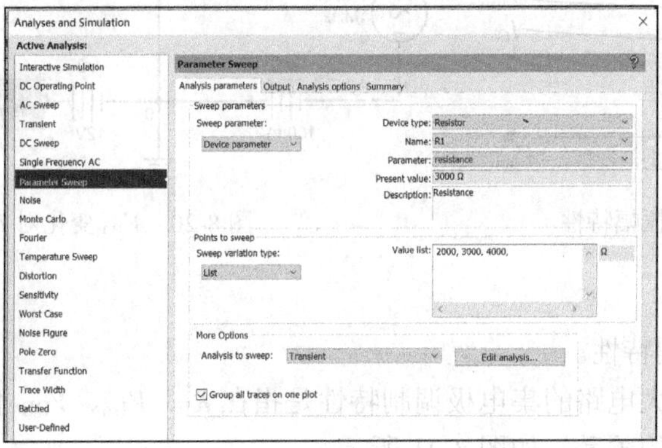

（a）参数设置

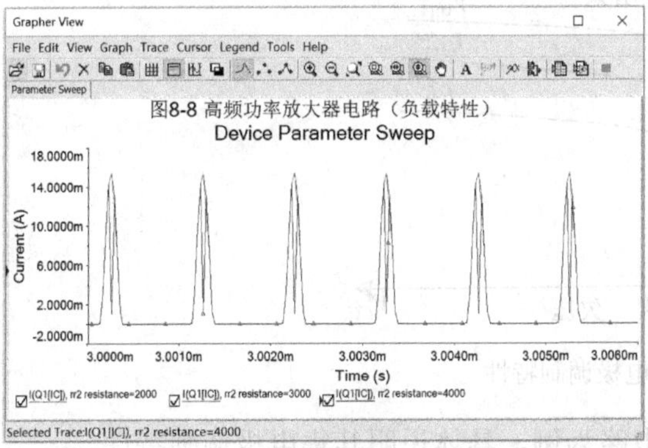

（b）R_1 变化对电流 i_c 的影响

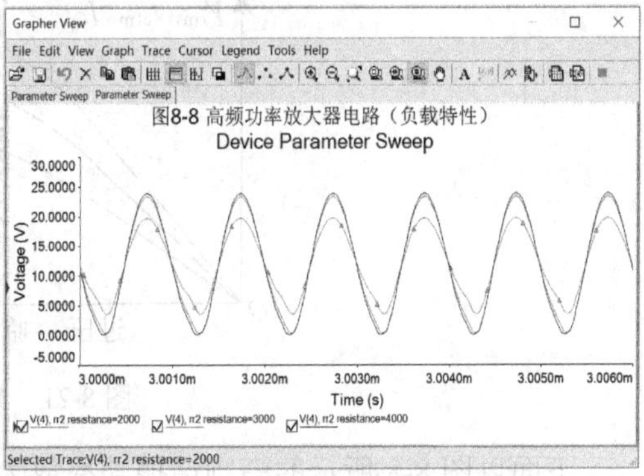

（c）R_1 变化对 v_c 的影响

图 8-18　通过参数扫描分析高频谐振功率放大器的负载特性

在图 8-18（b）中，R_1=2 kΩ、R_1=3 kΩ 时，电流 i_c 为尖顶余弦脉冲，幅度几乎一致，说明高频谐振功率放大器工作在欠压状态；而 R_1=4 kΩ时，电流 i_c 幅度减小，还出现了凹顶，说明高频谐振功率放大器工作在过压状态。在图 8-18（c）中幅度最小的波形对应 R_1=2 kΩ，幅度最大的波形对应 R_1=4 kΩ，但与 R_1=3 kΩ差别不大。由此可见 V_{cm} 将随 R_1 的增大而增大。上述结果与图 8-17 所示的负载特性一致。

3．振幅特性

振幅特性是指在 R_1、V_{CC}、V_{BB} 不变的条件下，高频谐振功率放大电路的 I_{c0}、I_{c1m}、V_{cm} 与 V_{1m} 之间的关系，如图 8-19 所示。

由图 8-20 可见，当输入信号源为 1.1V$_{pk}$ 时，集电极电流 I_{c0} 为 1.999 mA；若输入信号源为 1V$_{pk}$ 时，重新启动仿真按钮，集电极电流 I_{c0} 为 0.779 mA；输入信号源为 0.9V$_{pk}$ 时，集电极电流 I_{c0} 为 0.119 mA。由此可知，集电极电流 I_{c0} 随着输入信号源所产生信号振幅的减小而减小，且处于欠压工作时，减少的幅度很大。

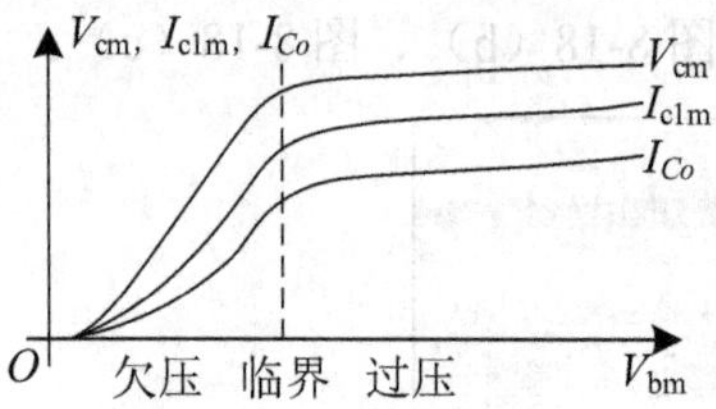

图 8-19　振幅特性

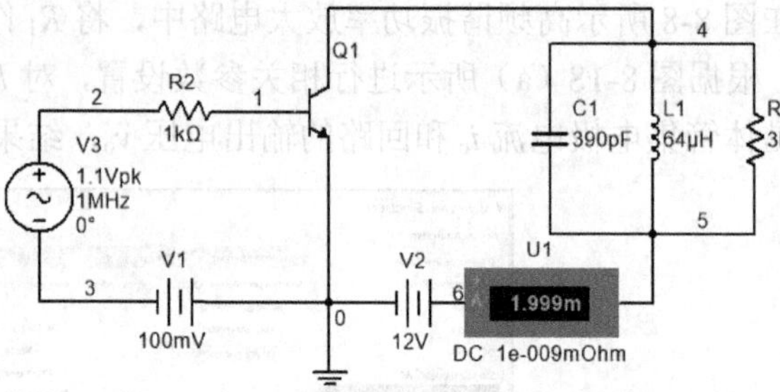

图 8-20　V_{1m} 变化对 I_{c0} 的影响

4. 调制特性

（1）集电极调制特性。

高频谐振功率放大电路的集电极调制特性是指在 R_1、V_{1m}、V_{BB} 不变的条件下，其 I_{c0}、I_{c1m}、V_{cm} 与 V_{CC} 之间的关系，如图 8-21 所示。

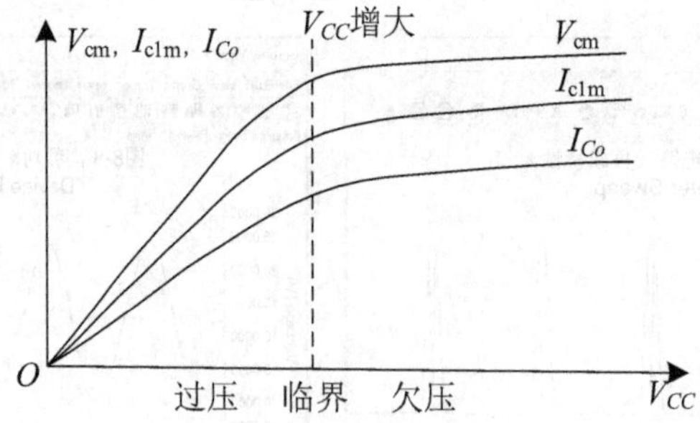

图 8-21　集电极调制特性

下面以图 8-8 所示的高频谐振功率放大电路为例，具体说明其集电极调制特性。

首先在 NI Multisim 14 仿真软件的电路窗口创建如图 8-8 所示电路，图中 V_3 就是 V_{CC}；然后执行 Simulate»Analyses and simulate 命令，弹出 Analyses and Simulation 对话框，在

Active Analysis 选项中选择 Parameter Sweep 分析方法，其 Analysis parameters 标签设置如图 8-22（a）所示。单击该对话框中的 Edit Analysis 按钮，对所需要的瞬态分析进行参数设置，具体设置如图 8-22（b）所示。

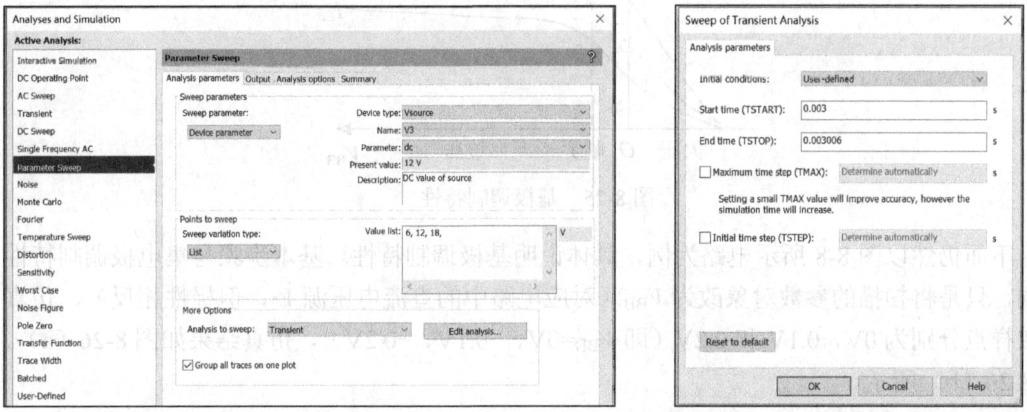

（a）参数扫描分析中 Analysis Parameters 标签设置　　（b）参数扫描分析中的瞬态分析设置

图 8-22　参数扫描分析参数设置

设置完毕后单击 OK 按钮，返回图 8-22（a）所示 Parameter Sweep 对话框。在图 8-22 所示对话框 Output 标签中，设置节点 4 为输出变量。最后，单击 Run 按钮，进行参数扫描分析，分析结果如图 8-23、图 8-24 所示。

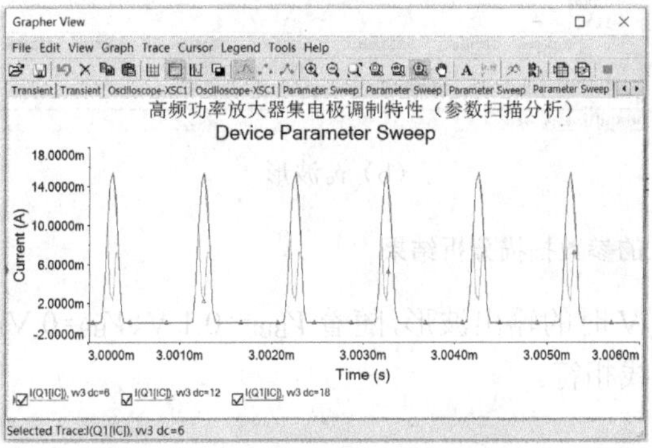

图 8-23　V_{CC} 变化对 i_c 的影响

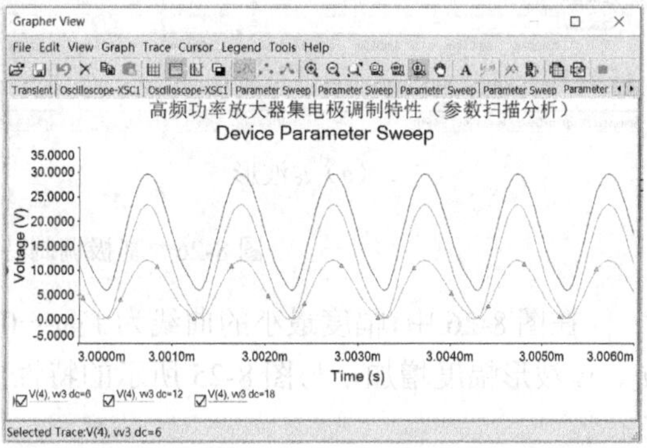

图 8-24　V_{CC} 变化对 v_c 的影响

在图 8-23 中，I（$Q_1[I_C]$）波形幅度最小为 V_{CC}=6 V，其上分别是 V_{CC}=12 V、V_{CC}=18 V，可以明显地看出，随着 V_{CC} 的增加，电流 i_C 的幅度也增加，且从凹顶变成尖顶，即电路的工作状态从过压（V_{CC}=6V）变为欠压（V_{CC}=12V）。

在图 8-24 中，节点 4 输出波形中幅度最小的对应 V_{CC}=6 V，其上分别是 V_{CC}=12 V、V_{CC}=18 V，可以明显的看出，随着 V_{CC} 的增加，输出信号的幅度也增加。

（2）基极调制特性。

高频谐振功率放大电路的基极调制特性是指在 R_1、V_{1m}、V_{CC} 不变的条件下，其 I_{c0}、I_{c1m}、V_{cm} 与 V_{BB} 之间的关系，如图 8-25 所示。

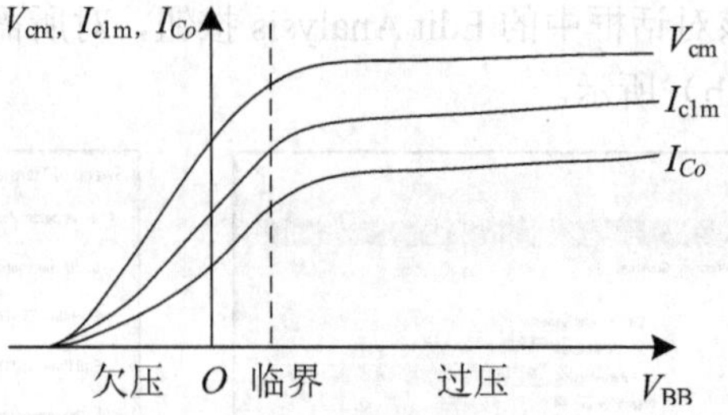

图 8-25　基极调制特性

下面仍然以图 8-8 所示电路为例，具体说明基极调制特性。基本步骤与集电极调制特性相同，只是将扫描的参数对象改为 V_{BB}（对应电路中的直流电压源 V_2，但极性相反），仿真的取样点分别为 0V、0.1V 和 0.2V（即 V_{BB}=0V、−0.1V、−0.2V），仿真结果如图 8-26（a）、图 8-26（b）所示。

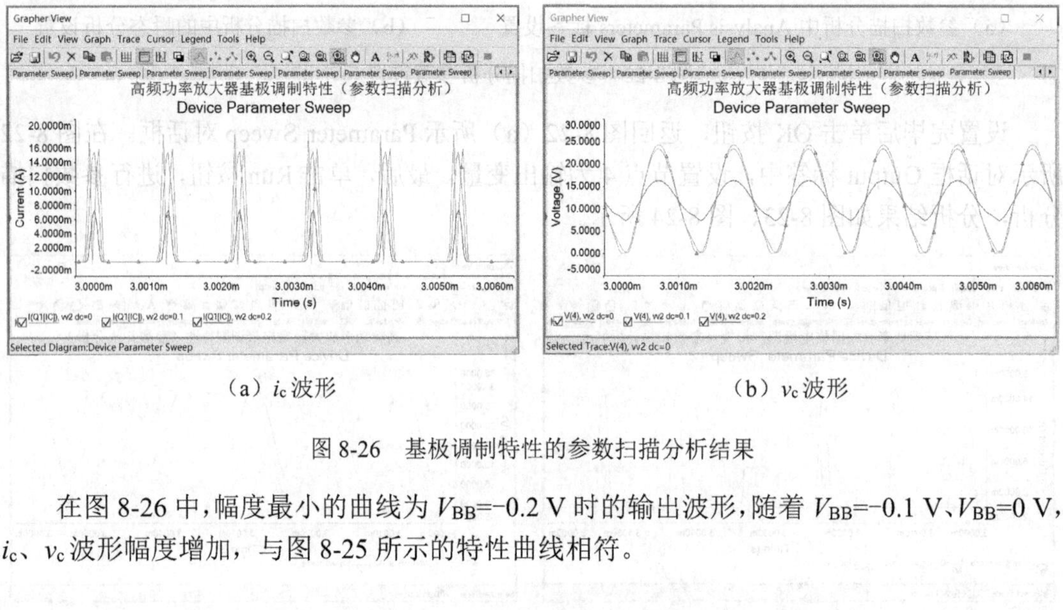

（a）i_c 波形　　　　（b）v_c 波形

图 8-26　基极调制特性的参数扫描分析结果

在图 8-26 中，幅度最小的曲线为 V_{BB}=−0.2 V 时的输出波形，随着 V_{BB}=−0.1 V、V_{BB}=0 V，i_c、v_c 波形幅度增加，与图 8-25 所示的特性曲线相符。

8.3　正弦波振荡器

正弦波振荡器是一种能量转换器，能够在无外部激励的条件下，自动将直流电源所提供的功率转换为指定频率和振幅交流信号的功率。本节主要讨论利用 NI Multisim 14 仿真软件对各种高频正弦波振荡电路进行计算机仿真分析。

8.3.1　电感三端式振荡器

电感三端式振荡器电路如图 8-27 所示，反馈信号取自电感两端，由于互感的作用，使振荡器易于起振，且频率调整方便。但振荡器输出的谐波成分多、波形不好；另外，由于电感 L_1、L_2 分别与管子的结电容 $C_{b'e}$、C_{ce} 相并联，构成并联谐振回路，当振荡频率过高时，这两个回路将产生容性失谐。因此，电感三端式振荡器的振荡频率较低。理论该振荡器输出频率工程近似为：

$$f_O = \frac{1}{2\pi\sqrt{(L_1+L_2)C_2}} = \frac{1}{2\pi\sqrt{(82+15)\times10^{-6}\times240\times10^{-12}}} = 1.043\ \text{MHz}$$

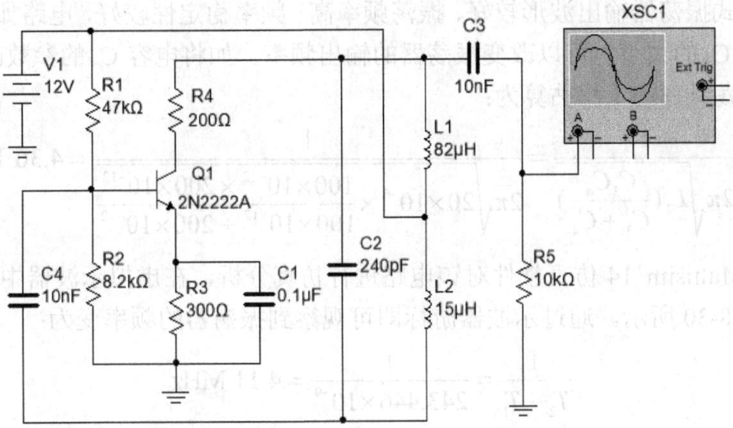

图 8-27　电感三端式振荡器电路

该电路输出波形如图 8-28 所示。由示波器游标指示可以算出振荡器电路的输出频率为：

$$\frac{1}{T_2\text{-}T_1} = \frac{1}{998.752\times10^{-9}} = 1.001\ \text{MHz}$$

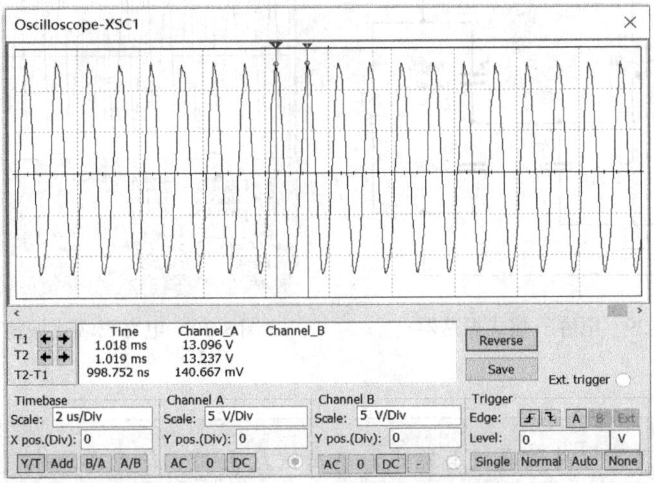

图 8-28　电感三端式振荡器的输出波形

忽略测量误差，与理论分析近似相等。减小示波器扫描时间刻度（Timebase Scale）值，可以提高信号周期和频率的测量精度，减少测量误差。

注意

由于理论分析振荡器频率时采用了工程近似，而测量精度的不同也使仿真的结果存在误差，所以两者会有一定偏差。后续振荡器电路仿真中也存在这种情况。

8.3.2　电容三端式振荡器

电容三端式振荡器输出波形较好、振荡频率高、频率稳定性较好，电路如图 8-29 所示。通过改变电容 C_4 的大小，可以改变振荡器的输出频率。如将电容 C_4 的参数改为 100 pF，则该振荡器振荡频率的工程估算为：

$$f_0 \approx \frac{1}{2\pi\sqrt{L_2(\dfrac{C_3C_4}{C_3+C_4})}} = \frac{1}{2\pi\sqrt{20\times10^{-6}\times\dfrac{100\times10^{-12}\times200\times10^{-12}}{100\times10^{-12}+200\times10^{-12}}}} = 4.36\ \text{MHz}$$

利用 NI Multisim 14 仿真软件对该电路进行仿真分析，在虚拟示波器中观察到的输出信号波形如图 8-30 所示。通过示波器游标即可观察到振荡器的频率变为：

$$\frac{1}{T_2 - T_1} = \frac{1}{243.446\times10^{-9}} = 4.11\ \text{MHz}$$

与前面的理论分析相差不多。

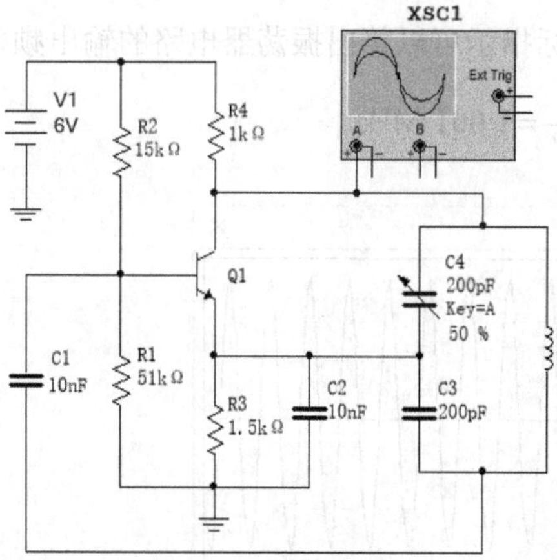

图 8-29　电容三端式振荡器

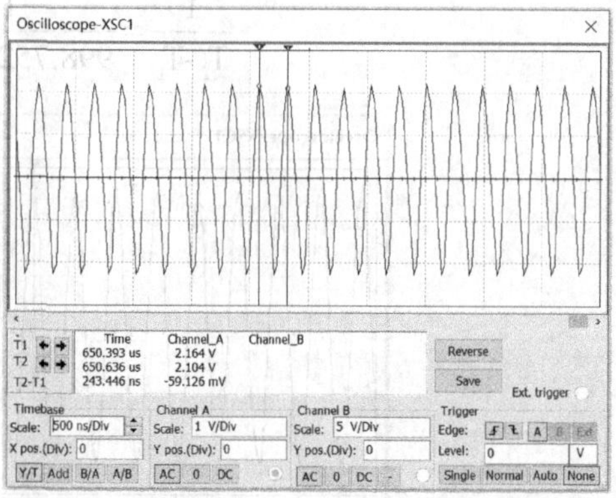

图 8-30　电容三端式振荡器的输出波形

注意

①若创建振荡器电路仿真没有输出，单击键盘 A 键，给电路一个变化，就可以刺激电路产生振荡。

②振荡器起振的过渡时间较长，需一段时间后才能输出稳定的正弦信号。

8.3.3　电容三端式振荡器的改进型电路

克拉泼电路是电容三端式振荡器的串联改进型电路，如图 8-31 所示。通过改变 C_3，可以改变电容三端式振荡器的振荡频率，但反馈系数将保持不变，适用于工作频率固定或变化很小的场合。

在 NI Multisim 14 仿真软件的电路窗口中，创建如图 8-31 所示的克拉泼电路，启动仿真按钮，从示波器中观察到的输出信号波形如图 8-32 所示。

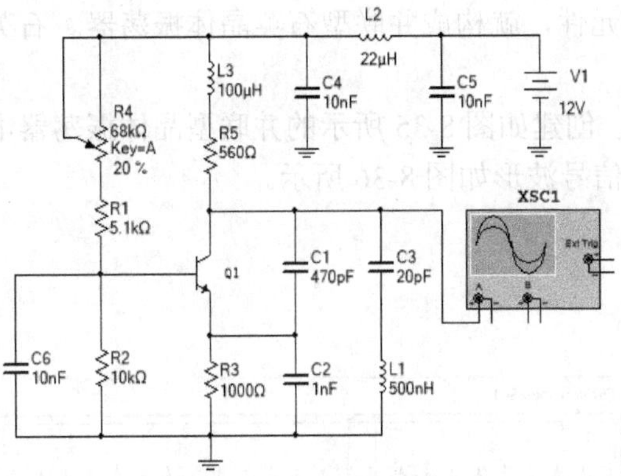

图 8-31　克拉泼电路

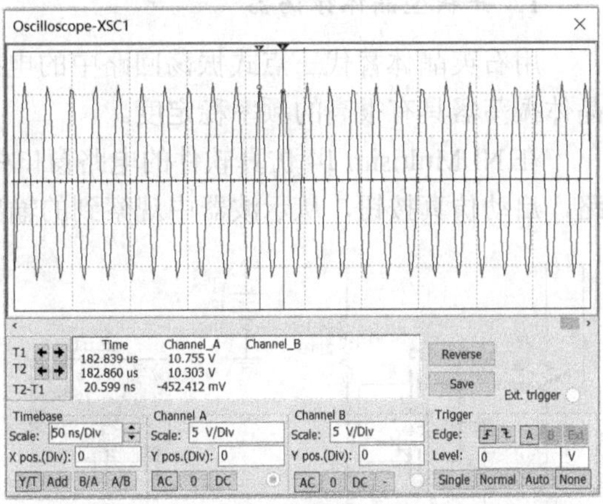

图 8-32　克拉泼电路的输出波形

西勒电路是电容三端式振荡器的并联改进型电路，如图 8-33 所示。它在克拉泼振荡器的基础上又进行了改进：将 C_3 换成一个小的固定电容，而在电感两端并联一个可变电容 C_4。西勒电路克服了克拉泼电路改变工作频率会影响输出幅度的不足，而且振荡频率越高，西勒电路越容易起振。

在 NI Multisim 14 仿真软件的电路窗口中，创建如图 8-33 所示的西勒电路，启动仿真按钮，从示波器中观察到的输出信号波形如图 8-34 所示。

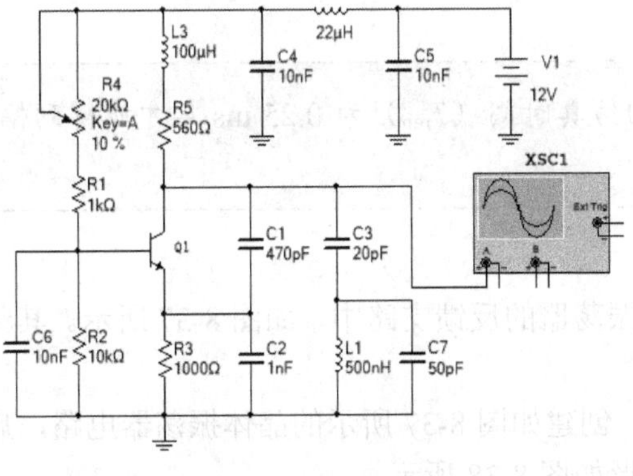

图 8-33　西勒电路

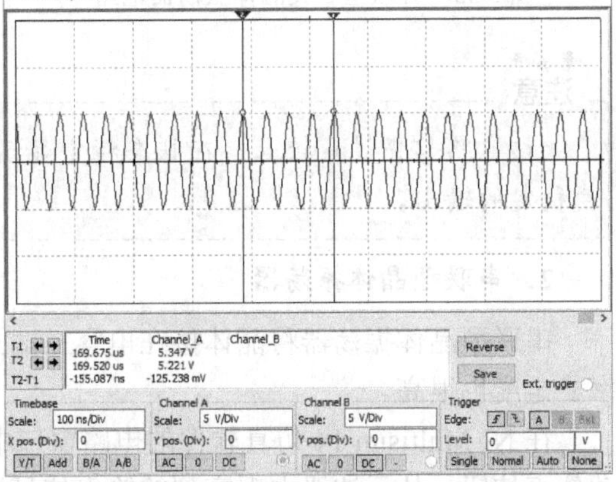

图 8-34　西勒电路输出波形

注意

西勒电路的过渡过程较长，需一段时间后才能输出稳定的正弦波信号。

8.3.4 石英晶体振荡器

石英晶体振荡器具有很高的频率稳定度，在仪器仪表、通信设备中都有广泛的应用。

1. 并联型晶体振荡器

用石英晶体替代三点式振荡回路中的电感元件，就构成并联型石英晶体振荡器。石英晶体振荡器具有很高的频率稳定度。

在 NI Multisim 14 仿真软件的电路窗口中，创建如图 8-35 所示的并联型晶体振荡器电路，启动仿真按钮，从示波器中观察到的输出信号波形如图 8-36 所示。

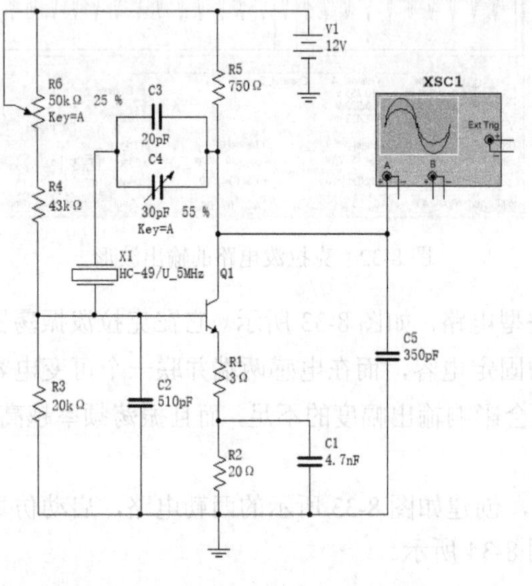

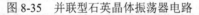

图 8-35　并联型石英晶体振荡器电路

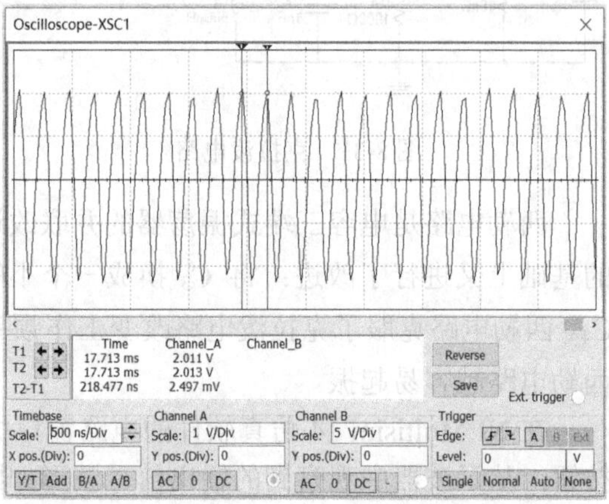

图 8-36　并联型石英晶体振荡器输出的波形

注意

该电路起振过程较长，在状态栏中显示的仿真时间（T_{ran}）为 0.25 ms 后才能得到幅度稳定的输出。

2. 串联型晶体振荡器

串联型晶体振荡器将晶体接在电容三端式振荡器的反馈支路中，如图 8-37 所示。其频率稳定度也很高。

在 NI Multisim 14 仿真软件的电路窗口中，创建如图 8-37 所示的晶体振荡器电路，启动仿真按钮，从示波器中观察到的输出信号波形如图 8-38 所示。

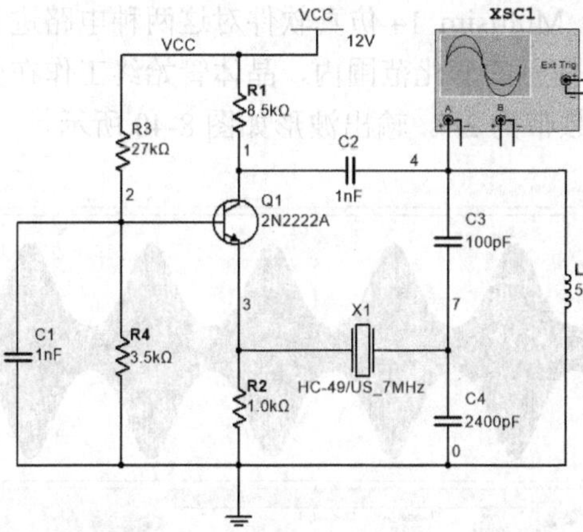

图 8-37　串联型石英晶体振荡器电路

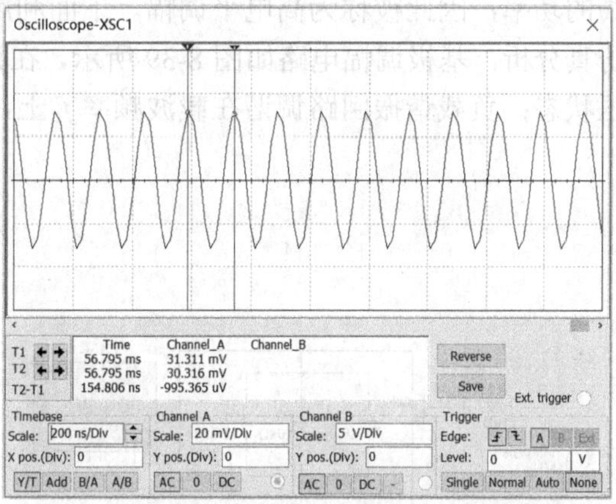

图 8-38　串联型石英晶体振荡器的输出波形

注意

由于该电路起振过程较长，仿真运行时间较长后才能得到幅度稳定的输出。

8.4　振幅调制与解调电路

振幅调制是用调制信号控制载波信号的振幅，使其振幅按调制信号的变化规律而变化，同时保持载波的频率及相位不变。而调幅波的解调则是指从已调波信号中恢复出原调制信号的过程。振幅调制分为普通调幅波（AM）、抑制载波的双边带信号（DSB）及单边带信号（SSB）3 种。

8.4.1　普通振幅调制（AM）

1. 普通振幅调制的理论分析

设调制信号为 $v_{\Omega}(t)=V_{\Omega}\cos\Omega t$，载波信号为 $v_{C}(t)=V_{C}\cos\omega t$（$\omega>>\Omega$），则普通调幅波信号（AM）为：

$$v_{AM}(t)=V_{Cm}(1+m_a\cos\Omega t)\cos\omega t$$

式中，$m_a=\dfrac{k_aV_{\Omega}}{V_{Cm}}$。

2. 普通振幅调制的实现

（1）高电平调幅电路。

普通振幅调制可以在高频谐振功率放大电路基础上，利用其调制特性来实现。根据高频谐振功率放大电路的基极调制特性和集电极调制特性，相应有基极调幅和集电极调幅两种电路。由于两种调幅都是在高频谐振功率放大电路的基础上实现的，输出 AM 信号有较高的功率，因此被称为高电平调幅。下面利用 NI Multisim 14 仿真软件对这两种电路进行仿真分析。基极调幅电路如图 8-39 所示，在调制信号的变化范围内，晶体管始终工作在欠压状态；负载谐振回路调谐在载波频率 f_c 上，通频带为 $2F$。输出波形如图 8-40 所示。

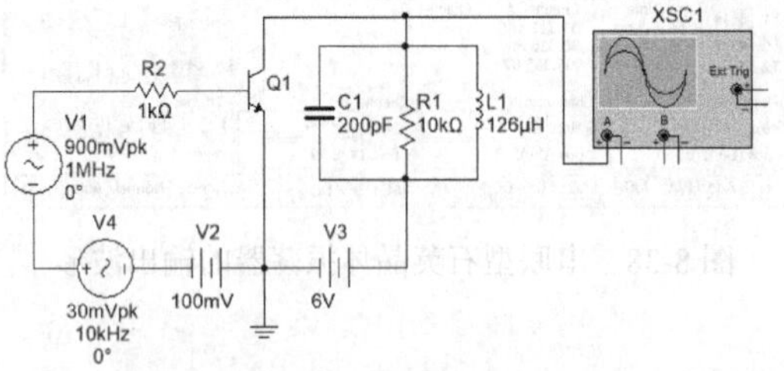

图 8-39　基极调幅电路

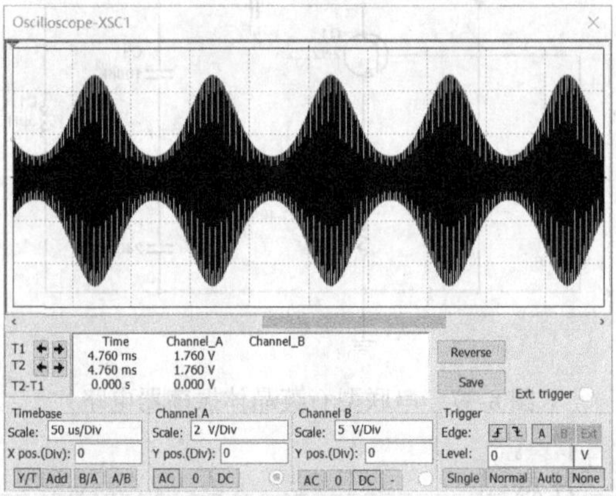

图 8-40　基极调幅电路的输出信号波形

集电极调幅电路如图 8-41 所示，晶体管在调制信号的变化范围内始终工作在过压状态，而负载谐振回路调谐在载波频率 f_c 上，通频带为 $2F$，其输出波形如图 8-42 所示。

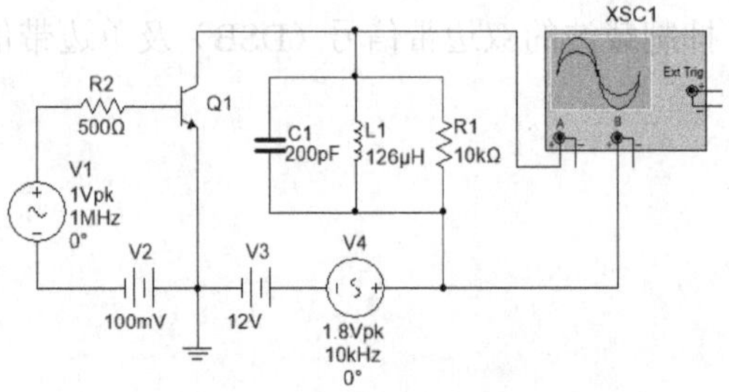

图 8-41　集电极调幅电路

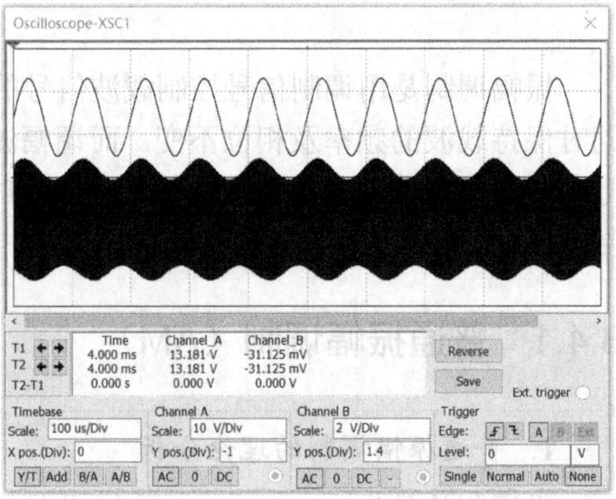

图 8-42　集电极调幅电路的输出波形

注意

由于载波频率是调制信号频率的 100 倍，为观察输出波形的振幅变化，示波器的扫描时间设为 100 μs/Div，此时输出波形的每一个周期已无法观测，如想观察，可以减小示波器的扫描时间，如设为 10 μs/Div 即可。后面论述中也有类似情况发生，只要适当调整示波器的扫描时间即可。

（2）低电平调幅电路。

从已调波信号的数学表达式不难看出，把调制信号与特定的直流信号叠加，再与载波信号相乘，就可得到振幅调制信号。因此，可以利用乘法电路实现振幅调制。常见的乘法电路有二极管电路、差分对电路和模拟乘法器电路等。

二极管平衡电路如图 8-43 所示，其输出的波形如图 8-44 所示。在电路中为减少无用组合频率分量，应使二极管工作在大信号状态，即起控制作用的载波信号电压（图中 V_1、V_2）的幅度至少应大于 0.5 V。

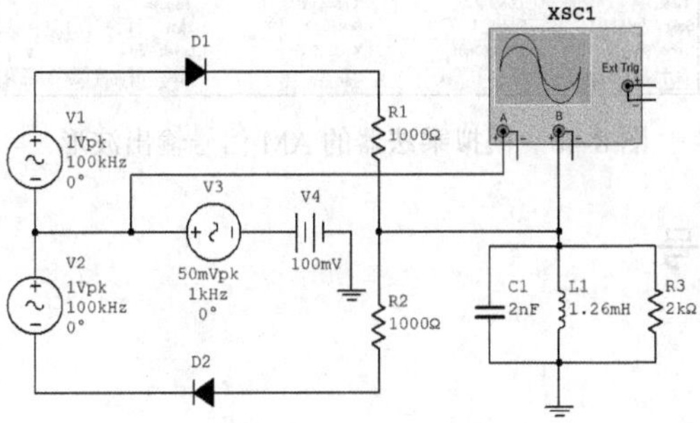

图 8-43　二极管平衡电路

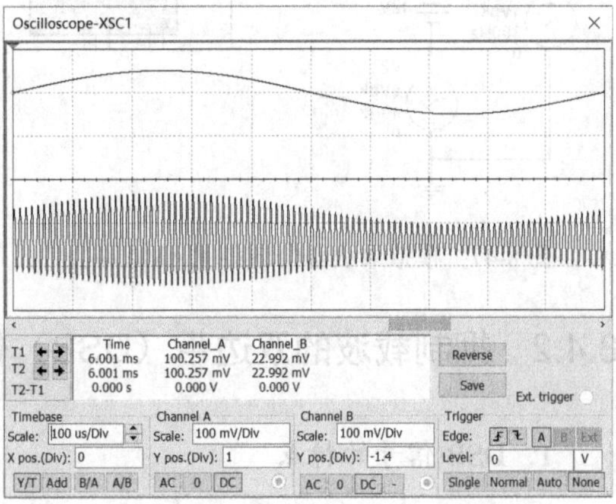

图 8-44　二极管平衡电路的 AM 信号输出波形

差分对电路是模拟乘法器的核心电路。利用其实现振幅调制的电路如图 8-45 所示，输出的波形如图 8-46 所示。

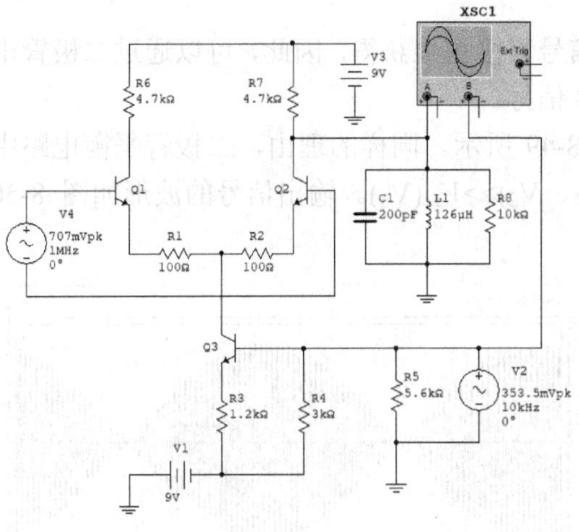

图 8-45　差分对电路组成的振幅调制电路

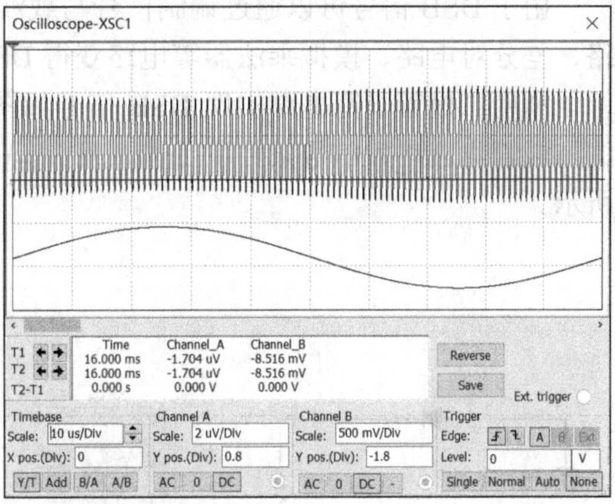

图 8-46　差分对电路的 AM 信号输出波形

模拟乘法器在完成两个输入信号相乘的同时，不会产生其他无用组合频率分量，因此输出信号中的失真最小。实现 AM 调制的电路如图 8-47 所示，其输出的波形如图 8-48 所示。

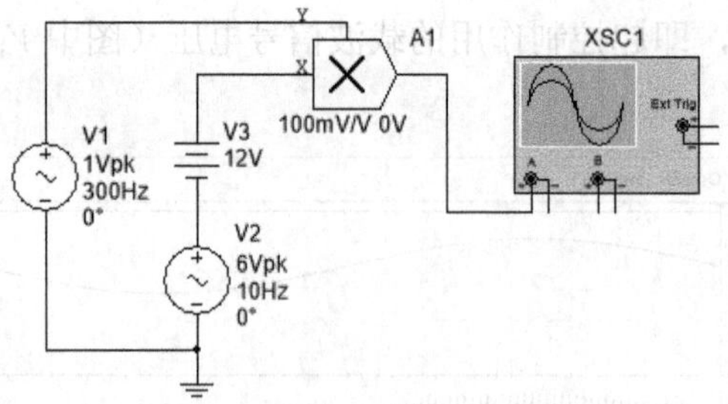

图 8-47　模拟乘法器电路实现 AM 调制

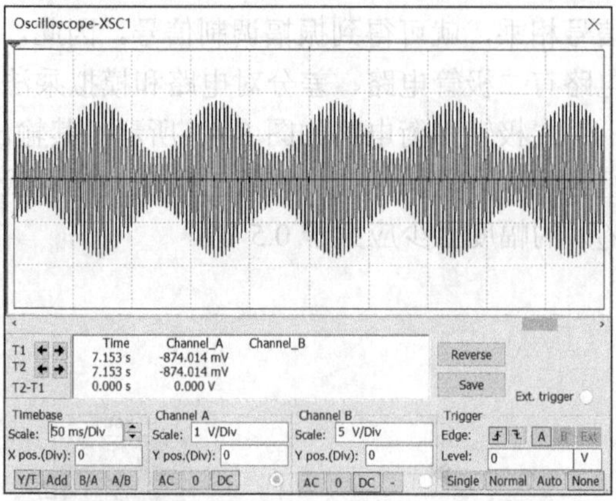

图 8-48　模拟乘法器的 AM 信号输出波形

8.4.2　抑制载波的双边带（DSB）信号

1．DSB 信号的特点

在 AM 信号中去除载波分量后，就可得到抑制载波的双边带信号 DSB：

$$v_{\mathrm{DSB}}(t) = kV_{\mathrm{Cm}}V_{\Omega}\cos\Omega t\cos\omega_{\mathrm{C}}t$$

可见，DSB 信号可以通过调制信号与载波信号直接相乘获得。

2．DSB 信号的实现

由于 DSB 信号可以通过调制信号与载波信号直接相乘获得，因此，可以通过二极管电路、差分对电路、模拟乘法器等电路获得 DSB 信号。

利用二极管平衡电路实现 DSB 信号如图 8-49 所示。同样的理由，二极管平衡电路中的二极管也应在大信号条件下工作，且 $V_{\mathrm{cm}}(\mathrm{V_1}、\mathrm{V_2}) >> V_{\Omega}(\mathrm{V_3})$。输出信号的波形如图 8-50 所示。

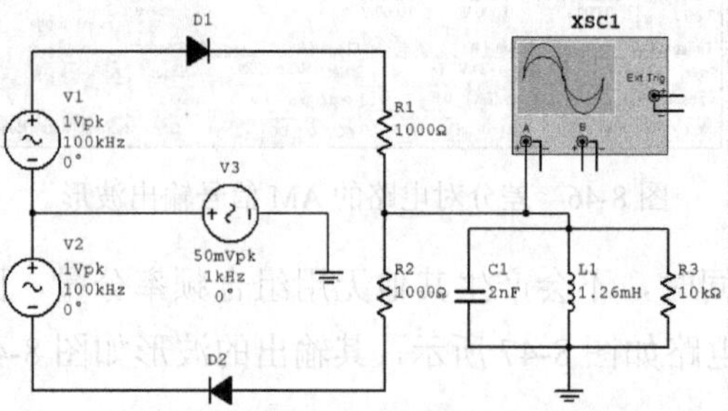

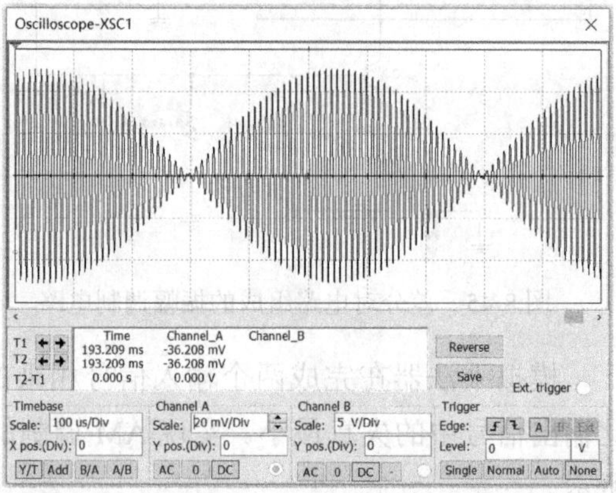

图 8-49　二极管平衡电路实现 DSB 调制　　　　图 8-50　二极管平衡电路输出的 DSB 信号波形

利用差分对电路实现 DSB 信号如图 8-51 所示，输出信号的波形如图 8-52 所示。

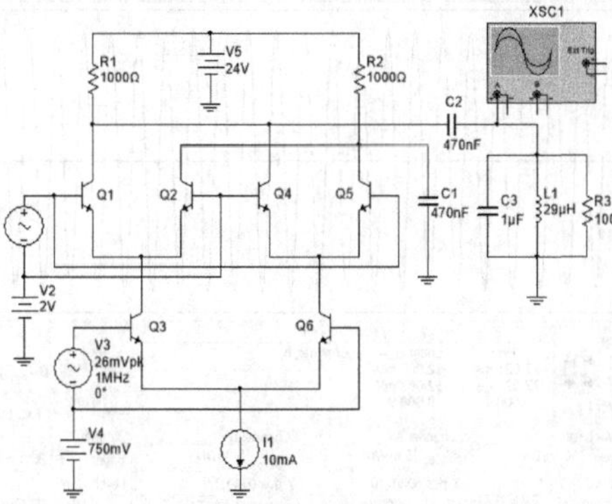

图 8-51　差分对电路实现 DSB 调制

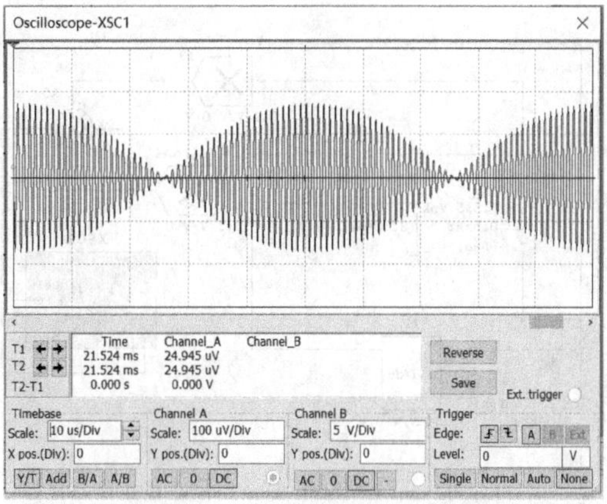

图 8-52　差分对电路输出的 DSB 信号波形

利用模拟乘法器电路实现 DSB 调制的电路如图 8-53 所示，其输出波形如图 8-54 所示。

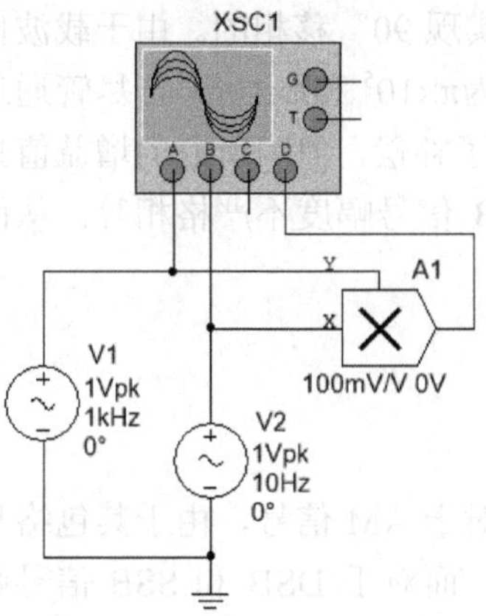

图 8-53　模拟乘法器电路实现 DSB 调制

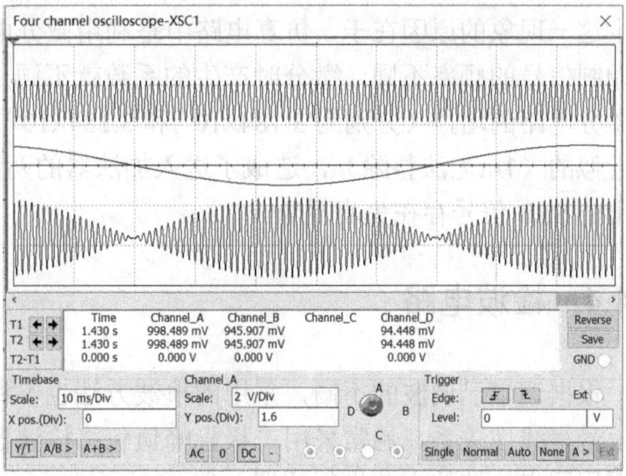

图 8-54　模拟乘法器输出的 DSB 信号波形

8.4.3　单边带（SSB）信号的特点

为了提高频带利用率，可以只传输两个带有相同信息的边带中的一个，这就是单边带信号（SSB）。实现 SSB 信号的方法有滤波法、移相法。滤波法就是利用滤波器滤除 DSB 信号中的一个边带，通过剩余的另一个边带传输信息。滤波法的难点在于滤波器的设计，特别是当调制信号的最低频率比较低时，要求滤波器的下降沿非常陡峭，这是难以实现的。对 SSB 信号进行函数分解为：

$$v_{\mathrm{SSB+}}(t) = V_{\mathrm{S}}\cos(\omega_{\mathrm{C}} + \Omega)t = V_{\mathrm{S}}(\cos\omega_{\mathrm{C}}t\cos\Omega t - \sin\omega_{\mathrm{C}}t\sin\Omega t)$$

$$v_{\mathrm{SSB}}(t) = V_{\mathrm{S}}\cos(\omega_{\mathrm{C}} - \Omega)t = V_{\mathrm{S}}(\cos\omega_{\mathrm{C}}t\cos\Omega t + \sin\omega_{\mathrm{C}}t\sin\Omega t)$$

可见，单边带调制可以利用两个 DSB 信号叠加实现，其中一个 DSB 信号由载波信号和调制信号直接相乘产生，而另一个 DSB 信号则由载波信号和调制信号分别经过 90°移相网络再相乘产生。两路 DSB 信号在加法器中相加，即可获得下单边带信号输出，而相减则可获得上边带信号输出。移相法的 SSB 调制电路如图 8-55 所示，其实现波形如图 8-56 所示。

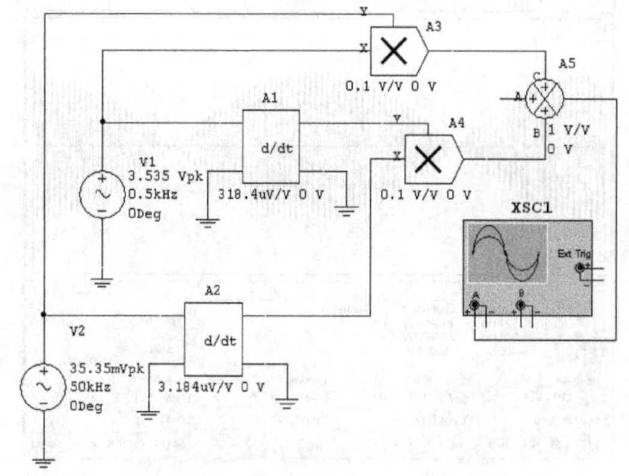

图 8-55　移相法的 SSB 调制电路

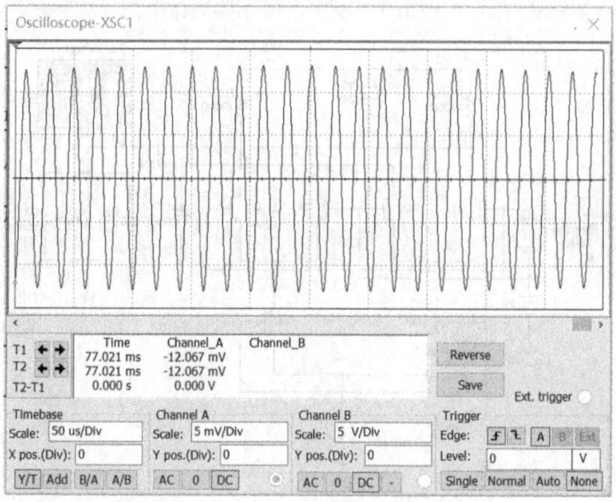

图 8-56　SSB 调制电路的输出波形

从示波器中观察到的单音频调制的 SSB 信号不是等幅波，这一情况与理论分析不符。产生这一现象的原因在于，仿真电路中是利用微分电路来实现 90° 移相的。由于载波信号和调制信号的频率不同，微分时产生的系数就不同（分别为$\pi\times10^5$ 和$\pi\times10^3$），尽管通过调整微分电路的增益（分别为 3.184×10^{-6} 和 3.184×10^{-4}）进行了补偿，但因所取的增益值只能是近似的（$1/\pi$无法整除），造成了送入加法器的两路 DSB 信号幅度不严格相等，从而使输出的 SSB 信号存在失真现象。

8.4.4　检波电路

根据调幅已调波的不同，采用的检波方法也不相同。对于 AM 信号，由于其包络与调制信号呈线性关系，通常采用二极管峰值包络检波器电路；而对于 DSB 和 SSB 信号则必须采用同步检波的方法进行解调。

1．二极管峰值包络检波器电路

二极管峰值包络检波器电路如图 8-57 所示，由输入回路、二极管及低通滤波器 CR_L（电路中的 C_1、R_1）3 部分组成。利用电容的充、放电作用，在低通滤波器两端获得与输入 AM 信号包络成正比的输出电压，从而完成对输入信号的解调，利用隔直流电容（电路中 C_2）去除直流后，就得到了恢复的调制信号。

在 NI Multisim 14 工作界面上，创建如图 8-57 所示检波电路，设置调制度为 0.3。检查无误后，启动电路仿真，从示波器中观察到的输入、输出信号波形如图 8-58 所示。

如果电路参数选择不合适，在检波时会引起输出失真，包括频率失真和两种非线性失真（惰性失真、负峰切割失真）。

（1）频率失真。

① 高音频失真：低通滤波器中的电容 C（电路中 C_1）取值不够小，调制信号的高频部分被短路。

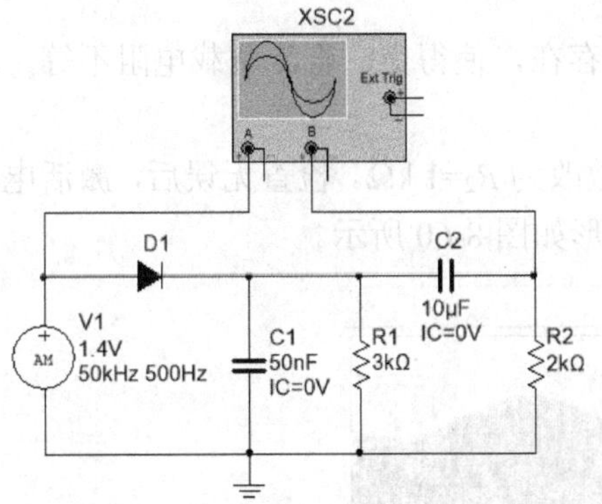

图 8-57　二极管峰值包络检波器电路

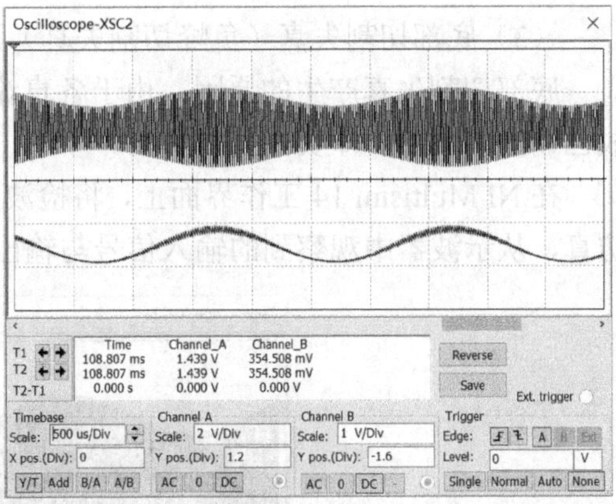

图 8-58　二极管峰值包络检波器的输出波形

② 低音频失真：电路中隔直流电容 C_C（电路中 C_2）取值不够大，调制信号的低频部分被开路。

避免产生频率失真的条件为：

$$\frac{1}{\Omega_{\max}C} >> R_L,\quad \frac{1}{\Omega_{\min}C_C} << R_{i2}$$

（2）惰性失真。

惰性失真产生的原因：低通滤波器 C_1、R_1 取值过大，使得电容的放电速度跟不上输入信号包络的下降速度，导致输出信号波形产生失真。

在 NI Multisim 14 工作界面上，将检波电路参数改为 C_1=0.5 μF，R_1=50 kΩ。检查无误后，激活电路仿真，从示波器中观察到的输入信号与输出信号波形如图 8-59 所示。

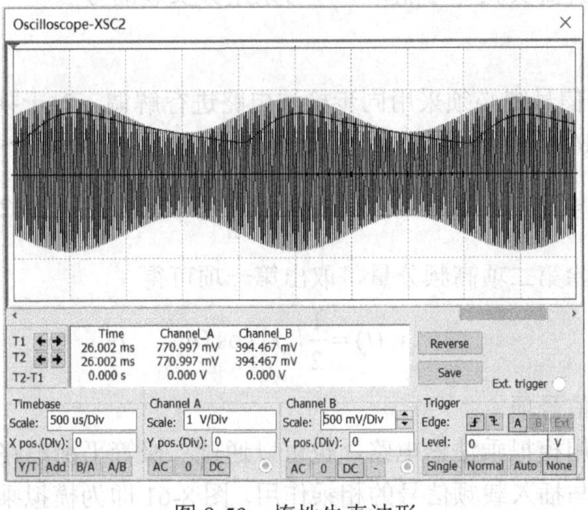

图 8-59　惰性失真波形

为避免惰性失真，上述参数间应满足：

$$R_1C_1 \leqslant \frac{\sqrt{1-m^2}}{m\Omega}$$

（3）底部切割失真（负峰切割失真）。

底部切割失真产生的原因：由于各直流电容的存在，使得交、直流负载电阻不等，造成已调波的底部（即负峰）被切割。

在 NI Multisim 14 工作界面上，将检波电路参数改为 R_2=1 kΩ。检查无误后，激活电路仿真，从示波器中观察到的输入信号与输出信号波形如图 8-60 所示。

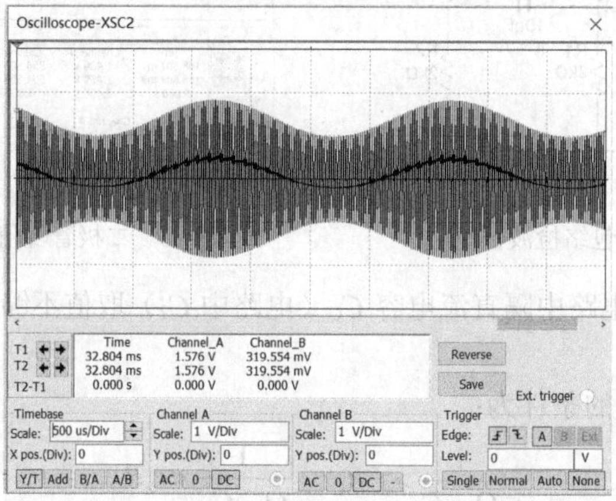

图 8-60　底部切割失真输入与输出信号波形

避免底部切割失真的条件：

$$m_{\max} \leqslant \frac{R_\Omega}{R}$$

式中，R_Ω（$=R_1//R_2$）为交流负载，R（$=R_1$）为直流负载。

为使交流负载与直流负载尽可能相等，可采用分负载的方法。

2．同步检波器

对于 DSB、SSB 信号则必须采用同步检波电路进行解调。对于乘积型同步检波器，若设输入已调波信号 $v_{\rm S}(t)=V_{\rm S}\cos\Omega t\cos\omega_{\rm C}t$，插入载频 $v_{\rm r}(t)=V_{\rm r}\cos\omega_{\rm C}t$，则乘法器的输出为：

$$v_1(t)=V_{\rm S}V_{\rm r}\cos\Omega t\cos\omega_{\rm C}t\cos\omega_{\rm C}t=\frac{1}{2}V_{\rm S}V_{\rm r}\cos\Omega t(1+\cos 2\omega_{\rm C}t)$$

经低通滤波器滤除第二项高频分量，取出第一项可得

$$v_0(t)=\frac{1}{2}V_{\rm S}V_{\rm r}\cos\Omega t$$

正是所需的调制信号项。

乘法器既可以采用模拟乘法器电路，也可以通过二极管平衡电路、环形电路等电路来实现输入已调波信号与插入载频信号的相乘作用。图 8-61 即为模拟乘法器实现同步检波的电路。电路中第一个乘法器的输出为一个 DSB 信号，该信号作为输入信号送入第二个乘法器中，与插入载频（与载频同频同相）相乘。第二个乘法器的输出经低通滤波器，即可得解调输出。

在 NI Multisim 14 用户界面上，创建如图 8-61 所示检波电路。检查无误后，启动电路

仿真，从示波器中观察到的输入信号与输出信号的波形如图 8-62 所示。

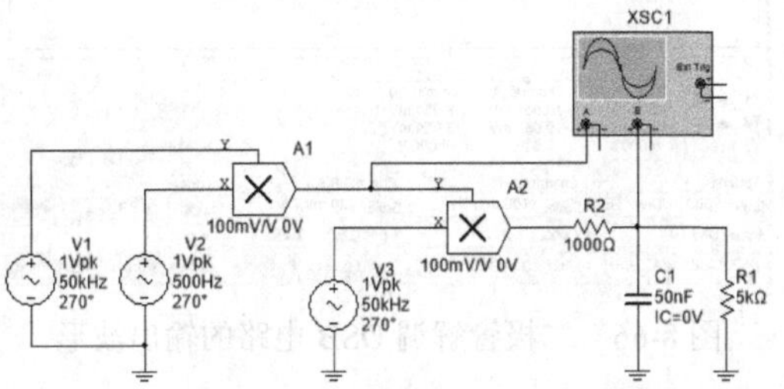

图 8-61 模拟乘法器实现同步检波的电路

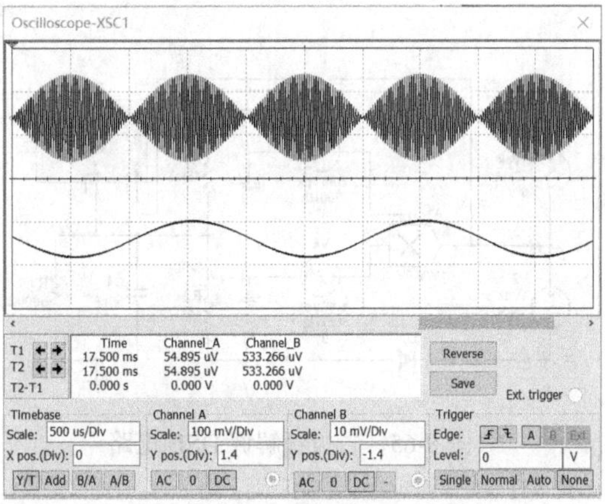

图 8-62 模拟乘法器实现同步检波的输入、输出信号

将电路中第二个乘法器的输入改为单音调制的 SSB 信号（取频率为 50.5 kHz 的上边带信号，其中 50 kHz 为原载波频率，0.5 kHz 为调制信号频率），电路如图 8-63 所示。利用 NI Multisim 14 仿真，从示波器中观察到的输入、输出信号的波形如图 8-64 所示。

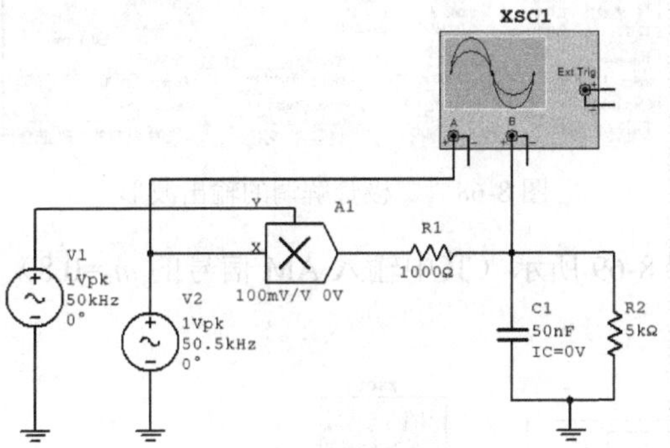

图 8-63 模拟乘法器实现同步检波的电路 2

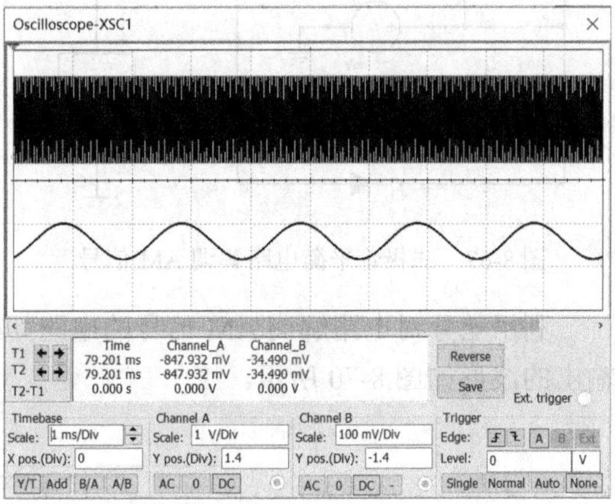

图 8-64 输入、输出信号波形

利用二极管电路的相乘作用也可以完成同步检波。图 8-65 即为 DSB 信号的二极管平衡解调器电路。电路中的乘法器用来产生一个 DSB 信号作为解调的输入。插入载频（与载频同频同相）则作为控制信号。平衡电路的输出经低通滤波器，即可恢复出原调制信号。

在 NI Multisim 14 用户界面中，创建电路参数如图 8-65 所示检波电路。检查无误后，启动电路仿真，从示波器中观察到的输入信号与输出信号波形如图 8-66 所示。

同步检波电路不但可以解调 DSB、SSB 信号，还可以用来解调 AM 信号。电路如图 8-67 所示，输出波形如图 8-68 所示。

由于电路中低通滤波器性能的影响（非理想滤波器），所以在输出低频解调信号上还叠加有高频纹波信号，造成了输出波形不光滑。

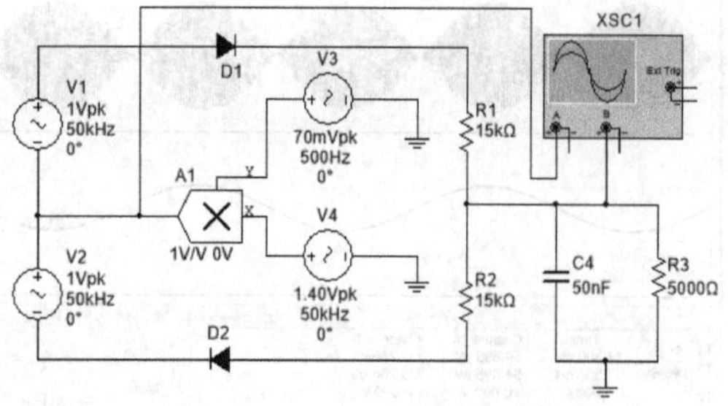

图 8-65　二极管解调 DSB 电路

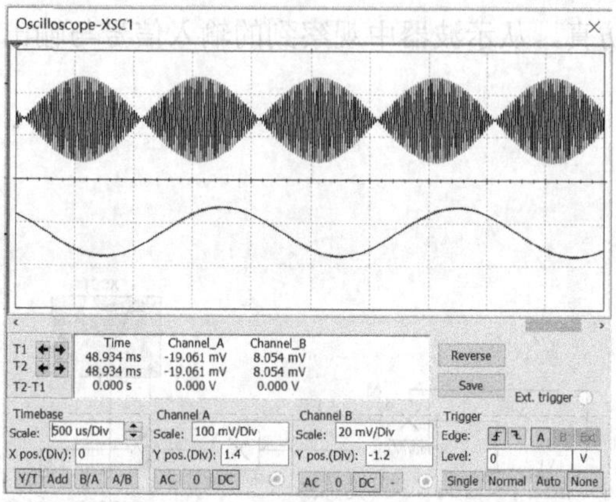

图 8-66　二极管解调 DSB 电路的输出波形

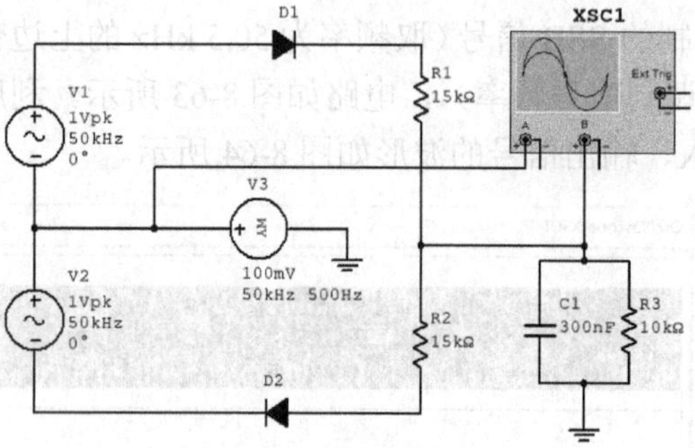

图 8-67　二极管平衡电路解调 AM 信号

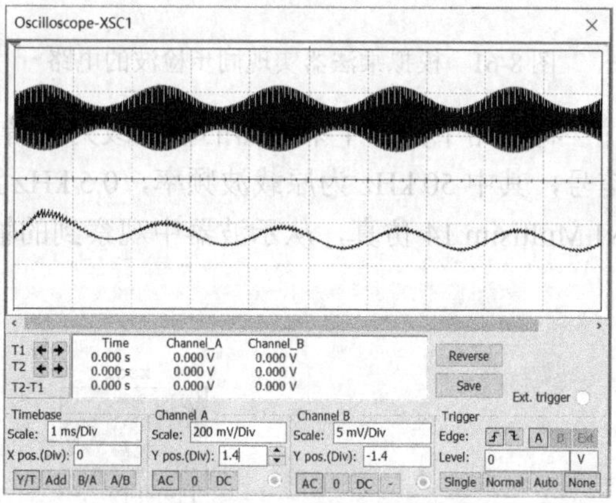

图 8-68　二极管解调的输出波形

利用差分对电路解调 AM 信号的电路如图 8-69 所示（其中输入 AM 信号的 m_a=0.8），输出的波形如图 8-70 所示。

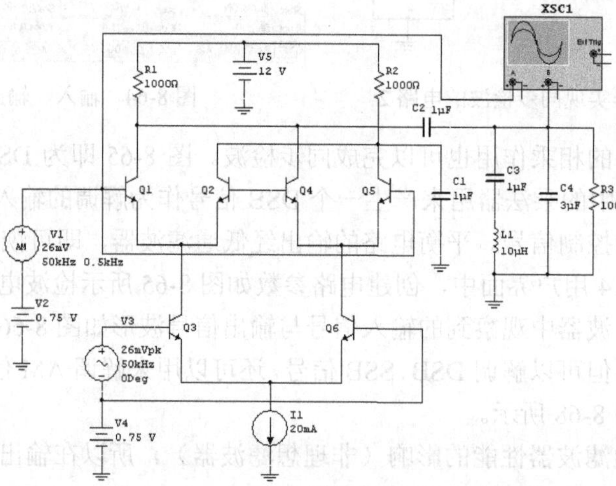

图 8-69　差分对电路解调 AM 电路

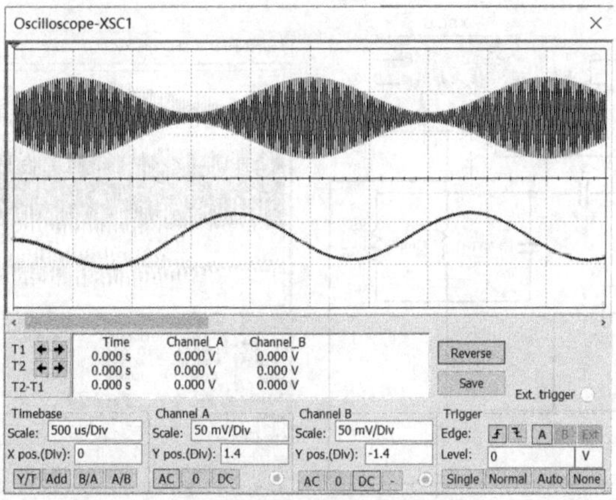

图 8-70　差分对电路解调 AM 电路的输入、输出波形

实现同步检波电路的难点在于要使恢复的插入载频与载波严格同步，因为如果两者不同步，将引起输出失真。对于 DSB 信号解调，两者同频不同相时，将在输出中引入振幅衰减因子 $\cos\varphi$，当 $\varphi=\dfrac{\pi}{2}$ 时，输出将为零；两者同相不同频时，则会在输出中引入 $\cos\Delta\omega_C t$ 项，使检波输出信号的振幅出现随时间变化的衰减，即产生失真。

8.5　混　频　器

混频的作用是使信号的频率从载波的频率变换到另一频率，但在变换前后，信号的频谱结构不变。

8.5.1　三极管混频器电路

三极管混频器的电路如图 8-71 所示，它包括晶体三极管、输入信号源、本振信号源、输出回路和馈电电路。电路特点：第一，输入回路工作在输入信号的载波频率上，而输出回路则工作在中频频率 f_I（即 LC 选频回路的固有谐振频率为 f_I）；第二，输入信号的幅度很小，在输入信号的动态范围内，三极管近似为线性工作；第三，本振信号与基极偏压 V_{BB} 共同构成时变工作点。由于三极管工作在线性时变状态，存在随 v_L 周期变化的时变跨导 $g_m(t)$。

工作原理：输入信号与时变跨导的乘积中包含有本振与输入载波的差频项，用带通滤波器取出该项，即获得混频输出。

在 NI Multisim 14 用户界面中，创建如图 8-71 所示混频器电路，检查无误后，启动电路仿真。从示波器中观察到输入、输出信号的波形如图 8-72 所示，图中最上面的波形为由示波器 C 通道输入的输入信号（v_1）的波形，中间为由 A 通道输入的三极管输入信号（v_1+v_2）波形，最下面是 B 通道输入的混频输出信号波形。

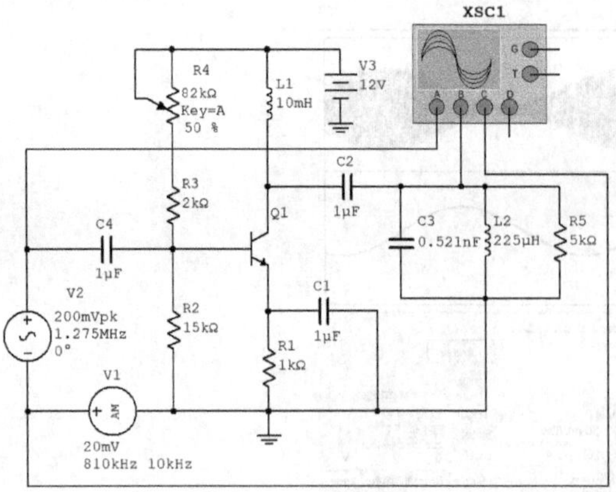

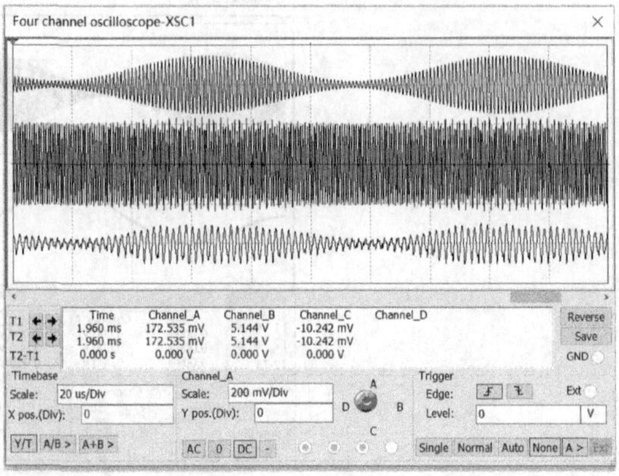

图 8-71　三极管混频器的电路　　图 8-72　三极管混频器的输入、输出信号波形

由图 8-72 可见，混频输出波形存在失真，这是因为三极管为非线性器件，在混频的过程中除有用的混频输出信号（465 kHz、455 kHz、475 kHz）外，还产生了一些无用频率分量，当这些频率分量位于负载的通频带内时，将叠加在有用输出信号上，引起失真。输出信号中所包含的频谱分量可以通过频谱分析仪对输出信号进行观测得到。

另外，在混频器中，变频跨导的大小与三极管的静态工作点、本振信号的幅度有关，通常为了使混频器的变频跨导最大（进而使变频增益最大），总是将三极管的工作点确定在：V_L= 50～200 mV，I_{EQ}=0.3～1 mA。而且，此时对应混频器噪声系数最小。

8.5.2　模拟乘法器混频电路

模拟乘法器能够完成两个信号的相乘，在其输出中会出现混频所要求的差频（ω_L-ω_C），然后利用滤波器取出该频率分量，即完成了混频。模拟乘法器混频电路如图 8-73 所示，其输出波形如图 8-74 所示。与三极管混频器电路相比较，模拟乘法器混频器的优点如下：输出电流频谱较纯，可以减少接收系统的干扰；允许动态范围较大的信号输入，有利于减少交调、互调干扰。

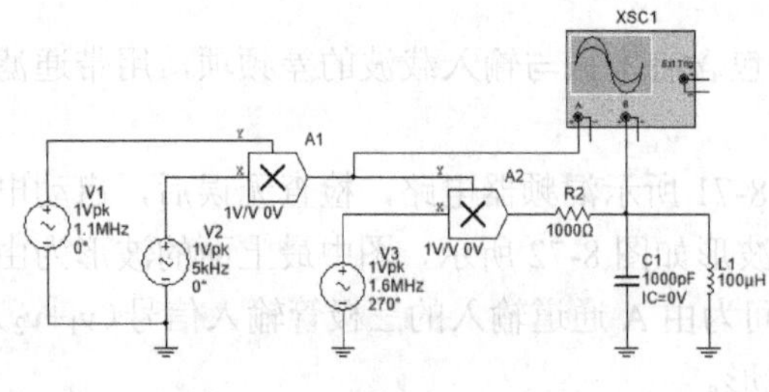

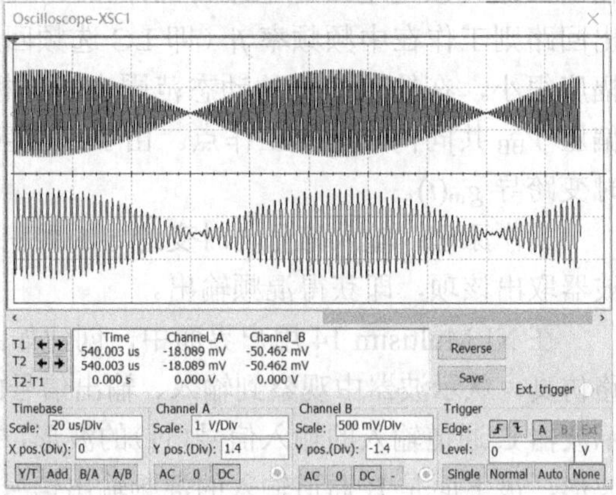

图 8-73　模拟乘法器混频电路　　图 8-74　模拟乘法器混频电路输入、输出波形

另外，二极管平衡电路和环形电路也具有相乘作用，也可用来构成混频电路。二极管混频电路具有电路简单、噪声低、组合频率分量少和工作频率高等优点，多用于高质量通信设备中。

8.6　频率调制与解调电路

所谓频率调制（即调频），是指用调制信号控制载波的瞬时频率，使其随调制信号线性变化，同时保持载波幅度不变的过程。调频因其抗干扰能力强等特点，在模拟通信中被广泛使用。

8.6.1　频率调制

若设调制信号为 $f(t)$，载波信号为：

$$v_{\mathrm{c}}(t)=V_{\mathrm{Cm}}\cos\varphi(t)=V_{\mathrm{Cm}}\cos(\omega_{\mathrm{c}}t+\varphi_0)$$

式中，$\varphi(t)$ 为载波信号的瞬时相位；ω_{c} 为载波角频率；φ_0 为载波的初始相位，通常为分析方便，令 $\varphi_0=0$。

根据频率调制的定义，调制信号为 $f(t)$ 的调频波瞬时角频率为：

$$\omega(t)=\omega_{\mathrm{c}}+\Delta\omega(t)=\omega_{\mathrm{c}}+k_f f(t)$$

式中，k_f 为调频灵敏度，是一个由调频电路决定的常数；$\Delta\omega(t)$ 为调频波的瞬时角频偏，与调制信号成正比例关系。

调频波的瞬时相位为：

$$\varphi(t)=\int_0^t\omega(\tau)\mathrm{d}\tau=\omega_{\mathrm{c}}t+k_f\int_0^t f(\tau)\mathrm{d}\tau$$

即调频波的瞬时相位与调制信号关于时间的积分呈线性关系，而调频波信号则可表示为：

$$v_{\mathrm{FM}}(t)=V_{\mathrm{Cm}}\cos\varphi(t)=V_{\mathrm{Cm}}\cos[\omega_{\mathrm{c}}t+k_f\int_0^t f(\tau)\mathrm{d}\tau]$$

根据产生获得调频已调信号原理的不同，可将调频电路分为直接调频和间接调频两类。其中直接调频就是在振荡器电路的基础上，用由调制信号控制的可变电抗（如变容二极管）替换振荡元件（如振荡电容），此时，振荡电路的输出信号频率将随调制信号变化而变化，从而实现频率调制。

图 8-75 所示为一个实用的变容二极管调频电路，其输出波形则如图 8-76 所示，由于调制信号的频率远远小于振荡器的自由振荡频率，所以在示波器窗口内波形的疏密变化很小，很难察觉。

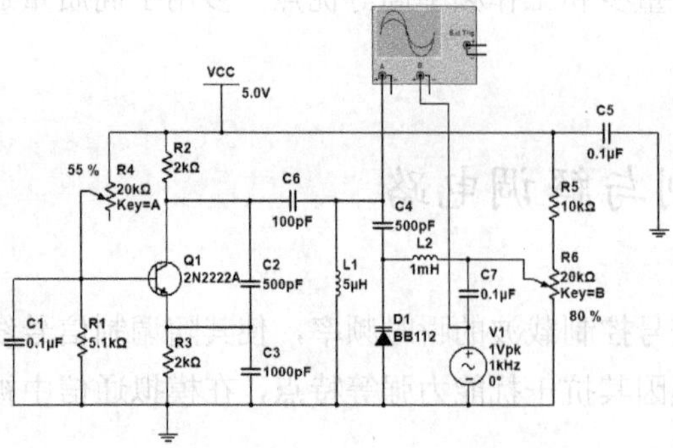

图 8-75　变容二极管直接调频电路

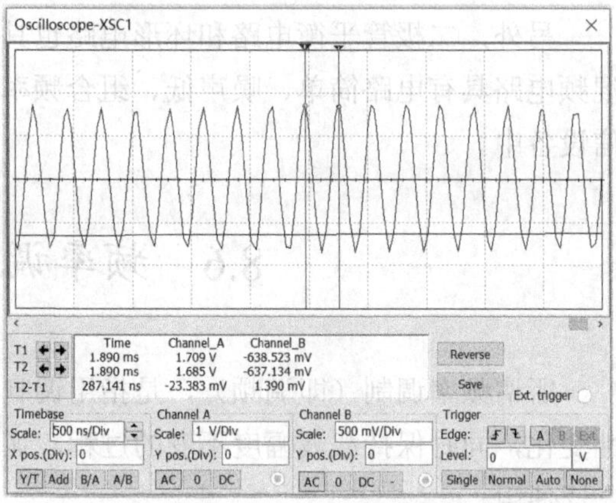

图 8-76　变容二极管直接调频电路输出波形

8.6.2　调频解调

鉴频就是从 FM 信号中恢复出原调制信号的过程，又称为频率检波。鉴频的方法很多，主要有振幅鉴频器、相位鉴频器、正交鉴频器、锁相环鉴频器等。下面分别以振幅鉴频器、锁相环鉴频器为例，说明 NI Multisim 14 仿真软件仿真鉴频的输入、输出信号。

如图 8-77 所示电路是利用失谐的 LC 谐振回路实现振幅鉴频，它利用 LC 谐振回路构成的频-幅变换网络将等幅的 FM 信号变换为 FM-AM 信号，然后利用包络检波电路恢复出原调制信号，其输出的波形如图 8-78 所示，上面波形为输入调频波信号，下面为鉴频输出信号。

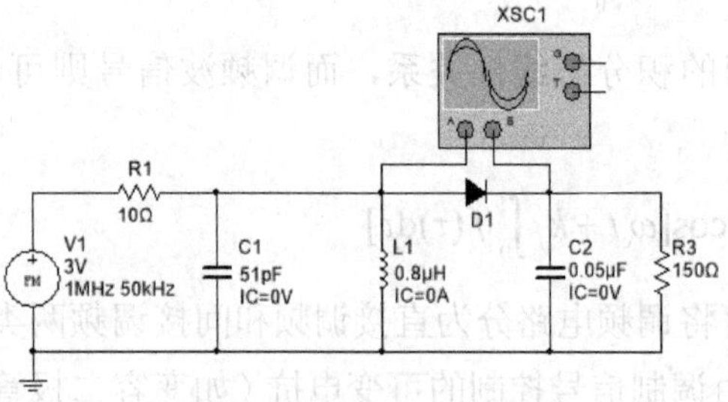

图 8-77　利用失谐的 LC 谐振回路实现振幅鉴频

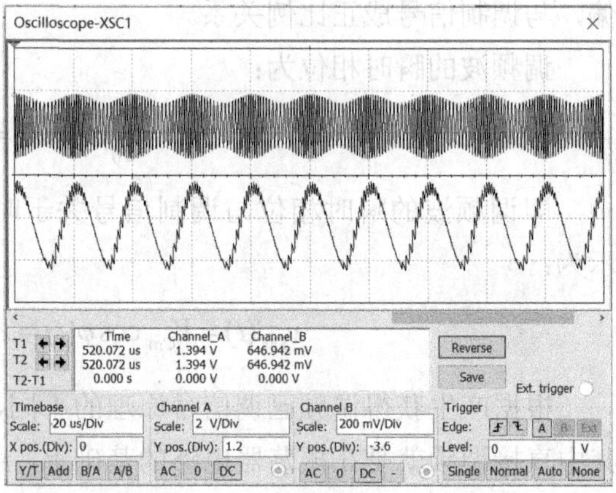

图 8-78　振幅鉴频电路的输入、输出波形

如图 8-79 所示为锁相环（PLL）鉴频器电路，该电路是利用锁相环能够实现无频差的频率跟踪这一特性，完成对 FM 信号解调的。NI Multisim 14 仿真软件提供了一个虚拟的 PLL，与真实的 PLL 一样，也由鉴相器（PD）、环路滤波器（LPF）、压控振荡器（VCO）3 部分组成。锁相环在环路锁定时，送入鉴相器的信号（分别连接在 PLLin、PDin 两个引

脚上）频率相等，即此时 V_{CO} 的输出与 FM 信号频率相等，而 V_{CO} 之所以能够得到这样的输出信号，是因为 LPF 输出信号的控制，由此可以推断出，LPF 的输出（LPF_{out} 引脚）与生成 FM 的原调制信号呈线性关系，可以作为鉴频输出信号。在图 8-80 所示的三个波形中，上面的一个是输入鉴频器的 FM 信号，中间的是 V_{CO} 的输出，而最下面的是 LPF 的输出，即恢复出的原调制信号。

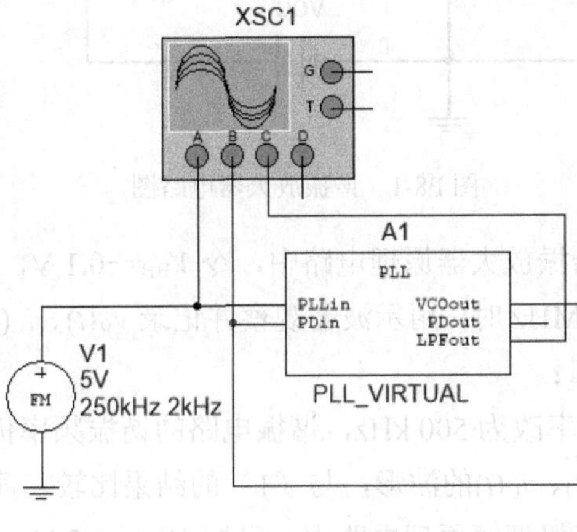

图 8-79　PLL 鉴频器电路

为了获得如图 8-80 所示的鉴频输出，需按图 8-81 所示对 PLL 的参数进行设置。

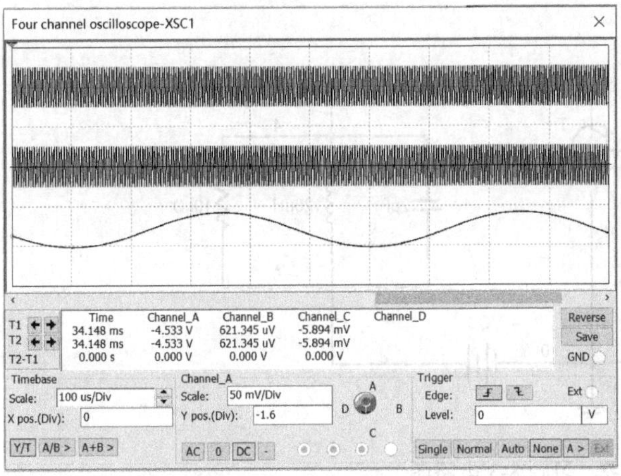

图 8-80　PLL 鉴频器输出波形

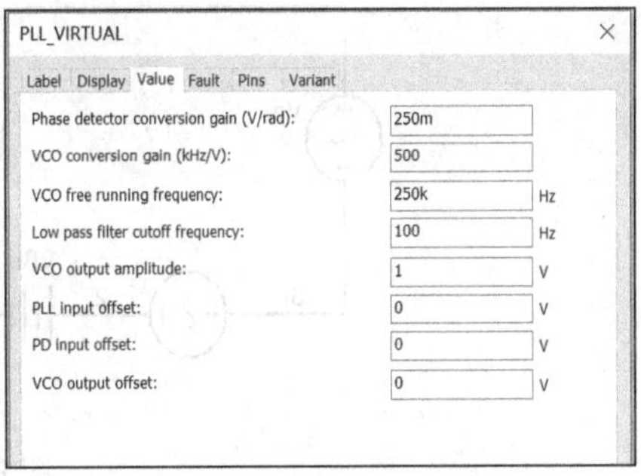

图 8-81　PLL 参数设置

习　题

8-1　在图 P8-1 所示谐振放大器电路中，令 V_{BB}=−0.1V，V_b=0.75 V，信号频率为 f_s=1 MHz。试观察 R_1 分别为 5 kΩ、10 kΩ、15 kΩ 时，电流 $i_C(t)$的波形和输出电压 $v_o(t)$的峰峰值。

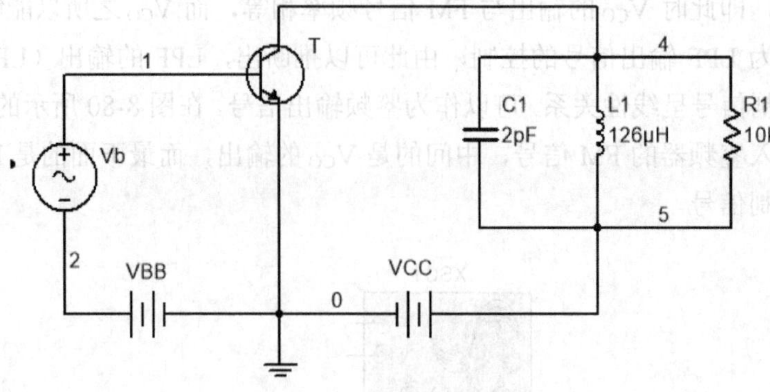

图 P8-1 谐振放大器电路图

8-2 在图 P8-1 所示谐振放大器原理电路中，令 V_{BB}=−0.1 V，V_b=0.8 V。

（1）当信号频率为 1 MHz 时，用示波器观察并记录 $v_o(t)$、$i_C(t)$的波形，用频谱分析仪观察 $i_C(t)$波形中各频谱分量；

（2）若将输入信号频率改为 500 kHz，谐振电路的谐振频率仍为 1 MHz，使电路成为 2 倍频器，观察并记录 $v_o(t)$、$i_C(t)$的波形，与（1）的结果比较，简单说明差异的原因。

8-3 在图 P8-2 所示基极调幅原理电路中，已知 V_{BB}=−0.2 V，V_{CC}=12 V，$v_1(t)$=0.75 sin（$2\pi10^3t$）V，$v_b(t)$=0.05cos（$2\pi10^6t$）V，C=200 pF，L=126 μH。试利用后处理显示 $V_{BB}+v_1(t)$，$V_{BB}+v_1(t)+v_b(t)$的波形和输出电压 $v_o(t)$的波形，此时调幅波是失真的，试分析输出调幅波形失真的原因。

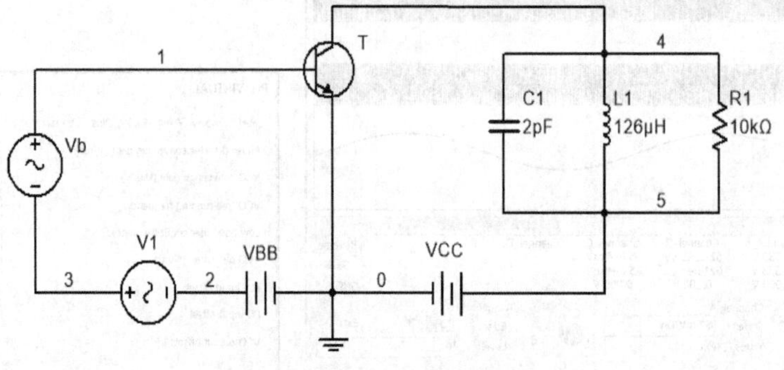

图 P8-2 习题 8-3 电路图

8-4 在图 P8-3 所示振幅鉴频电路中，若设所有三极管均为 2N2222，V_{CC}=10 V，I_O=2 mA，$RE_1=RE_2$=1 kΩ，$RE_3=RE_4$=1 kΩ，$C_3=C_4$=0.1 μF，信号源内阻 R_s=0.4 kΩ，R_c=3 kΩ。试设计电路中电感、电容值，使鉴频特性零点频率为 1.3 MHz。若设输入信号为单音调频信号，V_m=10 mV，m_f=15 rad，F=1 kHz。

（1）仿真分析 $v_1(t)$、$v_2(t)$波形；

（2）仿真分析 T_3、T_4 管发射极经检波后的信号波形及输出波形。

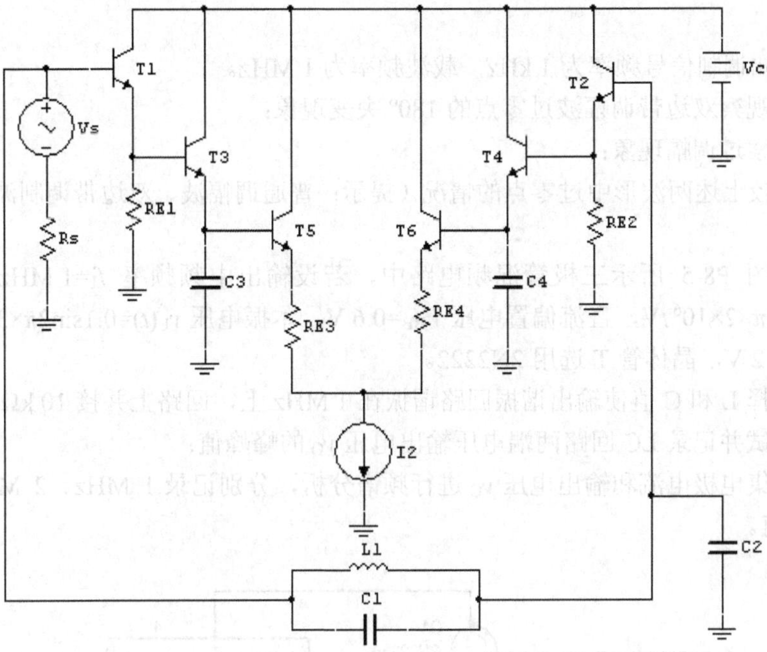

图 P8-3　振幅鉴频电路

8-5　晶体管 LC 振荡电路如图 P8-4 所示，已知电路中三极管参数为 $I_S=10^{-16}$A, $\beta=100$, $r_c=10\ \Omega$。试用示波器观察振荡频率 f_{osc}、振荡电压的幅度，并用频谱分析仪观察基波电流。

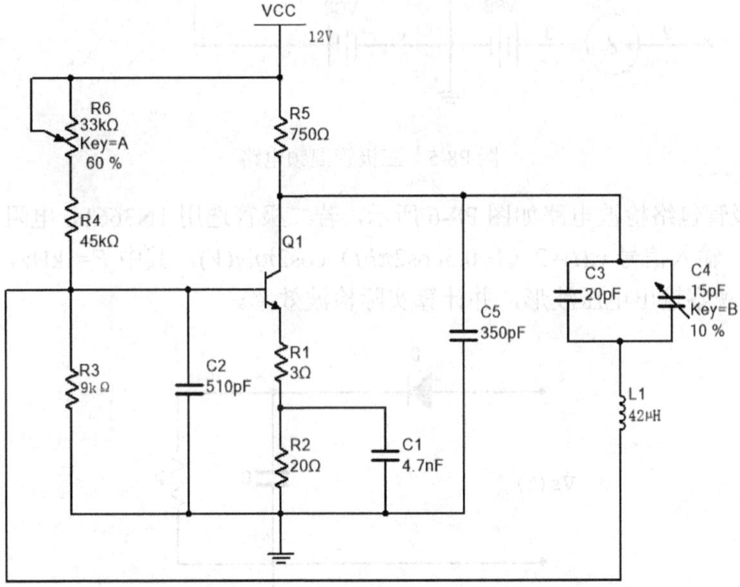

图 P8-4　晶体管 LC 振荡电路

8-6　在图 P8-4 所示晶体管 LC 振荡电路中，将电感 L_1 换为 5 MHz 的石英晶体，使电路构成并联型晶体振荡器。试用示波器观察集电极输出电压的波形，记录振荡频率 f_{osc} 和振荡电压幅度。

8-7　已知调制信号频率为 1 kHz，载波频率为 1 MHz。

（1）试观察双边带调幅波过零点的 180º 突变现象；

（2）观察过调幅现象；

（3）比较上述两波形中过零点的情况（提示：普通调幅波、双边带调制波用多项式源模拟）。

8-8　在图 P8-5 所示三极管混频电路中，若设输出中频频率 f_I=1 MHz，输入信号 $v_S(t)=0.01\sin 2\pi\times 2\times 10^6 t$ V，直流偏置电压 V_{BB}=0.6 V，本振电压 $v_L(t)=0.1\sin 2\pi\times 3\times 10^6 t$ V，电源电压 V_{CC}=12 V，晶体管 T 选用 2N2222。

（1）选择 L 和 C 值使输出谐振回路谐振在 1 MHz 上，回路上并接 10 kΩ 的电阻；

（2）测试并记录 LC 回路两端电压输出电压 v_O 的峰峰值；

（3）对集电极电流和输出电压 v_O 进行频谱分析，分别记录 1 MHz、2 MHz、3 MHz 频率的谱线值。

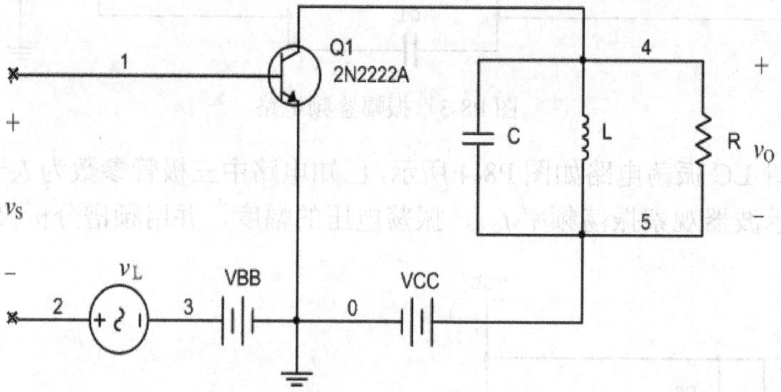

图 P8-5　三极管混频电路

8-9　二极管包络检波电路如图 P8-6 所示，若二极管选用 1N3661，电阻 R=4.7 kΩ，电容 C=0.01 μF，输入信号 $v_s(t)=2(1+0.5\cos 2\pi Ft)\cos 2\pi f_C t(V)$，其中 F=1kHz，$f_C$=700 kHz。试分析电路，观察输出电压波形，并计算实际检波效率。

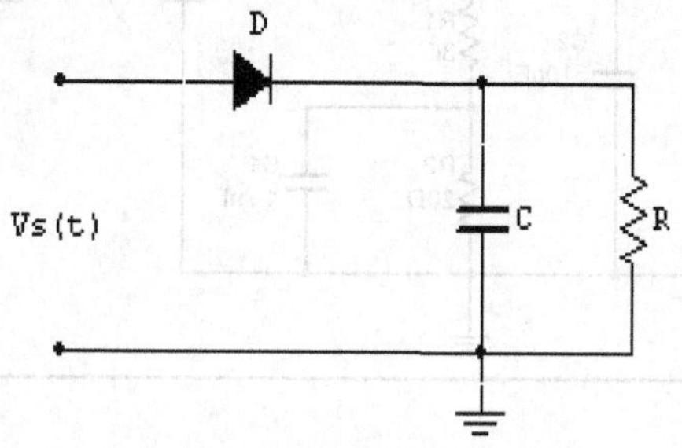

图 P8-6　二极管包络检波电路

8-10　在二极管平衡调制电路中，为减少无用组合频率分量，二极管应工作在开关状态。图 P8-7 所示电路中用压控开关等效二极管工作，观察并分析图中各点波形。

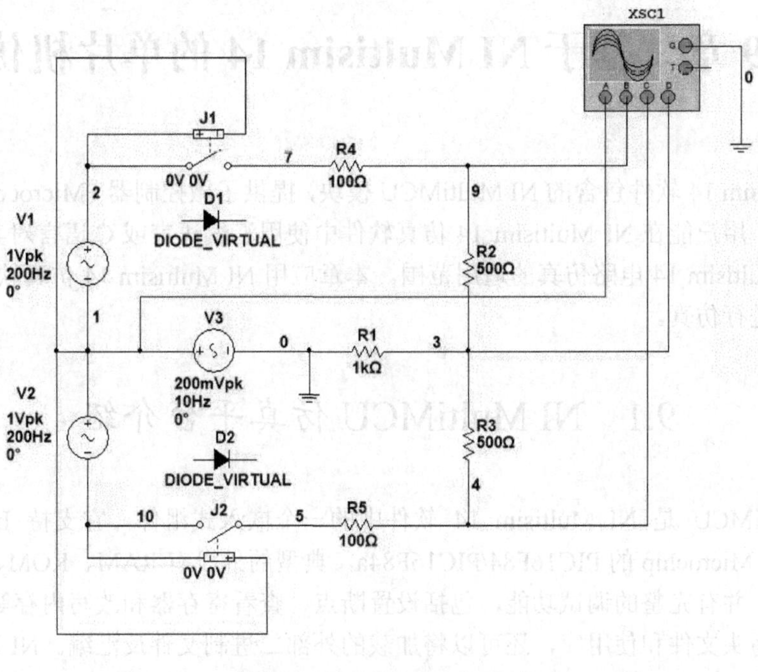

图 P8-7　二极管平衡调制电路

第 9 章　基于 NI Multisim 14 的单片机仿真

NI Multisim 14 软件包含的 NI MultiMCU 模块，提供了微控制器（Microcontroller Unit）的协同功能，用户能在 NI Multisim 14 仿真软件中使用汇编语言或 C 语言对其进行编程，拓展了 NI Multisim 14 电路仿真的适用范围。本章应用 NI Multisim 14 仿真软件对含 MCU 的应用电路进行仿真。

9.1　NI MultiMCU 仿真平台介绍

NI MultiMCU 是 NI Multisim 14 软件中的一个嵌入式组件，它支持 Intel/Atmel 的 8051/8052 和 Microchip 的 PIC16F84/PIC16F84a，典型的外设有 RAM、ROM、键盘、图形和文字液晶，并有完整的调试功能，包括设置断点、查看寄存器和改写内存等。支持 C 语言，可以编写头文件和使用库，还可以将加载的外部二进制文件反汇编。NI MultiMCU 模块既可以与 NI Multisim 14 中的 SPICE 模型电路协同仿真，也能和 NI Multisim 14 中虚拟仪器一起实现一个完整系统的仿真，包括微控制器以及相应的模拟和数字 SPICE 元器件。

采用 NI MultiMCU 进行单片机仿真的基本步骤如下：创建单片机硬件电路→编写单片机程序→编译和在线调试程序。

9.2　基于 8051 的开关量输入/输出设计

单片机的开关量输入/输出是单片机的基本内容，本节以此为例介绍基于 NI Multisim 14 的单片机仿真过程。

9.2.1　创建仿真的 8051 单片机硬件电路

1．单片机的选取操作

启动 NI Multisim 14 软件，在 NI Multisim 14 电路窗口单击图标（或执行菜单命令 Place»Component），弹出如图 9-1 所示的元器件库选择窗口。

在 MCU 元件库中选择 8051 单片机，单击 OK 按钮，弹出如图 9-2 所示 MCU Wizard-Step 1 of 3（单片机设置向导）对话框，根据 MCU Wizard 逐步执行。

在图 9-2 中首先定义 MCU Workspace（工作空间）文件，即指定 Workspace 路径及 Workspace 名称。例如创建一个 ex1 工作空间。

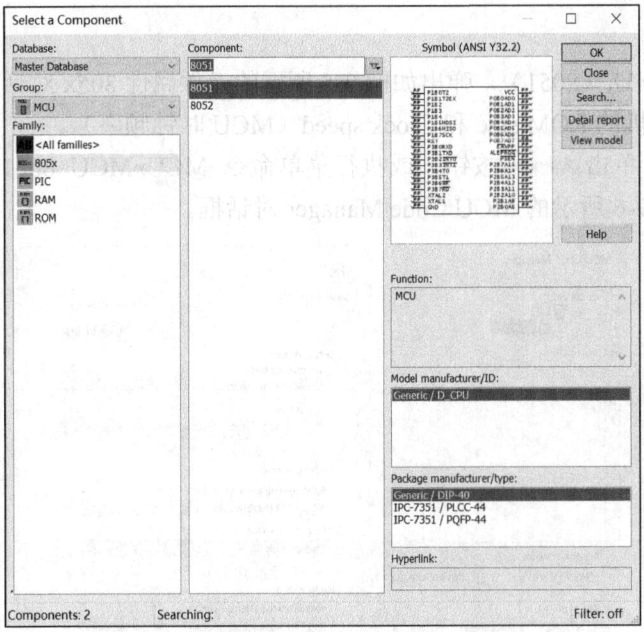

图 9-1　元器件库选择窗口

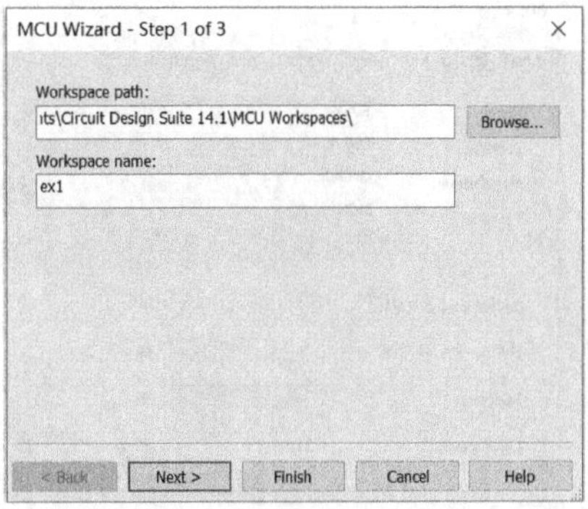

图 9-2　MCU Wizard-Step 1 of 3 对话框

单击 Next 按钮进入如图 9-3 所示的 MCU Wizard-Step 2 of 3 对话框，定义该 MCU 的项目。先确定文件来源，选 Standard（标准类型），用户需根据系统要求自己创建程序文件进行仿真，选 Load External Hex File 类型则通过第三方编译器生成的可执行代码进行仿真，一般选 Standard 类型。然后确定编程语言及编译工具（C 语言选 Hi-Tech C51-Lite compiler，汇编语言选 8051/8052 Metalink assembler），这里选用汇编语言。最后确定该 MCU 的项目名称，例如 ex1。

单击 Next 按钮进入如图 9-4 所示的 MCU Wizard-Step 3 of 3 对话框，定义该 MCU 的源文件。在此选择 Add source file 选项，定义源文件的名称为 main.asm。

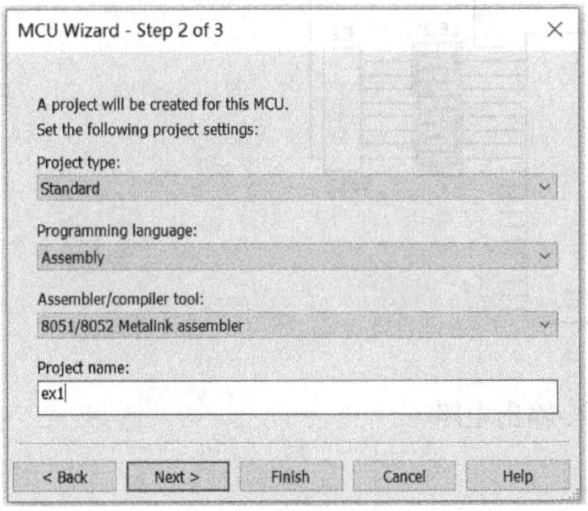

图 9-3　MCU Wizard-Step 2 of 3 对话框

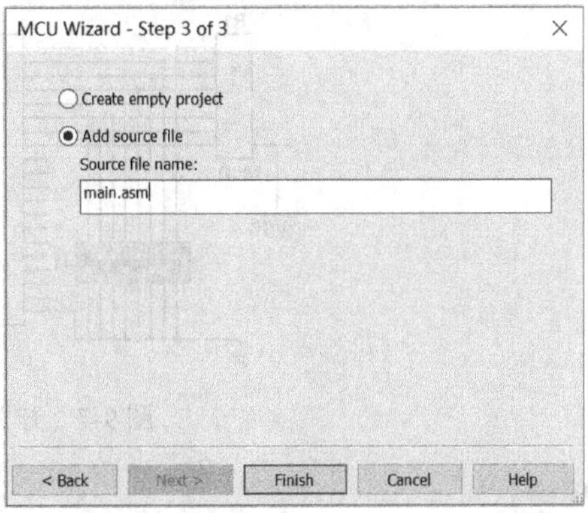

图 9-4　MCU Wizard-Step 3 of 3 对话框

最后，单击 Finish 按钮完成 MCU Wizard。保存设计文件，返回 NI Multisim 14 电路窗口。

2．设置单片机

在 NI Multisim 14 电路窗口双击 U_1（8051），弹出如图 9-5 所示的元件属性 805x 对话框，在 Value 标签中设置 8051 单片机的 ROM size 和 Clock speed（MCU 时钟频率）。

在 805x 对话框 Code 标签中 单击 Properties... 按钮，或执行菜单命令 MCU»MCU 8051 U1»MCU Code Manager，弹出如图 9-6 所示的 MCU Code Manager 对话框。

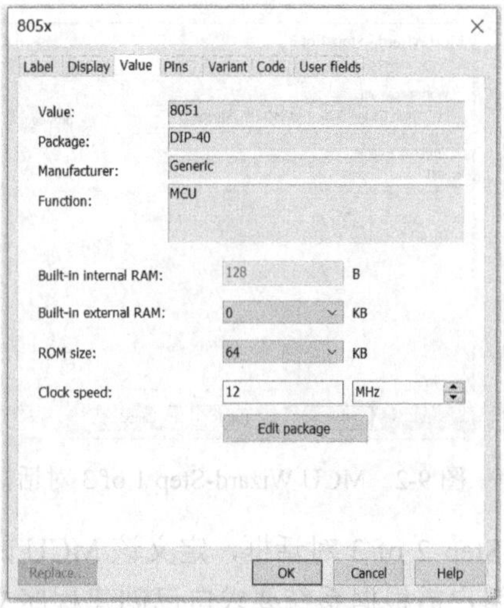

图 9-5　805x 对话框

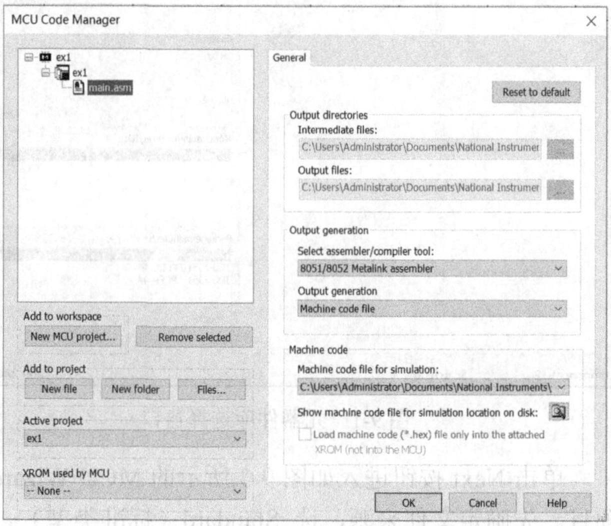

图 9-6　MCU Code Manager 对话框

3．放置并连接外围组件

在 NI Multisim 14 电路窗口选用开关组件 J_1、发光二极管组 LED_1、排阻 R_1 和 R_2、电源和地，创建如图 9-7 所示的开关量的输入/输出电路。

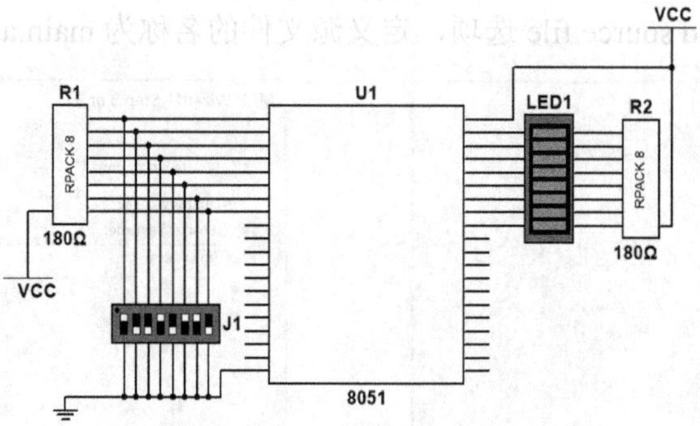

图 9-7　开关量的输入/输出电路

注意

单片机不用连接晶振也可以进行仿真，时钟频率已在图 9-5 对话框中 Value 标签的 Clock speed 栏中设置。

9.2.2　编写并编译 MCU 源程序

1．打开源文件编辑界面

在 NI Multisim 14 界面打开如图 9-6 所示的 MCU Code Manager 窗口，选中 ex1 的源文件 main.asm，也可以在 NI Multisim 14 界面左侧的 Design Toolbox 列表中找到 main.asm 源文件。双击 main.asm 源文件弹出如图 9-8 所示的源文件编辑界面。

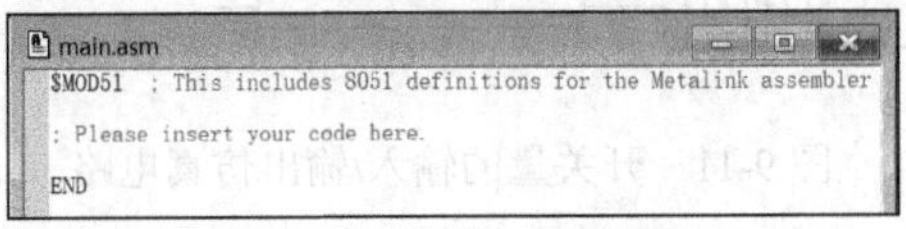

图 9-8　源文件编辑界面

2．输入源程序代码

在图 9-8 所示的源文件编辑界面中输入源程序代码，如图 9-9 所示，并保存文件。

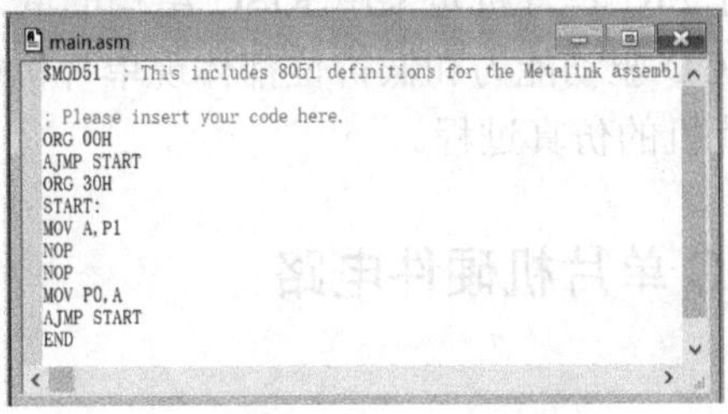

图 9-9　含程序的源文件编辑界面

编写源程序时要注意输入格式，如“;”符号后的语句是注释语句。

3．编译源程序

输入源程序代码后，执行菜单命令 MCU»MCU 8051 U1»Build，对 ex1 项目进行编译，执行结果在下方的编译窗口中显示，如图 9-10 所示。

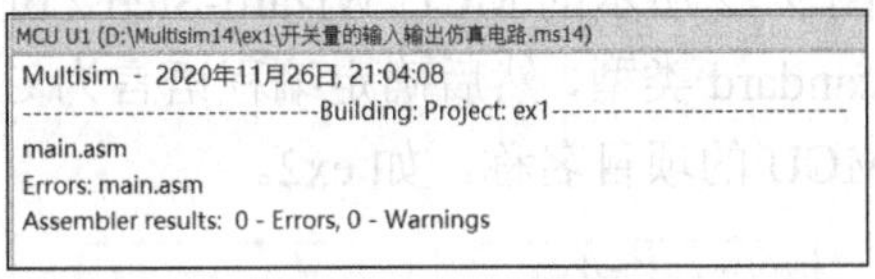

图 9-10　编译结果窗口

如果编译成功，会显示 0-Errors，0-Warnings。如果编译出错，则会出现错误提示。双击出错的提示信息，就会定位到出错的程序行，此时需要查找错误并修改直至编译通过。

9.2.3　开关量的输入/输出仿真电路

汇编程序编译通过后，回到电路窗口，单击工具栏的 Run 按钮，LED_1 上与开关变量 J_1 相对应的灯亮，如图 9-11 所示。

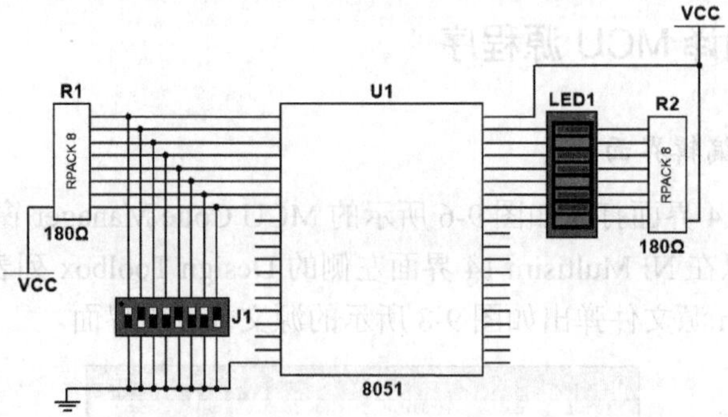

图 9-11　开关量的输入/输出仿真电路

9.3　基于 PIC 的彩灯闪亮电路设计

美国 Microchip 公司的 PIC 单片机是采用 RISC 结构的嵌入式微控制器，其高速度、低电压、低功耗、大电流 LCD 驱动能力和低价位都体现单片机产业的新趋势。本节以彩灯闪亮电路为例讨论 PIC 单片机的仿真过程。

9.3.1　创建仿真的 PIC 单片机硬件电路

1. 单片机的选取

启动 NI Multisim 14 软件，在 NI Multisim 14 电路窗口单击图标（或执行菜单命令 Place»Component），弹出如图 9-1 所示的元器件库选择窗口。

从 MCU 元件库中选择 PIC16F84 单片机，单击 OK 按钮，弹出如图 9-2 所示 MCU Wizard-Step 1 of 3（单片机设置向导）对话框。首先定义 MCU Workspace（工作空间）文件，即指定 Workspace 路径及 Workspace 名称，例如 ex2。

单击 Next 按钮进入如图 9-12 所示的 MCU Wizard-Step 2 of 3 对话框，定义该 MCU 的项目。先确定文件来源为 Standard 类型，然后确定编程语言为 C 语言，编译工具选 Hi-Tech PICC compiler，再确定该 MCU 的项目名称，如 ex2。

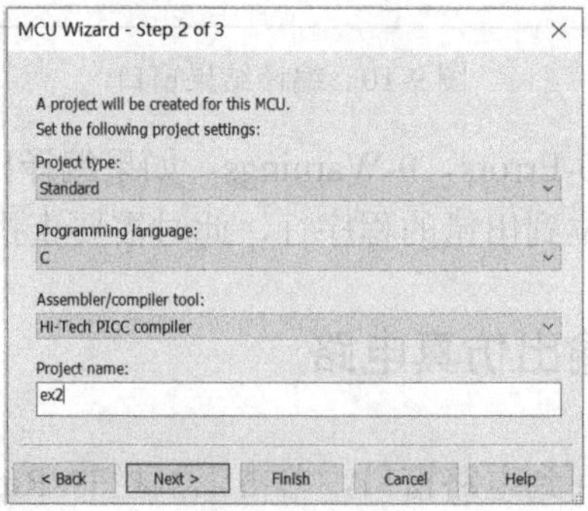

图 9-12　MCU Wizard-Step 2 of 3 对话框

单击 Next 按钮进入如图 9-4 所示的 MCU Wizard-Step 3 of 3，定义该 MCU 的源文件。选择 Add source file 选项，定义源文件的名称 main.c。最后，单击 Finish 按钮完成 MCU Wizard。保存设计文件，返回 NI Multisim 14 电路窗口。

2. 设置单片机

在 NI Multisim 14 电路窗口双击 U_1（PIC16F84），弹出如图 9-13 所示的 PIC 元件属性对话框，在 Value 标签设置 PIC16F84 器件的 Clock speed（MCU 时钟频率）。

单击 PIC 对话框 Code 标签中 Properties... 按钮，或执行菜单命令 MCU»MCU 8051 U1»MCU Code Manager，进入如图 9-14 所示的 MCU Code Manager 窗口。

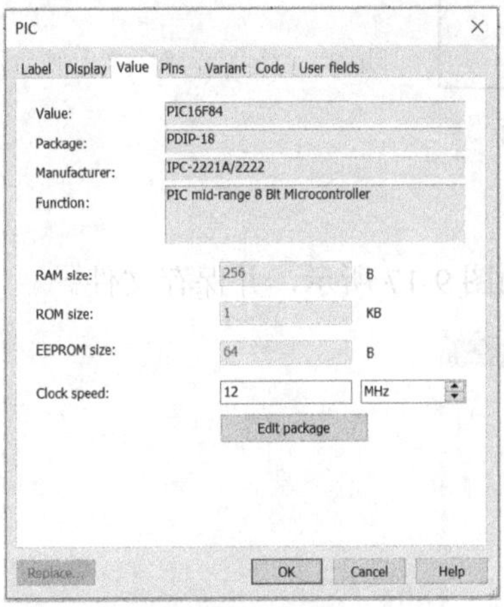

图 9-13　PIC 对话框

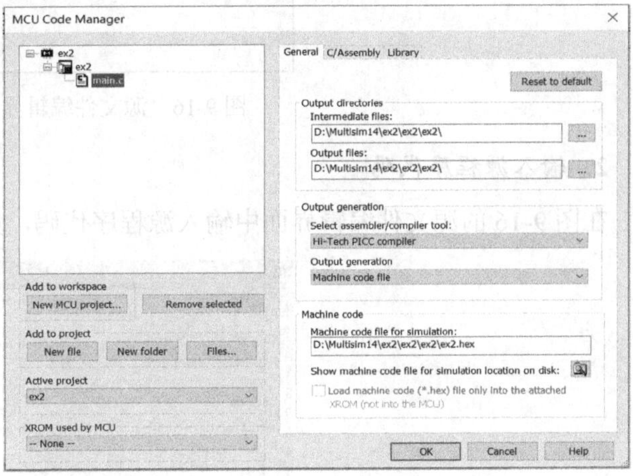

图 9-14　MCU Code Manager 窗口

3. 放置并连接外围组件

在 NI Multisim 14 电路窗口创建如图 9-15 所示的彩灯闪亮电路。

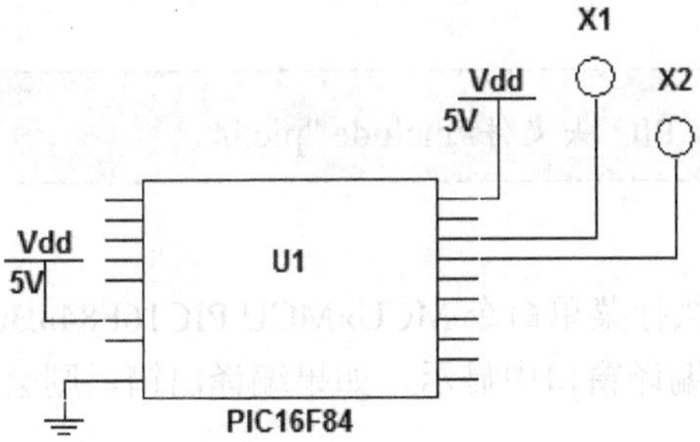

图 9-15　彩灯闪亮电路

> **注意**
>
> 单片机不用连接晶振也可以进行仿真，时钟频率已在 PIC 对话框中 Value 栏设置。

9.3.2 编写并编译 MCU 源程序

1. 打开源文件编辑界面

在 NI Multisim 14 电路窗口中打开如图 9-14 所示的 MCU Code Manager 窗口，选中 ex2 的源文件 main.c，也可以在 NI Multisim 14 界面左侧的 Design Toolbox 列表中找到 main.c 源文件，双击 main.c 源文件弹出如图 9-16 所示的源文件编辑界面。

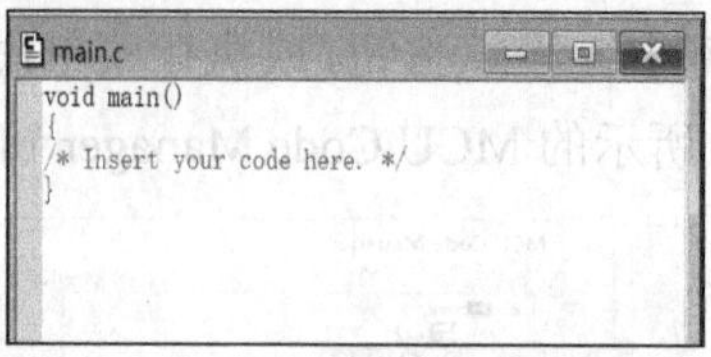

图 9-16　源文件编辑界面

2. 输入源程序代码

在图 9-16 的源文件编辑界面中输入源程序代码，如图 9-17 所示，并保存文件。

图 9-17　含程序的源文件编辑界面

注意

编写源程序时要输入 PIC 头文件#include "pic.h"。

3. 编译源程序

输入源程序代码后，执行菜单命令 MCU»MCU PIC16F84»Build，对激活 ex2 项目进行编译，执行结果在下方的编译窗口中显示。如果编译出错，则会出现错误提示，如图 9-18 所示的 2-Errors。

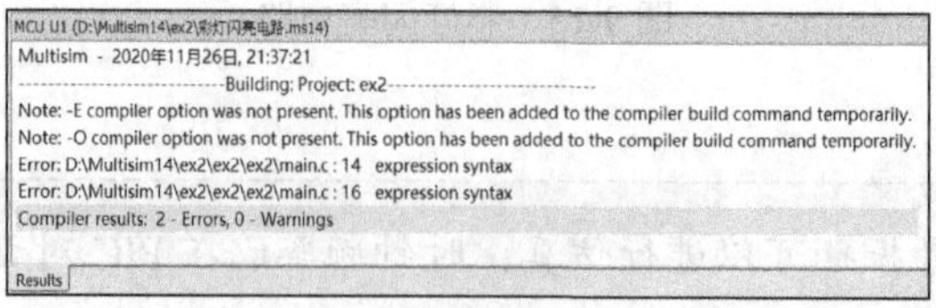

图 9-18　编译出错的结果窗口

双击出错的提示信息，定位到出错的程序行。修改后的程序如图 9-19 所示。

查找错误并修改再进行编译，直至编译通过，此时编辑界面出现如图 9-20 所示编译正确结果提示，显示 0-Errors，0-Warnings。

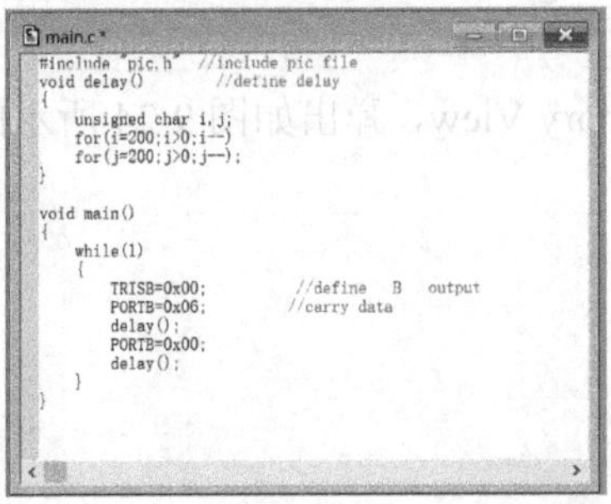

图 9-19　修改后程序的源文件编辑界面

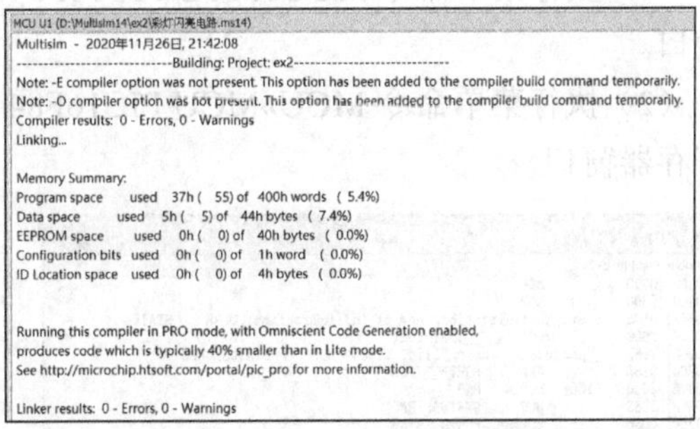

图 9-20　编译正确的结果窗口

9.3.3　彩灯闪亮的仿真电路

汇编程序编译通过后，就可以回到电路窗口，单击工具栏 Run 按钮，这时两个 LED 彩灯就应该经过一定时间间隔（时间间隔由程序中的 delay 子程序设定）闪亮一次，如图 9-21 所示。

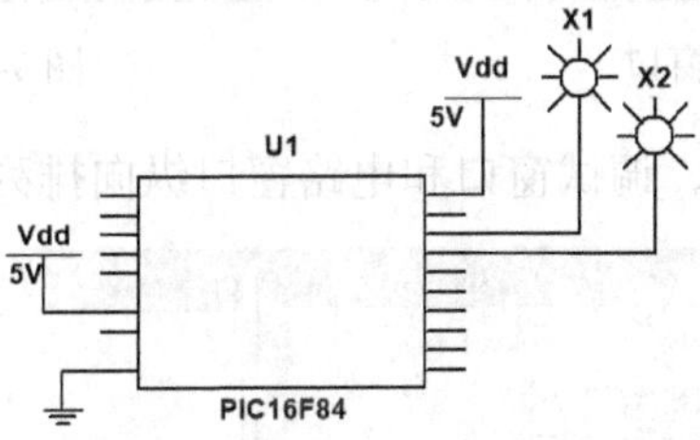

图 9-21　彩灯闪亮仿真电路

9.3.4　NI MultiMCU 在线调试

NI MultiMCU 不仅能实现电路仿真，而且还支持在线调试，用户可以边调试边在电路仿真窗口观察仿真输出结果。

1．MCU 调试工具

在 NI Multisim 14 电路窗口的工具栏中，NI MultiMCU 的调试工具如图 9-22 所示。

图 9-22　NI MultiMCU 的调试工具

图 9-22 中从左至右图标的功能如下：运行仿真、暂停仿真、停止仿真、暂停仿真（运行至下一次 MCU 指令指示边界）、单步进入、单步跳过、单步跳出，运行至光标处、设

置断点和取消断点。

2．设置调试环境

（1）执行菜单命令 MCU»MCU PIC16F84 U1M»Debug View，弹出如图 9-23 所示的调试窗口。

（2）执行菜单命令 MCU»MCU PIC16F84 U1»Memory View，弹出如图 9-24 所示的内部寄存器窗口。

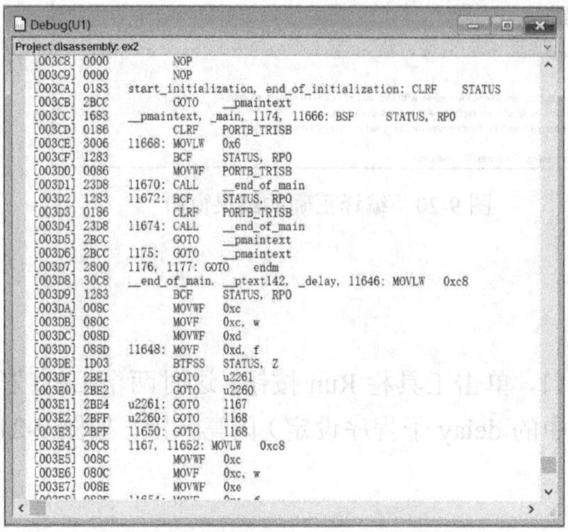

图 9-23　调试窗口

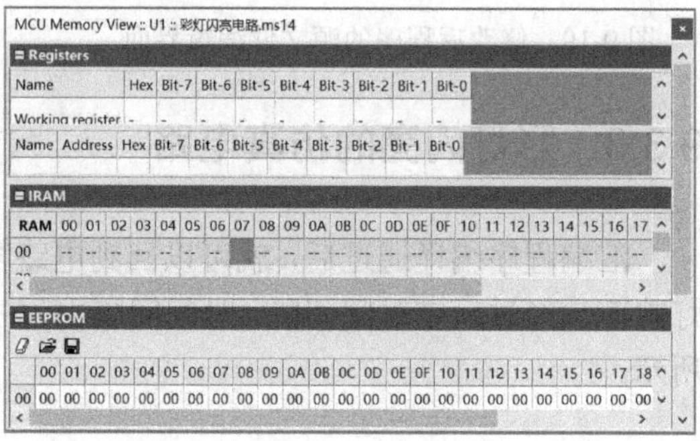

图 9-24　内部寄存器窗口

（3）将内部存储器窗口、调试窗口和电路窗口纵向排列，如图 9-25 所示。

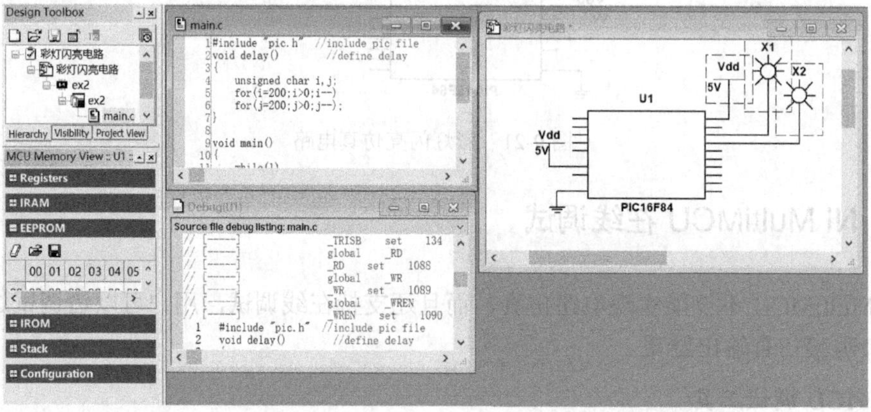

图 9-25　内部寄存器窗口、调试窗口和电路窗口并列显示

3．调试源代码

打开如图 9-19 所示的源代码编辑器，根据设计需要，为了便于调试单击图标，在适当位置设置断点，启动仿真查看程序运行过程，观察图 9-24 所示内部寄存器窗口中内存内部存储器的变化以及电路的同步仿真结果。在线调试可以帮助用户快速准确地发现程序中的逻辑错误并排除，也可根据需要单击图标对程序进行单步调试。

9.3.5　仿真及调试注意事项

通过实验，在 NI MultiMCU 仿真及调试时应注意：

（1）在创建仿真电路时，激励源、被测电路、测量仪器三者参数必须匹配合理。

（2）对于电路中多个端口的输入/输出，应采用总线进行连接，使电路简洁明了，便于管理纠错。

（3）根据系统要求选择合适的单片机型号，要注意 PIC16F84 内部堆栈空间较小，因此，程序的嵌套和递归不宜过深，否则会导致堆栈空间不足，仿真出错。

（4）仿真电路中的单片机不用连接晶振也可以进行仿真，时钟频率可在单片机元器件对话框中 Value 标签的 Clock Speed 栏设置。

（5）单片机向数码管发送数据，应当经由输出缓存，否则会出现数码管闪烁现象。

（6）编写程序用汇编语言和 C 语言各有特色和优势。C 语言的可移植性强、程序可读性好，易于修改；而汇编语言在控制单片机底层硬件时更有效。

（7）用 C 语言编写程序时对不同类型的单片机，需要包含不同的头文件，如 PIC 系列单片机需包含的头文件为 pic.h，而 8051/8052 单片机需包含的头文件为 htc.h。

（8）单片机主程序必须是一个无限循环，以实现 PC 指针周而复始的分配使用，避免出现 PC 指针超出范围的情况。

（9）程序编写时尽量按功能模块进行，以便于调试、纠错和升级。

9.4　单片机仿真设计实例

9.4.1　基于 8052 的流水灯控制器设计

用 8052 实现 8 个 LED 灯的逐个点亮、相向点亮和逆向点亮等效果。

1．创建仿真电路

在 NI Multisim 14 电路窗口创建如图 9-26 所示的仿真电路。

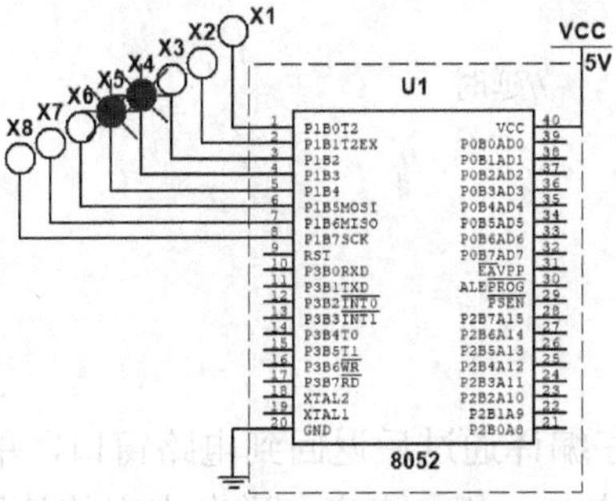

图 9-26　流水灯仿真电路

2．仿真源程序

在源文件编辑界面中输入下面的源程序代码。

```
#include "htc.h"                    //8052 仿真头文件
void delay（t）                     //延迟子程序
{
 int j;
 for（j=0; j<t; j++）;
}
void main（）                       //主程序
{
 unsigned char i,v1=1,v3=128,v4=1;
 P1=0;                              //设定 P1 口全暗
 while（1）
 {
  delay（2）;
  P1=0;
  for（i=0; i<7; i++）              //由左至右点亮
  {
   P1=v1;
   v1=v1<<1;                        //左移 1 位
   delay（2）;                      //延时
  }
  for（i=0;i<8;i++）                //由右至左点亮
  {
   P1=v1;
   v1=v1>>1;                        //右移 1 位
   delay（2）;                      //延时
  }
  v1=1;
  P1=0;
  delay（2）;
  for（i=0; i<8; i++）              //相向、逆向
  {
   P1=v3|v4;
   v3=v3>>1;
   v4=v4<<1;
   delay（3）;                      //延时
  }
  v3=128;
  v4=1;
 }
}
```

保存并编译程序，当程序编译通过后返回到电路窗口，单击工具栏的 Run 按钮，这时 8 个 LED 彩灯就应该有逐个点亮、相向点亮和逆向点亮的效果。

9.4.2　基于 8052 的数制转换电路设计

用 8052 实现十六进制转换为十进制数制转换电路。

1. 创建仿真电路

在 NI Multisim 14 电路窗口创建如图 9-27 所示的仿真电路。

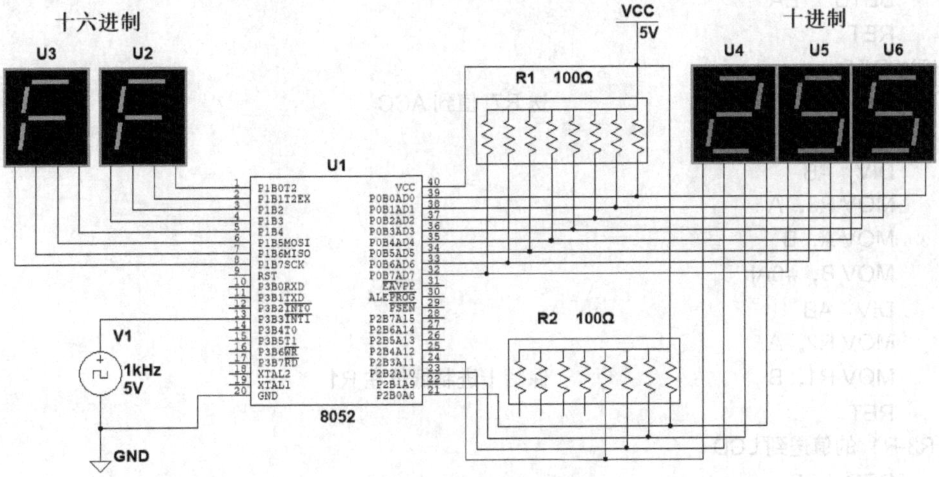

图 9-27　数制转换仿真电路

2. 仿真源程序

在源文件编辑界面中输入下面的源程序代码。

```
$MOD52
    LJMP     INIT
    ORG       0013H
    LJMP     EXT1
    LJMP   MAIN
INIT:
    MOV     SP, #20h
    MOV R7, #00h                ; R7 清 0
    LCALL CLR_BCD               ; LCD 清 0
    LCALL ENABLE_INTS           ; 开中断
MAIN:
    JMP   MAIN
EXT1:
    INC   R7
    LCALL HEX2DEC               ; 十六进制转换十进制
    LCALL DEC_LCD               ; LCD 屏显示
    RETI
;Subroutines
CLR_BCD:
```

```
    MOV P0，#00h                ；数码管清 0
    MOV P1，#00h
    MOV P2，#00h
    RET

ENABLE_INTS:
    SETB   IT1
    SETB   EX1                  ；开 EXT1 中断
    SETB   EA
    RET
HEX2DEC:
    MOV A，R7                   ；送 R7 值到 ACC
    MOV B，#64h
    DIV  AB
    MOV R3，A
    MOV A，B
    MOV B，#0Ah
    DIV  AB
    MOV R2，A
    MOV R1，B                   ；保留十进制低位在 R1
    RET
; R3-R1 的值送到 LCD
    DEC_LCD:
;HEX VALUE
    MOV   P1，R7
;DEC VALUE
    MOV P2，R3                  ；送高位数码到 P2
    MOV A，R2                   ；送高位数码到 R2
    SWAP A                      ；交换数据
    ADD A，R1
    MOV P0，A                   ；BCD 显示
    RET
HALT：JMP   HALT
    END
```

保存并编译程序，当程序编译通过后返回到电路窗口，单击工具栏的运行按钮，这时数码管显示输入与输出的数值，如图 9-27 所示。

9.4.3　基于 PIC16F84 实现 LCD 屏显示

用 PIC16F84 实现 LCD 屏显示 Graphical LCD T6963C for Multisim 仿真电路。

1．创建仿真电路

在 NI Multisim 14 电路窗口创建如图 9-28 所示的仿真电路。

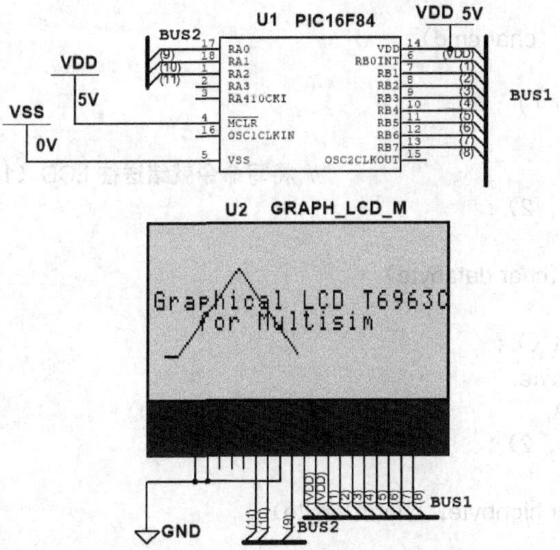

图 9-28　PIC16F84 LCD 显示仿真电路

2．仿真源程序

在源文件编辑界面中输入下面的源程序代码。

```
#include "pic.h"                                                // PIC 头文件
#define bitset（var,bitno）  （（var） |= 1 << （bitno））
#define bitclr（var,bitno）  （（var） &= ~（1 << （bitno））  // LCD 曲线显示
const int CMD_SET_CURSOR   = 0x21;          // 设置指针
const int CMD_TXHOME      = 0x40;           // 设置文本首地址
const int CMD_TXAREA      = 0x41;           // 设置文本区域范围
const int CMD_GRHOME      = 0x42;           // 设置图形首地址
const int CMD_GRAREA      = 0x43;           // 设置图形区域范围
const int CMD_OFFSET      = 0x22;           // 设置结束指针
const int CMD_ADPSET      = 0x24;           // 设置指针偏移量
const int CMD_SETDATA_INC   = 0x0C0;        // 写数据
const int CMD_AWRON       = 0x0B0;          // 设置写入数据模式
const int CMD_AWROFF      = 0x0B2;          // 重置写入数据模式
const int TEXT_NUM = 35;                    // 文本编码 "Graphical LCD T6963C for Multisim"
const char textTable[35] =
{ 0x27, 0x52, 0x41, 0x50, 0x48, 0x49, 0x43, 0x41, 0x4c, 0x00, \
  0x2C, 0x23, 0x24, 0x00, 0x34, 0x16, 0x19, 0x16, 0x13, 0x23, \
  0x00, 0x00, 0x00, 0x46, 0x4f, 0x52, 0x00, 0x2d, 0x55, 0x4c, \
  0x54, 0x49, 0x53, 0x49, 0x4d };

// 设置端口 B 为输出
void SetPortBOutput（void）
{
     PORTB = 0x00;
     bitset（STATUS, RP0）;
     TRISB = 0X00;
     bitclr（STATUS, RP0）;
```

```
}
void SendCommand（char cmd）
{
    SetPortBOutput（）;
    PORTB = cmd;
    PORTA = 0x0B;                        // 将写命令就绪送往 LCD（1012）
    bitset（PORTA，2）;
}
void SendDataByte（char databyte）
{
    SetPortBOutput（）;
    PORTB = databyte;
    PORTA = 0X0A;                        // 写数据（1010）
    bitset（PORTA，2）;
}
void SendData（char highbyte，char lowbyte）
{
    SendDataByte（lowbyte）;
    SendDataByte（highbyte）;
}
void init（void）
{
    bitclr（STATUS，RP0）;               // 选择数据存储区 Bank 0
    PORTA = 0x00;
    PORTB = 0x00;
    bitset（STATUS，RP0）;               // 选择数据存储区 Bank 1
    OPTION = 0x80;                       // 关闭低电平上拉使能
    TRISA = 0x00;                        // 设置端口 A 为输出模式
    TRISA = 0x00;                        // 设置端口 B 为输出模式
    bitclr（STATUS，RP0）;
    PORTA = 0x0F;                        // 指令未准备完毕
    //选择显示模式为文本+图形，指针关闭
    SendCommand（0x9C）;
    // 设置图形首地址为 0x0000
    SendData（0,0）;
    SendCommand（CMD_GRHOME）;
    // 设置文本首地址为 0x2941
    SendData（0x29，0x41）;
    SendCommand（CMD_TXHOME）;
    // 设置文字模式使用 OR，使用内部 CG
    SendCommand（0x80）;
}
// 将数组的文本编码写入 LCD 屏的内部 RAM
void DisplayLCDText（void）
{
    int nIndex = 0;
    SendData（0x29，0x7D）;
    SendCommand（CMD_ADPSET）;
    SendCommand（CMD_AWRON）;
```

```
    for ( nIndex = 0; nIndex<TEXT_NUM; nIndex++ )
    {
        SendDataByte（textTable[nIndex]）;
    }
        SendCommand （CMD_AWROFF）;
}
// 从 LCD 屏首地址向右移动文本
void MoveTextRight（int startAddrHigh, int startAddrLow, int numSteps）
{
    int nIndex = 0;
    for（nIndex = 0; nIndex<numSteps; nIndex++ ）
    {
        SendData（startAddrHigh, startAddrLow）;
        SendCommand（CMD_TXHOME）;
        startAddrLow--;
 }
}
// 从 LCD 屏首地址向左移动文本
void MoveTextLeft（int startAddrHigh, int startAddrLow, int numSteps）
{
    int nIndex = 0;
    for（nIndex=0; nIndex<numSteps; nIndex++ ）
    {
        SendData（startAddrHigh, startAddrLow）;
        SendCommand（CMD_TXHOME）;
        startAddrLow++;
    }
}
void main （）
{
    init （）;
    DisplayLCDText （）;
    while （ 1 ）
    {
        MoveTextRight（0x29, 0x41, 20）;
        MoveTextLeft（0x29, 0x2D, 20）;
    }
}
```

保存并编译程序，当程序编译通过后返回到电路窗口，单击工具栏的运行按钮，这时 LCD 屏显示 Graphical LCD T6963C for Multisim，如图 9-28 所示。

9.4.4 基于 PIC16F84A 实现 EEPROM 读写

用 PIC16F84A 实现将 5 个 16 进制数 64H、63H、62H、61H、60H 依次写入 EEPROM，地址分别为 05H～01H。要求写数据时，给出写指示和写数据数码显示；5 个数据写完后读出数据。

1. 创建仿真电路

在 NI Multisim 14 电路窗口创建如图 9-29 所示仿真电路。

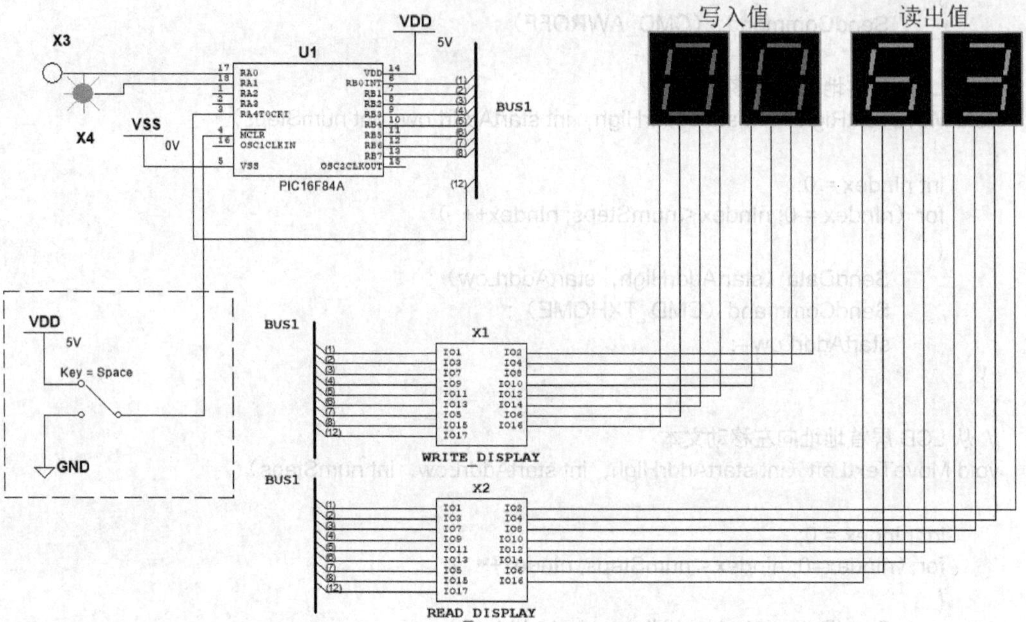

图 9-29　基于 PIC16F84A 的 EEPROM 读写仿真电路

电路中，X_1 是写控制电路子电路，X_2 是读控制电路子电路；RA_0 接写指示灯 X_3，RA_1 接读指示灯 X_4。设置 PIC16F84A 的 RB 端口输出接读写控制电路，同时 RB 端口接数码管显示读写数据。RA_4 为读写控制信号，当 RA_4=1 时电路完成写操作，当 RA_4=0 时电路完成读操作。X_1 和 X_2 子电路如图 9-30 所示。

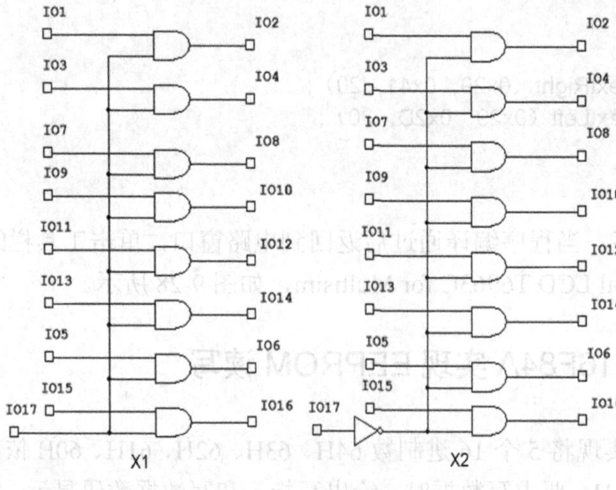

图 9-30　读/写控制电路

2. 仿真源程序

在源文件编辑界面中输入下面的源程序代码。

```
#include "P16F84A.inc"                      ;MPASM 汇编器包含对 PIC16F84A 的定义
DELAYCOUNT1 EQU 0x0C                        ; 定义延时变量寄存器，地址为 0CH
DELAYCOUNT2 EQU 0x0D                        ; 定义延时变量寄存器，地址为 0DCH
WRITECOUNT    EQU 0x0E                      ; 定义写控制计数变量，地址为 0CH
READCOUNT EQU 0x0                           ; 定义读控制计数变量，地址为 0CH
    CONSTANT BYTES_TO_WRITE= 0x05 ;         定义常数变量（写字节数）
    MOVLW BYTES_TO_WRITE                    ; 将常数变量值存入 W
    MOVWF WRITECOUNT                        ; 再转存至 WRITECOUNT
    BSF   STATUS,RP0                        ; 选择 1 区
    MOVLW   0x00                            ; RB 口的方向控制码 00H 存入 W
    MOVWF   TRISB                           ; 转存至 TRISB
    MOVWF   TRISA                           ; 转存至 TRISA
    BCF   STATUS,RP0                        ; 选择 0 区
WRITE_LOOP                                  ; 写操作
BSF   PORTA,0                               ; 写指示灯亮
    BCF   PORTA,1                           ; 读指示灯灭
    BSF   PORTA,4                           ; 写控制信号有效
    MOVLW   0x00
    MOVLW   0x5F
    MOVWF EEDATA
    ; 数据寄存器 EEDATA 的初始值加写计数变量值，并送至 B 口
    MOVF WRITECOUNT,0
    ADDWF EEDATA,0                          ; 结果保存至 W
    MOVWF PORTB
    ; 数据寄存器 EEDATA 的初始值加写计数变量值，并存入 EEDATA（写 EEPROM）
    MOVF WRITECOUNT,0
    ADDWF  EEDATA,1            ;地址寄存器 EEDATA 的初始值加写计数变量值，并存入
EEDATA
    ADDWF EEADR,1
    BSF   STATUS,RP0                        ; 选择 1 区
    BCF   INTCON,GIE                        ; 关闭总中断
    BSF   EECON1,WREN                       ; 允许写操作
    MOVLW 0x55                              ; 用 W 作中转
    MOVWF EECON2
    MOVLW 0xAA
    MOVWF EECON2
    BSF   EECON1,WR                         ; 启动一次写操作
    BSF   INTCON,GIE                        ; 开放总中断
    BCF   STATUS,RP0                        ; 选择 0 区
    CALL DELAY                              ; 调用延时子程序
    BCF   PORTA,0                           ; 熄灭写指示灯
    CALL DELAY
    DECFSZ WRITECOUNT,1                     ; 计数变量值减 1，并判断
    GOTO WRITE_LOOP
    MOVLW BYTES_TO_WRITE                    ; 设置读计数变量值为初始地址
    MOVWF READCOUNT
```

```
READ_LOOP                               ; 读操作
    BCF   PORTA,0                       ; 读指示灯亮
    BSF   PORTA,1                       ; 写指示灯灭
    BCF   PORTA,4                       ; 读控制信号有效
    MOVF READCOUNT,0                    ; 将地址存入地址寄存器 EEADR
    MOVWF EEADR
    BSF   STATUS,RP0                    ; 选择 1 区
    BSF   EECON1,RD
    BCF   STATUS,RP0                    ; 选择 0 区
    MOVF EEDATA,0
    MOVWF PORTB
    CALL DELAY
    BCF   PORTA,1                       ; 熄灭读指示灯
    CALL DELAY
    DECFSZ READCOUNT,1
    GOTO READ_LOOP
    GOTO ENDING
    DELAY                               ; 延时子程序
    MOVLW   0xF7                        ; S 设置或重置参数
    MOVWF   DELAYCOUNT1
    MOVLW 0x00                          ; 设置延迟参数 2 到 0
DELAYLOOP1
    MOVWF DELAYCOUNT2
DELAYLOOP2
    INCFSZ DELAYCOUNT2,1
    GOTO DELAYLOOP2
    INCFSZ DELAYCOUNT1,1
    GOTO DELAYLOOP1
    RETURN                              ; 延时子程序返回
    ENDING
    GOTO ENDING
    END
```

保存并编译程序，当程序编译通过后返回到电路窗口，按 Space 键使 PIC16F84 的 MCLR 端（Pin4）接高电平，单片机正常工作。单击工具栏的运行按钮 Run，这时写数据数码管依次显示 64、63、62、61、60，显示每一个数据之前，读指示灯闪动一次。再按 Space 键使 PIC16F84F 复位，数码管显示 00，指示灯 X_3 和 X_4 均不亮。此时，EEPROM 内容如图 9-31 所示。

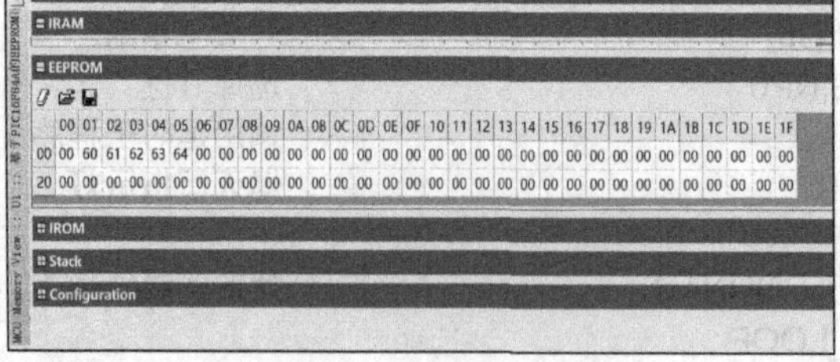

图 9-31　EEPROM 内容

习　题

9-1　简述 NI MultiMCU 进行单片机仿真的基本步骤。

9-2　利用单片机作为控制器实现 8 路抢答器。

9-3　利用单片机作为控制器实现交通灯控制器。要求该交通灯控制器的数字电子钟具有如下功能。

（1）可以在 30～60 s 内设定信号灯的交替时间；

（2）能显示信号灯的亮灭。

9-4　利用单片机作为控制器和液晶模块一起构成数字电子钟。要求：

（1）液晶模块显示时间、日期、农历，闹钟；

（2）具备整点报时功能；

（3）具备秒表功能。

9-5　在 NI Multisim 14 软件中设计流水灯控制电路，硬件电路如图 P9-1 所示，编写源程序如下，程序编译提示如图 P9-2 所示，请找出程序错误，并改正。

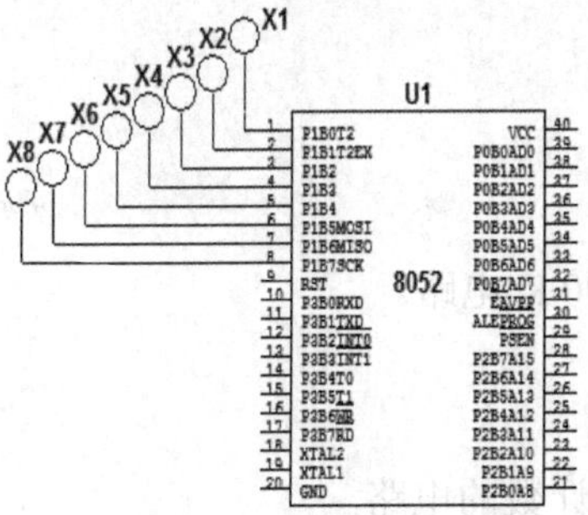

图 P9-1　仿真流水灯时硬件电路

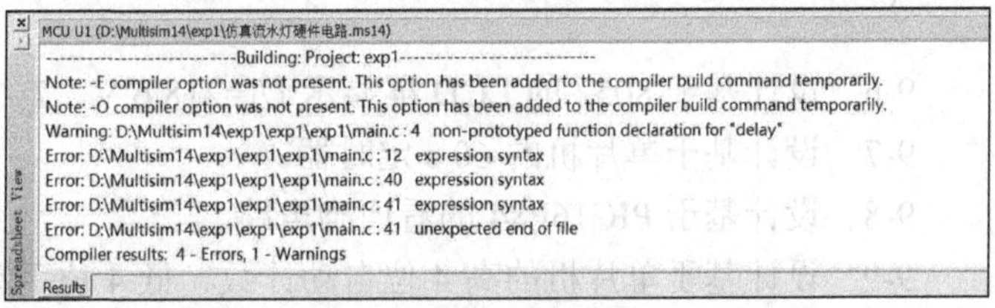

图 P9-2　程序编译结果

仿真程序如下。

```
#include <htc.h>
void delay（t）
{
    int j;
    for（j=0;j<t;j++）;
}
void main（）
{
    unsigned char i,v1=1,v3=128,v4=1
    P1=0;
    while（1）
    {
        delay（2）;
        P1=0;
```

```
        for (i=0;i<7;i++)
        {
            P1=v1;
            v1=v1<<1;
            delay (2) ;
        }
        for (i=0;i<8;i++) ;
        {
            P1=v1;
            v1=v1>>1;
            delay (2) ;
        }
        v1=1;
        P1=0;
        delay (2) ;
        for (i=0;i<8;i++)
        {
            P1=v3|v4;
            v3=v3>>1;
            v4=v4<<1;
            delay (3) ;
        }
        v3=128
        v4=1;
}
```

9-6　设计基于 8052 的 LCD 屏显示 U_1=218.6 V，T=290 K 电路。

9-7　设计基于单片机的 60 s 定时器。

9-8　设计基于 PIC16F84 的看门狗电路。

9-9　设计基于单片机的高 4 位自动计数、低 4 位手动计数的电路。

9-10　根据 PIC16F84 的 TMR0 模块的定时功能，设计延时为 500 ms，二进制自动递减计数的电路。

9-11　设计基于单片机的带复位功能的简单计数器电路。

第 10 章　NI Multisim 14 在电力电子技术中的应用

电力电子技术是使用电力电子器件对电能进行变换和控制的技术，是应用电力领域的电子技术。它包括 AC/DC、DC/DC、AC/AC、DC/AC。本章应用 NI Multisim 14 仿真软件对电力电子电路进行仿真。

10.1　交流-直流变换

交流-直流（AC/DC）变换是指将工业电网的单相或三相对称正弦 220 V/380 V、50 Hz 交流电压变换成直流电压。若电路的电力电子器件采用晶闸管等可控器件时为可控整流电路，常见有单相可控整流电路和三相可控整流电路。

10.1.1　单相可控整流电路

当整流电路的电源为单相交流电时，构成单相整流电路，用在负载功率不太大、对输出波形要求不太高的可调直流电源场合。单相可控整流电路分为单相半波可控整流电路、单相全波可控整流电路和单相桥式可控整流电路。

1. 单相半波可控整流电路

半波整流是一种利用二极管的单向导通特性来进行整流的电路。

（1）电阻性负载的单相半波可控整流电路。

在 NI Multisim 14 电路窗口中创建如图 10-1 所示的是电阻性负载的单相半波可控整流电路。其中 V_2 为 220 V 交流电源，可调电压源 V_1 和晶闸管相位角控制器 U_1（单相）组成晶闸管控制电路，D_1（2N3898）为晶闸管，R_1（100 Ω）为电路负载。

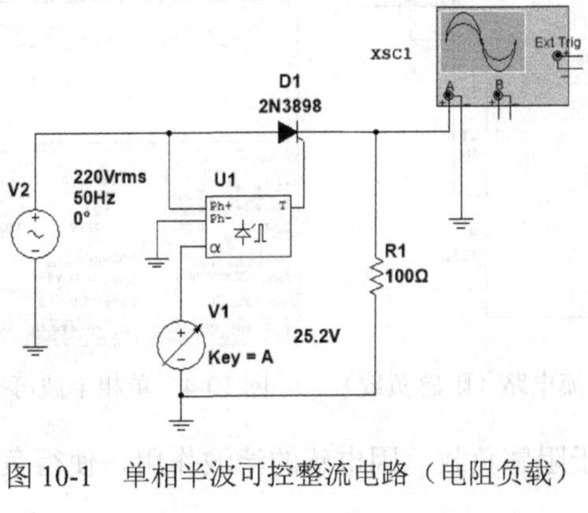

图 10-1　单相半波可控整流电路（电阻负载）

启动仿真，单相半波可控整流电路的输出电压为一串脉动电流波，如图 10-2 所示。改变可调电压源 V_1 的值，晶闸管相位角控制器 U_1 的 α 和输出电压波形随之而变。图 10-2（a）所示的是可调电源 V_1 为 26.2 V 时输出电压的波形，图 10-2（b）所示的是可调电压源 V_1 为 115.2 V 时输出电压的波形。

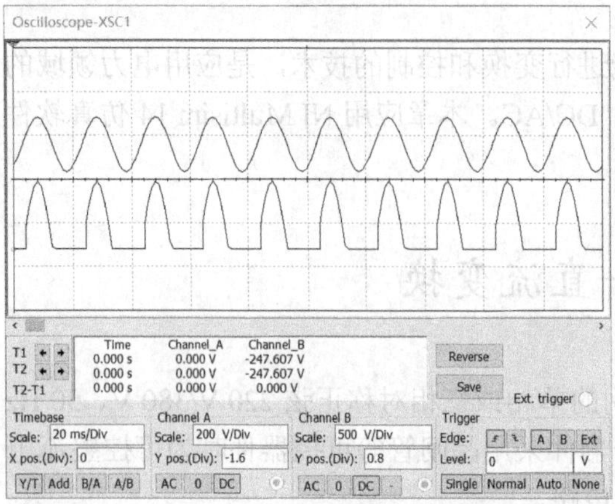

（a）V_1 为 26.2 V 时输出电压的波形

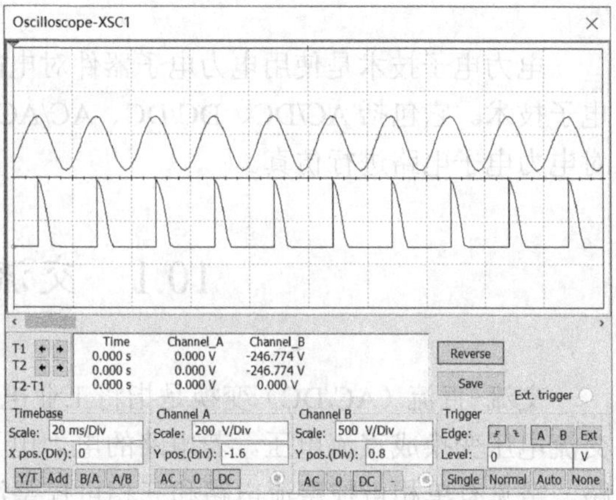

（b）V_1 为 115.2 V 时输出电压的波形

图 10-2　单相半波可控整流电路的输出电压曲线

由图 10-2 可见，当晶闸管 D_1 截止时，负载上的电压等于 0；当晶闸管 D_1 导通时，负载上的电压波形同输入电压波形。

（2）阻感性负载的单相半波可控整流电路。

在 NI Multisim 14 电路窗口中创建如图 10-3 所示带阻感性负载的单相半波可控整流电路。其负载由电感和电阻组成，电路的输出电压为一串脉动波形，如图 10-4 所示。改变可调电压源 V_1 的值，晶闸管相位角控制器 U_1 的 α 和输出电压波形随之而变。

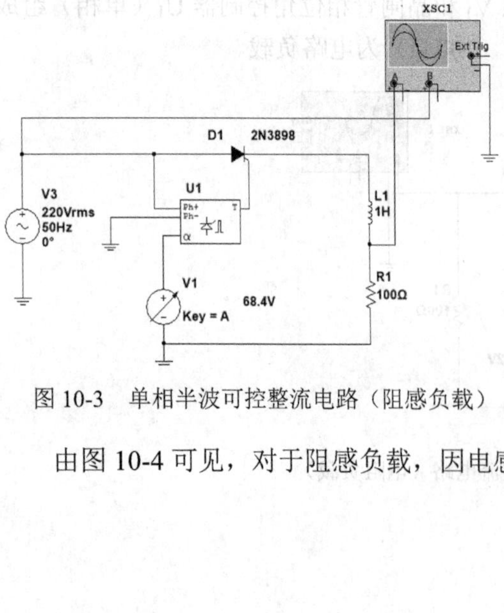

图 10-3　单相半波可控整流电路（阻感负载）

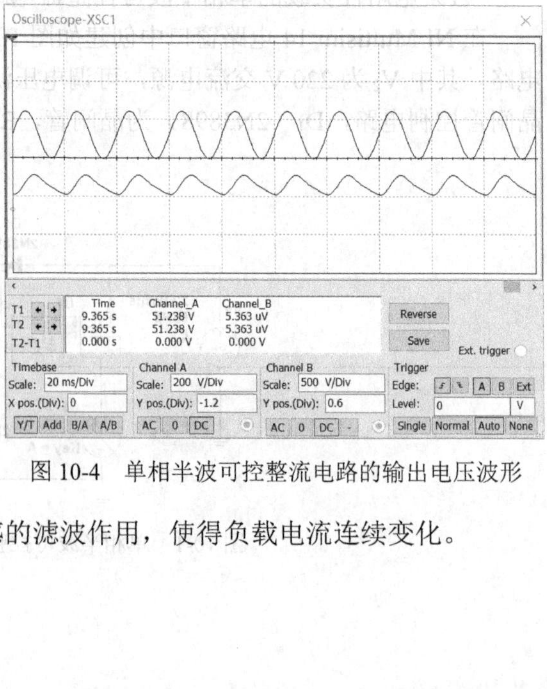

图 10-4　单相半波可控整流电路的输出电压波形

由图 10-4 可见，对于阻感负载，因电感的滤波作用，使得负载电流连续变化。

2. 单相全波可控整流电路

在全波整流电路中，选择两个整流器件和带中心抽头的电源变压器组成全波整流电路。全波整流使交流电的两半周期都得到了利用，提高了整流器的效率。在正半周期内，电流流过一个整流器件，而在负半周内，电流流经第二个整流器件，并且两个整流器件的连接能使流经它们的电流以同一方向流过负载。单相全波可控整流电路如图 10-5 所示。

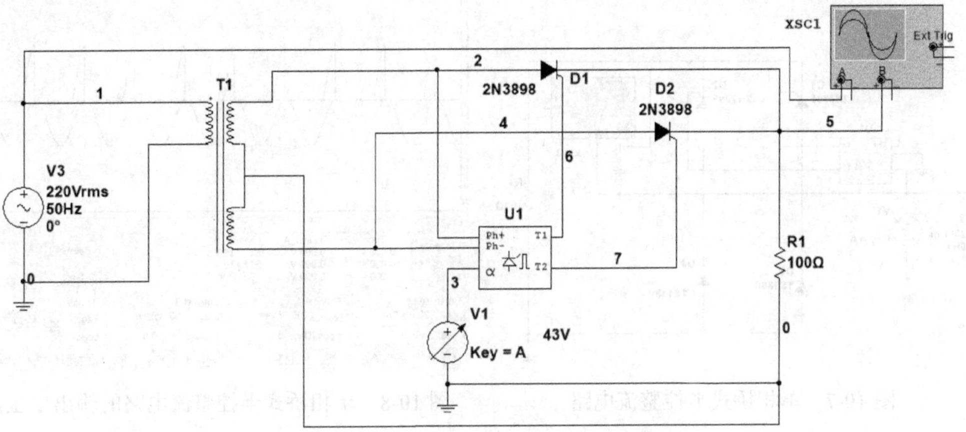

图 10-5 单相全波可控整流电路

启动仿真，单相全波可控整流电路的输出电压曲线如图 10-6 所示。

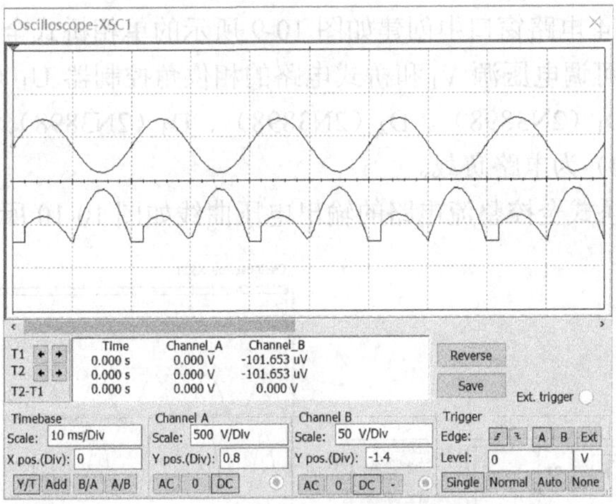

图 10-6 单相全波可控整流电路的输出电压曲线

由图 10-6 可见，对于单相全波可控整流电路，负载电流连续变化。若改变可调电压源 V_1，晶闸管相位角控制器 U_1 的 α 和输出电压波形随之而变化。

3. 单相桥式可控整流电路

（1）单相桥式半控整流电路。

在 NI Multisim 14 电路窗口中创建如图 10-7 所示的单相桥式半控整流电路。其中 V_2 为 220 V 交流电源，可调电压源 V_1 和桥式电路的相位角控制器 U_1（单相）组成晶闸管控制电路，晶闸管 D_1（2N3898）、D_2（2N3898）和二极管 D_3（1S1888）、D_4（1S188）构成整流桥，R_1（100Ω）为电路负载。单相桥式半控整流电路只能控制交流输入端，晶闸管常规放置在交流输入端，即控制交流端的输入，该阀门打开则整流输出，关闭则整流无输出。

启动仿真，单相桥式半控整流电路的输出电压曲线如图 10-8 所示。

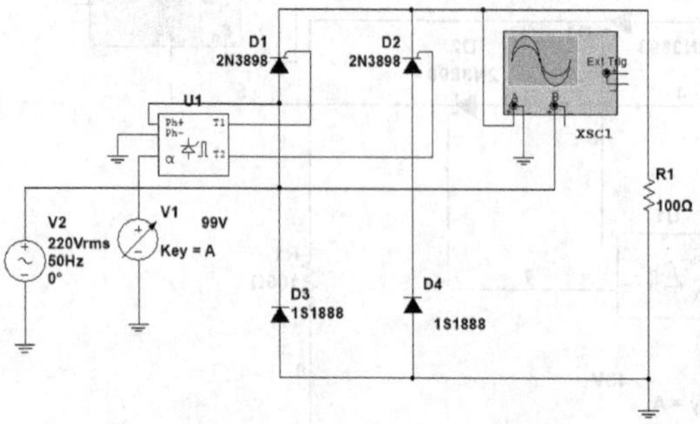

图 10-7　单相桥式半控整流电路

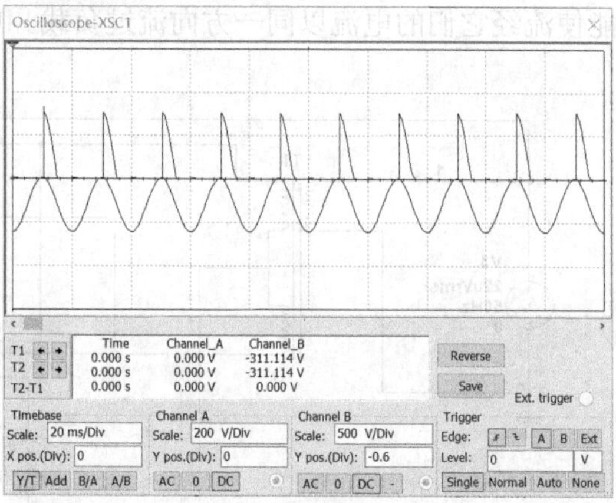

图 10-8　单相桥式半控整流电路的输出电压曲线

由图 10-8 可见，对于单相桥式半控整流电路的输出为一串脉动波形。改变可调电压源 V_1 的值，晶闸管相位角控制器 U_1 的 α 和输出电压波形随之而变化。

（2）单相桥式全控整流电路。

在 NI Multisim 14 电路窗口中创建如图 10-9 所示的单相桥式全控整流电路。其中 V_2 为 220 V 交流电源，可调电压源 V_1 和桥式电路的相位角控制器 U_1（单相）组成晶闸管控制电路，4 个晶闸管 D_1（2N3898）、D_2（2N3898）、D_3（2N3898）和 D_4（2N3898）组成桥式整流，R_1（100 Ω）为电路负载。

启动仿真，单相桥式全控整流电路的输出电压曲线如图 10-10 所示。

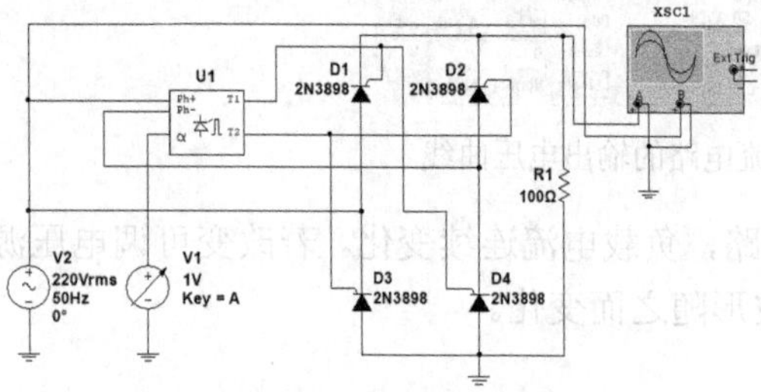

图 10-9　单相桥式全控整流电路

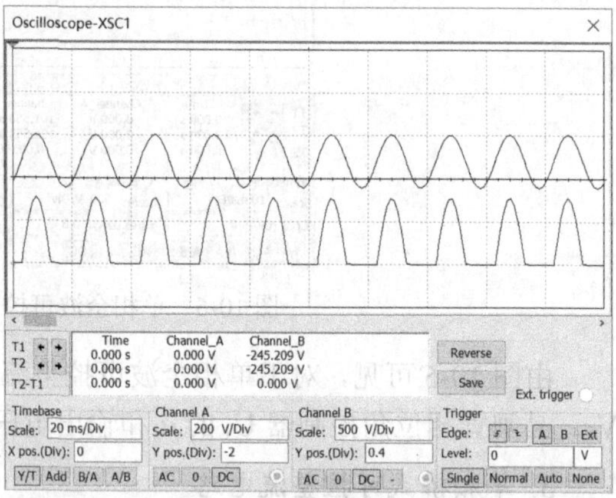

图 10-10　单相桥式全控整流电路的输出电压曲线

由图 10-10 可见，桥式单相全控整流电路的输出电压为一串脉动电流波，改变可调电压源 V_1，晶闸管相位角控制器 U_1 的 α 和输出电压波形随之而变。

10.1.2　三相可控整流电路

当整流电路的电源为三相交流电时，构成三相整流电路，该电路适合负载功率超过 4 kW 以上，且直流电压脉动较小的场合。三相可控整流中最常见是三相桥式全控整流电路，在 NI Multisim 14 电路窗口中创建如图 10-11 所示的三相桥式全控整流电路。其中 V_1 为 220 V 交流电源，可调电压源 V_2 和桥式电路的相位角控制器 U_1（三相）组成晶闸管控制电路，6 个晶闸管（2N3898）组成桥式整流构成整流桥，R_1（100 Ω）和 L_1（600 mH）为电路负载。

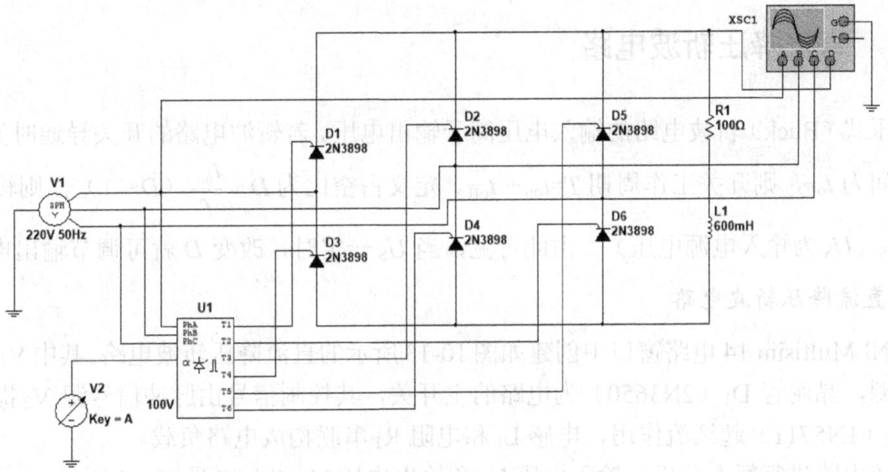

图 10-11　三相桥式全控整流电路

启动仿真，三相桥式全控整流电路的输出电压曲线如图 10-12 所示。

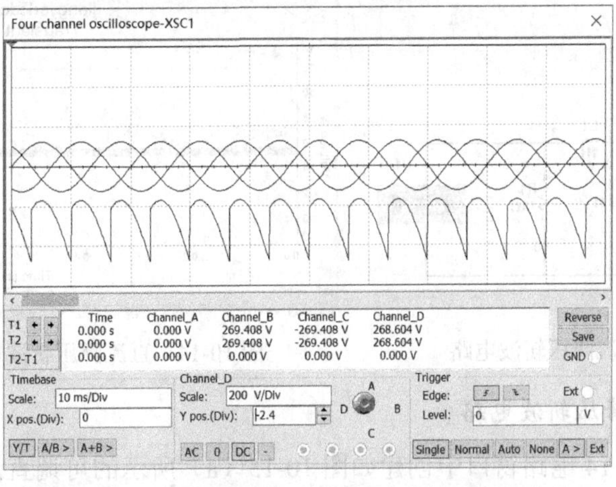

图 10-12　三相桥式全控整流电路的输出电压曲线

由图 10-12 可见，三相桥式全控整流电路的输出电压为一串脉动电流波，改变可调电压源 V_1，晶闸管相位角控制器 U_1 的 α 和输出电压波形随之而变。

10.2　直流-直流变换

直流-直流（DC/DC）变换是将固定的直流电压变换成固定或可调的直流电压，也称为直流斩波。斩波电路利用晶体管实现通断控制，将直流电源电压断续加到负载上，通过通、断时间变化来改变负载电压平均值。它具有效率高、体积小、重量轻、成本低等特点。常见的有直流降压斩波电路、直流升压斩波电路、反激式 DC/DC 转换器、正激式 DC/DC 转换器和推挽式 DC/DC 转换器。

10.2.1　直流降压斩波电路

降压式（Buck）斩波电路的输入电压高于输出电压。若斩波电路的开关导通时间为 t_{on}，关断时间为 t_{off}，则开关工作周期 $T=t_{on}+t_{off}$。定义占空比为 $D=\frac{t_{on}}{T}$（$D<1$），则输出电压 $U_O=DU_S$（U_S 为输入电源电压）。由此可见，当 U_S 一定时，改变 D 就可调节输出电压 U_o。

1. 直流降压斩波电路

在 NI Multisim 14 电路窗口中创建如图 10-13 所示的直流降压斩波电路。其中 V_1 为 12 V 直流电源，晶闸管 D_1（2N3650）为电路的主开关，其控制信号由脉冲信号源 V_2 提供，二极管 D_2（1N5711）起续流作用，电感 L_1 和电阻 R_1 串联构成电路负载。

对该电路进行暂态分析，输入电压 V_1 和输出电压 V_3 波形如图 10-14 所示。

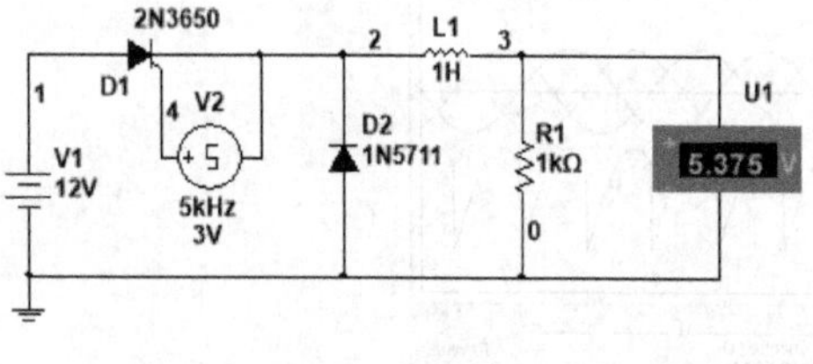

图 10-13　直流降压斩波电路

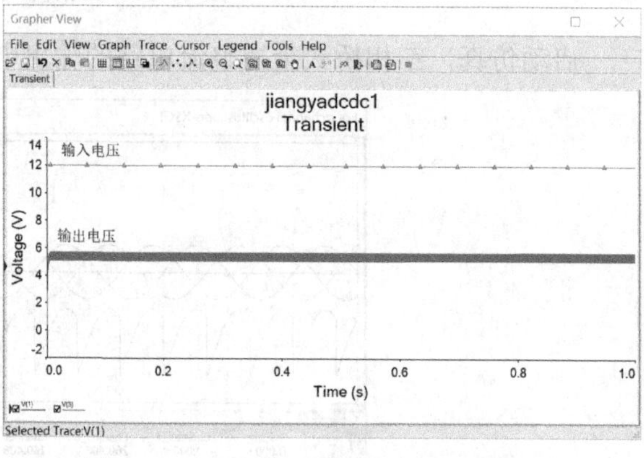

图 10-14　直流降压斩波电路暂态分析波形

2. 可调式直流降压斩波电路

在 NI Multisim 14 电路窗口中创建如图 10-15（a）所示的可调直流降压斩波电路。其中 V_{in} 为 48 V 直流电源，可调电压源 V_{duty} 和单相 PWM 控制器 U_2 组成开关管驱动电路，S_1 为电路的开关管，其栅极受开关管驱动电路控制，二极管 S_2 起续流作用，负载由电压控制电感 L_SC$_1$、电压控制电容 C_SC$_2$ 和压控电阻 R_{load} 构成。电压控制电感 L_SC$_1$ 和电压控制电容 C_SC₂ 分别如图 10-15（b）、图 10-15（c）所示。

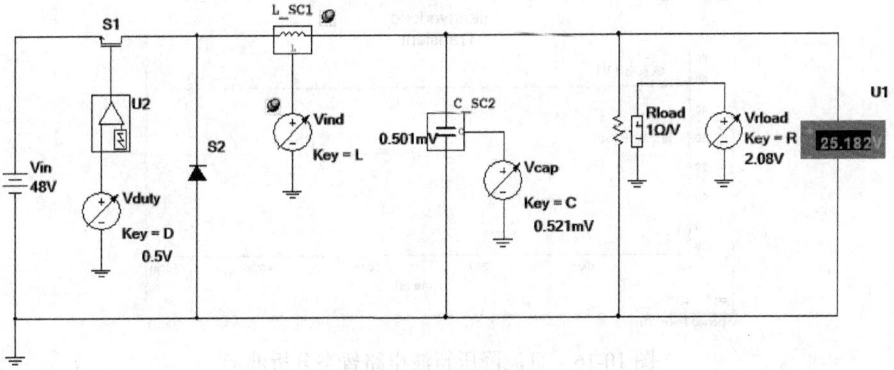

（a）可调直流降压斩波电路

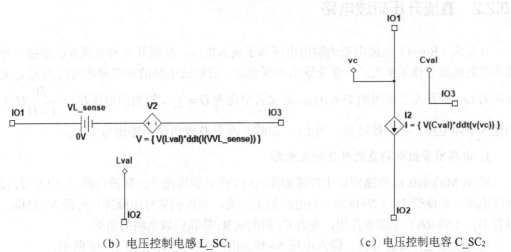

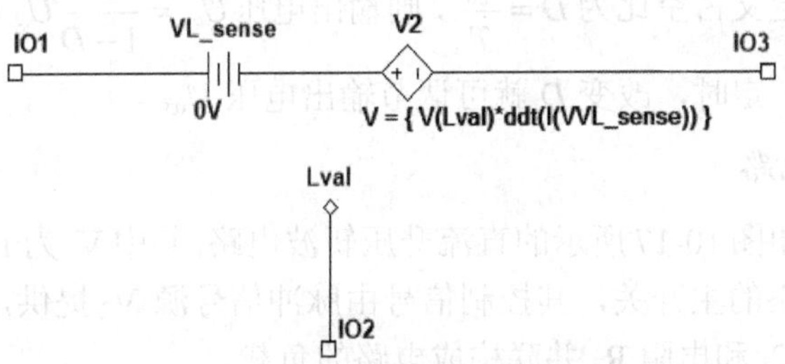

（b）电压控制电感 L_SC₁

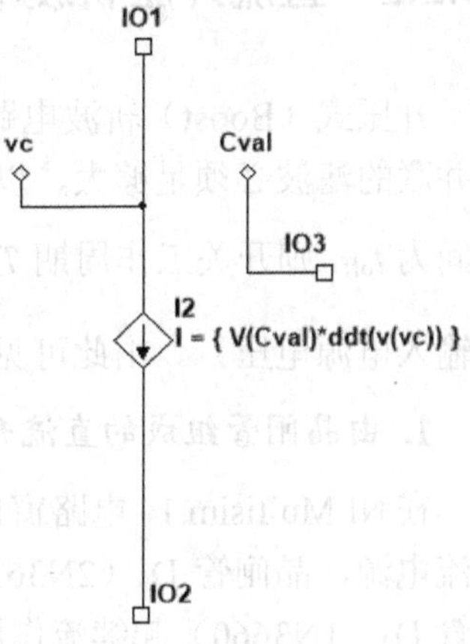

（c）电压控制电容 C_SC₂

图 10-15　直流降压斩波电路

由图 10-15（b）可见，压控制电感 L_SC₁ 由电压源 VL_sense 和受控电压源 V_2 组成，实现基本电感方程 $V = L\dfrac{\mathrm{d}i}{\mathrm{d}t}$。采用 VL_sense 感测源作为电流传感器是任意源的参考。其中受控电压源 $V_2=V(\mathrm{L\_val})\times \mathrm{ddt(VVL\_sense)}$，因此电感 L 不是一个常数，而是受电压控制的电感。

由图 10-15（c）可见，电压控制电容 C_SC₂ 由受控电流源 I_2 组成，实现基本电容方程 $I = C\dfrac{\mathrm{d}v}{\mathrm{d}t}$。其中受控电流源 $I_2=V(\mathrm{C\_val})\times \mathrm{ddt(V(VC))}$，因此，C 不是一个常数，而是受电流源控制的电容。

对该电路进行暂态分析，输入电压 V_1 和输出电压 V_{Vc} 波形如图 10-16 所示。改变可调电压源 V_{duty} 的值，输出电压值随之而变。

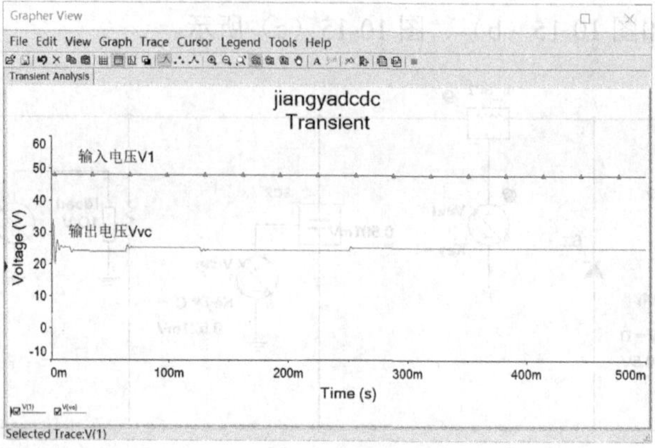

图 10-16　直流降压斩波电路暂态分析波形

10.2.2　直流升压斩波电路

升压式（Boost）斩波电路的输出电压高于输入电压，控制开关与负载并联连接，与负载并联的滤波必须足够大，以保证输出电压恒定。若斩波电路的开关导通时间为 t_{on}，关断时间为 t_{off}，则开关工作周期 $T=t_{\mathrm{on}}+t_{\mathrm{off}}$。定义占空比为 $D=\dfrac{t_{\mathrm{on}}}{T}$，则输出电压 $U_O=\dfrac{D}{1-D}U_{\mathrm{S}}$（$U_{\mathrm{S}}$为输入电源电压）。由此可见，当 U_{S} 一定时，改变 D 就可调节输出电压 U_{o}。

1. 由晶闸管组成的直流升压斩波电路

在 NI Multisim 14 电路窗口中创建如图 10-17 所示的直流升压斩波电路。其中 V_1 为 12 V 直流电源，晶闸管 D_1（2N3650）为电路的主开关，其控制信号由脉冲信号源 V_2 提供，二极管 D_2（1N3660）起续流作用，电容 C_1 和电阻 R_1 并联构成电路的负载。

对该电路进行暂态分析，输入电压 V_3 和输出电压 V_4 波形如图 10-18 所示。

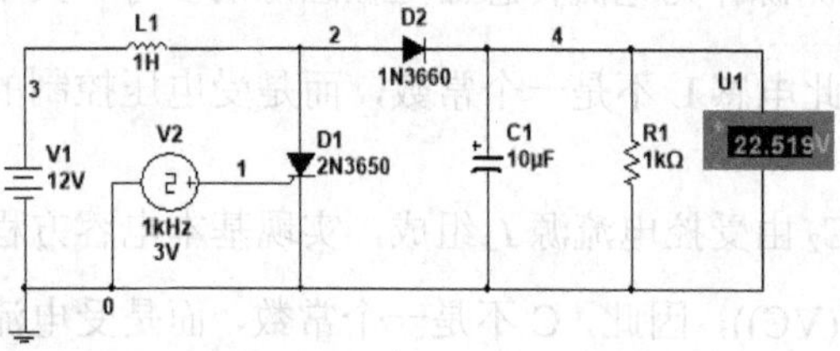

图 10-17　由晶闸管组成的直流升压斩波电路

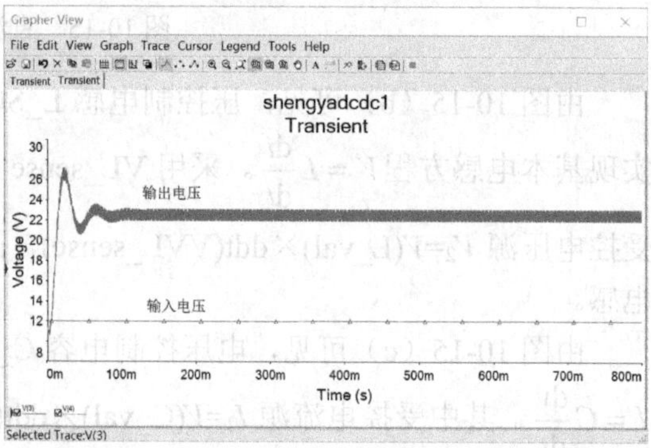

图 10-18　由晶闸管组成的直流升压斩波电路暂态分析波形

由图 10-18 可见，对于由晶闸管组成的直流升压斩波电路的输出电压为一串有扰动的直流电压，输出电压值为 22.519 V。

2. 由功率场效应管组成的直流升压斩波电路

在 NI Multisim 14 电路窗口中创建如图 10-19 所示的直流升压斩波电路。其中 V_1 为 12 V 直流电源，功率场效应管 Q_1（2SK3070S）为电路的主开关，其控制信号由脉冲信号源 V_2 提供，二极管 D_1（1N4007）起续流作用，电容 C_1 和电阻 R_1 并联构成电路的负载。

对该电路进行暂态分析，输入电压 V_3 和输出电压 V_4 波形如图 10-20 所示。

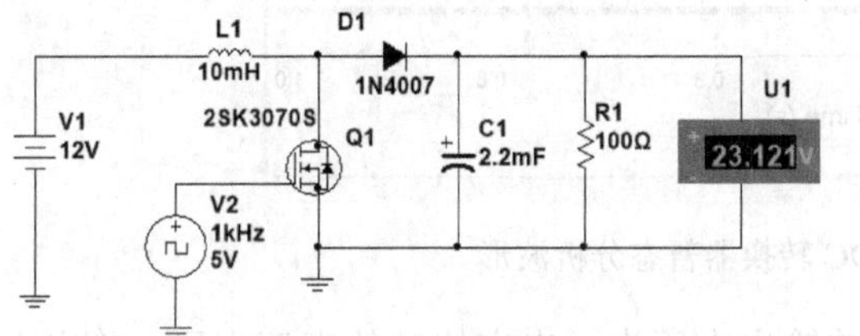

图 10-19　由功率场效应管组成的直流升压斩波电路

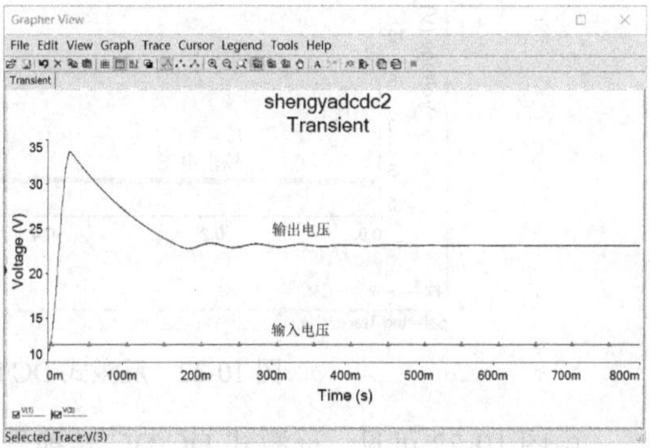

图 10-20　由功率场效应管组成的直流升压斩波电路暂态分析波形

由图 10-20 可见，对于由功率场效应管组成的直流升压斩波电路的输出电压为一串有扰动的直流电压，输出电压值为 23.126 V。

10.2.3　反激式 DC/DC 转换器

反激式 DC/DC 转换器是开关稳压器最基本的一种结构。在 NI Multisim 14 电路窗口中创建如图 10-21 所示反激式 DC/DC 转换器电路，其中 V_1 为直流输入电压，U_1、U_2 为直流输出，T_1 为高频变压器，Q_1 为功率开关管 MOSFET，其栅极接 5 V/1 kHz 的脉宽调制信号 V_2，Q_1 的漏极接原边线圈的下端，D_1、D_2 为输出整流二极管，C 为输出滤波电容，R 为负载电阻。

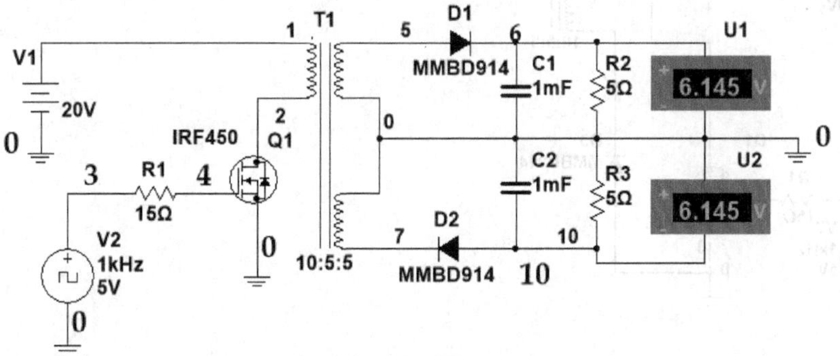

图 10-21　反激式 DC/DC 转换器

对该电路进行暂态分析，输入电压 V_1 和输出电压 U_1、U_2 输出波形如图 10-22 所示。

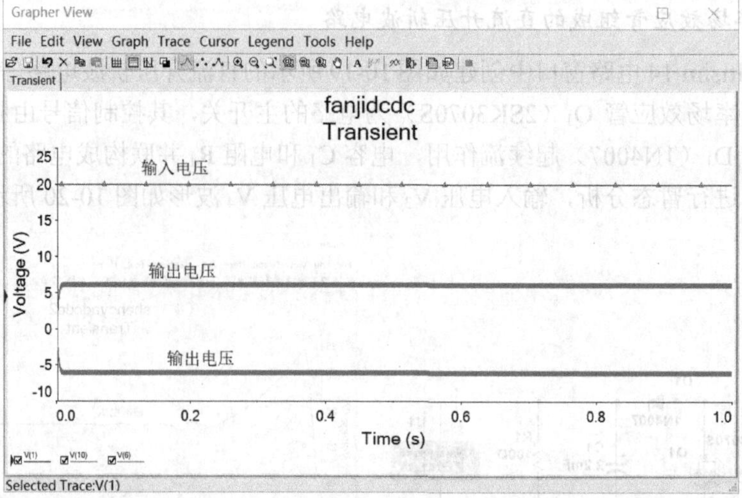

图 10-22　反激式 DC/DC 转换器暂态分析波形

由图 10-22 可见，反激式 DC/DC 转换器的输出电压为一串有扰动的直流电压，输出电压值为±6.145 V。

10.2.4　正激式 DC/DC 转换器

在 NI Multisim 14 电路窗口中创建如图 10-23 所示正激式 DC/DC 转换器电路，其中 V_1 为直流输入电压，U_1 为直流输出，T_1 为高频变压器，Q_1 为功率开关管 MOSFET，其栅极接 5 V/1 kHz 的脉宽调制信号 V_2，漏极接原边线圈的下端，D_1、D_2 为输出整流二极管，C 为输出滤波电容，R 为负载电阻。

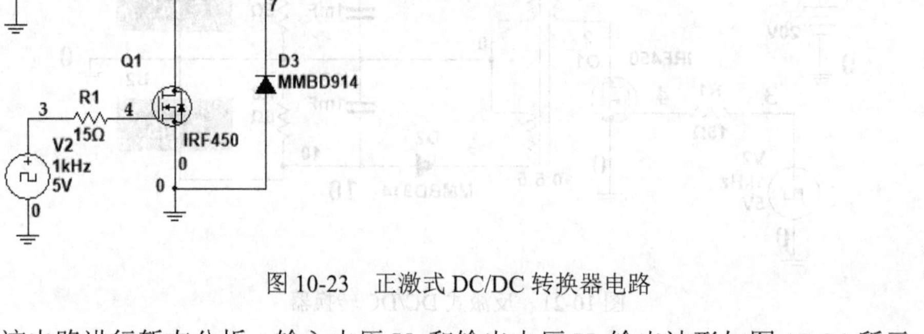

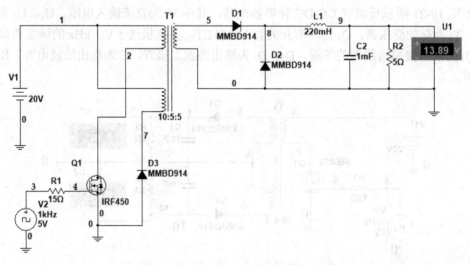

图 10-23　正激式 DC/DC 转换器电路

对该电路进行暂态分析，输入电压 V_1 和输出电压 U_1 输出波形如图 10-24 所示。

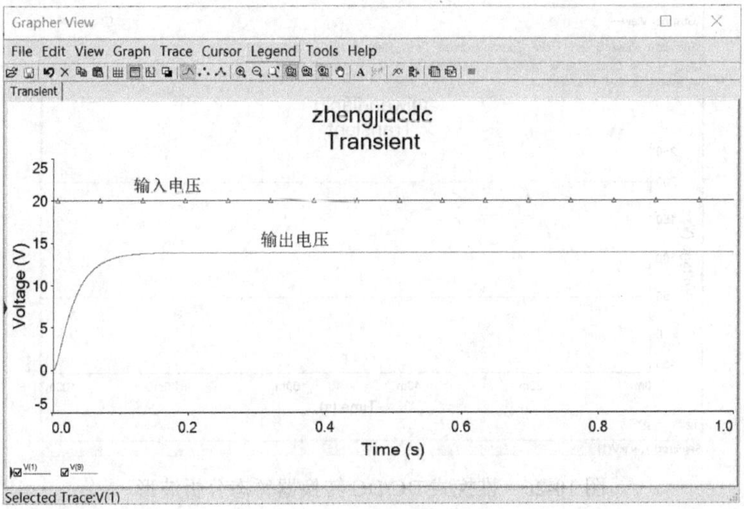

图 10-24　正激式 DC/DC 转换器暂态分析波形

由图 10-24 可见，正激式 DC/DC 转换器的输出电压为 13.89 V 直流电压。

10.2.5　推挽式 DC/DC 转换器

在 NI Multisim 14 电路窗口中创建如图 10-25 所示的推挽式 DC/DC 转换器电路，其中 V_1 为直流输入电压，U_3 为直流输出，T_1 为高频变压器，起隔离和传递能力的作用，Q_1、Q_2 为功率开关管 MOSFET，其中 Q_1、Q_2 的栅极控制信号由脉冲源 V_2、V_3 产生，漏极分别接原边线圈的 3、4 端，D_1、D_2 为输出整流二极管，L_1 为续流电感，C 为滤波电容，R 为负载电阻。

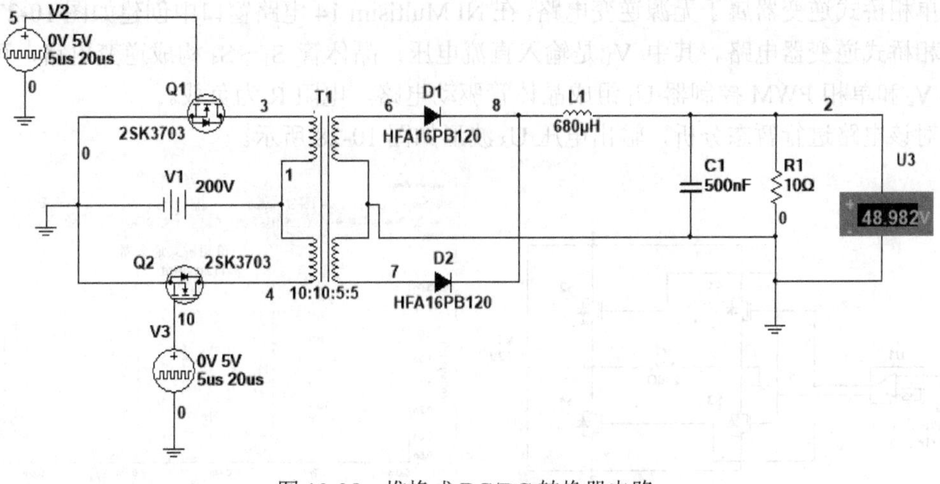

图 10-25　推挽式 DC/DC 转换器电路

对该电路进行暂态分析，输入电压 V_1 和输出电压 U_3 的输出波形如图 10-26 所示。

由图 10-26 可见，推挽式 DC/DC 转换器的输出电压为 48.982 V 的直流电压。

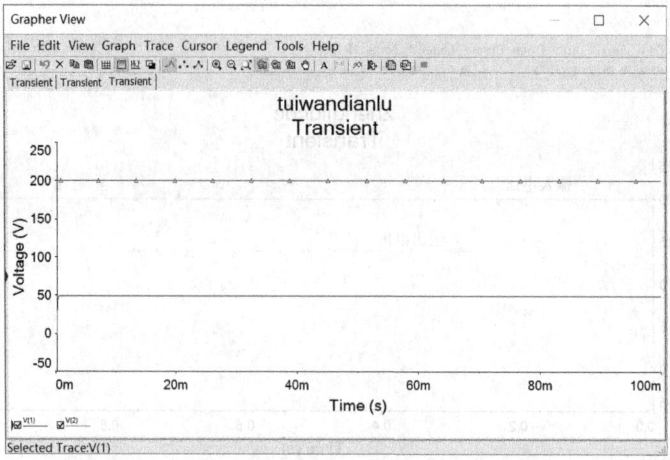

图 10-26　推挽式 DC/DC 转换器暂态分析波形

10.3　直流-交流变换

直流-交流（DC/AC）变换是指利用半导体器件将直流电能变换为交流电能的过程，也称为逆变，实现逆变的装置叫作逆变器。在逆变电路中，把直流电经过直交变换，向交流电源反馈能量的变换电路称为有源逆变；将直流电转变为负载所需要的不同频率和电压值的交流电称为无源逆变。

10.3.1　单相桥式逆变器

单相桥式逆变器属于无源逆变电路，在 NI Multisim 14 电路窗口中创建如图 10-27 所示的单相桥式逆变器电路。其中 V_1 是输入直流电压，晶体管 S_1～S_4 构成逆变电路，可调电压源 V_2 和单相 PWM 控制器 U_1 组成晶体管驱动电路，电阻 R 为负载。

对该电路进行暂态分析，输出电压 U_3 波形如图 10-28 所示。

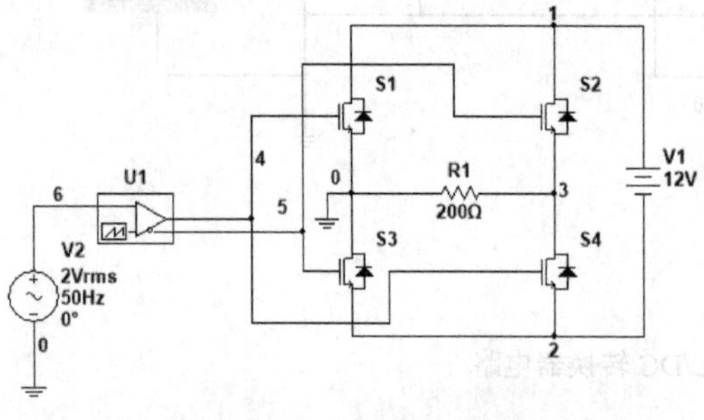

图 10-27　单相桥式逆变器电路

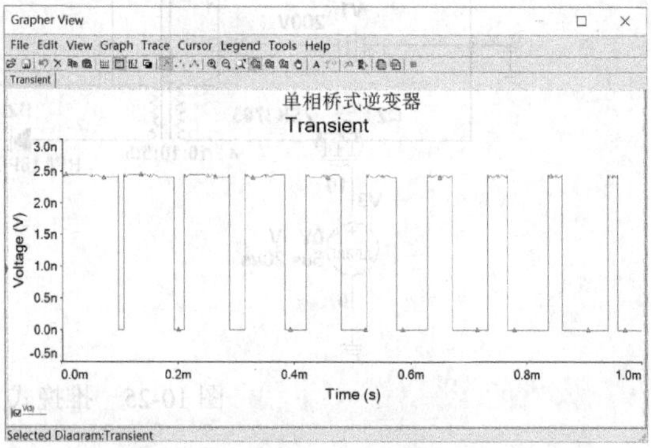

图 10-28　单相桥式逆变器暂态分析波形

由图 10-28 可见，单相桥式逆变器的输出电压是一串脉动的交流电。

10.3.2　三相桥式逆变器

通常，中、大功率的三相负载均采用三相桥式逆变器，在 NI Multisim 14 电路窗口中创建如图 10-29 所示的三相桥式逆变器电路。其中 V_1 为 50 V 直流电源，晶体管 Q_1～Q_6 构成逆变电路，电压控制电压源和三相 PWM 控制器 U_1 组成晶体管驱动电路，电感 L、电容 C 和电阻 R 构成负载。

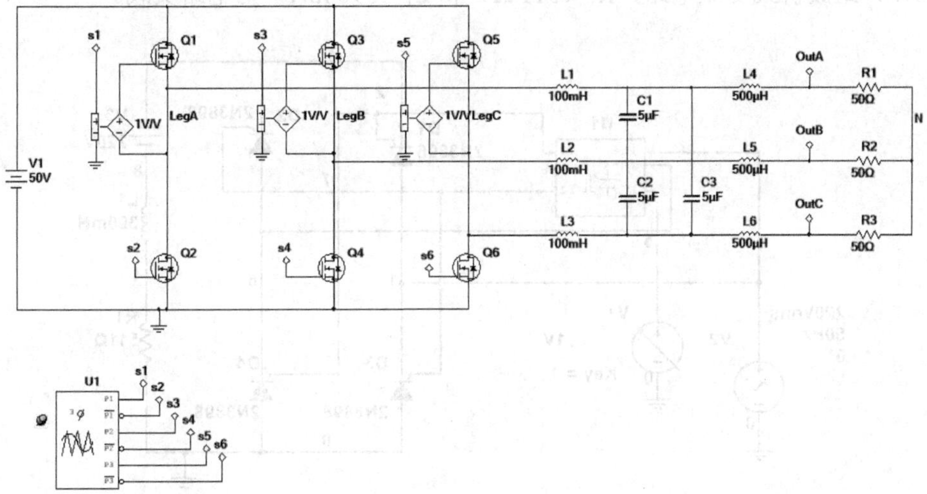

图 10-29　三相桥式逆变器电路

对该电路进行暂态分析，输出电压 U_3 波形如图 10-30 所示。

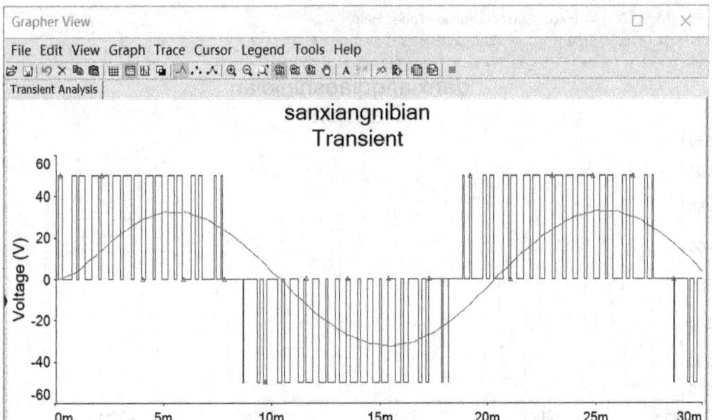

图 10-30　三相桥式逆变器暂态分析波形

由图 10-30 可见，三相桥式逆变器的输出电压为一串脉动交流电。

10.3.3 单相桥式全控整流及有源逆变器

逆变与整流是变流装置的两组不同工作状态，能在同一套变流装置上实现。当控制角 90°＜α＜180°时，变流装置工作在逆变状态。将单相桥式全控整流仿真模型的负载端添加一直流电源 DC220 V 即成为单相桥式全控整流及有源逆变器，在 NI Multisim 14 电路窗口中创建如图 10-31 所示电路。其中 V_2 为 220 V 的交流源，V_3 为 220 V 直流电源；可调电压源 V_1 和桥式电路的相位角控制器 U_1（单相）组成晶闸管控制电路，晶闸管 D_1～D_4（2N3898）组成桥式变流电路，R_1（511 Ω）和 L_1（390 mH）为电路负载。

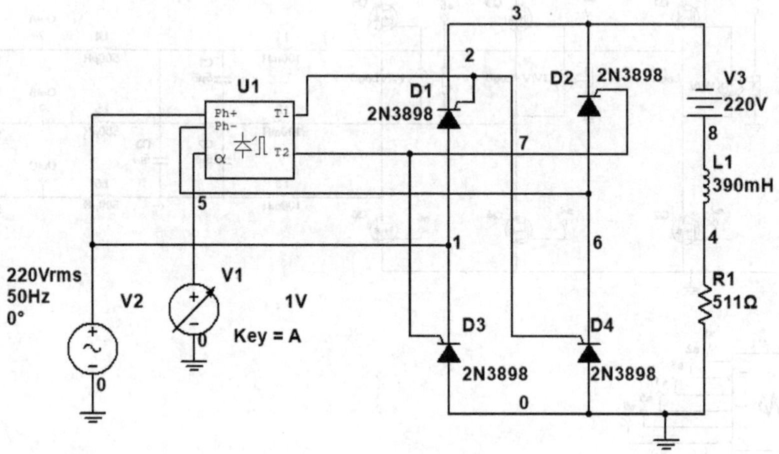

图 10-31 单相有源逆变器电路

对该电路进行暂态分析，输出电压 U_4 波形如图 10-32 所示。

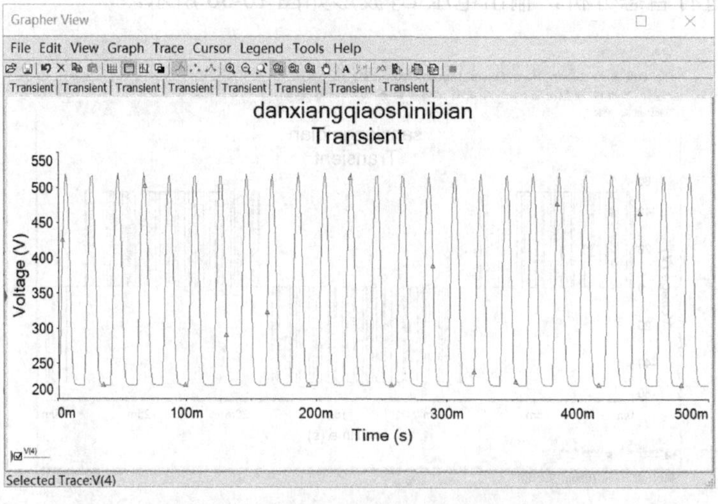

图 10-32 单相有源逆变器暂态分析波形

由图 10-32 可见，单相有源逆变器的输出电压为 114.86 V/50 Hz 交流电。

10.4　交流-交流变换

交流-交流（AC/AC）变换器是将一种形式的交流电变换为另一种形式的交流电。通常将仅改变交流电压有效值的变换器称为交流调压器，而将改变交流电压有效值和频率的变换器称为交-交变频电路。

10.4.1　单相交流调压电路

由晶闸管及控制电路组成的交流调压电路，可方便调节输出的交流电压。在 NI Multisim 14 电路窗口中创建如图 10-33 所示的单相交流调压仿真电路。其中 V_1 为交流输入电压，晶闸管 S_1、S_2 反并联后接在交流电源和负载之间，S_1 控制交流电源正半周的通断，S_2 控制交流电源负半周的通断。其门极控制信号分别由脉冲源 V_2、V_3 提供，V_2、V_3 的触发时间相差 10 ms（180°）。

启动仿真，双击示波器，单相交流调压电路的输出电压如图 10-34 所示。调整脉冲源 V_2、V_3 的触发时间，改变触发信号的触发时间，可调整输出电压有效值，输出电压波形随之而变。

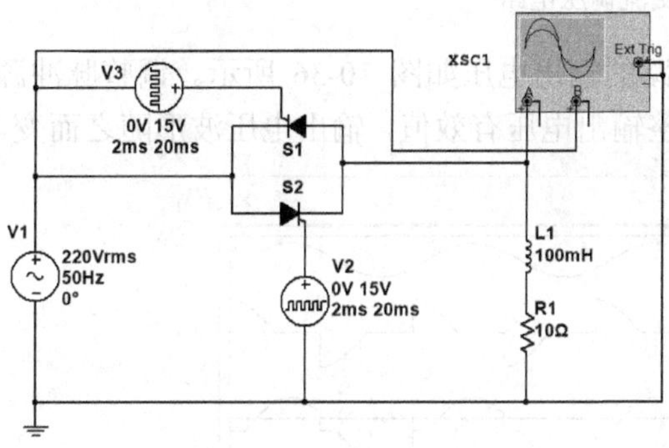

图 10-33　单相交流调压电路

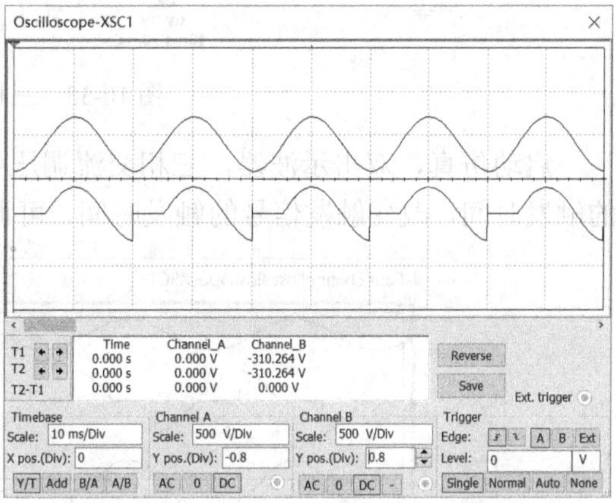

图 10-34　单相交流调压电路的仿真结果

10.4.2　三相交流调压电路

当负载功率较大或者三相负载提供可调电源时，通常采用三相调压控制电路。在 NI Multisim 14 电路窗口中创建如图 10-35 所示的三相交流调压仿真电路。其中 V_1、V_4 和 V_7 为对称三相电源，相位互差 120°，每一相用两个晶闸管 D_1、D_2，D_3、D_4 和 D_5、D_6 反并联在一起，其门极控制信号分别由脉冲源 V_2、V_3，V_5、V_6 和 V_8、V_9 提供，脉冲源的周期为 20 ms。

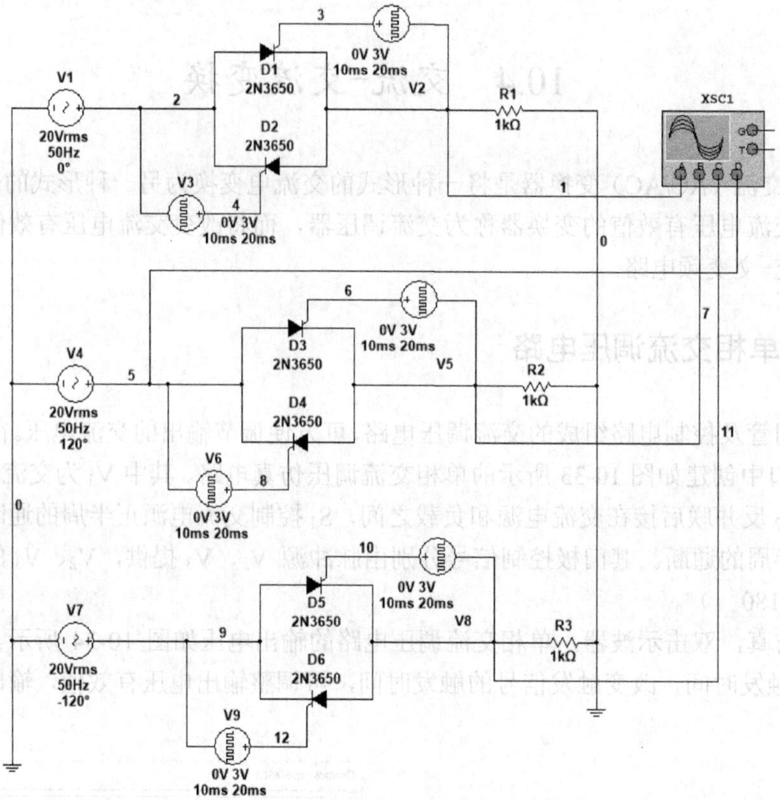

图 10-35　三相交流调压电路

启动仿真，双击示波器，三相交流调压电路的输出电压如图 10-36 所示。调整脉冲源的触发时间，改变触发信号的触发时间，可调整输出电压有效值，输出电压波形随之而变。

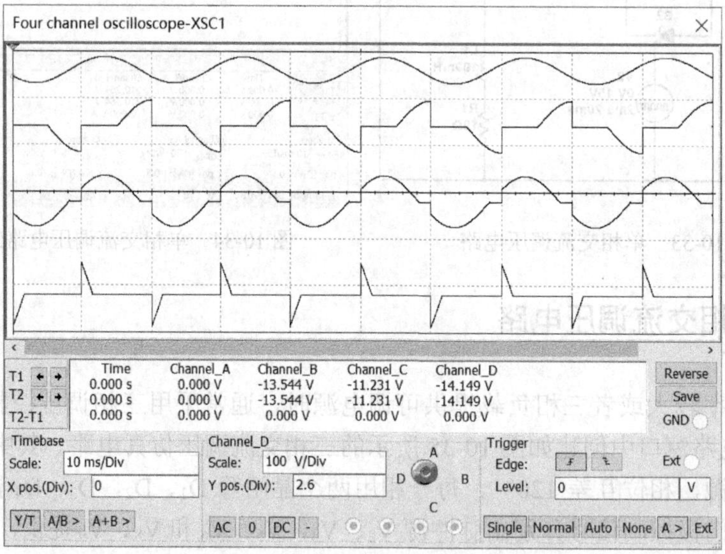

图 10-36　三相交流调压电路的仿真结果

10.4.3　单相交-交变频电路

交-交变频器是把工频交流电直接变换成不同频率交流的变流电路，也叫周波变换器。电路由两组反并联的三相晶闸管可逆变换器构成，运行中正、反两组变流器的触发角 α 随时间线性变化，使输出电压平均值为正弦波。当改变触发角 α 的变化率，则输出电压平均值变化的速率也变化，也就改变了输出电压的频率；同时，当改变触发角 α 的变化范围时，也改变了输出电压的最大值及交流电压的有效值。

在 NI Multisim 14 电路窗口中创建如图 10-37 所示的单相交-交变频仿真电路。其中 V_1 为 50 Hz 三相电源，晶闸管 S_1～S_6 组成三相晶闸管正组变流器，晶闸管 S_7～S_{12} 组成三相晶闸管反组变流器，可调电压源 V_2 和桥式电路的相位角控制器 U_1 组成晶闸管控制电路，R_1 和 L_1 构成负载。

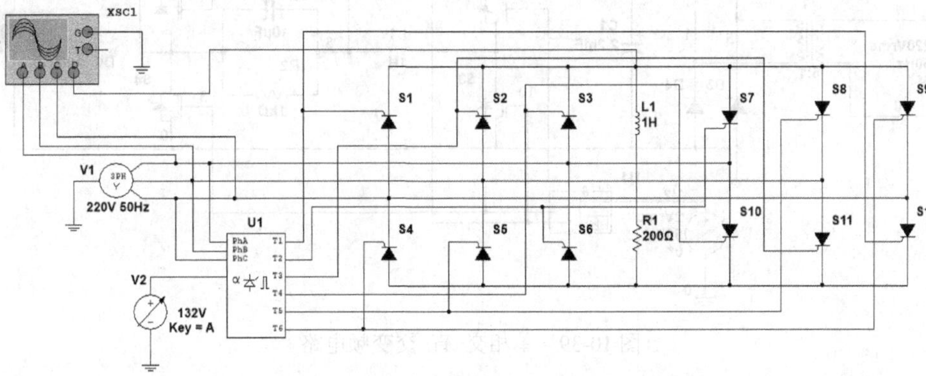

图 10-37　单相交-交变频电路

启动仿真，双击示波器，单相交-交变频电路的输出电压如图 10-38 所示。调整脉冲源的触发时间，改变触发信号的触发时间，可调整输出电压的频率和有效值，输出电压波形随之而变。

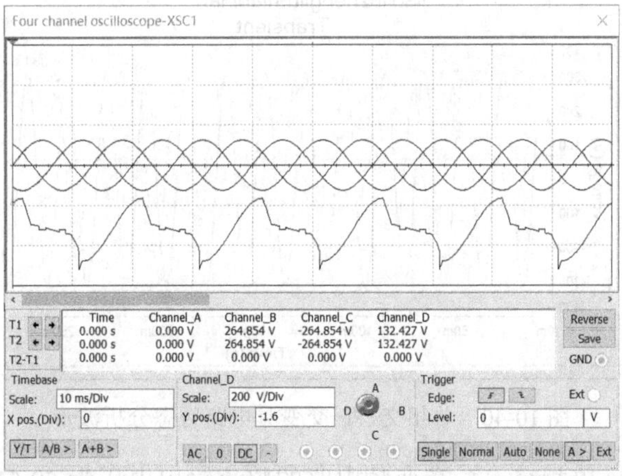

图 10-38　单相交-交变频电路的仿真结果

10.4.4　单相交-直-交变频电路

单相交-直-交变频电路是间接交流变流电路，由整流电路、滤波、逆变电路等组成。输入的交流电压经整流电路变为直流电，直流电经滤波电路进行平滑滤波，再输入逆变电路，变为频率和电压均可调的交流电。在 NI Multisim 14 电路窗口中创建如图 10-39 所示的单相交-直-交变频仿真电路。其中 V_1 为 220 V/50 Hz 电源，二极管 D_1～D_4 构成整流电路，C_1 为滤波电容，晶体管 S_1～S_4 组成逆变电路，可调电压源 V_2 和互补输出 PWM 控制器 U_1 组成晶体管控制电路，R_2、C_2 和 L_1 构成负载。

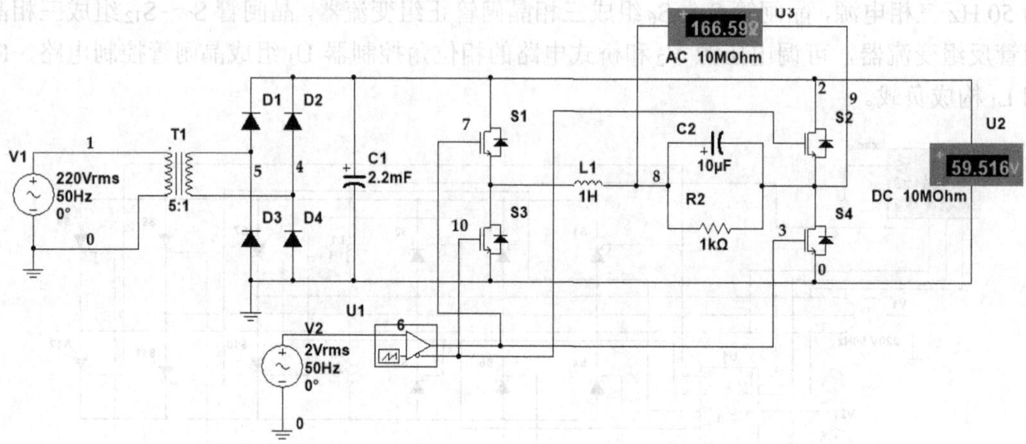

图 10-39　单相交-直-交变频电路

对该电路进行暂态分析，输入电压 V_1、整流输出 V_2 和输出电压 V_8 的输出波形如图 10-40 所示。

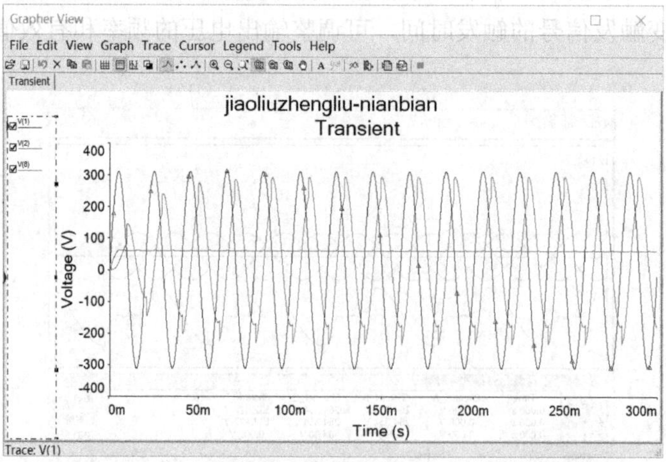

图 10-40　单相交-直-交变频电路暂态分析波形

由图 10-40 可见，单相交-直-交变频电路的整流输出电压为 59.516 V 的直流电压，单相交-直-交变频电路的输出电压是有效值为 166.59 V 的交流电压。

10.5　电机驱动控制

电机利用电磁感应原理实现电能与机械能相互转换的电工设备，为不同负载提供适配的动力源。电机驱动电路是通过功率型 MOS 场效应管等电力电子器件控制电机的旋转角度和运转速度。常见的有开环鼠笼式感应电机启动、六阶无刷直流电机驱动、永磁直流电机驱动电路和步进电机驱动电路等。

10.5.1　开环鼠笼式感应电机启动电路

在 NI Multisim 14 电路窗口中创建如图 10-41 所示的开环鼠笼式感应电机启动电路。其中 V_1 为 220 V 直流电压，M_1 是鼠笼式感应电机，U_2 是恒转矩的负载。晶体管 S_1～S_6 组成逆变电路，U_1 是三相 PWM 控制器，产生正弦开关脉宽调制信号，调节 PWM 的占空比以达到控制电机转速及转矩的目的。

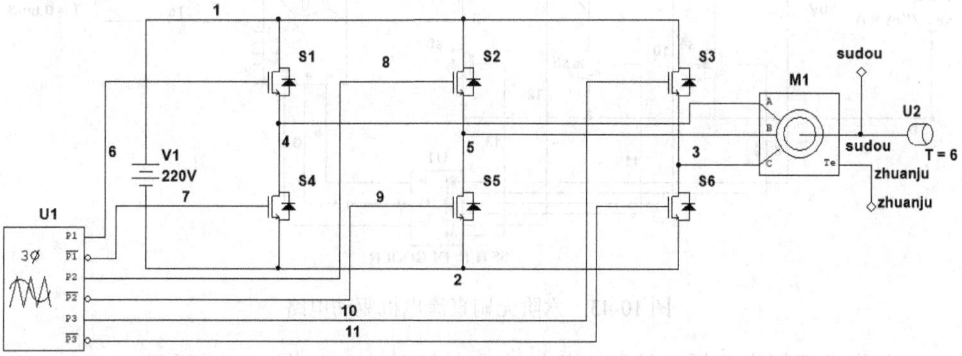

图 10-41　开环鼠笼式感应电机启动电路

对该电路进行暂态分析，控制电机速度和扭矩的电压如图 10-42 所示。

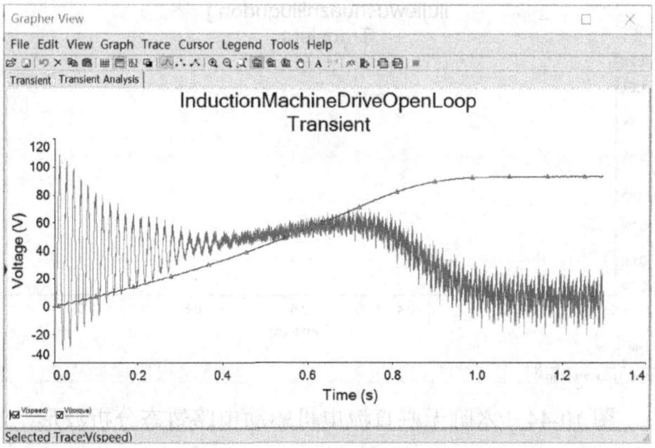

图 10-42　开环鼠笼式感应电机驱动电路暂态分析波形

由图 10-42 可见，驱动电路的输出电压控制鼠笼式感应电机的启动速度和扭矩，电机在启动时间 1.3 s 后达到稳定速度。

10.5.2　六阶无刷直流电机驱动的电路

在 NI Multisim 14 电路窗口中创建如图 10-43 所示的六阶无刷直流电机驱动电路，图中 V_1 为可调直流电压，M_1 是具有梯形反电动势和霍尔效应传感器的无刷直流电机，U_2 是恒转矩的负载。晶体管 S_1～S_6 组成逆变电路，U_1 是六阶数字解码信号的适配器，它通过霍尔效应传感器从电机采取适当信号作为逆变电路中晶体管 S_1～S_6 门控信号，以实现用 PID 算法去调节 PWM 的占空比以达到控制电机转速及转矩的目的。

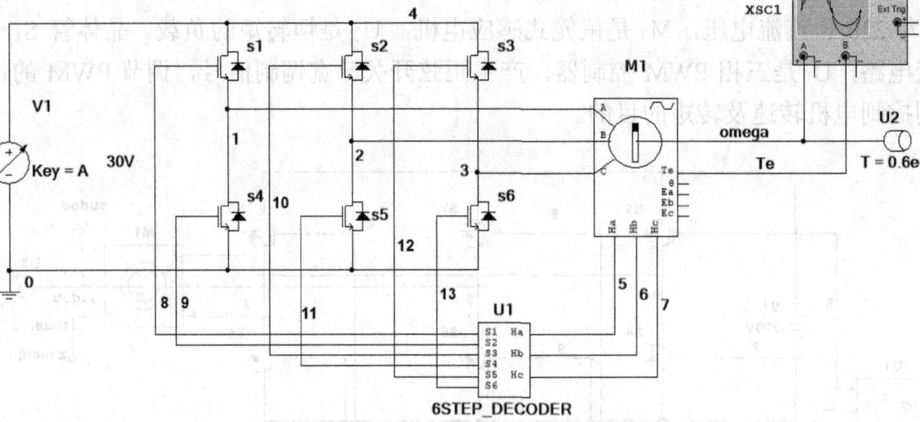

图 10-43　六阶无刷直流电机驱动电路

对该电路进行暂态分析，控制电机速度和扭矩的电压如图 10-44 所示。

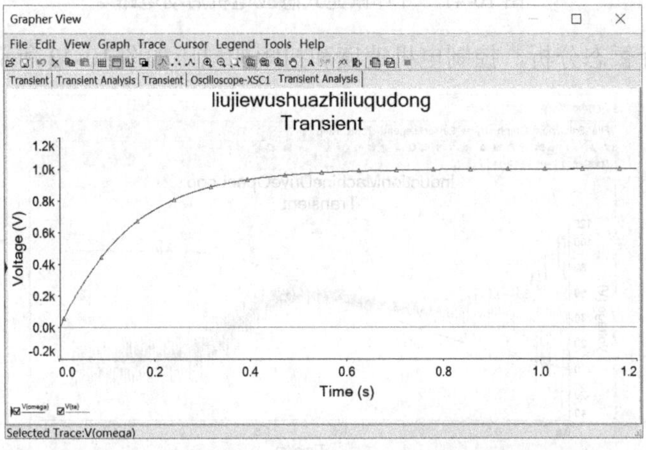

图 10-44　六阶无刷直流电机驱动电路暂态分析波形

由图 10-44 可见，驱动电路输出电压调整为恒值，使得无刷直流电机速度和扭矩稳定。

10.5.3　永磁直流电机驱动电路

在 NI Multisim 14 电路窗口中创建如图 10-45 所示的永磁直流电机驱动电路，图中 V_1、V_3、V_4 为 311 V/50 Hz 三相交流电压，二极管 S_1～S_6 组成三相整流电路，U_4（互补输出的单相 PWM 控制器）、A_1（PI 控制器）和步进电压源 V_2（4～3.5 kV/50 ms）构成逆变电路的驱动电路，M_1 是永磁直流电机，U_1（将弧度/每秒转换为转数/每分钟转换模块）和 U_2（惯性载荷）构成永磁直流电机负载。

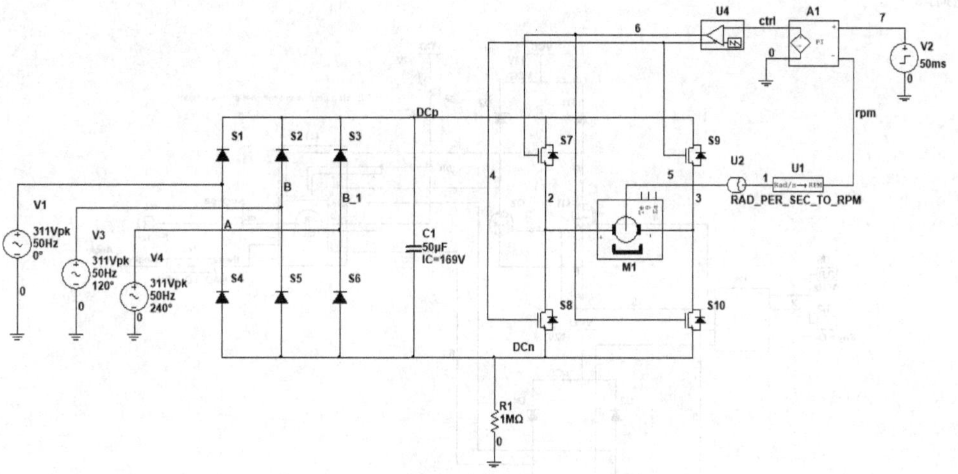

图 10-45　永磁直流电机驱动电路

对该电路进行暂态分析，控制电机速度和扭矩的电压如图 10-46 所示。

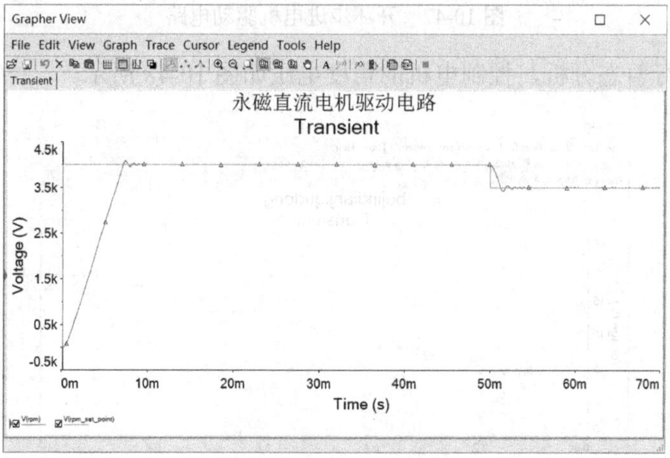

图 10-46　永磁直流电机驱动电路暂态分析波形

由图 10-46 可见，驱动电路输出电压 50 ms 的时候调整为恒值，使得永磁直流电机在 50 ms 的时候加速到 3500 r/min。

10.5.4　步进电机驱动电路

步进电机是将电脉冲信号转变为角位移或线位移的设备。在 NI Multisim 14 电路窗口中创建如图 10-47 所示的开环步进电机驱动电路，其中 M_1 是步幅为 1.8° 的步进 2 相永磁电机，U_1 为恒转矩电机负载、U_3 为将弧度转换为度的转换模块；D_1、D_2、Q_1、Q_2 和 D_3、D_3、Q_3、Q_3 分别组成 2 相桥式半控逆变电路接到步进永磁电机 M_1 绕组端；U_2（交互式数字常量源）、U_5（10 Hz 脉冲信号源）和 U_4（2 相步进电机控制器）构成逆变电路的驱动电路。

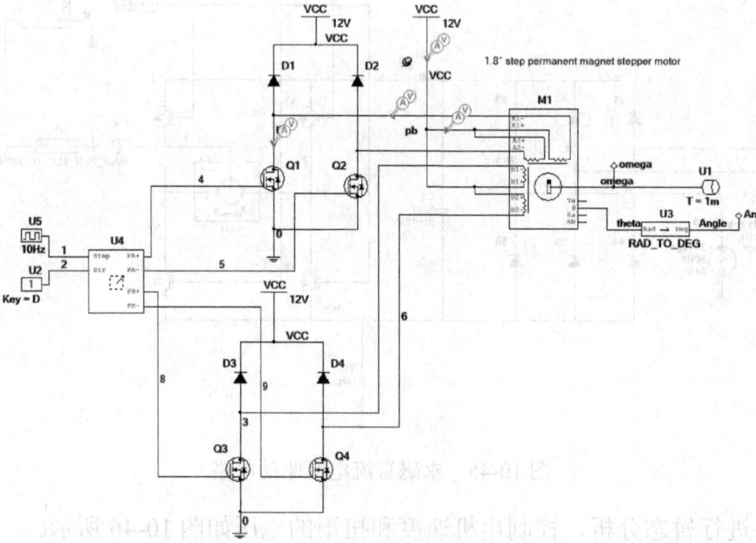

图 10-47　开环步进电机驱动电路

对该电路进行暂态分析，控制电机的角度电压如图 10-48 所示。

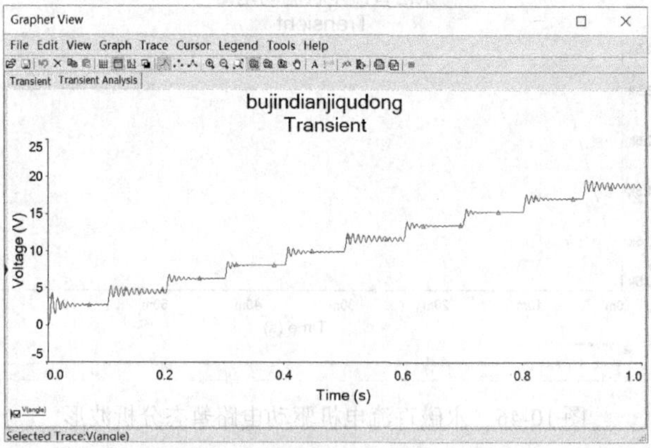

图 10-48　步进电机驱动电路暂态分析波形

由图 10-48 可见，控制电机的角度电压呈现阶梯变化。

10.6　移相式微电机三相梯形波变流电源的仿真设计

移相式微电机三相梯形波变流电源能实现将 30 V 直流电转化为输出 14 V/500 Hz 三相交流电，同时采用 NI Multisim 14 软件对微电机三相梯形波变流电源进行了仿真，达到了设计要求。

10.6.1　任务描述

采用 NI Multisim 14 设计并仿真微电机移相式三相梯形波变流电源。电源的输入直流电压 30 V，输出 14 V/500 Hz 三相电，电流 200 mA，三相电压不对称度 2%，波形失真度 1%。

10.6.2　构思（移相式微电机三相梯形波变流电源的设计方案）

要实现微电机移相式三相梯形波变流电源，首先要明确设计要求。本次设计的变流电源的输入直流电压 30 V，输出 14 V/500 Hz 三相交流电；常见的变流电源有正弦波驱动电源、方波驱动电源和梯形波驱动电源。与正弦波和方波驱动电源相比，梯形波驱动电源具有转换效率高、节能效果明显、波形对称度好、波形失真度小和具有小的谐波分量等特点。因此，根据设计指标，三相电压不对称度 2%，正弦波失真度 1%，本设计选用移相式梯形波驱动电源。实现变流源的原理框图如图 10-49 所示。

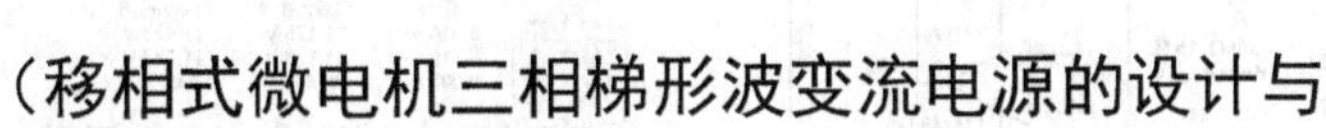

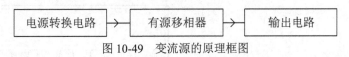

图 10-49　变流源的原理框图

其工作过程如下：输入 30 V 直流电压经过电源转换电路输出±15 V，变换后的±15 V 经过由三个相同的有源移相器构成的闭环电路，产生梯形波振荡，经过三相交流输出电路变换成对称的三相梯形波交流电。

10.6.3　设计（移相式微电机三相梯形波变流电源的设计与仿真）

根据微电机移相式三相梯形波变流源的原理框图选择合适的元件实现电路功能。

1. 电源转换电路

30 V 直流电源和电容 C_1～C_4 组成如图 10-50 所示的电源转换电路，该电路输出±15 V。

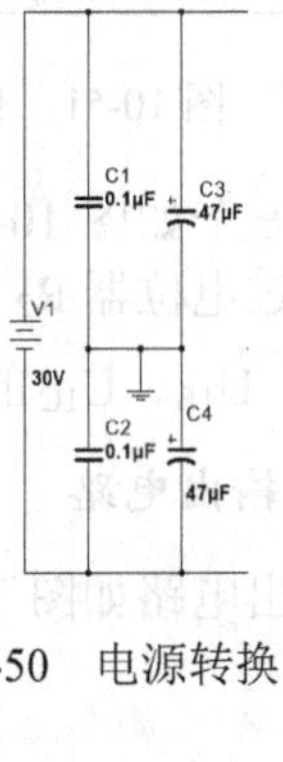

图 10-50　电源转换电路

2. 有源移相器

有源移相器是移相式三相梯形波变流源的基本单元电路，由集成运算放大器 LM348 和电阻 R_1、R_2、R_3 和 C_5 组成，如图 10-51 所示为有源移相仿真电路。

其频率特性为：$\dot{A}(jw)=-\dfrac{R_3}{R_2}\dfrac{1}{1+jwR_3C_5}$

其幅频特性为：$A(w)=-\dfrac{R_3}{R_2}\dfrac{1}{\sqrt{1+(wR_3C_5)^2}}$

其幅频率特性为：$\varphi(w)=-\pi-\arctan wR_3R_5$

其中，$-\pi$ 为反相输入运放的基本相移，$-\arctan wR_3R_5$ 为移相电路的附加相移。

其对数幅频特性为：

$$20\lg A(w)=20\lg\left(\frac{R_3}{R_2}\right)-20\lg\left(\sqrt{1+(wR_3C_5)^2}\right)$$

若取 $\dfrac{R_3}{R_2}=2$，$w=w_0=\sqrt{3}(R_3C_5)$，可得移相器的增益 $A(w)=1$。

相移 $\varphi(w)=120°$，符合移相器构成正弦波振荡器的幅值和相位平衡条件。为产生梯形波形振荡，须使 $\dfrac{R_3}{R_2}\gg 2$，并保证相位平衡条件，利用集成运放的非线性限幅特性，产生梯形波输出。按照上述条件，选 R_1=33 kΩ，R_2=50 kΩ，R_3=100 kΩ，C=6800 pF，在 NI Multisim 14 电路窗口中创建如图 10-51 所示的有源移相仿真电路。

启动仿真，有源移相仿真电路的输入与输出波形如图 10-52 所示。其中 A 通道为输出梯形信号，B 通道为输出正弦信号。

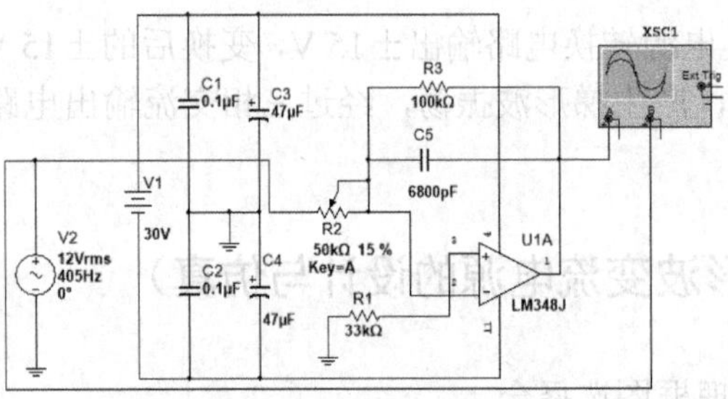

图 10-51　有源移相仿真电路

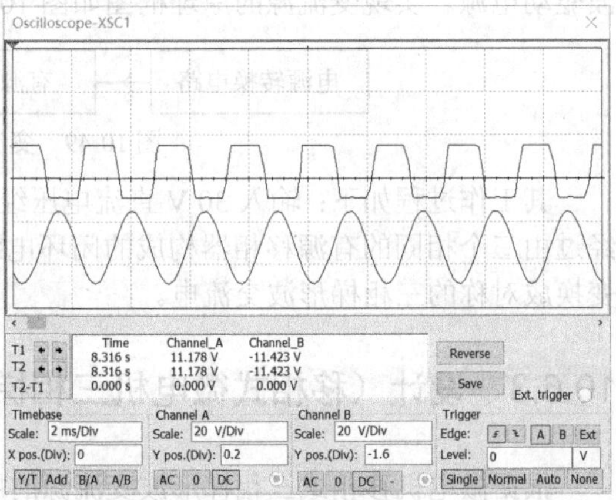

图 10-52　有源移相仿真电路的输入与输出波形

将三个如图 10-51 所示的有源移相仿真电路级联，并将 U_{1C} 的输出端与 U_{1A} 的反相输入端通过电位器 R_2 相连，其环路增益 $A_F\gg 1$，环路相移 $\varphi=0$，该电路将产生梯形波振荡。在 U_{1A}、U_{1B}、U_{1C} 的输出端 U、V、W 产生对称的三相梯形电压 U_U、U_V、U_W。

3. 输出电路

输出电路如图 10-53 所示。由于微电机的功率因数较低，电流滞后角较大，选二极管

S_1～S_6 构成续流电桥；电阻 R_{10}、R_{11}、R_{12} 和电容 C_6、C_7、C_{10} 构成负载的无功功率补偿电路，电阻 R_{10}、R_{11}、R_{12} 还兼有限制输出电流的作用，避免无意中瞬间短路可能造成的电源损坏。

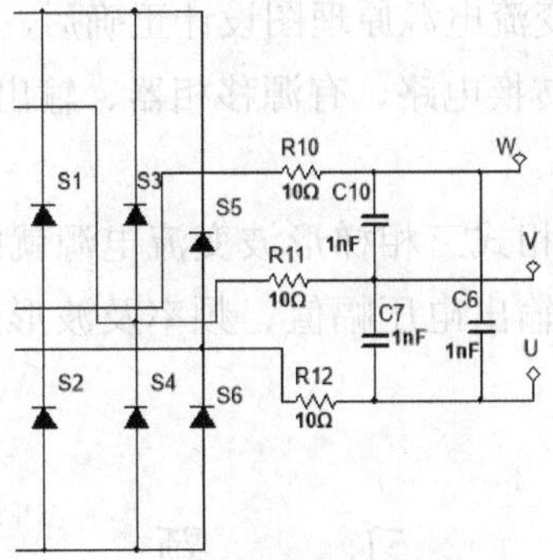

图 10-53　输出电路

4. 整体电路图

按照上面的分析可得出微电机移相式三相梯形波变流电源总电路如图 10-54 所示。

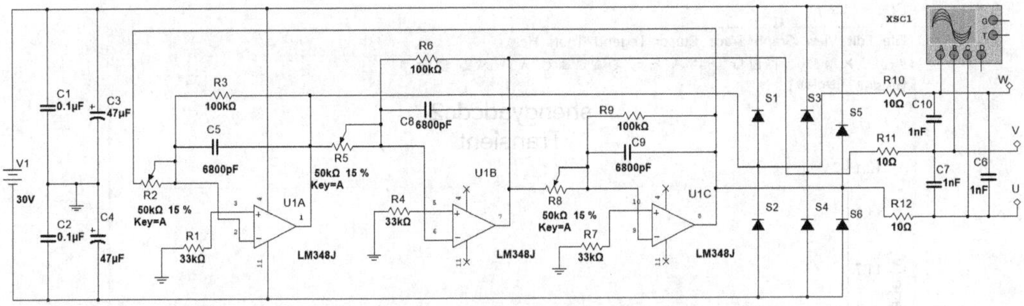

图 10-54　微电机移相式三相梯形波变流电源总仿真电路

启动仿真，三相输出电压波形如图 10-55 所示。

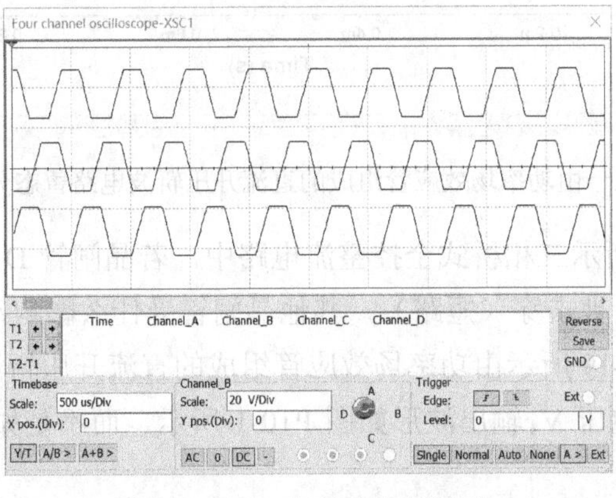

图 10-55　三相输出电压波形

10.6.4　实现和运行（移相式微电机三相梯形波变流电源的组装调试与测试）

微电机移相式三相梯形波变流电源原理图设计正确后，就可以进行 PCB 设计和电路组装、调试，调试时先调试电源转换电路、有源移相器、输出电路等单元电路，待各单元电路工作正常后，再联调。

电路调试完毕，微电机移相式三相梯形波变流电源就能正常工作。按照设计要求进行测试，选择合适的仪器测试输出电压幅值、频率及波形失真度，并记录数据，总结设计过程。

习　题

10-1　在图 10-1 所示的电阻性负载的单相半波可控整流仿真电路中，元件 U_1 在 NI Multisim 14 软件的哪个元件库中？它的主要作用有哪些？

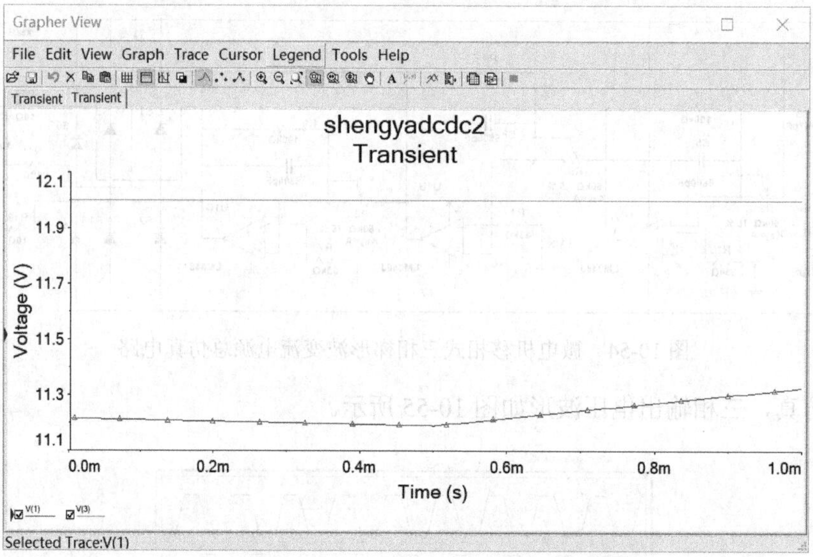

图 P10-1　由功率场效应管组成的直流升压斩波电路暂态分析波形

10-2　在图 10-11 所示三相桥式全控整流电路中，若晶闸管 D_1 不能导通，此时整流波形如何？如果晶闸管 D_1 被击穿（短路），其他晶闸管受什么影响？

10-3　小明对图 10-19 所示由功率场效应管组成的直流升压斩波电路进行暂态分析时，若输入电压 V_3 和输出电压 V_4 输出波形如图 P10-1 所示，而不是如图 10-20 所示的波形，请查找仿真失误的原因。

10-4　请测出图 10-27 所示的单相桥式逆变器中单相 PWM 控制器 U_1 输出的波形。若单相 PWM 控制器 U_1 的 M_1 端和 P_1 端开路，请分析电路输出电压 U_3 如何变化。

10-5　在图 10-37 所示的单相交-交变频仿真电路中，若晶闸管 S_1 与 S_7 阳极与阴极接反，电路如何变化？

10-6　在图 10-45 所示的永磁直流电机驱动仿真电路中，元件 A_1 在 NI Multisim 14 软件的哪个元件库中？它的主要作用有哪些？

10-7　采用 NI Multisim 14 设计并仿真可编程调频微电机三相方波电源。电源的输入直流电压为 30 V，输出三相方波电压为 14 V，电流为 1 A，电压稳定度为 1%。

下篇 NI Multisim 14 在新工科创新活动中的应用

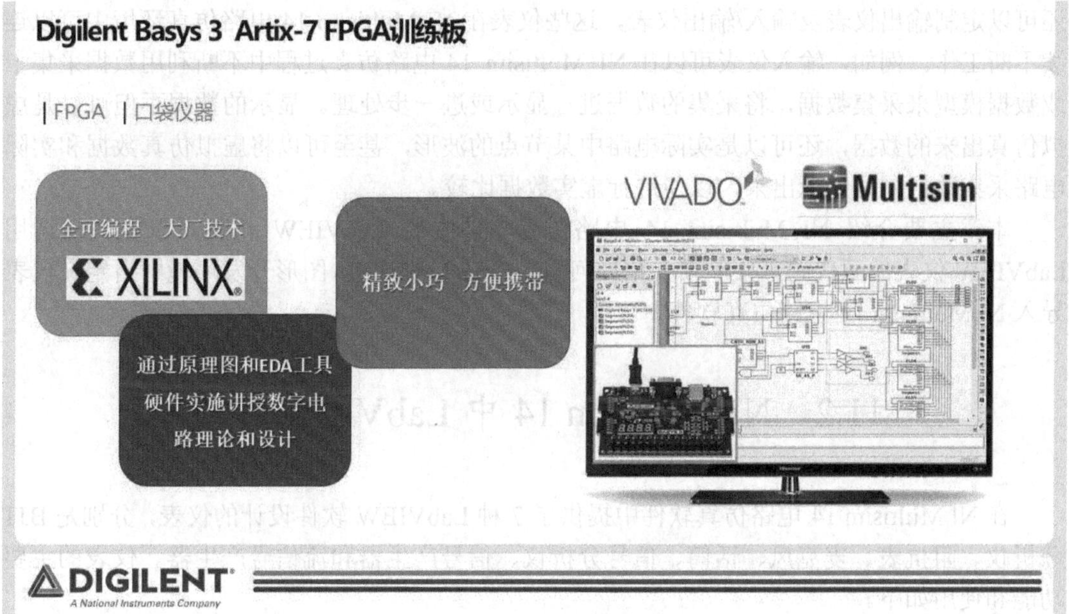

第 11 章　NI Multisim 14 中 LabVIEW 仪表开发应用

11.1 概　述

自加拿大 IIT 公司作为美国 NI 公司的下属公司后，原 NI 公司的产品就源源不断注入 Multisim 电路仿真软件中，使之产生新的活力，仿真功能更加强大。例如，增添了 LabVIEW 仪表，用户可以利用这些 LabVIEW 仪表进行实际电路的数据采集、进行必要的电路性能分析，克服了原 Multisim 电路仿真软件不能采集实际数据的缺点。用户还可以根据自己的需求在 LabVIEW 图形开发环境中，定制仪表，调入 Multisim 电路仿真软件中使用。

在 LabVIEW 图形开发环境中，既可以为 NI Multisim 14 电路图仿真软件定制输入仪表，还可以定制输出仪表及输入/输出仪表，这些仪表在 NI Multisim 14 电路仿真环境中可以连续不断工作。例如，输入仪表可以在 NI Multisim 14 电路仿真过程中不断利用数据采集卡或数据模型来采集数据，将采集的数据进行显示或进一步处理。显示的数据不但可以是虚拟仿真出来的数据，还可以是实际电路中某节点的波形，甚至可以将虚拟仿真数据和实际电路采集数据同时显示出来，以便进行虚实数据比较。

本章主要介绍 NI Multisim 14 电路仿真软件中的 LabVIEW 仪表，以及如何调用 LabVIEW 仪表的源代码，并简要介绍如何将一个在 LabVIEW 图形开发环境中自定义仪表导入 NI Multisim 14 电路仿真软件中。

11.2 NI Multisim 14 中 LabVIEW 仪表

在 NI Multisim 14 电路仿真软件中提供了 7 种 LabVIEW 软件设计的仪表，分别是 BJT 分析仪、阻抗表、麦克风、话筒、信号分析仪、信号产生器和流信号产生器。仪表的主要功能和使用如下。

11.2.1 BJT 分析仪（BJT Analyzer）

BJT 分析仪是用于测量 BJT 器件的电流-电压特性的一种仪表。选择菜单命令 Simulate»Instruments»LabVIEW^{TM} instruments»BJT Analyzer，就会出现 BJT 分析仪图标，移动鼠标将之放在 NI Multisim 14 电路仿真工作区中，双击该图标就可打开 BJT 分析仪面板，如图 11-1 所示。

在图 11-1 中，可以选择晶体管类型（NPN 或 PNP），设置 V_CE 和 I_B 扫描的起始值、终止值和步长。将被测三极管接入 BJT 分析仪对应的引脚上，启动仿真即可得到被测三极管的输出特性曲线图。例如，将型号为 2N2222A 的 PNP 三极管接到 BJT 分析仪，启动仿真按钮得到的输出特性曲线如图 11-2 所示。

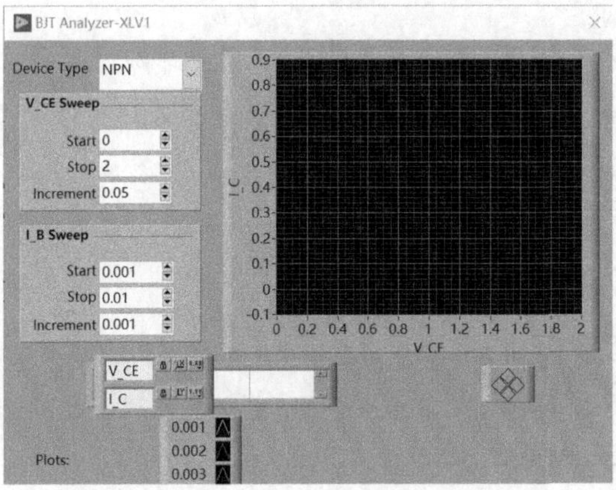

图 11-1　BJT 分析仪面板

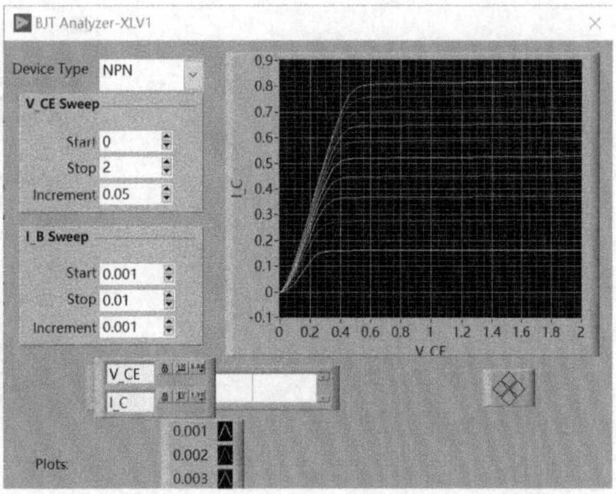

图 11-2　2N2222A 三极管的输出特性曲线

11.2.2　阻抗表（Impedance Meter）

阻抗表是用于测量两个节点阻抗的一种仪表。执行菜单命令 Simulate»Instruments»LabVIEW^{TM} instruments»Impedance Meter，就会出现阻抗表图标，移动鼠标将之放在 NI Multisim 14 电路仿真工作区中，双击该图标就可打开阻抗表面板，如图 11-3 所示。

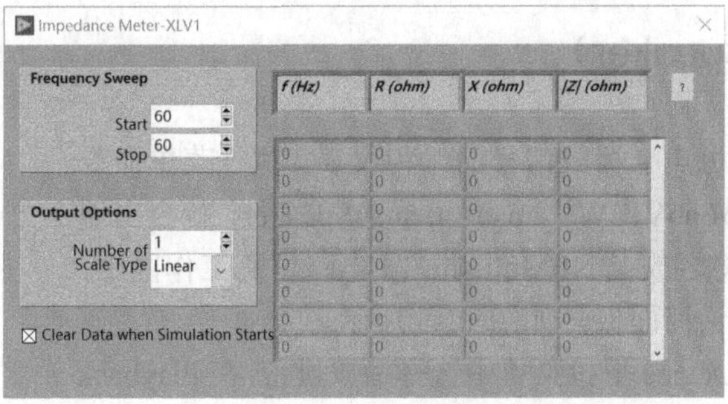

图 11-3　阻抗表面板

在图 11-3 所示 Frequency Sweep 区中，可以设置扫描频率的起始频率和终止频率，在 Output Options 区中，通过 Number of Points 条形框选择采样点数，通过 Scale Type 下拉菜单选择刻度类型。启动仿真后，被测节点就会在阻抗表面板右侧窗口中显示对应不同频率的阻抗实部（*R*）、阻抗虚部（*X*）和阻抗（*Z*）。

11.2.3　麦克风（Microphone）

麦克风是一种利用计算机声卡记录输入信号的仪表，然后可作为信号源输出所记录声音信号。执行菜单命令 Simulate»Instruments»LabVIEW^{TM} instruments»Microphone，就会出现麦克风图标，移动鼠标将之放在 NI Multisim 14 电路仿真工作区中，双击该图标就可打开麦克风面板，如图 11-4 所示。

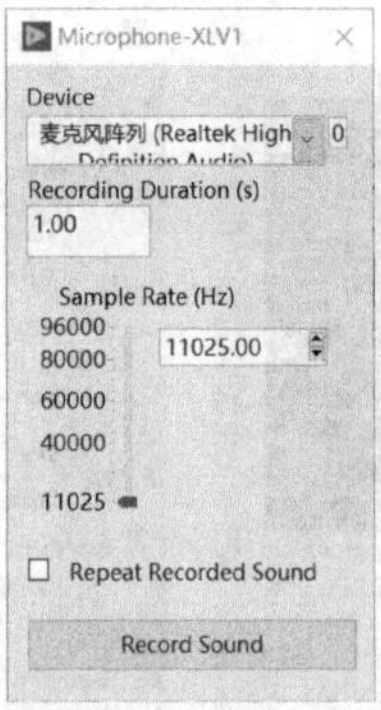

图 11-4　麦克风面板

在图 11-4 中，通过 Device 下拉菜单选择音频设备（自动识别），在 Recording Duration（s）条形窗中设置录音时间，然后通过 Sample Rate（Hz）游标或条形框设置采样频率。单击 Record Sound 按钮就可开始录音。

注意

录音前，最好选中 Repeat Recorded Sound 复选框。否则，作为信号源输出录音信号时，输入的仿真数据用完后，输出电压就为 0 信号。

11.2.4　话筒（Speaker）

话筒是利用计算机声卡播放信号的一种仪表。执行菜单命令 Simulate»Instruments»LabVIEW™ instruments»Speaker，就会出现话筒图标，移动鼠标将之放在 NI Multisim 14 电路仿真工作区中，双击该图标就可打开话筒面板，如图 11-5 所示。

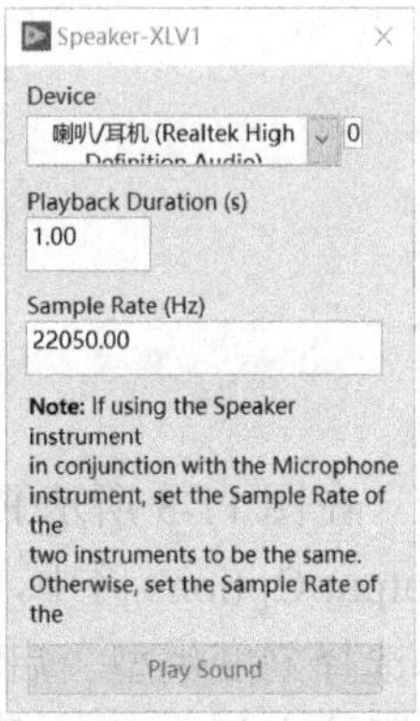

图 11-5　话筒面板

在图 11-5 中，在 Device 下拉菜单中选择播放设备，在 Playback Duration（s）条形框中设置播放时间，在 Sample Rate（Hz）条形框中设置采样频率。采样频率设置得越高，仿真运行的速度就越慢。

设置完成之后，启动仿真，待仿真时间大于设置的播放时间后，停止仿真，再单击话筒面板的 Play Sound 按钮就可听到先前录制的声音信号。

注意

设置的采样频率应和 Microphone 的采样频率一致，且至少为信号最高频率的 2 倍。

11.2.5　信号分析仪（Signal Analyzer）

信号分析仪是显示输入信号的波形、功率谱和平均值的一种仪表。执行菜单命令 Simulate»Instruments»LabVIEW™ instruments»Signal Analyzer，就会出现信号分析仪图标，移动鼠标将之放在 NI Multisim 14 电路仿真工作区中，双击该图标就可打开信号分析仪面板，如图 11-6 所示。

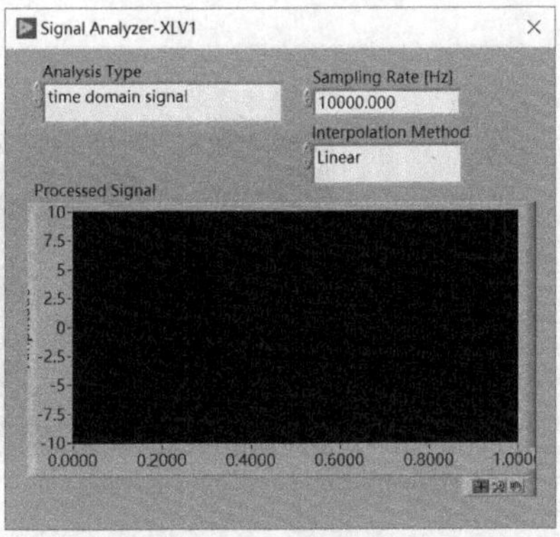

图 11-6　信号分析仪面板

在图 11-6 中，在 Analysis Type 条形框中可以选择信号分析类型（时域信号、功率谱或平均值），在 Sampling Rate（Hz）条形框中可以设置采样率，在 Interpolation Method 条形框中可以选择插值方式。例如，将 AM 信号源接入信号分析仪，AM 信号源的参数设置为：载波频率为 1 kHz，载波振幅为 5 V，调制信号为 100 Hz，调制度为 0.3。启动仿真，AM 信号源输出的波形和功率谱分别如图 11-7（a）和图 11-7（b）所示。

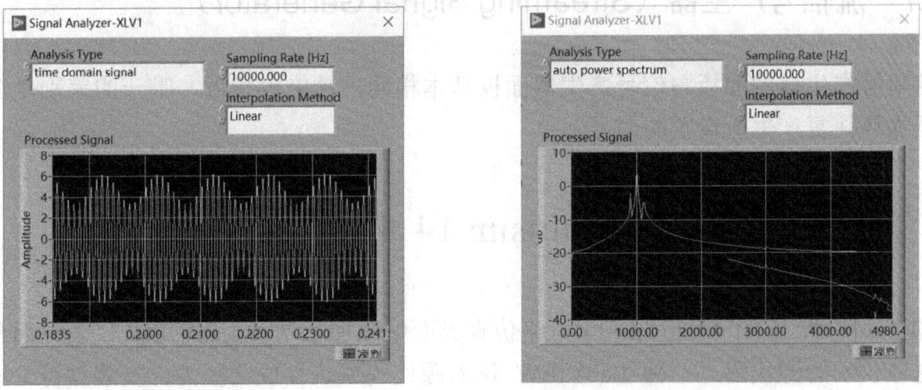

（a）输出的波形　　（b）功率谱分析

图 11-7　用信号分析仪分析 AM 信号源

由图 11-7（a）可见一个已调波信号的波形，由图 11-7（b）可见频率在 1 kHz 处有一个尖峰，是载波信号的频谱，在 900 Hz 和 110 Hz 处也有两个尖峰，分别是已调波信号的上、下边频。

11.2.6　信号产生器（Signal Generator）

信号产生器是产生正弦波、三角波、方波或锯齿波的一种仪表。执行菜单命令 Simulate»Instruments»LabVIEW™ instruments»Signal Generator，就会出现信号产生器图标，移动鼠标将之放在 NI Multisim 14 电路图仿真工作区中，双击该图标就可打开信号产生器面板，如图 11-8 所示。

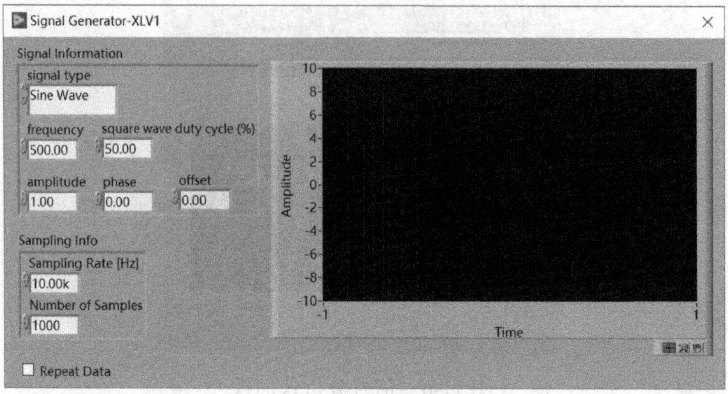

图 11-8　信号产生器面板

在图 11–8 中，通过 Signal Information 凹陷框可以选择产生信号的类型、频率、占空比以及对应的振幅、相位和直流偏置，通过 Sampling Info 凹陷框可以设置采样频率和采样点数。若要循环往复产生信号，应选中 Repeat Data 复选框。

11.2.7　流信号产生器（Streaming Signal Generator）

流信号产生器的面板与信号产生器面板基本相同，功能也相近，唯一的差别是流信号产生器循环往复产生所设置的信号。

11.3　修改 NI Multisim 14 中的 LabVIEW 仪表

NI 公司不仅在 NI Multisim 14 电路仿真界面中添加了 7 种 LabVIEW 仪表，而且还提供了这些仪表的源代码。7 种 LabVIEW 仪表源代码默认存放路径为：安装盘符:\National Instruments\Circuit Design Suite 14.2\lvinstruments 文件夹中。例如，打开 lvinstruments 文件夹中 BJT Analyzer.LabVIEWLLB 文件，就可启动 LabVIEW 软件，弹出 LLB Manger 对话框，如图 11-9 所示。

单击图 11-9 所示 LLB Manger 对话框中 BjtAnalyzer.vit 文件，就会弹出 BjtAnalyzer 前面板窗口，如图 11-10 所示。

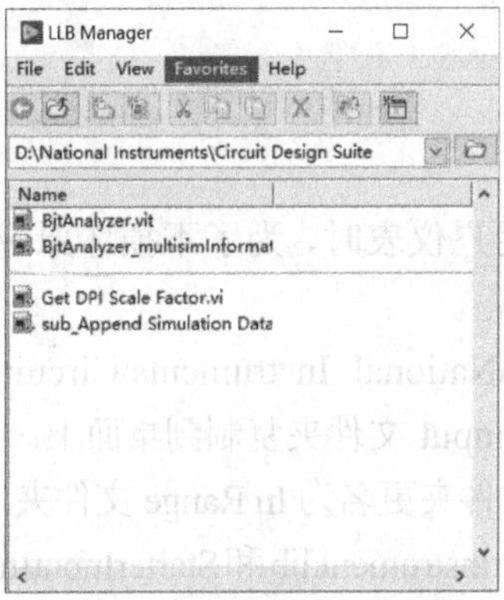

图 11-9　LLB Manger 对话框

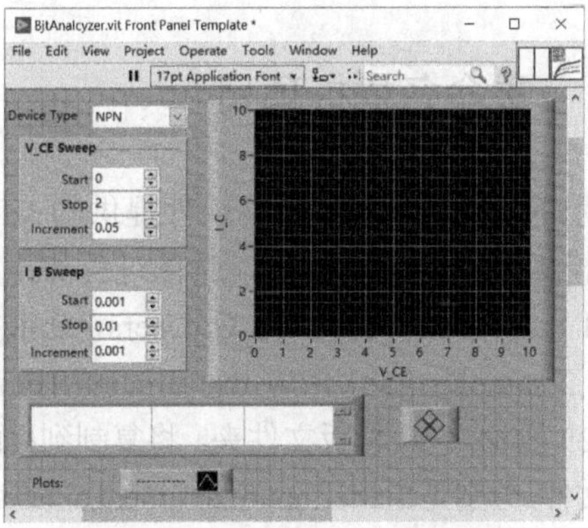

图 11-10　BjtAnalyzer 前面板窗口

执行 BjtAnalyzer 前面板窗口的菜单命令：Window»Show Block Diagram（或按 Ctrl+E 快捷键），就会弹出 BjtAnalyzer 程序框图窗口，如图 11-11 所示。

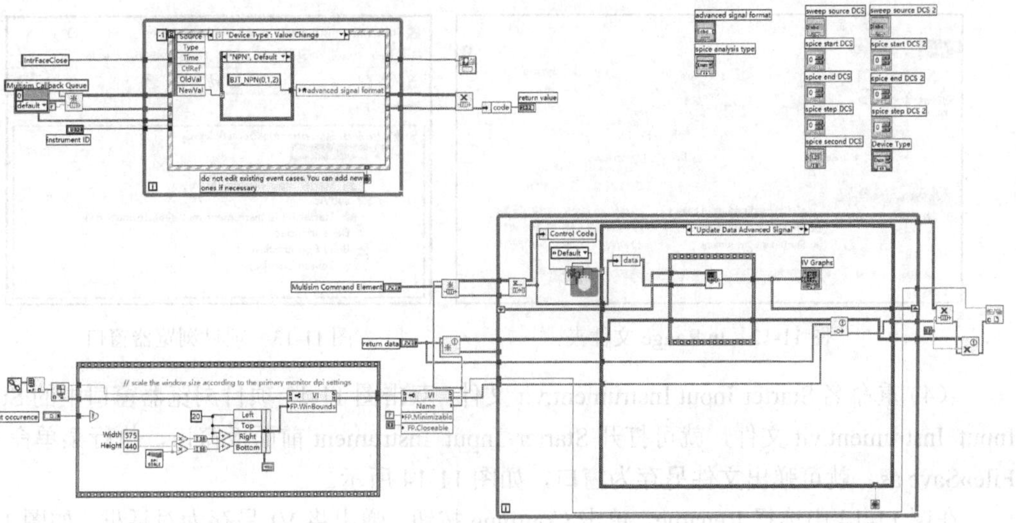

图 11-11　BjtAnalyzer 程序框图

至此，用户就可以根据需求来更改 BjtAnalyzer 的功能，然后将编写好的 LabVIEW 程序导入 NI Multisim 14 仿真软件中，就可以使用自己修改的 LabVIEW 仪表。

11.4　LabVIEW 仪表导入 NI Multisim 14

在 NI Multisim 14 中使用 LabVIEW 仪器，主要是利用 VI 模板（.vit 文件），自制用户仪表，然后将它导入 NI Multisim14。在 NI Multisim 14 根目录中提供了 4 个 VI 模板，分别是 Input、Output、Inputoutput 和 Legacy。下面以 Input 模板为例，介绍基于 LabVIEW 自制虚拟仪器导入 NI Multisim 14 的全过程。

11.4.1　重命名模板项目

利用 NI Multisim 14 仿真软件提供的 VI 模板自制用户仪表时，为了不损坏原 VI 模板，通常将模板复制出来再编辑。具体过程如下。

（1）复制 VI 模板。将 C:\Users\Public\Documents\National Instruments\Circuit Design Suite 14.2\samples\LabVIEW Instruments\Templates 中的 input 文件夹复制到桌面上。

（2）重命名 VI 模板文件夹。将复制到桌面的 input 文件夹更名为 In Range 文件夹，其内含有 3 个文件，分别是 StarterInputInstrument.alliases、StarterInputInstrument.lib 和 StarterInputInstrument.lvproj，如图 11-12 所示。

（3）重命名 LabVIEW 项目文件。将 StarterInputInstrument.lvproj 文件更名为 In Range.lvproj，并双击该文件，就会被 LabVIEW 软件打开，打开后的项目浏览器窗口如图 11-13 所示。

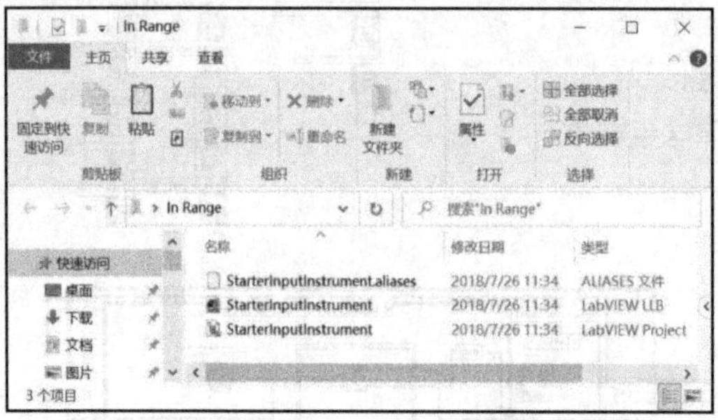

图 11-12　In Range 文件夹

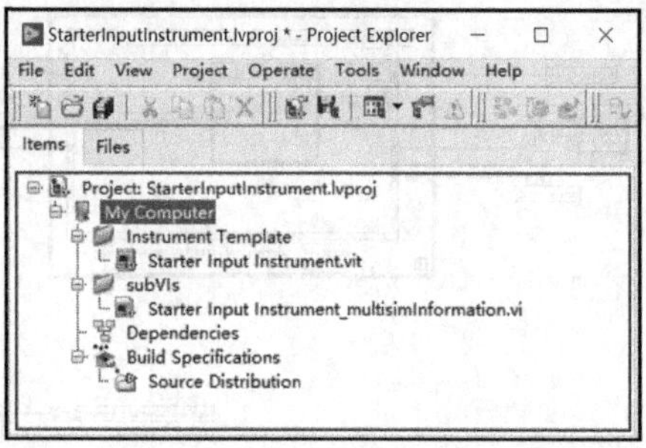

图 11-13　项目浏览器窗口

（4）重命名 Starter Input Instrument.vit 文件。双击图 11-13 项目浏览器窗口中的 Starter Input Instrument.vit 文件，就可打开 Starter Input Instrument 前面板窗口，执行菜单命令：File»Save as，就可弹出文件另存为窗口，如图 11-14 所示。

在图 11-14 中选择 Rename，单击 Continue 按钮，弹出将 VI 另存为对话框，如图 11-15 所示。

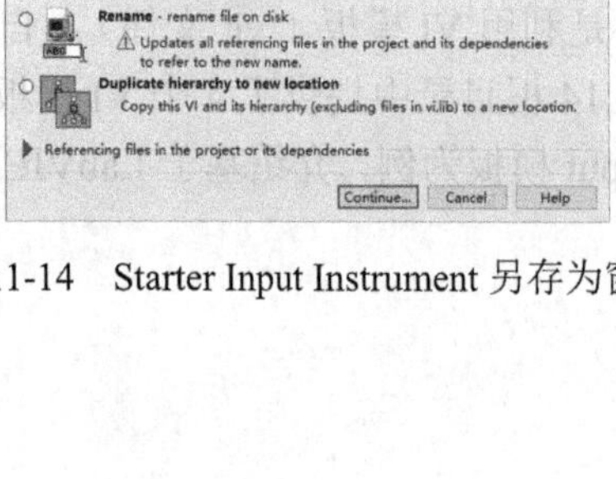

图 11-14　Starter Input Instrument 另存为窗口

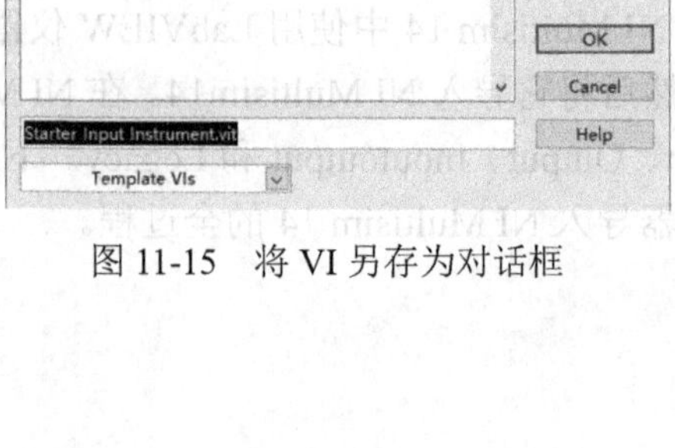

图 11-15　将 VI 另存为对话框

在显示 Starter Input Instrument.vit 内容的条形框中输入 In Range Instrument.vit，单击 OK 按钮。至此，就可将 Starter Input Instrument.vit 修改为 In Range Instrument.vit。

（5）重命名 Starter Input Instrument_multisimInformation.vi 文件。重命名的方法同步骤（4），即：

①双击图 11-13 项目浏览器中的 My Computer\SubVIs\ Starter Input Instrument_multisiminformation.vi，弹出 Starter Input instrument_multisimInformation.vi 窗口；

②执行 Starter Input instrument_multisimInformation.vi 窗口中菜单：File»Save as，就弹出 Starter Input instrument_multisimInstrument.vi 另存为窗口；

③选择 Rename，单击 Continue 按钮，弹出 VI（Starter Input multisimInstrument.vi）窗口；

④在显示 Starter Input Instrument_multisimInformation.vi 条形框中将内容修改为 In Range Instrument_multisimInformation.vi，单击 OK 按钮。

修改完成后的项目浏览器窗口如图 11-16 所示。

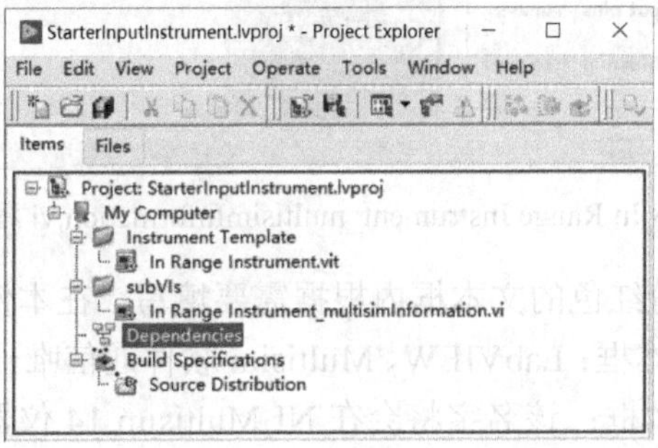

图 11-16　修改后的项目浏览器窗口

（6）保存 LabVIEW 项目文件。

11.4.2　标明界面信息

（1）在图 11-16 所示的项目浏览器中，双击我的电脑\SubVIs\In Range Instrument_multisimInformation.vi 项，弹出 In Range Instrument_multisimInformation.vi 前面板窗口，如图 11-17 所示。

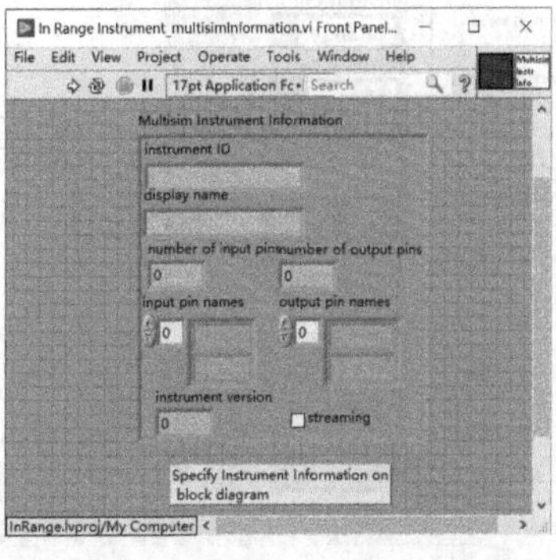

图 11-17　In Range Instrument_multisimInformation.vi 前面板窗口

（2）在图 11-17 所示窗口中，按 Ctrl+E 快捷键，或执行菜单命令：窗口»显示程序框图，弹出 In Range Instrument_multisimInformation.vi 程序框图窗口，如图 11-18 所示。

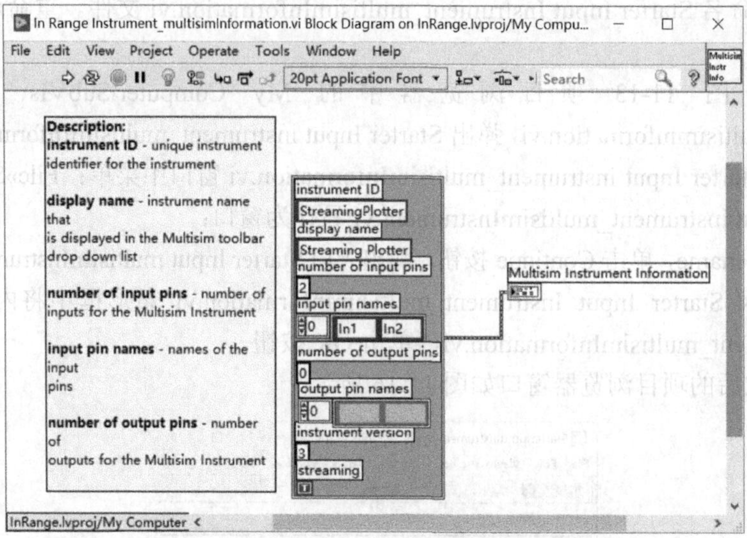

图 11-18 In Range Instrument_multisimInformation.vi 程序框图

（3）在程序窗口中粉红色的文本框内根据需要填写，在本例中改变内容如下。

- instrument ID 文本框：LabVIEW、Multisim 软件通信唯一标识。本例填写 InRange。
- display name 文本框：该名字将会在 NI Multisim 14 仪器工具栏中 LabVIEW 图标下拉菜单中展示。本例填写 InRange。
- number of input pins 文本框：仪器引脚个数。本例填写 1。
- input pin names 文本框：引脚名称。这个引脚名称将被用于 SPICE 网表或网表报告中。设置好的程序框图如图 11-19 所示。

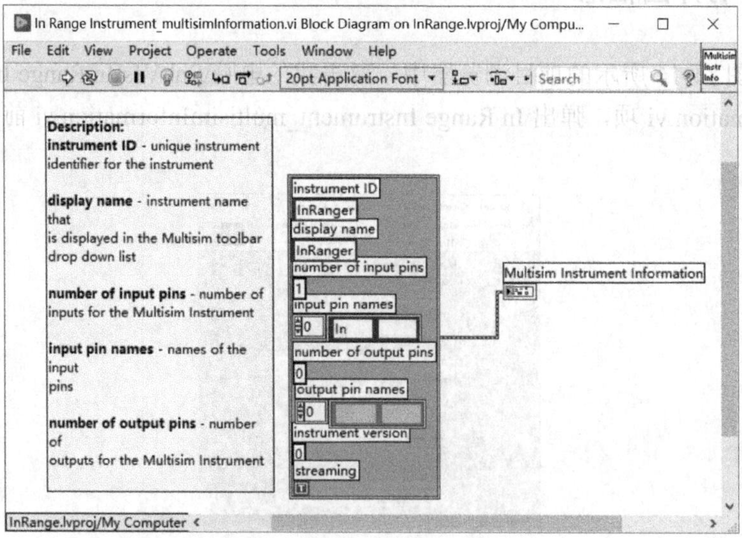

图 11-19　设置好的程序框图

至此，就将 NI Multisim 14 仿真软件提供的模板设置完毕，用户就可以在 LabVIEW 环境中添加自己需要的控件，自制虚拟仪表。

11.4.3　生成用户仪表

为了保证在 LabVIEW 软件中生成的仪器，能在 NI Multisim 14 软件中被正常安装与使用，则把 LabVIEW 软件中工程的源程序必须生成具有发布属性的文件。具体过程如下。

（1）单击图 11-16 所示项目浏览器窗口中程序生成项下的 Source Distribution 文件，弹出 Source Distribution Properties 对话框，如图 11-20 所示。

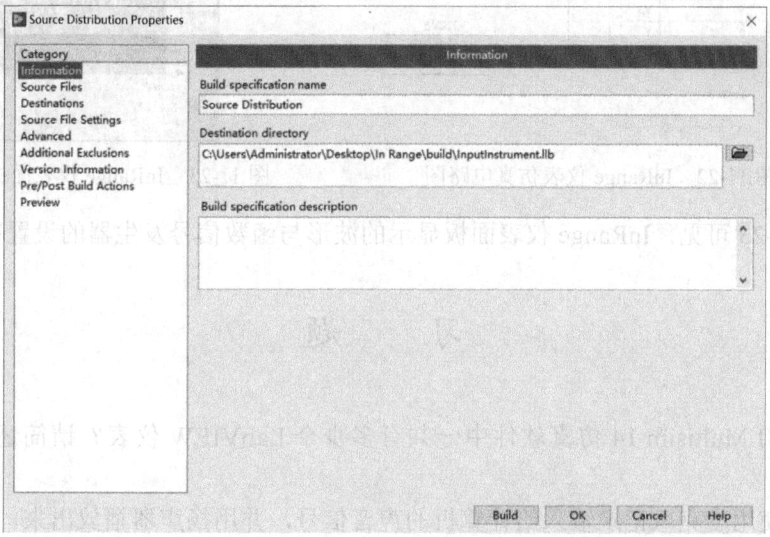

图 11-20　Source Distribution Properties 对话框

（2）将 Information 类别中 Destination directory 目标目录修改为 C:\Users\Administrator\Desktop\In Range\build\InputInstrument.llb。

（3）单击 Build 按钮，就会在 C:\桌面\In Range\Build 文件夹中生成 InputInstrument.llb。

（4）将生成的文件 InputInstrument.llb 复制到 C:\Program Files\National Instruments\Circuit Design Suite 14.2\lvinstruments 文件夹中。

（5）启动 NI Multisim 14 仿真软件，就会在菜单命令 Simulate»Instruments»LabVIEW Instruments 下观察到 InRange 项，如图 11-21 所示。

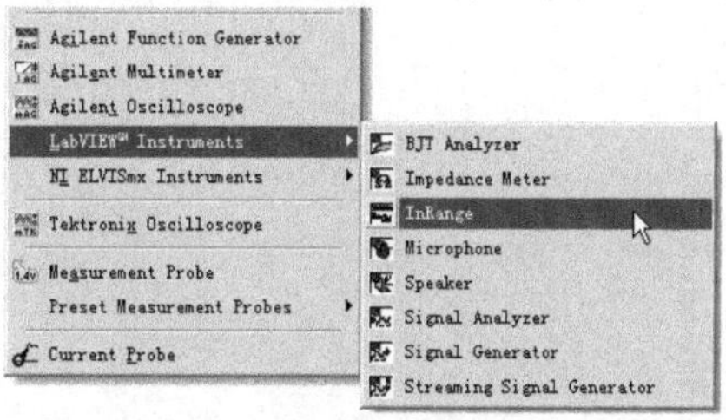

图 11-21　LabVIEW Instruments 添加 InRange 仪表

（6）将 LabVIEW Instruments 新添加的自制仪表 InRange 放到仿真工作界面中，再拖放函数信号发生器，其输出接到 InRange 输入端，连接好的电路及函数信号发生器的设置如图 11-22 所示。

（7）启动仿真，双击 InRange 仪表，弹出 InRangc 仪表面板，其显示的波形如图 11-23 所示。

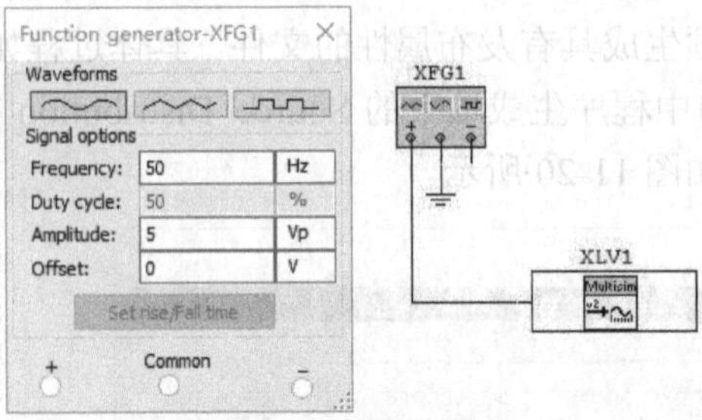

图 11-22　InRange 仪表仿真电路图

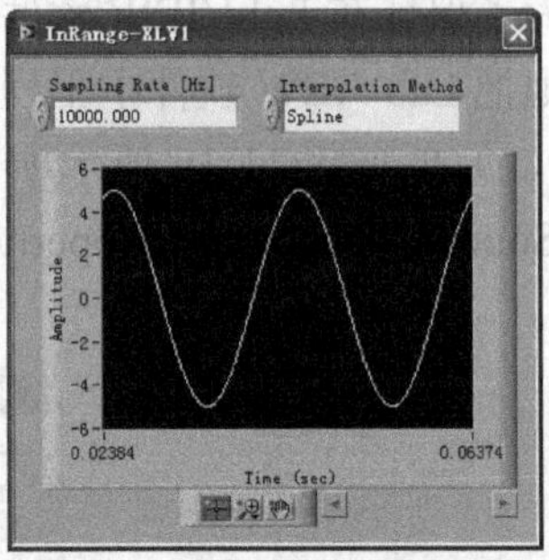

图 11-23　InRange 仪表面板显示的波形

由图 11-23 可见，InRange 仪表面板显示的波形与函数信号发生器的设置完全一样。

习　　题

11-1　NI Multisim 14 仿真软件中一共有多少个 LabVIEW 仪表？请简述每个仪表的功能。

11-2　使用麦克风记录输入给计算机的声音信号，并用扬声器播放出来。

11-3　LabVIEW 仪表中的信号发生器（Signal Generator）与 NI Multisim 14 原有的函数信号发生器（Function Generator）有何本质区别？产生的信号有何不同？

11-4　试将 AM 信号源接入信号分析仪，AM 信号源的参数设置为：载波频率为 10 kHz，振幅为 3 V，调制信号为 1 kHz，调制度为 0.3。试用信号分析仪观察 AM 信号源输出的波形和功率谱。

11-5　试上网查找 NI 公司提供的其他 LabVIEW 仪表。

11-6　试在安装 NI NI Multisim 14 仿真软件的计算机中查找 LabVIEW 仪表源代码，并用 LabVIEW 打开。

11-7　试利用 NI Multisim14 提供的 VI 模板，自制一个用户仪表，然后将它导入 NI Multisim 14 并验证其功能。

第 12 章　基于 NI Multisim 14 的 PLD 开发应用

可编程逻辑器件（Programmable Logic Device，PLD）是包含大量未连线的基本逻辑门电路的集成电路，其集成度一般很高，能够满足一般数字系统的需求，已成为 VHDL 语言的硬件基础。本章主要讨论利用 NI Multisim 14 的图形输入法建立 PLD 电路，进行仿真分析后生成原始的 VHDL 语言，最后将生成的 VHDL 语言下载到现场可编程门阵列（FPGA）硬件中，从而实现仿真电路到真实的过渡。

12.1　新建 PLD 模块

打开 NI Multisim 14 软件，就会出现一个默认的 Design1 文件，然后执行仿真界面的菜单命令 Place»New PLD Subcircuit，弹出新建 PLD 设计向导第 1 步 New PLD Design -Step 1 of 3 对话框，如图 12-1 所示。

在图 12-1 中，选择 Use standard configuration 下拉菜单中 Digilent Basys 3 选项，单击 Next 按钮，弹出新建 PLD 设计向导第 2 步 New PLD Design -Step 2 of 3 对话框，如图 12-2 所示。

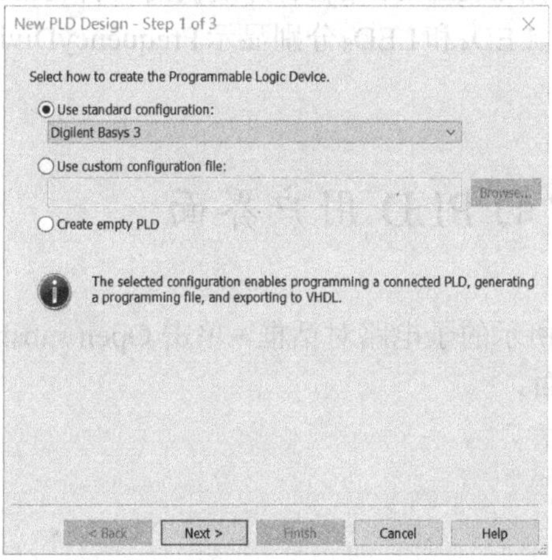

图 12-1　New PLD Design -Step 1 of 3 对话框

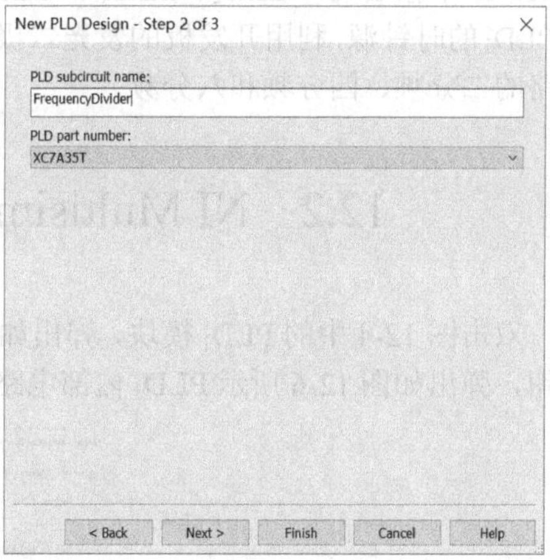

图 12-2　New PLD Design -Step 2 of 3 对话框

注意

①若使用的是其他开发板，在此选择对应开发板型号。如 Digilent Basys、Digilent Basys 2、Digilent Nexys 2、Digilent Nexys 3 或 NI digital Systems development Board 等。

②若不使用开发板仅仅仿真，也可以选择对话框中 Create empty PLD 选项。

在图 12-2 中，在 PLD Subcircuit name 栏中输入所要设计电路名称，如 FrequencyDivider，再单击 Next 按钮，弹出新建 PLD 设计向导第 3 步 New PLD Design -Step 3 of 3，对话框如图 12-3 所示。

注意

在图 12-2 中显示 Digilent Basys 3 开发板的 FPGA 芯片是 XC7A35T。

在图 12-3 中，选择输入/输出端口的电压（一般选默认值）和使用的端口，根据分频器的输入/输出端口，将软件默认的已选择端口取消，选择 LED_2、LED_4、LED_8 和 CLK 4 个端口。选择完毕后单击 Finish 按钮，则一个新 PLD 逻辑器件构建完成，如图 12-4 所示。

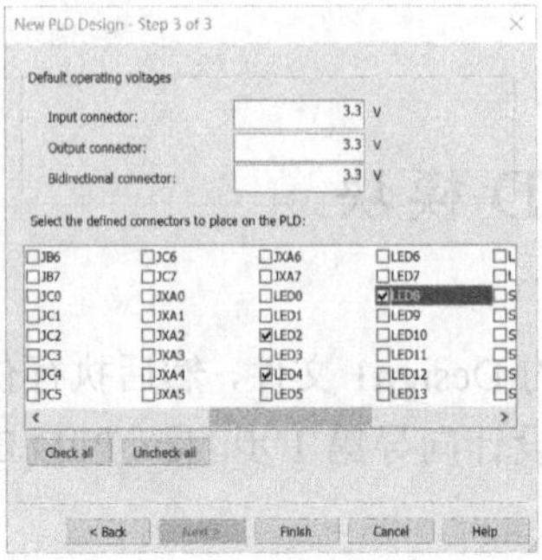

图 12-3　New PLD Design -Step 3 of 3 对话框

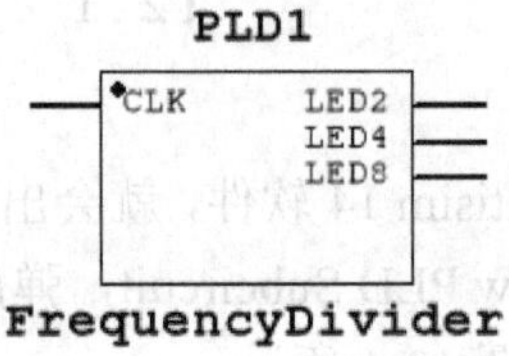

图 12-4　新建的 PLD 模块

由图 12-4 可见，FrequencyDivider 输入/输出端口用到 4 个端口，分别是时钟输入端口 CLK，三个输出端口 LED_2、LED_4 和 LED_8，即利用 Digilent Basys 3 开发板的时钟 CLK 作为 PLD_1 的时钟源，利用开发板的发光二极管 LED_2、LED_4 和 LED_8 分别显示 FrequencyDivider 电路的二分频、四分频和八分频。

12.2　NI Multisim 14 中的 PLD 用户界面

双击图 12-4 中的 PLD_1 模块，弹出如图 12-5 所示的子电路对话框，单击 Open subsheet 按钮，弹出如图 12-6 所示 PLD_1 内部电路编辑界面。

图 12-5　子电路对话框

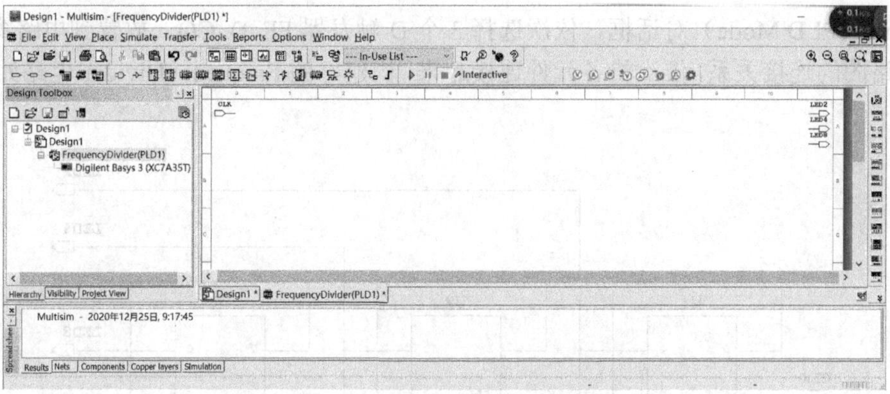

图 12-6　PLD₁ 内部电路编辑界面

由图 12-6 可见，电路仿真工作区的左侧显示 PLD_1 输入端口 CLK，右侧显示 PLD_1 输出端口 LED_2、LED_4 和 LED_8。

PLD_1 内部电路编辑界面与 NI Multisim 14 软件的仿真界面略有不同。主要是：分别是输入端口、输出端口、双向端口、PLD 设置、逻辑检查和把 PLD 图生成 VHDL 语言，分别是 PLD 常用的门电路、缓冲器、锁存器、触发器、编码器、解码器、计数器、加法器、比较器、复用器、解复用器、移位寄存器、产生器、数字源和显示器等器件。若单击快捷工具栏中图标，就会弹出如图 12-7 所示 PLD 设置界面，用户根据仿真电路确定管脚的名称、输入/输出模式及工作电压等参数。

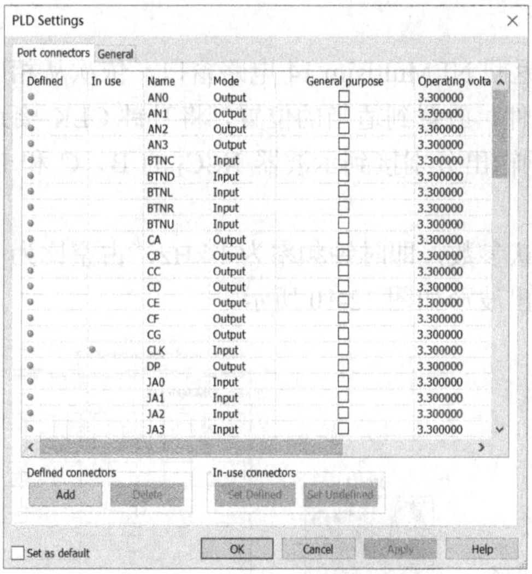

图 12-7　PLD 设置界面

12.3　创建 PLD 电路

在图 12-6 所示 PLD 内部电路编辑界面中放置元件。单击按钮就会弹出 Select a

Componet（PLD Mode）对话框，依次选择 3 个 D 触发器 FF_D_CO，放置到电路窗口中。按照电路图的连接关系，依次将各元件连接起来，构建好的 FrequencyDivider 电路如图 12-8 所示。

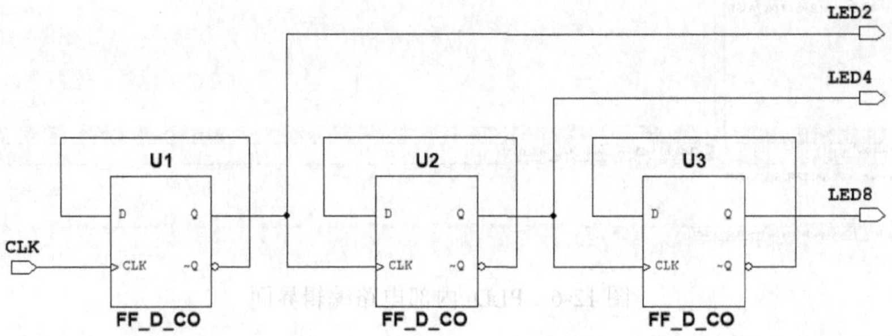

图 12-8　FrequencyDivider 电路

注意

在 PLD 内部放置元件与在 NI Multisim 14 软件仿真界面中放置元件基本相同，只是部分快捷工具键不同。

12.4　基于 PLD 器件实现计数器

创建 PLD 电路后，返回 NI Multisim 14 电路窗口，依次从相应的元件库中选取时钟源 U_4、四通道示波器 XSC_1 件，放置到适当的位置，将时钟 CLK 接到示波器 A 通道，电路的二分频、四分频和八分频输出分别接到示波器 XSC_1 的 B、C 和 D 通道。连接好的电路如图 12-9 所示。

选择时钟源 U_4 为默认参数，即时钟频率为 1 kHz，占空比为 50%的方波，启动仿真，FrequencyDivider 电路输出波形如图 12-10 所示。

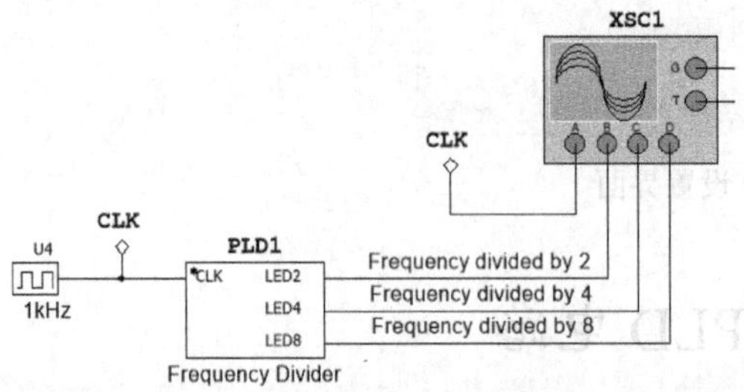

图 12-9　基于 PLD 的 FrequencyDivider 电路

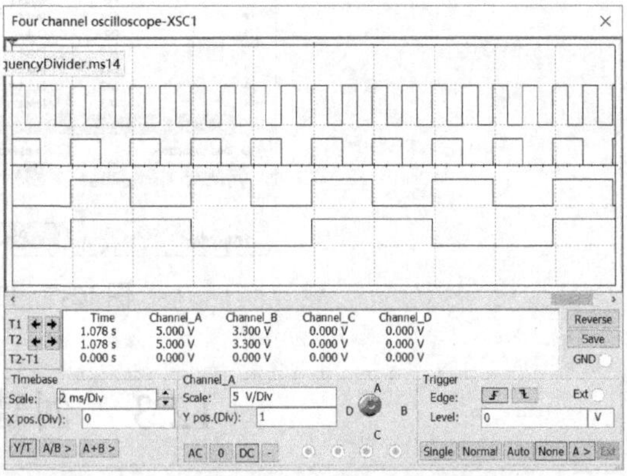

图 12-10　FrequencyDivider 电路输出波形

由图 12-10 可见，Channel_B 的波形是时钟 CLK 频率的二分之一，Channel_C 的波形是时钟 CLK 频率的四分之一，Channel_D 的波形是时钟 CLK 频率的八分之一。从而 FrequencyDivider 电路实现了二分频、四分频和八分频。

注意

在图 12-6 所示 PLD 内部电路编辑界面中，执行菜单 Transfer»Export to PLD 命令，就可将 PLD 电路下载到 Digilent Basys 3 开发板中。

12.5　基于 PLD 器件实现计数器的 VHDL 语言

利用 NI Multisim 14 软件还可将建立的 PLD 电路生成 VHDL 语言。具体步骤如下：执行菜单命令 Transfer»Export to PLD，弹出如图 12-11 所示 PLD Export-Step 1 of 2 对话框，选择 Generate and save VHDL files 选项，单击 Next 按钮，就会弹出 PLD Export-Step 2 of 2 对话框，在此对话框中设置 VHDL 文件的存放位置。设置完成后单击 Finish 按钮，就会产出对应的 VHDL 文件。

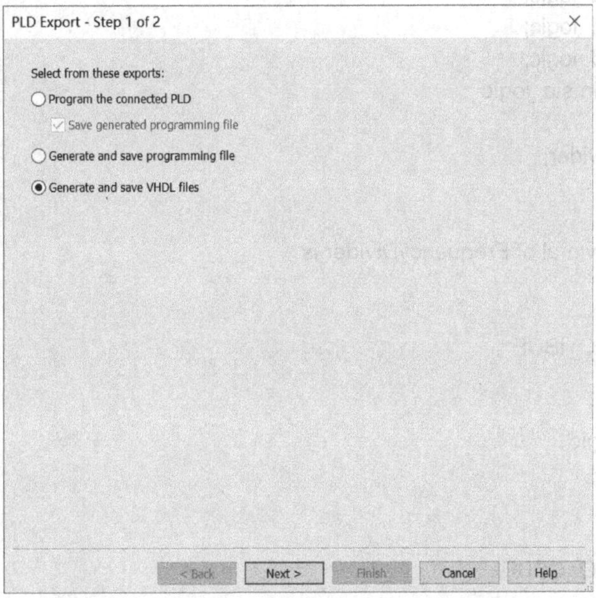

图 12-11　PLD Export-Step 1 of 2 对话框

用文本读出产生的 VHDL 文件如下。

```
---------------------------------------------------
-- Sheet：Frequency Divider
-- RefDes：PLD3
-- Part Number：XC3S500E
-- Generated By：Multisim
--
```

```
-- Author：Administrator
-- Date：Friday，December 25 17:01:15，2020
-----------------------------------------------

-----------------------------------------------
-- Use：This file defines the top-level of the design
-- Use with the exported package file
-----------------------------------------------
library ieee;
use ieee.std_logic_1164.ALL;
use ieee.numeric_std.ALL;

library work;
use work.FrequencyDivider_pkg.ALL;


entity FrequencyDivider is
 port （

  CLK ： in std_logic;
  LED2 ： out std_logic;
  LED4 ： out std_logic;
  LED8 ： out std_logic;
  sys_clk_pin ： in std_logic
 ）;
end FrequencyDivider;


architecture behavioral of FrequencyDivider is


 component AUTO_IBUF
  port（
  I ： in std_logic;
  O ： out std_logic
 ）;
 end component;

 component AUTO_OBUF
  port（
  I ： in std_logic;
  O ： out std_logic
 ）;
 end component;

 component FF_D_CO_NI
  Port （ D ： in   STD_LOGIC;
          CLK ： in   STD_LOGIC;
          Q ： out   STD_LOGIC;
```

```
          Qneg  :  out   STD_LOGIC）;
  end component;
  signal \1\  :  std_logic;
  signal \3\  :  std_logic;
  signal \2\  :  std_logic;
  signal \7\  :  std_logic;
  signal \5\  :  std_logic;
  signal \6\  :  std_logic;
  signal \4\  :  std_logic;
begin
  CLK_AUTOBUF  :  AUTO_IBUF
   port map（ I => CLK,  O => \1\ ）;
  LED2_AUTOBUF  :  AUTO_OBUF
   port map（ I => \2\,  O => LED2 ）;
  LED4_AUTOBUF  :  AUTO_OBUF
   port map（ I => \3\,  O => LED4 ）;
  LED8_AUTOBUF  :  AUTO_OBUF
   port map（ I => \4\,  O => LED8 ）;
  U1  :  FF_D_CO_NI
   port map（ D => \5\,  Q => \2\,  CLK => \1\,  Qneg => \5\ ）;
  U2  :  FF_D_CO_NI
   port map（ D => \6\,  Q => \3\,  CLK => \2\,  Qneg => \6\ ）;
  U3  :  FF_D_CO_NI
   port map（ D => \7\,  Q => \4\,  CLK => \3\,  Qneg => \7\ ）;
end behavioral;
```

习　　题

12-1　试利用 NI Multisim 14 建立一个 PLD 电路。

12-2　试利用 NI Multisim 14 建立一个基于开发板 Digilent Nexys 2 的 PLD 电路。

12-3　基于 Digilent Basys 3 建立的 PLD 程序可以下载到开发板 Digilent Nexys 2 中吗？试解释原因。

12-4　在 NI Multisim 14 电路窗口中创建基于 PLD 器件实现 4 位加法器，并对电路进行仿真。

12-5　在 NI Multisim 14 电路窗口中创建基于 PLD 器件实现 4 位乘法器，并对电路进行仿真。

12-6　在 NI Multisim 14 电路窗口中创建基于 PLD 器件实现数字钟，并对电路进行仿真分析。

12-7　试用 PLD 实现如图 P12-1 所示移位寄存器电路。

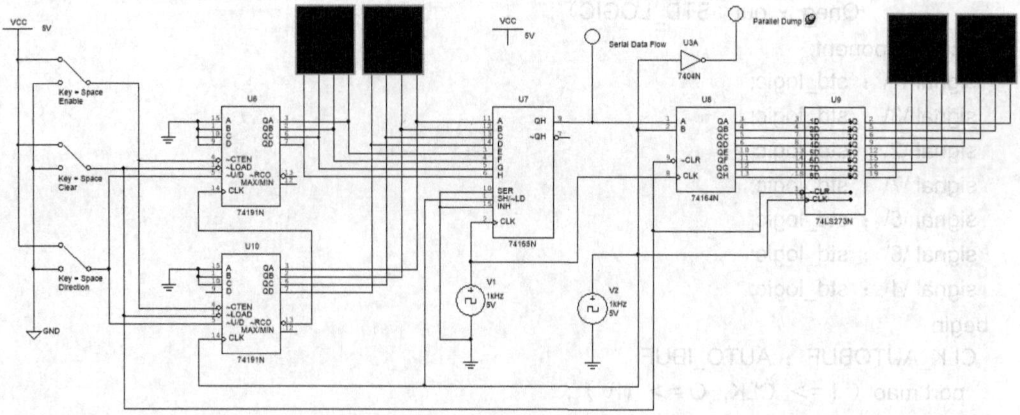

图 P12-1　移位寄存器电路

12-8　试用 PLD 实现如图 P12-2 所示 BCD 加法电路，并下载到 Digilent Basys 3 开发板中，验证其功能。

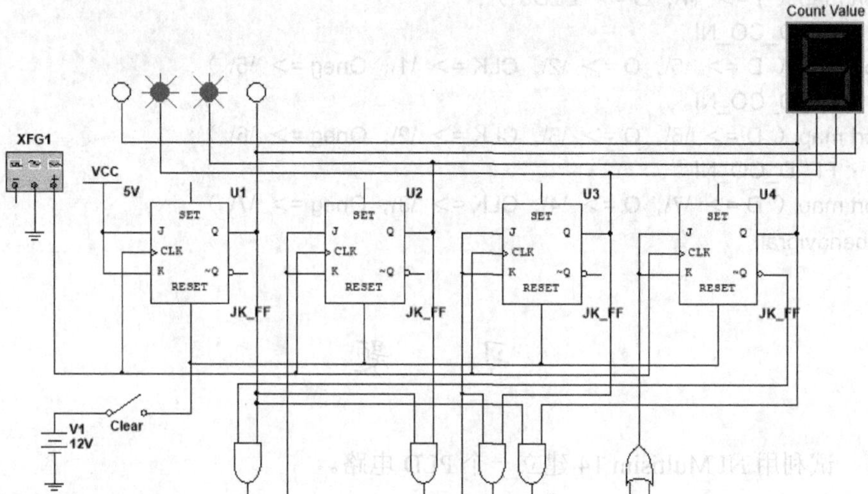

图 P12-2　BCD 加法电路

第 13 章　基于 NI Multisim 14 的 Basys 3 的开发应用

Basys 3 是一款 Digilent 公司（现已被 NI 收购）推出的、采用 Vivado 套件设计的、基于 Xilinx 的 FPGA 开发的入门级 FPGA 开发板。本章主要介绍 Basys 3 开发板的硬件结构、特点以及开发环境的建立，着重介绍利用 NI Multisim 14 软件来进行 Basys 3 的开发，最后通过十字路口交通灯的控制具体说明其开发的步骤。

13.1　Basys 3 开发板概述

Digilent 公司最早推出 Basys 开发板，板载了 10 万门级的 Xilinx Spartan-3E 的 FPGA 芯片，为工程师提供了一款成本低、入门级的 FPGA 开发平台。随后推出 Basys 2 开发板，它板载了 Xilinx Spartan-3E FPGA 芯片和 Atmel AT90USB USB 控制器，在 Basys 开发板所有功能基础上增强了其扩展功能。利用物美价廉的 Pmod（Peripheral Module）接口的外设板可以直接连接到 Basys 2 开发板，如 A/D 和 D/A 转换器、电机控制、数据端口以及各种各样的传感器和执行器。Basys 2 开发板提供了完整、随时可以使用的硬件平台，适合从基本逻辑器件到复杂控制器件的电路设计。

目前 Digilent 公司推出的是 Basys 3 开发板，板载了 Xilinx Artix®-7 FPGA 芯片 XC7A35T-1CPG236C，可在 Vivado®软件套件下开发 FPGA。Basys 3 开发板秉承 Basys 系列开发板特色：即用型的硬件、丰富的板载 I/O 口、必要的 FPGA 支持电路、免费的软件开发平台以及适合学生群体的售价。具有以下特性。

- 5200 个切片中有 33 280 个逻辑单元(每个切片包含四个 6 输入 LUT 和 8 个触发器)。
- 1800 Kb 的快速块 RAM。
- 5 个时钟管理模块，每个都提供锁相环（PLL）。
- 90 个 DSP 切片。
- 超过 450 MHz 的内部时钟速度。
- 片载模数转换器（XADC）。
- 16 个用户开关。
- 16 个用户 LED。
- 5 个用户按钮。
- 4 位 7 段显示。
- 4 个 Pmod 连接器。
    - 3 个标准 12 引脚 Pmod。
    - 1 个双用途 XADC 信号/标准 Pmod。

- 12 位 VGA 输出。
- USB MART 桥接器。
- 串行闪存。
- 用于 FPGA 编程和通信的 Digilent USB JTAG 端口。
- 用于鼠标、键盘和记忆棒的 USB HID 主机。

Basys 3 最重要的提升就是可由 Xilinx Vivado®支持。Vivado 设计套件是 FPGA 厂商赛灵思公司 2012 年发布的集成设计环境，相比 ISE®，Vivado 能提供更好的用户设计体验和硬件功能实现，能够扩展多达 1 亿个等效 ASIC 门的设计。

注意

Pmod 接口标准是由 Xilinx 的第三方合作伙伴迪芝伦（Digilent）制定的接口扩展规范，非常适合 FPGA 开发板卡与外设实现连接。

13.2 Basys 3 开发板性的硬件结构

Basys 3 开发板如图 13-1 所示。

图 13-1 Basys 3 开发板

由图 13-1 可知，Basys 3 开发板左侧有 1 个 Pmod 接口和 1 个专用 AD 信号 Pmod 接口，开发板下方并列 16 个拨键开关，每个拨键开关上方有 1 个 LED，开发板右侧是 2 个 Pmod 连接口，开发板上方依次有电源选择跳线柱、电源开关、外部电源接口、MART/JTAG 共用 USB 接口、VGA 连接口、USB 连接口、编程模式跳线柱和 FPGA 配置复位按钮。开发板中间有 4 个 7 段数码管和 5 个按钮开关，Xilinx Artix®-7 FPGA 芯片（XC7A35T-1CPG236C）也在开发板中部表面。Basys 3 开发板主要单元电路有以下 7 部分。

（1）电源电路。Basys 3 开发板可以通过 2 种方式进行供电，一种是通过 J4 的 USB 端口供电，另一种是通过 J6 的接线柱进行供电（5 V）。通过 JP2 跳线帽的不同选择进行供电方式的选择。电源开关通过 SW16 进行控制，LD20 为电源开关的指示灯。

注意

①外部电源（即J6）电压在 4.5～5.5 V 范围内，且至少能提供 1 A 的电流。

②只有在特别情况下电源电压才可以使用 3.6 V 电压。

（2）LED 灯电路。当 FPGA 输出为高电平时，相应的 LED 点亮；否则 LED 熄灭。板上配有 16 个LED，可在实验中灵活应用。

（3）拨码开关电路。当开关打到下档时，表示 FPGA 的输入为低电平。反之，向上拨为高电平。

（4）按钮电路。板上配有 5 个按钮，当按钮按下时，表示 FPGA 的相应输入脚为高电平。

（5）数码管电路。这是一个四位带小数点的七段共阳数码管，当相应的输出脚为低电平时，该段位的 LED 点亮。

（6）VGA 显示电路。选用电阻搭建的 12bit（2^{12} 色）电路，由于没有采用视频专用 DAC 芯片，所以色彩过渡表现不是十分完美。VGA 接口如图 13-2 所示。

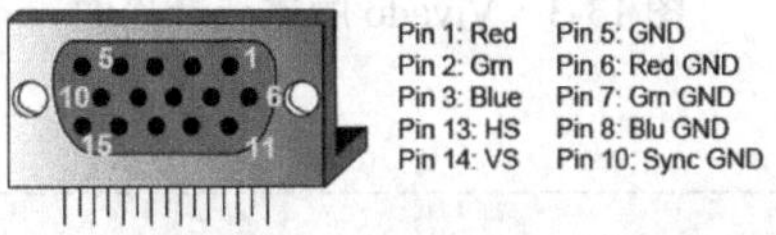

图 13-2　VGA 接口

（7）I/O 扩展电路。Basys 3 开发板有 4 个标准的扩展连接器（其中一个为专用 AD 信号 Pmod 接口）允许设计使用面包板、用户设计的电路或 Pmods 扩展 Basys 3 板。8 针连接器上的信号免受 ESD 损害和短路损害，从而确保了在任何环境中的使用寿命都更长。

注意

Pmod 接口通过 6 引脚或 12 引脚连接器与系统主板通信，常见的 Pmods 扩展 Basys 3 板有模拟和数字 I/O 开发板、电机驱动板以及各种传感器开发板。

13.3　Basys 3 开发板的软件安装

利用 NI Multisim 对 Basys 3 开发板的编程还必须有相应软件的支撑，一般要安装以下三种软件。

- LabVIEW 2014 或更高版本
- NI Multisim 14 或更高版本
- Vivado 2014.2

利用 ni_mydaq_software_suite_x86_2019 软件包安装软件时，就已经安装了 LabVIEW 2019 和 NI Multisim 14.2 软件，在此仅需要介绍 Vivado 2014.2 的安装。

首先从 Xilinx 公司网站下载 Vivado 2014.2 软件。打开 Xilinx 公司下载界面（https://

www.xilinx.com/support/download/），选择 Vivado Archive 标签，弹出如图 13-3 所示版本选择界面。

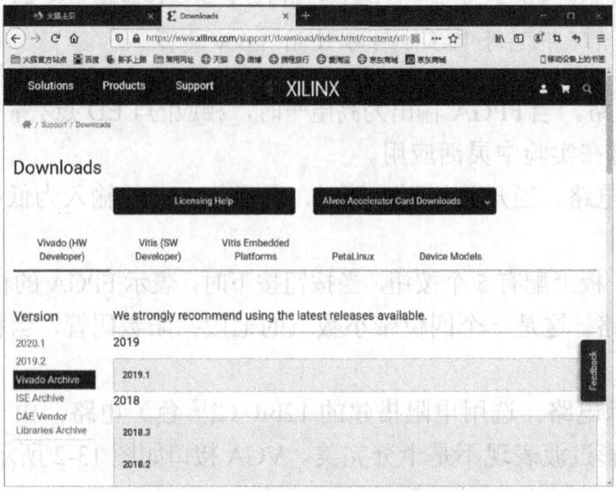

图 13-3　Vivado 版本选择界面

注意

NI Multisim 14.2 版本还未支持 Xilinx Vivado 2016.2 及更高的版本。

由图 13-3 可知，Vivado 软件由多个版本可以选择，在此选择 Vivado 2014.2 版本，弹出如图 13-4 所示的三种应用环境的下载选择。

根据 Windows 运行环境要求，选择 Vivado 2014.2 Full Image for Windows with SDK（TAR/GZIP -4.73 GB）下载，就会弹出 Xinlinxg 公司下载中心所要求的姓名和地址认证界面，如图 13-5 所示。

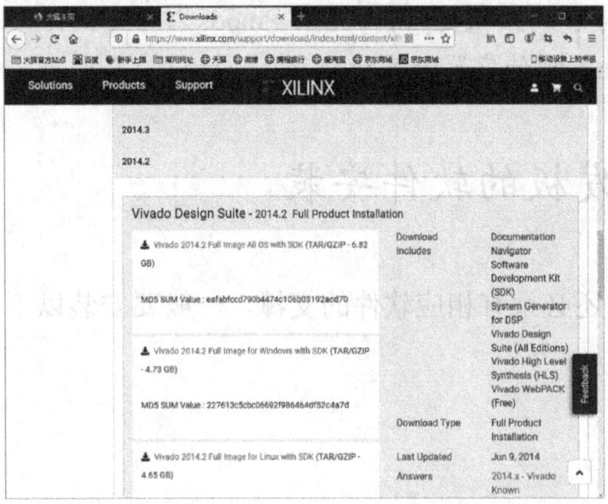

图 13-4　Vivado 软件应用环境选择界面

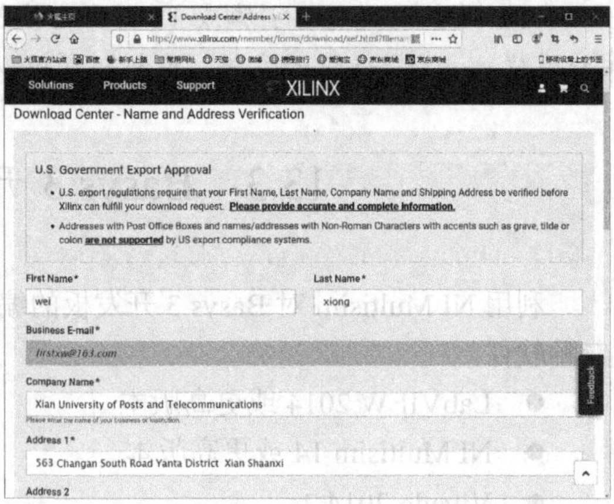

图 13-5　姓名和地址认证界面

经 Xinlinx 公司认证通过后，可单击该页面底部的 Download 按钮，就会弹出如图 13-6 所示的文件处理选择对话框。

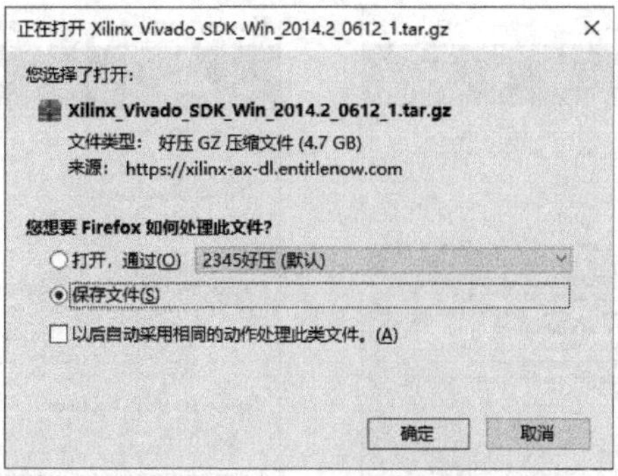

图 13-6　文件处理选择对话框

选择保存文件，就可将 Vivado 2014.2 下载到指定的文件夹中。下面就可以进行 Vivado 2014.2 软件的安装。

注意

从 Xinlinx 公司网站下载 Vivado 2014.2 软件，下载速度较慢需要耐心等待。

先将 Xilinx_Vivado_SDK_Win_2014.2_0612_1 压缩包解压，在解压后的文件夹中单击 xsetup 可执行文件，弹出欢迎安装 Vivado 2014.2 软件界面，如图 13-7 所示。

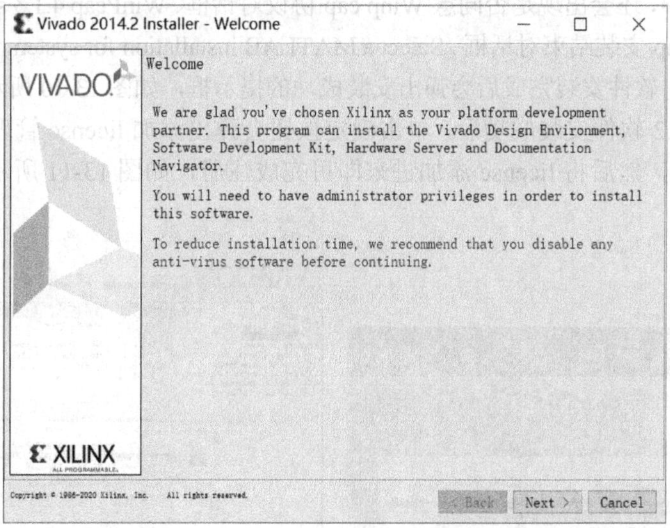

图 13-7　欢迎安装 Vivado 2014.2 软件界面

注意

为了快捷安装 Vivado 2014.2 软件，建议关闭杀毒软件。

单击 Next 按钮，进入协议同意与否对话框，如图 13-8 所示。

勾选三个 I Agree 选项，然后单击 Next 按钮，弹出图 13-9 所示版本选择对话框。

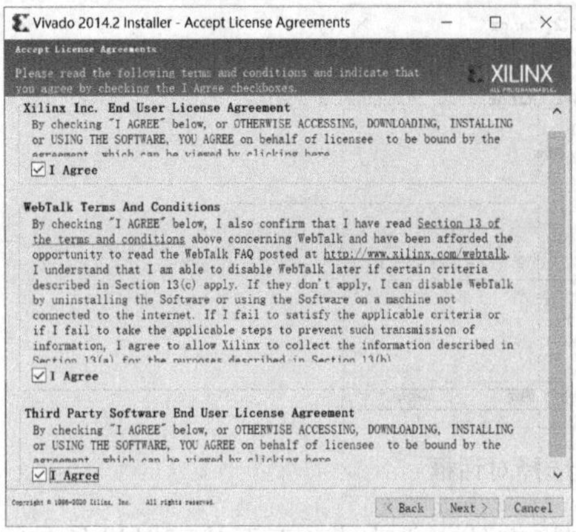

图 13-8　协议同意与否对话框

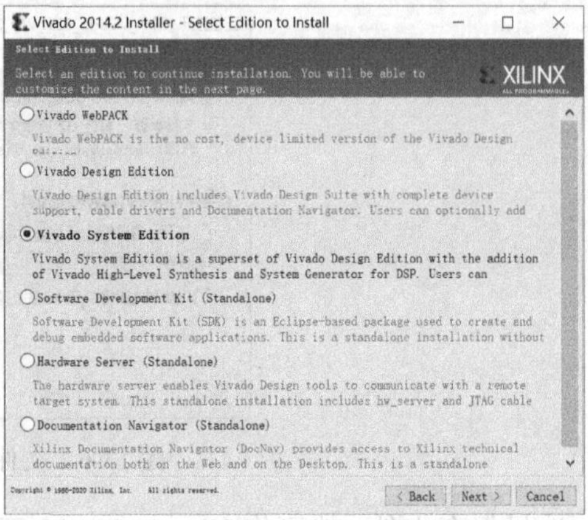

图 13-9　版本选择对话框

选择 Vivado System Edition，然后单击 Next 按钮就进入安装路径选择对话框、安装信息摘要对话框，随后进行 Vivado 2014.2 软件的安装。

注意

软件安装较慢，需要耐心等待。

在安装过程中，还会出现是否同意 Winp cap 协议对话框、WinPcap 4.1.3 setup 安装对话框、WinPcap 4.1.3 setup 安装结束对话框、Select a MATLAB installation for system Generation Vivado 2014.2 对话框等。软件安装完成后会弹出安装成功的提示框，如图 13-10 所示。

Vivado 2014.2 软件安装成功后，单击确定按钮会弹出添加 license 管理对话框，找到已授权 license 文件，然后将 license 添加进来即可完成注册，如图 13-11 所示。

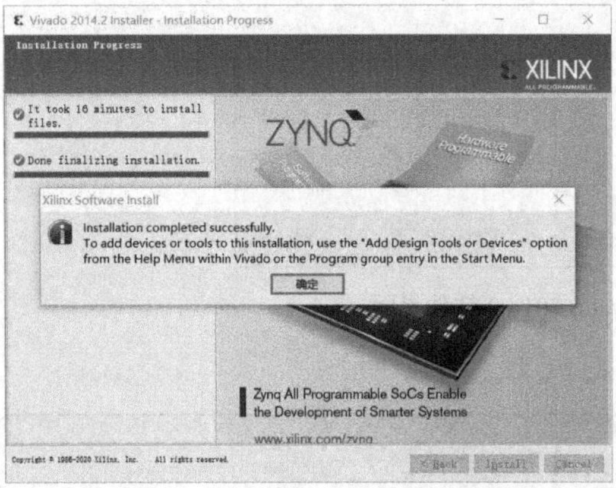

图 13-10　安装成功的提示框

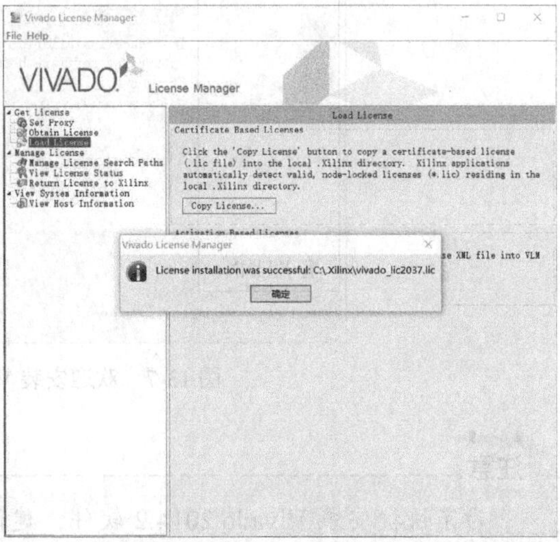

图 13-11　license 管理对话框

至此，就完成了 Vivado 2014.2 的安装，建立了 NI Multisim 14 开发 Basys 3 的综合开发环境。

13.4　基于 NI Multisim 14 的 Basys 3 开发板的编程

FPGA 已经广泛应用到电子产品的开发中，具有开发周期短、费用低、风险小、质量稳定的特点。不同的 FPGA 厂商都有其专属的开发工具包，例如 Xilinx 公司就有 Xilinx ISE 和 Xilinx Vivado 综合开发软件包，Altera 公司有 Quartus Ⅱ软件包。本节主要介绍利用 NI Multisim 14 仿真软件来对 Digilent FPGA 开发板进行编程，能够利用 NI Multisim 14 仿真软件编程的 Digilent FPGA 开发板主要有以下几种。

- Digilent Cmod S6 开发板。
- Digilent Nexys 2 开发板。
- Digilent Nexys 3 开发板。
- Digilent Nexys 4 开发板。
- Digilent Basys 开发板。
- Digilent Basys 2 开发板。
- Digilent Basys 3 开发板。

注意

使用 NI Multisim 14 对 FPGA 编程的功能，必须安装 Mutisim 14 的教育版或更高版本，同时必须安装 Xilinx Vivado 或 Xilinx ISE 软件。

以上 Digilent FPGA 开发板中，只有 Digilent Basys 3 开发板可以使用 Xilinx Vivado，其余开发板均使用 Xilinx ISE 软件。下面就以 Digilent Basys 3 开发板为例，阐述利用 NI Multisim 14 来对 Digilent FPGA 进行编程的具体步骤。

步骤 1：将 Basys 3 开发板通过 USB 连接到电脑。

注意

Vivado 自带对 Digilent 板卡的支持，会自动安装 Basys 3 开发板驱动。

步骤 2：建立 PLD 项目文件。

打开 NI Multisim 14.2（教育版）软件，执行 File»New 命令，弹出如图 13-12 所示新建项目对话框。

在图 13-12 中选择 PLD design 图标，并单击 Create 按钮，就进入新建 PLD 项目向导，如图 13-13 所示。

在图 13-13 中，选中 Use standard configuration，并在其下拉菜单选择 Digilent Basys 3。单击 Next 按钮，进入图 13-14 所示的命名项目名称的对话框。

在图 13-14 中的 PLD design name 条形框中，将新建 PLD 项目文件命名为 full-adder，

由于选择了 Basys 3 开发板，其 PLD 芯片不可修改。单击 Next 按钮，弹出如图 13-15 所示 I/O 端口设置对话框。

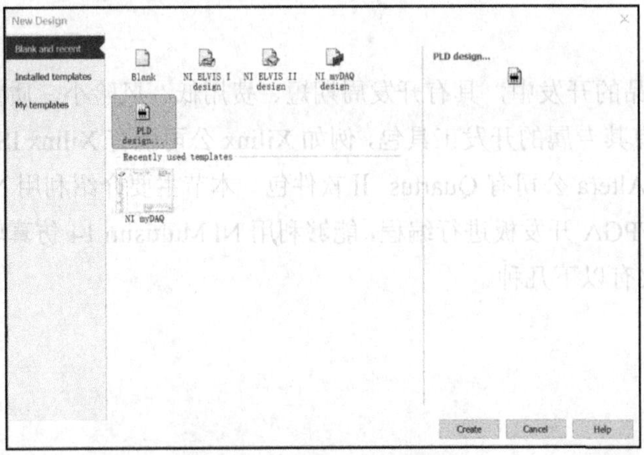

图 13-12　新建项目对话框

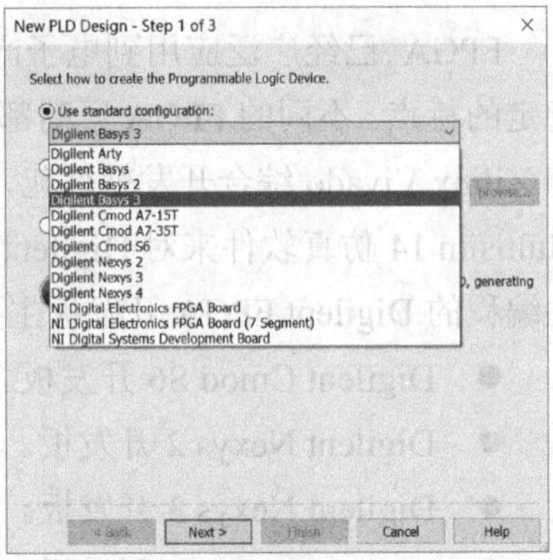

图 13-13　新建 PLD 项目向导

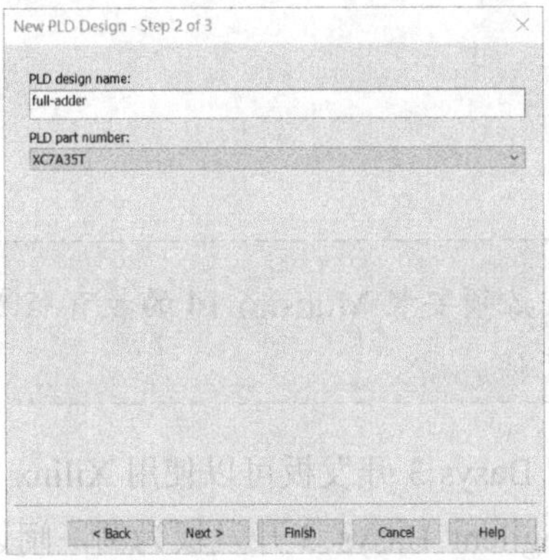

图 13-14　命名项目名称对话框

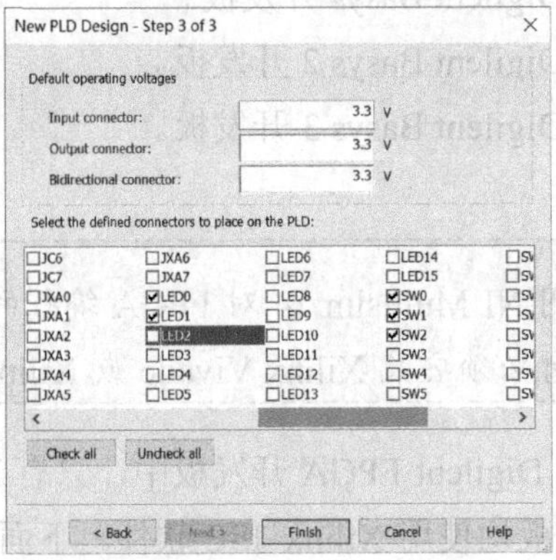

图 13-15　I/O 端口设置对话框

根据全加器电路特点，选择 SW_0、SW_1 和 SW_2 为电路输入端口，LED_0 和 LED_1 为输出端口，完成设置后单击 Finish 按钮，就会建立一个设置好的 PLD 仿真工作区，如图 13-16 所示。

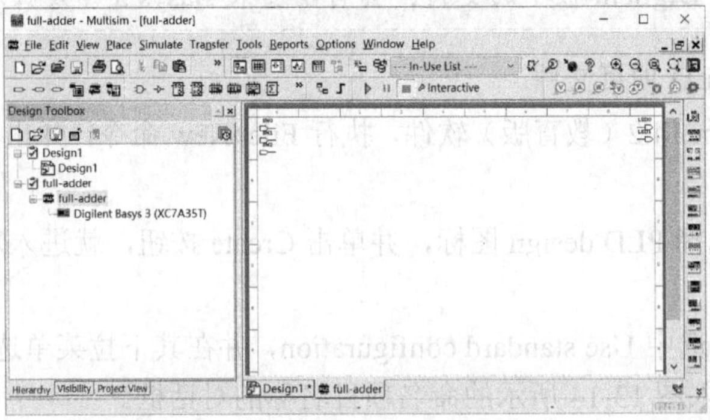

图 13-16　设置好的 PLD 仿真工作区

步骤 3：建立设计电路（全加器）。

在 PLD 工作仿真区建立全加器电路，与之前 NI Multisim 14 工作区建立电路完全相同，在此不再赘述。建立好的全加器电路如图 13-17 所示。

步骤 4：将设计完成的电路导出到 FPGA 中。

执行菜单命名 Transfer»Export to PLD，弹出如图 13-18 所示 PLD 输出向导对话框。

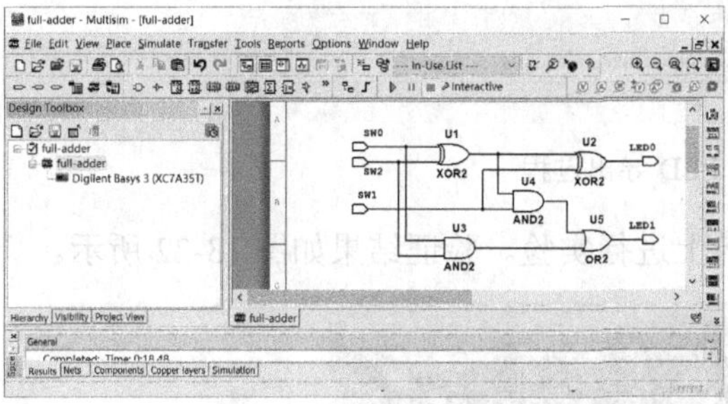

图 13-17　全加器电路

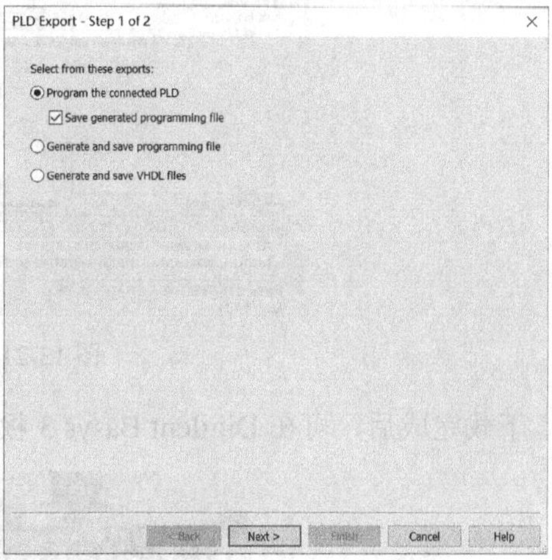

图 13-18　PLD 输出向导对话框

选择图 13-18 中 Program the connected PLD 选项，单击 Next 按钮弹出选择下载工具对话框，如图 13-19 所示。

单击图 13-19 中 Browse 按钮，选择 Xilinx Vivado 作为下载工具，即指定 Vivado.bat 命令所在文件夹（安装目录:\Xilinx\Vivado \2014.2）。随后接通 Basys 3 开发板电源，单击 Device 栏下的 Refresh 按钮。稍等片刻，软件即可识别出设备。正确识别 Basys 3 开发板的对话框如图 13-20 所示。

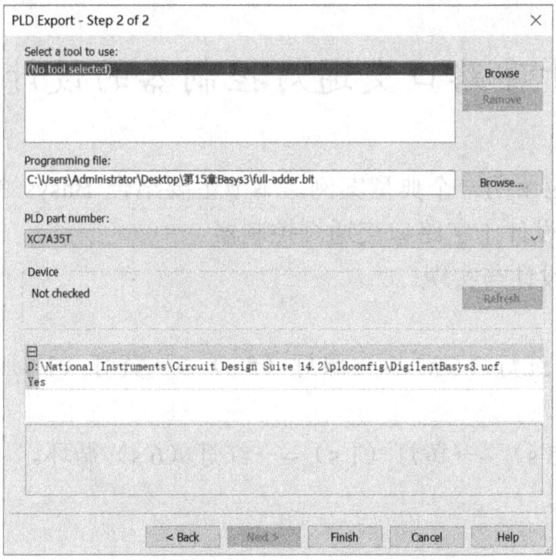

图 13-19　选择下载工具对话框

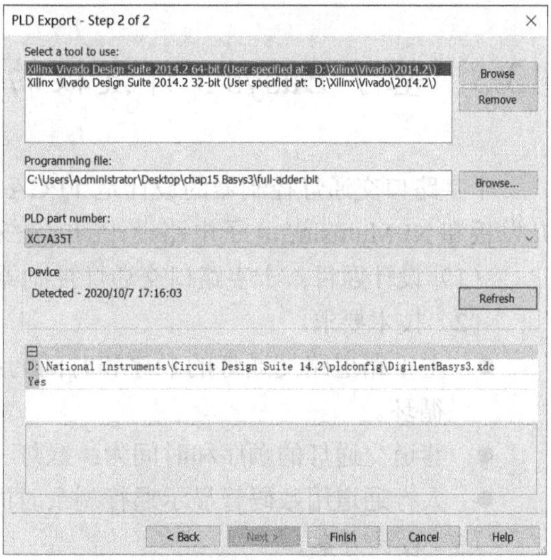

图 13-20　正确识别出 Digilent Basys 3 开发板

单击 Finish 按钮，软件会调用 Xilinx Vivado 软件对程序进行编译、综合生成 bit 文件并下载。其导出过程如图 13-21 所示。

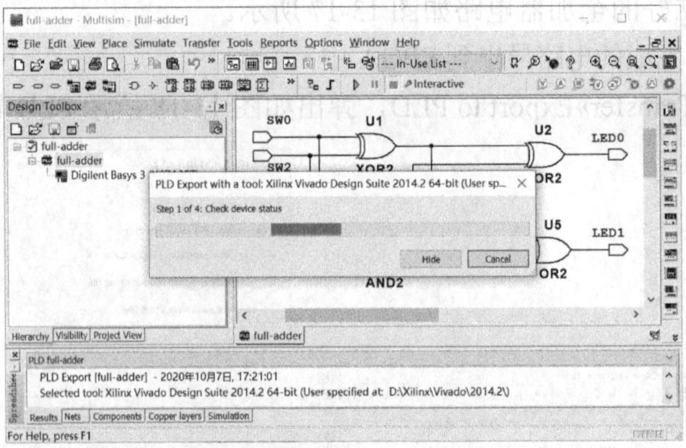

图 13-21　PLD 导出过程

下载完成后，可在 Digilent Basys 3 板卡上进行实验。验证结果如图 13-22 所示。

图 13-22　全加器 A=1,b=1,CIN=1 情况

13.5　基于 Basys 3 开发板的十字路口交通灯控制器的设计

十字路口交通灯控制器的设计是 FPGA 应用的一个典型案例，本节主要结合 Basys 3 开发板和 NI Multisim 14 子电路设计的方法来设计十字路口交通灯控制器。

（1）设计题目：十字路口交通灯控制器设计与实现。

（2）技术要求。

- 主干路道路交通灯的顺序和时间为：红灯（6 s）--→绿灯（5 s）--→黄灯（1 s）循环。
- 巷道交通灯的顺序和时间为：绿灯（5 s）--→黄灯（1 s）--→红灯（6 s）循环。
- 人行通道用数码管显示通行剩余时间。

（3）设计方案。

方案一：利用单片机实现。

方案二：利用中小规模集成电路（如 74LS161）实现。

方案三：利用 FPGA 实现。

（4）方案论证：根据目前的实验条件，有 NI Multisim 14.2 软件和 Basys 3 开发板，故选择方案三来实现十字路口交通灯控制器。

（5）设计原理。

为了让红灯亮 6 s、绿灯亮 5 s、黄灯亮 1 s，需要 3 个逻辑信号，假设主干道的交通灯为 RED、GREEN 和 YELLOW，灯亮为 1，灯灭为 0，则 RED、GREEN 和 YELLOW 亮灭的时序关系为：

RED：1 1 1 1 1 1 0 0 0 0 0 0

GREEN：0 0 0 0 0 0 1 1 1 1 1 0

YELLOW：0 0 0 0 0 0 0 0 0 0 0 1

由此可见，交通灯信号一共有 12 种状态。若假设每个状态的持续时间为 1 s，则可以实现交通灯控制器的要求。状态持续时间 1 s 也就成为控制计数器的时钟信号周期。

同理假设巷道的交通灯为 RED_2、$GREEN_2$ 和 $YELLOW_2$，其亮灭的时序关系为：

$GREEN_2$：1 1 1 1 1 0 0 0 0 0 0 0

$YELLOW_2$：0 0 0 0 0 1 0 0 0 0 0 0

RED_2：0 0 0 0 0 0 1 1 1 1 1 1

由以上主干道和巷道的交通灯时序关系可以得到交通灯信号灯真值表，详见表 13-1。

表 13-1　交通灯信号真值表

$Q_DQ_CQ_BQ_A$	RED	GREEN	YELLOW	RED_2	$GREEN_2$	$YELLOW_2$
0100	1	0	0	0	1	0
0101	1	0	0	0	1	0
0110	1	0	0	0	1	0
0111	1	0	0	0	1	0
1000	1	0	0	0	1	0
1001	1	0	0	0	0	1
1010	0	1	0	1	0	0
1011	0	1	0	1	0	0
1100	0	1	0	1	0	0
1101	0	1	0	1	0	0
1110	0	1	0	1	0	0
1111	0	0	1	1	0	0

通过卡诺图化简，可得交通灯控制信号表达式：

$$\mathrm{GREEN} = Q_D Q_C \overline{Q}_B + \overline{Q}_D Q_B + Q_D Q_C Q_B \overline{Q}_A$$

$$\mathrm{RED} = \overline{Q}_D + \overline{Q}_C \overline{Q}_B$$

$$\mathrm{YELLOW} = \overline{\mathrm{RED} + \mathrm{GREEN}}$$

$$\mathrm{GREEN}_2 = \overline{Q}_D + Q_C Q_B Q_A$$

$$\mathrm{RED}_2 = \overline{\mathrm{RED}}$$

$$\mathrm{YELLOW}_2 = \overline{\mathrm{RED}_2 + \mathrm{GREEN}_2}$$

对于斑马线人行道，使用了两个计数器，主干道和巷道的人行道各用一个。当汽车为红色交通灯时，数码管计数从 6 倒计时到 0。

（6）搭建 NI Multisim 14 仿真电路。

① 启动 NI Multisim 14 仿真软件，将默认的 Design1 存盘，并命名为 Traffic Light State Machine。

② 执行 NI Multisim 14 仿真软件菜单命令 File»New，弹出 New Design 对话框，在 Blank and recent 标签中选择 PLD design，在创建 PLD design 向导中，将 PLD 名称命名为 CONTROLLER，选择开发板为 Digilent Basys 3。随后在 CONTROLLER 工作界面依次放置 7 段数码管、排阻、总线，以及红、绿、黄探针，连接好相应信号端口的电路图如图 13-23 所示。

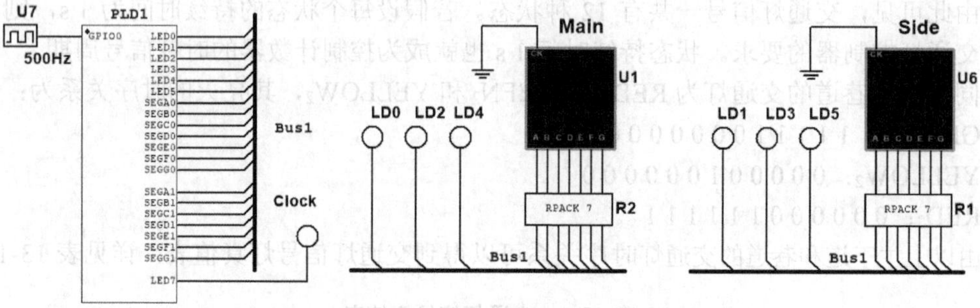

图 13-23　CONTROLLER 电路图

③ 在 CONTROLLER 工作界面中，将计数器电路（COUNTER）、主干道交通灯电路[LIGHT（Main）]、巷道交通灯电路[LIGHT（Side）]、人行道 1（PEDESTRIAN）、人行道 2（PEDESTRIAN2）以子电路（subcircuit）的形式添加进来。添加输入/输出端口的电路如图 13-24 所示。

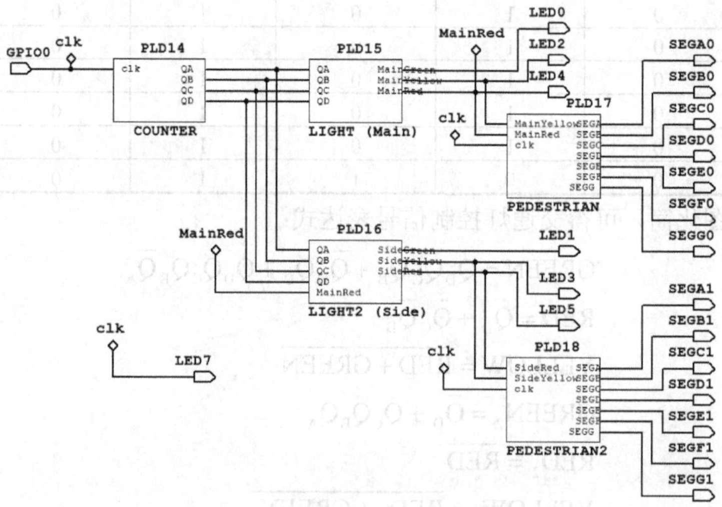

图 13-24　CONTROLLER 电路

④ 构建计数器电路，依据表 13-1 所示交通灯状态变化规律，构建的 12 进制计数器（4～15 计数）电路如图 13-25 所示。

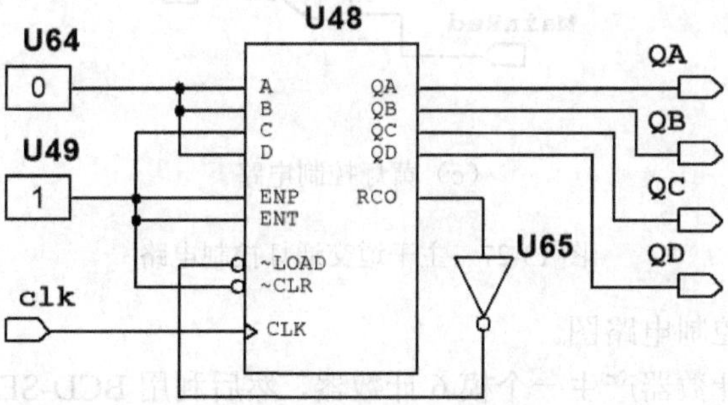

图 13-25　12 进制计数器电路

⑤ 在主干路的逻辑控制电路中，依次放置红灯逻辑控制子电路、绿灯逻辑控制子电路和黄灯逻辑控制子电路，添加输入/输出端口后的电路如图 13-26 所示。

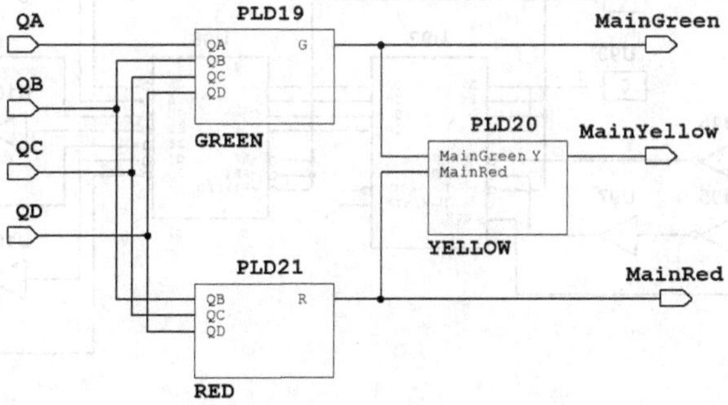

图 13-26　主干路的逻辑控制电路

⑥ 依据表 13-1 所示交通灯控制信号真值表，可分别得到主干道、巷道交通灯输出表达式，由此构建的主干道电路如图 13-27 所示。

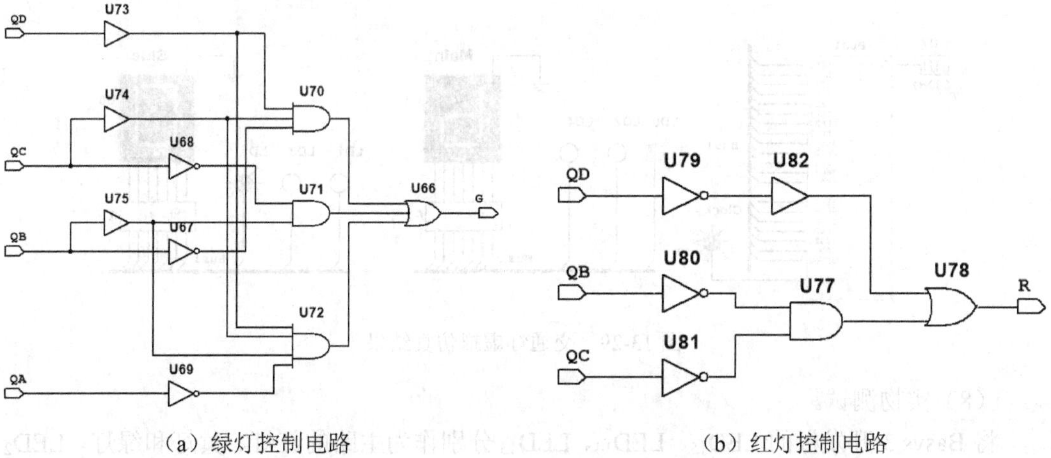

（a）绿灯控制电路　　　　（b）红灯控制电路

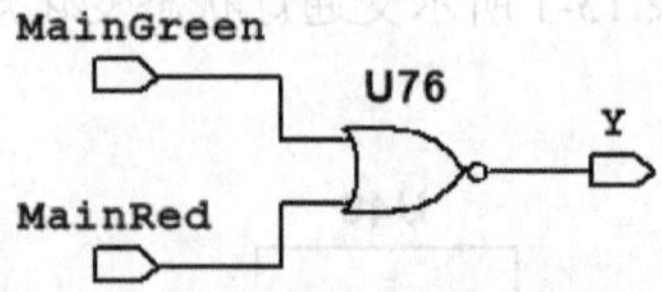

（c）黄灯控制电路

图 13-27　主干道交通灯控制电路

同理可得巷道的控制电路图。

⑦人行道主要由计数器产生一个模 6 计数器，然后利用 BCD-SEG 编码器驱动数码管。设计好的电路如图 13-28 所示。

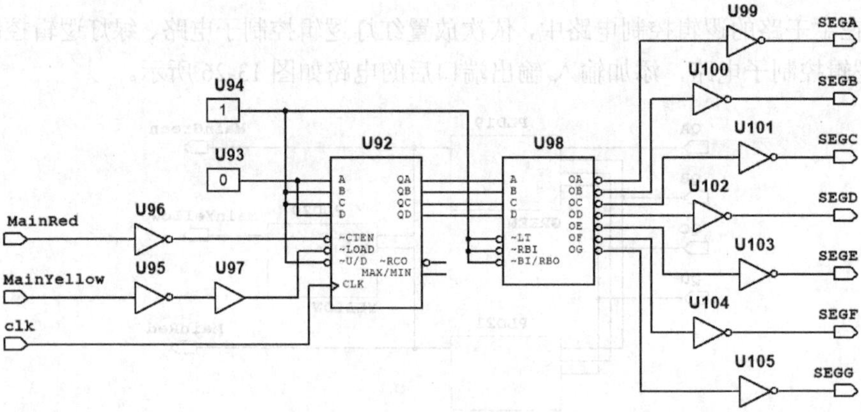

图 13-28　主干道人行道数码管控制电路

同理，可以设计巷道人行道数码管控制电路。

（7）虚拟仿真。

在 NI Multisim 14 仿真工作平台，单击运行按钮，交通灯运行结果如图 13-29 所示。

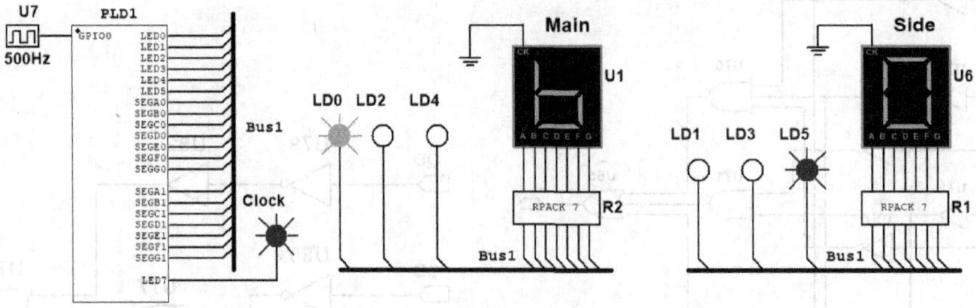

图 13-29　交通灯虚拟仿真结果

（8）实物测试。

将 Basys 3 开发板的 LED_{15}、LED_{14}、LED_{13} 分别作为主路的红灯、黄灯和绿灯，LED_2、

LED_1、LED_0 分别作为巷道的红灯、黄灯和绿灯，Basys 3 开发板的数码管 AN_0 作为主路人行横道的倒计时计数器，数码管 AN_3 作为巷道人行横道的倒计时计数器，设计电路所用到的高电平和低电平分别由 SW_5 和 SW_4 控制，另外用 LED_9 显示分频后的系统时钟。按照 13.4 节介绍的下载步骤，将交通灯控制电路下载到 Basys 3 开发板中，可以观察开发板中数码管的计时变化情况，如图 13-30 所示。

（a）主路红灯倒计时　　（b）巷道红灯倒计时

图 13-30　实物测试

通过观察主路和巷道的交通灯及人行横道倒计时显示，可知显示结果符合设计要求。

习　　题

13-1　Digilent Basys 3 开发板有哪些特性？

13-2　Digilent Basys 3 开发板的接口有哪些？简述其功能。

13-3　试从 Xilinx 公司网站下载 Vivado 2014.2 软件，并安装。

13-4　简述 Vivado 2014 软件特点。

13-5　什么是 Pmod 接口？

13-6　Digilent Basys 开发板能用 Vivado 2014.2 软件开发吗？

13-7　简述利用 NI Multisim 14 来开发 Digilent FPGA 的具体步骤。

13-8　试利用 Digilent Basys 3 开发板实现图 P13-1 所示向上、向下计数器电路，并验证其功能。

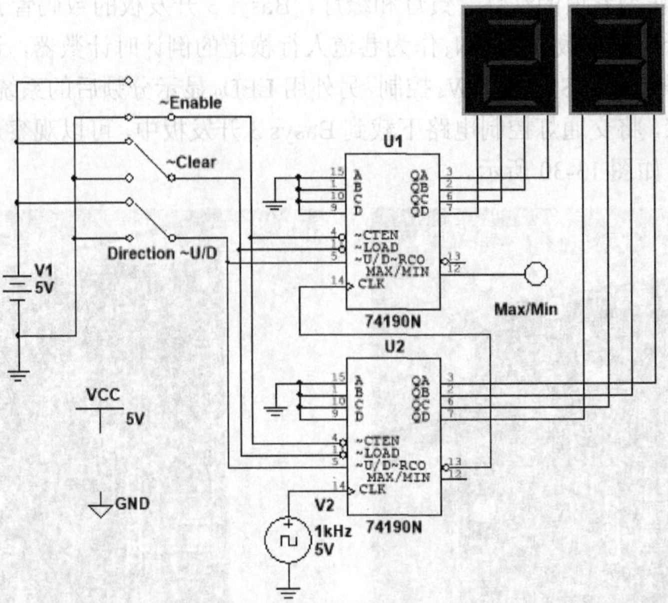

图 P13-1　向上、向下计数器电路

13-9　试利用 Digilent Basys 3 开发板实现三人表决电路。

13-10　试利用 Digilent Basys 3 开发板实现如图 P13-2 所示四位全加器电路。

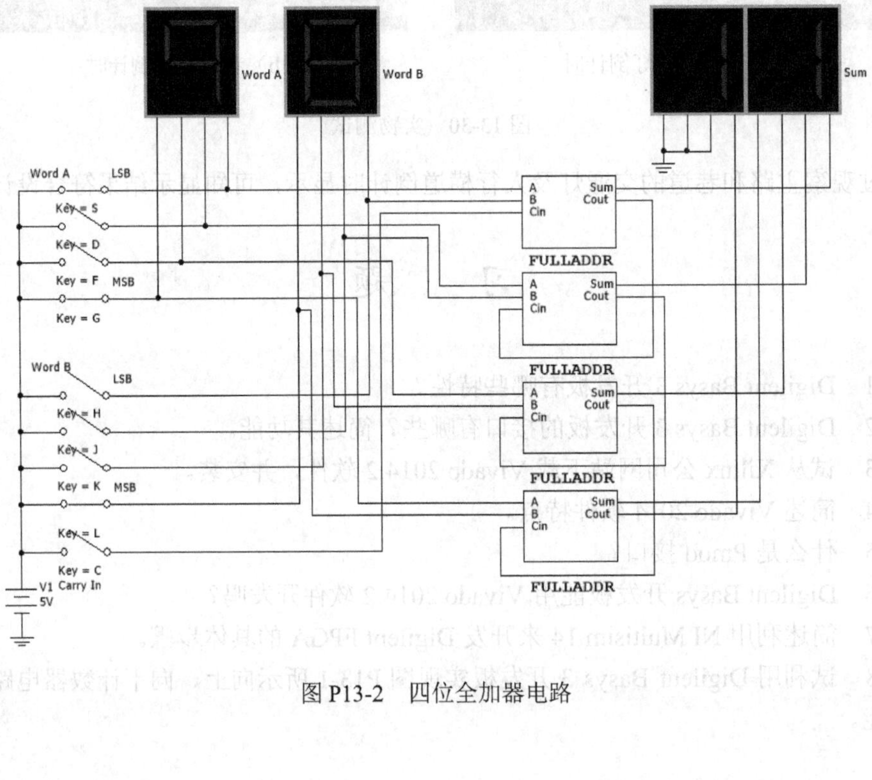

图 P13-2　四位全加器电路

第14章　基于NI Multisim 14的NI ELVIS的开发应用

本章重点介绍NI Multisim 14中虚拟NI ELVIS Ⅰ和虚拟NI ELVIS Ⅱ⁺操作界面、虚拟仪表使用和应用举例。以实物NI ELVIS Ⅱ⁺为例说明NI ELVIS的硬件组成、主要性能指标、NI ELVISmx驱动程序、NI ELVISmx快捷虚拟仪表和应用案例。

14.1　NI ELVIS概述

美国NI公司将虚拟仪表应用到电子技术实验和电子产品开发过程中，并与通用电子面包板结合起来，研制开发了教学实验室虚拟仪表套件（NI ELVIS）。NI ELVIS含有硬件和软件两个部分，NI ELVIS硬件含有数据采集卡和通用电子面包板，通过USB将NI ELVIS硬件平台连接到计算机；NI ELVIS的软件主要是NI公司开发的一些虚拟仪表，如虚拟数字万用表、虚拟示波器、虚拟函数发生器等。开发人员可以在NI ELVIS硬件平台的面包板上搭接实验电路，利用NI公司的虚拟仪表提供必要的激励信号，完成电路的分析和性能指标测试。

在NI Multisim 14的仿真环境中，不但可以完成电路的仿真，还能够完成NI ELVIS的仿真，称为虚拟NI ELVIS。虚拟NI ELVIS和实物NI ELVIS在外貌和功能上几乎完全一样，操作方法也基本相同。区别仅在于实物NI ELVIS上，是将真实元件插入面包板上，用硬插线连接元器件，最后用虚拟仪表完成电路性能指标的测试。而在虚拟NI ELVIS中，是在NI Multisim 14的仿真环境中创建虚拟NI ELVIS电路图，执行菜单命令Tools»Breadboard，将NI Multisim 14的仿真环境转换为虚拟NI ELVIS 3D仿真环境，从元件盒中提取虚拟元件，放置到虚拟面包板上，用虚拟导线连接元器件，最后完成NI ELVIS的仿真。在虚拟NI ELVIS 3D仿真环境中可以提供更多的虚拟仪表。

美国NI公司于2003年推出NI ELVIS Ⅰ，随后不断完善其功能，相继推出NI ELVIS Ⅱ和NI ELVIS Ⅱ⁺，于2009年又推出低价位的NI myDAQ，由此构成目前NI公司的虚拟电子工作平台。它们适合于在校本科生在具备计算机的条件下，配备NI ELVIS或NI myDAQ就可以不受环境的制约开发或实验电子电路。目前最新的NI ELVIS版本是NI公司于2018年6月推出的NI ELVIS III，其软件也不断升级，最新的软件是2019年12月推出的NI ELVIS软件套件2019 SP2。NI ELVIS III设备如图14-1所示。

NI ELVIS III集成了Xilinx提供的FPGA技术，提供了新兴行业中工程案例，增加了远程实验功能。读者可基于Web远程访问课程内容，在线仿真、在线实验，并自动生成实验报告。甚至多个学生可基于同一台设备进行项目合作，有利于开展虚拟仿真等创新实践教学。

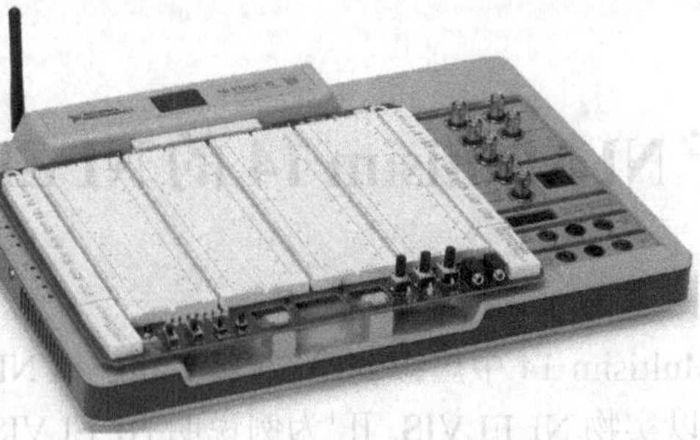

图 14-1　NI ELVIS III 设备

注意

虚拟 NI ELVIS III 未出现在 NI Multisim 14.2 版本中。

14.2　虚拟 NI ELVIS Ⅰ

14.2.1　虚拟 NI ELVIS Ⅰ操作界面

虚拟 NI ELVIS Ⅰ是 NI Multisim 14 软件自带一种虚拟仿真电路环境，即安装 NI Multisim 14 软件后，就具备虚拟 ELVIS Ⅰ的仿真环境，不需要另外安装其他软件。首先启动 NI Multisim 14 软件，执行菜单命令 File»New»NI ELVIS Ⅰ Design，NI Multisim 14 界面就会转换为如图 14-2 所示的虚拟 NI ELVIS Ⅰ电路仿真界面。

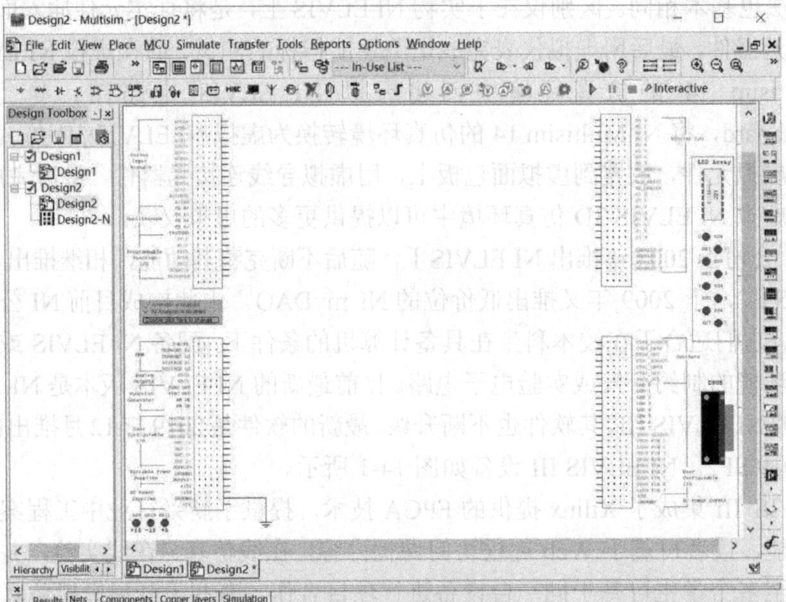

图 14-2　虚拟 NI ELVIS Ⅰ电路仿真界面

由图 14-2 可见，虚拟 NI ELVIS Ⅰ电路仿真界面主要含有 2 个左右放置的竖条，与实物 NI ELVIS Ⅰ完全相同，左侧的竖条主要有模拟信号输入端、示波器、可编程的函数 I/O 端、电流表与 IV 分析仪转换按钮、数字万用表、模拟输出端、函数信号发生器、用户可配置 I/O 口、可变电源、直流稳压电源以及 3 个电源指示灯。右侧的竖条主要含有数字 I/O 口、计数器端口、用户可配置区域和+5 V 直流稳压电源。

左右 2 个竖条的引脚名称与实物 NI ELVIS Ⅰ完全相同，但在虚拟 NI ELVIS Ⅰ界面，引脚名称有 2 种不同的颜色，绿色引脚名称表示在 NI Multisim 14 中不能参与仿真，也不能在仿真界面中移动，仅为了与实物相对应。黑色引脚名称可以在 NI Multisim 14 参与仿真。

虚拟 NI ELVIS Ⅰ电路仿真界面的左下角有 3 个发光二极管 DS_9、DS_{10} 和 DS_{11}，如图 14-3 所示。它们分别是+15 V、−15 V 和+5 V 的电源指示灯。

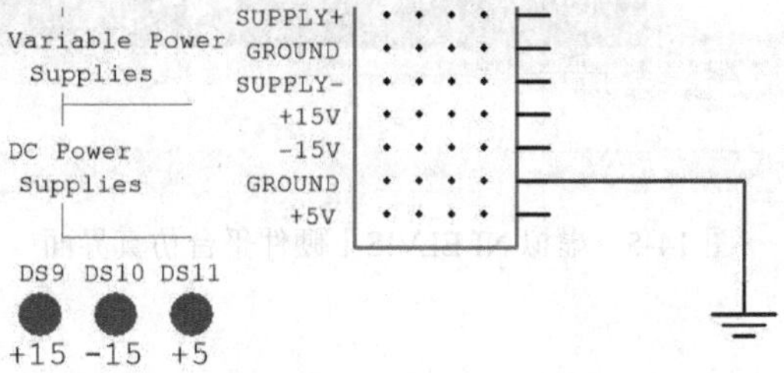

图 14-3　电源指示灯

注意

左侧竖条的下端有一个接地连线，它是仿真时的参考地，不能随便删除。

在右侧竖条中间右侧有一个发光二极管区域，分别是 DS_0～DS_7，如图 14-4 所示。它常用于指示电路中某个测试点的状态，使用时只要将测试点连接到右侧竖条中 DI_0～DI_7 插孔中即可。

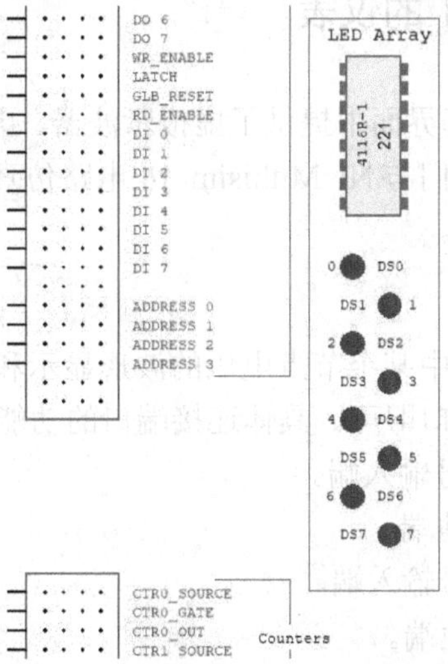

图 14-4　右侧横档区的 8 个发光二极管

执行菜单命令 Tools»View Breadboard，虚拟 NI ELVIS Ⅰ电路仿真界面就会变成虚拟 NI ELVIS Ⅰ硬件平台仿真界面，如图 14-5 所示。

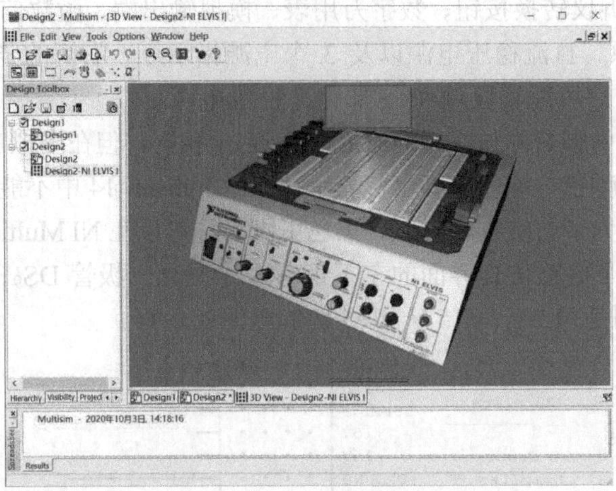

图 14-5　虚拟 NI ELVIS Ⅰ硬件平台仿真界面

注意

如果电路图文件是 NI Multisim 14 软件默认的 Design 文件，则显示的是虚拟面包板的仿真界面。

虚拟 NI ELVIS Ⅰ硬件平台仿真界面主要由元件盒、虚拟 NI ELVIS Ⅰ硬件平台和元件属性窗组成。由于在虚拟 NI ELVIS Ⅰ电路原理图仿真界面中没有搭建电路，故此时元件盒中无元件，元件盒呈现关闭状态。在虚拟 NI ELVIS Ⅰ硬件平台上放置元件和连线，以及上方的元件属性窗皆与虚拟面包板相同，在此不再赘述。

14.2.2　虚拟 NI ELVIS Ⅰ的仪表

虚拟 NI ELVIS Ⅰ电路仿真界面中提供了虚拟示波器、虚拟分析仪和电流表、虚拟函数信号发生器以及可变电源，它们与 NI Multisim 14 电路仿真界面的仪表具有相同的面板，本节主要介绍这些仪表的连接。

1. 虚拟示波器

虚拟示波器主要完成电路中某个节点电压的波形显示和参数测量，测量时只要将被测试节点连接到示波器相应的端口即可。具体连接端口的功能如下。

- CHA+：通道 A 的信号输入端。
- CHA−：通道 A 的接地端。
- CHB+：通道 B 的信号输入端。
- CHB−：通道 B 的接地端。
- TRIGGER：触发信号输入端。

2. IV 分析仪和电流表

启动虚拟 NI ELVIS Ⅰ电路仿真界面后，IV 分析仪和电流表共享相同的横档插孔，系统默认电流表启用，IV 分析仪停用，此时左侧横档中间的 IV 分析仪和电流表状态显示如图 14-6 所示。

（1）IV 分析仪和电流表的切换。

要启用 IV 分析仪，停用电流表，单击图 14-6 中的 Double click here to change 按钮，弹出启动 IV 分析仪、停用电流表对话框，单击确定按钮即可启动 IV 分析仪，停用电流表。若此时再次单击图 14-6 中的 Double click here to change 按钮，就会返回到系统默认仪表状态。

（2）电流/欧姆表。

在电流表启用，IV 分析仪停用状态下，双击左侧横档的 DMM 区域的上半部分，就会弹出 Ammeter/Ohmmeter 面板，如图 14-7 所示。

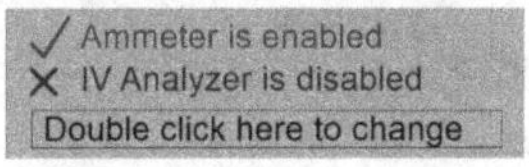

图 14-6　IV 分析仪和电流表的状态显示

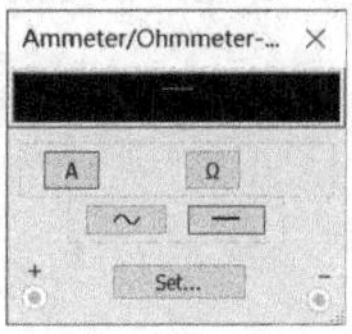

图 14-7　电流/欧姆表面板

电流表主要完成交、直流的电流测量或电阻的测量，主要使用 2 个接线端，分别为 CURRENT HI 和 CURRENT LO。其中，CURRENT HI 与电流表的+极相连，CURRENT LO 与电流表的−极相连。测量直流电流时需要考虑正、负极性，测量电阻时则不用区分极性。

（3）电压表。

在电流表启用，IV 分析仪停用状态下，双击左侧横档的 DMM 区域的下半部分，就会弹出电压表面板，如图 14-8 所示。

使用电压表测量时，主要使用 VOLTAGE HI 和 VOLTAGE LO 两个接线端，其中 VOLTAGE HI 与电压表的+极相连，VOLTAGE LO 与电压表的−极相连。

（4）IV 分析仪。

在电流表停用，IV 分析仪启用状态下，双击左侧横档的 DMM 区域，就会弹出虚拟 IV 分析仪测试面板，如图 14-9 所示。

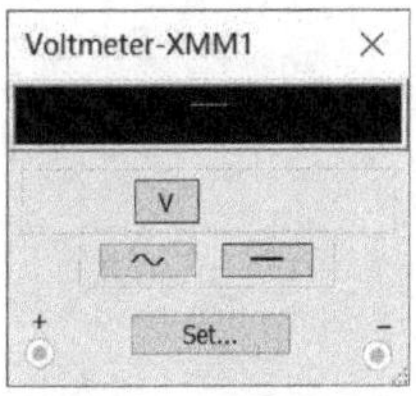

图 14-8　电压表

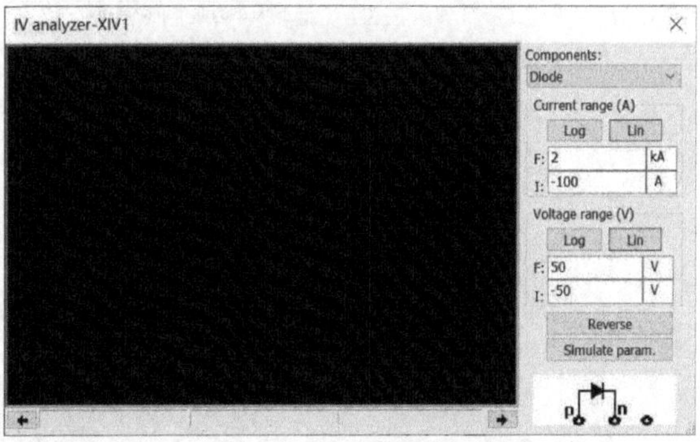

图 14-9　IV 分析仪的测试面板

IV 分析仪能够完成二极管、三极管和场效应管特性的测量。用到 3 个接线端，分别是 3-WIRE、CURRENT HI 和 CURRENT LO，具体测量方法如图 14-10 所示。

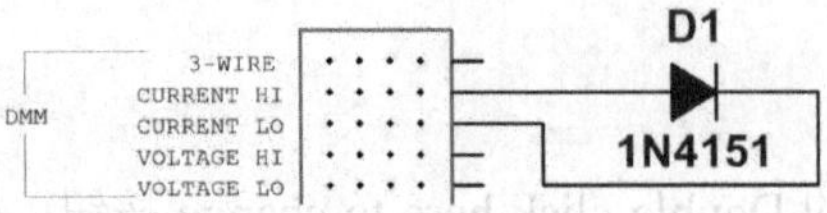

（a）二极管的测试

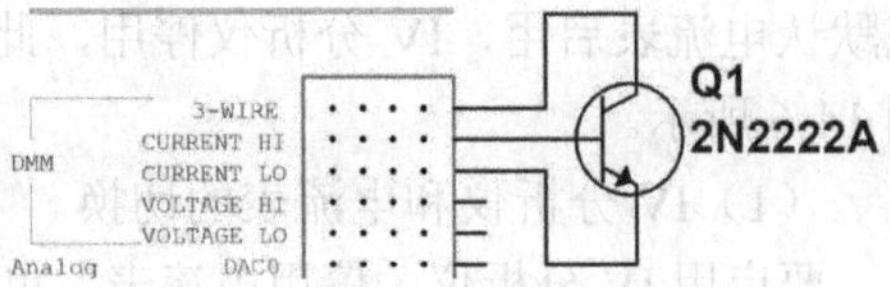

（b）NPN 型三极管的测试

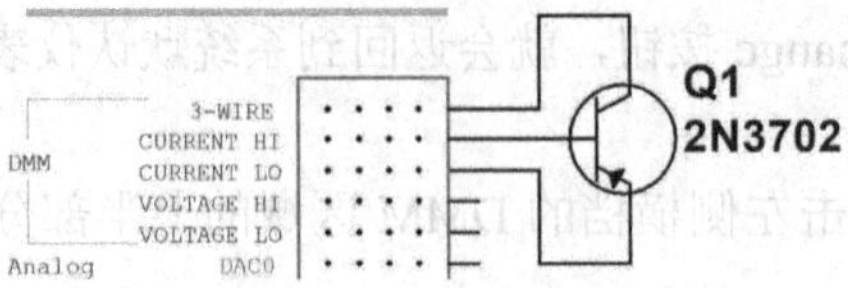

（c）PNP 型三极管的测试

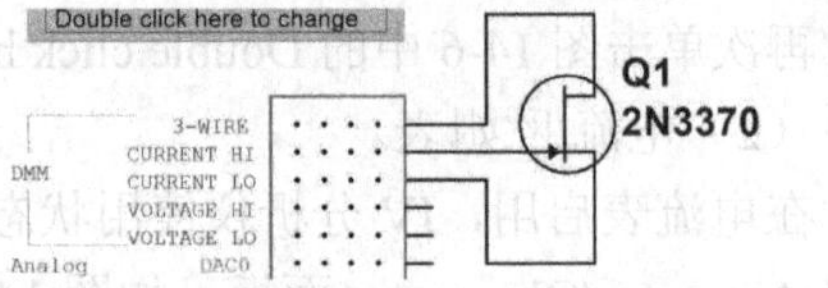

（d）N 沟道场效应管的测试

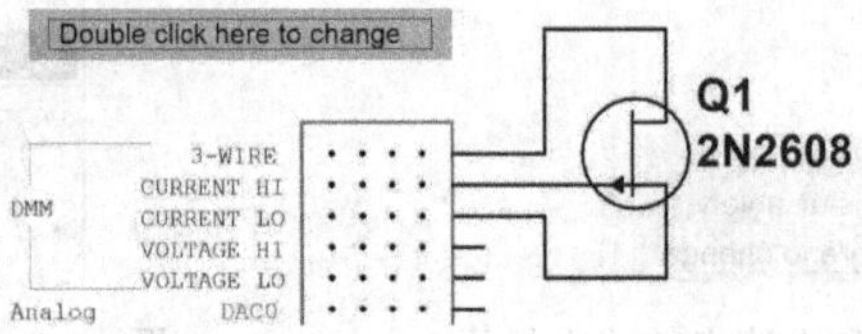

（e）P 沟道场效应管的测试

图 14-10　IV 分析仪的测量

3. 函数信号发生器

函数信号发生器主要在虚拟 NI ELVIS Ⅰ电路仿真界面中产生参数可控制的信号，它有 4 个接线端，其功能如下所述。

- FUNCTION：信号输出端。
- SYNC OUT：输出与 FUNCTION 端频率相同的 TTL 电平的同步信号。
- AM IN：输入用来控制 FUNCTION 输出 AM 信号包络的信号。
- FM IN：输入用来控制 FUNCTION 输出 FM 信号频率（也包括 SYNC OUT 输出同步信号的频率）变化的信号。

双击 Function Generator 虚线框就会弹出函数信号发生器属性对话框，如图 14-11 所示。

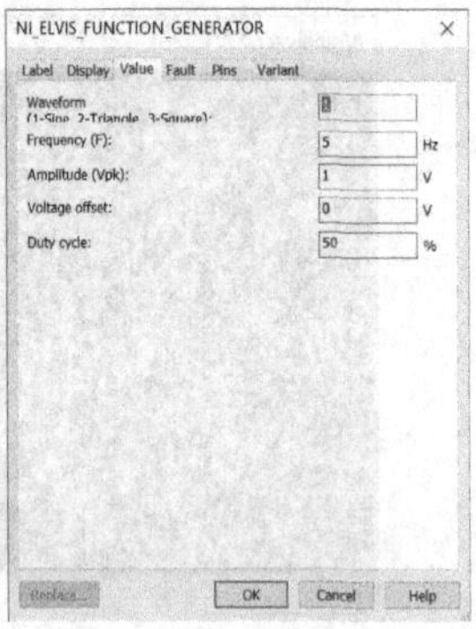

图 14-11　函数信号发生器属性对话框

通过图 14-11 所示函数信号发生器属性对话框的 Waveform、Frequency、Amplitude、Voltage Offset 和 Duty Cycle 等条形框分别设置输出波的波形选择、频率、幅度、偏置直流电压和占空比等参数。正弦波不受 Duty Cycle 条形框的控制。

4. 电源

虚拟 NI ELVIS Ⅰ电路仿真界面中有两种电源：一种是电压固定的电压源，一种是电压可变的电压源。电压固定的电压源分别是+15 V、−15 V 和+5 V 3 种直流稳压电源，连接时只要将需要连接电源的端点接入电源的接线端即可。对于电压可变的电压源，双击 Variable Power Supplies 虚线框就弹出如图 14-12 所示的电压可变的电压源属性框。

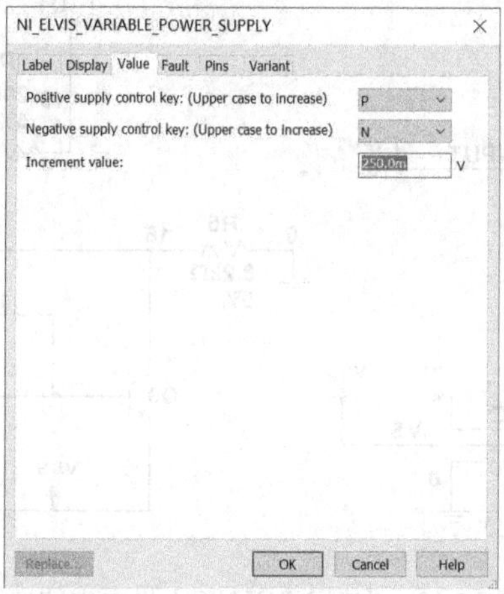

图 14-12　电压可变的电压源属性框

在图 14-12 中，通过 Positive supply control key 下拉菜单可以选择正可变电源的电压控制按钮，缺省按钮字母是 P。若要增加正可变电源的电压，需先按住 Shift 键，再按键盘的 P 键就可增加正可变电源的电压，每次增加的电压增量，由 Increment value 条形框设置。直接按键盘的 P 键就可减少正可变电源的电压。

通过 Negative supply control key 的下拉菜单可以选择负可变电源的电压控制按钮，默认按钮字母是 N。若要增加负可变电源的电压，需先按住 Shift 键，再按键盘的 N 键就可增加负可变电源的电压。最大负电源电压为−12 V，增大负电源电压，实际上是往−12 V 上增加。直接按键盘的 N 键就可减少负可变电源的电压。

注意

用电压表测量可变电压源的电压时，启动仿真后一定要激活 NI Multisim 14 的标题框，否则按键盘上的 P 或 N 键，可变电压的电压将不改变。

14.2.3　虚拟 NI ELVIS Ⅰ应用举例

下面以搭接差分放大电路为例说明在虚拟 NI ELVIS Ⅰ上搭接电路的具体步骤。

（1）创建虚拟 NI ELVIS Ⅰ电路图。启动 NI Multisim 14 软件，执行菜单命令

File»New»NI ELVIS Ⅰ Design，NI Multisim 14 界面就会转换为虚拟 NI ELVIS Ⅰ 电路仿真界面，在其上创建差分放大电路，建立好的电路如图 14-13 所示。

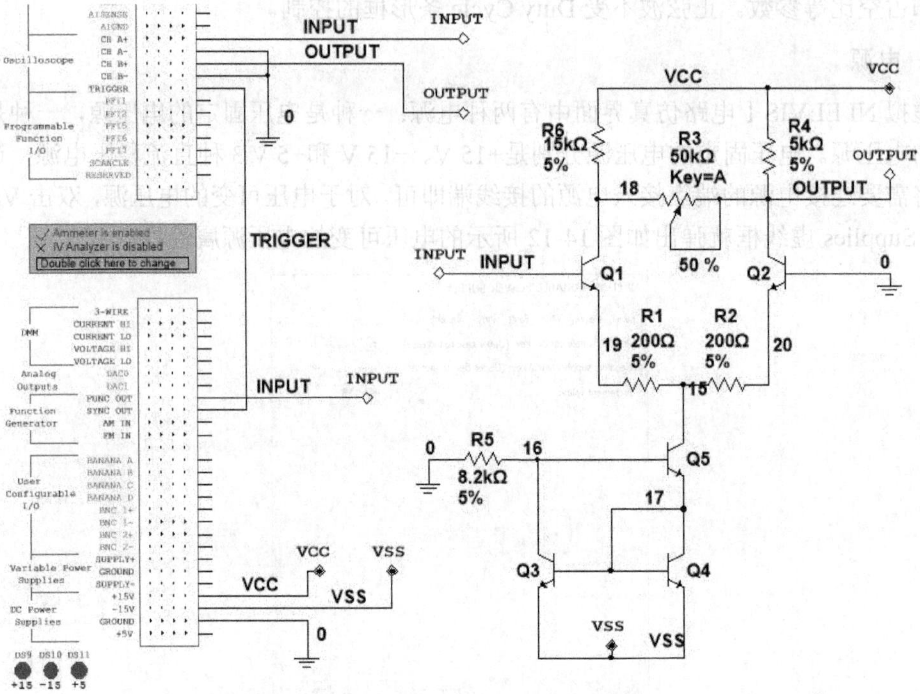

图 14-13　虚拟 NI ELVIS Ⅰ 界面中的电路

（2）启动虚拟面包板 3D 操作界面。执行菜单命令 Tools»View Breadboard，虚拟 NI ELVIS Ⅰ 电路仿真界面就会变成虚拟 NI ELVIS Ⅰ 硬件平台仿真界面，如图 14-14 所示。

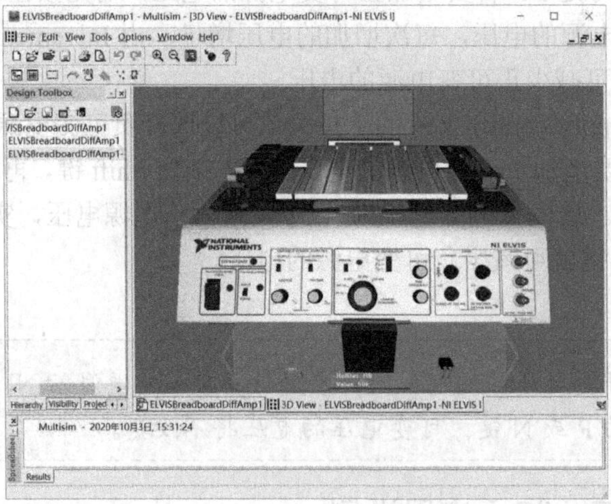

图 14-14　虚拟 NI ELVIS Ⅰ 硬件平台仿真界面

由图 14-14 可见，差分放大电路图中元件已出现在元件盒中。

（3）放置元件。将元件盒中所有元件合理放置在虚拟面包板上，如图 14-15 所示。此时，可以发现电路图中的元件皆已变成绿色。

（4）连接导线。根据图 14-15 所示的元件布局图，将网络标号相同的元件引脚用导线连接起来，连接好电路的虚拟 NI ELVIS Ⅰ平台如图 14-16 所示。

图 14-15　虚拟 NI ELVIS Ⅰ中元件布局图

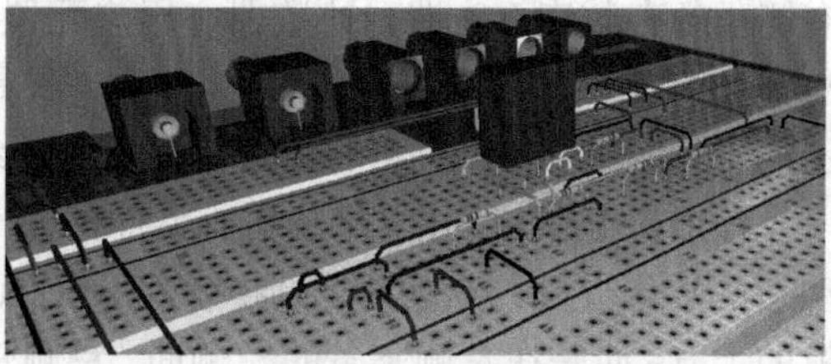

图 14-16　连接好电路的虚拟 NI ELVIS Ⅰ平台

至此，就完成了在虚拟 NI ELVIS Ⅰ平台上搭建差分放大电路的全过程。

14.3　虚拟 NI ELVISⅡ

14.3.1　虚拟 NI ELVISⅡ操作界面

虚拟 NI ELVIS Ⅱ不是 NI Multisim 14 软件自带一种虚拟仿真电路环境，安装完 NI Multisim 14 软件后，读者会发现 NI Multisim 14 电路仿真界面中菜单命令 File »New»NI ELVIS Ⅱ Design 虚现，说明无法建立虚拟 NI ELVIS Ⅱ仿真电路。若需要建立虚拟 NI ELVIS Ⅱ仿真环境，需安装 NI 公司提供的 NI ELVISmx 软件。安装完毕后，执行菜单命令 File »New»NI ELVIS Ⅱ Design，NI Multisim 14 电路仿真界面就变成虚拟 NI ELVIS Ⅱ电路仿真界面，如图 14-17 所示。

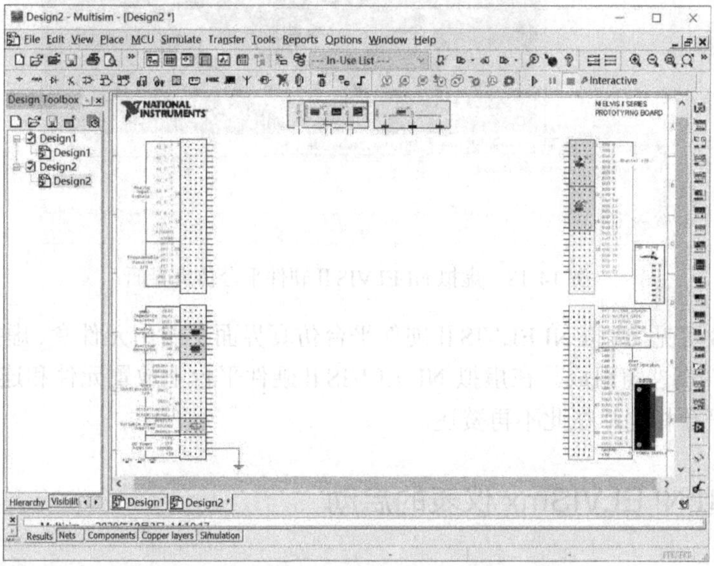

图 14-17　虚拟 NI ELVIS Ⅱ电路仿真界面

由图 14-17 可见，虚拟 NI ELVIS Ⅱ电路仿真界面左、右侧各有两个竖条。左侧竖条有模拟信号输入端、可编程函数的 I/O 端、阻抗分析仪、模拟信号输出端、函数信号发生器、用户配置 I/O 端和电源（可变电压源，+15 V 直流稳压电源，−15 V 直流稳压电源），右侧竖条有数字 I/O 端、计数器、用户配置 I/O 端和+5 V 直流电源。这些插孔的命名方法与实物 NI ELVIS Ⅱ硬件平台完全相同，只是插孔名称的颜色有两种，一种是黑色名称，表示能参与 NI Multisim 14 的仿真；另一种是绿色，表示不能参与 NI Multisim 14 的仿真。

在虚拟 ELVIS Ⅱ电路图仿真界面的顶部还有 4 个虚拟仪表，分别是虚拟示波器、虚拟动态信号分析仪、波特图仪和数字万用表。这 4 个虚拟仪表在实物 ELVIS Ⅱ中并不在面包板的上方，而是在左侧竖条的左侧面。左侧竖条底部还有 3 个电源指示灯，用于指示+15 V、−15 V 和+5 V 电源工作是否正常。右侧横档的中部右侧有 8 个发光二极管，用于指示连接到右侧横档 LED_0～LED_7 插孔中电路节点电平的高/低。

注意

左侧竖条的下端有一个接地连线，它是仿真时的参考地，不能随便删除。

执行菜单命令 Tools»View Breadboard，虚拟 NI ELVIS Ⅱ电路仿真界面就会变成虚拟 NI ELVIS Ⅱ硬件平台仿真界面，如图 14-18 所示。

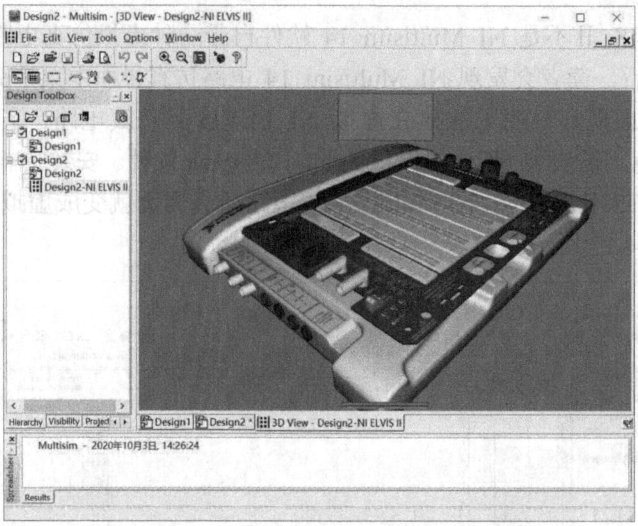

图 14-18　虚拟 NI ELVIS Ⅱ硬件平台仿真界面

由图 14-18 可见，虚拟 NI ELVIS Ⅱ硬件平台仿真界面主要由元件盒、虚拟 NI ELVIS Ⅱ硬件平台和元件属性窗组成。在虚拟 NI ELVIS Ⅱ硬件平台上放置元件和连线皆与虚拟 NI ELVIS Ⅰ硬件平台相同，在此不再赘述。

14.3.2　虚拟 NI ELVISmx 仪表的启动

在 NI Multisim 14 的 NI ELVIS Ⅱ仿真界面中的 NI ELVISmx 仪表可以根据实际情况被

启用或停用，启用的仪表在仿真过程中要消耗一定的计算机资源。因此，将没有用到的仪表停用将会增加计算机的仿真速度。

如果 NI ELVISmx 仪表被停用，则一个红色小×出现在该仪表图标的右上方，NI ELVIS Ⅱ仿真界面顶部 3 个虚拟仪表停用时的状态如图 14-19 所示。反之，某仪表启用后，仪表图标右上方的红色小×消失。

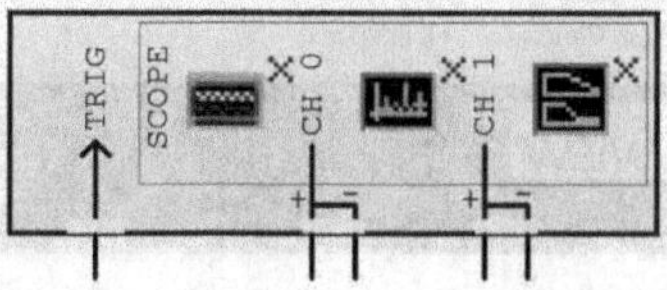

图 14-19　3 个虚拟仪表停用时的状态

注意

直接从 NI ELVISmx 工具条放入 NI ELVIS Ⅱ 仿真界面中的仪表不能被停用。

创建一个新的 NI ELVIS Ⅱ 电路界面时，系统默认所有的 NI ELVISmx 仪表都被停用。启用这些仪表主要有以下 3 种方法。

方法 1：双击需要启用仪表的图标，该仪表就会弹出操作面板，同时启用该仪表。关闭该仪表的操作面板后就会发现仪表图标右上方的红色小×消失。

方法 2：用鼠标指向需启用的仪表图标单击右键，弹出快捷菜单。执行快捷菜单中 NI ELVIS II Instrument Enabled in Simulation 命令，就会发现仪表图标右上方的红色小×消失，表示该仪表启用。

方法 3：执行 NI ELVIS Ⅱ 电路仿真界面的菜单命令 Simulate»NI ELVIS II Simulation Settings，就会弹出 NI ELVIS II Simulation Settings 对话框，如图 14-20 所示。

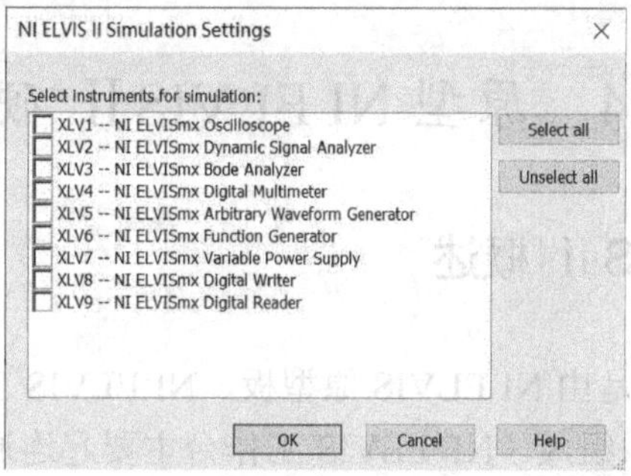

图 14-20　NI ELVIS II Simulation Settings 对话框

通过设置图 14-20 所示对话框，就可以启用或关闭相应的 NI ELVISmx 仪表。

14.3.3　虚拟 NI ELVISmx 仪表的使用

在 NI ELVIS Ⅱ 电路仿真界面中一共有 9 个 NI ELVISmx 仪表，分别是示波器、动态信号分析仪、波特图仪、数字万用表、任意波形发生器、函数信号发生器、可变电源、数字读取器和数字写入器。有以下 2 种方法将它们放入 NI ELVIS Ⅱ电路图仿真界面上。

方法 1：直接双击 NI ELVIS Ⅱ电路图仿真界面中左右两个竖条上仪表图标或顶部 4 个仪表图标，就可以打开相应 NI ELVISmx 仪表面板，开始使用该仪表。例如，双击左侧竖条上图标，就会弹出如图 14-21 所示虚拟函数信号发生器的面板。

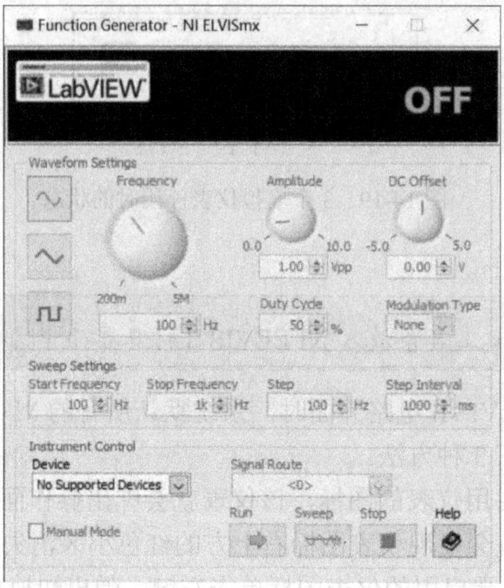

图 14-21　虚拟函数信号发生器面板

方法 2：在 NI ELVIS Ⅱ电路仿真界面中，在菜单 Simulate»Instruments»NI ELVISmx Instruments 项下有 9 个 NI ELVISmx 仪表，选择需要的仪表即可将它放到 NI ELVIS Ⅱ电路图上。

14.4　原型 NI ELVIS Ⅱ⁺硬件

14.4.1　原型 NI ELVIS Ⅱ⁺概述

最早的 NI ELVIS 平台是由 NI ELVIS 原型板、NI ELVIS 工作台和 6251 的数据采集卡（Data Acquisition，DAQ）组成。NI ELVIS 工作台主要起连通和操作的功能，NI ELVIS 工作台与数据采集卡共同完成 NI ELVIS 原型板上电路的输入和输出。NI ELVIS 原型板放置在 NI ELVIS 工作台上面，它主要提供一个搭建电路的区域并从 NI ELVIS 工作台接入电路所需要的输入/输出信号。6251 数据采集卡完成实验电路与计算机之间的数据传输。软件包括软前面板（Soft Front Panel，SFP）仪器和 NI ELVIS 硬件驱动程序（LabVIEW APIs）。SFP 仪器属于软件编程实现的虚拟仪器，它是仪器功能的软实现。

随后美国 NI 公司又相继推出 NI ELVIS Ⅱ和 NI ELVIS Ⅱ⁺等系列产品。典型的 NI ELVIS 开发环境如图 14-22 所示。

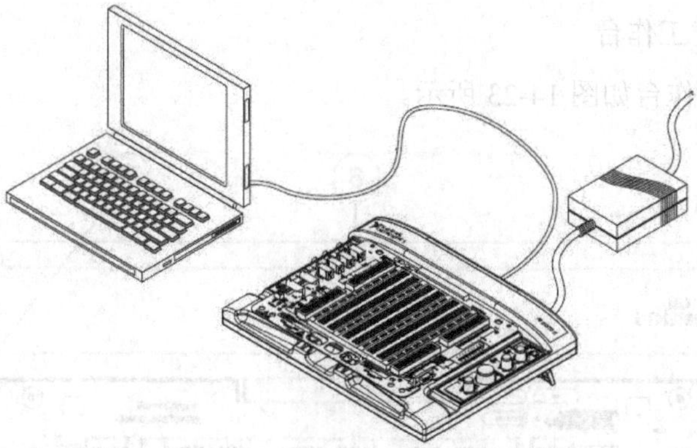

图 14-22　NI ELVIS 开发环境

由图 14-22 可见，NI ELVIS 开发环境主要由计算机、USB 电缆、稳压电源、NI ELVIS 工作台以及放置在 NI ELVIS 工作台之上的 NI ELVIS 原型板组成。

NI ELVIS 原型板主要由面包板组成，主要给用户提供搭建电路的平台。NI 公司还配备了应用于控制、通信、嵌入式系统和微控制器教学的附加板卡，NI ELVIS Ⅱ⁺还新增了机电传感器板卡、垂直起降（VTOL）执行器板卡、光纤传输理论的附加板卡等。

NI ELVIS 工作台主要含有数据采集卡、数个内置的虚拟仪器（如数字万用表、示波器等）与计算机的 USB 通信控制单元，主要完成对原型电路进行测量与数据传输任务。NI ELVIS Ⅱ⁺还集成了一款板载 100 MS/s 示波器，使用者可以更好地掌握高频测量技巧和高频电路的设计。NI ELVIS II⁺可以与 NI Multisim 电路设计和 SPICE 仿真软件紧密集成，进行交互式仿真、电路分析实验和印刷电路板（PCB）创建。

NI ELVIS 加载了 LabVIEW 创建的软件前面板仪器以及仪器的源代码，用户无须编程可直接使用这些仪器，用户还可在 LabVIEW 下通过 LabVIEW 修改软件前面板仪器的源代码来增强软件前面板仪器的功能。3 种 NI ELVIS 平台特性比较见表 14-1。

表 14-1　3 种 NI ELVIS 平台特性比较

特　性	NI ELVIS Ⅰ	NI ELVIS Ⅱ	NI ELVIS Ⅱ⁺
12 种软件前面板仪器	√	√	√
PCI/PCMCIA	√	–	–
集成 USB	–	√	√
隔离数字万用表	–	√	√
NI DAQmx 软件	–	√	√
完美集成 Multisim	–	√	√
100 MHz/s 示波器	–	–	√

14.4.2 原型 NI ELVIS Ⅱ⁺硬件平台

NI ELVIS Ⅱ⁺硬件主要由 NI ELVIS Ⅱ⁺工作台和 NI ELVIS Ⅱ⁺原型板组成。

1. NI ELVISⅡ⁺工作台

NI ELVISⅡ⁺工作台如图 14-23 所示。

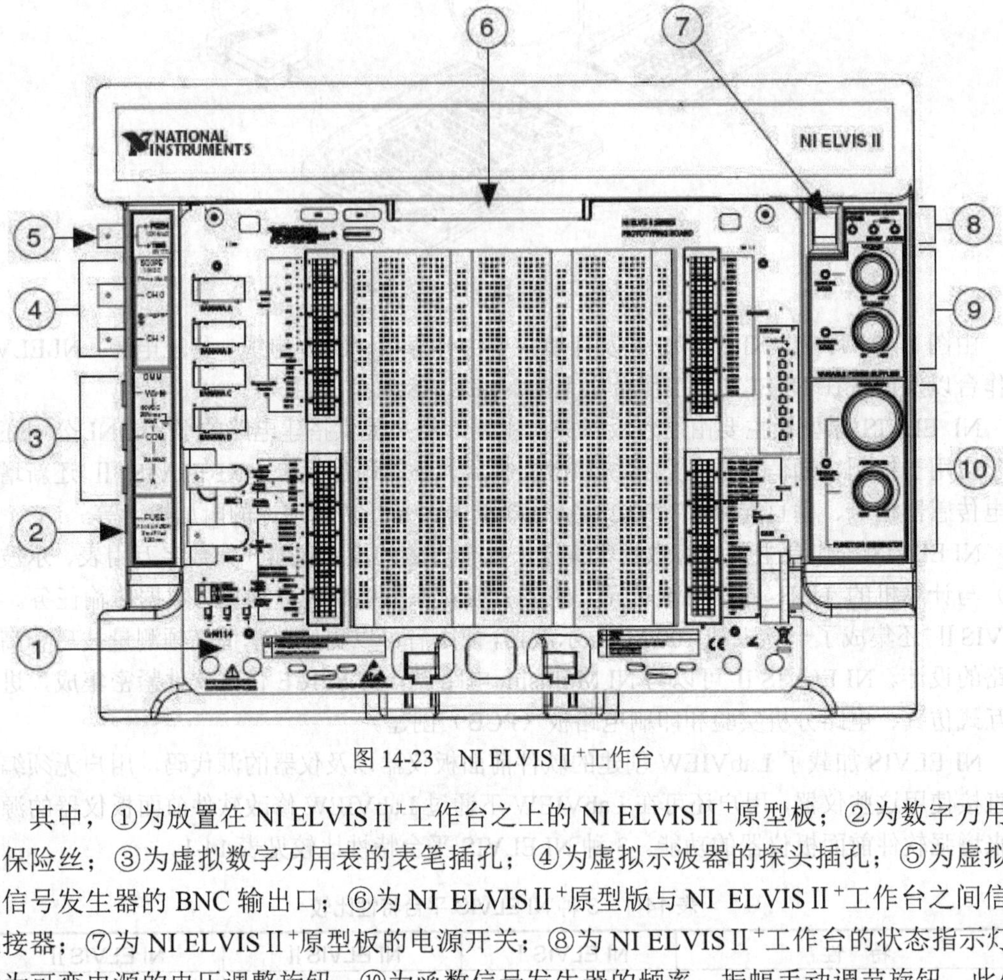

图 14-23　NI ELVISⅡ⁺工作台

其中，①为放置在 NI ELVISⅡ⁺工作台之上的 NI ELVISⅡ⁺原型板；②为数字万用表的保险丝；③为虚拟数字万用表的表笔插孔；④为虚拟示波器的探头插孔；⑤为虚拟函数信号发生器的 BNC 输出口；⑥为 NI ELVISⅡ⁺原型版与 NI ELVISⅡ⁺工作台之间信号连接器；⑦为 NI ELVISⅡ⁺原型板的电源开关；⑧为 NI ELVISⅡ⁺工作台的状态指示灯；⑨为可变电源的电压调整旋钮；⑩为函数信号发生器的频率、振幅手动调节旋钮。此外，在 NI ELVISⅡ⁺工作台的侧面还有 NI ELVISⅡ⁺工作台的电源开关和 USB 插孔。

注意

实际使用 NI ELVISⅡ⁺套件时，被测电压不允许超过规定的极限值。如示波器的最大直流电压为 10 V，最大交流电压的峰值为 20 V；数字万用表的最大直流电压为 60 V，最大交流电压的峰值为 20 V。

NI ELVISⅡ⁺工作台的状态指示灯有 3 个发光二极管，一个是电源指示灯，另外 2 个是 USB 状态指示灯。

2. NI ELVISⅡ⁺原型板

NI ELVISⅡ⁺原型板如图 14-24 所示。

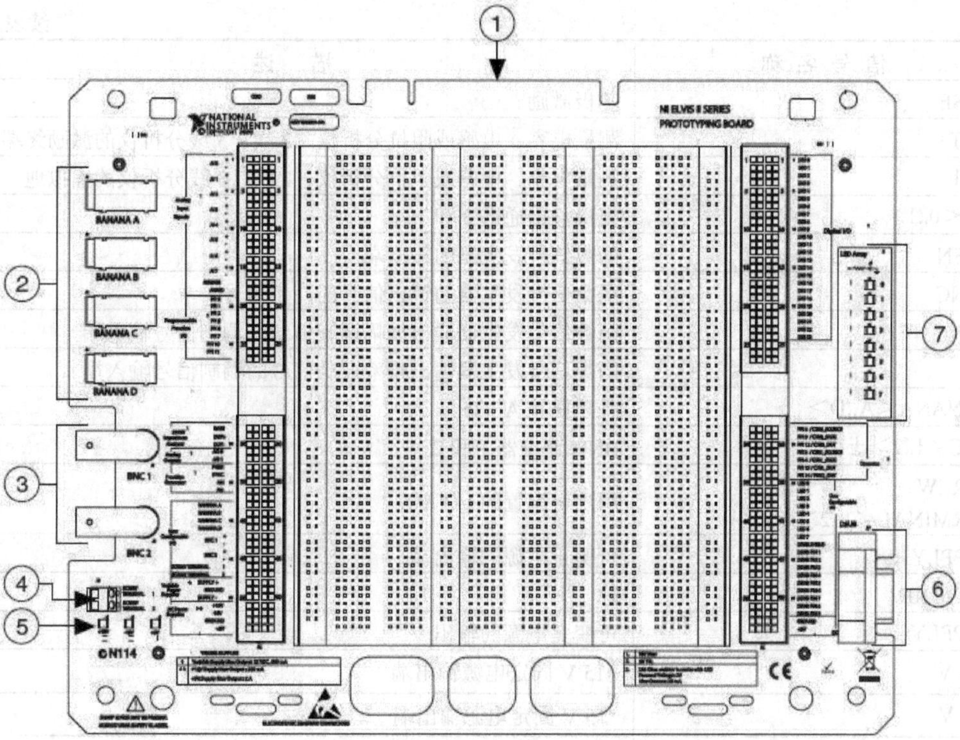

图 14-24　NI ELVIS Ⅱ⁺原型板

由图 14-24 可见，NI ELVIS Ⅱ⁺原型板主要由面包板、一些信号接口和指示灯组成。其中，①为 NI ELVIS Ⅱ⁺原型板与 NI ELVIS Ⅱ⁺工作台之间的信号连接器；②为用户可配置的香蕉插孔；③为用户可配置的 BNC；④为带螺钉固定的信号连接器；⑤为电源指示灯；⑥为用户可配置的 D-SUB 连接器；⑦为用户可配置的 LED 灯。

注意

NI ELVIS Ⅱ⁺原型板的电源开关在 NI ELVIS Ⅱ⁺工作台上。

14.4.3　NI ELVIS Ⅱ⁺原型板信号

在图 14-24 所示的 NI ELVIS Ⅱ⁺原型板左右两侧各配有 2 条有信号定义的面板条，各插孔信号定义见表 14-2。

表 14-2　NI ELVIS Ⅱ⁺原型板的信号定义

信 号 名 称	描　述
AI＜0..7＞±	模拟输入通道 0～7
AI SENSE	在 NRSE 模式中作为模拟输入感应信号
AI GND	模拟输入地
PFI＜0..2＞,＜5..7＞,＜10..11＞	PFI 线

续表

信号名称	描　述
BASE	基极激励
DUT+	测量电容、电感或阻抗分析仪、2 线、3 线分析仪的激励终端
DUT−	测量电容、电感或阻抗分析仪、2 线、3 线分析仪的虚拟地
AO＜0..1＞	模拟输出通道 0 和 1
FGEN	函数信号发生器的输出端
SYNC	函数信号发生器的输出信号的同步信号
AM	函数信号发生器输出振幅调制信号的调制信号输入端
FM	函数信号发生器输出频率调制信号的调制信号输入端
BANANA＜A..D＞	香蕉插孔 A～D
BNC＜1..2＞±	BNC 连接器 1 和 2
SCREW TERMINAL＜1..2＞	用户可配置的 I/O 端
SUPPLY+	可变正电源的输出端
GROUND	地
SUPPLY−	可变负电源的输出
+15 V	+15 V 固定电源输出端
−15 V	−15 V 固定电源输出端
GROUND	地
+5 V	+5 V 固定电源输出端
DIO＜0..23＞	数字 I/O 端
PFI8/CTR0_SOURCE	静态数字 I/O 端，或计数器 0 的 CTR0_SOURCE 端
PFI9/CTR0_GATE	静态数字 I/O 端，或计数器 0 的 CTR0_GATE 端
PFI12/CTR0_OUT	静态数字 I/O 端，或计数器 0 的 CTR0_OUT 端
PFI3/ CTR1_SOURCE	静态数字 I/O 端，或计数器 1 的 CTR1_SOURCE 端
PFI4/CTR1_GATE	静态数字 I/O 端，或计数器 1 的 CTR1_GATE 端
PFI13/CTR1_OUT	静态数字 I/O 端，或计数器 1 的 CTR1_OUT 端
PFI14/FREQ_OUT	静态数字 I/O 端，或 FREQ_OUT
LED＜0..7＞	LED 灯 0～7
DSUB SHIELD	连接 DSUB 接口的 DSUB SHIELD 端
DSUB PIN＜1..9＞	DSUB 接口的引脚 1～9
+5 V	+5 V 直流稳压电源输出端
GROUND	地

注意

①NI ELVIS Ⅱ$^+$原型板中的+15 V、−15 V 和+5 V 电源皆通过接插件与 NI ELVIS 工作台中相应电源相连，可直接使用 NI ELVIS Ⅱ$^+$原型板中电源。

②NI ELVIS Ⅱ$^+$工作台中的数字万用表表笔、示波器探头并没有通过内部连线连接到 NI ELVIS 原型板上。

14.4.4　原型 NI ELVIS Ⅱ$^+$主要性能指标

NI ELVIS Ⅱ$^+$主要性能指标如下。

（1）模拟输入的最大采样速率为 1.25 MS/s（单通道），最大输入电压为±10 V。

（2）数字 I/O 端口有 24 个独立端口。

（3）任意波形发生器/模拟输出的数模转换器分辨率为 16 位。

（4）频率发生器的最大频率为 1 MHz。

（5）数字万用表测量的最大直流电压为 60 V，最大交流电压的峰值为 20 V，最大直流电流为 2 A。

（6）示波器通道最大输入直流电压为 10 V，最大输入交流电压的峰值为 20 V。

（7）电容的测量范围是 50 pF～500 μF，电感的测量范围是 100 μH～100 mH。

（8）函数发生器产生正弦波的频率范围是 0.186 Hz～5 MHz，方波与三角波的频率范围是 0.186 Hz～1 MHz，输出波形的最大峰峰值为 10 V。

（9）示波器的最大采样速率为 100 MS/s（双通道）。

（10）±15 V 电源最大输出电流为 500 mA，+5 V 电源最大输出电流为 500 mA。

（11）环境工作温度为 10℃～35℃，最大保存温度为 65℃，最高海拔为 2000 m。

14.5　NI ELVISmx 软件

使用 NI ELVIS 驱动程序，NI 公司提供 12 种虚拟仪器及其源代码。用户不但能够通过虚拟仪表的交互式界面对仪器进行设置，而且可以根据自己的需求在 LabVIEW Express VI 或 LabVIEW Signal Express 中对虚拟仪表的功能进行重新配置，从而达到自定义采集数据并对其进行更为复杂分析的目的。

14.5.1　NI ELVISmx 软件的安装

NI ELVISmx 软件套件包含了 LabVIEW 编程环境、Multisim 电路设计套件以及 NI ELVISmx 软件，可在 Windows 7（SP1）32 位、Windows 7（SP1）64 位、Windows 8.1 32 位、Windows 8.1 64 位、Windows 10 32 位、Windows 10 64 位、Windows Embedded Standard 7（SP1）、Windows Server 2008 R2（SP1）64 位或 Windows Server 2012 R2 64 位等操作环境中运行。目前最新版是 NI ELVISmx_2019 软件套件。其下载地址为：https://www.ni.com/zh-cn/support/downloads/software-products/download.ni-elvismx-software-suite.html。

下载完成下载文件 ni-elvismx-software-suite-x86_19.0_suite_online_repack2，弹出如图 14-25 所示安装对话框。

在图 14-25 对话框中，选择所需要安装的软件 LabVIEW 和 NI ELVISmx。若已安装 NI Multisim 14 软件，则可不勾选 Circuit Design Suite 教育版选项。单击下一步按钮，依次进行同意、检查、完成对话框。软件安装完成之后弹出 NI 客户体验改善计划设置对话框，随后进入如图 14-26 所示的 NI 许可向导对话框。

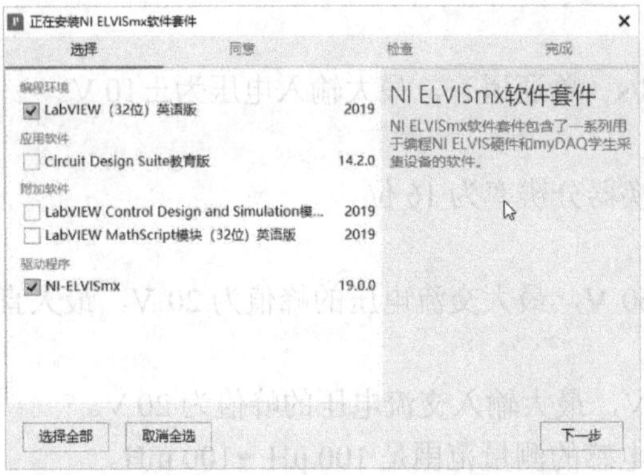

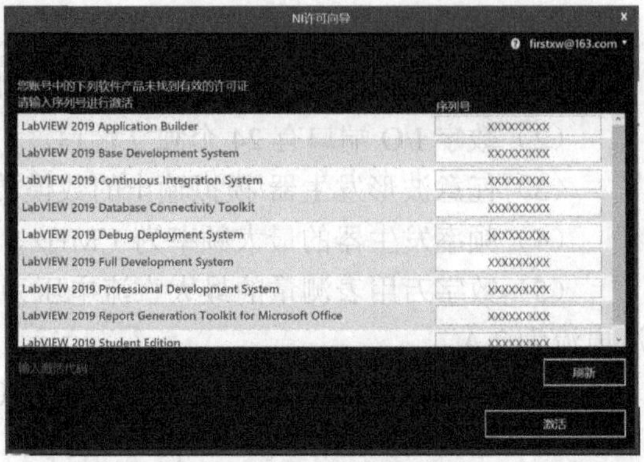

图 14-25　NI ELVISmx 套件安装对话框　　　　图 14-26　NI 许可向导对话框

在 NI 许可向导对话框中，客户可填入相应软件的序列号，试用者可直接关闭。最后弹出重启以完成操作对话框，至此就完成了 NI ELVISmx 套件的安装。

注意

NI Multisim 14 教育版不安装 NI ELVISmx 套件，菜单 Simulate»Instruments»NI ELVISmx Instruments 中就没有虚拟仪表。

14.5.2　使用 NI ELVISmx 软面板仪表

NI 公司提供了 12 种 NI ELVISmx 软面板仪表，用户可以基于 NI ELVIS II$^+$工作台直接使用。具体使用步骤如下。

（1）搭建 NI ELVIS II$^+$使用环境。

（2）接通 NI ELVIS II$^+$工作台的电源开关。计算机窗口右下角显示发现 NI ELVIS II$^+$!，单击此处可以使用该设备对话框，单击后弹出新数据采集设备对话框，如图 14-27 所示。

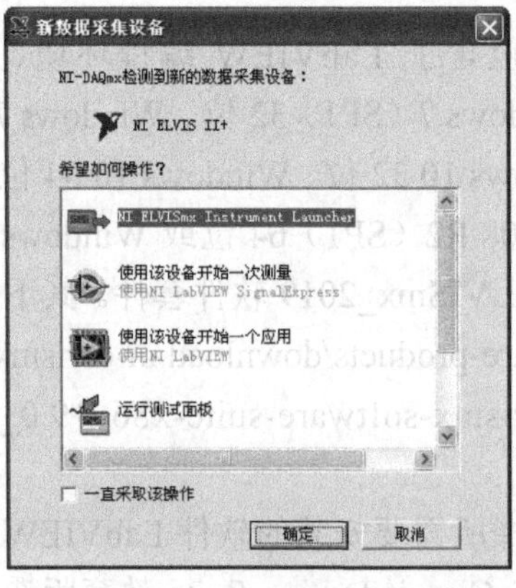

图 14-27　新数据采集设备对话框

注意

USB 的 ACTIVE 指示灯闪烁，表示正在与计算机通信，随后熄灭。接着 USB 的 READY 指示灯常亮，表示 NI ELVIS 工作台已通过高速 USB 连接到主机。

在图 14-27 所示对话框中，可以选择 NI ELVISmx Instrument Launcher，NI ELVIS 仪表启动器就显示在计算机的桌面上，如图 14-28 所示。

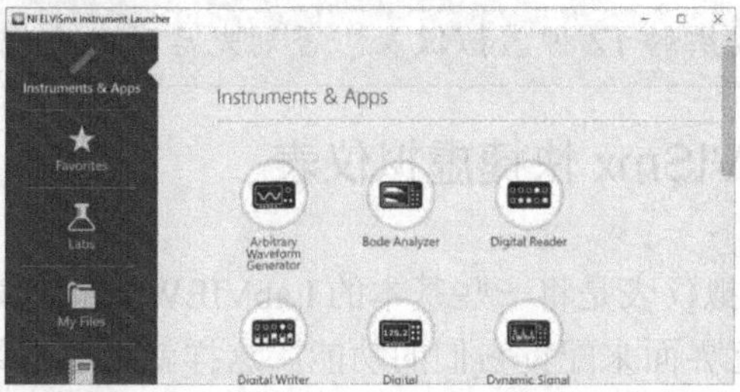

图 14-28　NI ELVIS 仪表启动器

注意

还可以在 Windows 中启动 NI ELVIS 仪表启动器，执行开始»所有程序»National Instruments 命令即可。

注意

NI ELVIS 虚拟仪表只能拖放一次，且部分虚拟仪表由于使用相同的 NI ELVIS 资源，不可同时使用。

启动虚拟仪表只要双击该虚拟仪表的图标即可。例如，让虚拟函数信号发生器的 Frequency 设置为 100 Hz、Amplitude 设置为 1.00 Vpp 的正弦波信号，软面板设置如图 14-29 所示，用虚拟示波器 CH0 直接观察 NI ELVIS II$^+$工作台 FGEN 的 BNC 输出波形，如图 14-30 所示。

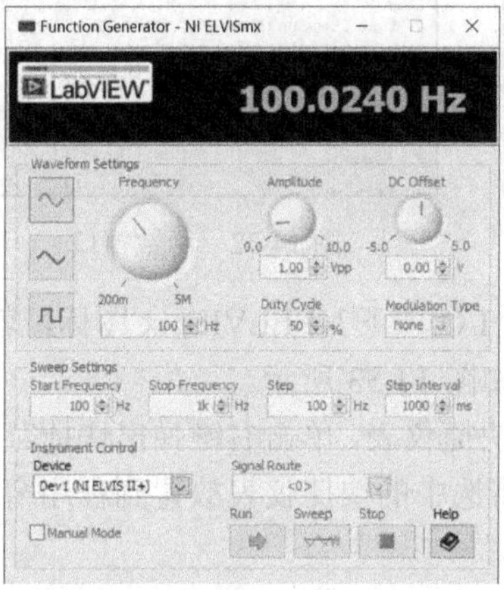

图 14-29　虚拟函数信号发生器软面板设置

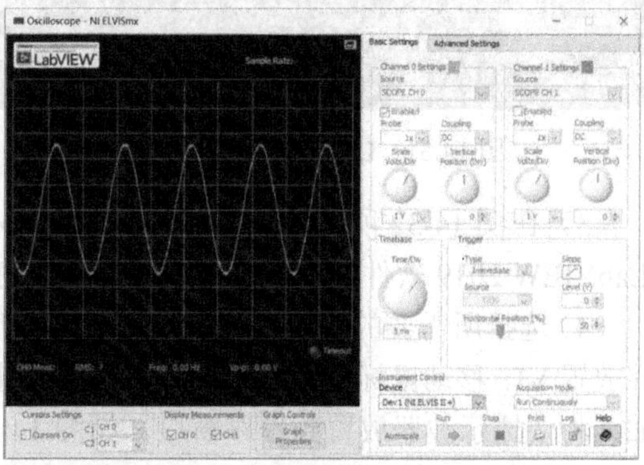

图 14-30　虚拟示波器 CH0 显示波形

由图 14-30 可见，虚拟示波器显示信号的频率为 100.026 Hz、峰峰值为 1.030 V，与虚拟函数信号发生器实际产生的信号频率为 100.0240 Hz、峰峰值为 1.00 V 基本相同（存在一定的误差）。由此可得出结论：NI ELVIS Ⅱ⁺工作台的 FGEN BNC 端口输出信号与虚拟函数信号发生器软面板所设置的信号相同。

注意

一定要在打开 NI ELVIS Ⅱ⁺工作台的电源开关，并且等 USB 的 READY 指示灯亮后，方可启动 NI 公司提供的 12 种虚拟仪表，否则先启动的虚拟仪表在运行时会报错。

14.5.3　使用 NI ELVISmx 快捷虚拟仪表

NI ELVISmx 快捷虚拟仪表是将一些基本的 LabVIEW 虚拟仪表组合成具有一定功能的仪表，用户可以通过交互界面来配置它们的功能。这样就可以使经验不足的用户开发使用 LabVIEW 的虚拟仪表。具体使用 NI ELVISmx 快捷虚拟仪表的操作步骤如下。

（1）启动 LabVIEW 2019，弹出 LabVIEW 2019 的启动界面，如图 14-31 所示。

（2）单击 LabVIEW 2019 启动界面新建下的 VI 图标，弹出未命名 1 的程序框图窗口和前面板窗口，执行程序框图窗口查看菜单下函数命令，弹出如图 14-32 所示的函数窗口。

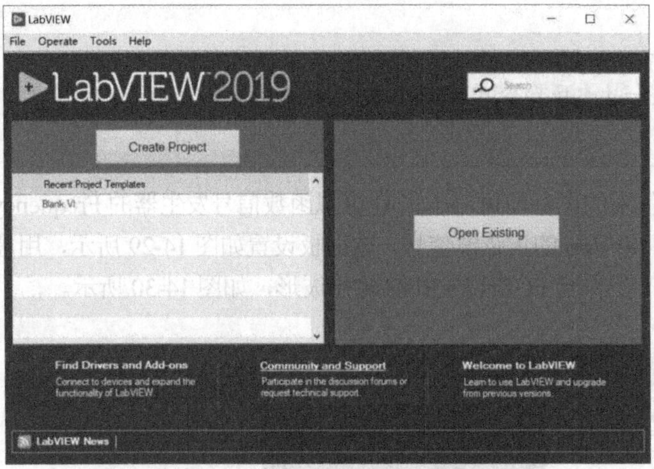

图 14-31　LabVIEW 2019 的启动界面

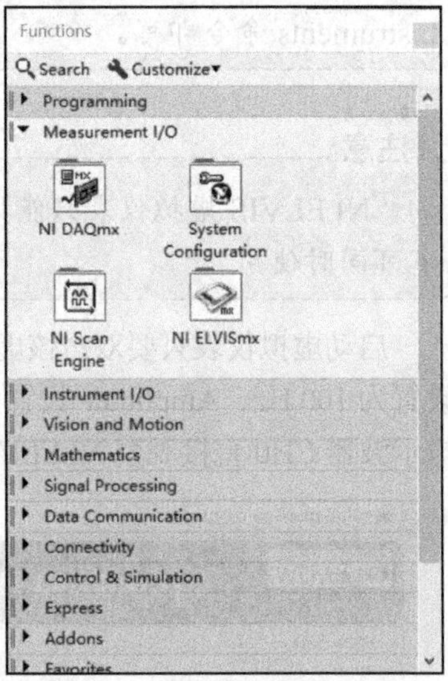

图 14-32　函数窗口

（3）在图 14-32 所示函数窗口中，用鼠标右击测量 I/O 项下 NI ELVISmx 图标，就弹出 LabVIEW 2019 软件自带的 NI ELVISmx 快捷仪表，如图 14-33 所示。

（4）选择所需要的快捷仪表。用鼠标指向所需要的快捷仪表，单击右键弹出快捷菜单，选择放置 VI，移动鼠标到前面板窗口，单击左键，就可将选中的快捷仪表放置到程序窗口。例如，将快捷示波器放置到程序窗口，如图 14-34 所示。

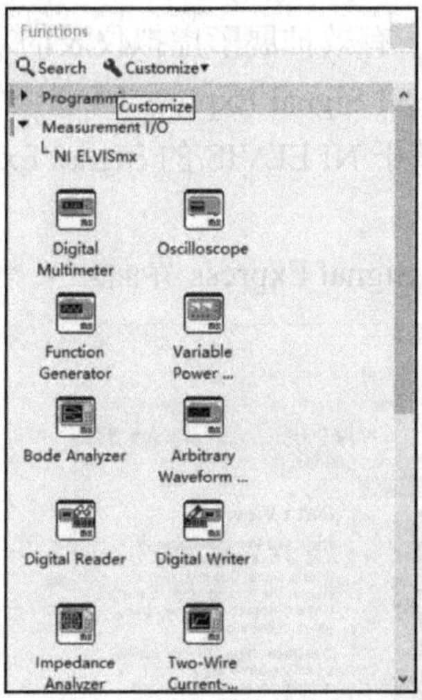

图 14-33　LabVIEW 2019 软件自带的 NI ELVISmx 快捷仪表

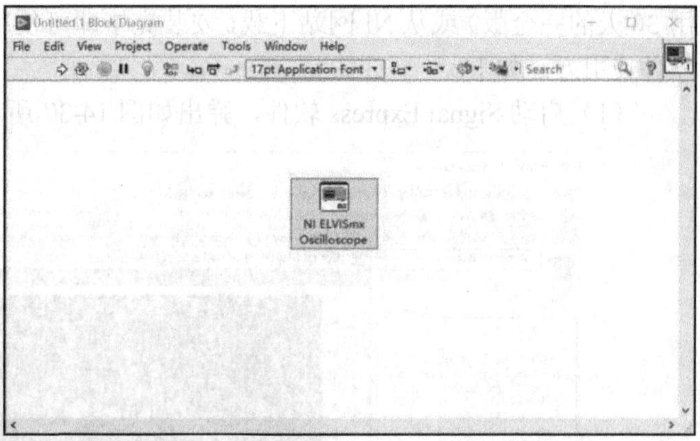

图 14-34　快捷示波器放置到程序窗口

（5）将快捷仪表放置到程序窗口之后，快捷仪表自动启动。例如，快捷示波器启动后的交互界面如图 14-35 所示。

（6）配置快捷示波器的参数，使之能够显示被测试点的波形。例如，用该快捷示波器检测图 14-29 所示虚拟函数信号发生器在 NI ELVIS 工作台 FGEN 的 BNC 输出信号波形，单击图 14-35 中运行按钮，快捷示波器检测到的波形如图 14-36 所示。

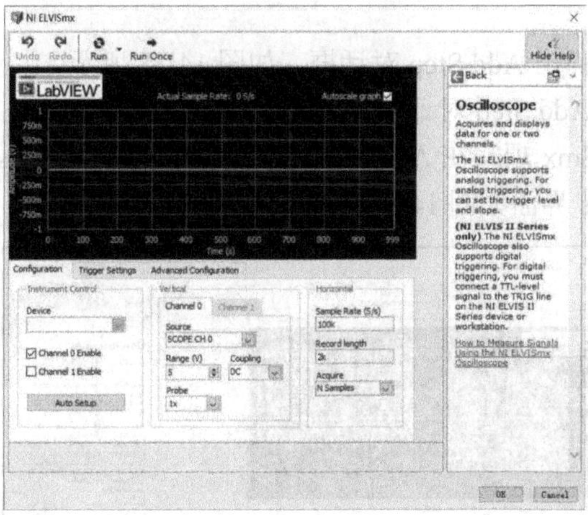

图 14-35　快捷示波器的交互界面

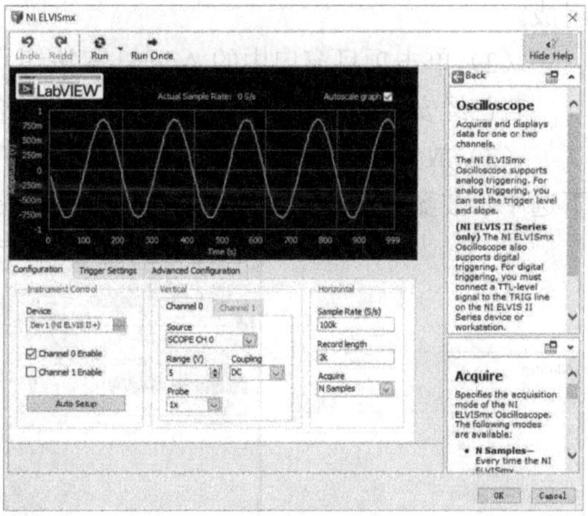

图 14-36　快捷示波器检测到的波形

14.5.4　在 Signal Express 中使用 NI ELVISmx 仪表

Signal Express 是一款基于 NI LabVIEW 图形化编程的交互式测量软件。它扩展了 LabVIEW 图形化系统设计平台，用户可以快速进行数据采集、产生、分析、对比和存储，并导入 Microsoft Excel 等电子数据表中，还提供数据记录特性，包括警报监控和条件记录等。Signal Express 还可以比较虚拟仿真数据和实际测量数据，有效扩展了虚拟仪表的功能。

Signal Express 软件需要另外安装，可以向 NI 公司索取 NI Signal Express LE 光盘（使用 30 天的完全版）或从 NI 网站下载，安装完毕即可使用。基于 NI ELVIS 的 Signal Express 软件使用方法如下。

（1）启动 Signal Express 软件，弹出如图 14-37 所示的 Signal Express 界面。

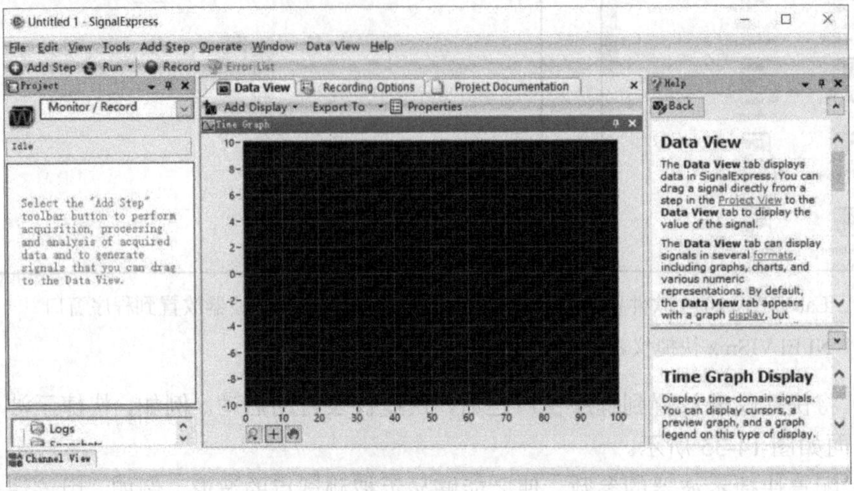

图 14-37　Signal Express 界面

Signal Express 工作界面主要由左侧的项目窗口、中间的数据窗口和右侧的帮助窗口组成。

（2）单击项目窗口中的 Add Step 按钮，弹出 Add Step 对话框，如图 14-38 所示。

若已经安装了 NI ElVISmx 套件，就会在 Add Step 对话框中出现 NI ELVISmx 项。

（3）放置虚拟仪表。例如展开 NI ELVISmx 项，在 Analog 文件夹中 Acquire Signals 下选中示波器，加载了示波器的 Signal Express 界面如图 14-39 所示。

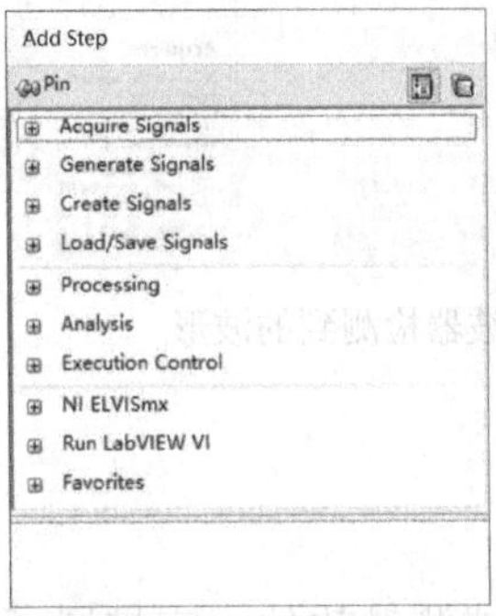

图 14-38　Add Step 对话框

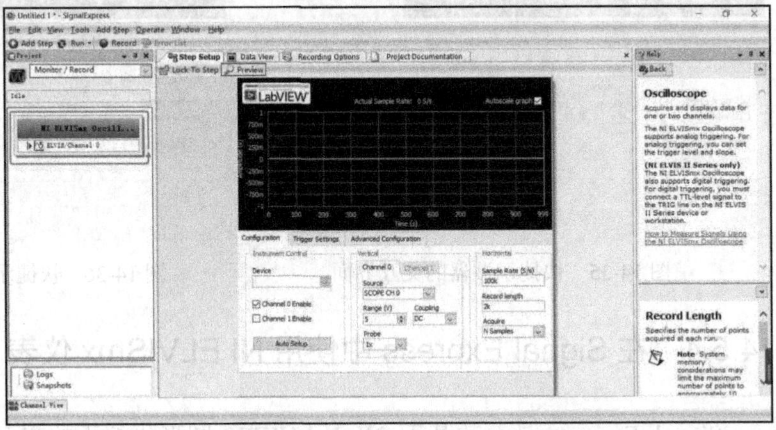

图 14-39　加载了示波器的 Signal Express 界面

（4）完成虚拟仪表面板配置，即可进行测量。例如启动函数信号发生器，输出正弦波，其参数默认，用 NI ELVIS 工作台的虚拟示波器 CH0 探头测量 NI ELVIS 工作台虚拟函数信号发生器的 FGEN BNC 输出端信号，然后在 Signal Express 界面，单击 Run 按钮，Signal Express 中的虚拟示波器显示的信号如图 14-40 所示。

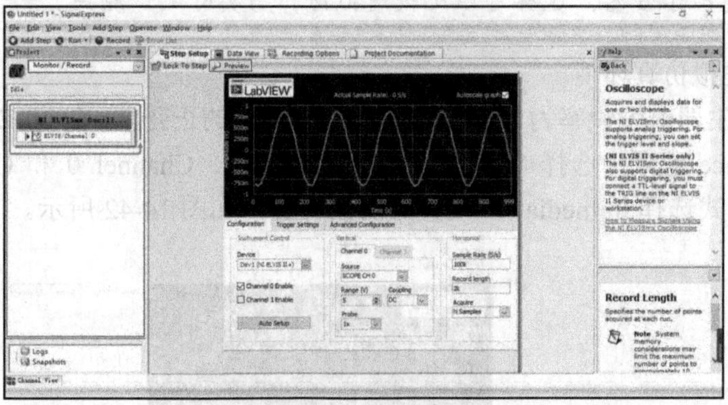

图 14-40　Signal Express 中的虚拟示波器显示的信号

注意

若显示波形不理想，疑是某些参数设置不合理，单击 Auto Setup 按钮即可。

14.6　应 用 举 例

本节以三极管共发射极放大电路为例，具体说明 NI ELVIS Ⅱ$^+$在电路分析与设计中的应用。

14.6.1　创建仿真电路

（1）启动 NI Multisim 14 仿真软件。

（2）在 NI Multisim 14 电路仿真界面中创建三极管共发射极放大电路，并放置相应的虚拟仪表，如图 14-41 所示。

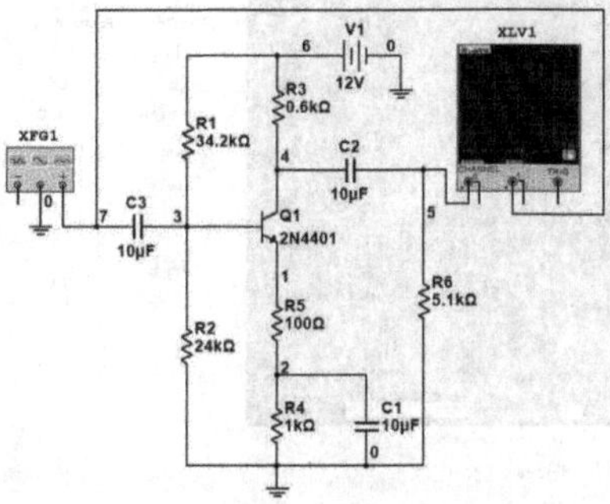

图 14-41　三极管共发射极放大电路

注意

测量输出波形的示波器不要选择 NI Multisim 14 本身自带的示波器，最好选用 NI ELVIS 仪表中虚拟示波器，这样可以比较虚拟仿真与实际测试结果。

（3）设置虚拟仿真环境。

函数信号发生器产生频率为 1 kHz、振幅为 250 mV 的正弦波。在 NI ELVIS Oscillosope 仪表面板的 Device 选项中选择 Simulate NI ELVIS Ⅱ$^{+}$，Channel 0 和 Channel 1 都选中 Enabled，触发方式选择 Immediate。设置好的仪表面板如图 14-42 所示。

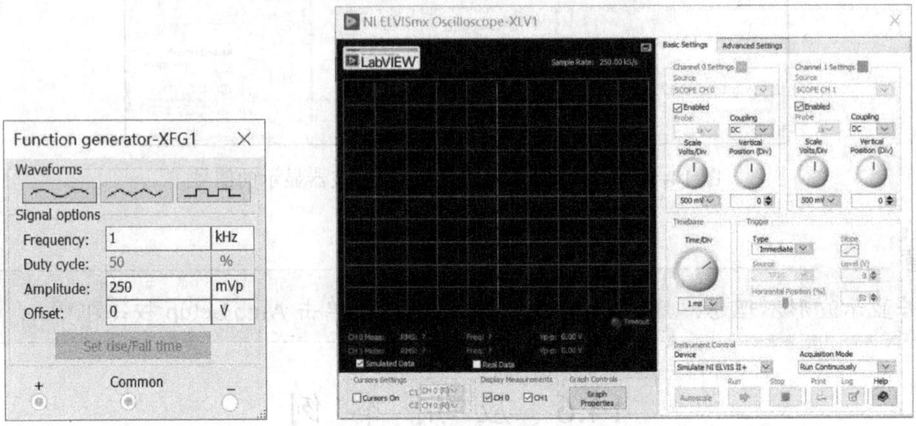

（a）函数信号发生器　　　　（b）NI ELVIS Oscillosope 面板

图 14-42　设置好的仪表面板

（4）观察输入、输出波形。

单击 NI Multisim 14 仿真按钮，NI ELVIS Oscillosope 所显示的输入、输出波形如图 14-43 所示。

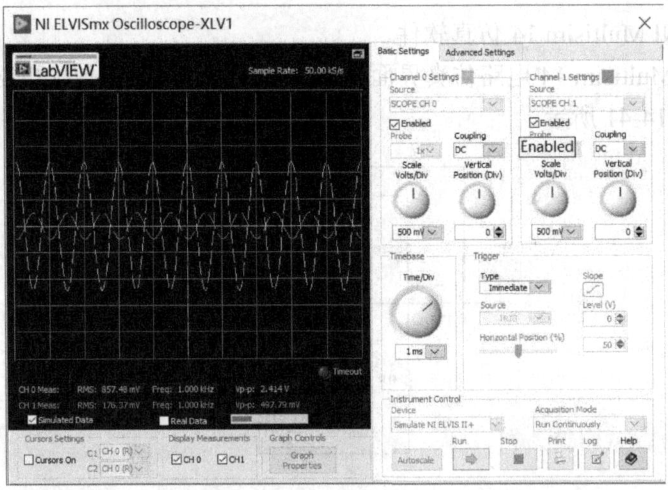

图 14-43　NI ELVIS Oscillosope 所显示的输入、输出波形

由图 14-43 可知，输入、输出正弦波的频率都是 1.000 kHz，输入正弦波的峰峰值为 497.79 mV，基本与函数信号发生器设置的信号振幅为 250 mV 相符（即峰峰值为 500 mV）。

14.6.2　搭建实际电路

选择三极管的型号为 S9013，R_1 的电阻用 10 kΩ和 100 kΩ的电位器串联替代，便于调节静态工作点，R_3 电阻用 5.1 kΩ的电位器替代，其余元件参数同图 14-41 所示电路，然后在 NI ELVIS II$^+$原型板上搭建三极管共发射极放大电路。

14.6.3　构建测试环境

选用 NI ELVIS II$^+$的+12 V 直流稳压电源给电路供电，选用 NI ELVIS Function Generator 作为信号源，产生频率为 1 kHz、峰峰值为 0.50 V 的正弦波，其面板设置如图 14-44 所示。

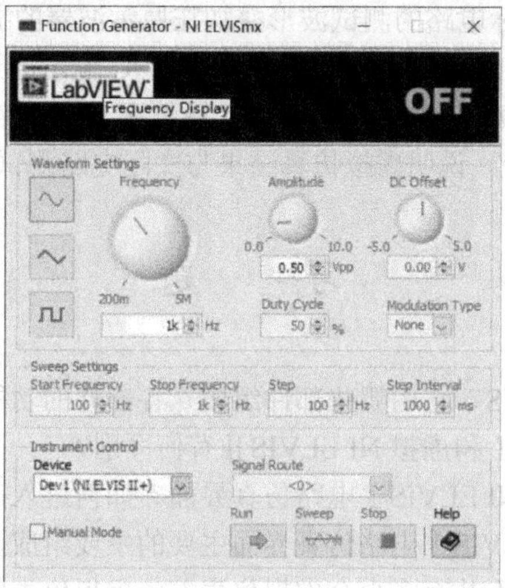

图 14-44　NI ELVIS Function Generator 面板设置

输出波形的观测仍选用先前的 NI ELVIS Oscillosope，不过先停止 NI Multisim 14 的虚拟仿真，就会发现虚拟仿真的输入、输出波形驻留在显示屏上。

14.6.4　实际电路测试

单击 NI ELVIS Function Generator 面板的 Run 按钮，并将 NI ELVIS II$^+$上的 FGEN BNC 输出加到三极管共发射极放大电路的输入耦合电容上。将 NI ELVIS Oscillosope 面板上的 device 选项选择在 Dev1（NI ELVIS II$^+$），用 NI ELVIS II$^+$示波器的 CH_0、CH_1 探头分别观察三极管共发射极放大电路的输入、输出波形，单击 NI ELVIS Oscillosope 面板上的 Run 按钮，观察到的波形如图 14-45 所示。

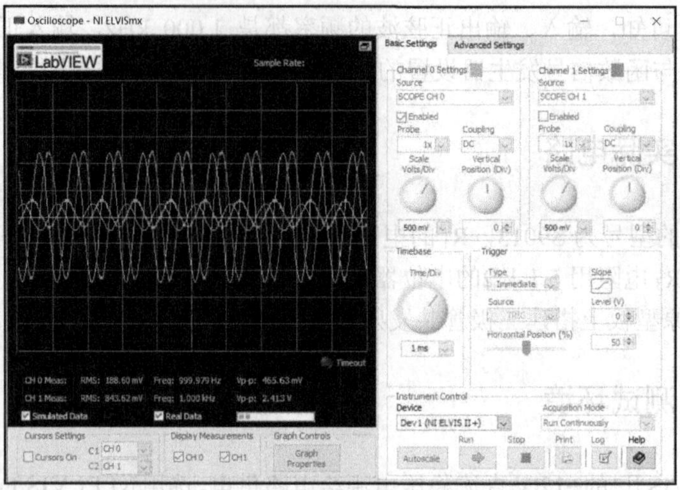

图 14-45　NI ELVIS Oscillosope 显示的波形

由图 14-45 可见，实际电路的测试波形叠加在原示波器的显示屏上，测得输入信号峰峰值为 465.63 mV，由于 NI ELVIS Ⅱ$^+$上的 FGEN BNC 输出加到实际电路输入端，实际电路对信号源输出信号的幅度略有影响，也符合实际情况。输出信号峰峰值为 2.413 V，与虚拟仿真结果 2.421 V 相吻合。说明虚拟仿真结果与实际电路测试结果吻合。

习　　题

14-1　什么是 NI ELVIS？它由哪些部件组成？各部件的功能是什么？

14-2　虚拟 NI ELVIS Ⅰ和虚拟 NI ELVIS Ⅱ有何区别？

14-3　如何进入虚拟 NI ELVIS Ⅰ电路仿真界面？如何进入 NI ELVIS Ⅰ的 3D 界面？

14-4　简述虚拟 NI ELVIS Ⅰ电路仿真界面主要的主要组成及各个部分的功能。

14-5　虚拟 NI ELVIS Ⅰ共有多少个虚拟仪表？各虚拟仪表的引脚功能是什么？

14-6　试用 IV 分析仪仿真分析二极管、三极管和场效应管的特性曲线。

14-7　试在 NI ELVIS Ⅰ电路仿真界面搭建图 P14-1 所示电路，然后在 NI ELVIS Ⅰ电路的 3D 界面模拟搭建实际电路。

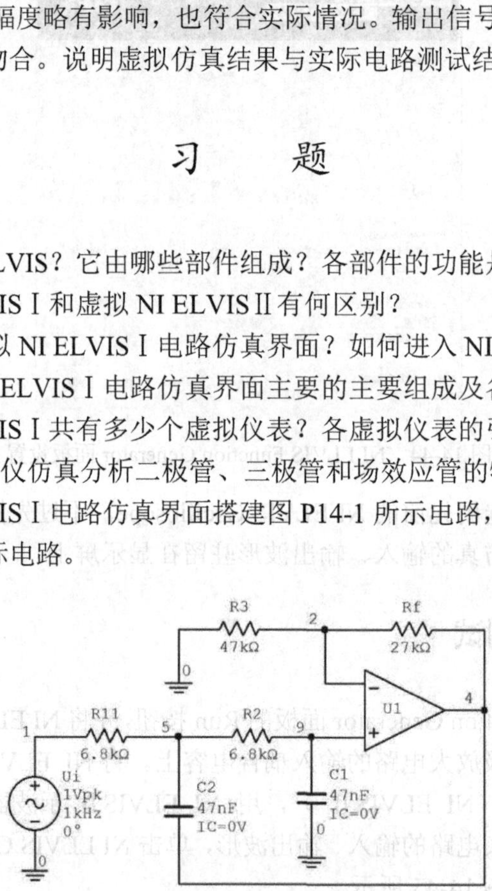

图 P14-1　二阶有源低通滤波器电路

14-8　简述虚拟 NI ELVIS Ⅱ 电路仿真界面的主要组成及各个部分的功能。

14-9　虚拟 NI ELVIS Ⅱ 共有多少个虚拟仪表？

14-10　试在 NI ELVIS Ⅱ 电路仿真界面搭建图 P14-2 所示电路，然后在 NI ELVIS Ⅱ 电路的 3D 界面模拟搭建实际电路。

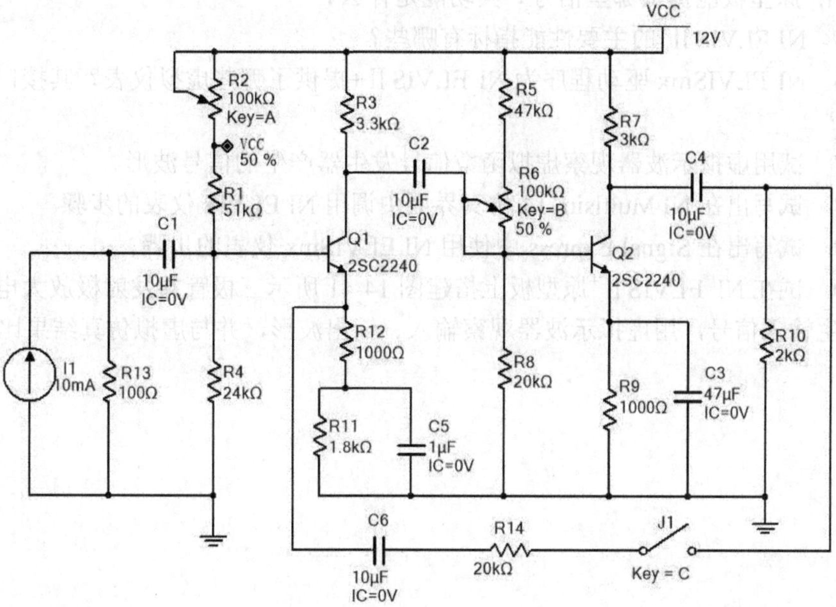

图 P14-2　三极管放大电路

14-11　试在 NI ELVIS Ⅱ 电路仿真界面搭建图 P14-3 所示电路，然后在 NI ELVIS Ⅱ 电路的 3D 界面模拟搭建实际电路。

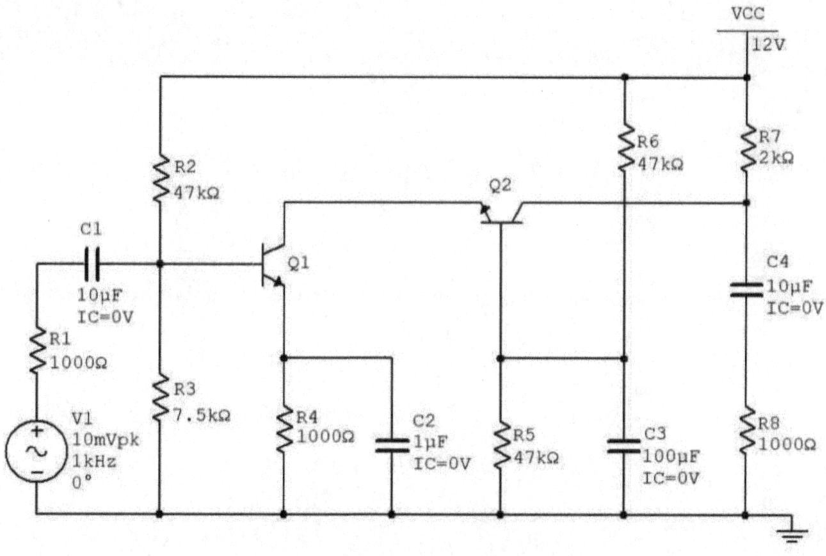

图 P14-3 习题 14-11 的电路图

14-12　3 种 NI ELVIS 平台特性比较中，你认为 NI ELVIS Ⅱ⁺突出的特点是什么？

14-13　NI ELVIS Ⅱ⁺工作台的主要功能是什么？它能提供的信号有哪些？信号的功能是什么？

14-14　NI ELVIS Ⅱ⁺原型板的主要功能是什么？它与 NI ELVIS Ⅱ⁺工作台有何区别？NI ELVIS Ⅱ⁺原型板能提供哪些信号？其功能是什么？

14-15　NI ELVIS Ⅱ⁺的主要性能指标有哪些？

14-16　NI ELVISmx 驱动程序为 NI ELVIS Ⅱ+提供了哪些虚拟仪表？其接口信号的定义是什么？

14-17　试用虚拟示波器观察虚拟函数信号发生器产生的信号波形。

14-18　试写出在 NI Multisim 14 仿真界面中调用 NI ELVIS 仪表的步骤。

14-19　试写出在 Signal Express 中使用 NI ELVISmx 仪表的步骤。

14-20　试在 NI ELVIS Ⅱ⁺原型板上搭建图 14-41 所示三极管共发射极放大电路，用虚拟仪表产生输入信号，用虚拟示波器观察输入、输出波形，并与虚拟仿真结果比较。

第 15 章　基于 NI Multisim 14 的 NI myDAQ 开发应用

NI myDAQ（Data Acquisition）是美国 NI 公司推出的一款适合大学工程类课程的便携式数据采集器，含有 13 个基于计算机的通用虚拟仪器，具有价位低、性价比高的特点。NI myDAQ 结合 LabVIEW 和 Multisim 软件，可以实现在传统课堂外基础理论验证、专业原理仿真和综合设计项目开发，用于电子测量、虚拟仪器、传感器实验等课程教学和学生课外创新实践中。

15.1　虚拟 NI myDAQ

15.1.1　NI myDAQ 套件的安装

NI myDAQ 套件包含了 LabVIEW 编程环境、Multisim 电路设计套件以及为 NI myDAQ 设备编写应用程序所需相关 LabVIEW 软件附件和驱动程序，目前最新版是 NI-myDAQ-Software-Suite-x86_2019。打开 ni-mydaq-software-suite-x86_2019_offline 文件夹，执行 install.exe 文件，弹出如图 15-1 所示安装对话框。

图 15-1　NI myDAQ 套件安装对话框

若已安装 NI Multisim 14 软件，则可不勾选 Circuit Design Suite 教育版选项。单击下一步按钮，依次进行同意、检查、完成对话框。软件安装完成之后弹出 NI 客户体验改善计划设置对话框，随后进入 NI 许可向导对话框，填入相应软件的序列号，试用者可直接关闭。最后弹出重启以完成操作对话框，至此就完成 NI myDAQ 套件的安装。

注意

已安装 NI ELVIS 设备驱动程序的电脑，其中 NI ELVISmx 也是 NI myDAQ 的驱动，可不必安装 NI myDAQ 套件。

15.1.2 NI ELVISmx 虚拟仪表的启动

安装 NI myDAQ 套件后，就可以使用 NI ELVISmx 虚拟仪表，NI ELVIS 虚拟仪表不仅可以在 NI Multisim 14 仿真环境中使用，还可以在 Windows 环境中使用。

1. 在 NI Multisim 14 虚拟仿真界面中启动 NI ELVISmx 虚拟仪表

在NI Multisim 14虚拟仿真界面中，选择菜单Simulate»Instruments»NI ELVISmx Instruments 命令，就会发现 9 个 NI ELVISmx 虚拟仪表可供虚拟仿真使用，如图 15-2 所示。

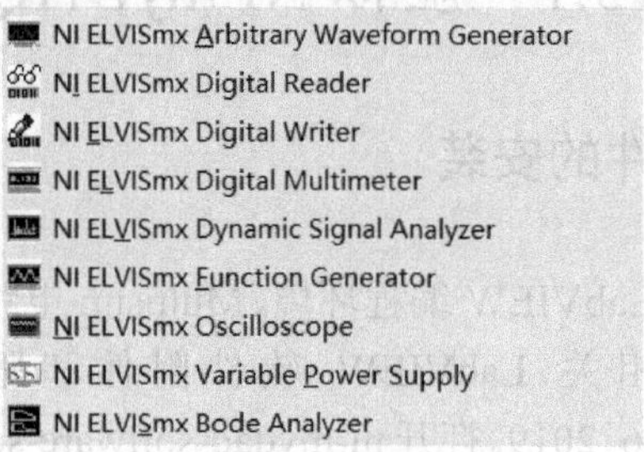

图 15-2 NI ELVISmx 虚拟仪表

这 9 个 NI ELVISmx 虚拟仪表可在 NI Multisim 14 中电路仿真工作区使用。

2. 在 Windows 中启动 NI ELVISmx 虚拟仪表

在 Windows 10 窗口中，执行开始»NI ELVISmx Instrument Launcher 命令，就会弹出 Windows 10 界面中的 NI ELVISmx Instrument Launcher 对话框，如图 15-3 所示。用鼠标双击虚拟仪表的图标就可在 Windows 10 界面中放置对应的虚拟仪表。

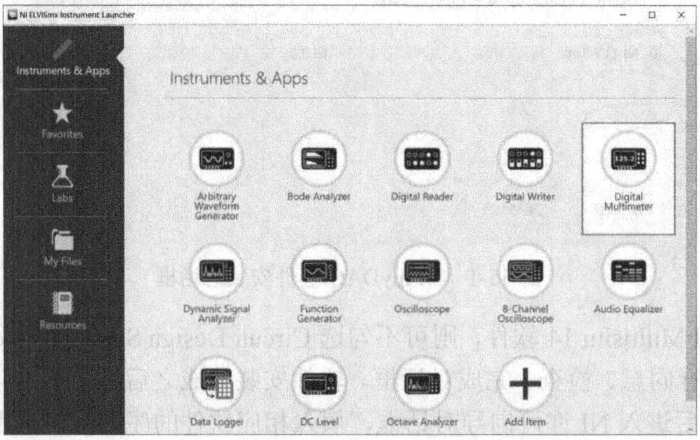

图 15-3 NI ELVISmx Instrument Launcher 对话框

NI ELVISmx 虚拟仪表还可以单独启动，选择开始»所有程序»National Instruments 命令后就会发现 13 个 NI ELVISmx 虚拟仪表，单击所需要的虚拟仪表图标即可在 Windows 10 界面中使用对应的虚拟仪表。例如，单击开始»所有程序»National Instruments» Arbitrary Waveform Generator 命令就会在 Windows 10 界面中放置一个虚拟任意波形产生器，如图 15-4 所示。

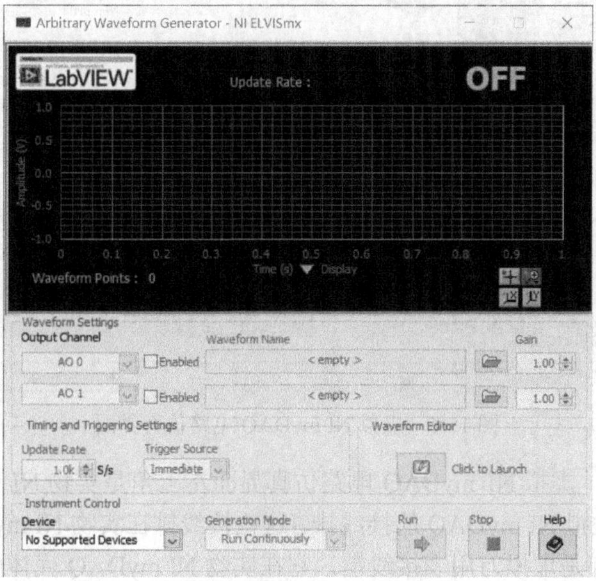

图 15-4　虚拟任意波形产生器

15.1.3　虚拟 NI myDAQ

虚拟 NI myDAQ 是 NI Multisim 14 软件本身自带的一种虚拟电路仿真环境，执行菜单命令 File»New，就会弹出新建设计对话框，如图 15-5 所示。

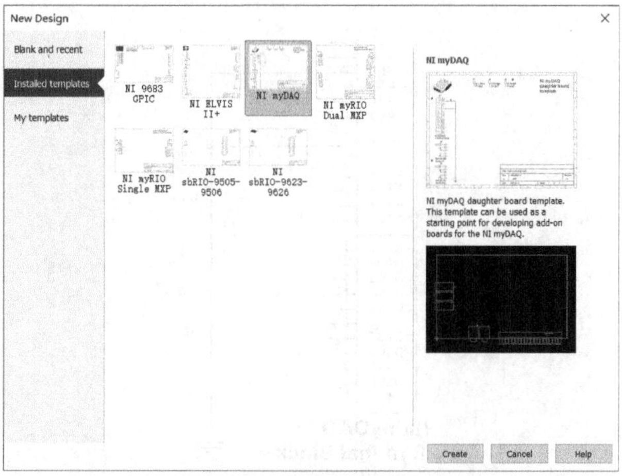

图 15-5　新建设计对话框

单击 Installed templates 标签中 NI myDAQ 图标，就会弹出 NI myDAQ 电路仿真界面，如图 15-6 所示。

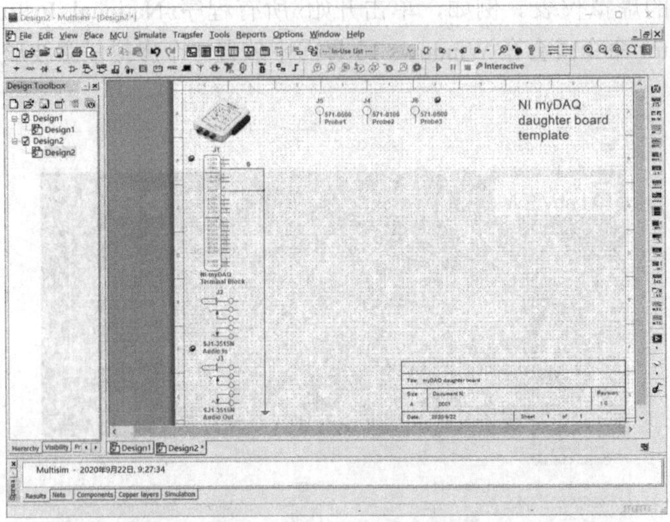

图 15-6　虚拟 NI myDAQ 电路仿真界面

由图 15-6 可见，虚拟 NI myDAQ 电路仿真界面左上角是实物 NI myDAQ 仪器的实物图，界面的左侧是虚拟 NI myDAQ 的接线排，这些接线排在实物 NI myDAQ 壳体的右侧面上。仿真界面的顶部是虚拟万用表接线端，它在实物 NI myDAQ 壳体的下侧面上。

注意

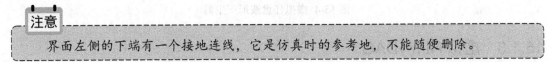

界面左侧的下端有一个接地连线，它是仿真时的参考地，不能随便删除。

界面左侧是 20 芯的接线排（J_1），如图 15-7 所示，分别是+15 V 电源、−15 V 电源、地（GND）、模拟信号输出端（AO_0、AO_1）、模拟地（AGND）、模拟信号输入端（AI_0+、AI_0−和 AI_1+、AI_1−）、数据 I/O 端（DIO_0～DIO_7）、数字地（DGND）和+5 V 电源。

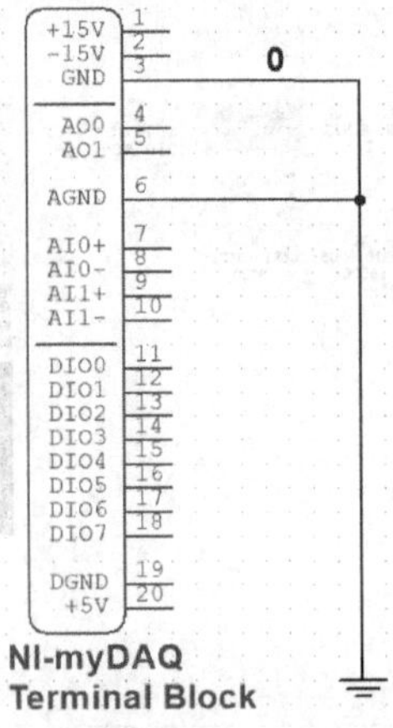

图 15-7　虚拟 NI myDAQ 的接线槽

仿真界面的左侧还有声音信号输入（J_2）/输出端（J_3），仿真界面的顶部还有红（J_5和 J_6）、黑（J_4）两色 4 mm 直插绝缘插座。

15.2　原型 NI myDAQ 的硬件

NI myDAQ 是一款适合大学工程类课程的便携式数据采集设备。该设备采用了德州仪器（Texas Instruments）的模拟电路芯片（如数据转换器、放大器及电源管理等器件），并且与 LabVIEW 图形化系统设计软件紧密结合起来，提供了 13 种基于 LabVIEW 的虚拟仪器。

15.2.1 原型 NI myDAQ 的开发环境

原型 NI myDAQ 设备如图 15-8 所示。

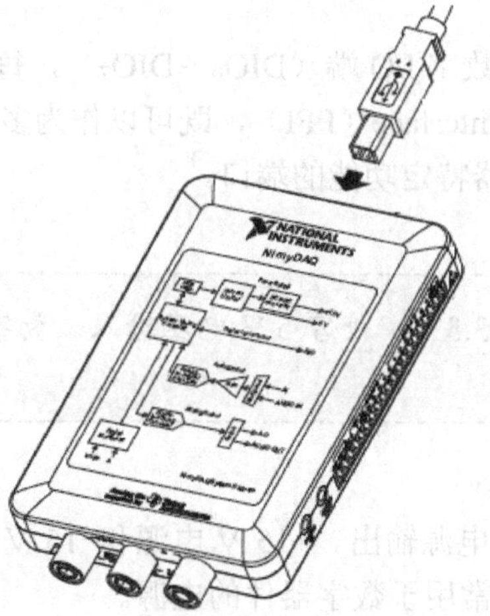

图 15-8　原型 NI myDAQ 示意图

由图 15-8 可见，原型 NI myDAQ 通过 USB 与计算机进行数据传输，且整个原型 NI myDAQ 的供电也来自 USB。在原型 NI myDAQ 底边侧面有 3 个香蕉插孔，分别是数字万用表测电压/电阻插孔、公共地插孔和测电流插孔。在原型 NI myDAQ 右边侧面有一排数据线，如图 15-9 所示，分别是+5 V 电源、数字信号 I/O 接线端、模拟信号 I/O 接线端、−15V 电源、+15V 电源以及音频信号 I/O 插孔。

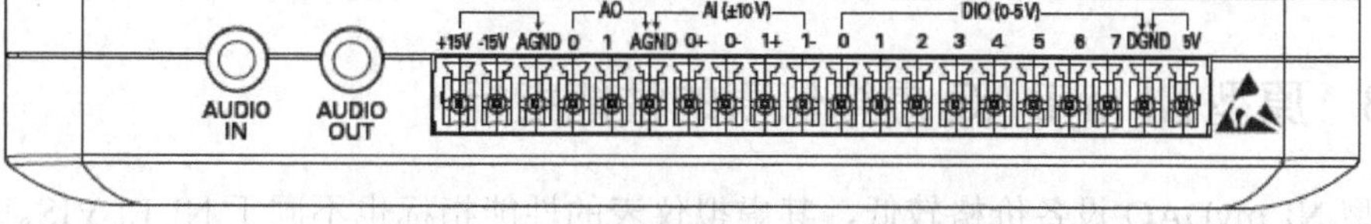

图 15-9　原型 NI myDAQ 右边侧面数据线

15.2.2　原型 NI myDAQ 信号接口

1. 模拟信号输入接线端

原型 NI myDAQ 有 2 路模拟信号输入（AI_0+、AI_0−和 AI_1+、AI_1−），可以配置成高输入阻抗的差分电压输入或音频信号输入。两路模拟信号共享一个数模转换器，测量信号范围为−10～+10 V，每个通道的采样率均为 200 kS/s，通常用于虚拟示波器、虚拟动态信号分析仪、虚拟波特图仪等虚拟仪表的模拟信号输入端口。对于音频信号，两个通道常用于立体声的左、右音频信号输入端。

2. 模拟输出

原型 NI myDAQ 有 2 路模拟信号输出（AO_0 和 AO_1），两路通道有各自的数模转换器，可以输出高达±10 V 的电压信号。若输出音频信号，它们常用于输出立体声信号的左/右音频信号。

3. 数字 I/O 端

原型 NI myDAQ 有 8 路数字 I/O 端（DIO_0～DIO_7），每路数字 I/O 端都是可编程序的函数 Programmable Function Interface（PFI），既可以作为多用途软件定时的数字输入或输出端，也可以作为数字计数器特定功能的端口。

注意

数字 I/O 端口的电平是 3.3 V，兼容 5 V 电压输入。数字输出不兼容 5 V CMOS 逻辑电平。

4. 电源

原型 NI myDAQ 有 3 路电源输出。+15 V 电源和−15 V 电源常用于模拟器件（如运算放大器）的电源，+5 V 电源常用于数字器件的电源。

注意

3 路电源输出的总功率被限定在 500 mW（典型值）。

5. 数字万用表

原型 NI myDAQ 底边侧面是一个虚拟数字万用表，可以测量交/直流电压、交/直流电流、电阻，还可以检测二极管和连续音频信号。该数字万用表测量为软件定时，因此更新速率受计算机负载和 USB 性能影响。

15.2.3　原型 NI myDAQ 虚拟仪表的性能指标

原型 NI myDAQ 设备价格较低，其虚拟仪表的性能指标也不同于 NI ELVIS。原型 NI myDAQ 虚拟仪表的主要性能指标如下。

1. 虚拟数字万用表

- DC 电压量程：60 V、20 V、2 V 和 200 mV。
- AC 电压量程：20 V、2 V 和 200 mV。
- DC 电流量程：1 A、200 mA 和 20 mA。
- AC 电流量程：1 A、200 mA 和 20 mA。
- 电阻量程：20 MΩ、2 MΩ、200 kΩ、20 kΩ、2 kΩ和 200 Ω。
- 二极管：2 V。
- 分辨率（显示的有效位数）：3.5。

2. 虚拟示波器

- 通道源：通道 AI_0 和 AI_1，或音频信号的 2 路输入端。
- 耦合：AI 通道仅支持直流耦合，音频信号的 2 路输入端仅支持交流耦合。
- Y 轴衰减（Volts/Div）。
  - AI 通道：5 V、2 V、1 V、500 mV、200 mV、100 mV、50 mV、20 mV 和 10 mV。
  - 音频通道：1 V、500 mV、200 mV、100 mV、50 mV、20 mV 和 10 mV。
- 最大采样率：200 kS/s
- 时间基准（Time/Div）：5 μs～200 ms
- 触发类型：立即触发和边沿触发。

3. 虚拟函数信号发生器

- 输出通道：AO_0 或 AO_1。
- 频率范围：0.2 Hz～20 kHz。

4. 虚拟波特图仪

- 激励测量通道：AI_0。
- 相应测量通道：AI_1。
- 激励信号源：AO_0。
- 频率范围：1 Hz～20 kHz。

5. 虚拟动态信号分析仪

- 被测信号源：AI_0 和 AI_1，或左右音频信号。
- 电压范围。
  - 对于 AI 通道：±10 V、±2 V。
  - 对于音频信号：±2 V。

6. 虚拟任意信号发生器

设备带有 2 个 AO 和 2 个音频输出通道，因此可同时生成 2 个波形。用户可选择连续运行或只运行一次。仪器的测量参数如下。

- 输出通道：AO_0 和 AO_1；音频左声道输出和音频右声道输出。AO 通道和音频输出通道不可同时使用。

- 触发源：仅限立即触发。该控件总是被禁用。

7. 数字读取器

数字读取器从 NI myDAQ 数字线读取数字数据。NI ELVISmx 数字读取器将 I/O 线分组为可读取数据的端口，可每次读取一个端口，不论是连续读取，还是单次读取。I/O 线可分组为 2 个 4 引脚端口（0～3 和 4～7），或一个 8 引脚端口（0～7）。

8. 数字写入器

数字写入器使用用户指定的数字模式更新 NI myDAQ 数字线。NI ELVISmx 数字写入器将 I/O 线分组为可写入数据的端口，可写入 4 位模式（0～3 或 4～7），或 8 位模式（0～7）；还可手动创建模式，或选择预定义模式，如梯度、切换或行走 1 s。仪器可控制由 4 个或 8 个连续数据通道组成的端口，可连续按一个模式写入或只写入一次。

15.3 原型 NI myDAQ 的软件

原型 NI myDAQ 是一款 NI 公司研制的、低价格的 DAQ 设备。因此，在 NI ELVIS Ⅱ$^+$上使用的相关软件，在 NI myDAQ 上也可同样使用，只是使用的虚拟仪表个数、性能指标有所不同。

15.3.1 使用 NI ELVISmx 软面板仪表

NI ELVISmx 是一款驱动程序，不仅支持 NI ELVIS 设备，也支持 NI myDAQ 设备。NI ELVISmx 使用基于 LabVIEW 的软面板仪表能够控制 NI myDAQ，为用户提供多种功能的软面板仪表。提供的软面板仪表主要有数字万用表、示波器、函数信号发生器、波特图仪、动态信号分析仪、任意信号发生器、读取器和写入器等。具体使用 NI myDAQ 的步骤如下。

（1）通过 USB 将 NI myDAQ 与计算机连接起来，计算机发现 NI myDAQ 硬件设备后同时启动 NI ELVISmx 仪表启动器，如图 15-10 所示。

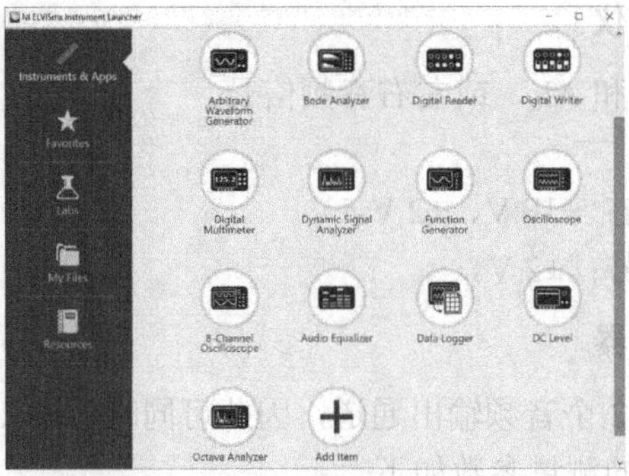

图 15-10 NI myDAQ 设备的 NI ELVISmx 仪表启动器

由图 15-10 可见，NI ELVISmx 提供 13 种软面板仪表。

（2）具体使用某个软面板仪表，只要双击该软面板仪表图标即可。例如，用虚拟数字万用表测量一个 5 色环电阻，5 色环分别是棕绿黑橙棕（即 150 K），虚拟数字万用表显示结果如图 15-11 所示。

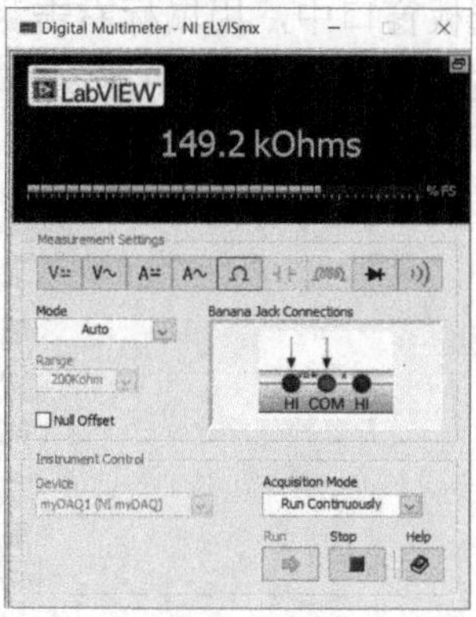

图 15-11　测量电阻

由图 15-11 可见，利用虚拟万用表测量结果为 149.2 kOhms，与电阻标称值相符。且从 Device 下拉菜单可以看到虚拟数字万用表识别的设备为 myDAQ（NI myDAQ），也与实际 DAQ 设备相符。

注意

若测量模式不是 Auto，则测量结果可能出现+OVER 现象，原因是测量量程选择不合适。

15.3.2　使用 NI ELVISmx 快捷虚拟仪表

安装了 NI LEVISmx 软件之后，NI myDAQ 设备也可以利用 LabVIEW Express VI 软件，允许用户为虚拟仪表配置参数而不需具备丰富的 NI LabVIEW 软件编程经验，达到开发 NI LabVIEW 程序应用的目的。具体使用 NI LabVIEW Express VI 的步骤如下。

（1）启动 NI LabVIEW 2019，弹出如图 15-12 所示 LabVIEW 2019 的启动界面。

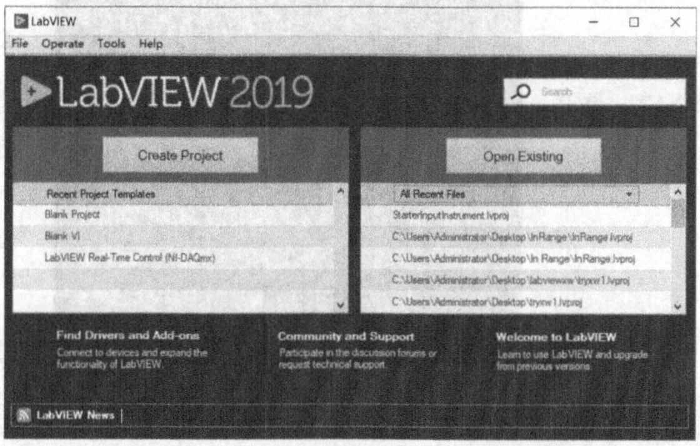

图 15-12　LabVIEW 2019 的启动界面

（2）单击 LabVIEW 2019 启动界面中 Create Project 栏下的 Blank VI 图标，弹出未命名 1 的程序框图窗口和前面板窗口，执行程序框图窗口查看菜单下函数命令，弹出如图 15-13 所示的函数窗口。

（3）在图 15-13 所示函数选板窗口中，用鼠标右击测量 I/O 项下 NI ELVISmx 图标，就弹出 LabVIEW 2019 软件自带的 NI ELVISmx 快捷仪表，如图 15-14 所示。

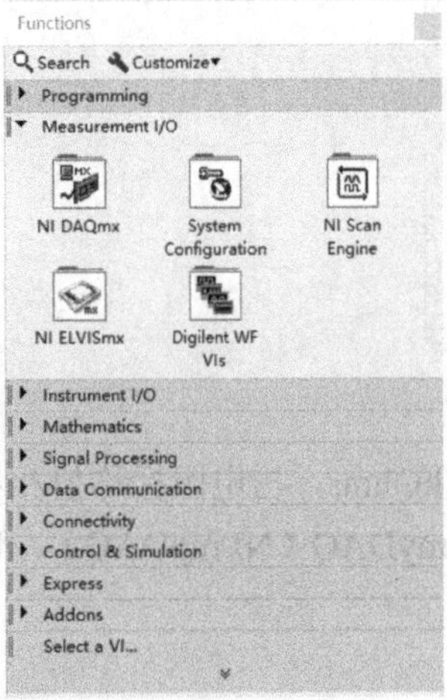

图 15-13　函数窗口

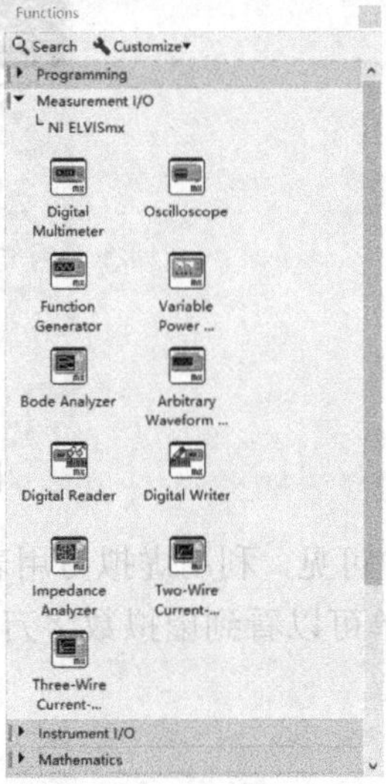

图 15-14　LabVIEW 2019 软件自带的 NI ELVISmx 快捷仪表

（4）选择所需要的快捷仪表。用鼠标指向所需要的快捷仪表，单击右键弹出快捷菜单，选中放置 VI，移动鼠标到前面板窗口，单击左键就可将选中的快捷仪表放置到程序窗口。例如，将示波器放置到程序窗口如图 15-15 所示。

（5）将快捷仪表放置到程序窗口之后，快捷仪表自动启动。例如，快捷示波器启动后的交互界面如图 15-16 所示。

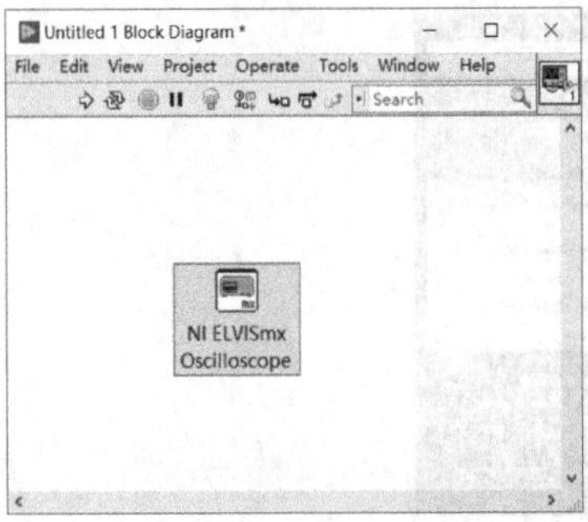

图 15-15　将示波器放置到程序窗口

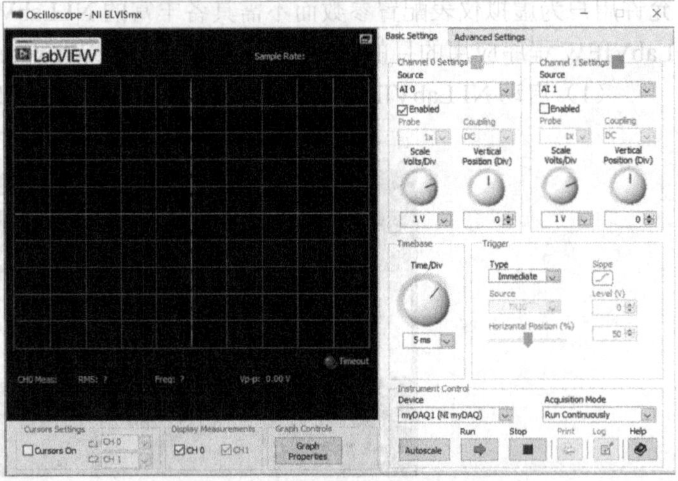

图 15-16　快捷示波器的交互界面

（6）配置快捷示波器的参数，使之能够显示被测试点的波形。

例如，用软面板函数信号发生器产生三角波，频率为 100.0000 Hz、峰峰值为 1 Vpp，其面板设置如图 15-17 所示。

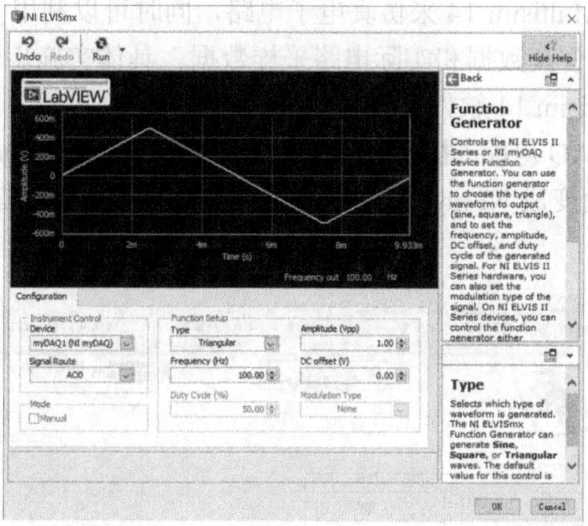

图 15-17　软面板函数信号发生器设置

注意

在图 15-17 中，Instrument Control 虚线框的 Device 下拉菜单中已识别 DAQ 设备为 NI myDAQ 设备。

用导线将 NI myDAQ 设备 AO_0 和 AGND 分别连接到 AI_0+和 AI_0−，即用 NI myDAQ 设备的虚拟示波器来检测 NI myDAQ 设备虚拟函数信号发生器输出的信号。启动虚拟函数信号发生器和虚拟示波器，虚拟示波器显示的波形如图 15-18 所示。

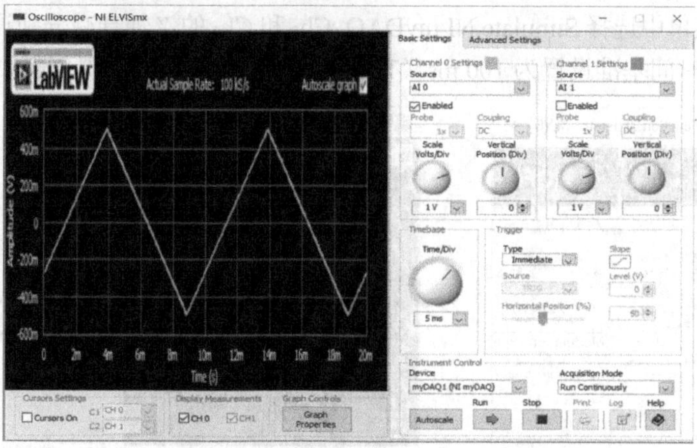

图 15-18　虚拟示波器显示的波形

由图 15-18 可见，三角波的波峰时刻为 4 ms 和 14 ms，即周期为 10 ms，波动范围为 −500～+500 mV，峰峰值为 1 V。可见，显示波形参数与虚拟函数信号发生器的设置一致。

15.3.3 NI myDAQ 与 NI Multisim 14

用户可以利用 NI Multisim 14 来仿真电子电路，同时可以利用 NI myDAQ 测量实际电子电路，然后比较虚拟仿真数据和实际电路采样数据。具体实施步骤如下。

（1）启动 NI Multisim 14 软件。

（2）搭建 NI myDAQ 电路。执行菜单 File» New»NI myDAQ Design 命令，NI Multisim 14 软件电路图仿真界面变成 NI myDAQ 电路图仿真界面。在其上搭建运算放大器电路，如图 15-19 所示。

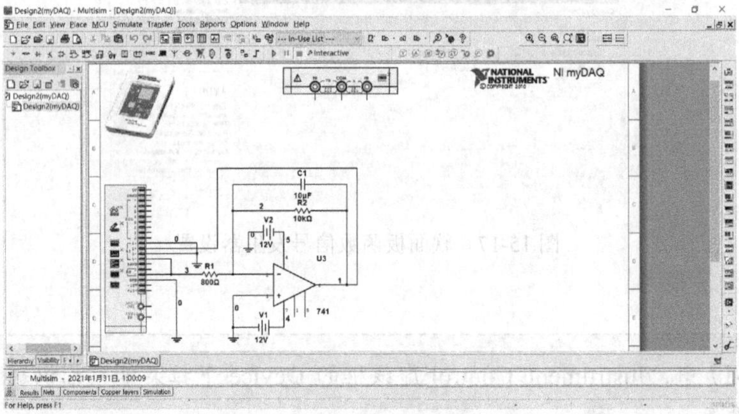

图 15-19　运算放大器电路

（3）放置虚拟仪表。双击图 15-19 中虚拟函数信号发生器和虚拟示波器图标，弹出虚拟函数信号发生器和虚拟示波器的软面板。对于虚拟函数信号发生器，在 Device 下拉菜单中选择 Simulate NI myDAQ，选择正弦波，频率为 1 Hz，峰峰值为 2.00 Vpp。对于虚拟示波器，在 Device 下拉菜单中选择 Simulate NI myDAQ，Ch_0 和 Ch_1 的 Y 轴衰减分别设置为 2 V 和 5 V（Volts/Div），时间基准设置为 100 ms（Time/Div）。设置好的虚拟仪表如图 15-20 所示。

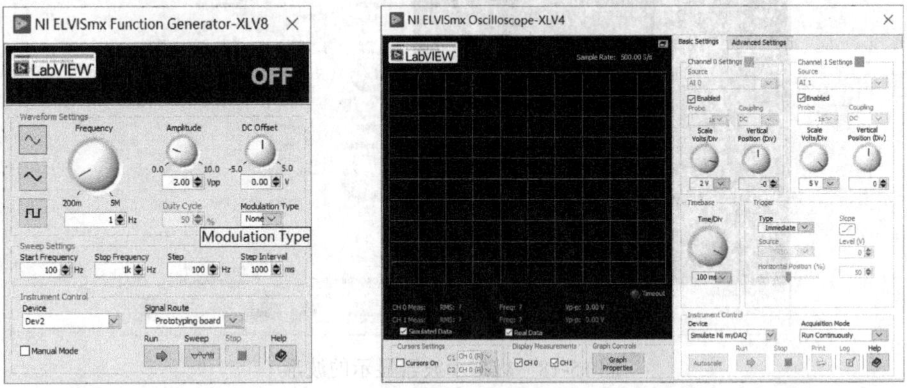

（a）虚拟函数信号发生器　　（b）虚拟示波器

图 15-20　虚拟仪表的设置

（4）启动仿真。启动 NI Multisim 14 电路图仿真界面的电路仿真，就会发现虚拟函数信号发生器和虚拟示波器皆被启动，虚拟示波器显示的波形如图 15-21 所示。

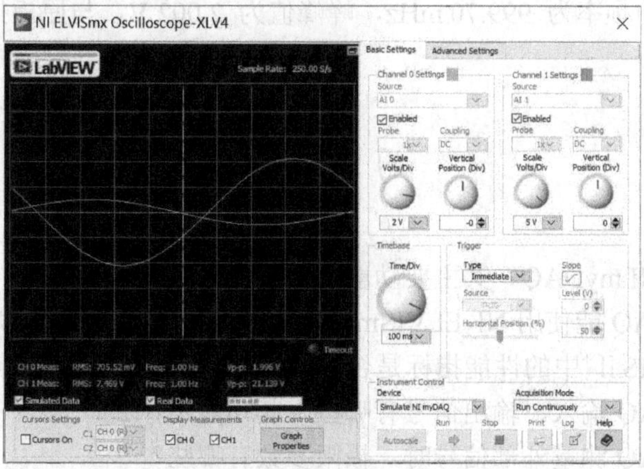

图 15-21　虚拟示波器显示的波形

由图 15-21 可见，运算放大器电路输入信号的波形为正弦波、频率为 1 Hz、峰峰值为 1.996 V，与虚拟函数信号发生器设置的波形参数相符。运算放大器电路的输出信号的频率为 1 Hz、峰峰值为 21.139 V。

（5）测量实际硬件电路的信号。具体操作步骤如下。

①停止 NI Multisim 14 软件的电路仿真；

②在虚拟函数信号发生器和虚拟示波器的 Device 下拉菜单中选择 Dev2（NI myDAQ）；

③将 NI myDAQ 的函数信号发生器输出端 AO_0 接到被测实际电路的输入端；

④将 NI myDAQ 的模拟信号输入端 AI_0（即虚拟示波器的 Ch_0）接到实际电路中需要观察波形的节点上；

⑤依次启动虚拟函数信号发生器和虚拟示波器的仿真按钮，就可将实际电路的波形再次显示在虚拟示波器的屏幕上。此时，原虚拟仿真波形驻留在虚拟示波器的屏幕上。例如，观察加到实际电路输入端的波形如图 15-22 所示。

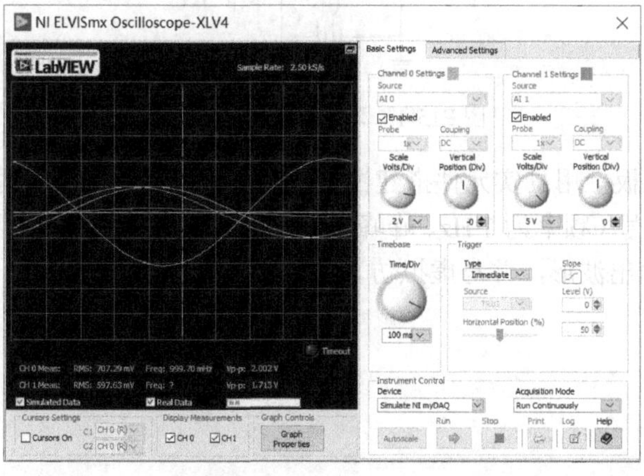

图 15-22　实测电路波形

⑥波形对比。由图 15-22 可见，原示波器上虚拟仿真波形仍在屏幕上，新增加的波形就是实测电路的波形，且实测波形和虚拟仿真波形基本一致。由示波器屏幕下方的参数可知，实测输入波形的频率为 999.70 mHz，峰峰值为 2.002 V，与原虚拟仿真输入信号参数几乎完全一致。

习　题

15-1　什么是 NI myDAQ？其主要功能是什么？

15-2　NI myDAQ 能使用 NI ELVISmx 中哪些仪表？其引脚功能是什么？这些仪表的性能指标与 NI ELVIS Ⅱ$^+$中的性能指标是否相同？若不同，有何异同点？

15-3　NI myDAQ 输入、输出信号有哪些？其功能是什么？

15-4　NI myDAQ 测量外部信号时，极限参数有哪些？

15-5　NI myDAQ 给电路板提供的电源功率最大是多少？

15-6　试总结虚拟 NI myDAQ 和原型 NI myDAQ 有何不同。

15-7　试写出在 LabVIEW 2019 中调用 NI myDAQ 性能仪表的步骤。

15-8　试在 NI Multisim 14 的 NI myDAQ 环境中搭建图 P15-1 所示电路，利用虚拟函数信号发生器产生频率为 1 Hz、峰峰值为 2.00 Vpp 的正弦波，选用虚拟示波器观察仿真电路的输入、输出波形。

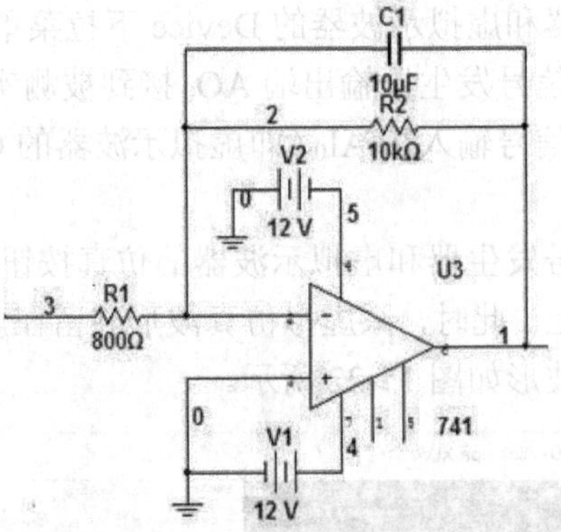

图 P15-1　习题 15-8 的电路图

15-9　试在面包板上用真实元件搭建图 P15-1 所示电路，利用原型 NI myDAQ 给该电路供电，提供激励信号（频率为 1 Hz、峰峰值为 2.00 Vpp 的正弦波），利用原型 NI myDAQ 的虚拟示波器观察输出波形，并与虚拟仿真的输出波形对比。

第 16 章　基于 NI Multisim 14 的 Analog Design 2 开发应用

本章主要介绍 Digilent 公司研发的 Analog Discovery 2 仪表，阐述其信号接口定义、主要性能指标和软件开发环境的建立。最后用一个实例介绍利用 Analog Discovery 2 开发指南仪表的全过程。

16.1　Analog Design 2 概述

Analog Discovery 2（简称 AD2）是一款由 Digilent 公司研发的迷你型多功能仪器，可用于模拟信号、数字信号的产生、显示和测量。Analog Discovery 2 因其外形小巧，可以放入衣服口袋，也常常被称为口袋仪表。其可以在实验室内外模拟示波器、信号源、程控可调电源、逻辑分析仪、电压表、数字/模拟信号生成器、静态数字 I/O、网络分析仪和频谱分析仪 9 种仪表。Analog Discovery 2 实物如图 16-1 所示。

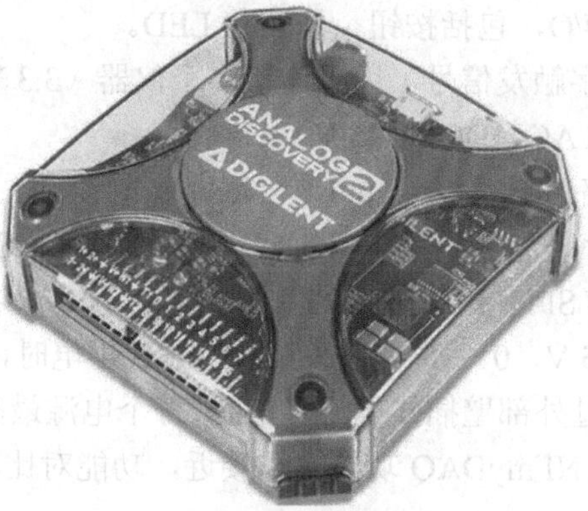

图 16-1　Analog Discovery 2 实物

Analog Discovery 2 通过 USB 与电脑相连，通过一组排线与实测电路相连，排线的接口如图 16-2 所示。

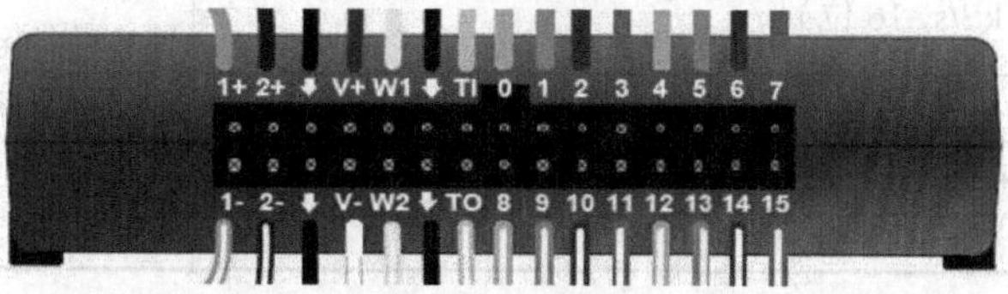

图 16-2　排线接口

其接口信号的定义见表 16-1。

表 16-1 接口信号的定义

接口信号标识	含 义	接口信号标识	含 义
1+	示波器通道 1 正极	1−	示波器通道 1 负极
2+	示波器通道 2 正极	2−	示波器通道 2 负极
↓	地	↓	地
V+	+5 V 电源	V−	−5 V 电源
W1	信号发射器 1 输出端	W_2	信号发射器 2 输出端
↓	地	↓	地
TI	触发输入端	TO	触发输入端
0～7	数字信号 I/O 端	8～15	数字信号 I/O 端

Analog Discovery 2 主要特性如下。

- 双通道 USB 数字示波器（1 MΩ、±25 V、差分、14 位、100 MSPS、30 MHz+带宽的带 Analog Discovery BNC 适配器板）。
- 双通道任意函数发生器（±5 V、14 位、100 MSPS、20 MHz+带宽的 Analog Discovery BNC 适配器板）。
- 立体声音频放大器，可利用重复 AWG 信号驱动外部耳麦和扬声器。
- 16 通道数字逻辑分析仪（3.3 V CMO、100 MSPS）。
- 16 通道图形发生器（3.3 V CMO、100 MSPS）。
- 16 通道虚拟数字 I/O，包括按钮、开关和 LED。
- 两个输入/输出数字触发信号，用于连接多个仪器（3.3 V CMOS）。
- 信号通道电压计（AC、DC、±25 V）。
- 网络分析仪：电路的 Bode、Nyquist、Nichols 转换图。范围：1 Hz～10 MHz。
- 频谱分析仪：功率谱和频谱测量（本底噪声、SFDR、SNR、THD 和其他）。
- 数字总线分析仪（SPI、I²C、MART、并行）。
- 可编程电源（0～5 V、0～−5 V）。当通过 USB 供电时，每个电源最高 250 mW 或者共 500 mW；通过外部壁插式电源供电时，每个电源最高 700 mA 或者最高 2.1 W。

Analog Discovery 2 与 NI myDAQ 功能比较接近，功能对比见表 16-2。

表 16-2 Analog Discovery 2 与 NI myDAQ 功能对比

NI myDAQ	Analog Discovery 2 (AD2)	性 能 评 价
模拟输入（2 通道，200 kS/s，16 位）	2 通道 100 MSPS 14 位差分输入示波器	AD2 位数少，但是作为示波器的速度非比寻常
模拟输出（2 通道，200 kS/s，16 位）	2 通道波形发生器	AD2 输出精度低
通过 3.5 mm 耳机插座也可获得模拟输入和输出	耳机插座支持	相同功能

续表

NI myDAQ	Analog Discovery 2（AD2）	性能评价
8 个数字 I/O	16 通道数字 I/O	AD2 数字通道较多
数字万用表（V，A，Ω）	电压表	AD2 只有电压表功能
电源供应器（+5 V，±15 V）	±5 V DC 电源	AD2 电源较小
总线供电（USB）运行	总线供电（USB）运行	相同
无	频谱分析仪、网络分析仪	AD2 高速数采带来了特殊功能
由 NI LabVIEW 驱动 2 通道波形发生器	LabVIEW 支持	基本一致

16.2　Analog Design 2 软件

16.2.1　WaveForms 2015 软件的安装

WaveForms 2015 软件是 DIGILENT Analog Discovery 2 的驱动及上位机 UI，在没有硬件的时候也可以仿真硬件使用，完全免费。可以从 DIGILENT 官方网站下载，其下载地址为：https://files.digilent.com/Software/Waveforms2015/3.1.5/digilent.waveforms_v3.1.5.exe。

下载之后，执行 waveforms_v3.1.5.exe 文件，弹出安装向导对话框如图 16-3 所示。

单击图 16-3 中 Next 按钮，先后弹出协议对话框、创建快捷键对话框、选择安装目录对话框、安装界面，最后出现安装完成对话框，如图 16-4 所示。

图 16-3　waveforms 安装向导对话框

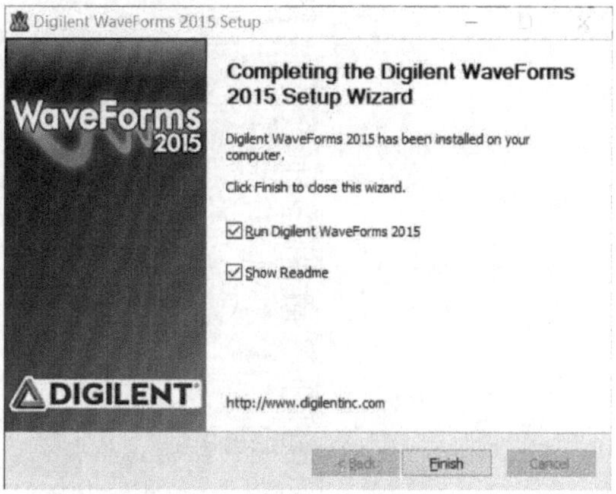

图 16-4　安装完成对话框

注意

在安装目录对话框中，安装目录虚显（即不可更改安装目录）。

16.2.2　WaveForms 2015 软件界面

安装完 WaveForms 2015 之后，就会在桌面上出现 WaveForms 2015 图标。双击其图标，弹出的 WaveForms 软件界面如图 16-5 所示。

由于没有连接 Analog Discovery 2 仪器，故显示 No device detected。单击 OK 按钮，弹出 Device Manger 对话框如图 16-6 所示。

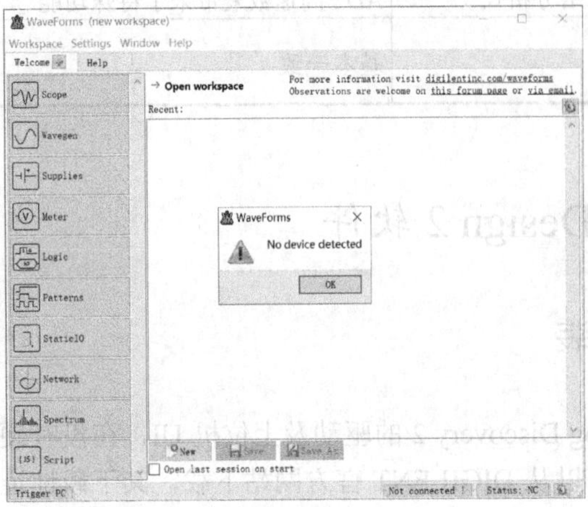

图 16-5　WaveForms 软件界面

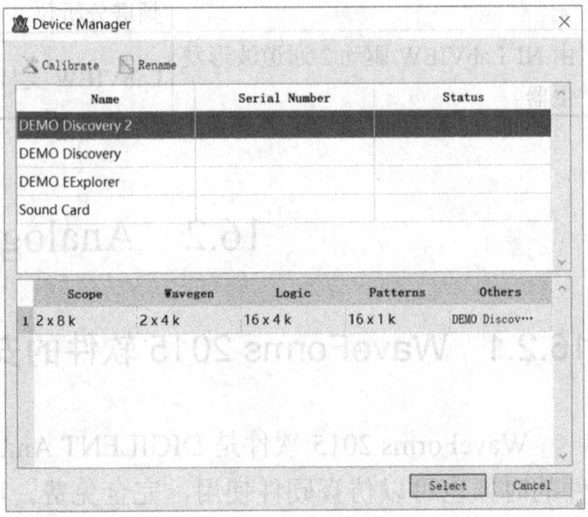

图 16-6　Device Manger 对话框

选择图 16-6 中 DEMO Discovery 2，就可以在没有外部硬件的条件下，继续使用 WaveForms 软件进行虚拟仿真。WaveForms 软件界面如图 16-7 所示。

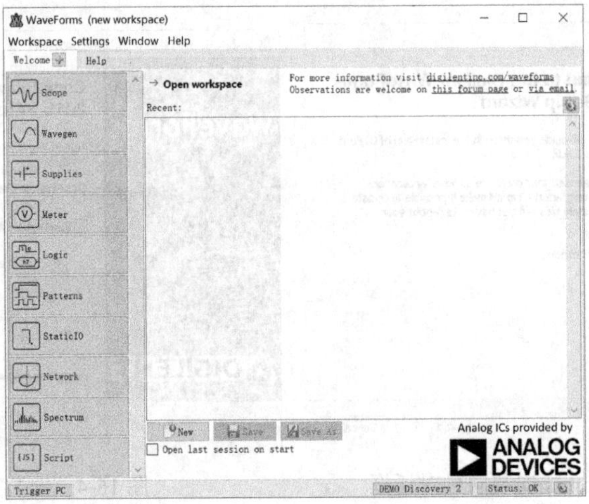

图 16-7　WaveForms 软件界面

注意

WaveForms 软件界面的底部显示 DEMO Discovery 2 字样。

在 WaveForms 软件界面中，界面顶部是 Workspace、Settings、Window 和 Help 四个菜单，Workspace 用于工作界面的新建、保存、另存等操作，Settings 用于设置显示的各种参数、外接仪器的管理等。WaveForms 软件界面的左侧罗列出 9 种仪表，单击某个仪表就会在 WaveForms 软件界工作界面显示该仪表的面板。例如单击 Scope 图标，就会弹出示波器的界面如图 16-8 所示。

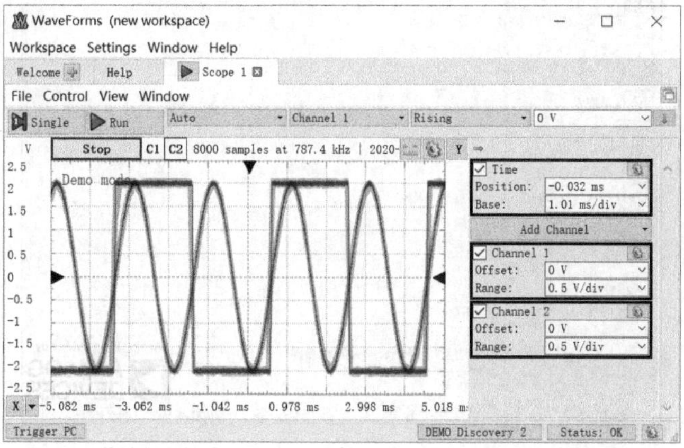

图 16-8 示波器界面

注意

①放置某个仪表后，左侧仪表列会被覆盖，单击工作界面左上方 Welcome 右侧的加号，又显示 9 种仪表。

②单击工作界面右上角图标，可改变仪器面板叠放的形式。

16.2.3　硬件驱动

安装了 WaveForms 2015 软件后，就可将 Analog Discovery 2 硬件通过 USB 接入电脑，第一次连接时操作系统会提示安装 Analog Discovery 2 的驱动，如图 16-9 所示。

随后出现 FTDI CDMDrivers、驱动程序安装向导、许可协议、安装界面等对话框，最后弹出安装完成对话框如图 16-10 所示。

图 16-9　Analog Discovery 2 驱动安装

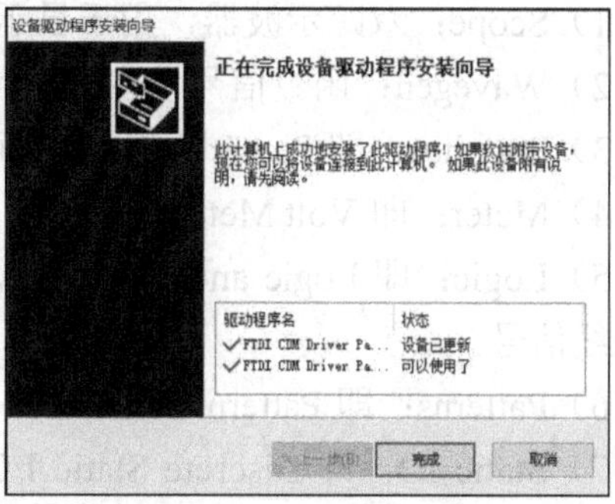

图 16-10　驱动安装完成对话框

驱动安装完成后，再次打开 WaveForms 2015 软件，就会在 WaveForms 2015 软件工作界面的底部显示接入 Analog Discovery 2 的序列号，如图 16-11 所示。

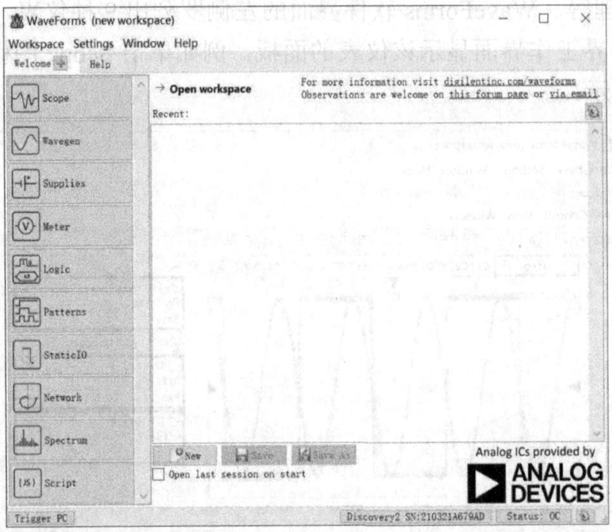

图 16-11　接入 AD2 的 WaveForms 软件界面

注意

WaveForms 软件界面的底部显示 Discovery 2 SN：210321A679AD 字样，表明 WaveForms 软件已经识别外接的 Analog Discovery 2。

至此，就完成了 WaveForms 2015、Analog Discovery 2 驱动的安装，就可以利用 Analog Discovery 2 进行模拟信号、数字信号的产生、显示和测量。

16.3　Analog Design 2 仪表

打开 WaveForms 软件，在其工作区的左边就会显示 Analog Discovery 2 所支持的 9 种不同的仪器。

（1）Scope：双踪示波器，用于显示和测量电信号。

（2）Wavegen：函数信号发生器，用于产生特定的电信号。

（3）Supplies：即 Power Supplies（可调电源），用于给外部设备供电的电源。

（4）Meter：即 Volt Meter（电压表），用于测量电压值的电表。

（5）Logic：即 Logic and Bus Analyzer（逻辑分析仪），用于测量数字逻辑信号以及分析总线信号。

（6）Patterns：即 Pattern Generator，用于产生特定模版的数字逻辑信号。

（7）Static IO：即 Discrete Static I/O，用于独立采集或生成数字逻辑信号的静态（低速）输入/输出口。

（8）Network：即 Network Analyzer（网络分析仪），用于某个电路网络进行分析的仪器。

（9）Spectrum：即 Spectrum Analyzer（频谱分析仪），用于信号的频域特性进行分析的仪器。

最后一个按钮显示 Script，可以使用脚本的方式来动态调用以上 9 种仪器。

案例：利用示波器观察函数信号发生器产生频率为 1 kHz、幅度为 1 V、偏置为 0 V，对称且相位为 0 的正弦波波形。

步骤 1：连接信号。

- 将示波器通道 1 的正极与函数信号发生器 1 的输出相连（即 1+与 W_1 相连）。
- 将示波器通道 1 的负极与地相连（即 1-与地相连）。

步骤 2：利用函数信号发生器产生信号。

- 启动 WaveForms 软件。
- 单击 Wavegen 按钮打开函数信号发生器。
- 设置函数信号发生器参数，设置好的函数信号发生器如图 16-12 所示。

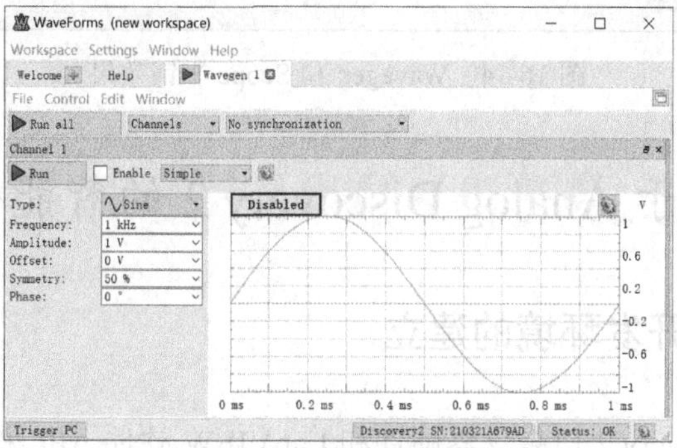

图 16-12　函数信号发生器

- 单击 Run 按钮，就从 W_1 口上生成该正弦波。

步骤 3：利用示波器观察信号。

单击 WaveForms 软件左上角+按钮，选择 Scope 打开双踪示波器

单击 Run 就会在示波器界面显示函数信号发生器产生的正弦波波形，如图 16-13 所示。

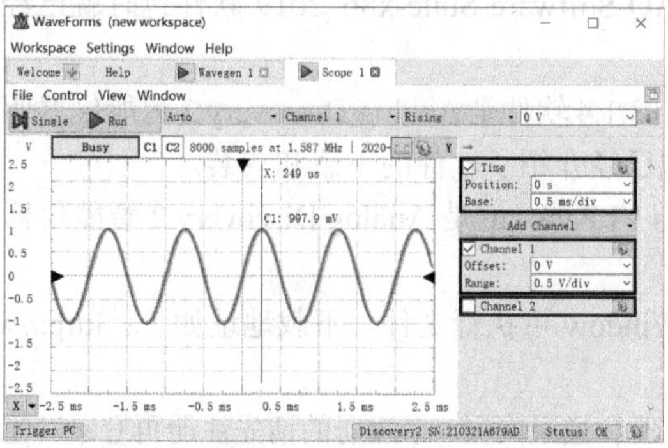

图 16-13　示波器界面

由图 16-13 可见，显示波形是正弦波，振幅为 997.9 mV，周期为：249×4=996 us，偏移为 0 V，初相为 0°。测量数据与函数信号发生器设置参数相符，但存在一定误差。

单击工作界面右上角图标，可改变仪器面板叠放的形式，图 16-14 就是产生三角波的 Wavegen 和 Scope 平铺的效果。

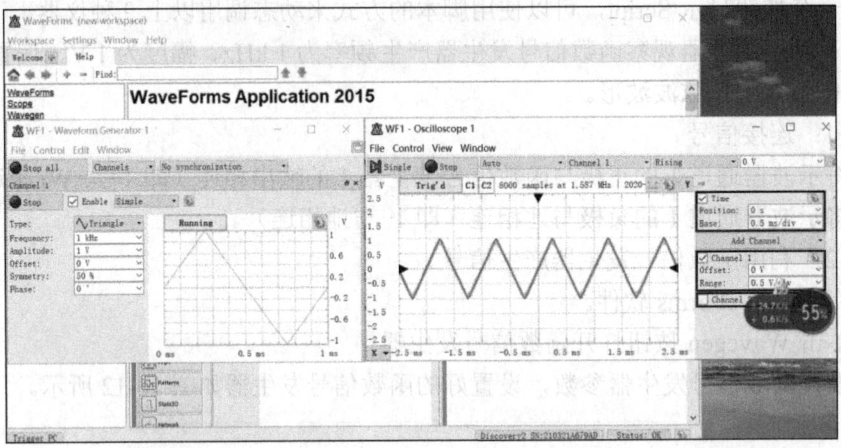

图 16-14　Wavegen 和 Scope 平铺效果

16.4　基于 Analog Discovery 2 的智能仪器开发

16.4.1　智能仪器开发环境的建立

使用 Analog Discovery 2 口袋仪器硬件和 LabVIEW 软件 API 来自定制智能仪器，需要安装以下三个独立的安装包并按照顺序进行安装。

- LabVIEW。
- Digilent WaveForms 3.1.4 或更新版本。
- Digilent WaveForms VI Package。

LabVIEW 软件是智能仪器自定制用户界面及内部功能逻辑设计基本 IDE（集成开发环境），在安装 NI-myDAQ-Software-Suite-x86_2019 软件包时就已经安装了 LabVIEW 2019（32 位）。

Digilent WaveForms 3.1.4 软件是 Analog Discovery 2 智能仪器驱动及即插即用的用户界面（UI），在 16.2 节中已经介绍了软件的下载和安装。

Digilent WaveForms VI Package 是 Analog Discovery 2 智能仪器调用的 API 包，安装该 API 包步骤如下。

（1）下载 VIPM-Window 可执行文件。下载地址如下：http://www.ni.com/gate/gb/GB_EVALTLKTVIPM/US。

该网页是 NI 公司注册和登录网页，未注册的请先注册再登录。登录后弹出 VIPM-Window 下载界面如图 16-15 所示。

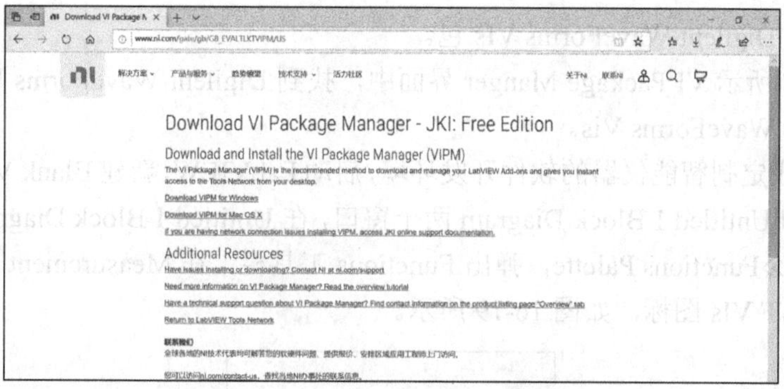

图 16-15　VIPM-Window 下载界面

在图 16-15 网页中选择 Download VIPM for Windows 即可下载 VIPM-Window.exe。

（2）安装 VI Package Manger 2017。

执行 VIPM-Window.exe 文件，即弹出 VI Package Manger 2017 安装向导对话框，如图 16-16 所示。

单击图 16-16 中下一步，先后出现许可协议对话框、选择安装文件夹对话框、配置快捷方式对话框、安装界面，最后弹出安装完成对话框如图 16-17 所示。

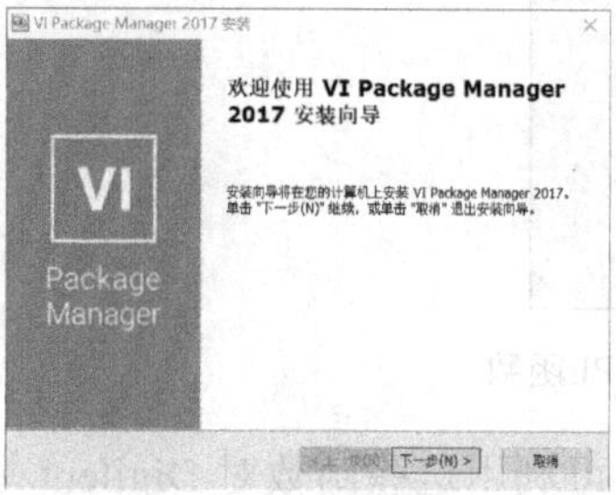

图 16-16　VI Package Manger 2017 安装向导对话框

图 16-17　安装完成对话框

单击图 16-17 中完成按钮，就会启动 VI Package Manger 2017 软件（默认），随后出现更新对话框、更新概述对话框和安装更新对话框，完成更新后弹出 VI Package Manger 界面如图 16-18 所示。

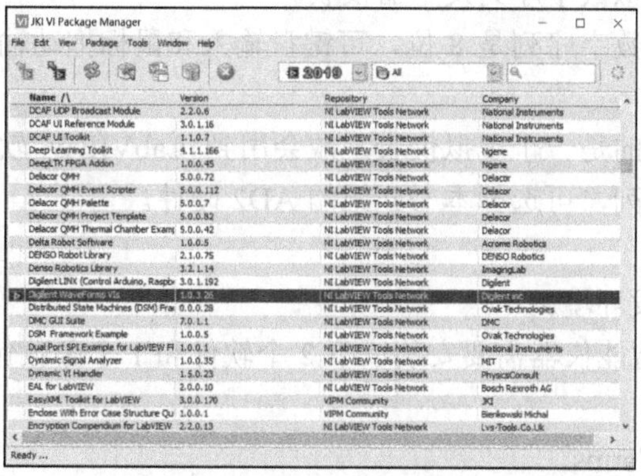

图 16-18　VI Package Manger 界面

（3）安装 Digilent WaveForms VIs 包。

在图 16-18 所示 VI Package Manger 界面中，找到 Digilent WaveForms VIs 并双击，就会安装 Digilent WaveForms Vis。

至此就完成定制智能仪器的软件开发环境，启动 LabVIEW，新建 Blank VI，弹出 Untitled 1 Front Panel 和 Untitled 1 Block Diagram 两个窗口，在 Untitled 1 Block Diagram 窗口中执行菜单命令 View≫Functions Palette，弹出 Functions 工具栏，在 Measurement I/O 标签里就会发现 Digilent WF VIs 图标，如图 16-19 所示。

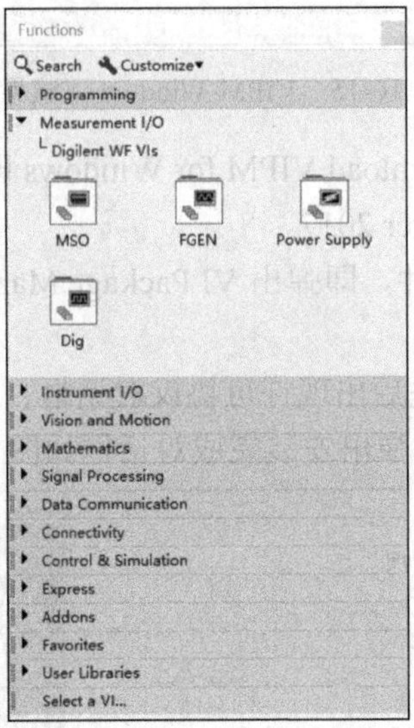

图 16-19　Digilent WF 的 API 函数

Digilent WF VIs 包含了 Digilent WF 的 API 函数，可利用这些函数对 Digilent 智能仪器基础硬件进行编程控制及用户界面设计。

16.4.2　Analog Discovery 2 应用案例

课题：制作一个虚拟数字序列发生器仪表。

技术要求：输出的数字序列是 8 位，可键盘输入和鼠标拖动输入，并显示输入序列的十进制数。

方案分析：因制作的是一个虚拟仪表，故会用到 LabVIEW 软件；利用该虚拟仪表要产生一个实际的数字序列，可选择本书介绍的 AD2 硬件。

设计步骤：

（1）建立软件开发环境。

制作基于 AD2 的智能仪器需要安装以下 2 个软件和 1 个函数包。

- LabVIEW。
- Digilent WaveForms。
- Digilent WF Vis。

（2）设置 AD2 硬件设备。

通过 USB 连接 Analog Discovery 2 硬件设备到电脑，启动 WaveForms 2015 软件。WaveForms 2015 软件会自动识别该 Analog Discovery 2 设备，并在其界面的右下角显示当前连接 Analog Discovery 2 的序列号（SN），然后关闭 WaveForms 2015 软件。

注意

①一台电脑连接多个 Analog Discovery 2，需要记录每台 Analog Discovery 2 设备的序列号。

②记录 Analog Discovery 2 设备的序列号后切记关闭 WaveForms 2015 软件，否则与下一步打开的 Lab VIEW 冲突。

（3）建立虚拟仪表面板。

启动 LabVIEW 2019，弹出创建和打开项目对话框，单击 Create Projecct 按钮，弹出如图 16-20 所示的创建项目对话框。

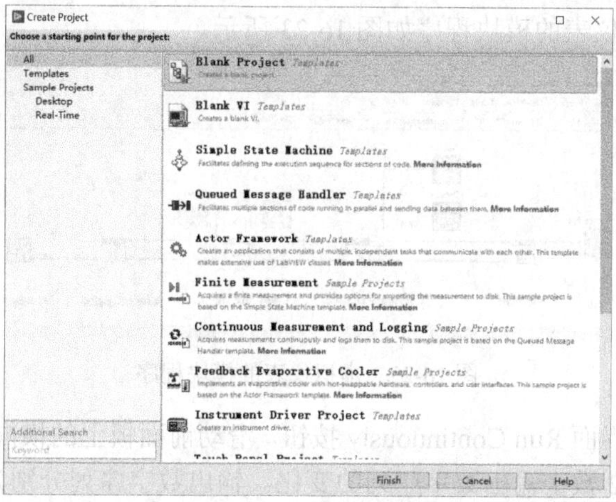

图 16-20　创建项目对话框

选择图 16-20 中 Blank VI Templates，单击 Finish 按钮，弹出 LabVIEW 界面含有 Untitled 1 Front Panel 和 Untitled 1 Block Diagram 两个窗口，如图 16-21 所示。

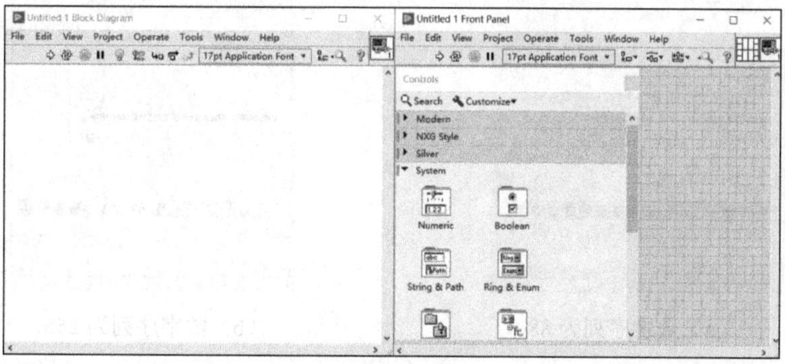

图 16-21　LabVIEW 界面

在 Untitled 1 Front Panel 窗口中的 Controls 工具箱中，放置 Express 标签下 Text Controls 分类下的 String Ctrl 图标到仪器面板上，就可放置一个仪器名称的条形框；同理，可以放置输出条形框、输入条形框等内容。放置好的虚拟仪表面板如图 16-22 所示。

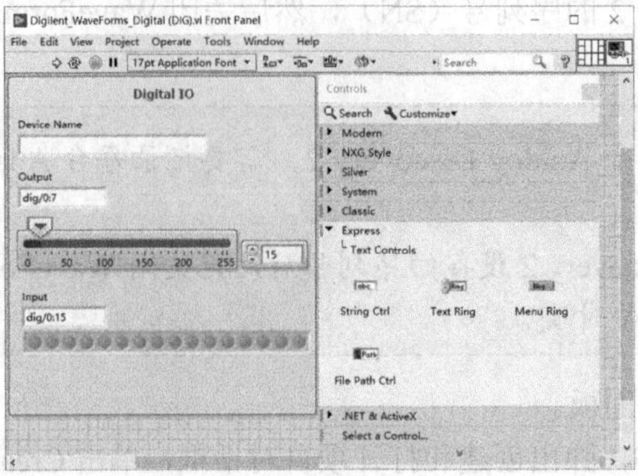

图 16-22　虚拟仪表面板

设计完成的虚拟仪表的模块程序如图 16-23 所示。

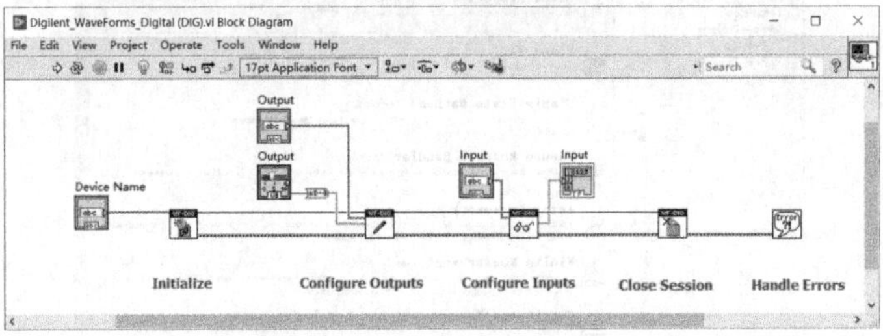

图 16-23　虚拟仪表的模块程序

单击 LabVIEW 界面 Run Continuously 按钮，滑动前面板上的横向滑杆控件，就可观察到 Analog Discovery 2 数字输出数字序列的变化。输出数字序列分别为 88 和 255 的虚拟智能仪表面板如图 16-24 所示。

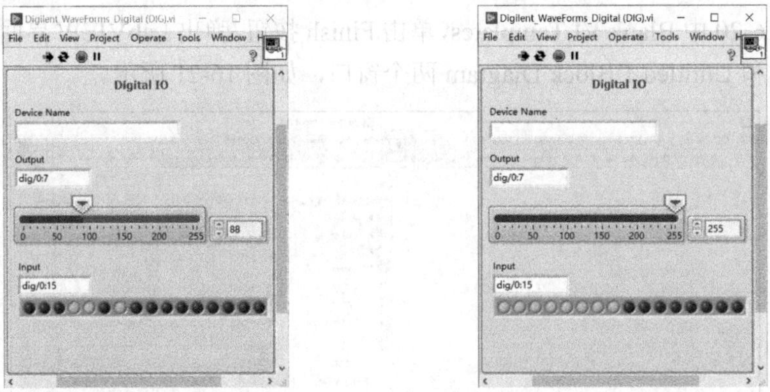

（a）数字序列为 88　　　　（b）数字序列为 255

图 16-24　虚拟智能仪表面板

由图 16-24 可见，输出的二进制数 1011000 与十进制数 88 大小相同，输出的二进制数 11111111 与十进制数 255 大小相同，面板设计符合要求。

在面包板上插入 8 个发光二极管，发光二极管的负极与 Analog Discovery 2 的地相连，发光二极管的正极分别与 Analog Discovery 2 接口的 0～7 连接。设置智能仪表输出序列位 11101000（D_0～D_7），单击 Run Continuously 按钮，智能仪表的面板和发光二极管的状态分别如图 16-25（a）、图 16-25（b）所示。

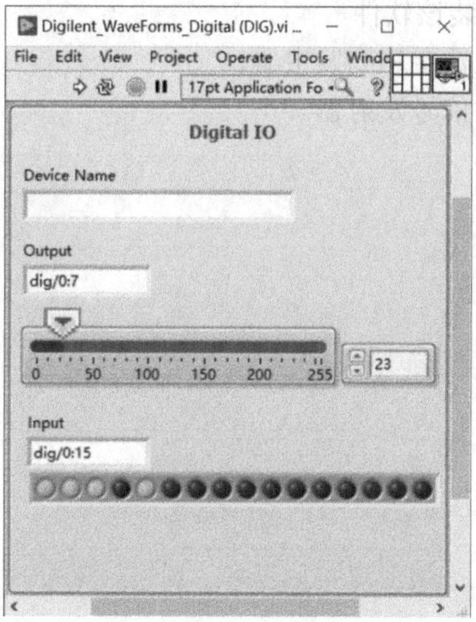

（a）智能仪表面板

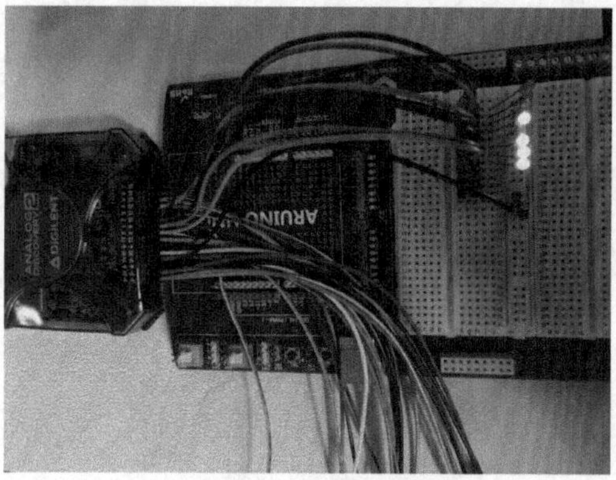

（b）发光二极管的状态

图 16-25　智能仪表实测电路

由图 16-25（b）可见，8 个发光二极管的状态为 11101000，与智能仪表面板设置的输出序列相同，达到了设计要求。

注意

连接单个 Analog Discovery 2，可不在 Device Name 条形框中填写 Analog Discovery 2 设备序列号；若有多个 Analog Discovery 2 连接到同一台电脑，则必须在 Device Name 条形框中填写作为输出设备 Analog Discovery 2 的序列号。

习　题

16-1　什么是 Analog Discovery 2？是由哪个公司研发的？

16-2　Analog Discovery 2 含有哪些仪表？

16-3　试写出 Analog Discovery 2 每个数据接口的含义。

16-4　试写出 Analog Discovery 2 与 myDAQ 的性能对比。

16-5　Analog Discovery 2 中示波器的采样频率是多少？

16-6　试下载并安装 Analog Discovery 2 的上位机软件 WaveForms 2015。

16-7　Analog Discovery 2 连接到电脑后，如何查找其序列号？

16-8　没有 Analog Discovery 2 硬件，能否使用 WaveForms 2015？若能使用，如何设置？

16-9　使用 WaveForms 2015 软件，如何平铺多个仪表？

16-10　VI Package Manger 的作用是什么？

16-11　试下载并安装 VI Package Manger。

16-12　如何安装 Digilent WaveForms VIs？请安装该软件。

16-13　试利用 Analog Discovery 2 设计一款虚拟数字序列发生器。

16-14　试利用 Analog Discovery 2 设计一款函数信号发射器。

参 考 文 献

[1] 梁青，侯传教，熊伟，等．Multisim 11 电路仿真与实践[M]．北京：清华大学出版社，2012．

[2] 熊伟，侯传教，梁青，等．Multisim 7 电路设计及仿真应用[M]．北京：清华大学出版社，2005．

[3] 李甫成．基于项目的工程创新学习入门：使用 LabVIEW 和 myDAQ[M]．北京：清华大学出版社，2014．

[4] 聂典，李北雁．基于 Multisim 11 的 PLD/PIC/PLC 的仿真设计[M]．北京：电子工业出版社，2011．

[5] 赵全利，李会萍．Multisim 电路设计与仿真[M]．北京：机械工业出版社，2016．

[6] 应柏青，赵彦珍，邹建龙，等．基于 NI myDAQ 的自主电路实验[M]．北京：机械工业出版社，2016．

[7] 王秀萍，余金华，林丽莉．LabVIEW 与 NI-ELVIS 实验教程——入门与进阶[M]．杭州：浙江大学出版社，2012．

[8] 天工在线．LabVIEW2018 从入门到精通（实战案例版）[M]．北京：水利水电出版社，2019．

[9] 王冠华，吴永佩．ELVIS 电路原型设计及测试[M]．北京：国防工业出版社，2013．

[10] 何宾．Xilinx Vivado 数字设计权威指南[M]．北京：电子工业出版社，2019．

[11] 张新喜，许军，韩菊，等．Multisim 14 电子系统仿真与设计（第 2 版）[M]．北京：机械工业出版社，2017．

[12] 从宏寿，李绍铭．电子设计自动化——Multisim 在电子电路与单片机中的应用[M]．北京：清华大学出版社，2008．

[13] 侯传教，赵娟，陈淑静，等．数字电子技术[M]．武汉：华中科技大学出版社，2018．

[14] 王兆安，刘进军．电力电子技术（第 5 版）[M]．北京：机械工业出版社，2013．

[15] 赵进全，张克农．数字电子技术基础（第 3 版）[M]．北京：高等教育出版社，2020．

[16] 李国林．电子电路与系统基础[M]．北京：清华大学出版社，2017．

[17] 胡宴如，耿苏燕．高频电子线路（第 2 版）[M]．北京：高等教育出版社，2015．

[18] https://forums.ni.com/?profile.language=zh-CN．

[19] https://www.ni.com/en-us/support.html．

[20] https://www.ni.com/pdf/manuals/376627b.pdf．

[21] https://www.ni.com/pdf/manuals/374483d.pdf．

[22] https://www.ni.com/pdf/manuals/374484e.pdf．

[23] https://www.ni.com/pdf/manuals/372330a.pdf．

[24] https://www.ni.com/documentation/en/ni-elvis-iii．

[25] https://zone.ni.com/reference/en-XX/help/372062L-01/．